WACHSTUM, GESCHLECHT UND FORTPFLANZUNG

ALS GANZHEITLICHES ERBMÄSSIG-HORMONALES PROBLEM

ZUGLEICH EIN VERSUCH
EINER EIN- UND GANZHEITLICHEN BETRACHTUNG
DER LEBENSVORGÄNGE UNTER GESUNDEN
UND KRANKHAFTEN BEDINGUNGEN

VON

Dr. LUDWIG SEITZ

ENTPFLICHTETER PROFESSOR DER FRAUENHEILKUNDE UND
EHEMALIGER DIREKTOR DER UNIVERSITÄTS-FRAUENKLINIK
FRANKFURT A. M.

MIT 125 ZUM TEIL FARBIGEN ABBILDUNGEN

SPRINGER-VERLAG BERLIN HEIDELBERG GMBH

1939

ISBN 978-3-642-98230-9   ISBN 978-3-642-99041-0 (eBook)
DOI 10.1007/978-3-642-99041-0

Meiner lieben Frau
gewidmet

Vorwort.

Es war ursprünglich nicht meine Absicht, dieses Buch zu schreiben, da ich mit ärztlichen und dienstlichen Aufgaben hinreichend stark belastet war[1]. Ich wollte anfänglich nur der Frage nachgehen, warum während der *Schwangerschaft* die Hypophyse, dieses wohl wichtigste innersekretorische Organ, eine so gewaltige Vergrößerung erfährt und speziell durch Wucherung der Hauptzellen ihr feinstrukturelles Antlitz so hochgradig verändert. Ich gelangte durch die Beschäftigung mit diesem Stoffgebiet ganz von selbst mitten in allgemein genische und hormonale Probleme hinein; wer einmal in dieses Heiligtum und in diesen Irrgarten eingetreten ist, findet nicht mehr so leicht hinaus.

Wenn man über den Begriff „Schwangerschaft“ ernster nachdenkt, so drängen sich ganz unwillkürlich folgende drei Fragestellungen auf: 1. die Frage nach der Fortpflanzung des Lebens auf der Erde überhaupt, 2. die Frage nach dem Geschlecht und warum nur das eine Geschlecht so stark mit den Fortpflanzungsaufgaben belastet ist und 3. die eigentümlichen Wachstumsvorgänge, die wir im weiblichen Körper zu einer Zeit auftreten sehen, in der die Periode des allgemeinen Wachstums meist bereits längere Zeit abgeschlossen ist.

Man hat, glaube ich, die Probleme bisher zu ausschließlich *morphologisch* betrachtet, der Not gehorchend, da für unsere Sinne nur das Gestaltliche faßbar und erkennbar ist. So wichtig und grundlegend diese Betrachtungsweise auch ist, so liegt es doch in ihrem Wesen, daß sie die Dinge gewissermaßen nur von der Oberfläche und von außen betrachtet und uns nur erstarrte Augenblicksbilder vorführt, über das innere Getriebe aber, das uns doch am meisten interessiert, keinen genügenden Aufschluß gibt. Zwar hat durch Gewebezüchtung, Anwendung des Laufbildes und der Lumineszenz die morphologische Betrachtungsweise in den letzten Jahren wesentlich an Tiefe und Lebendigkeit gewonnen, aber über ein gewisses Maß vermögen uns auch diese Hilfsmittel nicht hinweg zu bringen. Das vermag nur die *chemisch-physikalische Forschungsrichtung*. Sie allein vermag die Scheidewände niederzureißen, die die verschiedenen Lager in Biologie und Medizin bisher vielfach getrennt haben, und ein einziges Band um alle zu schließen, die sich mit den normalen und abgeänderten Lebensvorgängen, sei es bei Pflanze, sei es bei Tier oder Mensch beschäftigen; sie führt uns in den Vorhof des Lebens, wenn uns auch der Eintritt in das Allerheiligste versagt ist.

---

[1] Es lag die Handschrift bereits im Augenblicke der Entpflichtung von meinem Amte (1. 10. 1938) fertig vor.

Das *Tierexperiment* ist zur Klärung der Zusammenhänge unentbehrlich. Aber es bildet in der Regel einen groben Eingriff in die normalen Funktionsabläufe des Körpers. Größere Zuverlässigkeit beanspruchen daher die Experimente, die die Natur selbst anstellt, insbesondere krankhafte Vermehrung der hormonbildenden Zellen. Ich habe daher ganz besonders großen Wert auf die Deutung der anatomisch-pathologischen Befunde und der klinischen Krankheitsbilder, soweit sie eindeutig sind, gelegt.

Fortpflanzung bedeutet einen sich immer wiederholenden Schöpfungsakt. Um die *Entstehung der Geschlechtlichkeit und der Fortpflanzung* bei den höchstentwickelten Tieren und beim Menschen zu verstehen, muß man von den *primitivsten Lebewesen* ausgehen und die *mannigfaltigen Wege*, die die Natur bei der Fortpflanzung einschlägt, mitberücksichtigen.

Man hat bisher die Fortpflanzungsvorgänge unter dem Gesichtswinkel des Mediziners als eine *mehr nebensächliche Angelegenheit* behandelt, die erst lange nach der Stoffwechselfrage kommt. Tatsächlich handelt es sich aber um ein *Grundproblem* des Lebens: Nicht nur, daß ohne Fortpflanzung alles Leben auf unserem Planeten verschwände; durch das Fortpflanzungsgeschehen wird auch das Individuum in seinem gestaltlichen Gefüge, in seinen Funktionen, in seinem Stoffwechsel, in seinen Lebensäußerungen usw. weitgehend beeinflußt. Mit der intensiven Bearbeitung des Geschlechts- und Fortpflanzungsproblems gewinnen wir auch einen tieferen Einblick in die Wachstums- und Stoffwechselvorgänge unter normalen und krankhaften Verhältnissen.

Wir müssen daher in Zukunft bei der Erörterung allgemein biologisch-medizinischer Fragestellung die zwei Zellarten, die individuelles Leben und Fortpflanzungsgeschehen beherrschen, *Somazellen und Geschlechtszellen*, scharf auseinanderhalten. Um die *letzteren drehen* sich als *Mittelpunkt alle Fortpflanzungsvorgänge*. Die Geschlechtszellen haben, wenn man das Problem, so wie es die Natur geordnet hat, betrachtet, d. h. teleologisch, mit dem *Individuum*, das sie produziert und trägt, an sich mittelbar gar nichts zu tun, sie stehen ausschließlich im *Dienste der Erhaltung der Art*.

Es ergibt sich daraus ein gewisser Gegensatz zwischen *Soma-* und *Geschlechtszellen*, in weiterer Folge zwischen *allgemeinem Körperwachstum* und *geschlechtsspezifischem Wachstum*. Es ist eine reizvolle Aufgabe, zu verfolgen, wie dieser *Gegensatz ausgeglichen* wird. Es ist ein *Kampf*, der sich teils auf cellulärem, teils auf humoral-hormonalem Gebiete abspielt. Die Hormone, die dabei beteiligt sind und die Ernährung und Reifung der Geschlechtszellen mit überwachen, sind je nach der Art, dem Geschlecht und der ontogenetischen Entwicklungsphase des Individuums, sehr verschiedener Natur. Sie bilden unter sich ein einheitliches System, das ich als *hormonales Geschlechtssystem* zusammengefaßt habe.

Die physikalischen und chemischen Forschungen haben in den letzten Jahrzehnten einen mächtigen Aufschwung genommen. Wir wissen heute: Die Materie besteht aus Elektronen, Protonen, Neutronen, in dem Atom kreisen wie die Planeten um das Sonnensystem die negativen Elektronen um den positiven Kern. Dasselbe Gesetz, das bei den Himmelskörpern gilt, ist auch in den kleinsten biologischen Einheiten, den Zellen, wirksam. Wir sind auch darüber unterrichtet, daß es neben den Nährstoffen, den eigentlichen Energiespendern, noch Wirk- und Reizstoffe gibt, die in Zellen (endokrinen Zellen) gebildet werden und wieder auf Zellen (Erfolgszellen) wirken. Das sind die *Hormone*, die wir, da sie nach Art eines Katalysators auf das Substrat wirken, zusammen mit den grundsätzlich gleichwirkenden Vitaminen und Enzymen als *Biokatalysatoren* bezeichnen. Sie vermögen an der geheimnisvollen Substanz des Protoplasmas der Zelle eine Reihe höchst verwickelter, uns vorläufig nur teilweise übersehbarer Reaktionsfolgen auszulösen.

Von den Biokatalysatoren sind, wenigstens für unsere Fragestellung, die *Hormone* am wichtigsten, einmal, weil sie im Gegensatz zu den Vitaminen in körpereigenen Zellen gebildet werden, und dann, weil sie besonders starken Einfluß auf Wachstum und Fortpflanzung haben. Ich werde daher im folgenden öfters nur von Hormonen sprechen, während es sich in Wirklichkeit um *hormovitenzymatöse* Einflüsse handelt. Bei dieser Deutung der Dinge müssen wir freilich den Begriff *Hormon weiter fassen* als bisher im allgemeinen geschehen ist. Ich verstehe darunter alle im Körper selbst entstandenen Wirk- und Reizstoffe, gleichgültig, ob sie in einer innersekretorischen Drüse (Inkrete) gebildet werden oder ob sie in Geweben von gewöhnlichem Aussehen (Gewebshormone, Hormoide) entstehen. Die Inkrete sind nur eine Untergruppe der Hormone und stellen einen Sonderfall dar, der in ausgebildeter Form nur bei den Wirbeltieren, besonders bei den Säugern vorkommt. Die ausschließliche Betrachtung des hormonalen Problems nach typischen innersekretorischen Organen kann als überholt angesehen werden.

Man hat die eben erwähnten gewaltigen Fortschritte, die auf dem Gebiete der Chemie und Physik gemacht worden sind, in ihrer Bedeutung für die Erklärbarkeit der *Lebensvorgänge* fraglos vielfach überschätzt, indem man gemeint hat, nunmehr sei die unübersteigbare Schranke, die zwischen dem Belebten und Unbelebten aufgerichtet ist, endgültig beseitigt. Es ist eher das Gegenteil der Fall. Die Kluft, die zwischen dem toten Stoff und dem organismischen Gebilde, dem lebenden Organismus, besteht, ist dadurch fast noch größer geworden. Wir sind den Grundfragen, warum die Lebensvorgänge so streng „gerichtet" sind, warum sie auf ein bestimmtes „Ziel" hinstreben, keineswegs näher gekommen. Wir sind eben nicht imstande, was sich in Milliarden von Jahren phylogenetisch nach und nach herausentwickelt hat und was wir jetzt als formgewordene organismische Gebilde in der Gestalt der verschiedenen Arten, Gattungen, Klassen usw. um uns sehen, mit unseren Sinnen und unserem Verstand in seinem Entstehen zu ergründen. Wir können sie nur als Gegebenheiten hinnehmen und als unerforschlich bewundern und demütig verehren. Wir kommen daher, wenigstens innerhalb gewisser Grenzen, auch nicht ganz um eine *teleokausale Betrachtungsweise* herum; sie gewährt uns in manchen Dingen einen weiteren und freieren Blick als die ausschließlich chemisch-physikalische Methode.

Den organismischen Gebilden und Lebewesen hat die Natur zugleich die Fähigkeit verliehen — ein letzten Endes nicht minder rätselhafter Vorgang! — *Geschlechtszellen* zu bilden, die die Eigenart der Spezies und des Individuum in sich tragen und fähig sind, wieder ein neues Individuum der gleichen Art aufzubauen. Dieses Vermögen der Geschlechtszellen ist der Hauptsache nach an die *Chromosome* der Kerne gebunden; dort sind die Gene, die Erbanlagen enthalten, ihnen wohnt das Richtende, Bestimmende, das Determinierende, das „Genische" inne, sie sind die *Determinationsfaktoren* im Sinne von ROUX.

Sie sind für Art, Rasse, Individuum einzigartig, *spezifisch*, sie sind „präformiert".

Aber von der befruchteten Eizelle bis zum erwachsenen und fortpflanzungsfähigen Individuum ist ein sehr weiter Weg.

Um dieses Ziel zu erreichen, brauchen die *Determinationsfaktoren* nicht nur Nährstoffe, Salze und andere Faktoren, sondern auch Substanzen, die durch Wirkung auf das Protoplasma in der Zelle Wachstum- und Stoffwechselvorgänge anregen, *Biokatalysatoren*, unter diesen in erster Linie wieder *Hormone*. Die Hormone sind gewissermaßen die Vollzieher von Befehlen, die von höherer Stelle ausgehen, sie sind die *Realisatoren* einer im Keime *schlummernden Entwicklungstendenz*. Sie können also gestalten und formen, aber nur dann, wenn die Vorbedingungen hierzu gegeben sind, sie selbst können allein niemals Neues bilden. Es ist daher irreführend, den Hormonen gestaltende (formative oder morphogenetische) Fähigkeiten schlechthin zuzuschreiben. Sie können nur schlummernde Kräfte wecken, sie haben nur form- oder gestaltweckende — wie ich mich ausdrücke — oder morphokinetische Wirkung. Diese formweckende Wirkungsweise tritt am deutlichsten an den Wachstums- und Fortpflanzungshormonen zutage. Die Hormone sind, im Gegensatz zu den Genen, für Art, Rasse und Individuum *unspezifisch*, sie sind ferner „epigenetisch" wirksam.

Die Hormone als *Realisationsfaktoren* spielen schon in der embryonalen Zeit eine wichtige Rolle. Aber trotz der glänzenden Untersuchungen von SPEMANN und seiner Schule sind wir heute noch nicht imstande, die dabei wirksamen Stoffe chemisch schärfer zu fassen. Dagegen kennen wir zum Teil die in den *späteren Entwicklungsphasen* wirksamen Hormone; besonders gilt das von den *Geschlechtshormonen*, die uns nach ihrer chemischen Zusammensetzung und biologischen Wirkungsweise größtenteils gut bekannt sind. Auch kommen sie erst in einem späteren Alter und an einem wohldifferenzierten Körper zur vollen Ausbildung und Wirkung, so daß ihre Erfassung wesentlich leichter als in den ersten Entwicklungsstadien ist. Man muß daher einmal versuchen, das *Lebensproblem von dieser Seite aus zu beleuchten*. Wir fühlen uns meist nur als „Seiende" und merken für gewöhnlich nicht, daß wir nicht nur im fetalem Zustand und in der Kindheit, sondern auch noch als Erwachsene und im Alter „Werdende", d. h. im ständigen Wechsel begriffen sind.

Die vergleichende und stammesgeschichtliche Betrachtung ergibt, daß das *weiblich-mütterliche Prinzip* schon am Anfang der Stufenleiter vorhanden ist und auch bei den höchstentwickelten Lebewesen die tragende Säule der Fortpflanzung bildet, ferner daß das *weibliche Geschlechtshormon* (Follikelhormon) schon bei den primitiven Tierarten mit ungeschlechtlicher Fortpflanzung vorkommt, und daß es neben der geschlechtsspezifischen Bedeutung bei den geschlechtlich schärfer differenzierten Tieren auch noch eine gewisse, das allgemeine Wachstum anregende Wirkung zeigt. Die weiblichen Geschlechtshormone, in erster Linie wieder das Follikelhormon, wirken bei der Fortpflanzung der Säuger und des Menschen sogar *über* das Individuum hinaus, das sonst die nicht überschreitbare Grenzlinie für alle Lebensvorgänge darstellt. Diese *überindividuelle* Wirkungsweise tritt in der Schwangerschaft ein, in der *placentare* geschlechtsgerichtete Hormone auf die Mutter in großer Menge übertreten. Es tritt dadurch das Paradoxon auf, daß die *kleine Frucht durch die in der Placenta gebildeten Hormone die Führung* übernimmt und die für die Schwangerschaft notwendigen körperlichen Umstellungen bei der Mutter anregt und durchführt.

Besonders *die* endokrinen Drüsen, deren Hormone *Wachstum* und *Fortpflanzung* steuern, zeigen in den verschiedenen Phasen des ontogenetischen Entwicklungsganges *wechselnde Struktur und Funktion,* sie sind aber auch wie alle endokrinen Zellen dem Einfluß der Außenwelt und des Blutmilieus unterworfen. Am deutlichsten tritt die Erscheinung an den Zellen des *Hypophysenvorderlappens* während der Schwangerschaft zutage. Die morphologische Umgestaltung der Hauptzellen in die „Schwangerschaftszellen" — und damit komme ich auf den Ausgangspunkt dieser Arbeit zurück — erfolgt zu dem Zwecke, die Hormone bereitzustellen, die durch ihre Anwesenheit die Zusammensetzung des Blutes und den Stoffwechsel des schwangeren Körpers so weitgehend verändern.

So wichtig die *Hormone* für die Steuerung der Stoffwechsel-, Wachstums- und Fortpflanzungsvorgänge sind, so dürfen wir doch nicht vergessen, daß sie, obwohl von lebenden Zellen stammend, nur *tote chemische Stoffe* sind. Das *Lebende, Organismische sind die Zellen,* die die Hormone erzeugen *(endokrine Zellen)* und die Zellen, an denen sie zur Wirkung kommen *(Erfolgszellen).* Von der Beschaffenheit und Reaktionsfähigkeit der letzeren hängt fast noch mehr ab als von der Tätigkeit der hormonbildenden Zellen. Nur die Wundersubstanz des Protoplasmas hat einerseits die Fähigkeit, solche chemischen Reize zu produzieren und anderseits das Vermögen, in *unbegreiflich elektiver* Weise auf chemische Reize zu reagieren. Der chemische Reiz ist fraglos von allen Reizen, die auf die Zellen wirken, der wichtigste. Die Begriffe „Reiz und Reaktion" haben dadurch eine wohlbegründete chemische Unterlage erhalten.

Hormone sind neben den Nährstoffen und Salzen die wichtigsten Bestandteile des *Blutplasmas und der Säfte.* Es ist keine Funktion der Zellen möglich ohne Mitwirkung der Säfte und der Hormone, wie es auch keine Säfte und Hormone ohne die Tätigkeit der Zellen gibt. Zellen und Säfte sind in dem Körper zu einer untrennbaren biologischen Einheit und Ganzheit vereinigt. Es ist daher Cellularbiologie für sich und allein, und ist ebenso Humoralbiologie für sich und allein eine bloß theoretische Abstraktion, es gibt nur eine *Cellularhumoralbiologie* und unter abgeänderten Verhältnissen eine Cellularhumoralpathologie, DIETRICH spricht von einer Zusammenhangspathologie.

Ich habe in diesem Buch wiederholt den Weg der *Synthese* beschritten. Es muß natürlich auch in Zukunft die *Analyse* die Grundlage jeder wissenschaftlichen Forschung sein. Aber sie reicht vielfach nicht aus, um die *großen Zusammenhänge* im Naturgeschehen zu verstehen. Ich glaube, es ist nötig und nicht mehr verfrüht, eine Synthese auf diesem Gebiete zu wagen; sie mag da und dort in die Irre gehen; dieser Fehler wird später durch bessere Erkenntnisse von selbst verbessert werden. Der Zweck ist erreicht, wenn es gelingt, den Blick für die großen Zusammenhänge, die insbesondere zwischen Wachstums-, Geschlechts- und Fortpflanzungsvorgängen bestehen, zu erweitern und zu vertiefen.

Man darf daher an das Buch nicht den Maßstab eines Lehrbuches anlegen, auch nicht zuviel praktische Anwendungen suchen; die Therapie ist nur insoweit berücksichtigt, als sie sich als Folge der Forschung von selbst ergibt oder als sie zur Stütze der erforschten Erkenntnisse dient. Bei vielen Gelegenheiten treten die Schwierigkeiten, die bei dem unendlich verwickelten Geschehen im menschlichen Körper einer zielbewußten und zweckmäßigen Behandlung erstehen, besonders deutlich und grell in die Erscheinung.

Um den Faden der Abhandlung straff in den Händen zu halten, habe ich unterlassen, die Arbeiten aller Forscher, die sich mit den Problemen beschäftigt haben, im einzelnen anzuführen, und mich begnügt, nur das wichtigste und das, was für die Spezialfragen von Bedeutung ist, kurz anzuführen. Man möge mir diese Unterlassungssünde im Interesse einer guten Übersichtlichkeit nachsehen. Ich verweise betreffs der genaueren Angaben auf die verschiedenen Lehr- und Handbücher.

Bei der Erörterung zoologischer und entwicklungsgeschichtlicher Fragen hatte ich mich der fördernden Unterstützung meines Schwiegersohnes, Herrn Professor W. Kuhl und seiner Frau, meiner Tochter Gertrud, zu erfreuen gehabt.

Der Verlagsbuchhandlung Julius Springer spreche ich für die großzügige Förderung und schöne Ausstattung des Buches meinen besten Dank aus.

Frankfurt a. Main, im Januar 1939.
Josef Haydnstr. 68.

L. Seitz.

Inhaltsverzeichnis.

III. Das Wachstumsproblem im allgemeinen.

IV. Verhältnis von Soma- und Geschlechtszellen und von allgemeinem Körper- und geschlechtsspezifischem Wachstum.

X. Essentielle Unfruchtbarkeit.

XI. Hormonale Schwangerschaftsumstellungen und die Schwangerschaftsvergiftungen.

XII. Die Beziehungen des Geschwulst- und Krebsproblems zu den Wachstums- und Fortpflanzungsvorgängen.

XIII. Zusammenfassende Schlußbetrachtung des ganzen Problems . . . 390

Druckfehlerberichtigungen.

S. 164: In der Bildunterschrift, statt „Abb. 57—60" lies: „64—67 nach Kuhl und Freksa".

S. 183: Überschrift IV. statt „extragonadotrope" lies; „extragonadale" Bildung des Follikelhormons.

I. Allgemeine Grundlagen.

1. Einige begriffliche Vorbemerkungen.

a) Kausales und konditionales Denken in Biologie und Medizin.

Alles, was in der Welt geschieht, hat natürlich letzten Endes eine bestimmte Ursache *(Kausalitätsgesetz)*. Aber die letzte auslösende Ursache kann im Vergleich zu dem gesamten Geschehen winzig klein und unbedeutend sein, z. B. das Fallen eines kleinen Steinchens, das eine Schneelawine auslöst. Wenn dieses fallende Steinchen eine solche Wirkung haben soll, so müssen eine Reihe von *Bedingungen* (conditiones) gegeben sein — große Menge Schnee, gewisse Beschaffenheit des Schnees, gewisse Temperatur der Luft, steiler Hang usw. Die Vorbedingungen sind häufig wichtiger als die letzte auslösende Ursache. Dieser Satz gilt auch für den *tierischen und den menschlichen Körper*. Die Lebensvorgänge sind so ungeheuer verwickelt, so innig miteinander verflochten und verwoben, daß es häufig mehr darauf ankommt, die Bedingungen zu kennen, unter denen ein Vorgang in bestimmter Form abläuft, als die letzte Ursache, die gerade diesen Reaktionsablauf herbeiführt. In der Medizin hat sich tatsächlich das *konditionale Denken*, wie es VERWORN genannt hat, sehr bewährt.

Ganz deutlich tritt das kausale Moment bei *den* Krankheiten, die durch lebende Organismen hervorgerufen werden, *bei allen Infektionskrankheiten*, zutage. Aber selbst bei diesen Störungen, z. B. bei der Tuberkulose, wissen wir, daß die Nebenumstände, wie Alter, Konstitution, Ernährungszustand usw., für den Eintritt der Infektion meist noch wichtiger sind als die Erreger selbst.

b) Die Grenzen der Zulässigkeit der teleologischen Betrachtungsweise in Biologie und Medizin.

In der Naturwissenschaft ist es im allgemeinen verpönt, nach *Zweck* und *Ziel* (finis, Finalität) eines Geschehens zu fragen. Und das mit einem gewissen Recht; denn es ist in erster Linie Aufgabe dieser Disziplin, den Versuch zu machen, die Lebensvorgänge auf rein *chemische* und *physikalische* Faktoren zurückzuführen.

Aber es ist keine Frage, daß die Mehrzahl der Körpereinrichtungen und der Funktionsabläufe *zweckmäßig* und auf ein bestimmtes *Ziel* „gerichtet" sind. Einrichtungen, die zweckwidrig sind, machen das Individuum zum Kampfe ums Dasein weniger geeignet und können schließlich zum Aussterben der Art führen.

Tatsächlich können wir aus den Überresten ausgestorbener Tiere den Beweis erbringen, daß sie durch mangelhafte und unzweckmäßige Ausrüstung ihrer Körper zugrunde gegangen sind; so nimmt man an, daß viele Arten durch riesenhafte Ausbildung der Hörner, der Zähne, durch Unbrauchbarkeit anderer wichtiger Organe, auch durch übermäßig große Körperentwicklung — die Titanotherien z. B. kombiniert durch unzweckmäßige

Zahnbildung und übermäßige Größenentwicklung — ausgestorben sind. In Rücksicht auf diese Unzweckmäßigkeiten hat HAECKEL die Lehre von der *Dysteleologie* aufgestellt.

v. FRANKENBERG spricht von einer *Umwegszweckmäßigkeit* (Paratelie) und will damit ausdrücken, daß eine anfänglich durchaus unzweckmäßige Einrichtung durch besondere Umstände zu einer zweckmäßigen werden kann, z. B. bei der Schnecke Stenogrya, die aus dem überschlanken Gehäuse von Zeit zu Zeit ihren Eingeweidesack zurückzieht, den geräumten Teil durch eine Kalkquerwand abschließt, der dann abbricht. Auch unser Nervus recurrens — zuerst nach hinten und dann unter der Hauptschlagader nach vorne an den Kehlkopf ziehend — gehört hierher.

Wenn man das Problem rein *rationalistisch* betrachtet, so läßt sich an vielen Einrichtungen *scharfe Kritik* üben, z. B. an dem Erhaltenbleiben des Wurmfortsatzes beim Menschen, der so häufig Veranlassung zu gefährlichen Entzündungen gibt. HELMHOLTZ hat auch an dem menschlichen Auge, das so wunderbar gebaut erscheint, grobe Fehler nachgewiesen, die man keinem Physiker je verzeihen würde.

Trotz all dieser Unvollkommenheiten bleibt es aber dabei, daß die Natur im großen und ganzen ihre Geschöpfe *zweckmäßig* gestaltet und die Organe so aufbaut, daß sie die an sie gestellten Aufgaben zu vollbringen vermögen.

Die Natur arbeitete *phylo-* und arbeitet *ontogenetisch* wie ein frei schaffender *Künstler*. Wie dieser neben Vollwertigem Minderwertiges schafft, so auch die Natur. Meist werden es Meisterwerke, die wir bestaunen, aber nicht allzu selten haften ihnen verschiedene Schwächen und Fehler, ontogenetische Mißbildungen, Organschwächen usw., an.

Wie eine *Maschine* zeigt der tierische und menschliche Körper gewissermaßen eine *innere Logik*. Die Maschine kann nur richtig funktionieren, wenn sie streng nach physikalischen Gesetzen gebaut ist. Steckt in dieser Beziehung irgendein Fehler in der Konstruktion, so versagt sie ihren Dienst. Die Konstruktion hat ihren „Zweck" verfehlt. Auch die Organe des Körpers vermögen ihre Funktionen nur richtig auszuüben, wenn sie zweckmäßig gemäß den chemisch-physikalischen Grundgesetzen, für unsern Verstand mit „innerer Logik" gebaut sind.

Weil eine solche *innere Logik* in dem Bau des Körpers und in dem Ablauf der Funktionen steckt, so ist es berechtigt, von *Zweckmäßigkeit*, und da die Vorgänge auf ein bestimmtes Ziel „gerichtet" sind, von *Zielstrebigkeit (Finalität)* zu sprechen und innerhalb gewisser Grenzen *teleologisch* oder besser *teleokausal* zu denken.

Diese Betrachtungsweise erweist sich für manche Frage, der wir sonst nicht recht beizukommen vermögen, als *fruchtbar*. Das gilt in erster Linie für die *Wachstums- und Fortpflanzungsvorgänge*. Nur wenn man sich auf diesen Standpunkt stellt, vermögen wir die mannigfaltigen und manchmal geradezu grotesken Formen, die wir bei den Geschlechtsvorgängen im allgemeinen und an den Begattungsorganen im besonderen, wie Liebespfeile (bei manchen Schnecken), beobachten, zu erklären.

Wenn ich mich im folgenden manchmal anthropomorph ausdrücke und anthropozentrisch zu denken scheine, so bitte ich in dieser Einstellung nur den Ausdruck *finaler* Gedankengänge in dem erörterten Sinne zu erblicken.

Eine andere Frage ist die, wie es denn die Natur fertigbringt, die Vorgänge zu „richten" und „zweckmäßig" zu gestalten. Die Beantwortung dieser Frage müssen wir schuldig bleiben; denn sie rührt an das Lebensproblem überhaupt. Hier können wir nur ehrerbietig unser Haupt neigen.

2. Die Ganzheitsbetrachtung der Lebensvorgänge unter normalen und krankhaften Bedingungen und das Verhältnis von Zelle und Individuum.

Mehr als bei einer anderen Fragestellung ist bei dem Problem: Wachstum und Fortpflanzung lebender Organismen, eine *Ganzheitsbetrachtung* erforderlich. Diese hat sich nach drei Richtungen zu erstrecken.

Sie muß 1. die *gesamte organismische* [1] *Welt* berücksichtigen, die Pflanzen so gut wie die Tierwelt; denn die Grundeigenschaften des Lebens, wie Reizbarkeit, Assimilation und Dissimilation, Bewegung, Fortpflanzung usw., finden sich bei allen Lebewesen. Auch eine gewisse Anzahl von Elementen ist ihnen gemeinsam: Kohlenstoff (der die Grundlagen der ganzen organischen Chemie bildet), Sauerstoff, Wasserstoff, Stickstoff, Mineralstoffe usw. Das gleiche gilt von gewissen physikalischen Bedingungen. Aber auch die höchsten molekularen Körper, Eiweiß und Lipoide, sind für die Abwicklung der Lebensvorgänge unentbehrlich. Nur diese Körper ermöglichen auf kleinstem Raume die Ausbildung von Potentialgefällen. Was uns aber bei unserer Fragestellung besonders interessiert, ist das Vorkommen von Stoffen bei allen Lebewesen, die im Protoplasma besondere Reaktionsabläufe auszulösen vermögen. Das sind Enzyme, Vitamine, Hormone, z. T. auch Salze.

2. Die Ganzheitsbetrachtung muß ferner die *Herausentwicklung* der jetzigen Lebewesen aus ihren *Urformen* im Auge behalten. Die gegenwärtig die Erde bevölkernden Arten (Spezies) und ihre Untergliederungen, Rassen, Stämme usw., sind in einer *Millionen von Jahren dauernden Entwicklung geworden*. Sie erfahren wenigstens in den Zeiträumen, die das Menschenauge zu überblicken vermag, *keine nennenswerte Veränderung* in ihrem Gefüge. Die Art ist „konstant" geworden. Wie der Zustand gekommen ist, können wir nicht erforschen. Wir sehen nur, daß die Lebensvorgänge einen für jede Art gesetzmäßigen Ablauf nehmen. An dem *obersten Lebensgesetz der Art* — es hat durch die Vererbungsgesetze auch für das Individuum Geltung — müssen wir als an einer in absehbaren Zeiträumen nicht wandelbaren *Gegebenheit* festhalten.

3. Wenn uns die stammesgeschichtliche Entstehung der Arten in bezug auf die auslösenden Kräfte noch ein Buch mit sieben Siegeln ist, so ist die dritte Form der Ganzheitsbetrachtung schon eher der Forschung zugängig, das ist das Verhältnis von *Individuum und von Zelle*. Davon soll ausführlicher die Rede sein.

Verhältnis von Zelle und Individuum.

Bei den *Urtierchen* (Einzellern, Protozoen) sind *Individuum* und *Zelle identisch*, Zelle ist Individuum und Individuum ist Zelle. Die einzige Zelle vermag alle Lebensfunktionen, die diesen primitiven Lebewesen eignet, zu steuern.

Auch im menschlichen Körper behalten gewisse Zellen während des ganzen Lebens bestimmte primitive Eigenschaften eines Protozoons bei. Sehr schön kann man das an dem von PHILIPP vorgeführten Film über Phagocytose [2] beobachten. Lymphocyten, polynukleäre Zellen usw. gebärden sich im Laufbild wie einzellige Lebewesen: sie strecken Pseudopodien aus, ziehen die Streptokokkenketten in den Zelleib hinein und verdauen sie, genau so wie

---

[1] Der Ausdruck stammt von v. BERTALLANFI, Das Gefüge des Lebens. Berlin u. Wien: 1937.   [2] Deutsche Gesellschaft für Gynäkologie, Berlin 1937.

eine Amöbe ihre Nahrung einfängt und verdaut. Diese amöboiden Gebilde sind aber nicht mehr Lebewesen für sich — es fehlt ihnen namentlich die wichtige Eigenschaft der unbegrenzten Vermehrungsfähigkeit aus sich —, sondern es handelt sich um Zellen, die vom Körper zu einem bestimmten Zwecke, nämlich zur Unschädlichmachung der ins Blut gelangten Noxen, differenziert sind.

Bei den *Vielzellern* (Metazoen) tritt eine Arbeitsteilung und Spezialisierung ein. An Stelle der einen Zelle treten mehrere, viele, tausende, Millionen von Zellen. Das Individuum ist die *Summe dieser Zellen*, aber nicht nur im mathematischen Sinne, wie etwa ein Weizenhaufen aus einer bestimmten Zahl von Körnern besteht, sondern diese Summe von Zellen ist zu einer *biologischen Einheit und Ganzheit*, eben dem *Individuum*, zusammengeschlossen.

Das *Individuum* ist, wie sein Name sagt, unteilbar — In-divi-duum — man kann von ihm nichts wegnehmen, ohne seinen Bestand zu schädigen oder es ganz zu zerstören.

Umgekehrt haben wir bei der *toten* Materie die frühere Vorstellung, daß das Atom [1] — unteilbar — die letzte Einheit sei, längst aufgegeben. Die moderne Forschung hat uns gelehrt, daß das Atom aus Elektronen, Protonen, Neutronen besteht.

Wir sprechen häufig von „Leben" schlechthin als einem Abstractum. Wir müssen uns klar sein, daß es in Wirklichkeit nur lebende *Individuen* gibt, und daß der Begriff „Leben" eine Denkform unseres Geistes ist.

Über die Lebensvorgänge, die sich im tierischen und menschlichen Körper abspielen, hat man von jeher sich Gedanken gemacht. Diese Vorstellungen waren in bezug auf die feineren anatomischen und biologischen Verhältnisse ursprünglich primitiver Natur. Erst seit festgestellt war, daß der Körper aus *Zellen*, d. h. durch Grenzmembranen gegen die Umgebung abgeschlossene biologische Einheiten besteht, konnte man den Versuch machen, tiefer in die Vorgänge einzudringen.

Das Studium der *Zelle* und der aus ihnen bestehenden *Organe* führte fraglos lange Zeit zu einer *Überschätzung* der *organlokalen* Vorgänge und ihrer Störungen, die in der reinen *Cellularpathologie* und Solidärpathologie Virchows den stärksten Ausdruck gefunden hat.

Es sind schon gegen Ende des Jahrhunderts Stimmen laut geworden, die an der Richtigkeit der ausschließlich cellulären Betrachtungsweise zweifelten und die das *Gesamtgeschehen*, das Individuum, die *Persönlichkeit* mehr berücksichtigt haben wollten; unter ihnen sind namentlich L. Krehl [2] und Friedrich Kraus [3] zu nennen.

G. v. Bergmann [4] hat in der Erkenntnis, daß wir weder durch die chemisch-physikalischen Forschungen, noch durch Studium der morphologischen Veränderungen den lebenden Organismus in seiner Ganzheit zu erfassen vermögen, in seiner „*funktionellen Pathologie*" die Funktionen als die feinsten Lebensäußerungen in den Vordergrund gestellt und versucht, auf diese Weise tiefer in das geheimnisvolle Getriebe des Körpers einzudringen.

In den letzten zwei Jahrzehnten ist durch die Erforschung der großen Bedeutung der *Vitamine und Hormone* eine Lehre wieder zu Ehren gekommen, die von den alten Ärzten ausschließlich vertreten worden war, die *Humoralpathologie*. Wir wissen heute, daß das Blut und die Säfte gewisse Stoffe, ent-

---

[1] Von ἄ-τομος = unteilbar.   [2] Pathologische Physiologie.
[3] Allgemeine und spezielle Pathologie der Person (klinische Syzytiologie). Leipzig: Georg Thieme 1913.   [4] G. von Bergmann: 2. Auflage. Berlin: Julius Springer 1936.

weder von außen zugeführt (Vitamine) oder im Innern im eigenen Körper selbst gebildet, (Hormone, Enzyme), enthalten, die notwendig sind, um die Funktionen der Zelle aufrecht zu erhalten. Erst wenn gewisse Zellen solche Stoffe bereiten und diese Substanzen oder ähnliche von außen zugeführte Stoffe wieder auf andere Zellen einwirken, können sich die verwickelten Reaktionsabläufe in den Zellen vollziehen. In diesem Lichte betrachtet, verschwindet der Gegensatz, der bisher zwischen den Zellen (Cellulae) und den „Säften" (Humores), zwischen Cellular- und Humoral-Biologie und -Pathologie bestand. Die *Cellular-Humoral-biologie* und -Pathologie faßt die beiden Auffassungen in *einem* gemeinschaftlichen Begriff zusammen.

Ohne Zellen keine Säfte (Intercellularflüssigkeit, Lymphe, Blut) *und ohne Säfte keine Funktion der Zellen.* Dieser Satz gilt für alle Metazoen von einer gewissen Entwicklungsstufe, Differenzierung und Arbeitsteilung ab; bei ihnen sind Zellen und Säfte in gesundem und krankhaftem Zustande stets zu einer untrennbaren biologischen Einheit im Individuum vereinigt.

In ähnlicher Weise wie Vitamine und Hormone hat auch die Erkenntnis, daß die *Elektrolyte, Ionen* usw. bei den Funktionsabläufen der Zellen eine große Rolle spielen, zu einer erweiterten Grundlage unseres Wissens über diese Dinge im obengenannten Sinne geführt. SCHADE hat unter Berücksichtigung dieser Verhältnisse von einer *Molekularbiologie und -pathologie* gesprochen.

Wenn man an das unendlich verwickelte Zusammenspiel von Zellen und Säften im Körper denkt, wird man begreifen, daß es schon unter physiologischen Verhältnissen schwierig ist, ganz klar zu sehen. Die Schwierigkeiten steigern sich noch um ein Vielfaches unter *pathologischen* Verhältnissen, wenn die Reaktionen abgeändert, krankhaft, verlaufen.

Die alte französische Schule (BOUCHARDAT) hat von einer ganzzeitlichen Betrachtung ausgehend eine besondere und *veränderte* Form der Funktionsabläufe der Zellen angenommen und von einer *Bradytrophie* gesprochen, für die in Deutschland neuerdings L. R. GROTE[1] eingetreten ist.

Man versteht darunter eine Verlangsamung der Oxydationsgeschwindigkeit, eine Abnahme der Fermentwirkung und eine relative Retention intermediärer Stoffwechselschlacken, vor allem aus dem Eiweißanteil, die sich bevorzugt in den Spalträumen und in der Fasersubstanz des Mesenchyms abspielen (GROTE).

In Deutschland hat namentlich der Begriff der *Allergie* und *Pathergie* (RÖSSLE) weite Verbreitung gefunden; er sieht das wesentliche in der Beschaffenheit und Reaktionsfähigkeit der Zelle, auf deren geheimnisvolle Tätigkeit letzten Endes jede Lebensfrage hinausläuft.

Die Stoffe, die auf die Zelltätigkeit einen sehr großen Einfluß ausüben, sind *mengenmäßig* häufig ganz *winzig klein.* So sind Follikelhormon, Adrenalin, Vitamin D, Arsen, um ganz verschiedene Substanzen zu nennen, schon in Mengen, die sich nur nach $^{1}/_{1000}$ mg berechnen, wirksam, also in Größenordnungen, die in der Homöopathie zur Anwendung kommen. Und so hat sich *Homöopathie und Allopathie* gerade in einem der wichtigsten Punkte, in dem sie bisher auseinandergingen, auf einem gemeinschaftlichen Boden zusammengefunden (A. BIER). Ebenso hat der große Fortschritt, der in der Erforschung der Licht- und Wärmewirkung, in der Ionen- und Elektronenlehre, auf dem Gebiete der Ernährung usw. erzielt worden ist, die Grenzen, die früher zwischen *Naturheilkunde* und *Schulmedizin* bestanden, niedergerissen. Es ist das Verdienst

---

[1] GROTE, L. R.: Arch. Gynäk. **168** (1938). — Verh. dtsch. Ges. Gynäk., Berlin 1937.

des † Ärzteführers GERHARD WAGNER, auf dem Kongreß für innere Medizin in Wiesbaden 1936 auch äußerlich die Aussöhnung der beiden Richtungen herbeigeführt zu haben. Auch sind die *Heilmittel der alten Humoralpathologie*, wie Aderlaß, Abführen, Ableiten, Fasten, auf Grund der veränderten Anschauungen und einer ganzheitlichen Betrachtung schon längst wieder in das ärztliche Rüstzeug aufgenommen worden (ASCHNER). Man hat in Anlehnung an die Lehre des HIPPOKRATES der Richtung, ohne dringende Notwendigkeit, sogar einen besonderen Namen gegeben und von *Neu-Hippokratismus* gesprochen [1].

Wenn ich diese Dinge hier ausführlich besprochen habe, so geschah es deshalb, weil sie auch für Wachstum und Fortpflanzung und deren Störungen von grundlegender Bedeutung sind.

3. Tod des Individuums, Fortleben des Keimplasmas, potentielle Unsterblichkeit von Art und Volk.

Die *einzelligen* Lebewesen, die sich durch einfache Teilung vermehren, sind *potentiell unsterblich*. Sie gehen natürlich durch äußere Einwirkungen vielfach tatsächlich zugrunde. Aber, unter gleich günstigen Lebensbedingungen gehalten, verfallen sie nicht dem Tode.

Das haben die Versuche von WOODRUFF (1913), von HARTMANN und seinen Schülern bewiesen. WOODRUFF züchtete Paramaecien auf ungeschlechtlichem Wege $13^1/_2$ Jahre lang bis zu 8400 Generationen, der Zahl nach 2^{3340} Individuen; die Züchtung hätte in das Unendliche weiter fortgesetzt werden können.

Zu dem Begriff der „Einzeller" im weiteren Sinne gehören auch die Mikroorganismen: Bakterien, die filtrierbaren invisiblen Viren usw.; unter den letzteren hat STANLEY [2] neuerdings den Virus, der die Mosaikkrankheit des Tabaks hervorruft, genauer erforscht. Es gelang ihm, durch verschiedene Reinigungs- und Behandlungsverfahren einen krystallinischen Stoff mit einem Molekulargewicht von 17 000 000 (neuerdings werden 42 000 000 angegeben) zu gewinnen, der die allgemeinen Eigenschaften von hochmolekularen Eiweißkörpern mit Nukleogruppen und noch rasche Vermehrung auf der Wirtspflanze zeigte, also eine der Haupteigenschaften lebender Organismen, Fortpflanzungsfähigkeit, aufwies. Es ist anzunehmen, daß es sich trotz des krystallinischen Aussehens um einen lebenden Mikroorganismus handelt, dem das Protoplasma fehlt und der nur kernartige Struktur zeigt (zellwandfreie Mikroorganismen). KAUSCHE [3] deutet den Virus der Tabakmosaikkrankheit und den Kartoffel-X-Virus als „in ihrer Wirkungsweise genetisch gesteuerte Wirkstoffe noch nicht näher erforschter Struktur". Ob es wirklich an gelöste Substanzen gebundenes Leben gibt, bleibt fraglich, wahrscheinlicher ist eine Autokatalyse eines Ferments.

Alle *Mehrzeller* sind *sterblich*. Die Metazoen haben also ihre höhere Organisation mit einem *sehr hohen Preis*, mit dem *Leben*, bezahlt.

A. CARREL beobachtete unter geeigneten Bedingungen auch bei den aus *Gewebekulturen hervorgegangenen Zellen* eine *potentielle Unsterblichkeit:* Er entnahm 1912 von einem Hühnerembryo ein Stück Herz, hielt die Nährflüssigkeit konstant und bewirkte durch ein geeignetes Verfahren, daß das Volumen der Kolonie nicht zunahm. Die daraus erzeugte Zellkolonie wuchs nach 24 Jahren genau so lebhaft wie im Anfang.

---

[1] In Frankreich werden die Bestrebungen hauptsächlich in der société neo-hippocratique gepflegt. [2] STANLEY: Science (N.Y.) **81**, 644 (1935).
[3] KAUSCHE: Münch. med. Wschr. **1939 I**.

Wie das Individuum, so sind natürlich auch *alle somatischen* Zellen, die es zusammensetzen, dem *Tode* unterworfen. Dagegen muß in den *Geschlechtszellen etwas Unsterbliches* stecken; denn sonst wäre es, da eine Neuschöpfung nicht mehr stattfindet, unmöglich, daß durch ihre Mitwirkung das Leben erhalten bleibt. WEISMANN hat den Vorgang als die *Kontinuität des Keimplasmas* bezeichnet.

Somazellen und Individuum zeigen in ihrem Lebensgang viele Ähnlichkeiten; das Leben verläuft bei beiden in einem Kreis[1] (Zyklus) und ist zeitlich begrenzt *(Zell- und Individualzyklus)* (Abb. 1). Wenn man den Verlauf in Kurvenform aufzeichnet, so finden wir eine *aufsteigende Entwicklung* (progressive Phase, der *Wachstumsperiode* entsprechend), einen *Höhepunkt* (stationäre Phase und einen *Abstieg* (regressive Phase, Alter), die in dem physiologischen Tod endigt. Bei den Somazellen tritt dieser Zyklus nicht so auffällig wie bei dem Individuum in die Erscheinung. Er ist aber fraglos

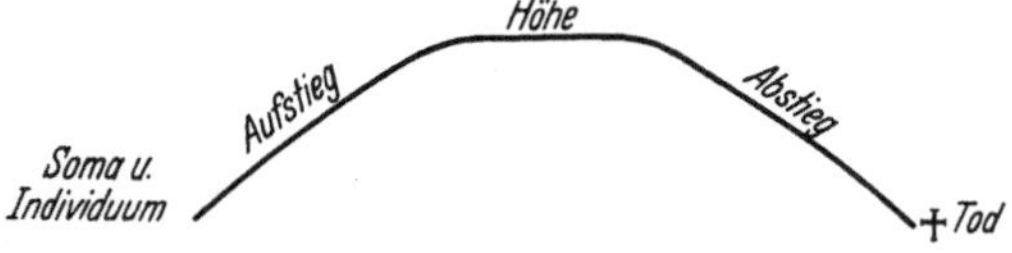

Abb. 1. Entwicklungsgang von Somazellen und Individuum.

vorhanden, nur dauert der Lebenslauf bei verschiedenen Arten von Zellen sehr verschieden lang. Die roten Blutkörperchen z. B. haben beim Menschen nur eine Lebensdauer von ungefähr 4 Wochen, die Knochenzellen haben einen sehr langen Zyklus. Im allgemeinen nimmt man an, daß nach Ablauf von 7 Jahren sämtliche vorher vorhandenen Somazellen durch neue ersetzt sind.

Anders bei den *Geschlechtszellen.* Die Geschlechtszellen haben wie die Somazellen eine Zeit der Entwicklung bis zur Reife. Der erste Teil der Kurve verläuft also bei ihnen ähnlich wie bei den Somazellen, wenn auch zeitlich verzögert; aber keineswegs alle Geschlechtszellen vermögen den ganzen ersten Teil der Kurve bis zur Reife zu durchlaufen. Bei den höher organisierten Tieren und beim Menschen, ganz besonders beim weiblichen Geschlecht, erliegen die Mehrzahl der angelegten Geschlechtszellen der

Abb. 2a. Verhalten der Geschlechtszelle bei Ausbleiben einer Weiterentwicklung.

Aufsaugung durch die Somazellen und verfallen dem Tode. Das Schicksal der Geschlechtszellen, die die Reife erreichen, kann zweierlei Art sein. Entweder die Zellen gehen in kürzester Zeit zugrunde, weil sie außerhalb des Körpers nicht lebensfähig sind, bei den männlichen Keimzellen ist das die überwiegende Mehrzahl; nur ganz ausnahmsweise und bei Vorhandensein besonderer Einrichtungen in den weiblichen Geschlechtsorganen (receptacula seminis) erhalten sich die Samenfäden längere Zeit lebensfähig, z. B. bei der weiblichen Fledermaus oder bei der Bienenkönigin. Im allgemeinen gehen sie jedoch häufig schon innerhalb weniger Stunden oder Tage außerhalb des Körpers oder auch im fremden Körper zugrunde. Die Lebenskurven dieser Keimzellen erfährt also einen raschen Abbruch durch den Tod. Die Kurve verläuft so, wie sie Abb. 2a zeigt.

Dagegen die Keimzellen, die zur *Befruchtung* kommen (Vereinigung weiblicher und männlicher Geschlechtszelle) leben weiter. Aus der befruchteten Eizelle entsteht ein neues Individuum, weiblich oder männlich, je nach der

---

[1] Richtiger Halbkreis.

Geschlechtschromosomengarnitur, das wieder die nämliche Kurve mit dem individuellen Tod am Ende zeigt. Dieses Individuum produziert während der

Abb. 2b, c u. d. Verhalten der Geschlechtszellen bei Weiterentwicklung und die Kontinuität des Keimplasmas.

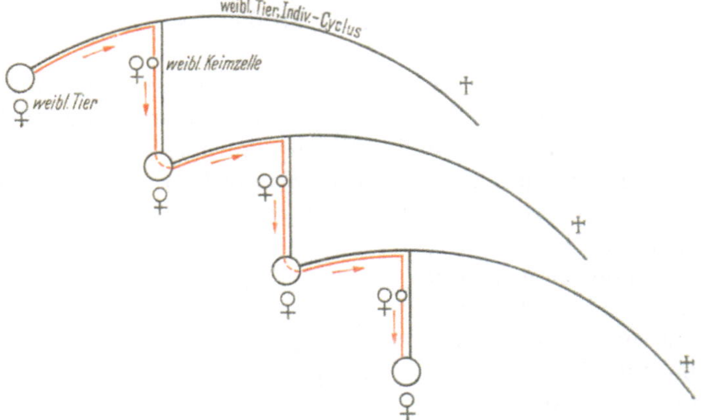

Abb. 2b. Kontinuität des Keimplasmas (rote Linie) bei der Parthenogenesis. Die Kontinuität wird ausschließlich von weiblichen Keimzellen aufrechterhalten.

stationären Phase seines Lebens wieder Keimzellen (männlich oder weiblich, je nach seinem Geschlecht), die mit den Keimzellen eines Individuums des

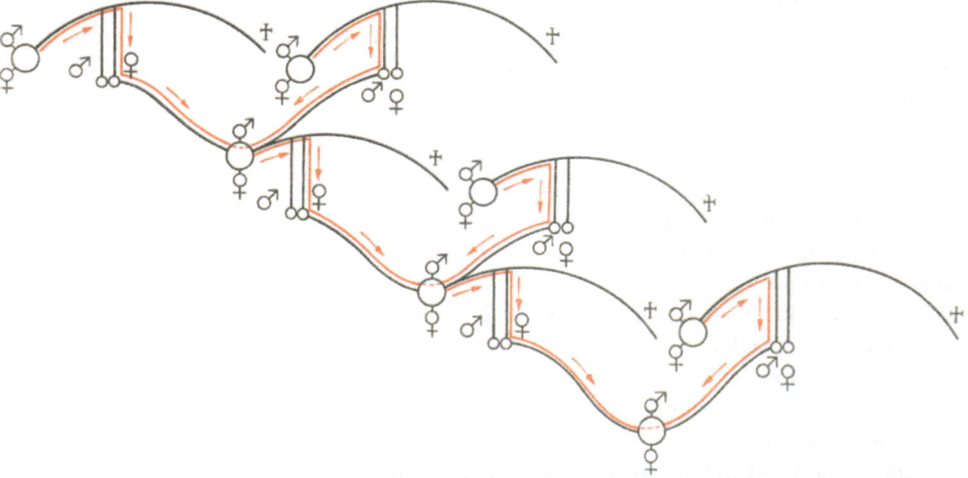

Abb. 2c. Kontinuität des Keimplasmas bei der zwittrigen Fortpflanzung. Die Kontinuität wird von zweierlei Keimzellen, die von zwittrigen Individuen stammen, aufrechterhalten.

anderen Geschlechts vereinigt, wieder ein neues Lebewesen aufbaut. So geht die Entwicklung unendlich weiter.

Wenn wir dieses Geschehen kurvenmäßig darstellen, so sehen wir, daß die Kurve des Individuums regelmäßig mit dem *Tode* endigt. Ebenso natürlich die Somazellen, dagegen bleiben die Geschlechtszellen dadurch, daß sie sich mit den heterologen Keimzellen vereinigen und ein Individuum aufbauen, zwar nicht als Ganzes und als Zellindividuum, sondern in den Erbanlagen und dem Erbgut erhalten. Es geht also von den in beiden Keimzellen ruhenden Erbanlagen je die Hälfte auf das bei der Zeugung entstandene neue Lebewesen über, die im Keimplasma enthaltenen Erbwerte bleiben erhalten und leben weiter.

Die Kontinuität des Keimplasmas ist am klarsten bei der *parthenogenetischen* Fortpflanzung zu erkennen. Man ersieht aus dem Schema (Abb. 2b), wie das aus der unbefruchteten Eizelle hervorgegangene weibliche Tier dem Tode verfällt, dagegen das Keimplasma in jedem neuen Tierindividuum neu gebildet und immer wieder in die nächste Generation weitergegeben wird. Die Linie des Keimplasmas (rot gestrichelt) verläuft geschlossen und ungeteilt weiter und könnte bis in das Unendliche weitergeführt werden.

Bei dem *echten Hermaphroditismus* (Abb. 2c) und bei der *getrenntgeschlechtlichen Fortpflanzung* (Abb. 2d) liegen die Verhältnisse verwickelter. Bei diesen

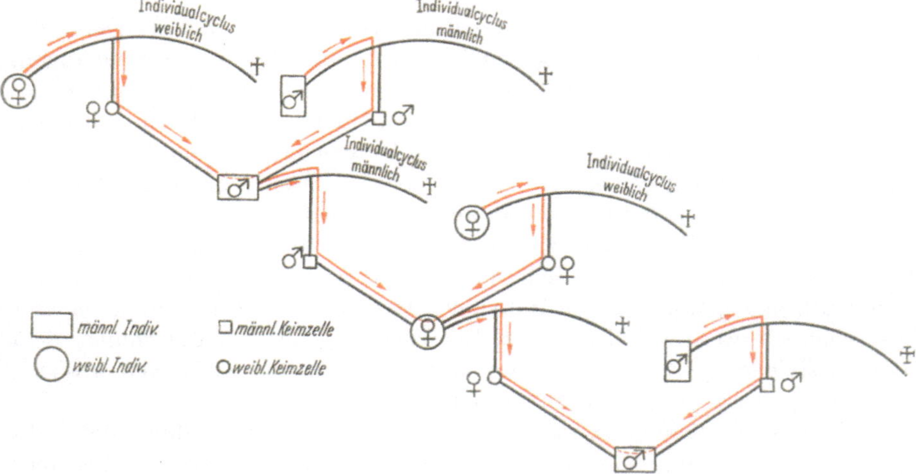

Abb. 2d. Kontinuität des Keimplasmas bei der getrenntgeschlechtlichen Fortpflanzung. Die Kontinuität wird von zweierlei Keimzellen, die von weiblichen und männlichen Individuen stammen, aufrechterhalten.

Formen der Fortpflanzung stammt das Keimplasma aus *zwei* Zellen, die verschmolzen ein neues Lebewesen gleicher Art aufbauen. Aus dem neugebildeten Individuum entsteht wieder neues Keimplasma, das mit dem heterologen Keimplasma eines anderen Individuums vereinigt, wieder einen neuen Organismus bildet.

Während bei der parthenogenetischen Fortpflanzung es sich immer wieder um das Keimplasma *eines* Tieres, des Muttertieres, handelt, werden dagegen bei der zwittrigen Fortpflanzung die Keimplasmalinien von *zwei Individuen*, und bei der getrenntgeschlechtlichen Fortpflanzung von *zwei* Individuen *verschiedenen Geschlechts* gebildet. Bei der zwitterigen Fortpflanzung findet zwar die Vereinigung der Keimzellen zweier verschiedener Individuen statt, aber es kann passieren und wird tatsächlich sehr oft der Fall sein, daß zwei Keimzellen immer wieder von den nämlichen zwei Individuen stammen; es ist dabei gleichgültig, ob das eine Tier, z. B. die S. 83 abgebildete Schnecke, das eine Mal das Männchen spielt, das andere Mal die Rolle des Weibchens übernimmt. Es ist also *Inzucht* in höherem Maße möglich.

So sicher also der *Tod* des *Individuums* (Vielzeller) ist, so sicher ist das *Fortleben* des *Keimplasmas*, sofern die Individuen fähig sind, ihr Körperkeimplasma aufzubauen und imstande und willens sind, es bei Kopulation an den Geschlechtspartner weiter zu geben.

Ein *Volk* kann dadurch zugrunde gehen, daß die Individuen, die es zusammensetzen, nicht mehr fähig sind, fortpflanzungsfähige Keimzellen zu bilden — solche Entartungserscheinungen sind, wie wir sehen werden, *vereinzelt* auch bei unserem Volke bereits zu sehen — oder was viel häufiger und gefährlicher ist, nicht mehr den Willen zur Zeugung haben. Wir müssen uns immer bewußt bleiben, daß der einzelne, vom Standpunkt der Natur aus gesehen, in erster Linie Träger der Erbwerte ist und daß er nur insofern eine Daseinsberechtigung hat, als er ein Glied in der unendlich langen Kette der Volksgemeinschaft darstellt.

4. Der Begriff der Individualität und ihre verschiedenen Arten.

Schon bei der oberflächlichen Betrachtung erkennt man, daß bei Tieren der *gleichen Art* (Spezies) die *Merkmale stark variieren* und, daß sie, wie wir sagen, verschiedenen *Rassen* und in weiterer Gliederung verschiedenen Stämmen angehören. Besonders ausgesprochen ist bekanntlich die Rassenbildung bei den Hunden. Aber auch beim Menschen sind die Unterschiede in dem körperlichen und seelischen Verhalten bei den verschiedenen Rassen sehr groß. Darüber hat uns die *moderne Rassenforschung* weitgehend aufgeklärt.

Bei Angehörigen der nämlichen *Rasse* und mehr natürlich noch des gleichen Stammes kann die *Ähnlichkeit* jedoch *manchmal* so weit gehen, daß man bei der Betrachtung glaubt, gleiche Individuen vor sich zu haben. Bei genauerer Untersuchung erweist sich dieser erste Eindruck stets als eine Täuschung. *Zwei gleiche Individuen gibt es nicht*, wenn man von eineiigen Zwillingen absieht; „jeder ist ein Original" (RÖSSLE), (s. auch S. 64).

Worin besteht diese *Einmaligkeit* des Individuums, was bedingt die Individualität der Person? Man kann die Frage mit einem Wort beantworten: genisch: die einmalige Genkombination, biologisch: die Beschaffenheit des *rätselhaften Gebildes, das wir Zellprotoplasma* (Cytoplasma) nennen. Da uns aber ein tieferer Einblick in diese geheimnisvolle Substanz verwehrt ist, müssen wir uns mit der Feststellung einiger wichtiger *Eigenschaften*, die das Protoplasma auszeichnen und deren Auswirkungen am lebenden Organismus in die Erscheinung treten, begnügen.

a) Die cytomorphologische Individualität.

Wenn das Individuum einmalig ist, so ist es nur folgerichtig, anzunehmen, daß auch die Teile, die es zusammensetzen, die *Zellen*, eine gewisse Eigenart aufweisen; denn die Zellen sind gestaltgewordene Materie, sind „geprägte Form" des Lebens. Wir sind zwar mit unsern Hilfsmitteln meist nicht imstande, die Zellen der einen Tierart von denen der anderen und noch weniger die Zellen des einen Individuums der nämlichen Art von denen eines anderen Individuums nach ihrem morphologischen Aufbau voneinander zu unterscheiden. Es ist aber kein Zweifel, daß *molekular*-strukturelle Verschiedenheiten bestehen und bestehen müssen: das erfordert die Logik, die in dem Gestalt-Funktionsgesetz steckt (s. auch S. 243).

Daß es tatsächlich so ist, ersehen wir aus den *Überpflanzungsversuchen* von Geweben, die von einer Tierart stammend auf eine andere Tierart übertragen werden. Alle *Heteroplastiken* bei den höheren Tieren und beim Menschen mißlingen. Aber auch bei den Überpflanzungen innerhalb der nämlichen Tierart, bei den *Homoioplastiken*, vermag der fertige Organismus das artgleiche, aber individualitätsfremde Gewebe nicht unverändert in den eigenen Zellbestand aufzunehmen, nach längerer oder kürzerer Zeit verfällt es der Aufsaugung. Nur bei bestimmten Geweben, wie Blut, Epidermis, gelingt unter Einhaltung bestimmter Bedingungen die Einpflanzung. Weit besser sind die Ergebnisse der *Autoplastik* (Übertragung der körpereigenen Gewebe), von der die Chirurgie öfters mit Nutzen Gebrauch macht.

Die cytomorphologische Individualität hängt von der *Spezifität der hochmolekularen Körper*, die die Zellen zusammensetzen, von den *Kolloiden*, ab.

b) Kolloidale Individualität.

Die wichtigsten Bestandteile des Protoplasmas sind die *Eiweißkörper*, bekanntlich die höchstmolekularen Stoffe, die wir kennen, — und die *Lipoide*. Wir fassen sie wegen ihrer physikalischen Eigenschaften als *Kolloide* zusammen.

Nur die Kolloide haben die Eigenschaften, das Substrat für den Ablauf der Lebensvorgänge und Energiegefälle auf kleinstem Raume zu bilden, sie haben die Fähigkeit, durch Wasseraufnahme und Wasserabgabe das Gewebe zur Quellung und zur Entquellung zu bringen. Sie sind imstande, große Oberflächen zu bilden und Grenzflächen [1] herzustellen, sie sind in den Zellmembranen enthalten und vermögen diese je nach Bedarf mehr oder weniger gut durchgängig zu machen.

Da die Eiweißkörper [2] nach EMIL FISCHER durch Zusammentritt von Aminosäuren entstehen und von diesen Stoffen eine beträchtliche Anzahl (etwa 27) bekannt sind, so sind theoretisch *Billionen verschiedener Eiweißkörper* (ABDERHALDEN) möglich, und die Zahl wirklich vorkommender Eiweißarten ist unendlich groß. Die Eiweißkörper der einen *Tierart unterscheiden* sich von denen einer andern Spezies; daher kann das Blut der einen Tierart nicht auf eine andere übertragen werden; dasselbe lehrt auch die UHLENHUTHsche Blutbestimmungsmethode. ABDERHALDEN und W. HERRE [3] gelang es, durch die ABDERHALDENsche Reaktion bei Meerschweinchen, Schafen und Schweinen Rasseeigentümlichkeiten" in der Feinstruktur der Eiweißkörper nachzuweisen.

Aber nicht nur jede Spezies, sondern auch jedes *Individuum* hat *seine* ihm eigentümlichen Eiweißkörper. Die Zugehörigkeit der verschiedenen Menschen zu verschiedenen Blutgruppen z. B. ist in diesem Sinne zu deuten. Noch deutlicher lehren das die nach parenteraler Eiweißzufuhr und bei spontanem Eiweißzerfall im Körper auftretenden streng *spezifischen Abwehrproteinasen* oder Abwehrfermente, die sogar *organspezifisch* sind (ABDERHALDEN). Bei den Nachkommen entsprechen nach ABDERHALDEN und HERRE die Eiweißkörper bald mehr dem Vater, bald mehr der Mutter.

Da Mensch und Tier den Eiweißbedarf nur aus der Nahrung zu decken vermögen, so müssen auch Einrichtungen vorhanden sein, das *körperfremde* Eiweiß in ein *körpereigenes* umzuwandeln. Diese Umstellung besorgt bekanntlich

---

[1] BECHHOLD berechnet für ein Gewebstück von 1 ccm Größe mit $^1/_3$ Lipoiden und Eiweißstoffen und bei mittlerer kolloidaler Teilchengröße von $10\,\mu$ Durchmesser — ohne Quellung — 200 qm.

[2] Vergleiche: Chemie und Physiologie des Eiweißes. 3. Frankfurter Konferenz. Dresden u. Leipzig: Theodor Steinkopff 1938.

[3] ABDERHALDEN u. W. HERRE: Fermentforsch. **15**, 49, 191 (1936); **16**, 125 (1938). — Med. Klin. **1939 I**, 14.

beim geborenen Menschen der Magen-Darmkanal einschließlich der Leber durch Zerlegung des Eiweißes in Aminosäuren und Aufbau zu körpereigenem Eiweiß. Auch die Zellen des *Fetus,* besonders die Chorionepithelien haben bereits die Fähigkeit, die übergetretenen Aminosäuren zu körpereigenem Eiweiß aufzubauen.

Eiweiß *unmittelbar in das Blut gebracht* (intravenöse Einspritzung) ruft lebhafte Reaktionen hervor, wird vom Blut als körperfremd empfunden, durch *Fermente abgebaut,* dadurch unschädlich und in anderer Form innerhalb gewisser Grenzen sogar dem Körper nutzbar gemacht. Auch das *fetale* Eiweiß der Chorionepithelien (in die mütterliche Blutbahn verschleppt) wird, obwohl es dem mütterlichen Eiweiß doch besonders nahesteht, durch die von ABDERHALDEN nachgewiesenen Fermente (Dialysierverfahren, Acetonprobe) abgebaut.

Auf diese Weise wird die kolloidale Individualität, wie wir unter Einbeziehung der übrigen kolloiden Stoffe sagen dürfen, auf das strengste aufrechterhalten.

Die Ausführungen beziehen sich nicht nur auf die eigentlichen Eiweißkörper, sondern auch noch auf die *hochmolekularen Abkömmlinge,* soweit sie noch *Antigencharakter* aufweisen; die tiefer abgebauten Stoffe haben diese Eigenschaften nicht mehr.

c) Fehlende Individualität der Hormone und trotzdem individuelle Gesamtwirkung der Hormone auf den Körper.

Anders als die unter b) besprochenen hochmolekularen Körper (Eiweiße und Lipoide) verhalten sich die *niedriger molekularen* Stoffe (Ergone), die entweder von außen zugeführt (wozu die Vitamine gehören) oder die im Körper in eigener Zelltätigkeit bereitet werden (Hormone).

Die Hormone sind sämtlich *weder individualitäts- noch art-, meist sogar nicht einmal klassenspezifisch.* Das Follikelhormon und das Adrenalin, das sich bei Protozoen nachweisen läßt, hat genau die gleiche chemische Zusammensetzung wie der Stoff, der im Eierstock der Frau oder im Nebennierenmark gebildet wird und das Thyroxin des Schafes unterscheidet sich in nichts von dem Wirkstoff, der in der Schilddrüse des Menschen entsteht. Deshalb ist das tierische Thyreoidin ein vollwertiger Ersatz.

Mit dem Fehlen der individuellen Eigenart der Hormone hängt die Erscheinung zusammen, daß bei ihrer Anwendung nie die Symptome auftreten, die wir unter dem Begriff der Anaphylaxie zusammenfassen.

Der Satz von der individuellen Indifferenz der Hormone gilt vielleicht nicht ganz uneingeschränkt. Amerikanische Forscher haben es sehr wahrscheinlich gemacht, daß mehrere in der *Vorderhypophyse* gebildete Wirkstoffe, wie das Wachstumshormon, das gonadotrope, das thyreotrope Hormon, noch Antigencharakter tragen. Diese sind z. T. auch artspezifisch.

Man hat aus dem Fehlen anaphylaktischer Erscheinungen vielfach zu weitgehende Schlüsse gezogen und geglaubt, daß man gewisse Hormone, z. B. Follikelhormon, in beliebig großer Menge geben könne, ohne daß eine Schädigung eintrete. Davon kann keine Rede sein. Die Hormone sind vielfach Stoffe, die schon in außerordentlich geringen, millionstel Gramm betragenden Mengen große biologische Wirkungen zeigen, z. B. Follikelhormon, Adrenalin, Thyroxin. Im gewöhnlichen Sinne sind die Hormone *Gifte,* der Unterschied besteht nur darin, daß sie nicht von außen mit der Nahrung zugeführt, sondern im Körper selbst bereitet werden. Wie bei der Anwendung indifferenter Arzneimittel vor allem auf die richtige Dosierung zu achten ist, so kommt bei den Hormonen alles darauf an, daß sie in der *richtigen Menge* und zu dem *richtigen Zeitpunkt* im Körper gebildet werden.

Da die Hormone stets in einer *größeren Anzahl* im Körper wirksam sind, und da die einzelnen Hormone z. T. synergistisch, z. T. antagonistisch aufeinander oder richtiger auf die hormonempfindlichen Zellen wirken, so kommt es ferner auf das richtige *Verhältnis*, auf die *richtige Mischung* an (Euhormonie möchte ich den Zustand nennen). Die Regelung dieser *Euhormonie* vermag nur der *Körper selbst* vorzunehmen; in ihm müssen die *steuernden Einrichtungen* vorhanden sein. Wenn das nicht der Fall ist, dann kommt es zu zu reichlicher oder zu geringer Bildung eines bestimmten Wirkstoffes und damit zu einer Störung des Gleichgewichtszustandes.

Diese *Selbststeuerung* kann stets nur durch die wundertätige Substanz des *Protoplasmas* der Zelle, *niemals* durch ein Hormon selbst geschehen; denn das Hormon ist ein toter Stoff[1], wie jede andere chemische Substanz; *Zelle und Protoplasma* dagegen sind *lebende organismische Gebilde*, die allein dank ihrer „Metastruktur" eine solche Anpassungsfähigkeit und schöpferische Kraft zeigen. Daß Zelle und Protoplasma letzten Endes die Regler sind und die Hormone nur das Mittel zum Zweck, diese Tatsache ist bisher vielfach nicht genügend beachtet worden und hat häufig zu einer Überwertung der Hormone geführt.

Ein *Vergleich* ist vielleicht geeignet, das Verhältnis von lebendem Zellprotoplasma zu Hormon verständlicher darzustellen.

Der tierische und menschliche Körper besteht aus einer Unsumme von *Zellen*. Jede dieser Zellen stellt eine *kleine chemische Fabrik* dar. Jede oder wenigstens jede Art dieser geheimnisvollen Fabrikchen produziert einen *andern Stoff* oder auch *verschiedene Stoffe*, — auf den letzteren Punkt soll noch später genauer eingegangen werden. Die einen Zellen begnügen sich im wesentlichen damit, höhermolekuläre Stoffe abzubauen, andere haben die Fähigkeit, Synthesen vorzunehmen usw., endlich gibt es solche, die ganz bestimmte Substanzen, *Spezialstoffe* bilden, die zur *Steuerung der Lebensvorgänge*, besonders auch des *Wachstums und der Fortpflanzung*, notwendig sind, *die Hormone*. Alle in den Zellen gebildeten Stoffe gelangen in das Blut, werden an andere Zellen als Wirkstoffe abgegeben oder als Schlacken ausgeschieden.

Man stelle sich einmal vor: die *tausend* einzeln in kleinen Fabriken gebildeten Stoffe kommen in die *nämliche Lösungsflüssigkeit*, aus dieser müssen sie *elektiv* herausgeholt werden. Zu dieser sondernden elektiven Tätigkeit ist nur das rätselhafte organismische Gebilde des Protoplasma imstande.

Durch dieses Verhältnis von Zellprotoplasma zu Hormon und ihre gegenseitige Einwirkung ergibt sich folgendes *merkwürdiges Endresultat* in bezug auf *individuelle Wirkung:* Das einzelne Hormon ist, wie bereits erwähnt, individualitäts-, art-, ja sogar klassenunspezifisch; die *Gesamtheit* der Hormone jedoch

---

[1] So epochemachend daher technisch und in bezug auf die organische Chemie die erste künstliche Herstellung einer organischen Substanz, des Harnstoffes, durch WÖHLER (1828) war, so wenig bedeutet sie für die Grundfrage des Lebens; denn der Harnstoff und die zahlreichen, unterdessen hergestellten chemischen Körper sind tote Stoffe, die sich von der anderen toten Materie nur dadurch unterscheiden, daß sie im lebenden Körper gebildet werden. Wir sind vorsichtiger in der Deutung der Lebensvorgänge geworden, als es ehedem MOLESCHOTT, BÜCHNER u. a. um die Mitte des vorigen Jahrhunderts mit ihrem groben Materialismus waren.

tragen in ihrer Auswirkung *auf den Körper ausgesprochen individuelles Gepräge*. Die Erscheinung erklärt sich eben daraus, daß in dem Gesamtgeschehen nicht die Hormone, sondern die Beschaffenheit der *Zellen* den Ausschlag gibt: einmal die hormonproduzierenden Zellen selbst (endokrine Zellen), dann ebensostark die „Erfolgszellen", die auf das Hormon z. T. spezifisch — aber keineswegs immer — reagieren (s. S. 57). Die Produktionsfähigkeit der ersteren und die Ansprechbarkeit der letzteren schwankt beträchtlich je nach der ontogenetischen Entwicklungsphase, Alter, Geschlecht und besonders nach dem Milieu — davon soll später noch die Rede sein.

Es besteht also auch eine *hormonale* Individualität, aber nur *mittelbar*, und *bedingt* durch die Individualität der Zellen, während dagegen die kolloidale und die cytomorphologische Individualität durch die Beschaffenheit der lebenden Substanz des Protoplasmas gegeben, *unbedingt und unmittelbar* ist.

Wenn man das alles bedenkt, so wird man verstehen, daß jeder Körper ein eigenes individuelles strukturelles Gefüge ist, daß die Zellen, die den Körper zusammensetzen eine etwas verschiedene Reaktionsfähigkeit aufweisen, und daß die Funktionsabläufe sich individuell verschieden gestalten. Dieser Tatsache muß man sich gerade bei der biologischen Wirkung der Hormone bewußt bleiben; nur dann kann man begreifen, daß die gleiche Hormondosis bei dem einen Menschen glänzende Resultate erzielt, bei einem zweiten ohne jeden Erfolg ist.

5. Die bestimmenden Kräfte von der befruchteten Eizelle bis zum ausgewachsenen Individuum.

Die Determinationsfaktoren sind chromosomale, die Realisationsfaktoren vorwiegend hormonale Kräfte.

Wenn wir über Wachstum und Fortpflanzung sprechen wollen, so müssen wir *ab ovo*, von der *befruchteten Eizelle* ausgehen, denn von ihr nehmen beide Vorgänge ihren Ursprung. Was *davor* gelegen ist, ist eine andere Frage, auf die ich erst in einem späteren Abschnitte, der über das Geschlechtliche handelt, eingehe.

Die *befruchtete* Eizelle — ich spreche hier nur von Lebewesen mit zweigeschlechtlicher Fortpflanzung — ist schon ein *lebendes Individuum,* das alle Potenzen zur Entwicklung des zukünftigen ausgereiften Individuum in sich trägt. Diese Behauptung ist nicht etwa in dem Sinne der alten Einschachtelungstheorie, nach der schon alle Organe im kleinsten Ausmaße vorgebildet im befruchteten Ei (oder im Samenkorn) enthalten sind, zu verstehen, sondern nur in dem Sinne, daß in der Eizelle *alle Entwicklungstendenzen,* alle *Anlagen, alle Gene* enthalten sind. Diese *Herausentwicklung* des späteren Individuum aus den kleinsten Anfängen, aus der befruchteten Eizelle, die äußerlich betrachtet sich kaum von der Eizelle einer fremden, vielfach sogar ferner stehenden Art unterscheidet, erfüllt jeden denkenden Menschen mit *tiefer Bewunderung* und scheuer Ehrfurcht. Man hat das, was von den ersten Anfängen bis zur vollen Ausbildung des Individuums geschieht, mit *Wortbildern umschrieben* und versucht, auf die Weise wenigstens *begrifflich* dem geheimnisvollen Geschehen näher zu kommen.

So wurde die gesamte Entwicklungsmöglichkeit, die in der befruchteten Eizelle schlummert, als *Präformation*, alles, was später geschieht, als *Epigenesis* [1] bezeichnet; man sieht: nur Umschreibungen, begriffliche Zusammenfassungen, aber keine an das wirkliche Geschehen rührende Deutung.

HANS DRIESCH [2] spricht von einer „prospektiven Potenz" und versteht darunter alles, was die Eizelle oder eine embryonale Zelle unter den verschiedenen Bedingungen zu bilden vermag, und von einer „prospektiven Bedeutung", worunter er alles versteht, was diese Zelle in Wirklichkeit bildet.

Einfacher und eindeutiger läßt sich der DRIESCHsche Gedanke mit dem modernen Begriffe: *erbliche Reaktionsnorm* ausdrücken, d. h. reagiert die Eizelle auf innere und äußere Reize in der regelmäßigen Art und Stärke oder zeigen sich Abweichungen und Störungen.

Einen sehr glücklichen Griff hat ROUX [3] mit der Aufstellung der Begriffe *Determinations- und Realisationsfaktoren* gemacht; unter den ersteren versteht ROUX *alle Entwicklungstendenzen*, also *erbliche* Faktoren, die dem Ei mit auf den Lebensweg gegeben worden sind, unter den letzteren die Kräfte, die die Aufgabe haben, die im Keime schlummernden *Entwicklungstendenzen zu wecken und zur Entfaltung zu bringen*. Ich werde auf die beiden im allgemeinen gut orientierenden Ausdrücke in den folgenden Ausführungen wiederholt zurückgreifen.

Wir dürfen uns aber nicht verhehlen, daß auch hinter diesen zwei Ausdrücken zunächst *nur begriffliche Unterteilungen* unseres ordnenden Verstandes sich verbergen und daß über das Wesen und die Natur dieser Faktoren, über die lebendigen Kräfte, die diese Entwicklung herbeiführen, noch nichts ausgesagt ist. Wir müssen daher versuchen, die Begriffe *naturwissenschaftlich, d. h. chemisch-physikalisch* zu untermauern. Wir können das innerhalb gewisser Grenzen heute bereits tun. Die *Determinationsfaktoren* sind nichts anderes als die Erbwerte und -anlagen, die *Gene*; die Träger der Gene aber sind, wie heute allgemein angenommen wird, die *Chromosome*. Wir können daher alle Entwicklungstendenzen, die im befruchteten Ei stecken, ihm „immanent" sind, als *genisch* (nicht genetisch) oder, wenn man von den cytologisch erfaßbaren Chromosomen ausgeht, als *chromosomal* bezeichnen (will man dabei noch das phylogenetische Moment [4] betonen, als *phylogenetisch-chromosomal*, wie ich es an einigen Stellen tue), oder legt man besonderen Wert auf die ersten cellulären Entwicklungen, als chromosomal-zygotisch. Ganz umfassend ist der deutsche Ausdruck „erblich"; er hebt das praktisch Wichtige und Wesentliche hervor, deshalb habe ich ihn in der Form: „erbmäßig" in dem Titel dieses Buches gewählt.

---

[1] Siehe die ausführliche Abhandlung von BERNHARD FISCHER-WASELS in BETHEs Handbuch der normalen und pathologischen Physiologie, Bd. 14, II, S. 1211. Berlin: Julius Springer 1925.

[2] DRIESCH, H.: Philosophie des Organischen, Bd. 1, S. 77. 1909.

[3] ROUX: Biol. Zbl. **13**, 617 (1893).

[4] Es ist nicht unnötig, insbesondere für Medizinerkreise, das *Phylogenetische* zu betonen und sich stets darüber klar zu sein, daß die jetzt lebenden Tierarten das Endresultat einer Millionen Jahre während Entwicklung sind, die unter uns fast gänzlich unbekannten chemisch-physikalischen Einflüssen erfolgt und nunmehr chromosomal erblich verankert und fixiert ist. Wir müssen in diesen Dingen in Aeonen und Erdperioden denken und uns bewußt bleiben, daß die Ontogenese, die sich vor unseren Augen in wenigen Tagen oder Jahren abspielt, nur die kurze Wiederholung der Phylogenese ist.

Die *genisch-chromosomalen oder Determinationsfaktoren* entfalten ihre Wirkungen das *ganze Leben hindurch*, sie bestimmen *maßgebend* die *Entwicklung* des Individuum, sie sind Ausgangspunkt und Grundlage für das, was wir *Konstitution* nennen. Wir müssen uns dabei darüber klar bleiben, daß auch die Organe, die am stärksten Entwicklung und Konstitution beeinflussen, die *Drüsen mit innerer Sekretion*, letzten Endes ebenfalls *genisch-chromosomal determiniert* sind.

Die chromosomalen Faktoren bedürfen, um die in der Eizelle schlummernden Entwicklungstendenzen zu wecken und zur Verwirklichung zu bringen, der *Realisationsfaktoren*. Diese Kräfte sind wie immer *physikalisch-chemischer* Natur. In physikalischer Hinsicht ist vor allem eine bestimmte Wärme — Bebrütungswärme —, Licht usw. notwendig; die *chemischen* Faktoren sind sehr verschiedener Art. Die für die Entwicklung *wichtigsten* sind jene Stoffe, durch deren Anwesenheit erst die sonst ausbleibenden chemischen Reaktionen ausgelöst werden. Wir fassen sie als die *Biokatalysatoren* zusammen, das sind Enzyme, Vitamine, Hormone.

Ohne *Enzyme* oder Fermente gibt es keine Entwicklung und kein Wachstum. Fermente enthält schon der Keimling der Pflanze und der tierische Embryo. Auch *Vitamine* sind unentbehrliche Bestandteile der ersten Entwicklung, sie finden sich in dem keimenden Samenkorn z. B. besonders reichlich, Vitamin B im Weizenkorn und im Dotter des Eies (Vitamin A, C usw.).

Besonders wichtig für Entwicklung und Wachstum sind *die* Wirkstoffe, die die Eizelle und der Körper in eigener Tätigkeit selbst bilden, die *Hormone* (während die Vitamine dem tierischen und menschlichen Körper im allgemeinen von außen mit der Nahrung zugeführt werden). Hier ist die *Eizelle*, wie besonders deutlich an den dotterreichen Eiern der Vögel zu sehen ist, im wesentlichen auf ihre eigenen Vorräte und Hilfskräfte, die ihr mitgegeben sind, angewiesen (von außen wird beim Vogelei nur Wärme und Sauerstoff zugeführt; auch das Ei des Säugers muß nach der Ansiedelung die durch den Trophoblast zugeführten Stoffe selbständig in die für seine Entwicklung geeignete Form umarbeiten).

Daß es sich wirklich um *chemische Stoffe* von *Hormoncharakter* handelt, wissen wir durch die Forschungen von SPEMANN und seinen Schülern über die „Organisatoren". Es ist heute kein Zweifel mehr, daß sich hinter ihnen chemische Substanzen verstecken, die auf gewisse Konzentrationszentren, „Felder" der Blastomere einwirkend, die in den Feldern und Bezirken gelegenen Entwicklungstendenzen induzieren und zur weiteren Entwicklung anregen. Noch bestimmter können wir bei anderen *embryonalen* Zellen die Bildung von Hormonen nachweisen, hier ist uns z. T. sogar die chemische Konstitution genau bekannt; das ist bei den Zellen des *jungen Trophoblasts* der Fall. Sie bilden in einer reichlichen Menge *Follikelhormon* und *Chorionhormon*, in kleineren Mengen auch Corpus luteum-Hormon und wahrscheinlich noch manche andere Wirkstoffe.

Aber nicht nur Eizelle und embryonale Zellen haben die Fähigkeit, in selbständiger Tätigkeit Hormone zu bilden, das Vermögen ist auch bereits bei den *einzelligen Organismen* vorhanden; bei ihnen ist einwandfrei Follikelhormon, Adrenalin und Cholin nachgewiesen worden.

Diese Wirkstoffe haben, wie wir noch sehen werden, zum Teil einen großen, Entwicklung und Wachstum steuernden Einfluß, sie sind der *wichtigste Bestandteil* der *Realisationsfaktoren* im Sinne von ROUX. Man kann sie als die *führenden* Entwicklungs- und Wachstumsfaktoren bezeichnen und man begeht keinen zu großen Fehlei, wenn man sie nach dem Grundsatze: Denominatio fit a potiori kurzweg als *die* Realisationsfaktoren bezeichnet.

In Wirklichkeit sind alle drei Biokatalysatoren als Realisationsfaktoren tätig und es wäre daher richtiger, von den *hormvitenzymatösen Entwicklungsreglern* zu sprechen. Der Kürze halber möge hormonal genügen.

Damit haben die *Realisationsfaktoren* ROUX' einen *festen chemischen Inhalt* und *eine gesicherte Grundlage* erhalten, auf der sich weiter bauen läßt. Ich möchte daher auch vorschlagen, die verschwommenen Begriffe *Präformation und Epigenesis entweder ganz fallen* zu lassen oder sie nur im allgemein orientierenden Sinne zu gebrauchen. *An ihre Stelle* treten die teils morphologisch, teils chemisch scharf umrissenen Begriffe *chromosomal* (statt präformiert) und *hormonal* (statt epigenetisch).

6. Über die Potenzen der befruchteten Eizelle, und die Regenerationskraft der differenzierten Zellen.

Man kann bei der befruchteten Eizelle zwei Potenzen unterscheiden: 1. die Fähigkeit, die Zellen, Organe und damit den Körper *gestaltlich* aufzubauen, ich möchte sie die *cytomorphologische Potenz* nennen. Ihr Vorhandensein ist unbestritten und allgemein anerkannt.

2. Die Fähigkeit der Eizelle und ihrer Abkömmlinge, *chemische Wirkstoffe* zu bilden; ich nenne sie kurz die *chemische Potenz*. Eine solche ist bisher meines Wissens noch nicht genauer erörtert worden.

a) Die cytomorphologische Omnipotenz der Eizelle.

Die befruchtete Eizelle ist, wenn sie erblich richtig ausgestattet ist und wenn alle äußeren Vorbedingungen erfüllt sind, potentiell allmächtig, d. h. sie vermag ein neues Individuum der gleichen Art aufzubauen.

Die Omnipotenz bleibt bei den Protozoen und niedern Metazoen während des ganzen Lebens erhalten, bei dem höher organisierten Lebewesen nimmt sie rasch ab. Die ersten zwei Blastomere sind gewöhnlich noch omnipotent; das beweisen die Versuche von HANS DRIESCH u. a. an Seeigel- und Froscheiern. Durchtrennt man im Zweizellenstadium den Keimling in der Medianlinie, so entstehen zwei vollständige Seeigel und Frösche, aber sie sind nur halb so groß; dasselbe macht die Natur manchmal beim Menschen bei der Entstehung von eineiigen Zwillingen; auch hier handelt es sich um die Entwicklung von zwei Kindern aus *einer* befruchteten Eizelle. Manchmal erfolgt die Trennung nicht ganz, es bleiben Verbindungsbrücken zwischen den beiden Feten bestehen und es entstehen die verschiedenen Formen von Doppelmißbildungen (Thorako-Xipho-Pygopagi).

Wenn wir im *Mehrzellenstadium* eine Abtrennung einzelner Teile vornehmen, so ist das Ergebnis verschieden, je nach der *Richtung und der Stelle*, an der die Teilung vorgenommen wurde. Spalten wir die Fruchtanlage in der Längsachse — natürlich bei Tieren, die einen bilateral-symmetrischen Körperbau haben —, so vermag die Hälfte sich aus eigener Kraft zum vollen Tiere zu regenerieren; spalten wir aber den Körper in der

Querachse, so vermag das hintere Stück nicht das vordere und umgekehrt das vordere nicht den hinteren Teil neu auszubilden. Es ist also bereits eine örtliche Verteilung der einzelnen Potenzen, eine *Felderung*, wie wir sagen, eingetreten.

Was ontogenetisch gilt, besteht natürlich auch phylogenetisch zu Recht. Wir können bei niederstehenden Tierformen ein Tier in mehrere Stücke teilen, aus den Teilstücken bildet sich immer wieder ein vollständig neues Tier; z. B. bei dem Wasserpolypen Hydra und beim Regenwurm. Die Somazellen haben auf dieser stammesgeschichtlichen Stufenleiter noch Omnipotenz. Wenn wir dagegen bei einer Eidechse ein Bein oder den Schwanz abschneiden, so wächst wohl der Schwanz nach, dagegen nicht mehr das Bein. Die Omnipotenz der Abkömmlinge der Eizelle ist bereits vermindert, die neu entstandenen Zellen sind nun noch multipotent. Wir gebrauchen für gewöhnlich nicht den Ausdruck multipotent, sondern sprechen von *Regenerationsvermögen*; es ist aber gut, sich darüber klar zu sein, daß es sich im Grunde genommen um den nämlichen Vorgang handelt. Wir sehen bei der Eidechse auch bereits einen deutlichen Unterschied in der Regenerationskraft der einzelnen Körpergegenden. Das Endstück des Körpers vermag den verlorengegangenen Schwanz neu zu ersetzen, die seitlichen Partien dagegen nicht mehr das abgeschnittene Bein. FISCHER-WASELS hat deshalb von einer Differenzierung mit „Erhaltung der Potenz" und einer solchen mit „Verlust der Potenz" gesprochen.

Es ist jedoch unverkennbar, daß im allgemeinen mit der höheren Differenzierung und mit der stärkeren Arbeitsteilung die Omnipotenz der Zellen progressiv abnimmt, einer *Pluri-* und schließlich einer *Unipotenz* Platz macht. Die Unipotenz ist beim erwachsenen hochorganisierten Organismus das Gewöhnliche. Die hochdifferenzierte Zelle vermag nur mehr eine neue Zelle gleicher Art zu bilden.

Es haben also gewisse Stellen des Körpers ein höheres Regenerationsvermögen als andere. Diese bereits bei der ersten Entwicklung festzustellenden Verschiedenheiten, die, wie bereits erwähnt, mit der Felderbildung zusammenhängen, bleiben *während des ganzen Lebens bei gewissen Zellen und Zellkomplexen bestehen*. Bei den meisten Geweben jedoch erfolgt eine endgültige und unabänderliche Differenzierung, bei der es kein Zurück mehr gibt, z. B. Leber, Niere, Gehirnzelle usw.; bei den letzteren werden lediglich abgestorbene Zellen durch neue ersetzt.

Auffallender als die Bildung einer neuen gleichgearteten Zelle im Körper des Erwachsenen ist die Umbildung in *Zellen von anderer Struktur*. Das ist hauptsächlich bei den *mesodermalen Zellen* der Fall. Es stünde sehr schlimm um die Menschheit, wenn die mesodermalen Bindegewebszellen nicht auch noch im späteren Leben die Fähigkeit einer Umbildung besäßen; wie könnte eine Weichteilwunde, wie könnte ein Knochenbruch heilen, wenn nicht die mesodermalen Abkömmlinge einsprängen und Ersatz für das verlorengegangene Gewebe schüfen.

Verhältnismäßig sehr stark entwickelt ist dieses Regenerationsvermögen an der *Schleimhaut der Gebärmutter*, die sich nach jeder Menstruation und Geburt, nach Ausschabungen usw. aus kleinsten Überresten wieder zu einem vollwertigen Organ entwickelt.

DE SNOO, HEIM u. a. nahmen sogar an, daß alle Epithelzellen und *alle Drüsenreste* des Endometriums zerstört sein können und trotzdem bilde sich aus dem Mesenchym wieder eine vollständige Schleimhaut heraus; das Gewebe der weiblichen Geschlechtsorgane behalte seine embryonale Gestaltungs- und Differenzierungsfähigkeit auch noch im späteren Leben bei.

Diese Auffassung stünde in Übereinstimmung mit der Meinung von R. Meyer, der annimmt, daß sich bei der erwachsenen Frau noch Endometriumgewebe ektopisch aus dem Peritonalepithel zu entwickeln vermöge (Endometriosis peritonealis).

Auch die Bildung der echten *Geschwülste* (Blastome) beruht letzten Endes auf dem Drang nach Entwicklung der Zellen, wenn auch in fehlerhafter und krankhafter Form. Es ist wohl kein Zufall, daß gerade die weiblichen Geschlechtsorgane einschließlich der Brust, die gemäß ihrer natürlichen Bestimmung über ein ungewöhnliches Maß von Bildungs- und Umbildungsfähigkeiten verfügen, besonders häufig (bei dem Ovar in außerordentlich mannigfaltiger Form) der Ausgangspunkt von Blastomen sind.

Auch die *Zellen der meisten Drüsen mit innerer Sekretion* sind *mesodermalen Ursprungs*. Ich werde in einem der nächsten Abschnitte die auffallenden Veränderungen im histologischen Bilde berichten, die an innersekretorischen Drüsen, besonders an den Zellen der Vorderhypophyse und der Nebennierenrinde durch endogene und ektogene Faktoren zustande kommen.

b) Chemische Potenzen der Eizelle und der differenzierten Zellen.

Wir können aus Bau und Gestalt einer Zelle, eines Organs, sogar eines ganzen Individuums Rückschlüsse auf die Funktion ziehen. Die Zelle vom Bau der Muskelfaser hat die Fähigkeit der Kontraktion, die Drüsenzelle die Fähigkeit der Sekretion usw., Gestalt (Morphe) und Funktion bedingen sich gegenseitig.

Wir dürfen jedoch bei dieser Feststellung nicht vergessen, daß unser Auge auch mit den besten Hilfsmitteln weder die Struktur, noch viel weniger die Funktion einer Zelle, eines Organs *restlos* zu überblicken imstande ist. Es gibt eine Metastruktur und eine Metafunktion der Zelle. Zur Metafunktion der Zelle gehören zum Teil auch die *chemischen Vorgänge*, die sich im Innern abspielen. Durch die immer größeren Fortschritte der chemischen Verfahren schwindet das früher so große funktionelle Metagebiet mehr und mehr, aber es ist noch ein recht beträchtlicher unerforschter und wohl auch unerforschlicher Rest vorhanden (s. auch S. 45).

Bis jetzt nahm man ohne weiteres an, daß ein *bestimmter chemischer Stoff* nur von einer Zelle mit einem *bestimmten strukturellen* Gefüge bereitet werden kann. Zum Beispiel das Follikelhormon in den Zellen des Eierstocks, das Adrenalin in den chromaffinen Zellen, das gonadotrope Hormon des Hypophysenvorderlappens in den chromophoben Zellen der Vorderhypophyse, das Thyroxin in der Schilddrüse usw. Die Forschungen der letzten Jahre haben ergeben, daß diese Annahme *nicht immer* zutrifft, daß derselbe Wirkstoff auch bereits von ganz *undifferenzierten* Zellen gebildet werden kann. Ich habe bereits angeführt, daß die Chorionepithelien des jungen Trophoblasts das nämliche Follikel-Corpus luteum-Hypophysenvorderlappenhormon zu produzieren vermögen wie die Theca-Granulosa-Gelbkörper-Vorderlappenzellen, also hochdifferenzierte Organe, bereiten. Wir werden sehen, daß auch schon die primitiven Lebewesen, wie Protozoen und niedere Metazoen, Follikelhormon, Adrenalin, Acethylcholin, also Stoffe, die wir bisher ausschließlich für Produkte spezialisierter Zellen gehalten haben, bilden. Da auch bei den genauesten Untersuchungen nur wenig Ähnlichkeit und sicher keine Gleichheit im strukturellen Aufbau der Zellen der Protozoen und der embryonalen Zellen einerseits und der hochdifferenzierten und spezialisierten Zellen andererseits zu finden ist, so bleibt nichts anderes übrig als zu bekennen, daß uns vorläufig ein Einblick in diese Dinge fehlt: „Metastruktur" und z. T. auch „Metachemie".

Wenn es noch begreiflich erscheint, daß die Zellen primitiver Lebewesen und embryonale Zellen *mehrere* Wirkstoffe zu bilden vermögen, so ist es schwer zu verstehen, daß auch noch voll ausdifferenzierte und spezialisierte Zellen des Erwachsenen imstande sind, dieselbe chemische Leistung zu vollbringen. So vermag die Zelle des Hypophysenvorderlappens, da wir an ihm nur drei morphologisch und färberisch sich verschieden verhaltende Zellarten unterscheiden können, von den drei Zellarten aber zwölf verschiedene Hormone gebildet werden, mindestens vier verschiedene Wirkstoffe — die Frage rein rechnerisch betrachtet — zu synthetisieren. Ähnlich die Zellen der Nebennierenrinde, der Leber usw. Wenn man dem Vorgang, wie wir das bei dem cytomorphologischen Geschehen getan haben, einen Namen geben will, so kann man von einer *chemischen Pluripotenz* der Vorderlappenzelle in bezug auf Hormonbildung sprechen.

Die Entwicklung der *chemischen* Potenz von der befruchteten Eizelle bis zum fertigen Individuum verläuft *anders* als die *cytomorphologische* Potenz. Während diese mit dem Fortschreiten der Entwicklung im allgemeinen von der Omnipotenz über die Pluripotenz zur Unipotenz abfällt, bleibt dagegen bei manchen morphologisch unipotenten, hochdifferenzierten Zellen eine chemische Pluripotenz für Hormone bestehen oder bildet sich erst aus.

Vom Standpunkte des physiologischen Chemikers aus ist die Zelle nur das „*Substrat*", d. h. das Objekt, an dem die chemischen Reaktionen ablaufen. Ob aber die Reaktion so oder anders verläuft, ob als Endprodukt nur *ein* oder ob *mehrere* chemische Körper geliefert werden, das hängt im wesentlichen von der *Molekularstruktur* des „Substrates" ab; diese ist das Bestimmende.

7. Die Wirk- und Reizstoffe des Körpers.
(Biokatalysatoren, Bioinduktoren)[1].

Wissenschaften entfernen sich im ganzen vom Leben
und kehren nur durch einen Umweg dahin zurück.
(GOETHE.)

Man kann im Körper zwei Arten von Stoffen, die ganz verschiedene Aufgaben zu leisten haben, unterscheiden:

1. Die *Nährstoffe*, zu denen die Eiweißkörper, Fette, Glykose gehören, die als Baustoffe dienen und als Brennstoffe die für den Ablauf der Lebensvorgänge notwendigen Energien liefern.

2. Die *Wirk- und Reizstoffe*, die an der Wundersubstanz des Protoplasmas als Substrat die Funktionsabläufe steuern. BUTENANDT spricht von einem Stoffwechsel „höherer Ordnung" (s. auch Abb. 46a u. b, S. 138).

Die Trennung zwischen den beiden Stoffarten ist keine scharfe; denn es kommt gelegentlich vor, daß Nährstoffe die Funktion von Wirkstoffen, so gewisse Eiweißkörper (BICKEL), zeigen und umgekehrt, daß Wirkstoffe, je nach ihrer chemischen Zusammensetzung als Brennstoffe dienen. Im allgemeinen aber und grundsätzlich ist an dieser Unterscheidung festzuhalten.

---

[1] AMMON und DIRSCHERL bezeichnen die Wirkstoffe (Fermente, Hormone und Vitamine) in ihrem eben erschienenen Buche auch als *Ergine*.

Alle Lebensvorgänge gehen letzten Endes auf chemisch-physikalische und besonders *chemische* Reaktionsabläufe zurück. Die Aufgabe der Wissenschaft ist es, die Art dieser höchst komplizierten Reaktionen aufzudecken; zum Teil ist ihr diese schwierige Aufgabe bereits gelungen.

Der Ablauf einer *chemischen Reaktion* hängt mit der *Wahlverwandtschaft* (Affinität) zusammen, die ein Stoff zu einem anderen zeigt.

Man kann nach MITTASCH drei Grade von *Affinität* unterscheiden :

1. Die chemischen Stoffe haben zueinander große Affinität, die Anwesenheit der Stoffe allein genügt, um eine neue Verbindung entstehen zu lassen, wie bei dem Zusammentreffen von Säuren und Basen, 2. die Wahlverwandtschaft der Stoffe ist nur gering, es bedarf zum Eintritt einer Reaktion eines besonderen Anstoßes von außen, z. B. erhöhter Druck, erhöhte Temperaturen, Einwirkung des Lichtes, elektrischer Strom usw., 3. gibt es Stoffe, die nur eine *schlummernde* und *verborgene Wahlverwandtschaft* zueinander haben, die erst durch *andere* Stoffe geweckt werden müssen, wenn bei ihnen eine Reaktion eintreten soll. Es ist natürlich häufig sehr schwer oder ganz unmöglich, die Stoffe der Gruppen 2 und 3 im biologischen Geschehen immer scharf auseinander zu halten.

Diese weckenden Stoffe nennen wir *Katalysatoren*[1]. Die Katalyse ist dadurch gekennzeichnet, daß durch die *bloße Anwesenheit* eines Stoffes eine *Reaktion ausgelöst wird*, die ohne die Anwesenheit des Stoffes sonst nicht erfolgt wäre. Von dem Stoff wird bei dem Ablauf der Reaktion nichts weggenommen, er wirkt nur durch Berührung als „Kontaktstoff".

Der erste katalysatorische Vorgang wurde von DOBEREINER (1823) beobachtet, als er feststellte, daß Knallgas durch Anwesenheit von Platin zur Entzündung gebracht wird. Den ersten organischen Katalysator wies E. BUCHNER (1895) nach, als er erkante, daß es sich bei der alkoholischen Hefegärung um die Wirkung eines „ungeformten" Fermentes handelt. Der schwedische Forscher BERZELIUS (1835) hat das Wesen des Vorganges zum ersten Male klar erkannt und die Bezeichnung Katalyse eingeführt.

Die Tätigkeit der *Wirk- und Reizstoffe* im Körper beruht der Hauptsache nach auf Katalyse. Wir bezeichnen daher die Wirk- und Reizstoffe des Körpers auch als *Biokatalysatoren oder Bioinduktoren*.

Man kann nach H. v. EULER [2] drei Arten von Biokatalysatoren unterscheiden:

1. *Hilfsstoffe*, die zum Ablauf der Funktion notwendig sind und die auf die Art der Funktionsabläufe großen Einfluß haben.

2. Die *eigentlichen Wirkstoffe* im engeren Sinne, von v. EULER als *Ergone* bezeichnet. Es sind Hormone und Vitamine.

3. Die *Enzyme* oder Fermente.

a) Die Hilfsstoffe (Aktivatoren, Regulatoren).

Unter Hilfsstoffen versteht v. EULER die Stoffe, die beim Stoffumsatz oft unspezifisch oder mit begrenzter Spezifität wirksam sind. Sie beeinflussen im allgemeinen das Löslichkeitsverhältnis derart, daß „durch die Salz- oder Komplexbildung mit dem aktiven Stoff die Konzentration eines reaktionsvermittelnden Moleküls, eines Zwischenproduktes oder eines Enzyms erhöht oder die Konzentration eines Hemmstoffes herabgesetzt wird".

---

[1] Es ist, wenn man sich ganz streng und kritisch einstellt, nicht ganz richtig, die verschiedenen zu besprechenden Stoffe insgesamt als Katalysatoren zu bezeichnen; es handelt sich z. T. auch um chemische Reaktionen gewöhnlicher Natur — aber die Wirkung schon in kleinster Menge und ohne überhaupt oder wenigstens ohne *stärker* verbraucht zu werden, ist allen gemeinschaftlich. Ich führe als Beispiel das Vitamin C an, das abwechselnd im Körper reduziert und oxydiert wird, ohne dabei *weiter abgebaut* zu werden; daher ist der tägliche Bedarf an Vitamin C viel geringer als man anfänglich berechnet hatte (RIETSCHEL).

[2] EULER, H. v.: Ergebnisse der Vitamin- und Hormonforschung, Bd. 1, S. 100. Leipzig: Akademische Verlagsgesellschaft 1938.

Hierher gehören die Elektrolyte, welche die Acidität beeinflussen, die Neutralsalze, Natrium, Kalium, Calcium, Magnesium, aber auch Metalle, wie Mangan, Eisen, Kupfer, Zink, auch Arsen und das Halogen Jod[1].

GUTHMANN[2] konnte an unserer Klinik nachweisen, daß das *Arsen* ein regelmäßiger Bestandteil des Blutes und der Gewebe ist, daß der Körper mit großer Zähigkeit den Arsenspiegel festhält, und daß auch bei Zufütterung von Arsen die Arsenproportion sehr lange festgehalten wird. Eine Änderung und Erhöhung des Arsenspiegels läßt sich bei den *Fortpflanzungs- und Wachstumsvorgängen* nachweisen. Während des Zyklus und besonders in der Schwangerschaft treten bestimmte Veränderungen im Arsenspiegel auf. in der Schwangerschaft steigt er ungefähr im 5. Monat auf das doppelte des früheren Wertes. Gewebe, die eine geringe Vitalität und einen geringen Stoffwechsel aufweisen, wie das Gehirn, enthalten eine kleine Menge von Arsen, dagegen haben Gewebe mit großer Aktivität einen hohen Arsengehalt. So enthalten neben der Linse namentlich die Drüsen mit innerer Sekretion die höchsten Arsenwerte. Auch bei jungen wachsenden Pflanzen und Tieren ist die Arsenmenge vermehrt.

Auch das *Jod* wirkt offensichtlich als Katalysator. Wenn man in Kropfgegenden *schwangeren* Frauen kleine Jodmengen gibt, so läßt sich mit größter Wahrscheinlichkeit die Entwicklung eines Kropfes, der sonst in der Regel auftritt, vermeiden, die Schilddrüse des Neugeborenen hat normale Größe, sein Kolloid ist jodhaltig. Beim Kinde ist die Wirkung der Jodkur schon geringer, fast unwirksam ist sie beim Erwachsenen (GUGGISBERG[3]). Es regelt also das Jod bei der noch entwicklungs- und differenzierungsfähigen Zelle der Schilddrüse Aufbau und Funktion der Zelle.

Von den *organischen* Hilfsstoffen seien nur die Cyanwasserstoffsäure, die Thiolverbindungen, besonders das Glutathion (HOPKINS) genannt.

Diese Hilfsstoffe beeinflussen das *Substrat*, das *Zellprotoplasma* und ihre wichtigsten Bestandteile, die *Kolloide*, sehr maßgebend. Sie vermögen die Tätigkeit der Ergone und zum Teil auch der Enzyme so stark zu verändern, daß sonst eintretende Reaktionen unterbleiben oder einen anderen Verlauf nehmen. H-Ionenkonzentration und Elektrolytzustand, kurz das ganze „Milieu", sind bekanntlich für den Ablauf der Lebensfunktionen von größter Bedeutung.

b) Die Wirkstoffe im engeren Sinne (Ergone[4]), Vitamine und Hormone.

Es kann heute kein Zweifel mehr darüber bestehen, daß Vitamine und Hormone in ihrer *chemischen* Wirkung auf die *Zelle grundsätzlich gleichzusetzen sind*[5].

Diese Behauptung klingt im ersten Augenblick sehr unwahrscheinlich, da die Vitamine bekanntlich im allgemeinen von der Pflanze gebildet werden, die Hormone dagegen im Tierkörper entstehen[6]. Es hat sich aber bald gezeigt, daß dieses Gesetz keine Allgemeingültigkeit hat.

Wohl ist den Tieren und dem Menschen die Fähigkeit, Vitamine im eigenen Körper zu bilden, großenteils verloren gegangen, aber es lassen sich noch verschiedene wichtige *Überreste dieses Vermögens* nachweisen. So bildet Ratte und

---

[1] Ich verweise auf den interessanten Aufsatz: „Spurenelemente" von W. KOLLATH: Münch. Wschr. **1938** II, 1769.

[2] GUTHMANN (mit HILDEGARD GRASS): Arch. Gynäk. 152, H. 1 (1933); **166**, 526 (1938). Verh. dtsch. Ges. Gynäk.

[3] GUGGISBERG: Arch. Gynäk. 167, 622 (1938).   [4] Nach v. EULER.

[5] ABDERHALDEN spricht von ekto- und endogenen Sendboten oder Hormonen.

[6] Ihrer chemischen Zusammensetzung nach sind Vitamine Alkohole, Hormone Eiweißstoffe oder Sterine oder deren Abbauprodukte; die Pflanzenwuchsstoffe, die auch in diese Gruppe von Stoffen gehören, wie die Auxine, sind Carbonsäuren.

Hund Vitamin C im eigenen Körper und von den Lappländern und Eskimos, denen wenig Pflanzennahrung zur Verfügung steht, behauptet man, daß der Körper diesen Wirkstoff aufzubauen vermöge.

Vitamin B_1, das sonst nur mit der Nahrung aufgenommen wird, bildet sich in dem Pansen des Rindes unter der Einwirkung von Bakterien, die zu einer Synthese von B_1 befähigt sind (BECHDEL und SCHIEBLICH). Der Stoff wird dann unmittelbar beim Rinde vom Magen resorbiert, geht auch in die Milch über. Das Rind ist daher weitgehend unabhängig von der Menge des mit der Nahrung aufgenommenen Vitamin B_1 [1].

Regelmäßig hat der tierische und menschliche Körper die Fähigkeit, eingeführte *Vorstufen* der Ergänzungsstoffe, die Provitamine, in *Vitamine* um- und aufzubauen, so das Carotin der Pflanze in der Leber in Vitamin A, das Ergosterin in der Haut unter dem Einfluß des Lichtes in Vitamin D.

Vitamine und Hormone sind im Körper vielfach im *synergetischen oder auch antagonistischen* Sinne wirksam. So hat Follikelhormon und Vitamin E sehr ähnliche Wirkung auf die Geschlechtsorgane. Vitamin A ist der Gegenspieler des Thyroxins. Hypovitaminosen können durch Verabreichung von Hormonen und umgekehrt hormonale Störungen durch Gaben von Vitaminen günstig beeinflußt werden. Die Vitamine sind daher auch „Heilstoffe" (STEPP).

Bei den Pflanzen spielen die Vitamine die nämliche Rolle wie die Hormone beim Tier. Im nämlichen Sinne sind wohl auch die verschiedenen differenten Stoffe wirksam, die sich in der Pflanze finden, und die wir zu Heilzwecken verwenden, wie Atropin, Digitalis usw. Es gibt aber auch Stoffe in der Pflanze, die ganz ähnlich wie beim Tier Wachstumsvorgänge anregen, die Phytohormone KÖGLs, wie Auxine, das Biotin usw.

Aber auch *Hormone*, die sonst nur im *Tierkörper* entstehen, können bereits in der *Pflanze* gebildet werden, so insulinähnliche Stoffe, und, was besonders wichtig ist, das *weibliche Geschlechtshormon* (Oestron). Es ist wohl kein Zufall, daß der Wirkstoff, der die geschlechtsspezifischen Vorgänge am stärksten beeinflußt, in der ganzen Pflanzen- und Tierwelt sich vorfindet (Urgeschlechts- und Wachstumshormon, s. S. 182).

Wenn man das Vitamin-Hormonproblem in diesem Sinne betrachtet und phylogenetische Überlegungen mit zu Rate zieht, so erkennt man, daß *alle* lebenden Organismen die Fähigkeit haben, besondere Wirk- und Reizstoffe (Ergone) in ihren Zellen zu bereiten. Die *Pflanzen* vermögen *ausschließlich aus eigener Kraft* diese Stoffe zu bilden. Bei den *Tieren* ist den Zellen diese Fähigkeit zum *Teil verlorengegangen*, sie sind daher gezwungen, die fehlenden Wirkstoffe mit der *Nahrung* zuzuführen. Tier und Mensch sind die Nutznießer auch *der* Arbeit, die die Pflanze bei der Bildung der Vitamine geleistet hat. Bei den Tieren ist also eine *Arbeitsteilung* eingetreten: *Zufuhr der Wirkstoffe von außen und Produktion im eigenen Körper* (s. Abschnitt Hormone und Inkrete im besonderen).

Durch die neueren Forschungen, besonders der Arbeiten von H. v. EULER und seiner Schule wissen wir, daß Vitamine, aber auch Stoffe, die den Charakter von Hormonen tragen, bei der Funktion der *Enzyme* eine maßgebende Rolle spielen.

c) Enzyme, Fermente.

Fermente sind in jeder Zelle vorhanden, ohne ihre Anwesenheit ist kein Leben denkbar. Sie sind in ihrer Wirkung streng „gerichtet", wahlhaft, spezifisch. Sie vermögen nur Elementarreaktionen auszulösen. Man kann nach NEUBERG und OPPENHEIMER die

---

[1] Neuerdings nimmt man auch beim Menschen die Bildung von Vitaminen unter dem Einflusse von Darmbakterien an.

Fermente in zwei große Gruppen zerlegen: 1. *Hydrolasen,* die das Substrat unter Aufnahme von Wasser zerlegen (Dehydrasen, die den Wasserstoff des Substrats aktivieren). Hierher gehören alle Verdauungsfermente und ein Teil der Stoffwechselfermente. 2. Die *Desmolasen,* die alle übrigen Fermente umfassen; sie besorgen den Endabbau der unter Mitwirkung der Hydrolasen gelieferten Stoffe (Verkleinerung von Kohlenstoffketten durch Lösung von C-C-Bindungen, die Vorgänge bei der Glykolyse und Gärung) (s. auch Abschnitt XII). Je nach der Reaktion, die der Stoff herbeiführt, sprechen wir von Oxydasen, Hydrolasen, Esterasen, Diastasen, Lipasen, Proteasen usw. Es wirken vielfach Fermente zusammen (Fermentgemeinschaften).

Die Fermente bestehen aus zwei Bestandteilen (WILLSTÄTTER, v. EULER usw.): 1. dem Träger, einer hochmolekularen, spezifischen, meist eiweißähnlichen Substanz, die inaktiv ist, von v. EULER wegen Fehlen der Wirkung als Apo-Enzym bezeichnet, und 2. der prosthetischen oder *Wirkungsgruppe,* die nur in Verbindung mit dem Eiweißkörper ihre Wirkung zu entfalten vermag, v. EULER bezeichnet diesen Bestandteil als *Co-Ferment* oder Co-Enzym. Das Verhältnis der beiden Bestandteile läßt sich allgemein durch folgende Formel ausdrücken:

Holo-Enzyme[1] (Ganzferment) $\leftrightarrows$ Co-Enzym (Wirkungsgruppe) + Apo-Enzym (Träger).

Es ist nun schon heute für mehrere Enzyme mit Sicherheit festgestellt, daß *Vitamine* oder *Verbindungen von Vitaminen* besonders phosphorylisierte Vitamine die *Wirkungs-* oder prosthetische Gruppe darstellen, daß also die Enzyme durch Vitamine als *Co-Fermente* ihre biologische Wirkung entfalten. So wissen wir, daß *Vitamin B_2* (Lactoflavin mit Phosphorsäure verbunden) das wirksame Prinzip ist, das zusammen mit dem spezifischen Globin als Träger das Flavin-Enzym darstellt (Lactoflavin-Phosphorsäure-Globin).

Das *Lactoflavinphosphorsäureglobulin* (gelbes Atmungsferment, WARBURG, 1932) bringt im Reagensglas Oxydationsvorgänge in Gang, die sonst nicht eintreten, dient also als Wasserstoffüberträger bei den Dehydrierungen; im geringeren Grade hat diese Fähigkeit auch das Lactoflavin allein, das Flavinmolekül verliert dabei seine gelbe Farbe. Es wirkt nun als Reduktionsmittel, gibt seinen Wasserstoff an andere Stoffe ab, wobei es selbst wieder in den oxydierten Zustand zurückkehrt und seine gelbe Farbe wieder erlangt.

Das *Pyrophosphat des Vitamin B_1* (Aneurin) ist ebenfalls ein Co-Ferment, das mit dem eiweißhaltigen Träger verbunden als Carboxylase wirksam ist, d. h. es spaltet aus Brenztraubensäure Kohlensäure ab.

Bei dem *roten Atmungsferment* WARBURGs, einer Eisen-Porphyrin-Globin-Verbindung, spielt der Eisen-Porphyrin-Komplex die Rolle des Co-Fermentes.

v. EULER weist darauf hin, daß die *Co-Zymase,* ein kompliziert gebautes Dinucleotid (Nicotinsäureamid — Ribosid-Adenylsäure), die in den meisten tierischen Zellen nachgewiesen ist, als *Hormon im weiteren Sinne* aufgefaßt werden kann, mit dem nämlichen Recht, wie man bei der Pflanze die Auxine, das Biotin als Phytohormone bezeichnet. Es ist also auch betreff des Zusammenwirkens in Enzymen zwischen Hormonen und Vitaminen kein grundsätzlicher Unterschied vorhanden.

AMMON und DIRSCHERL vergleichen das *Thyreoglobulin* mit einem Ferment (Holo-Ferment), bei dem das Thyroxin das Co-Ferment und der damit gekoppelte Eiweißkörper das Apo-Ferment darstellt. Auch beim *Insulin* liegen nach FREUDENBERG und DIRSCHERL die Verhältnisse ähnlich: die ersten Bindungen, die unter den Einwirkungen von verschiedenen Proteasen (Trypsin, Papain usw.) gespalten werden, sind für die Wirksamkeit des Insulinmoleküls hauptsächlich von Bedeutung.

Auf Grund des gegenwärtigen Standes unserer Kenntnisse können wir sagen: Vitamine und Hormone und ihre Verbindungen bilden zum Teil *Bausteine* bei der Bildung der *Fermente.* Deren biologische Wirkung wird dadurch *verstärkt,*

---

[1] Statt Holo-Enzyme hat WILLSTÄTTER den Ausdruck Symplex, KRAUT statt Co-Ferment und Apo-Enzym die Ausdrücke Agon und Pheron gebraucht.

wie wir bei der Zusammenkopplung des Vitamins B_2 (Lactoflavinphosphorsäure) mit dem spezifischen Eiweißkörper zum gelben Atmungsferment sehen oder die Wirkung wird wie in den meisten Fällen *anders geartet*. Vitamine und Hormone bilden die aktive Gruppe, das Co-Ferment, in dem fermentativen Gesamtkomplex, dem Holo-Ferment im Sinne v. EULERs.

Wir sehen daraus, daß die Wirkung von Vitaminen und Hormonen auf die lebenden Zellen vielfach der von Fermenten *gleichen* und es ist berechtigt, in diesem Sinne mit v. EULER von *Vit-Enzymen und Horm-Enzymen* zu sprechen [s. Schema der Einwirkung der Biokatalysatoren auf die Zellen (Abb. 3)].

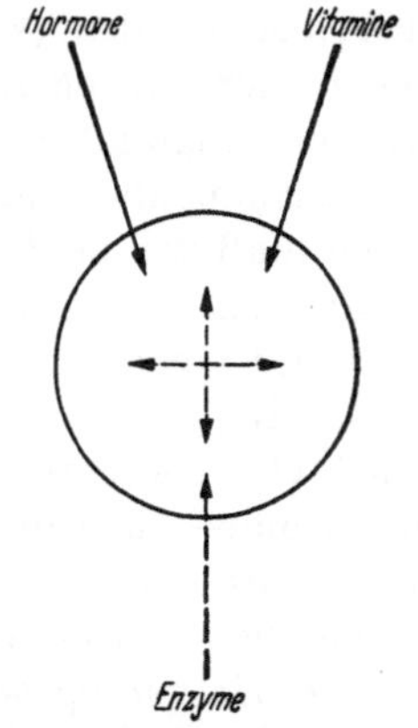

Da es aber bei der Betrachtung der Lebensvorgänge an den Zellen heute meist noch nicht möglich ist, eine scharfe Trennung der drei Arten von Biokatalysatoren vorzunehmen, werde ich bei der Erörterung allgemeiner biologischer Probleme mich des umfassenden Ausdruckes: Horm-Vit-Enzyme oder Erg-Enzyme gelegentlich bedienen; es soll damit zum Ausdruck gebracht werden, daß vielfach alle drei Faktoren bei den Funktionsabläufen mitbeteiligt sind.

Die *chemischen Reaktionen*, die durch die Wirkstoffe oder Biokatalysatoren an dem Substrat, den Kolloiden der lebenden Zelle ausgelöst werden, sind verschiedener Art. Ein großer Teil der Vorgänge beruht jedoch auf einem *Ansatz von Wasserstoff* (Hydrierung) oder *Entziehung von Wasserstoff* (Dehydrierung); auf dem nämlichen Prinzip beruht auch der Atmungsvorgang.

Abb. 3. Hormone, Vitamine und Fermente wirken auf die Zelle (in der Mitte) ein, die im Innern der Zelle dadurch hervorgerufenen Kräfte sind schematisch durch 4 Pfeile angedeutet (hormvitenzymatöse Wirkung).

Die alte Lehre von LAVOISIER, der in der Aufnahme von Sauerstoff das Wesen der Verbrennung gesehen hat, hat durch die Theorie von H. WIELAND eine Änderung erfahren. Nach dessen Auffassung ist das Wesentliche an dem Vorgang die Aufnahme oder Abgabe von Wasserstoff. Der Sauerstoff tritt bei der Atmung nur als wirksamster Acceptor und Depolisator des Wasserstoffes auf.

Es gibt nun im Körper verschiedene Stoffe, die die Fähigkeit haben, *abwechselnd Wasserstoff aufzunehmen und abzugeben*, die an dem Substrat das eine Mal eine Hydrierung, das andere Mal eine Dehydrierung vornehmen. Es sind also Stoffe, die sowohl Reduktionen als auch Oxydationen im Substrat auszulösen vermögen. Solche *Redoxsysteme* sind z. B. das Vitamin C (Ascorbinsäure) das Glutathion, das in der Minute etwa 100mal zwischen Hydrierung und Dehydrierung hin und herpendelt, das Cystein-Cystin[1], die Ferro-Ferri-Verbindung, das Hydrochinon usw.

Aber auch ein *großer* Teil der Wirkung der *Enzyme* läuft letzten Endes auf *Hydrierungen und Dehydrierungen* hinaus; so wissen wir von dem Enzym, das die alkoholische Gärung herbeiführt, der Zymase, daß ihr wirksamer Bestandteil, die Co-Zymase, als Co-Dehydrase wirksam ist.

---

[1] Nach der Formel: $2\,\text{Cystein} + O = \text{Cystin} + H_2O$ (auch umgekehrt gültig), wobei Cystein der reduzierte Köper mit SH (Red-Form) mit der Formel: $SH \cdot CH_2 \cdot CH(NH_2)COOH$ und Cystin der oxydierte Körper (Ox-Form, S. S.) mit der Formel: $\begin{array}{l} S—CH_2 \cdot CH(NH_2)COOH \\ S—CH_2 \cdot CH(NH_2)COOH \end{array}$ ist.

v. Euler hat den Stoff als Co-Dehydrase I bezeichnet, während er das rote Atmungsferment Warburgs als Co-Dehydrase II benennt. Auch die Lactoflavin-Phosphorsäure als Co-Ferment ist als Co-Dehydrase wirksam.

Wir kennen aber nicht nur enzymatöse Vorgänge, bei denen es sich um Hydrierungen und Dehydrierungen handelt, es sind bereits auch Fermente genauer in ihrer chemischen Konstitution bekannt, die die Fähigkeit haben, von der Brenztraubensäure Kohlensäure abzuspalten (Carboxylase). Diese Fähigkeit kommt dem Aneurinpyrophosphat als Co-Ferment zu (im menschlichen Körper bisher noch nicht beobachtet).

Auch ein phosphatübertragendes Ferment, die *Phosphorylase*, ist beschrieben worden (v. Euler und Adler u. a.), die bei den biologischen Vorgängen der Gärung und der Glykolyse (neben der zentralen Reaktion der Wasserstoffübertragung) eine wesentliche Rolle spielt.

Zusammenfassend kann man über die Biokatalysatoren oder Wirkstoffe sagen, daß wir heute bereits eine große Anzahl der Stoffe in ihrer chemischen Zusammensetzung und zum Teil auch in ihrer biologischen Wirkung am Substrat der lebenden Zelle kennen, wie die Hilfsstoffe und viele Ergone. Auch ist das Dunkel, in das bisher die Enzyme eingehüllt waren, fraglos schon etwas gelichtet. Von einigen Enzymen kennen wir die chemische Konstitution genau und können auch die Art der chemischen Reaktion angeben, die sich im Substrat vollzieht, z. B. als Dehydrase. Das alles ist solide immer wiederholbare chemische Forscherarbeit.

Die *Hauptaufgabe* der Biokatalysatoren in ihrer Gesamtheit ist es also, jeweils die *Kolloide als Lebensträger in dem Zustand* zu erhalten, wie es die Lebensgesetze der Art und des Individuums, wie es Alter und äußere Umstände erfordern (eukolloider Zustand, Schade).

Erst die Aufrechterhaltung des optimalen Kollidzustandes durch die Biokatalysatoren ermöglicht den geordneten Ablauf der kolloidchemischen Reaktionen, von denen nur Quellung und Entquellung, Durchlässigkeit und Anreicherung der Grenzflächen, die Lipoidlöslichkeit genannt seien.

d) Embryonale und fetale Wirkstoffe der Säuger.

Bei der ersten embryonalen Entwicklung tritt die Zusammenarbeit von Fermenten, Vitaminen und Hormonen besonders deutlich in die Erscheinung. Ich führe nur kurz folgende Tatsachen an: Bei den *Keimungsvorgängen der Pflanze* wird die Stärke des Samenkorns durch ein Ferment (Diastase) in wasserlöslichen Zucker, bei der Gerste z. B. in Maltose, umgewandelt und auch bei dem Ab- und Umbau der Eiweißkörper und Lipoide handelt es sich um Fermentwirkungen.

Neben den Enzymen finden sich regelmäßig in keimenden Pflanzen *Vitamine*. Erwähnt seien nur Vitamin C und zwei Vitamine, die auch bei den Wachstums- und Fortpflanzungsvorgängen *tierischer* Lebewesen von großer Bedeutung sind. Das *Vitamin* B_2, der Wachstumsstoff, der nach Neuweiler[1] im getrockneten Weizenkeime in einer Menge von 3—4,5 E. je Gramm enthalten ist und das *Vitamin* E, das für die Entwicklung und das Wachstum der Geschlechtsorgane der Säuger unentbehrlich ist (Evans). (75 mg in 1 g Weizenkeimöl nach Neuweiler enthalten, ferner auch in der Hefe, im Eigelb usw. vorhanden.)

---

[1] Neuweiler: Die Vitamine der Milch. Bern 1936.

Es ist ferner heute festgestellt, daß die „*Organisatoren*" SPEMANNs chemische Stoffe sind, die formweckend im Sinne von Hormonen auf die Entwicklung des Embryos einwirken. Es handelt sich wohl um eine Reihe von verschiedenen Zwischenverbindungen, von denen die eine die Vorstufe oder wenigstens die notwendige Vorbedingung für die Bildung eines zweiten Stoffes ist.

In den letzten Jahren gelang es, die Einfügung eines spezifischen Wirkstoffes, eines *Gen-Hormons*, zwischen Gen und abhängigem Merkmal bei verschiedenen Insekten (Taufliege, Mehlmotte, Schlupfwespe) festzustellen. Führt man der *helläugigen* Mutationsrasse in einem bestimmten Entwicklungsstadium den fehlenden Wirkstoff durch Einspritzung von Auszügen, durch Einpflanzung von Organen, oder durch Verfütterung zu, so wird das Auge der betreffenden Mutationsrasse *dunkel* gefärbt wie bei den Wildrassen, trotzdem es auf Grund der vorhandenen Erbanlagen hell werden müßte.

Eine *Änderung* des *Ionenmilieus* (hypertonisches Meerwasser) vermag nach J. LOEB beim Seeigelei parthenogenetisch die erste Entwicklung einzuleiten.

Von den embryonalen und fetalen Wirkstoffen spielen *typische Hormone* eine wichtige Rolle. In den *Zellen* des *Trophoblasts und der Placenta* der Säuger werden Follikelhormon und Chorionhormon in großer Menge, aber auch Corpus luteum-Hormon und wohl noch andere Wirkstoffe gebildet (s. S. 233).

e) Die Zusammen- und Gegenarbeit der Biokatalysatoren untereinander.

Wenn auch schon im vorausgehenden gelegentlich einige Wechselbeziehungen, die zwischen den einzelnen Biokatalysatoren bestehen, gestreift worden sind, so ist es bei der Wichtigkeit der Vorgänge doch nicht unnötig, noch in einem besonderen Abschnitt die Frage zu behandeln. Dabei kann nicht alles, was bisher auf diesem Gebiete erforscht worden ist, besprochen werden. Ich werde mich mit der Darstellung *allgemeiner Gesichtspunkte* begnügen und nur auf Fragen, die mit den *Fortpflanzungsvorgängen* in näherer Beziehung stehen, genauer eingehen. Da sich Vitamine und Hormone in bezug auf ihr Verhältnis zu den Fermenten gleich verhalten, so können diese zwei Wirkstoffe zusammen besprochen werden.

Die Zusammen- und Gegenarbeit der Ergone und Fermente ist ein außerordentlich verwickelter Vorgang, den wir heute nur zum Teil klar überblicken können. Bei dem gegenseitigen Aufeinanderwirken muß man zwei im Prinzip wohl nicht verschiedene, aber in ihrer Erfaßbarkeit auseinanderzuhaltende Vorgänge unterscheiden.

1. Die Stoffe, wohl in der Minderzahl, können im *Blut* aufeinander wirken, d. h. unmittelbar durch ihre *chemischen Affinitäten*, also Stoff gegen Stoff. Am klarsten können wir eine solche Einwirkung erkennen, wenn die zwei zu prüfenden Stoffe im Reagensglas aufeinander wirken. So setzt das Vitamin C schon in vitro die leicht eintretende Oxydation des Adrenalins deutlich herab (SCHRÖDER) und schützt das Hormon durch diese Eigenart vor dem raschen Abbau im Blut. MÜHLBOCK und KAUFMANN konnten ferner nachweisen, daß eine chemische Affinität des Thyroxins zu den Lipasen im Fettgewebe, im Pankreas, Leber, Placenta, besteht.

2. Die Stoffe lösen in den *Zellen* chemische Reaktionen aus, also nicht Stoff gegen Stoff, sondern *mittelbar* auf dem Umwege über das *Protoplasma* der Zelle. In diesen werden durch Einwirkung der Biokatalysatoren chemische Reaktionen

und zwar meistens Kettenreaktionen ausgelöst, die wir bei der Kompliziertheit des Geschehens meist nicht im einzelnen festzustellen vermögen.

Die Einwirkung der verschiedenen Biokatalysatoren kann an der *nämlichen* Zelle oder auch an *verschiedenen* erfolgen. Dadurch wird der Vorgang noch weiter verwickelt (s. Abschnitt: Erfolgszelle).

Ganz deutlich tritt diese zweite Art der Einwirkung bei den sog. *adeno- oder hormotropen Wirkstoffen*, besonders des *Hypophysenvorderlappens* zutage. Hier regt ein Hormon eine *andere hormonproduzierende* Zelle zu veränderter (erhöhter oder verminderter) Tätigkeit an. Aber auch bei den *gewöhnlichen Erfolgszellen* dürfen wir uns die Art der Einwirkung nicht zu einfach vorstellen. Das gilt namentlich von allen Hormonen, die Veränderungen in den Zellen hervorrufen, die mit Wachstum und Fortpflanzungsgeschehen zu tun haben.

Um die mesodermalen Zellen des Kindes zu denen eines Erwachsenen umzugestalten oder die Granulosazellen des reifenden Follikels in die Gelbkörperzellen umzubilden, ist nicht nur eine einzige chemische Reaktion, sondern eine lange Reihe verschiedener Reaktionen erforderlich, bei denen jedesmal neben den uns bekannten Hormonen wieder ein anderer Katalysator eingreift.

α) Die Wirkung der Fermente auf Hormone und Vitamine.

Die Fermente haben auf *Hormone* vielfach einen *zerstörenden* Einfluß. Am klarsten sehen wir das bei den Vorgängen im *Magen-Darmkanal.*

Die Proteasen des Magen-Darmkanals (Trypsin, Erepsin, Pepsin) zerstören die Wirkung der meisten Proteohormone, wie die Vorderlappenhormone, das Insulin, das Nebenschilddrüsen-Hormon, auch das Adrenalin, nicht dagegen den Wirkstoff der Schilddrüse, bei dem nach Abspaltung von Thyreoglobulin noch das Thyroxin wirksam bleibt. (Daher sind bei der Zufuhr durch den Mund die genannten Stoffe meist wirkungslos.)

Was im Magen-Darmkanal geschieht, findet auch zum Teil im *Blute* statt. Man nimmt an, daß das in das Blut gelangte *Insulin*, soweit es nicht verbraucht wird, durch die Proteasen des Blutes wieder langsam zerstört wird und ferner, daß das im Magen-Darmkanal gebildete *Acethylcholin* durch Cholinesterase des Blutes vernichtet wird und auf diese Weise eine zu reichliche Ansammlung dieses Hormons, das erfahrungsgemäß Shockwirkungen verursacht, vermieden wird. Wird das Acetylcholin subcutan oder intramuskulär gegeben, so tritt kaum eine Wirkung auf, während es bei intravenöser Einspritzung bereits bei kleiner Menge nachweisbare Erscheinungen hervorruft.

Auch *Vitamine* können durch Fermente abgebaut und ihrer spezifischen Wirkung beraubt werden. So wird das *Vitamin C* durch eine häufig in pflanzlichen Geweben vorkommende *Ascorbinsäureoxydase* seiner skorbutspezifischen Wirkung beraubt. So kann in Obstsalat innerhalb kurzer Zeit alles Vitamin C durch diese Oxydase zerstört werden (NEUWEILER). Besonders wichtig ist die Feststellung von STEPP, daß auch die Fermente von gewissen Bacterium coli-Stämmen Vitamin C seiner spezifischen Wirkung berauben können, wodurch es zu einer Hypovitaminose C kommt. Das Vitamin B_1 verliert leicht durch die Desamidase seine spezifische Wirkung.

β) Wirkung der Hormone und Vitamine auf Fermente.

Es ist festgestellt, daß durch Hormone und Vitamine die Tätigkeit der Fermente eine Änderung in *fördernder* oder *hemmender* Hinsicht erfahren kann.

Hormone. So hemmt oder beschleunigt das Thyroxin je nach der Dosis die Wirkung von Trypsin und Erepsin (ABDERHALDEN und FRANKE), hat eine stark hemmende Wirkung auf fettspaltende Fermente verschiedener Herkunft (Pankreas, Leber, Placenta, Fettgewebe) (MÜHLBOCK und KAUFFMANN), einen fördernden Einfluß auf Katalase (KEESER usw.).

Sehr groß ist auch die Einwirkung der *Vitamine* auf den Ablauf der Fermentreaktionen.

Vitamin C. Es hemmt die Wirkung von Proteasen und Amylasen, aktiviert das Thrombin, Esterase und Katalase, es spaltet Histidin, Glykokoll usw.

Vitamin B₁ dagegen fördert die Sekretion von Lipase und Trypsin im Pankreas des Hundes, der Taube, Ratte, auch die Magensaftsekretion.

Vitamin A soll bei Fällen der Sub- und Anacidität die Absonderung der Salzsäure verbessern usw.

Wie weitgehend die Wechselbeziehungen von Hormonen zu Fermenten durch die *Fortpflanzungsvorgänge* beeinflußt und verändert werden können, mögen folgende Tatsachen veranschaulichen.

Das *Histidin* wird normalerweise in der *Leber* durch die Histidase weiter abgebaut und erscheint nicht im Urin. Dagegen läßt sich nach den Untersuchungen von KAPELLER-ADLER [1] Histidin im Harn von *Schwangeren* nachweisen. Die *Histidinurie* besteht vom 2.—10. Schwangerschaftsmonat. Im Wochenbett ist der Stoff nach 8 Tagen nicht mehr aufzufinden. Die Erscheinung ist nach KAPELLER-ADLER so regelmäßig, daß aus dem Vorhandensein einer Histidinausscheidung die Diagnose auf Schwangerschaft gestellt werden kann. Es ist also durch die Schwangerschaft die Leber infolge Fehlens der Histidase nicht mehr imstande, das Histidin in die unter dem Einfluß weiterer Reaktionen entstehenden normalen Spaltprodukte, Glutaminsäure, Ameisensäure und Ammoniak, abzubauen. Dieses Unvermögen ließ sich bisher *nur* beim *Menschen*, nicht dagegen bei den untersuchten Tieren (Meerschweinchen, Kaninchen, Katzen, Hunden, auch nicht Pferden) feststellen. Diese Tatsache weist darauf hin, daß der *chorigene Wirkstoff* dabei eine Rolle spielt. In Versuchen konnte KAPELLER-ADLER zeigen, daß die normale Leber durch zugesetztes Prolan eine deutliche Hemmung in der Fähigkeit, Histidin abzubauen, erfährt und daß die Schwangerenleber diese Substanz überhaupt nicht zu spalten vermag [2].

In gleicher Beziehung sind die Untersuchungen von MOMMSEN [3] und Mitarbeiter von Bedeutung, die fanden, daß im Blute der Frau ein Traubenzucker *gärungshemmender* Einfluß vorhanden ist, der. beim Manne und bei der Frau in der Menopause fehlt, dagegen sich in kleineren Mengen bereits bei dem Mädchen vor der Pubertät findet. Dieser gärungshemmende Stoff steigt im Verlaufe des Zyklus an und erreicht kurz vor Eintritt der Monatsblutung seinen Höhepunkt und fällt dann wieder stark ab. Bei eiweißreicher Nahrung ist die Menge dieses Stoffes größer als bei vegetarischer Kost. Die Kurve zeigt den nämlichen Verlauf wie die Follikelhormonkurve. Nach den Untersuchungen von EUFINGER und SPRADO [4] steigt der Hemmungsstoff in der Schwangerschaft weiter bis zum Ende der Zeit an und fällt im Wochenbett rasch ab. Besonders hohe Werte finden sich bei den Schwangerschaftstoxikosen.

---

[1] KAPELLER-ADLER: Klin. Wschr. **1934 I**.

[2] Siehe ferner die Abnahme der *antithyreoidalen Schutzkraft* des Blutes in der Schwangerschaft (Kapitel XI). Die Abnahme der Cholinesterase unter der Geburt (NAVRATIL), die vermehrte Ausscheidung von Porphyrin mit dem Harn in der Schwangerschaft [FIKENTSCHER: Arch. Gynäk. **168**, 331 (1939)].

[3] MOMMSEN u. GLÄSER: Mschr. Geburtsh. **101**, 138 (1936). — MOMMSEN u. THYSSEN: Mschr. Geburtsh. **101**, 257 (1936). — MOMMSEN u. SACHS: Münch. med. Wschr. **1937**.

[4] EUFINGER u. SPRADO: Mschr. Geburtsh. **101**, 5 (1936).

Auch bei Carcinomen und nach Röntgen- und Radiumanwendung finden sich erhöhte Werte bis zu dem doppelten. Mommsen spricht die Meinung aus, daß es sich um einen Abkömmling des Cyclo-pentano-perhydrophenantren handelt, d. h. einen Körper, dessen Kohlenwasserstoffskelet sich in verschiedenen physiologisch und pharmakologisch stark wirkenden Stoffen findet (Sterine, Sexualhormon, Gallensäure, neutrale Saponine und in allen herzwirksamen Glykosiden). Ob es sich um einen Stoff von der nämlichen chemischen Zusammensetzung wie das Follikelhormon oder um einen anderen handelt, wissen wir heute noch nicht, jedenfalls aber steht soviel fest, daß im Blut der geschlechtsreifen und besonders der schwangeren Frau ein Wirkstoff vorhanden ist, der die Tätigkeit des glykolytischen Fermentes hemmt.

Es ist durch diese Feststellung höchst wahrscheinlich gemacht, daß die durch die Schwangerschaft eintretende *vermehrte Bildung von geschlechtsgerichteten Hormonen* auch eine Veränderung in der *fermentatösen Tätigkeit* zur Folge hat: Das vermehrte Prolan verhindert die Bildung der Histidinase und anderer Fermente, das vermehrte Follikelhormon die Bildung oder Wirkung der glykolytischen Fermente. Wie viele andere fermentative Veränderungen muß die veränderte Hormonlage erst hervorbringen, bis als Endresultat das zustande kommt, was wir bei unsereren Stoffwechseluntersuchungen in der Schwangerschaft als eine Verschiebung der oxydativen zugunsten der fermentativen Vorgänge feststellen können.

Daß die Hormone durch ihre vorwiegend aufbauenden Eigenschaften die meist abbauende Tätigkeit der Fermente hemmen, zeigt sich sehr schön auch beim *Zyklus*.

Der *Zerfall der Gebärmutterschleimhaut* während der Menstruation kommt durch das *Übergewicht* der *tryptischen Fermente* im Blut und in der Schleimhaut zustande. Es ist durch die Untersuchung von Halban, Frankl, Gräfenberg festgestellt, daß sich in der menstrualen Schleimhaut große Mengen von Trypsin vorfinden. Dieses Ferment ist so lange machtlos, als der normale Tonus der Zelle durch Follikelhormon und Corpus luteum-Hormon aufrecht erhalten wird.

Noch deutlicher wird der schützende Einfluß des Corpus luteum-Hormons und des Follikelhormons auf die *Gebärmutterschleimhaut* und *Uteruswand* in der *Schwangerschaft*. Die *Decidua* wächst unter der reichlichen Hormonbildung des Gelbkörpers vier Monate lang. Mit dem Nachlassen der Progesteronbildung tritt eine langsame Nekrose ein, die dadurch zustande kommt, daß nunmehr die proteolytischen Fermente die Deciduazelle anzugreifen vermögen. In der letzten Zeit der Schwangerschaft und gleich nach der Geburt fällt mit dem Aufhören der Progesteronbildung jeder Widerstand gegen das Verdauungsferment weg, die Abstoßung erfolgt im *Wochenbett* bis auf die Funktionalis.

Die steigende Menge des Follikelhormons bewirkt in der Schwangerschaft in den ersten Monaten das Wachstum der *Muskelfaser* und schützt nach dieser Zeit die Muskelfaser gegen die Einwirkung durch Proteasen. Erst wenn der Follikelspiegel des Blutes nach der Geburt plötzlich absinkt, gewinnen die proteolytischen Fermente und wohl auch noch andere Enzyme die Überhand. Es beginnt die Einschmelzung von Sarkoplasma und die Rückbildung der Faser und dauert so lange, bis wieder die Menge des Follikelhormons groß genug ist, um die Wirkung des Verdauungsfermentes zu verhindern. Daß tatsächlich ein Eiweißabbau stattfindet, können wir aus dem Auftreten von Eiweißspaltprodukten im Wochenbett, die sonst nicht in Blut und Harn sich nachweisen lassen, feststellen (Schlossmann u. a.).

Es ist sehr wahrscheinlich, daß auch die Vorgänge der *Autolyse* durch *Fehlen von Hormonen* (wohl mehrerer Hormone und Vitamine) zustande kommen. Wenn bei dem im

Mutterleibe abgestorbenen Kind durch Aufhören der Zirkulation die Zufuhr von Hormonen zu den Geweben nicht mehr erfolgt, so tritt die Auflösung der Zellen durch Fermente (Proteasen, Amylasen, Lipasen) auf *(Maceration)*. Deutlicher noch tritt der abbauende Einfluß des proteolytischen Ferments bei der Nekrose des Pankreas durch Trypsin und nach dem Tode in der Verdauung der Schleimhaut des Magens durch Pepsin zutage.

Zusammenfassend können wir sagen: Das *Neuauftreten* (Corpus luteum-Hormon und choriogenes Hormon) und die *Vermehrung geschlechtsgerichteter Wirkstoffe* — und das nämliche dürfen wir aus dem erhöhten Bedarf fast sämtlicher *Vitamine* während der Schwangerschaft schließen —, bewirken auch eine starke *Veränderung* in der *fermentativen Tätigkeit*. Die Hormone und Vitamine halten namentlich die eiweißabbauenden Proteasen im Schach und ermöglichen erst so die eigene zellaufbauende Tätigkeit und die Meisterung der geschlechtsspezifischen Wachstumsvorgänge. Wenn die geschlechtsgerichteten Hormone mehr und mehr zurückgehen oder ganz verschwinden wie das Corpus luteum im Zyklus, dann gewinnt die Tätigkeit der Fermente, wohl unterstützt durch eine vermehrte Bildung die Oberhand; die vorher durch die Hormone aufgebauten Gewebe werden unter dem Einfluß der Fermente wieder abgebaut. Bei den Fortpflanzungsvorgängen, die sich im Körper der Frau abspielen, erscheinen also die geschlechtsgerichteten Hormone zusammen mit den Vitaminen durch ihre aufbauenden Eigenschaften als die *Antagonisten* gewisser Fermente mit ihren abbauenden Tendenzen.

γ) Zusammenarbeit der Ergone untereinander.

Wenn ich im vorausgehenden gesagt habe, daß der Organismus der Tiere vielfach das Vermögen, Vitamine in eigener Zelltätigkeit zu bilden, verloren hat, so ist den tierischen Zellen doch z. T. die Fähigkeit erhalten geblieben, *Vorstufen* der Vitamine, die sich in den Pflanzen finden, zu *Vitaminen* aufzubauen (z. B. Carotin, Ergosterin). Auch das Vermögen, Vitamine als *Bausteine* bei der *Synthese der Hormone* zu benützen, haben die tierischen Zellen sehr wahrscheinlich, doch ist meines Wissens bisher diese Fähigkeit noch nicht sicher nachgewiesen. Dagegen finden wir fast regelmäßig eine *Zusammenarbeit* der beiden Wirkstoffe. Wir können dabei je nach dem *Angriffspunkt* zwei Arten der gemeinschaftlichen Arbeit unterscheiden. 1. Ein Zusammenarbeiten der beiden Wirkstoffe an der *gleichen* Erfolgszelle. 2. Das Vitamin und das Hormon greift an *zwei* oder *mehreren* Erfolgszellen an, die Wirkung ist aber dabei auf ein bestimmtes gemeinsames Ziel „gerichtet".

1. Die Zusammenarbeit der Ergone an *ein und derselben* Erfolgszelle können wir besonders schön bei den *geschlechtsspezifischen Wachstumsvorgängen* feststellen.

Es ist eine auffällige Erscheinung, daß *sämtliche vier Hauptvitamine* A, B, C und D fast den ganz *gleichen* Einfluß auf die *Entwicklung und Funktion der Geschlechtsdrüsen* haben. Wir können bei dem Mangel einer dieser Vitamine im Tierexperiment immer wieder, fast möchte ich sagen, in einer eintönigen Weise, dieselben Veränderungen beobachten. Es kommt zum Kleinerwerden der Ovarien und zu Störungen im Oestrus, bei Eintritt der Trächtigkeit zu frühzeitigem Absterben, zur Ausstoßung oder Aufgesaugtwerden der Jungen. Bei den männlichen Tieren tritt eine Schrumpfung des Hodens und eine Behinderung der Spermatogenese ein. Es haben also letzten Endes sämtliche

Hauptvitamine auf die Keimdrüse und auf die Fortpflanzungsvorgänge die gleiche Wirkung: Unterfunktion der Keimdrüse und vorzeitige Unterbrechung der Schwangerschaft.

Diese Feststellung berechtigt zu der Folgerung, daß es sich bei der Einwirkung der Vitamine auf die Keimdrüse und Geschlechtsorgane um *trophische Vorgänge allgemeiner* und *nicht spezifischer* Natur handelt.

Die einzelnen Vitamine haben zwar eine größere Affinität zu gewissen Zellen, das Vitamin A zu den Epithelzellen, Vitamin B_1 zu den Nervenzellen, Vitamin C zu den Gefäßendothelien, Vitamin D zu den Knochenzellen. Daneben findet aber doch noch ein *Übergreifen* auf *andere* Zellkomplexe statt, wie wir sie sehr schön bei den verschiedenen Formen von Hypo- und Avitaminosen beobachten können. Es ist ferner eine immer wieder gemachte Beobachtung, daß der jugendliche und stärker tätige Organismus einen größeren Bedarf an Vitaminen hat, als der erwachsene und weniger aktive Körper.

Als Beispiel führe ich das Vitamin B_1 an. Der Bedarf an Vitamin B_1 ist je nach der ontogenetischen Entwicklungsphase, Ernährungslage usw., sehr verschieden groß. Bei Erwachsenen z. B. beträgt der Bedarf täglich etwa 1 mg. Beim Kinde ist er verhältnismäßig größer, 0,5—1,5 mg täglich, in der Schwangerschaft und während der Lactation ist er 3—5mal so groß als beim normalen Menschen. Er ist ferner erhöht bei angestrengter Muskelarbeit, bei betonter kohlehydratischer Kost, bei fieberhaften Erkrankungen, bei Basedow, kurz bei erhöhten Verbrennungsvorgängen. Ebenso liegen die Verhältnisse bei dem Vitamin C (s. die nachfolgenden Ausführungen).

Die *Geschlechtsdrüsen* sind Organe, die zeitweise einen außerordentlich *regen Stoffwechsel* und *starke Wachstumsvorgänge* zeigen. Es darf uns daher nicht wundern, wenn wir sehen, daß zur richtigen Entwicklung und Funktion *erhöhte Mengen* von *Vitaminen* notwendig sind. Wir sind in der Lage teils histologisch und histochemisch häufig einwandfrei nachzuweisen, daß in den zum hormonalen Geschlechtssystem gehörenden Organen größere Mengen von Vitaminen oder deren Vorstufen vorhanden sind.

So findet sich das Provitamin des Vitamin A, das *Carotin*, in sehr reichlichen Mengen im gelben Körper, in der Nebennierenrinde, in der Placenta.

Vitamin C: im Ovar, Corpus luteum, Hoden, Nebennierenrinde, Hypophyse, Placenta. Nach GLICK hängt der Gehalt des Eierstockes und des Gelbkörpers von der Phase des Zyklus ab. TONUTTI [1], LEY [2] konten zeigen, daß Ovarialstellen, die einen reifenden Follikel enthalten, fast den doppelten Gehalt an Vitamin haben.

Das *Xantophyll* (nach v. EULER und KLUSSMANN wahrscheinlich Vorstufe des Vitamin E) in der Placenta, im Vorderlappen der Hypophyse, das *Vitamin E* selbst in der Placenta.

Da die *Placenta* das Vermittlungsorgan für den Fetus mit seinen vitamingierigen Zellen ist, ist es leicht begreiflich, daß gerade in diesem Organ so reichliche Mengen von Vitaminen sich nachweisen lassen. Der Bedarf des Fetus an Vitaminen ist als rasch wachsender Organismus außerordentlich groß; es tritt daher der Vitaminmangel ganz besonders deutlich in der Schwangerschaft zutage und äußert sich in den bekannten Störungen in der Ansiedlung des Eies, in vorzeitiger Unterbrechung oder Absterben der Frucht.

Auch kommt es in der *Schwangerschaft* infolge des erhöhten Bedarfs leichter als sonst zu *hypovitaminösen Erscheinungen.* Bei *Vitamin A*-Mangel tritt leicht Hemeralopie auf. Die neuritischen Erscheinungen, die wir so häufig in der

---

[1] TONUTTI: Z. klin. Med. **132**, 4 (1937) — Z. mikrosk.-anat. Forschg **42**, 193 (1937).
[2] LEY: Arch. Gynäk. **164**, 408 (1937).

Schwangerschaft beobachten können, hängen vielfach mit einer ungenügenden Menge von *Vitamin B_1* zusammen und können durch Zufuhr dieses Wirkstoffes günstig beeinflußt oder völlig beseitigt werden (STAEHLER[1], WALTER SCHULTZE[2]). NEUWEILER und GAETHGENS haben sehr wahrscheinlich gemacht, daß der Bedarf des Körpers an *Vitamin C* während der Schwangerschaft und in der Stillperiode erhöht ist und empfehlen deshalb in diesen Zuständen täglich 1—2 Tabletten eines Vitamin C-Präparates zu geben. Leichte osteomalazische Erscheinungen, die sich in der Schwangerschaft zeigen, lassen sich durch *Vitamin D*, ebenso die Neigung des Kindes zu Rachitis günstig beeinflussen.

Die Natur hat auf den größeren Bedarf, den der *weibliche* Körper infolge seiner starken Belastung mit den Fortpflanzungsaufgaben hat, bereits beim Aufbau und bei der Ausstattung der weiblichen Organe Rücksicht genommen. Wir finden im *weiblichen* Körper stets *größere Vorräte von Vitaminen.* Vitamin A in der Leber, im Corpus luteum, in den Fettgeweben, Vitamin C in der Nebennierenrinde, im Ovar, im Corpus luteum, dann in der Placenta, Vitamin D im Unterhautfettgewebe, das bei der Frau bekanntlich besonders reichlich entwickelt ist. Weil das weibliche Geschlecht primär reicher mit diesen Ergänzungsstoffen ausgestattet ist, treten bei ihm *seltener Hypo- und Avitaminosen* als beim männlichen Geschlechte ein.

Während des Weltkrieges erkrankten in Wien nach einer Statistik von BIRNBACHER[3] an *Hermeralopie und Xerophthalmie* (Vitamin A-Mangel infolge der ungenügenden Ernährung) 107 geschlechtsreife Personen, davon waren 105 Männer und nur 2 Frauen. Bei jugendlichen Personen zwischen dem 5. und 10. Jahre war der Unterschied nicht so ausgesprochen, es erkrankten 17mal männliche und 5 weibliche Individuen. Frauen erkranken ferner seltener an *Skorbut* als Männer, und nach PRIESTLEYs großer Statistik über 75000 Fälle ist die Zahl der an *Rachitis* erkrankten Knaben doppelt so hoch als die der Mädchen. Bei zunehmendem Alter verschiebt sich das Verhältnis weiter zugunsten der Mädchen. FROMME fand das Verhältnis der männlichen zu den weiblichen Spätrachitikern wie 15:1.

Daß es sich um eine *unspezifische* Leistung an den Erfolgszellen handelt, können wir heute bereits mit aller Sicherheit für das *Vitamin C* nachweisen. Das Vitamin C ist ein Redoxsystem, das an dem Substrat abwechselnd Oxydationen und Reduktionen vermittelt. Dieser Vorgang ist nichts Spezifisches und vollzieht sich an allen Körperzellen; nur ist bei den Zellen, die einen starken Stoffwechsel haben, wie die Zellen der Keimdrüse und die Zellen des Fetus, das Tempo rascher und der Verbrauch größer. Man kann den Vitamin C-Gehalt geradezu als den Maßstab des Arbeitszustandes einer Zelle ansehen (TONUTTI). Ähnlich liegen die Verhältnisse für das Vitamin B_1, wie man schon aus dem vorher erwähnten verschieden hohen Bedarf der Stoffe je nach der ontogenetischen Entwicklungsphase, der Ernährung usw. entnehmen kann.

Aus all dem geht hervor, daß bei den *geschlechtsspezifischen Wachstumsvorgängen* die *Geschlechtshormone* die *Führung* haben. Sie üben eine spezifische im Tierversuch stets zu wiederholende Wirkung auf die empfänglichen Zellen aus, sie bilden den *Kern des Heeres* der an den geschlechtlich stigmatisierten Somazellen angreifenden Biokatalysatoren, die *Vitamine* sind nur ihre Verbündeten, sind mehr oder weniger wichtige *Hilfstruppen.*

Von dieser Regel macht das *Vitamin E* eine Ausnahme.

---

[1] STAEHLER: Dtsch. med. Wschr. **1937**, 326.
[2] SCHULTZE, WALTER: Zbl. Gynäk. **1938**, Nr. 46, 2533.
[3] BIRNBACHER: Münch. med. Wschr. **1928 II**, 1113.

Bei Mangel an Vitamin E zeigen sich die nämlichen Erscheinungen an den Geschlechtsorganen und bei den Fortpflanzungsvorgängen (Rückbildung der Geschlechtsorgane, vorzeitige Unterbrechung der Schwangerschaft) wie bei dem Mangel der übrigen vier Hauptvitamine. Bei kastrierten Tieren bleiben jedoch die Veränderungen des Haarkleides, die sonst nach der Kastration auftreten, aus (GUGGISBERG). Es muß daher das Vitamin, wie schon sein Entdecker EVANS angenommen hat, eine besondere Beziehung zu den geschlechtshormonempfindlichen Erfolgszellen haben. Es scheint, daß die Wirkung über die *Hypophyse* geht. Bei Vitamin E-Mangel stellen sich nämlich nicht nur Veränderungen an der Keimdrüse, sondern auch Entartungserscheinungen an dem Vorderlappen der Hypophyse ein (NELSON, GIERHACKE). Umgekehrt läßt sich bei Zufuhr von Vitamin E mehr Follikelreifungs- und Luteinisierungshormon im Vorderlappen und zugleich mehr Gelbkörperhormon nachweisen (ROWLANDS, SINGER, NELSON). Dabei scheint das *Mangan* eine besondere Rolle zu spielen; denn, wenn man Ratten mit einer Diät, die alle Vitamine enthält, aber frei von Mangan ist, ernährt, so stellen sich ähnliche Erscheinungen wie bei Vitamin D-freier Kost ein (nach E. VOGT)[1].

Allgemein gültige Schlußfolgerungen aus den Tierversuchen sind deshalb erschwert, da in erster Linie nur die Ratten auf den Entzug des Wirkstoffes so stark reagieren. Wahrscheinlich enthält die menschliche Nahrung genügend Vitamin E; vielleicht hat auch der menschliche Körper die Fähigkeit, in eigener Zelltätigkeit das Vitamin E aufzubauen. Wenn der Bedarf am Wirkstoff freilich besonders groß ist, wie in der Schwangerschaft, so kann es zu einer Störung der Schwangerschaft beim Menschen kommen. In diesem Sinne sprechen die Erfahrungen von GIERHACKE [2] und von E. VOGT, denen es wiederholt gelang, den Eintritt von habituellen Aborten durch Gaben von Vitamin E zu verhüten.

Das Vitamin E bildet vielleicht ein Zwischen- und Bindeglied zwischen der eben besprochenen ersten Gruppe der Vitamine und der nunmehr zu besprechenden zweiten Kategorie.

2. Die *Hormone und Vitamine greifen an zwei oder mehreren verschiedenen Erfolgszellen an*, sie bilden eine *Arbeitsgemeinschaft*, die auf ein bestimmtes Ziel gerichtet ist.

Am deutlichsten lassen sich die Verhältnisse bei dem *Vitamin A* darstellen.

Das Vitamin A entsteht bekanntlich durch Zerschlagung des *Carotinmoleküls* in zwei Teile unter Abgabe von Wasser. Der Vorgang spielt sich in der *Leber* ab. Diese Reaktion kann aber in der Leberzelle nur erfolgen, wenn eine gewisse Menge *Schilddrüseninkret* im Blute kreist. Thyreoektomierte Tiere vermögen die Umstellung nicht mehr vorzunehmen, die Milch einer thyreoektomierten Ziege ist infolge ihres reichlichen Carotingehaltes auffallend gelb. Bei hypothyreoidalen, allerdings auch bei hyperthyreoidalen Kranken läßt sich kein Vitamin A nachweisen (WENDT). Nach diesen Feststellungen stehen also Schilddrüsenzellen und Leberzellen — soweit diese Teilfunktion der Leber in Betracht kommt — in einer Arbeitsgemeinschaft. Die *Leberzelle ist für das Schilddrüsenhormon Erfolgszelle* (Abb. 4) (s. auch Antiperniciosastoff S. 40, Fußnote 2).

Das Vitamin A (also das umgewandelte Carotin) hat nun wiederum eine Rückwirkung auf die Tätigkeit der Schilddrüse. Es bestehen also zwischen Vitamin A und Schilddrüse Wechselbeziehungen, die *Schilddrüsenzelle ist Erfolgszelle für das Vitamin A*. Sie spricht auf den Wirkstoff an und zwar in dem

---

[1] VOGT, E.: Med. Klin. **1937 II**.
[2] GIERHACKE: Arch. Gynäk. **156** (1933) — Med. Klin. **1934 II**, 1366; **1936 II**, 1720.

Sinne, daß die Bildung des Schilddrüseninkretes vermindert wird. Es gelingt daher auch durch Zufuhr von Vitamin A einen Basedow günstig zu beeinflussen (WENDT). Wenn wir uns kurz ausdrücken, so sprechen wir als Endresultat von einem *Antagonismus* zwischen *Vitamin A* und *Schilddrüsentätigkeit.* In Wirklichkeit handelt es sich dabei um verschiedenartige Einwirkung auf zwei Arten von Zellen, Leber- *und* Schilddrüsenzelle, also weit verwickeltere Vorgänge, als wir uns gewöhnlich bei dem Ausdruck Antagonismus vorstellen.

Besonders verwickelt und schwer übersehbar liegen die Verhältnisse bei dem *Vitamin B$_1$*, sie sind ebenfalls nur durch Einwirkung auf mehrere Zellarten zu erklären.

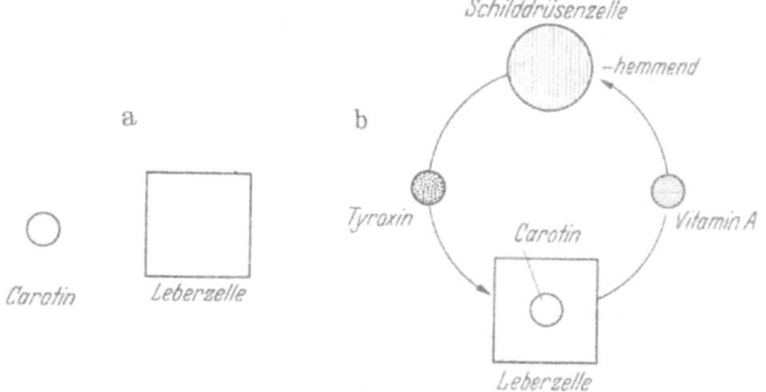

Abb. 4. Leberzelle und Carotin.

a) Leberzelle und Carotin haben keine Wahlverwandtschaft, verhalten sich gegeneinander inaktiv.

b) Bei der Einwirkung von Thyroxin erhält die Leberzelle die Fähigkeit, das Carotin in sich aufzunehmen und zu Vitamin A umzuwandeln. Dieses wirkt wiederum hemmend auf die Tätigkeit der Schilddrüsenzelle. Auf diese Weise entsteht ein Kreislauf zwischen Schilddrüsenzelle, Leberzelle, Carotin und Vitamin A und damit eine Selbststeuerung der Umbildung von Carotin in Vitamin A.

Bei Mangel an Vitamin B$_1$, der bei Hungerkost und Inanition besteht, stellen *fast alle* Inkretdrüsen ihre Tätigkeit ein, nur nicht der Vorderlappen der Hypophyse und die Rinde der Nebenniere; letztere zeigt sogar noch eine Größenzunahme. Durch Zufuhr von Vitamin B$_1$ kann man die Vergrößerung wieder zur Rückbildung bringen. Die genauen Zusammenhänge sind noch nicht zu übersehen.

Eine komplizierte Zusammenarbeit muß man auch zwischen Insulin und Prolan einerseits und Vitamin C anderseits annehmen. TONUTTI und MATZNER fanden, daß der Gehalt der Zellen an Vitamin C um ein Vielfaches ansteigt, wenn Insulin oder Prolan gegeben wird.

δ) Reaktion des Körpers auf übergroße Mengen von Ergonen und die Bildung von Gegenkörpern.

Was geschieht, wenn dem Körper ein Hormon oder ein Vitamin plötzlich in übergroßer Menge oder längere Zeit in *unphysiologisch großen Mengen* zugeführt wird? Die Reaktion, die daraufhin erfolgt, ist verschieden, einmal nach der *Art* des zugeführten Ergons; sie schwankt aber auch je nach der Spezies und nach dem Individuum, dessen jeweiliger ontogenetischer Entwicklungsphase und der allgemeinen Konstellation des Körpers, kurz nach der *Zustandslage* der *Erfolgszellen.* Es lassen sich zweckmäßig vier Arten von Reaktionen unterscheiden.

1. Der *Überschuß* wird gleich *wieder abgegeben*. Der Körper entledigt sich des Wirkstoffes als eines unnötigen Ballastes. So wird das gonadotrope Hypophysenvorderlappenhormon und das Follikelhormon, das bei der Übertragung von Schwangerenblut dem Körper in unphysiologisch großer Menge plötzlich zugeführt wird, zum Teil durch die Niere wieder ausgeschieden (EHRHARDT u. a.).

2. Der Körper *speichert den* Teil des Ergons, der nicht gleich in Zellen ordnungsgemäß verbraucht wird, in dazu geeigneten Zellen auf, um in den Zeiten, in denen der Zufluß aufhört oder ein größerer Bedarf vorhanden ist, ihn zu verwerten. Der Körper treibt, wie ein weitblickender Staatsmann *Vorratspolitik*. So müssen wir die Anhäufung von Vitamin C und zum Teil auch Vitamin A in den Keimdrüsen, im Gelbkörper, in der Rinde der Nebenniere, in der Hypophyse und besonders in der Placenta deuten.

3. Der Körper hat auch die Fähigkeit die Ergone *rasch abzubauen,* sie also auf diese Weise unschädlich zu machen. Wahrscheinlich spielen dabei Fermente, wie ich noch unter Punkt 4, des Näheren zeigen werde, eine Rolle.

4. Der Körper bildet *Gegenkörper*.

Als ein klassisches Beispiel kann man den von COLLIP gemachten Versuch betrachten: Gibt man dem Versuchstier *thyreotropes* Hormon des Hypophysenvorderlappens, so steigt durch Mehrbildung des Schilddrüsenhormons der Stoffwechsel zunächst an. Nach wochenlanger Verabreichung von großen Dosen geht die Steigerung des Grundumsatzes jedoch wieder zurück. Der Thyroxinspiegel des Blutes sinkt unter die Norm, wie wenn die Hypophyse entfernt wird; erst allmählich tritt wieder ein Ausgleich ein.

Die Bildung solcher Gegenstoffe wird auf dreierlei Weise erklärt.

1. Es bilden sich richtige *Gegenhormone,* die die Ergone unmittelbar auf chemischem Wege, Stoff gegen Stoff im Plasma neutralisieren oder auf dem Umweg über die Zelle unschädlich machen. COLLIP[1] nahm anfänglich für alle Hormone die Bildung solcher Gegenhormone an, später nur mehr für die Hypophysenwirkstoffe.

2. Auf andere Weise versucht ABDERHALDEN die Ausschaltung der übermäßig großen Mengen von Ergonen aus dem Stoffwechselbetrieb zu erklären. Er nimmt an, daß *spezifische Abwehrfermente, Proteinasen* auftreten, die in den nämlichen Zellen wie die Hormone gebildet werden und die zu einem Abbau der Ergone oder zu einer Paralysierung ihrer Wirkung führen. Es gelang ABDERHALDEN nach Zufuhr von solchen Stoffen oder bei der natürlichen Überproduktion im menschlichen Körper durch das Dialysierverfahren solche Fermente nachzuweisen. Die Ansicht steht in guter Übereinstimmung mit dem, was wir im vorausgegangenen Abschnitt von dem Gegensatz zwischen Ergonen und Fermenten kennengelernt haben.

3. Es handelt sich um eine *Antigen- und Antikörperbildung,* also um eine echte Immunitätsreaktion im P. EHRLICHschen Sinne. Es ist dieser Auffassung mehrfach widersprochen worden. Amerikanische Forscher halten jedoch an dieser Ansicht fest und haben durch Änderung in der Herstellung der Extrakte (WERNER)[2] und durch Abänderung der Versuche die Ansicht weiter zu begründen versucht.

---

[1] COLLIP: Mt. Sinai Hosp. **1**, 28 (1934). — Ann. int. Med. **9**, 150 (1935).
[2] WERNER: Endocrinology **22**, 291 (1938).

Es kommen für die Immunitätsreaktion natürlich nur die Hormone des Hypophysenvorderlappens in Betracht, die bekanntlich alle Eiweißabkömmlinge sind. Die genaue chemische Zusammensetzung kennen wir zwar nicht, es spricht, wie wir noch des öfteren sehen werden, jedoch viel dafür, daß diese Substanzen noch eine höhere molekulare Zusammensetzung haben und bei ihnen deshalb solch spezifische Immunitätsreaktionen möglich sind.

Es bedarf noch eingehender Forschungen, um festzustellen, auf welche Weise die im Überschuß angebotenen Wirkstoffe von dem Organismus verwertet, neutralisiert, gespalten oder sonstwie unschädlich gemacht werden. So viel können wir heute bereits mit Sicherheit sagen, daß die Zellen des menschlichen Körpers darin eine bewunderungswürdige *hohe Anpassungsfähigkeit* haben, daß sie hartnäckig den alten Gleichgewichtszustand aufrecht zu erhalten versuchen und daß sie sich geschickt an die veränderten physikalisch-chemischen Verhältnisse anpassen. Aber wir müssen uns doch dabei klar sein, daß diese Anpassungsfähigkeit der Erfolgszellen gegen die *einzelnen Wirkstoffe verschieden groß* ist. [Ich verweise zum Vergleich auf die von PRIGGE festgestellten ungeheuren Schwankungen in der Immunisierung gegen Diphtherie bei den verschiedenen Kaninchenstämmen (s. S. 65).] Wir dürfen ferner nicht vergessen, daß auch *Grenzen* in der Anpassungsfähigkeit und im Verarbeitungsvermögen bestehen; so weiß man schon lange, daß zu große Mengen von *Vitamin D schädlich* und sogar gefährlich werden können. Im Tierexperiment führt die überreichliche Zufuhr von *gonadotropen Hypophysenvorderlappenhormon*, von *Follikelhormon und Gelbkörperwirkstoff* zur *Unfruchtbarkeit* der Tiere und die neueren Erfahrungen mit der Anwendung des Follikelhormons beim Menschen haben gelehrt, daß übergroße Dosen zu krankhaften Veränderungen und zu Funktionsstörungen der Geschlechtsorgane führen können.

Ich möchte *zusammenfassend* die Tätigkeit der *Biokatalysatoren und ihr Verhältnis zueinander* folgendermaßen kennzeichnen: Ein Zusammen- und Gegenspiel, ein Wettkampf und eine Arbeitsgemeinschaft, ein wirres Durcheinander und ein streng hierarchischer Aufbau, ein Chaos und doch wieder wundervolle Ordnung und Planmäßigkeit, eine „Harmonie in Gegensätzen" (A. BIER).

8. Wichtige Unterschiede zwischen Vitaminen und Hormonen.

So berechtigt es vom Standpunkt des physiologischen Chemikers ist, wegen der grundsätzlich gleichen Wirkungsweise der Vitamine und Hormone auf das Substrat, die beiden Wirkstoffe unter dem gemeinschaftlichen Begriff der Ergone (v. EULER) zusammenzufassen, so ist es, wenn man das Problem von einer *anderen Seite* betrachtet, doch wieder notwendig, einen *Trennungsstrich* zwischen Vitaminen und Hormonen zu ziehen. Eine solche Trennung erscheint mir aus folgenden Gründen erforderlich.

Die Vitamine sind im allgemeinen Aufbauprodukte der Pflanzen; daran ändert die Tatsache nichts, daß die Pflanze nicht selten nur das Provitamin wie bei Vitamin A und D liefert, und der tierische Körper erst das endgültige Vitamin aufbaut. Diese Synthese ist eine verhältnismäßig geringe chemische Leistung, z. B. handelt es sich bei der Bildung von Vitamin A nur um Zerschlagen des Carotinsmoleküls in zwei Teile. Im großen und ganzen hat der tierische

Körper gemäß seines ganz andern inneren Aufbaus die Fähigkeit verloren, Vitamine im eigenen Stoffwechsel zu synthetisieren. Ebenso wie bei der Nahrung ist Tier und Mensch bei den Ergänzungsstoffen Nutznießer der chemischen Aufbautätigkeit der Pflanzen geworden.

Diese Tatsache ist in *praktischer Hinsicht* von ungeheurer Tragweite. Bei der *Vitaminbehandlung* haben *wir*, wenigstens theoretisch und potentiell, den Hebel in der Hand. Es steht jederzeit in *unserer* Macht, die fehlenden Vitamine durch geeignete Art der Ernährung oder durch Gaben der reinen Vitaminpräparate dem Organismus zuzuführen[1].

Zwar kennen wir heute, so groß auch die Fortschritte in der Vitaminforschung-und -behandlung sein mögen, viele Vitamine noch völlig ungenügend. Auch können wir bei den Ergänzungsstoffen, die wir genau kennen, den Bedarf, den das einzelne Individuum hat, noch nicht mit Sicherheit feststellen. Wenn wir aber einmal diese freilich erheblichen Schwierigkeiten überwunden haben werden — und sie werden überwunden werden! — dann kann die Vitaminbehandlung als gelöst angesehen werden; denn die Vitaminfrage ist ein *Ernährungsproblem*.

Ganz anders bei den *Hormonen*. Diese werden nicht wie die Vitamine von Zellen anders organisierter Lebewesen gebildet, sondern sie müssen in den *Zellen des tierischen Körpers in eigener Tätigkeit* aufgebaut werden. Diese Arbeit kann den Zellen auf die Dauer niemand abnehmen; denn die künstliche Zufuhr von Hormonen — darüber müssen wir uns klar sein — so wichtig sie manchmal sein mag, ist nur *Ersatz*, der über das dauernde Versagen eines hormonbereitenden Organs nur unvollkommen hinweghilft und auf längere Zeit nur mühsam und unter Aufwendung von großen Kosten durchzuführen ist.

Die Natur hat eine große Anzahl von tierischen Zellen mit der Fähigkeit, Hormone zu bilden, ausgestattet und hat zum Teil zu diesem Zwecke besondere Organe, die endokrinen Drüsen, geschaffen. Es kommt also darauf an, ob diese Zellen vollwertig sind und die Arbeit in der richtigen Weise zu leisten vermögen, mit anderen Worten: es handelt sich bei den Hormonen um ein *Konstitutionsproblem*, das bedeutet in erster Linie ein *chromosomal-zygotisches*, ein *Vererbungsproblem*.

Wenn wir in dieser Beziehung wirklich etwas Wertvolles und Dauerndes erreichen wollen, so müssen wir an *ganz anderer Stelle angreifen*. Wir müssen trachten — allerdings eine sehr schwierige Aufgabe! — die *richtige Auswahl der Ehepartner* zu treffen und nur innersekretorisch vollwertige oder wenigstens nicht unterwertige Individuen zur Ehe zuzulassen.

Eine solche Formulierung klingt eigenartig und neu. Wenn man aber der Frage weiter nachgeht, so erkennt man, daß die *Tierzüchter* praktisch schon längst nach diesen Grundsätzen gehandelt haben. Man nannte bisher diese Dinge nur anders. Man züchtete nach bestimmten Merkmalen und Eigenschaften und hat mit diesem Verfahren bekanntlich außerordentlich große Erfolge erzielt. Diese Eigenschaften und Merkmale aber sind die *Auswirkung der Erbwerte*, der Gene. In den Erbanlagen stecken sowohl die Determinationsals auch die *Realisationsfaktoren*. Unter den letzteren sind, wie bereits Ab-

---

[1] GAEHTGENS z. B. versucht in einem eben erschienenen Aufsatze (Zbl. Gynäk. **1938**, Nr 45, 2483) die Bedeutung der Vitamine für die Behebung der Ovarialinsuffizienz des genaueren klarzulegen.

schnitt I, S. 14 betont, im wesentlichen die *Hormone* zu verstehen. Wenn der Züchter eine bestimmte Eigenart beim Tiere züchten wollte, so hat er *unbewußt* einen Einfluß auf die Beschaffenheit der endokrinen Drüsen und auf die Bildung der Hormone zu gewinnen versucht. In Zukunft müssen wir bestrebt sein, die entwicklungs- und wachstumsteuernden Kräfte *bewußter* in unsere Rechnung zu setzen; denn in den *endokrinen Drüsen* und ihren Hormonen liegen die *bewegenden Kräfte*, die das äußere und innere Gefüge unseres Körpers, unsere körperlichen und seelischen Eigenschaften als Realisationsfaktoren am stärksten prägen. Wenn es sich um ein grobes Versagen einer einzelnen leicht erkennbaren innersekretorischen Drüse wie bei der Idiotie und Myxödem (Schilddrüse) oder Akromegalie (Hypophysenvorderlappen) handelt, ist von ärztlicher Seite in bezug auf Erteilung des Ehekonsenses wohl schon stets der richtige Standpunkt eingenommen worden.

Bei der besonderen Stellung, die die Hormone unter den Biokatalysatoren einnehmen, ist es einer vorwiegend *genischen* Betrachtungsweise nicht nur erlaubt, sondern sogar geboten, sie stark in den Vordergrund zu stellen; ich werde im folgenden vielfach allein von den Hormonen sprechen — pars pro toto —. Ich bin mir bewußt, daß in Wirklichkeit im lebenden Körper stets auch noch andere Wirkstoffe vorhanden sein müssen, wenn die Lebensvorgänge regelmäßig ablaufen sollen. Aber von der Tätigkeit der hormonproduzierenden Zellen, von der Bildung der richtigen Mengen im richtigen Augenblick, ferner von der Reaktionsbereitschaft der Erfolgszellen hängen in erster Linie Gestalt und Leistungsfähigkeit, Wohl und Gedeihen des Körpers ab.

Bei dieser Sachlage wird man es verstehen, wenn ich den Hormonen noch ein allgemeines Kapitel widme. Auf die speziellen Fragen wird später noch ausführlich eingegangen werden.

9. Hormone und Inkrete im besonderen.

Die Unterscheidung von „hormonlosen" Tieren (wirbellosen Tieren) und „Hormon"-Tieren (Wirbeltieren), wie sie z. B. noch von fast allen Mitarbeitern des HIRSCHschen „Handbuches der inneren Sekretion" angenommen wurde, ist nicht mehr zu halten. Auch ist es unberechtigt, eine scharfe und grundsätzliche Trennung zwischen *den* Wirkstoffen zu machen, die in den Drüsen mit innerer Sekretion und denen, die in anderen Geweben gebildet werden, wie das z. B. noch BERBLINGER in dem VEIT-STOECKELschen Handbuch der Gynäkologie tut; denn Hormone werden schon von Protozoen und von embryonalen Zellen, ferner sowohl von Zellen die einen charakteristischen cytologischen Bau haben und zum typischen Organ zusammengeballt sind, als auch in Zellen, die sich in ihrem Gefüge durch keine besonderen Merkmale von anderen Zellen unterscheiden und vielfach unter anderen Zellen diffus verstreut sind, gebildet.

Die *diffuse Verteilung* und das *Fehlen kennzeichnender cytologischer Merkmale* entspricht der ältesten stammesgeschichtlichen Form hormonproduzierender Zellen. *Überreste* solcher lassen sich auch noch bei den höchstentwickelten Wirbeltieren, den Säugern und dem Menschen feststellen. Wir finden bei ihnen z. B. chromaffine Zellen außer in den Hauptorganen, dem Mark der Nebenniere, an verschiedenen Stellen des Körpers; einzelne Gruppen von Rindenzellen der Nebenniere liegen häufig bis tief in den Beckenraum hinein, ebenso Elemente des Inselapparates entlang des Ausführungsganges des Pankreas. FEYRTHER[1] spricht in seinem vor kurzem erschienen Buch von *diffusen* endokrinen Organen, teils oberflächlich, teils in der Tiefe gelegen und erblickt in dem Inselorgan einen Übergang zwischen diffusen und kompakten innersekretorischen Organen; die diffusen Zellen haben die Eigenschaft, in Nervengewebe einzudringen (Neurocrinie). FEYRTER rechnet auch die Inselzellen der Epidermis und die „gelben" Zellen des Verdauungsschlauches hinzu, die angeblich eine adrenalinähnliche Substanz einsondern und durch ihre Neigung zu Endophytie zu Cancroiden sich entwickeln können.

Wir müssen aus grundsätzlichen Gründen in Zukunft den *Hormonbegriff weiter fassen* und das Problem in erster Linie *chemisch-physiologisch* anfassen, wie das von verschiedenen Forschern, ich nenne nur v. EULER, neuerdings von AMMON und DISCHERL in ihrem eben erschienenen Buche geschehen ist und wie es im vorigen Kapitel bereits des genaueren erörtert wurde. Gemeinsam ist allen diesen Substanzen eine bestimmte Einwirkung auf das *Substrat, d. i. im wesentlichen das Protoplasma der darauf abgestimmten Zelle* (Erfolgszelle). Es ist dabei von durchaus nebensächlicher Bedeutung, ob das Hormon in dieser oder jener Zelle, ja sogar ob es von dieser oder jener Tierart bereitet wird oder ob es gar von außen mit der Nahrung wie bei den Vitaminen zugeführt wird. Nur wenn wir den Hormonbegriff in diesem Sinne weiter fassen, vermögen wir den Vorgängen, die sich in den Zellen abspielen, näher auf den Leib zu rücken und in ihre geheimnisvolle Tätigkeit tiefer als bisher einzudringen.

a) Einteilung der Hormone.

Diese Ausführungen können und dürfen uns natürlich nicht abhalten, eine Unterteilung der Hormone je nach Entstehungsort, nach Wirkungsweise usw. vorzunehmen.

a) Ich möchte in bezug auf den *Entstehungsort* folgende Unterteilung vorschlagen:

1. *Hormone im engeren Sinne*, Hormone I. Ordnung, die gewöhnlich in *besonderen innersekretorischen Drüsen* gebildet werden, daher auch als *Inkrete* bezeichnet. Aber man darf auch hier nicht zu eng an den Begriff: endokrines Organ anklammern; denn wie wir sehen werden, werden echte Hormone wie Follikelhormon, Adrenalin schon von Protozoen und embryonalen Zellen gebildet.

2. *Hormone im weiteren Sinne* oder Hormone II. Ordnung, auch *Hormoide.* Sie entstehen in Zellen, die nicht die Merkmale innersekretorischer Organe an sich tragen, in *Geweben,* die in ihrem *histologischen Aufbau nichts Besonderes* zeigen, daher auch *Gewebshormone* genannt. Hierher gehören das Histamin, Tyramin, Guanidin, das Cholin und Acetylcholin, das Kallicrein, das Vagotonin, die Adenosinverbindungen, der FELIX LANGEsche Stoff, wohl auch das Sekretin, Inkretin, verschiedene herz- und gefäßwirksame Stoffe, wie Renin (Niere)[2].

---

[1] FEYRTHER: Über diffuse endokrine epitheliale Organe. Leipzig: Johann Ambrosius Barth 1938.

[2] Hierher gehört auch der „innere Faktor", der in der Magenschleimhaut gebildet wird. Der „äußere Faktor", wahrscheinlich identisch mit dem Vitamin B_2, wird dem Körper durch die Nahrung zugeführt. Es ist noch fraglich, ob die beiden Faktoren in der Leber von anderen Zellen zu dem Antiperniciosastoff aufgebaut und dann in der Leber nur

3. Hormonwirkung können auch noch *Exkretionsstoffe* haben; so erregt die Kohlensäure die Zellen des Atemzentrums, der Harnstoff regt die Tätigkeit der Nierenepithelien an. Es entspricht dem Sparsamkeitsprinzip der Natur, auch noch die sonst für den Körper unbrauchbar gewordenen Stoffe zu wichtigen Zwecken zu verwenden. Wie weit den verschiedenen im intermediären Stoffwechsel entstandenen Abbauprodukten hormonale Wirkung zukommt, ist im einzelnen schwer zu sagen. So soll das beim Blutzerfall entstehende „Spätgift" (Constrictin) bei der Erhaltung des normalen und besonders bei der Entstehung des Hochdrucks eine wichtige Rolle spielen (G. HESSEL).

b) Vom Standpunkt der *Wirkung auf das Protoplasma der empfänglichen Zelle* möchte ich für die in dieser Arbeit in Frage stehenden Probleme die Hormone in folgende zwei Gruppen einteilen:

1. Die Hormone, die einen bereits *vorhandenen Mechanismus auslösen.* Hierher gehören z. B. alle auf die glatten Muskeln wirkenden (leiotropen) Stoffe, ferner der Sympathicus- und Parasympathicuswirkstoff, zum Teil das Insulin (Stoffwechselhormone).

2. Die Hormone, *die Entwicklung, Wachstum und Fortpflanzungsvorgänge* anregen — sie entsprechen ungefähr den *Harmozonen* GLEYs. Sie bewirken an den *Erfolgszellen eine Veränderung*, die zu einer *Differenzierung* oder zu einer *Vergrößerung* (Hypertrophie) oder *Vermehrung* (Hyperplasie) oder allen dreien führt. (Durch diese drei Zellveränderungen sind bekanntlich Entwicklung und Wachstum cytologisch gekennzeichnet.) Wenn das Individuum bereits ausgewachsen und nicht gerade in der Erfüllung der Fortpflanzungsaufgabe begriffen ist, so bewirken diese Hormone die *Erhaltung* des Zellbestandes und der Zelltätigkeit. Diese Hormone *bauen* also etwas *auf* oder *erhalten* wenigstens das Bestehende.

Die *Reize* (irritamenta), die das lebende Protoplasma erregten, hat VIRCHOW in *nutritive* und *formative* unterschieden. Diese rein gedankliche Konzeption können wir heute *stofflich* unterbauen. Die nutritiven Reize sind die Nährstoffe, die formativen Reize werden durch die Wirk- und Reizstoffe, in erster Linie durch die Hormone, ausgelöst. Diese Feststellungen beleuchten vorzüglich die Größe des Fortschrittes, den wir in der Zwischenzeit gemacht haben. Der Ausdruck „formativ" oder „morphogenetisch" entspricht nicht mehr ganz unseren Vorstellungen, die wir von diesem Geschehen haben. Das Primäre bei Entwicklung und Wachstum sind nicht die „Reizstoffe", die Hormone, sondern sind die Gene, das phylogenetisch-chromosal Verankerte der Art. Es scheint mir daher die Zeit gekommen, die leicht mißverständlichen Ausdrücke durch neue zu ersetzen, wie das E. THOMAS mit *morphokinetisch*[1] tut, oder wenn man ein Fremdwort vermeiden will, durch *gestalt- oder formweckend* wie ich es im folgenden tue. Die Anlagen schlummern in den Chromosomen und Genen und werden durch die Einwirkung der Hormone geweckt, sie liegen unentfaltet (implicitum) und werden durch die Wirkstoffe zur Entfaltung (explicitum) gebracht.

---

gespeichert werden. Im ersten Falle würde es sich um ein Hormon der Leber, im letzteren Falle um einen Wirkstoff von bisher noch unbekannter Bildungsstätte handeln, in beiden Fällen aber ist der Antiperniciosastoff ein echtes Hormon, denn es wirkt sich an dem Knochenmark als den „Erfolgszellen" spezifisch aus.

[1] HALBAN hat den wenig glücklichen Ausdruck „protektiv" gebraucht.

b) Die bei niederen Tieren und in embryonalen Zellen nachgewiesenen Hormone.

α) Hormonbildung bei niederen Tieren.

I. Follikelhormon.

Eingehende Untersuchungen der letzten Jahre haben ergeben, daß man mit verschiedenen Bakterien Hefepilze, Protozoen eine biologische Reaktion erzielen kann, die als spezifisch für das Follikelhormon anzusehen ist (s. Abschnitt Geschlechtshormone S. 182). Auch in der Steinkohle, im Teer, konnte dieser Wirkstoff aufgefunden werden. Die Stoffe haben *oestrogene Wirkungen* und sind chemisch nahe verwandt, vielleicht identisch mit dem Follikelhormon.

Das Auffinden des weiblichen Geschlechtshormons oder eines in seiner Wirkung gleichen Stoffes bei *Protozoen und Bakterien* kann nicht anders erklärt werden, als daß der Stoff von diesen Lebewesen selbst in *eigener Zelltätigkeit* gebildet wird. Wir dürfen daraus schließen, daß also die Zelle des Protozoon bereits die Fähigkeit hat, ein uns in seiner biologischen Wirkung und in seiner chemischen Zusammensetzung genau bekanntes Hormon zu bilden. Es spielt, wie wir noch sehen werden, bei den Wachstums- und Fortpflanzungsvorgängen eine wichtige Rolle (Urwachstum und Urgeschlechtshormon).

Aber auch *wirbellose* Metazoen vermögen Geschlechtshormon in ihrem Körper zu bilden. Der Nachweis ist auf zweierlei Weise geführt worden:

Bei den Anneliden und Crustaceen besteht ein sexueller Dimorphismus, der deutlich durch die Entfernung oder Zerstörung der Keimdrüse durch Schmarotzer (Sacculina) beeinflußt wird (HARMS, BOVERI usw.). Es üben also die Geschlechtshormone bei diesen Tierarten eine geschlechtsdifferenzierende Wirkung aus.

Es konnten die Geschlechtshormone aber auch *unmittelbar* in den Gonaden am ALLEN-DOISY-Test nachgewiesen werden.

LOEWE und seine Mitarbeiter fanden in der Gonade einer Schmetterlingsart, des Atlasspinners, weibliches Geschlechtshormon in Mengen, die von der nämlichen Größenordnung waren wie in den Säugetierovarien.

Bei den Schmetterlingen, überhaupt bei allen Insekten, haben jedoch die Geschlechtshormone gar keinen Einfluß auf die geschlechtliche Differenzierung der Individuen (MEISEN-HEIMER). Bei diesen hoch organisierten Wirbellosen wird das Geschlecht ausschließlich chromosomal bestimmt. Wir dürfen daraus den Schluß ziehen, daß das Follikelhormon bei den Insekten anderen Zwecken, wahrscheinlich als Wachstumshormon, dient.

II. Adrenalin und Acetylcholin.

Noch einen zweiten Wirkstoff, den wir nach seiner chemischen Zusammensetzung und biologischen Wirkungsweise genau kennen, vermögen bereits die Zellen von *Protozoen* zu bereiten, das *Adrenalin*. G. BAYER und MENSE[1] konnten den Stoff in Paramaecien einwandfrei nachweisen.

Dieser Wirkstoff wurde wiederholt auch in dem Körper von *Wirbellosen*, bei Blutegeln, Regenwürmern, Kiemenschnecken usw. gefunden. Die Substanz wird bei diesen Arten in besonders gekennzeichneten Zellen gebildet, die beim Blutegel in den Bauchmarkganglien, bei der Kiemenschnecke im Mantel gelegen sind und die die Bichromatreaktion geben, wie die chromaffinen Zellen des Marks der Nebenniere der Wirbeltiere.

---

[1] BAYER, G. u. MENSE: Pflügers Arch. **237**, 651 (1936).

Das Adrenalin, das hauptsächlich nach GASKELL[1] bei Arten mit contractilem Gefäßsystem festgestellt wurde, wirkt auf den Kontraktionszustand der Gefäße ein. GASKELL nimmt an, daß die Wirkung sowohl unmittelbar durch das Adrenalin auf die Gefäßmuskulatur erfolgt, als auch mittelbar auf dem nervösen Wege zustande kommt. Er hält diese hormoneurale Innervation der Blutgefäße für die phylogenetisch älteste Form. Man wird aber nicht fehl gehen, wenn man die Zusammenziehungen, die wir an dem Protoplasmaleib von *Einzellern* beobachten, mit dem Gehalt an Adrenalin in Zusammenhang bringt. Es ist also das Adrenalin ein Stoff, der bereits bei dem Protoplasma des Einzellers wirksam ist, d. h. bei Lebewesen, bei denen überhaupt noch keine Differenzierung in Nerven und Muskeln stattgefunden hat.

KOSHTOJANZ[2] hat adrenalinähnliche Stoffe im Extrakt aus Hydren und aus dem Kopfganglion von Helix pomatia gefunden. Aber auch der Gegenspieler des Adrenalin wurde bei Wirbellosen aufgefunden, BAYER und WENSE[3] stellten bei Paramaecien *Cholin* und Acethylcholin fest.

Soweit ich das Schrifttum überblicke, sind bisher nur *Follikelhormon, Adrenalin* und *Cholin bei Protozoen* gefunden worden. Diese Tatsache erscheint mir sehr wichtig. Man muß daraus schließen, daß diese *Wirkstoffe* bereits für die *Funktion der Zellen des Protozoons* unentbehrlich sind, das *Adrenalin* zur *Auslösung von Bewegungen*, das *Follikelhormon* zur *Anregung des Wachstums*.

Bisher ist es noch nie gelungen, *Thyroxin* oder *Insulin*, die im Säugetierkörper eine so wichtige Rolle spielen, bei Protozoen oder Wirbellosen nachzuweisen. Thyroxin, das auf das Wachstum der Larven von Amphibien bekanntlich besonders stark wirkt, ist ohne jeden Einfluß auf den Keimling von Wirbellosen. Auch bewirkt der Stoff, ausgewachsenen Tieren eingespritzt, keinen erhöhten Grundumsatz. Er ist für diese Tierarten völlig indifferent (W. FLEISCHMANN[4]), auch *Insulin* ist ganz wirkungslos.

Diese Ausführungen zeigen, daß es falsch ist, die wirbellosen Tiere als „hormonlos" und die Wirbeltiere als „Hormontiere" zu bezeichnen. Auch die Wirbellosen bilden in ihrem Körper Hormone, zum Teil die gleichen wie die Wirbeltiere zum größten Teil aber gemäß ihrer ganz anderen Organisation andere Wirkstoffe.

β) Hormonbildung in embryonalen Zellen.

Echte Hormone werden ferner in den Chorionepithelien des Trophoblast und der Placenta der Säuger gebildet: Follikel-, Gelbkörper- und Chorionhormon usw. Wir werden auf diese Frage erst bei der speziellen Besprechung dieser Wirkstoffe zurückkommen.

Anhang.
Die Spezialhormone verschiedener Tierarten.

Unter diesen Wirkstoffen spielen *die* Hormone, die die *Metamorphose der Insekten* steuern, eine große Rolle.

Die Insekten sind die höchstentwickelten wirbellosen Tiere. Es ist bei ihrem hochorganisierten Körper eine so einfache Art der Fortpflanzung, wie wir sie bei den Protozoen und bei den niederen Wirbellosen beobachten, nicht mehr möglich. Die Fortpflanzung vollzieht sich bei ihnen in mehreren Zwischenstufen, deren Abwicklung durch Hormone gesteuert wird (s. Abschnitt S. 116).

---

[1] GASKELL: J. gen. Physiol. **1920 I** 74.

[2] KOSHTOJANZ: Bull. Biol. et Med. exper. U.R.S.S. **2**, 37.

[3] BAYER u. WENSE: Pflügers Arch. **237**, 417, 651.

[4] FLEISCHMANN, W.: Vergleichende Physiologie der inneren Sekretion. Wien u. Leipzig: Moritz Perles 1937.

Bodenstein unterscheidet ein larvales Metamorphosenhormon, das die Häutung besorgt, ein puppales, das die Verpuppung auslöst und ein imaginales, das bei der Bildung des Schmetterlings wirksam ist. Die beiden ersten Wirkstoffe, das Häutungs- und Verpuppungshormon sind besonders durch die Versuche von G. Koller[1] nachgewiesen.

Wird die Hämolymphe von verpuppungsreifen Raupen auf junge Raupen übertragen, die noch lange Zeit bis zur Verpuppung hätten, so löst dieser Eingriff die Verpuppung des Tieres aus. Die Übertragung bewirkt auch eine völlige Veränderung des Instinktlebens: Verlassen der Futterpflanze, unruhiges Herumkriechen, Einbohren in die Erde. Ob es auch ein imaginales Hormon gibt, ist sehr wahrscheinlich, aber noch nicht ganz sicher festgestellt.

Auch die *Farbwechselhormone*, die bei Fischen, Amphibien und Reptilien eine so große Rolle spielen, kommen bereits bei *Wirbellosen* vor. Koller konnte bei der Sand-Garnele (Crangon vulg.) ein Organ, das sog. Schwarzorgan auffinden, dessen Inhalt, dem hellen Tier einverleibt, durch Erweiterung der Chromatophoren die Verdunkelung der Haut hervorruft. Es soll auch ein entgegengesetztes weißes Organ (im Augenstiel gelegen), das die weiße Farbe bewirkt, vorhanden sein.

c) Wirkungsweise der Hormone.

Bei dem hormonalen Problem müssen wir drei Dinge scharf unterscheiden:

1. Die *hormonproduzierenden Zellen*, *Hormonbildungszellen* oder *endokrine Zellen*.

2. Den chemischen Wirkstoff, *das Hormon selbst*.

3. Die auf das *Hormon ansprechenden Zellen*, *Hormonwirkungszellen* oder *Erfolgszellen* (Abb. 5).

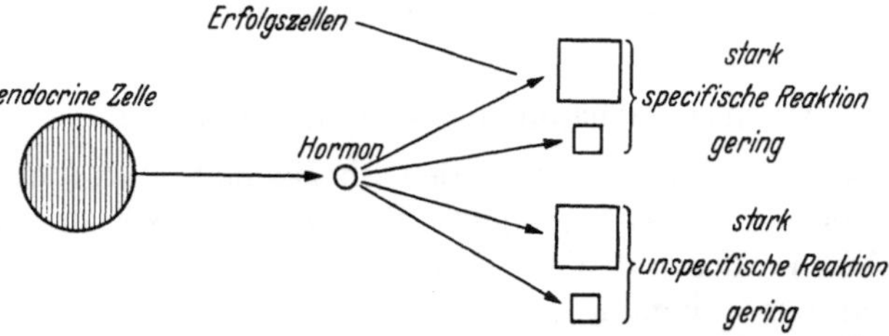

Abb. 5. Schema der Einwirkung der endokrinen Zelle (linker Kreis) auf die Erfolgszellen (rechts Vierecke) durch das Hormon (in Mitte kleiner Kreis); die Wirkung kann spezifisch (oben) oder unspezifisch (unten), kann stark oder gering (angedeutet durch die verschiedene Größe der Quadrate) sein.

Zwischen diesen drei Dingen besteht ein großer grundsätzlicher Unterschied: *1* und *3* sind *organismische* Gebilde, *lebende* Zellen, *2*, das Hormon wird zwar von lebenden Zellen gebildet, ist selbst aber *toter chemischer* Stoff. Nur das molekularstrukturelle Feingefüge des Protoplasma ist der Boden, auf dem die Lebensvorgänge, auf dem „Reiz" und „Reaktion" in den für das „Leben" charakteristischen Formen sich abspielen können.

Der *Reiz* ist in unserem Falle eine bestimmte chemische Substanz — deren Zusammensetzung uns vielfach genau bekannt ist — eben das Hormon. Die Zelle, die den chemischen Reiz aussendet, ist die endokrine Zelle. Die „Reaktion", die durch chemischen Reiz ausgelöst wird, spielt sich an der Zelle ab, die zu dem Wirkstoff Wahlverwandtschaft hat, das ist die Erfolgszelle.

---

[1] Koller, G.: Z. vergl. Physiol. **5**, 191 (1927).

α) Hormonbildungs- (endokrine) Zelle und Hormon.

I. Allgemeines.

Wenn jemand in der *vor-endokrinen* Zeit behauptet hätte, die Zellen des Protozoon und die Chorionepithelien der Placenta bildeten den nämlichen Stoff (Follikelhormon) wie die Theca-Granulosazellen des Eierstockfollikels, den hätte man ohne weiteres für einen Narren erklärt; denn die Zellen sind in ihrem cytologischen Gefüge so himmelweit verschieden, daß man es nach dem Gestalt-Funktionsgesetz für unmöglich gehalten hätte, daß sie die gleiche Funktion ausübten und den gleichen Stoff bildeten.

Hat nun das *Gestalt-Funktionsgesetz* nach diesen Feststellungen keine Gültigkeit mehr? Keineswegs. Wir dürfen unter Gestalt der Zelle nicht nur das verstehen, was wir mit dem Mikroskop sehen können, sondern müssen auch die *submikroskopische,* die „*Meta*"-*Struktur* berücksichtigen, die wir freilich noch nicht erkennen können. Vielleicht bringt uns das eben entdeckte Elektronenmikroskop darin weiter.

An der *Spezifität der Molekularstruktur* der endokrinen Zelle müssen wir *unbedingt festhalten.* Nur wenn die Moleküle einer Zelle eine ganz bestimmte Anordnung haben, vermögen sie eine bestimmte Wirkung hervorzubringen, in unserem Falle einen bestimmten chemischen Stoff zu bilden. Das Gestalt-Funktionsgesetz behält also trotzdem seine Gültigkeit. Um aber den Unterschied zwischen dem unsern Sinnen Faßbarem und dem Unsichtbaren hervorzuheben, möchte ich vorschlagen, in Fällen wie der unsrige von ***Molekularstruktur-, Funktionsgesetz*** zu sprechen.

Wenn man eine spezifische Molekularstruktur annimmt, so macht es auch keine Schwierigkeiten, den Hormonbegriff in dem Sinne zu erweitern, wie das im vorausgehenden schon geschehen ist und in ihm alle Arten von Wirkstoffen, Hormone und Hormoide, und alle Zellen, die auf andere Zellen wirkende Stoffe aussenden, zusammenzufassen.

Wir müssen das auch aus *chemisch-physiologischen* Gründen tun. Nur wenn wir ein Molekularstruktur-Funktionsgesetz annehmen, sind wir imstande, die Erscheinung zu erklären, daß die Chorionzellen des Trophoblasts oder die Zellen des Hypophysenvorderlappens nicht nur ein, sondern eine *Mehrzahl* von Hormonen aufzubauen vermögen. Die *chemische Pluripotenz* der endokrinen Zelle läßt sich nur durch die Annahme einer spezifischen, für unsere Sinne nicht erkennbaren Molekularstruktur der Zelle erklären.

Gegen eine derartige Annahme scheint zunächst die Tatsache zu sprechen, daß der physiologische Chemiker in den untersuchten Geweben und in den Extrakten Stoffe auffindet, die *von dem eigentlichen Wirkstoff verschieden* oder ihm nur verwandt sind. Besonders auffällig läßt sich die Erscheinung bei den *Geschlechtshormonen* · nachweisen. Hier sind es zwei Befunde, die gegen eine spezifische Molekularstruktur der Zelle zu sprechen scheinen.

1. Das Vorhandensein von männlichem Geschlechtshormon bei weiblichen Individuen und umgekehrt der Nachweis von weiblichem Geschlechtshormon beim Manne. Wenn man diese auffallende Erscheinung erklären will, so muß man sich darüber klar sein — ich werde darüber noch ausführlicher berichten —,

daß bei den niedersten Lebewesen eine geschlechtliche Differenzierung überhaupt noch nicht erfolgt und auch bei den höchsten Lebewesen die erste geschlechtliche Anlage neutral ist, daß ferner die Durchführung der geschlechtlichen Differenzierung der Natur auch bei den Arten mit geschlechtlicher Fortpflanzung größere Schwierigkeiten macht und wohl regelmäßig kleine *Überreste der andern Geschlechtsanlage,* also der Zustand der *bisexuellen Potentialität* zeitlebens bestehen bleiben.

2. BUTENANDT hat Stoffe synthetisiert, die sowohl weibliches als auch männliches Prinzip enthalten — Androsten-diol und Andosteron-diol. Es ist also wohl kein Zweifel mehr, daß solche Körper vorkommen, aber es sind doch wohl nur *Zwischenstoffe* und keine *Endprodukte* der Zelltätigkeit. Es gibt sicherlich für jeden chemischen Stoff, der im Stoffwechselgetriebe entsteht, eine große Anzahl von Zwischenverbindungen, die nur ganz labil und kurzlebig sind oder die bei dem Aufarbeitsverfahren des Chemikers sich erst bilden.

Diese Zwischenstoffe können biologisch völlig wirkungslos sein, sie können aber auch — und besonders von den Isomeren darf man es annehmen — Wirkungen haben, die den Endstoffen ähnlich oder gleich sind. Auch beim *Abbau* der Hormone entstehen vielfach solche Zwischenprodukte. So nimmt man allgemein an, daß das im Harn ausgeschiedene Follikelhormon nicht identisch ist mit dem an den Erfolgszellen angreifenden; letzteres, das Hydrofollikelhormon, ist ungefähr 4—5mal so wirksam wie das mit dem Harn ausgeschiedene Abbauprodukt.

Es gibt also Zwischenstoffe verschiedener Art; aber wir müssen annehmen, daß die *Endprodukte,* die eine endokrine Zelle liefert, immer *qualitativ* die gleichen bleiben und zwar deshalb, weil die *Zellen* eine *erhebliche Festigkeit (Stabilität) in ihrem inneren Gefüge* haben. Wenn eine solche nicht vorhanden wäre, so wäre die Bildung des stets gleichen Wirkstoffes, wie wir es bei allen endokrinen Drüsen — Insulin, Thyroxin usw.[1] — doch sehen, wäre eine geordnete Tätigkeit in der ungeheuer komplizierten Fabrik des tierischen Organismus gar nicht möglich.

Aber selbst dann, wenn einmal die spezifische Molekularstruktur *nicht ganz richtig ist* und falsche Wirkstoffe gebildet werden, ist in dem *Ausbleiben der Ansprechbarkeit der Erfolgszellen* ein Schutz für den Körper gegeben. Das ist, wie es scheint, beim Hengst der Fall. Dieser scheidet ungeheure Mengen von weiblichem Geschlechtshormon mit dem Harn aus, auch sein Hoden enthält viel Follikelhormon (ZONDEK). Da aber seine Erfolgszellen nur auf *männliches* Geschlechtshormon (und nicht auf weibliches) ansprechen, so verliert das Tier von seiner männlichen Geschlechtsmerkmalen nicht das Geringste.

Wir dürfen auch nicht vergessen, daß der Chemiker mit Reagenzglas und Retorte, in mancher Beziehung *weit mehr zu leisten* vermag, als die Natur. Der Chemiker kann alle möglichen Verfahren versuchen und anwenden, für die Zelle gibt es nur *einen oder wenige Wege,* die von der Natur der Spezies nach dem

---

[1] Daß der entstehende Wirkstoff ganz von der Beschaffenheit und Eigenart der Zellstruktur abhängt, ersehen wir daraus, daß zwei Zellarten für den Aufbau ihrer Hormone den *gleichen* Grundstoff benützen: aus der Aminosäure Thyrosin wird von den Zellen des Markes der Nebenniere das Adrenalin, von den Zellen der Schilddrüse 3,5-Dijodtyrosin und Thyroxin gebildet (ABDERHALDEN).

Gesetz, nach dem sie „angetreten" ist, durch die Ausbildung der jeweiligen Molekularstruktur vorgeschrieben sind [1].

Die spezifische *Molekularstruktur* der endokrinen Zelle wird offensichtlich von der Natur *hartnäckig festgehalten*; denn wir sehen, daß die Hormone die gleichen sind, ob es sich um junges oder altes, um ein schwangeres oder nicht-schwangeres, um ein gesundes oder krankes Individuum handelt.

Es ist bisher noch nicht nachgewiesen, daß eine einmal differenzierte und spezialisierte endokrine Zelle einen anderen als den ihr gemäßen Wirkstoff gebildet hätte. Wenn einmal ein anderer chemischer Stoff aufgebaut wird, so ist an der endokrinen Zelle eine *phylo-ontogenetisch bedingte Umwandlung* vor sich gegangen, die wir äußerlich in der Regel auch an ihrem veränderten histologischen Aufbau erkennen; das ist z. B. bei den Erwachsenen, dessen übrige Zellen schon völlig ausdifferenziert sind, noch bei den Theca-Granulosazellen des Eierstocks der Fall. Diese bereiten im reifenden Follikel das Follikelhormon; die aus ihnen hervorgegangenen, aber baulich anders gestalteten Zellen des Corpus luteum bilden das Progesteron; doch es bleiben auch im gelben Körper noch molekularstrukturelle Reste der ursprünglichen Theca-Granulosazellen erhalten; denn es steht fest, daß der Gelbkörper auch noch kleinere Mengen von Follikelhormon bereitet. Auch bei den gonadotropen Hormonen des Hypophysenvorderlappens liegen die Verhältnisse ähnlich (s. Abschnitt Hypophyse).

Solange nicht das Gegenteil einwandfrei nachgewiesen ist, müssen wir also an der Spezifität der Molekularstruktur der endokrinen Zellen und an dem *qualitativen* Gleichbleiben des gebildeten Hormons festhalten.

Ganz anders liegen die *quantitativen* Verhältnisse. Die *Menge* des Hormons kann wechseln und wechselt sogar sehr stark unter verschiedenen Verhältnissen. Sie wechselt je nach der Phase des ontogenetischen Daseins, in dem sich das Individuum gerade befindet; so ist nicht nur die Menge des Follikelhormons beim Kinde geringer als beim Erwachsenen, sondern auch alle Stoffwechselhormone. Die Stärke der Hormonbildung in der endokrinen Zelle wird ferner stark beeinflußt durch die Art der Ernährung; so wissen wir, daß die Schilddrüse je nachdem mehr vegetabilische oder mehr Fleischkost genommen wird, einen verschiedenen histologischen Aufbau zeigt (PALL u. a.); (daher neuerdings die Forderung, bei Versuchstieren stets nur die gleiche Kost zu verabreichen). Weitgehend abhängig ist die Menge des gebildeten Hormons von *nervösen und seelischen* Einflüssen. Ich führe als Beispiel nur die psychogene Entstehung des Basedows, des Diabetes an. Aber auch *äußere Faktoren*, Klima, Witterung, Jahreszeit sind von Bedeutung. So kommt der Winterschlaf gewisser Tiere im wesentlichen durch Unterfunktion der Schilddrüse zustande. Besonders eindrucksvoll tritt der jahreszeitliche Einfluß bei der Tätigkeit der Geschlechtsdrüsen der meisten Tiere zutage.

Diese Feststellungen sind in *praktischer* Hinsicht von großer Bedeutung. Wenn die endokrine Zelle ihre Aufgabe ordnungsgemäß erfüllen soll, so muß sie im *richtigen Augenblick* die *richtige Menge* Wirkstoff liefern. Bildet sie *zu wenig* oder *zu viel*, so bedeutet das eine Unregelmäßigkeit, eine Störung, in vielen Fällen bereits eine Krankheit.

---

[1] Die Chemie stellt heute tausende und abertauende von organischen Stoffen synthetisch her. Es ist ihr aber noch nie gelungen und wird ihr auch nicht gelingen, eine lebende Zelle, geschweige denn einen ganzen lebenden Organismus künstlich aufzubauen.

Den krankhaften Zustand können wir verhältnismäßig leicht erkennen, wenn wir nur *eine* innersekretorische Drüse, die zudem nur *ein* Inkret bildet, zu viel oder zu wenig Hormon liefert, z. B. die Schilddrüse beim Myxödem (zu wenig) oder beim Basedow (zu viel Thyreoidin) oder die Hypophyse bei der Akromegalie (zu viel eosinophiles Wachstumshormon). Wir sprechen dann von *uniglandulären Störungen.*

Die uniglandulären Erkrankungen sind aber die Ausnahme. Wir kennen sie nur am besten, weil sie ein sehr typisches klinisches Bild bieten. Bei ihnen hat nur eine einzige Drüse, chromosomal-zygotisch bedingt, in ihrer Bildung gelitten. Meist ist es aber so, daß die genische Schwäche eine größere Anzahl von endokrinen Organen betrifft, daß es sich also um eine *pluriglanduläre* Störung handelt[1].

Die Erkennung innersekretorischer Störung ist deshalb so besonders erschwert, weil eine Änderung in der quantitativen Tätigkeit der einen Drüse stets auch Einwirkungen auf die Funktion einer oder einer Reihe anderer Drüsen hat; es sei nur an die Zellen des Hypophysenvorderlappens und seiner zahlreichen Wirkstoffe erinnert.

Man sagt, daß man es einer endokrinen Drüse nicht anzusehen vermag, ob sie zu viel oder zu wenig Wirkstoff absondert. Diese Behauptung ist innerhalb gewisser Grenzen ganz richtig. Ein neuraler Reiz oder ein Reiz, der von einem anderen Hormon ausgeht, kann tatsächlich rasch und histologisch unmerklich eine vermehrte oder verminderte Funktion auslösen, wie das übrigens im verminderten Maße auch bei andern Organen der Fall ist. Aber bei diesen unmerklichen Veränderungen handelt es sich stets nur um *schnell vorübergehende* Zustände. Wenn *längere Zeit Über- oder Unterfunktion* besteht, so wirkt sich dies auch in der Morphe aus. Es kommt wie bei allen Geweben zu einer *Hypertrophie oder Atrophie der innersekretorischen Drüsen.*

Es dauert also bei den endokrinen Organen verhältnismäßig lange Zeit, bis eine unregelmäßige Funktion sich auch in für unserem Auge wahrnehmbaren morpho-histologischen Veränderungen auswirkt, bis die *molekulären Veränderungen sich zu gestaltlichen verdichtet* haben. Daher kommt es, daß die *pathologische Anatomie,* so groß ihre Verdienste um die Klärung formgewordener Veränderungen und morphologisch faßbarer Krankheitsbilder sind, in bezug auf die *feineren hormonalen* Störungen fast *völlig versagt* hat und versagen muß. Setzt doch nicht einmal das Alter, wie Aschoff in seinen eingehenden Untersuchungen gezeigt hat, wenn man von den Geschlechtsdrüsen absieht, eine irgendwie kennzeichnende Umgestaltung[2].

Über den Einfluß auf Nervensystem und Psyche siehe S. 65 und 79.

Wir können sicher noch in der Erkennung endokriner Gleichgewichtsstörungen durch *Ausbau der feinhistologischen Untersuchungsmethoden* manches erreichen. Aber die Grenze ist bald erreicht. Es ist daher ein entscheidender Fortschritt nur dann zu erhoffen, wenn es gelingt, die *Wirkstoffe selbst im Blut* und in den *Körperausscheidungen* durch nicht allzu umständliche Verfahren nachzuweisen. Es scheint z. B. als ob die Ausscheidung des Pregnandiols, eines

---

[1] Siehe auch S. 333.

[2] Aschoff: Med. Klin. **1937.** — Es ist daher auch nicht anzunehmen, wie vielfach geschehen, daß eine Veränderung der innersekretorischen Drüsen die *Ursache* des Alterns sei. Es verfallen *alle* Organe des Körpers annähernd gleichmäßig dem Altern gemäß dem für Art und Individuum geltenden Gesetz.

Vor- und Abbauproduktes des Progesterons, im Harn uns einen Einblick in die Menge des im Blut kreisenden Gelbkörperhormons ermöglicht.

Es hat auch nur bei den *uniglandulären* Störungen einen Sinn, von einer *Über-* oder *Unterfunktion* der Drüse *kurzweg* zu reden. Wenn wir es bei einer pluriglandulären Störung tun wollen, so müssen wir für jede einzelne Drüse angeben, ob sie zu viel oder zu wenig Hormon absondert.

Wir sind bisher in der Vorstellung befangen gewesen, daß eine endokrine Drüse und natürlich noch viel mehr eine *endokrine Zelle* nur einen einzigen Wirkstoff zu bereiten vermöge. Diese Vorstellung ist falsch. Eine Reihe innersekretorischer Zellen, wie die Vorderlappenzellen der Hypophyse und die Zellen der Nebennierenrinde, vermögen *mehrere* Hormone zu synthetisieren, die chromophoben Zellen des Vorderlappens ferner wieder andere als die eosinophilen oder basophilen Zellen. Es ist daher sinn- und zwecklos, bei einem Organ, das wie die Hypophyse viele Wirkstoffe bereitet, bei eingetretenen Störungen einfach von einem Hypo- oder Hyperpituitarismus[1] zu sprechen. Es handelt sich fast nie um eine gleichmäßige, alle Zellen der Hypophyse befallende Störung, sondern nur um Unregelmäßigkeiten, die die eine oder andere Zellart oder bei den chemisch pluripotenten gar nur eine Teilfunktion der verschiedenen Zellen betrifft. Die innere Sekretion ist für uns in ihrer wichtigsten Auswirkung eben ein physiologisch-chemisches Problem. Deshalb sollen wir versuchen, nachzuweisen, ob der chemische Stoff in zu geringer oder zu großer Menge gebildet wird.

Die *Schwierigkeiten der Erkennung* feinerer innersekretorischer Störungen sind mit den erwähnten Dingen noch nicht zu Ende. Nicht minder schwer ist die Feststellung, wie die *Erfolgszellen* auf das Hormon antworten. Doch davon Näheres im nächsten Abschnitt! Zuerst noch die Wandlungen der innersekretorischen Organe im Verlauf des ontogenetischen Entwicklungsganges.

II. Die ontogenetisch (chromosomal-zygotisch) bedingte Wandelbarkeit gewisser endokriner Zellen.

Eine gewisse *Wandlung* in ihrem *strukturellen Aufbau* und in ihrer *Funktion* zeigen im Verlaufe des Lebens natürlich *alle* Zellen des Körpers. Auf eine solche können wir schon bei der äußeren flüchtigen Betrachtung des Körpers, besondere Beachtung seines Tonus während der verschiedenen Phasen des ontogenetischen Daseins schließen. Das kindliche Gewebe zeichnet sich durch Weichheit und Zartheit aus, Vertrocknung, Verkalkung, Verknöcherung, Versteifung sind Eigenschaften des höheren Alters.

Wenn diese Veränderungen letzten Endes durch die Eigenart der lebenden Substanz und durch das oberste Lebensgesetz der Art bedingt sind, so kann doch kein Zweifel bestehen, daß die *endokrinen Zellen* und im geringen Maße auch die *Erfolgszellen* bei der Entstehung dieser Veränderungen maßgebend als *Realisationsfaktoren* im Sinne von Roux beteiligt sind.

Auf einen solchen Zusammenhang können wir aus folgender Tatsache schließen: während *alle* Organe, wenn sie aufgebaut sind, während des ganzen Lebens erhalten und in Funktion bleiben, also *Dauerorgane* sind, gibt es unter den *innersekretorischen Drüsen* eine Anzahl, die überhaupt *nur während einer gewissen Phase des ontogenetischen Daseins* vorhanden und in Funktion sind. Es ist im jugendlichen Alter die Zirbeldrüse und der Thymus, die beide in der Zeit der Pubertät zur Rückbildung kommen. Es sind im geschlechtsreifen Alter bei der Frau der reifende Follikel und das Corpus luteum, die beide nur eine Lebensdauer von etwa 14 Tagen haben und in der Schwangerschaft die Placenta, die 9 Monate in Tätigkeit bleibt.

---

[1] Glandula pituitaria = Hypophyse.

Schon aus dieser *Kurzlebigkeit* und *Vergänglichkeit* geht hervor, daß diese endokrinen Organe nur zu einem *bestimmten Zweck* von der Natur geschaffen worden sind, nämlich für die Regelung des *Wachstums* (etwa 20 Jahre) und der *Fortpflanzung* (bei der Frau etwa 30 Jahre dauernd).

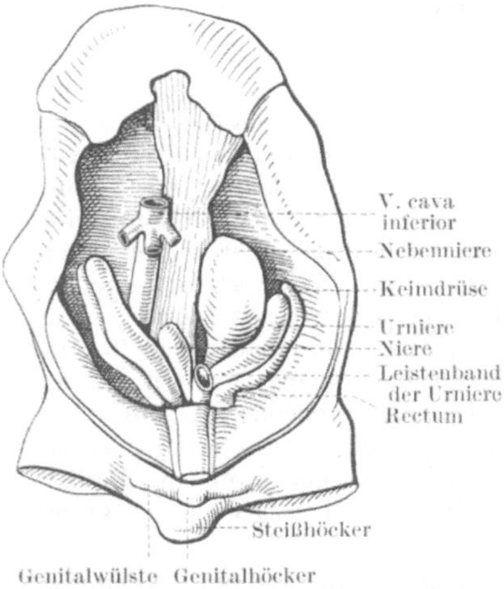

Außer diesen kurzlebigen Organen gibt es nun solche innersekretorische Drüsen, die zwar während des *ganzen Lebens* in Funktion stehen, die aber zu gewissen Zeiten noch *Spezialaufgaben* zu erfüllen haben. Deshalb zeigen sie nicht immer den gleichen histologischen Bau, wie etwa die Herz-, Milz- oder Leberzelle, sondern sie weisen in den Zeiten, in denen sie diese besondere Funktion zu leisten haben, das sind während der *Wachstums-* und *Fortpflanzungsperiode, auffallende Veränderungen in ihrem strukturellen Gefüge* auf. Zu diesen Drüsen gehören vor allem der *Vorderlappen* der Hypophyse und die Nebennieren*rinde*, angedeutet auch die übrigen endokrinen Organe. Diese letztgenannten Drüsen sind der Hauptsache nach Stoffwechseldrüsen, stehen aber zeitweise auch im Dienste der Wachstums- und Fortpflanzungsvorgänge.

V. cava inferior
Nebenniere
Keimdrüse
Urniere
Niere
Leistenband der Urniere
Rectum
Steißhöcker
Genitalwülste   Genitalhöcker

Abb. 6. Situsansicht des Embryo nach LUBOSCH. Man erkennt die mächtige Entwicklung der Nebenniere (Rinde) im Vergleich zu den Nachbarorganen, besonders Keimdrüse und Niere.

Diese Veränderungen in den Zeiten des Wachstums- und der Fortpflanzung sollen daher kurz bei den einzelnen Drüsen besprochen werden.

Nebennierenrinde. Entwicklungsbedingte Veränderungen. Um den dritten embryonalen Monat ist die Nebenniere das größte Organ, das sich in der Bauchhöhle findet (Abb. 6). Im weiteren Verlaufe der ontogenetischen Entwicklung nimmt sie an Gewicht bis zur vollen Geschlechtsreife verhältnismäßig ab, im späteren Leben zeigt sie eher wieder eine kleine Gewichtszunahme. Bei der Wichtigkeit dieser Veränderungen möchte ich eine Kurve von SCAMMON und die von WEHEFRITZ im RÖSSLEschen Institut festgestellten Nebennierengewichte, die hauptsächlich durch die Rinde bedingt sind, anführen.

Gewicht der Nebennierenrinde
nach der Geburt.
(Nach WEHEFRITZ.)

Lebensalter	Nebennierenrinde
1 Stunde bis 1 Monat	3,91
2.—12. Monat	2,85
1.— 5. Lebensjahr	3,99
6.—10. ,,	5,92
11.—20. ,,	9,77
21.—30. ,,	12,15
31.—40. ,,	12,51
41.—50. ,,	11,92
51.—60. ,,	12,14
61.—70. ,,	12,31
71.—90. ,,	11,62

Auf der Kurve von SCAMMON (Abb. 7) sieht man in der Senkrechten das Gewicht der Nebenniere in Gramm, in der Waagrechten das Körpergewicht des Kindes. Man sieht, daß das Gewicht der Nebenniere bis zur Geburt des Kindes beständig bis zu 8 g ansteigt, und daß von da ab das Gewicht zu sinken beginnt und ungefähr 3 Monate nach der Geburt nur noch die Hälfte des Geburtsgewichtes aufweist.

Die SCAMMONsche Kurve des Nebennierengewichtes beginnt erst bei Feten von ungefähr 300 g Gewicht, das entspricht der Zeit von dem 5. Monat, also erst um die Mitte der Schwangerschaft. Von dieser Zeit ab verläuft die Gewichtskurve der Nebenniere ungefähr parallel mit dem Körpergewicht des Fetus. Doch nicht ganz vollständig, denn das Gewicht der Nebenniere verhält sich zum Körpergewicht im 5. Monat nach der SCAMMONschen Kurve berechnet, wie 1,5 g zu 400 g, gegen Ende der fetalen Zeit wie 8 g zu 3000 g, das ist eine Proportion 1:266 und 1:375, d. h. es bleibt das Körpergewicht in der späteren Zeit immerhin noch um $^1/_3$ gegenüber dem Stand vom 5. Monat zurück. Diese Zahlen zeigen, daß die Gewichtsverhältnisse ganz andere sind als in der späteren fetalen Zeit.

Die Nebenniere fällt betreffend des Wachstums ganz aus dem Rahmen heraus, den wir sonst bei den Körperorganen feststellen können. Diesen Wachstums- und Gewichtsverschiebungen muß auch funktionelle Bedeutung zukommen (s. Näheres S. 262). Wir können das nämliche, wie ich später noch zeigen werde, bei der Placenta beobachten. Auch dieses Organ hat im Anfang eine andere Wachstumsintensität und zum Teil ganz andere Funktion als in der späteren Zeit.

G. BAYER u. a. sprechen die Meinung aus, die ungewöhnliche Größe der Nebenniere in den ersten embryonalen Monaten komme vom Übertreten der mütterlichen Nebennierenstoffe auf den Fetus zustande. Die Nebennierenrinde zeigt bekanntlich in der Schwangerschaft eine Vergrößerung und eine Anreicherung ihrer Lipoide. Diese Deutung ist sicherlich falsch, denn alles, was wir im weiblichen Körper bald nach der Ansiedlung eines befruchteten Eies bemerken, ist stets durch das Neuhinzugekommene — den Eindringling — hervorgerufen, wie wir das am klarsten bei der Massenproduktion von Vorderlappenhormon und von Follikelhormon nach der Ansiedlung eines befruchteten Eies feststellen können.

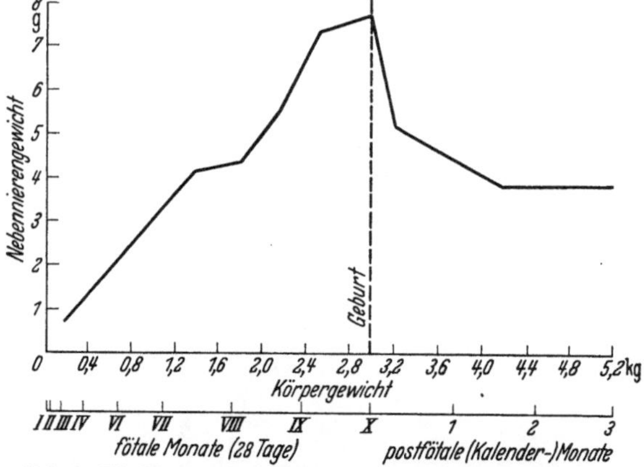

Abb. 7. Die Kurve (nach SCAMMON, vereinfacht) zeigt starken Anstieg des Gewichtes der Nebenniere bis zur Geburt, nachher tritt starke Gewichtsabnahme ein.

Geschlechts- und fortpflanzungsbedingte Veränderungen.

1. Geschlechts- und Zyklusveränderungen.

Nach den bisher vorliegenden Untersuchungen finden sich im Bau von Rinden männlicher und weiblicher Tiere keine großen Verschiedenheiten; nur bei der Ratte und Maus tritt ein Unterschied deutlich zutage. Vom *Menschen* geben die meisten Untersucher an, daß die Rinde während des *Zyklus* einen besonderen Reichtum an Lipoiden zeigt, und daß deutliche Schwankungen in der Feinstruktur vorhanden sind (s. auch Abschnitt Nebenniere, S. 266).

2. Schwangerschaftsveränderungen der Rinde der Nebenniere.

Die Nebenniere erfährt in der Schwangerschaft eine geringe Vergrößerung. Gewicht für Nichtschwangere 11,57 g, Schwangere 13,57 g (WEHEFRITZ).

Die feineren Veränderungen, die in der Rinde der Nebenniere in der Schwangerschaft bei verschiedenen Tieren und beim Menschen eintreten, werden nicht ganz einheitlich angegeben. Diese Feststellung fällt nicht auf, wenn man bedenkt, daß heute noch Zweifel darüber bestehen, ob die Keimschicht, von der aus immer wieder der Nachschub von Zellmaterial stattfindet, in der äußeren Schicht der Glomerulosa, wie man früher allgemein angenommen hat, oder in der äußersten Schicht der Fasciculata, wie neuere Untersucher (KOLMER [1], KOHNO [2], HETT [3]) behaupten, zu suchen ist. Die Reticularis bildet die

---

[1] KOLMER: Arch. mikrosk. Anat. **91**, 1 (1918). — Pflügers Arch. **144**, 361 (1912).

[2] KOHNO: Arch. ges. Anat., Abt. 1: Z. Anat. u. Entw.kde **77**, 419 (1925).

[3] HETT: Anat. Anz. **60**, 88 (1925).

4*

wechselnd stark ausgebildete Grenzschicht gegen das Mark. Auch in der Schwangerschaft zeigen nach den Untersuchungen von GUTHMANN und LILLI VÖLKER [1] die Veränderungen bei verschiedenen Tieren in den verschiedenen Teilen des Organs und bei der
gleichen Spezies individuelle Schwankungen, die weniger in der Art als in der Stärke
in die Erscheinung treten.

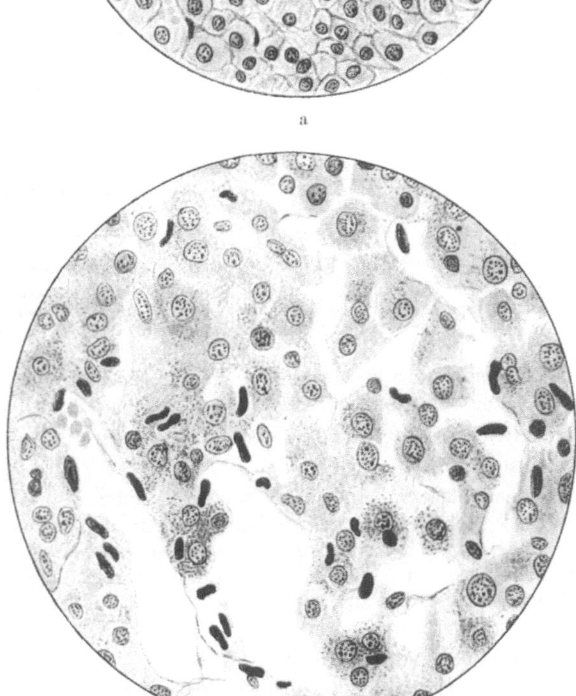

Abb. 8a und b. Nebennierenrinde, a von einem nichtträchtigen, b von
einem trächtigen Meerschweinchen. (Nach KOLDE.)

Einstimmigkeit besteht bei allen Untersuchern darüber, daß die Rinde in der *Schwangerschaft* eine *erhebliche Vergrößerung* erfährt (Abb. 8a und b) und daß ihre Zellen, namentlich die Zellen der äußersten Fasciculata einen ungewöhnlich *reichen Gehalt an Lipoiden,* besonders *Cholesterin* haben. KOLMER fand auch zahlreiche Mitosen in der äußeren Schicht der Fasciculata. Durch ihre Größe und ihren Reichtum an Lipoiden unterscheidet sich die Rinde einer Schwangeren sehr deutlich von der der Nichtschwangeren und besonders von der des Mannes. Da der Gehalt an Lipoiden nicht als ein einfacher Speicherungsvorgang, sondern als eine spezifische Funktion der Rindenzellen (JAFFÉ und TANNENBERG [2]) anzusehen ist, so müssen wir aus diesen Befunden den Schluß ziehen, daß die Rinde in der Schwangerschaft auch eine Änderung in ihrer Funktion erfährt. Im Wochenbett findet eine Rückbildung der Veränderungen statt, doch keine völlige; die Rinde bleibt gewöhnlich schwerer und lipoidreicher als beim Manne.

Der Vorderlappen der Hypophyse. Oestrus- und zyklusbedingte
Veränderungen. Bei der *Frau* liegen in bezug auf den Zyklus noch keine
planmäßigen Untersuchungen vor. Aber bei den Tieren sind besonders von

<hr>

[1] GUTHMANN u. LILLI VÖLKER: Arch. Gynäk. **154**, 591 (1933).
[2] JAFFÉ u. TANNENBERG: M. HIRSCH' Handbuch der inneren Sekretion, Bd. 1, S. 499.

amerikanischen Untersuchern starke Verschiebungen der drei Zellarten beschrieben worden, die einzig und allein durch den Oestrus hervorgerufen sind
(s. Näheres Abschnitt Hypophyse S. 223).

Nach den Untersuchungen von RASMUSSEN scheint es, als ob deutlich *Unterschiede* in dem Zahlenverhältnis der drei verschiedenen Zelltypen bei den *beiden
Geschlechtern* vorliegen.

RASMUSSEN [Amer. J. Anat. **42**, 1—28 (1928) und Amer. J. Path. **5**, 263 (1929)] fand
in sehr sorgfältigen Untersuchungen von *männlichen* Hypophysen das Verhältnis anders:
51% Hauptzellen, 38% Eosinophile, 10,8% Basophile.

Schwangerschaftsveränderungen des Vorderlappens der Hypophyse. Seit ERDHEIM und STUMME[1] (1909) zum ersten Male die hochgradige
Veränderung an dem *Vorderlappen der Hypophyse* beschrieben haben, sind diese
Veränderungen von allen Seiten bestätigt worden. Sie bestehen einmal in einer
Größenzunahme des Vorderlappens, der im Durchschnitt in der Schwangerschaft
das Doppelte seines vorherigen Gewichtes erlangt, von 0,6 auf 1,2 g, und zweitens
in einer zahlenmäßigen *Verschiebung* der drei Zellarten, die den Vorderlappen
zusammensetzen. Die Verschiebung beginnt schon im zweiten Monat der
Schwangerschaft und erreicht am Ende der Zeit ihre höchste Ausbildung. Sie
besteht darin, daß die *Chromophoben* oder Hauptzellen im Verlaufe der Schwangerschaft *beständig* an *Zahl und Größe* zunehmen und daß die basophilen und eosinophilen Zellen abnehmen.

Am stärksten ist die Abnahme bei den eosinophilen Zellen, die an Zahl bei der Nichtschwangeren die zwei anderen Zellarten übertreffen; sie sind um die Mitte der Schwangerschaft ungefähr auf die Zahl der Hauptzellen vermindert. Am Ende der Zeit sind die
Hauptzellen den eosinophilen Zellen an Zahl sogar erheblich überlegen. Die Hauptzellen
haben die beiden anderen Zellarten stark in den Hintergrund gedrängt und beherrschen
um diese Zeit ganz das histologische Bild. Zur Kennzeichnung dieser Sachlage haben
ERDHEIM und STUMME sie als *Schwangerschaftszellen* bezeichnet. Ich gebe eine farbige Abbildung aus einer Arbeit meines Schülers KOLDE wieder, die die kennzeichnenden Unterschiede in dem histologischen Bau sehr schön wiedergibt (Abb. 9a und b, s. auch S. 247).

Fortpflanzungs- und wachstumsbedingte Veränderungen der übrigen innersekretorischen Drüsen. *Schilddrüse.* Mit dem Einsetzen der Pubertät läßt
sich sehr häufig bei Mädchen eine Vergrößerung der Schilddrüse feststellen.
In der Schwangerschaft zeigt die Schilddrüse bekanntlich in 70—80% schon
makroskopisch eine deutliche Vergrößerung. Das Gewicht der Schilddrüse bei
der Nichtschwangeren beträgt durchschnittlich 25,68 g, bei der Schwangeren
40,69 g (WEHEFRITZ). Die mikroskopischen Veränderungen zeigt die Abb. 10a
und b. Die Frau erkrankt etwa 10mal so häufig an Basedow als der Mann.

Von den *Eierstöcken* der Schwangeren ist bekannt, daß die Follikel nicht mehr
reifen und das Corpus luteum bestehen bleibt. Weniger bekannt sind die Veränderungen, die sich an den zugrunde gehenden Follikeln vollziehen. Es bilden
sich bei der schwangeren Frau die Theca interna-Zellen von der Mitte der Zeit
ab zu recht ansehnlichen Gebilden um, die die Merkmale einer interstitiellen
Drüse aufweisen (Abb. 94 und 95), doch davon später noch weiteres (s. Kapitel:
Geschlechtshormone). Die Gewichtszunahme des Ovars ist nicht ganz unbeträchtlich, bei der Nichtschwangeren von 8,8 auf 13,69 bei der Schwangeren.

Auch bei den übrigen endokrinen Drüsen lassen sich gewisse Wandlungen
in dem feineren Gefüge feststellen. Ich[2] konnte an den *Epithelkörperchen* der

---

[1] ERDHEIM u. STUMME: Beitr. path. Anat. **46** (1909).
[2] SEITZ, L.: Arch. Gynäk. **89**, 53 (1909).

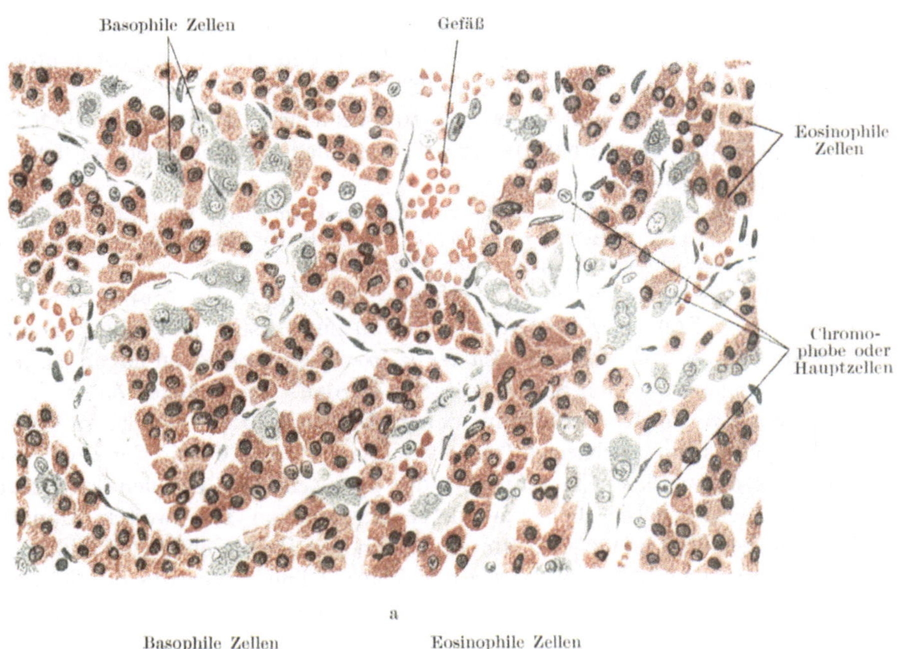

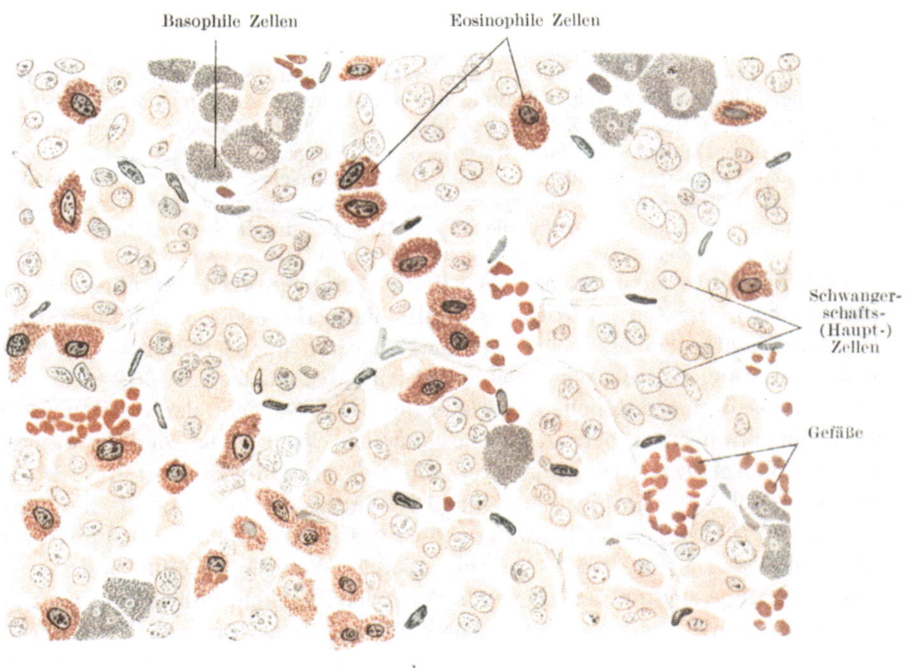

Abb. 9a und b. a Vorderlappen einer 18jährigen Nullipara, b Vorderlappen einer Erstgebärenden, 4 Tage nach der Geburt (Vergrößerung etwa 300fach) (nach KOLDE). Basophile und eosinophile Zellen in der Schwangerschaft ganz zurückgedrängt, die Schwangerschaftszellen beherrschen das Gesichtsfeld.

Schwangeren zeigen, daß sie in der Schwangerschaft eine starke Gefäßentwicklung und leichte histologische Veränderungen zeigen. ROSENLÖCHER[1],

---

[1] ROSENLÖCHER: Arch. Gynäk. **151**, 567 (1932).

ferner AKESI, hat an der *Bauchspeicheldrüse* festgestellt, daß die LANGERHANSschen Inseln größer sind und sich gegen die Umgebung deutlicher abheben (Abb. 11a und b).

Sogar an der Einsonderungsdrüse, die schon längst ihre Funktion eingestellt hat, an der *Zirbeldrüse* flackert während der Schwangerschaft neues Leben auf. ASCHNER, EUFINGER und UHING[1] haben an der Zirbeldrüse trächtiger Meerschweinchen Veränderungen feststellen können, die auf eine gewisse funktionelle Tätigkeit hinweisen (auffallend starke Lockerung der Neurogliafasern mit Lücken und Spalten, große chromatinarme Kerne, starke Blutfülle des Organs).

Von der Regel, daß durch die Schwangerschaft histologische Veränderungen und Vergrößerungen ausgelöst werden, macht nur eine einzige endokrine Drüse eine Ausnahme, das ist der *Thymus*. Er erfährt bei Eintritt der Trächtigkeit, wie bei vielen Tieren und von verschiedenen Untersuchern (HENDERSON, SCHAFFER und RABL, RONCONI, UTTERSTRÖM, ZAMMER usw.) übereinstimmend festgestellt ist, eine Beschleunigung in der Rückbildung. Diese Erscheinung ist nur durch die vorhandene Rivalität

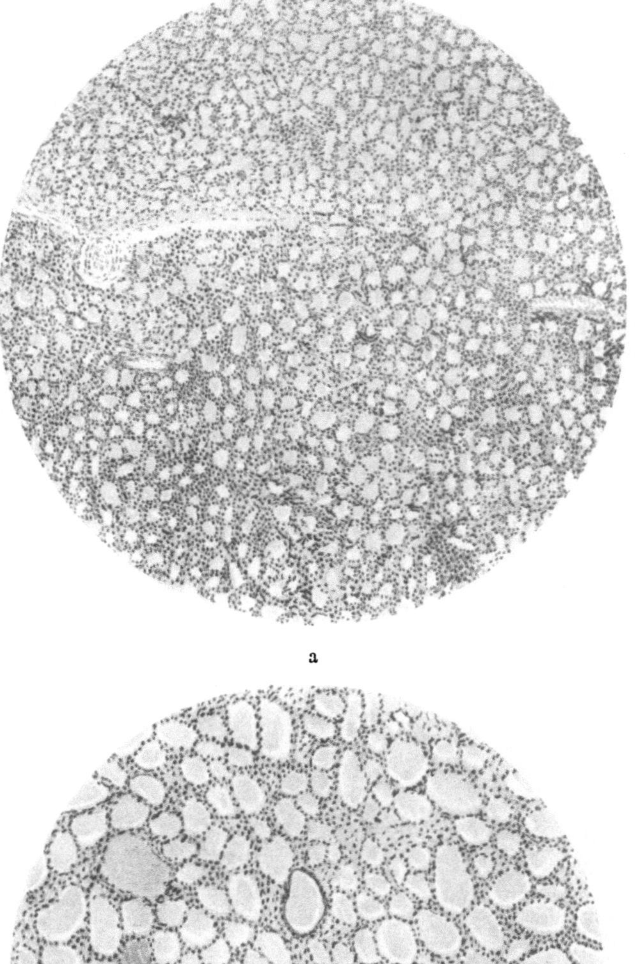

a

b

Abb. 10a und b. a Schilddrüse eines nicht trächtigen, b eines trächtigen Kaninchens. (Nach ENGELHORN.)

---

[1] EUFINGER u. UHING: Arch. Gynäk. **151**, 168 (1932).

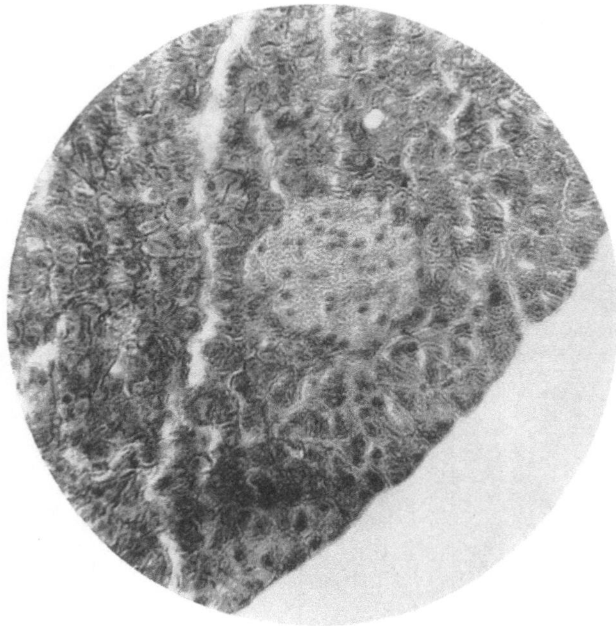

a

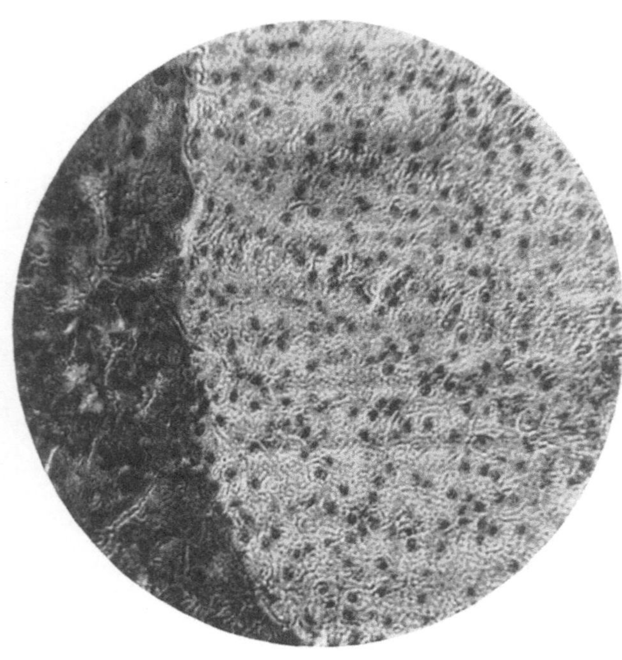

b

Abb. 11a und b. a Inselapparat bei einer nichtschwangeren, b bei einer schwangeren Frau. (Nach Rosenlöcher.)

zwischen Wachstums- und Geschlechtshormonen zu erklären, wie ich noch später zeigen werde.

Man wollte die gekennzeichneten Veränderungen, die die Inkretdrüsen in der Schwangerschaft zeigen, vielfach nur auf bestehende *Hyperämie* zurückführen. Bei der Eigenart der Veränderungen und bei der Wichtigkeit der innersekretorischen Drüsen ist eine solche Deutung unhaltbar. Auch mit dem Ausdruck *reaktive* Erscheinung — an sich natürlich richtig — wird man der Bedeutung der Veränderung nicht gerecht. Es handelt sich nicht nur um passive Veränderungen; diese Veränderungen wirken sich wieder höchst aktiv gemäß der Natur der Einsonderungsdrüsen aus.

Am geringsten sind die Veränderungen an den neurogenen *Drüsen*, d. h. am *Mark der Nebenniere* und an der Neurohypophyse.

Die meisten Untersucher haben jegliche Veränderung vermißt; neuerdings haben Guthmann und Völker am Mark der Nebenniere bei der Maus in der Schwangerschaft gewisse Wandlungen im geweblichen Gefüge in wechselnder Form gefunden. Nach den Untersuchungen von Blotevogel zeigt das chromaffine Gewebe im (Maus) eine erhebliche

Ganglion cervicale regelmäßig beim trächtigen Tier Vermehrung.

Es ist kein Zufall, daß die beiden Drüsen so geringe Veränderungen aufweisen. Sie sind die Bereiter von zwei Hormonen, Adrenalin und Pituitrin, die Blutversorgung und Blutdruck regeln, Funktionen, die in allen Lebenslagen gleich unentbehrlich sind.

Während die endokrinen Drüsen, die Stoffwechsel- und Wachstum steuern, eine Entwicklung zeigen, die parallel den übrigen Körperorganen verläuft und frühzeitig voll in Funktion treten, zeigen die innersekretorischen Drüsen, die im *Dienste der Fortpflanzung* stehen, erst etwa *14—15 Jahre später ihre endgültige Ausbildung* (reifendes Follikel, Corpus luteum). Es behalten also die Zellen des *Eierstocks* viel länger als alle anderen Zellen die *Fähigkeit der Differenzierung*, die sonst nur eine Eigenschaft embryonaler und fetaler Zellen ist. Aber auch *die* endokrinen Zellen der Vorderhypophyse *(chromophobe Zellen)* und der *Nebennierenrinde*, die Hilfsdienste für die Keimdrüse leisten und zum hormonalen Geschlechtssystem (Abschnitt VIII) gehören, haben noch einen gewissen Grad der Umdifferenzierungsfähigkeit behalten.

β) Hormonwirkungs- oder Erfolgszelle und Hormon.

I. Allgemeines.

Während auf die endokrine Zelle und auf den von ihr bereiteten Wirkstoff bei der Erörterung des hormonalen Problems stets großes Gewicht gelegt wurde, ist dagegen das Verhalten der *Erfolgszellen* noch wenig beachtet worden. Es ist ohne weiteres klar, daß ihr in bezug auf den *biologischen Effekt* eine ebenso große Bedeutung zukommt, wie der endokrinen Zelle und ihrem Hormon.

Dem im vorausgegangenen vertretenen erweiterten Begriff der Hormonbildungs- oder endokrinen Zelle entspricht eine *erweiterte Fassung der Hormon-*

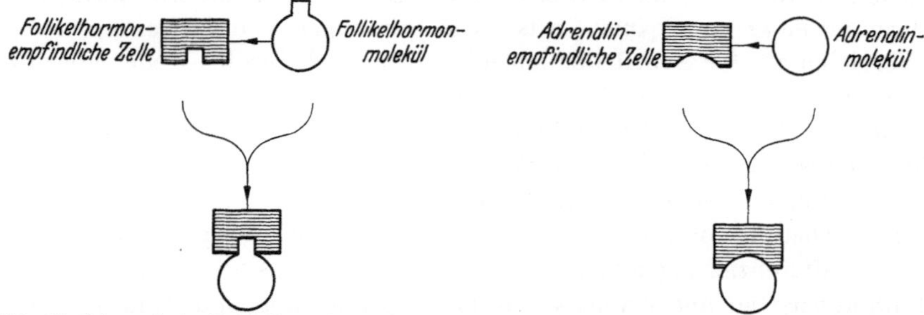

Abb. 12. Schematische Darstellung der Haftung des Follikelhormonmoleküls (links, angedeutet durch Zapfen) und des Adrenalinmoleküls (rechts, dargestellt durch Dellenbildung) an der Erfolgszelle.

wirkungs- oder Erfolgszelle. Als Erfolgszelle sind daher alle jene Zellen anzusprechen, die *elektiv* auf Hormone abgestimmt sind. Wir müssen ein *sehr fein ausgebildetes elektives Aufnahmevermögen der Erfolgszelle gegen Hormone* annehmen; denn von den Milliarden Zellen, die den Körper zusammensetzen, sprechen immer nur eine *bestimmte* Art von Zellen auf das jeweilige Hormon an, an allen andern fließt das im Blut kreisende Hormon vorbei, ohne irgendwelche Beziehungen mit ihnen einzugehen. (Beispiel: Follikelhormon im Blute des Hengstes.) Die Erfolgszellen haben im Sinne von P. EHRLICH eine haptophore Zone, die den andern fehlt. Erfolgszelle und Hormon verhalten sich wie Schloß und Schlüssel. In der Abb. 12 ist das Verhältnis am Follikel- und am Adrenalinmolekül schematisch dargestellt. Jedes der Hormonmoleküle hat einen andersgebauten „Vorsprung", der in die an der Erfolgszelle befindliche „Vorrichtung" paßt. Es ist für uns dieses wunderbare *Auslesevermögen* der Erfolgszelle für bestimmte Hormone völlig unbegreiflich, wir können nur die Tatsache feststellen.

Der Vorgang läßt sich mit der *Übertragung beim Rundfunk* vergleichen: die *endokrine Zelle* oder die vitaminproduzierende Pflanzenzelle gleicht dem *Sender*. Wie von der Zelle ein bestimmtes Hormon (Ergon) gebildet und ausgesendet wird, so geht von dem Sender eine Welle von ganz bestimmter Länge aus. Die *Erfolgszelle* gleicht dem *Empfänger*. Wie jene nur auf ein bestimmtes Hormon abgestimmt ist, so reagiert der Empfänger nur auf eine Welle von bestimmter Länge. Wenn Erfolgszelle und Empfänger ganz scharf, elektiv und ausschließlich nur auf *ein* Hormon und *eine* Wellenlänge eingestellt sind, so ist die Reaktion auf das Hormon *spezifisch*, die Übertragung klar und deutlich. Wenn der Empfänger nicht präzis gearbeitet oder eingeschaltet ist, so reagiert er auch auf einen Sender mit anderer Wellenlänge oder von der Außenwelt kommen Wellen mehr oder weniger stark, der *unspezifischen* Reaktion der Erfolgszelle vergleichbar.

Da alles Stoffliche letzten Endes aus positiven und negativen Elektronen besteht, so ist dieser Vergleich vielleicht mehr als nur Vergleich, er berührt wahrscheinlich schon das *Wesen* des Vorgangs. Materie ist Strahlung und Strahlung ist Materie (DEBYE).

Das Auslesevermögen der verschiedenen Erfolgszellen gegenüber dem *gleichen* Wirkstoff kann *verschieden groß* sein. Wenn es *sehr ausgeprägt* ist, dann ist es im Versuch möglich, die Wirkung jederzeit festzustellen und den Versuch *beliebig häufig zu wiederholen*. Wir sprechen dann von einer *spezifischen Elektivität* (in Abb. 5 als großes Quadrat schematisch dargestellt) und von einer *spezifischen Erfolgszelle*. Sie ist begreiflicherweise am besten erforscht und bekannt. Manche wollen sie allein gelten lassen.

Es ist aber keine Frage, daß es auch Erfolgszellen gibt, die sehr wenig auf ein Hormon ansprechen (in Abb. 5 durch das kleine Quadrat angedeutet), so wenig, daß wir für gewöhnlich die Wirkung mit unserem Untersuchungsverfahren überhaupt nicht nachzuweisen vermögen — denn unsere Methoden, wie Entfernung einer endokrinen Drüse, Einspritzungen von Extrakten usw., sind im Vergleich zu der Arbeit der lebenden Zellen sehr grob — oder aber es tritt die Wirkung nur unter *bestimmten Verhältnissen* erkenn- und sichtbar in die Erscheinung. Dem Arzt und Kliniker drängen sich solche Beobachtungen viel mehr auf als dem experimental Forschenden. Als Beispiel führe ich das Follikelhormon an, das bei den spezifisch abgestimmten Erfolgszellen geschlechtsspezifische Wachstumsvorgänge anregt, bei Tieren ohne ausgesprochene geschlechtliche Differenzierung allgemeines Zellwachstum auslöst, aber auch bei den hochdifferenzierten und erwachsenen Tieren Ernährung und Funktion der Körperzellen fördert. Wie anders als durch unspezifischen Einfluß kann man sich die so verschiedenartige Wirkung des Follikelhormons bei den mannigfaltigen Störungen — auf die später noch genauer einzugehen ist — erklären, wie namentlich auch die seltsame Tatsache, daß das Follikelhormon auch beim Manne, und umgekehrt das Androsteron auch bei der Frau eine gewisse Wirkung ausübt? (s. auch die unspezifische Wirkung des Corpus luteum-Hormons).

Es kann also die Erfolgszelle das eine Hormon gierig an sich reißen, starke Wahlverwandtschaft zu ihm haben — die Wirkung ist spezifisch —, es kann dieselbe Erfolgszelle ein anderes Hormon nur wenig und schwach, langsam, nur unter gewissen Bedingungen, anziehen, geringe Affinität haben — die Wirkung ist unspezifisch. Die Erfolgszelle kann also auf *ein* oder auch auf *mehrere* Hormone teils spezifisch, teils unspezifisch reagieren. Wir sehen also ein generelles Verhalten mit der endokrinen Zelle; diese ist *chemisch* uni- oder pluripotent. Die Erfolgszelle ist *elektiv* uni- oder pluripotent. Mit andern Worten ausgedrückt: Die pluripotente endokrine Zelle vermag mehrere „Reize" in der Form verschiedener chemischer Wirkstoffe auszusenden, die elektiv pluripotente Erfolgszelle zeigt verschiedene „Reaktionsformen", je nachdem dieses oder jenes Hormon auf sie einwirkt. „Reiz und Reaktion", die durch Hormone ausgelöst werden, haben also ihren Sitz stets in zwei verschiedenen Zellen. Dabei ist es möglich, daß das eine Mal eine Zelle als endokrine, das andere Mal die *nämliche* Zelle als Erfolgszelle fungiert, z. B. die Theca-Granulosazellen des Follikels sind für das gonadotrope Hormon des Hypophysenvorderlappens Erfolgszellen und fungieren wieder als *endokrine* Zellen für die follikelhormonempfänglichen Zellen. (Das gleiche gilt für alle adenotrope Hormone und Zellen des Hypophysenvorderlappens und die einschlägigen endokrinen Drüsen.) Ja, es ist sogar sehr häufig, daß zwei Zellen in ihrer gegenseitigen hormonalen Einwirkung aufeinander *gleichzeitig* endokrine und Erfolgszellen sind, z. B. die chromophoben Zellen des Hypophysenvorderlappens sind für die Theca-Granulosazellen endokrine Zellen, ihr Hormon regt die letzteren zur Bildung von Follikel-Gelbkörperhormon an, sie sind aber gleichzeitig für die Theca-Granulosazellen Erfolgszellen; denn wir wissen, daß Follikel- und Gelbkörperhormon die Tätigkeit der chromophoben Zellen hemmen.

So verwickelt ist das chemische Kräftespiel im lebenden Körper!

Noch geheimnisvoller sind die Vorgänge bei den *Einzellern.* Bei Protozoen, die bekanntlich schon in ihrem Körper Hormone aufzubauen vermögen (Follikelhormon, Adrenalin, Cholin), spielen sich die Vorgänge in *ein und derselben Zelle,* in der Wundersubstanz des Protoplasmas ab, bei ihnen ist *endokrine* und *Erfolgszelle* noch *identisch.*

Es gibt also schon Hormonwirkung *ohne Blut und ohne Nerven.* Und zwar nicht nur bei den Einzellern, sondern auch bei niederen Vielzellern, und was besonders wichtig ist, in den ersten embryonalen Stadien der höchstentwickelten Lebewesen. Blut und Nerven sind also keine Vorbedingung für Hormonwirkung an sich (ebensowenig wie für Leben an sich). Für die höher entwickelten und differenzierten Tiere sind Blut und Nervensystem unentbehrlich geworden; insofern ist es auch berechtigt, wenn wir von den endokrinen Organen als den „Blutdrüsen" (an die Blutbahn angeschlossen und über das Blut wirkend) sprechen. Aber darüber müssen wir uns klar bleiben: Für die Natur sind Blut und Nervensystem nur Mittel zum Zweck (s. nächsten Abschnitt).

II. Wechselnde Ansprechbarkeit der Erfolgszellen.

Die Erfolgszellen sprechen keinesfalls immer in der *gleichen* Weise auf die Hormone an. Die Reaktionsfähigkeit wechselt und wird im wesentlichen durch zwei Faktoren beeinflußt:

1. durch die ontogenetische Phase, in der das Individuum sich gerade befindet und

2. durch die Umwelt.

Man sieht, das Veränderliche und schwer Begreifbare liegt in der *lebenden* Erfolgszelle, nicht in dem *toten* chemischen Stoff; nur das Proplasma der Zelle hat eine derartige Wandlungsfähigkeit. Wenn wir daher eine scheinbar veränderte Wirkung eines Hormons sehen, so ist nicht zuerst anzunehmen, daß das Hormon seine chemische Zusammensetzung geändert hätte, sondern daß die Erfolgszelle auf den gleichen chemischen Reiz anders reagiert.

Ontogenetisch (chromosomal-zygotisch) bedingte wechselnde Ansprechbarkeit der Erfolgszellen. Wenn man Individuen des *gleichen Alters* und auch sonst unter *gleichen Bedingungen lebend,* auf die Reaktionsfähigkeit ihrer Erfolgszellen prüft, so wird man finden, daß sie auf nämliche Dosis desselben Hormons häufig *verschieden* stark ansprechen *(individuelle Reaktionsfähigkeit).* Das ist nach dem, was wir in früheren Abschnitten über die Individualität gesagt haben, eigentlich selbstverständlich; denn auch die Erfolgszellen tragen individuelles Gepräge.

Neben der allgemein individuell verschiedenen Ansprechbarkeit der Erfolgszellen auf Hormone, gibt es noch eine Verschiedenheit der Reaktionsbereitschaft, die durch die *verschiedenen Phasen des ontogenetischen Entwicklungsganges* und dabei zu *leistenden Aufgaben* bedingt ist. Diese Verschiedenheit äußert sich nur wenig bei *den* Erfolgszellen, die auf Stoffwechselhormone antworten, ist aber ganz ausgeprägt bei *den* Erfolgszellen, die auf *Wachstums- und Fortpflanzungshormone reagieren.* Hierfür einige Beispiele:

Die Brustdrüsenzellen eines *kindlichen* Organismus reagieren auf Follikelhormon weniger stark als die des *ausgewachsenen* Körpers. Die Muskelfaser des Uterus antwortet während der *ersten 4—5 Monate der Schwangerschaft* auf den Reiz des Follikelhormons mit starken Wachstumserscheinungen, während in den *letzten 4 Monaten* trotz Zunahme des Follikelhormons im Blute kein weiteres Wachstum mehr stattfindet. Die Zellen des Endometriums sprechen auf das Corpus luteum-Hormon in der zweiten Hälfte des *Zyklus* und in den *ersten 4 Monaten* der Schwangerschaft mit einer deutlichen Differenzierung der Zellelemente an. *Nach Ablauf dieser Zeit* vermag das Gelbkörperhormon, auch wenn es in der größten Menge zugeführt wird, nicht nur kein Wachstum mehr an den Deciduazellen zu erzeugen, sondern nicht einmal mehr den Zerfall zu verhindern. Das *Lactationshormon,* das beständig in dem Vorderlappen der Hypophyse bereitet wird, fließt an den Brustzellen der Nichtschwangeren ohne jede Wirkung vorbei; *erst* wenn die Brustdrüse unter dem Einfluß des Follikel- und Gelbkörperhormons die *Schwangerschaftsvergrößerung* erfahren hat, vermögen die Zellen der Brustalveolen auf den Reiz des Lactationshormons mit der Bildung von Milch zu antworten.

Was sich bei den Fortpflanzungshormonen so einwandfrei nachweisen läßt, gilt zum Teil auch für das *Differenzierungshormon der Schilddrüse.* Bei Gaben von kleinen *Jodmengen* in Kropfgegenden hat man bei Erwachsenen keinen wesentlichen Einfluß auf die Struma beobachtet. Etwas größer ist bereits der Einfluß, wenn das Jodsalz Kindern gegeben wird. Die besten Erfolge erzielt man jedoch dann, wenn man der schwangeren Frau *prophylaktisch* Jod verabreicht. Es kann bei diesem Verfahren in der größten Zahl der Fälle das Auftreten einer *Struma beim Neugeborenen,* die sonst sich entwickelt hätte, *vermieden werden* (GUGGISBERG). Die Erfolgszellen des Embryos und des Fetus sprechen also auf Jod gut an, weniger bereits die Schilddrüsenzellen des Kindes, fast gar nicht mehr das erwachsene Individuum, bei dem die Differenzierung der Zellen bereits abgeschlossen ist.

Man sieht ferner bei experimentellen Untersuchungen mit Hormonen nicht selten, daß *symmetrische* Organe des Körpers *verschieden stark* auf ein Hormon ansprechen, z. B. beobachtet man bei Gaben von Follikelhormon, daß das eine Uterushorn des Versuchstieres weit stärker auf den hormonalen Reiz antwortet als das andere. Die Ursache kann *nicht* an dem *Hormon* liegen, wir können sie nur in den *Erfolgsorganen* selbst suchen. Für gewöhnlich nimmt man zur Erklärung der Erscheinung eine andere Gefäßversorgung an. Aber auch wenn das Gefäßnetz minder gut entwickelt ist, so kommen doch noch genügend Mengen von Hormon mit dem Blutstrom an die Erfolgszellen, so daß sie imstande wären, in der nämlichen Weise wie die des anderen Uterushorns zu antworten. Es muß demnach die verminderte Reaktionsfähigkeit in den Erfolgszellen, und zwar in ihrer *chromosomal-zygotischen Beschaffenheit* gelegen sein; denn die Hormone vermögen ja nur die Anlagen zur Entwicklung zu bringen, die chromosomal bedingt in den Zellen schlummern.

Wir sehen auch beim *Menschen* häufig eine *ungleiche Größe der symmetrischen Organe*, die erfahrungsgemäß in ihrer Entwicklung maßgebend durch Hormone beeinflußt werden. So ist es ein sehr häufiger Befund, daß die eine Brustdrüse viel stärker als die andere entwickelt ist, trotzdem an beiden Drüsen die gleichen Mengen von Follikelhormon und Corpus luteum-Hormon gelangen. Ähnliches sieht man auch bei der Lactation. Auch auf das Lactationshormon spricht nicht selten die eine Brustdrüse mit einer lebhaften Bildung von Milch an, während die andere das nur in sehr geringem Maße tut.

Diese verschiedene Reaktionsbereitschaft tritt, wie erwähnt, am deutlichsten bei den Wachstums- und Fortpflanzungsvorgängen zutage. Aber es kommt eine solche veränderte Reaktionsfähigkeit auch bei *Stoffwechselhormonen* und *Gefäßhormonen* vor. So berichtet H. ALBRECHT [1] über eine hemiparetische Frau, bei der auf der gelähmten Seite gelegentlich der Menstruation eine ausgedehnte Urticaria auftrat, die gesunde Seite dagegen völlig frei blieb.

Ja, man kann annehmen, daß auch *partielle Unter-* und *Überentwicklungen* von Organen meist durch eine *verschiedene* Reaktionsbereitschaft der *Erfolgszellen* zustandekommen. Wie soll man anders z. B. die merkwürdige Verteilung des Fettes bei der Reithosenfettsucht und anderen Stellen erklären? KOVAKS [2] berichtet über eine Reihe von einschlägigen Beobachtungen und führt Fälle von partiellem Infantilismus, zum Teil mit Amenorrhoe, Fälle von teilweiser Pubertas praecox, ektopische Decidualbildung an, deren Entstehung in der Tat nur durch ungleiche Reaktionsbereitschaft gewisser Zellkomplexe und nicht durch Schwankungen im Hormonspiegel des Blutes zu erklären sind.

Umweltbedingte wechselnde Ansprechbarkeit der Erfolgszellen. Die Reaktionsfähigkeit der Erfolgszellen wird von allen Millieuveränderungen am stärksten durch Veränderung der *Wasserstoffionenkonzentration* und vom *Elektrolytgehalt* des Blutes beeinflußt. Die Erscheinung ist leicht begreiflich, da durch diese beiden Faktoren die wichtigsten Bestandteile der Zelle, ohne deren Anwesenheit und richtige Beschaffenheit der Ablauf der Lebensfunktionen unmöglich ist, die *Kolloide* verändert werden. Eine Veränderung der beiden genannten Konstanten des Blutes und damit des Kolloidzustandes kann die Wirkung eines Hormons erheblich verändern, ja, es kann vorkommen, daß die Wirkungen des Hormons in das Gegenteil umschlagen und ein fördernder Einfluß in einen hemmenden umgewandelt wird, wie z. B. bei dem Adrenalin (man sieht daraus, daß fördernder und hemmender Einfluß relative Begriffe sind).

---

[1] ALBRECHT, H.: Mschr. Geburtsh. **104**, 153 (1937).
[2] KOVAKS: Mschr. Geburtsh. **1938**.

Auch bei den formweckenden Hormonen lassen sich solche Änderungen unter dem Einfluß von ionalen Milieuänderungen feststellen. Ich führe als Beispiel das Follikelhormon an:

KLODT [1] berichtet, daß die Zufuhr großer Kochsalzmengen bei kindlichen Mäusen die Entwicklung und Funktion der weiblichen Geschlechtsorgane hemmt und zur Unfruchtbarkeit führt, auch bei ausgewachsenen und geschlechtsreifen Tieren konnte KLODT durch zu viel Kochsalz Sterilität erzeugen, wobei morphologische Veränderungen an den Geschlechtsorganen nicht immer gefunden werden konnten (s. ferner Ersatz des Corticosterons durch Zufuhr von Mineralsalzen).

γ) Beziehungen der hormonproduzierenden und hormonempfindlichen Zellen zu den Vorgängen der Allergie und Immunität.

Es mag verwegen erscheinen, unter den Begriff der hormonproduzierenden und hormonempfindlichen Zellen (im weitesten Sinn) auch die Vorgänge, die sich bei der *Allergie* und der *Immunisierung* abspielen, einzubeziehen. Wenn man jedoch den Gedanken, daß chemische und chemisch-physikalische Reaktionen das Geschehen in Blut und Zellen bestimmen, zu Ende denkt, wenn man ferner die Ergebnisse der neuen Forschungen auf diesen Gebieten berücksichtigt und die innigen Zusammenhänge bedenkt, die zwischen Biokatalysatoren und der Tätigkeit der Zellen bestehen, so wird man bei dem Versuch einer ganzheitlichen Betrachtung des Lebensproblems ein derartiges Vorgehen für durchaus berechtigt halten.

Wie mehr und mehr die rein chemische Auffassung der Natur der Allergene und Antigene sich Geltung verschafft, lehrt das Buch von v. HERFF[2]; in ihm werden die Arzneimittel als Antigene, ihre Nebenwirkungen als allergische Vorgänge angesehen.

I. Hypo- und Hyperergie (Allergie und Pathergie).

Wenn wir im vorausgehenden gesehen haben, daß bei den hormonproduzierenden Zellen ausschließlich und bei den hormonempfindlichen Zellen vorwiegend *quantitative* und nicht qualitative Leistungen maßgebend sind, so ist es nur folgerichtig, diese Auffassung auch auf den Begriff der *Allergie* zu übertragen, wie das auch bereits von anderer Seite, freilich von anderen Gedankengängen ausgehend, geschehen ist. Allergische Erscheinungen im Körper können dadurch zustande kommen, daß entweder die *hormonproduzierenden* Zellen *zu wenig* oder *zu viel* Wirkstoffe bilden oder daß die *Erfolgszellen zu gering* oder *zu stark* auf die Hormone ansprechen.

Die Reaktion erscheint uns in beiden Fällen *anders (allergisch)* als sie der Norm (normergisch) entspricht, in vielen Fällen bereits *krankhaft (pathergisch)*. Wenn ich im folgenden trotz dieser quantitativen Deutung das Wort Allergie beibehalte, so geschieht es, weil es sich nun einmal eingebürgert hat[3].

Von den hormonproduzierenden Zellen kommen bei der Allergie die Zellen der typisch endokrinen Drüsen nicht in Frage. Diese Zellen sind so hoch differenziert und in ihrem molekularen Gefüge so stabilisiert, daß sie stets Stoffe von gleicher Beschaffenheit, z. B. die Schilddrüse Thyroxin, produzieren. Dagegen reagieren die Zellen, die *Gewebshormone* bereiten, wie Histamin und andere

---

[1] KLODT: Arch. Gynäk. **163**, 662 (1937).

[2] v. HERFF: Die klinische Bedeutung der Arzneimittel als Antigene. Leipzig: Georg Thieme 1937.

[3] Vgl. W. BERGER: Verh. dtsch. Ges. Path., 30. Tagg. Jena 1937. — Med. Klin. **1938 II**, 893.

Eiweißabbauprodukte, stark auf äußere und innere Einflüsse. Man nimmt mit Recht an, daß bei diesen Vorgängen die *Leberzellen* eine große Rolle spielen. Man denkt im allgemeinen bei dem Allergiebegriff nur an die *Erfolgszellen.* Das ist nicht auffällig, weil die Mehrzahl der Allergene von außen kommt. Sie entsprechen in dieser Beziehung den Vitaminen, aber wie bereits erwähnt, können auch die körpereigenen Zellen allergisch wirkende Stoffe bilden.

Wenn man unter diesen Gesichtspunkten das Problem betrachtet, so kann man hormonproduzierende und hormonempfindliche Zellen des Körpers in 3 Arten teilen, je nachdem sie chromosomal-cygotisch bedingt oder durch äußere Faktoren beeinflußt, zu gering oder zu stark reagieren.

1. Das Molekulargefüge der Zellen ist so fest, daß die Funktion weder durch endogene noch exogene Einflüsse geändert wird (*stabile* oder *normale* hormonproduzierende und hormonempfindliche Zellen).

2. Zellen, die durch äußere und innere Faktoren in Produktion und Reaktion Abweichungen nach unten oder oben zeigen (*labile* Zellen).

3. Solche, die durch eine primär und erbbedingte unrichtige Molekularstruktur zu wenig oder zu viel Hormon produzieren oder zu gering oder zu stark auf Hormonreize ansprechen *(debile Zellen).*

II. Immunitätsvorgänge.

Die neuen Forschungen haben ziemlich weitgehende Aufklärung über die chemische Natur der Antigene und Antikörper gebracht. Die *Antigene* sind wahrscheinlich hochmolekulare Kohlehydrate, die ihre ausgeprägte spezifische Wirkung bestimmten Atomgruppen, nach LANDSTEINER hauptsächlich sauren Atomgruppen, verdanken und „bei denen es nicht so sehr auf die Unterschiede der chemischen Konstitution als auf Verschiedenheiten der Struktur, der räumlichen Anordnung der Atome ankommt" (AVERY, HEIDELBERGER und Mitarbeiter). Die *Antikörper* gleichen weitgehend den Serumglobulinen, sie sind Globuline besonderer Art, die für die Spezifität der Immunisierungsvorgänge wahrscheinlich belanglos sind, deren Oberfläche der determinanten Gruppe des Antigens angepaßt ist, „wie etwa eine Galvanoplastik einer Elektrode" (HAUROWITZ[1]).

Die *Antigene* werden in körpereigenen Zellen (selten) gebildet oder kommen (gleich den Vitaminen) von außen, meist durch Bakterien oder parenteral eingeführtes Eiweiß in das Blut. Die *Antikörper* entstehen in *den* körpereigenen Zellen, die auf Antigene ansprechen. Das sind die Zellen des *reticuloendothelialen Systems,* hauptsächlich Leber, Milz, Knochenmark. Diese „Erfolgszellen" antworten auf den vom Antigen ausgehenden Reiz hin, bilden Fermente, die Veränderungen in den Blutglobulinen herbeiführen.

Es sind also im Grunde genommen die nämlichen Vorgänge, wie wenn Inkrete auf die darauf abgestimmten Zellen einwirken. Unterschiede sind nur insofern vorhanden, als die Hormone an den Erfolgszellen Wachstum herbeiführen oder den Stoffwechsel regulieren, die Antigene dagegen an den Zellen des retikuloendothelialen Systems chemische Reaktionen auslösen, die den Zweck haben, im Blut befindliche Toxine unschädlich zu machen. Wenn man bedenkt, daß verschiedene Hormone Eiweißabkömmlinge sind und speziell die

---

[1] HAUROWITZ: Med. Klin. **1938** I, 873.

Wirkstoffe des Hypophysenvorderlappens, wie amerikanische Forscher annehmen, noch Antigencharakter haben und Antikörper zu bilden vermögen, so ersieht man, daß beide Vorgänge im Wesen einander sehr nahe stehen.

d) Variabilität von Gestalt und Funktion des Individuum als Ganzes und seiner Teile.

Gestalt und Funktionen eines Individuums hängen im wesentlichen von genischen und hormonalen Einflüssen ab. Diese Kräfte wirken sich in der geschilderten, höchst verwickelten Weise an zwei Arten von Zellen aus, an endokrinen Zellen und Erfolgszellen.

Wie wir im vorletzten Abschnitt gesehen haben, können Erfolgszellen und Erfolgsorgane ein und desselben Individuums infolge einer genisch bedingten verschiedenen Ansprechbarkeit auf Hormone verschieden reagieren. Wenn es sich dabei um formweckende Hormone handelt, können sie z. B. eine ungleiche Ausbildung und Funktion symmetrischer Organe zur Folge haben. Die dort angeführten Verschiedenheiten und Unregelmäßigkeiten in Gestalt und Funktion sind meist sehr auffallend oder lassen sich mit einfachen Methoden leicht nachweisen. Sie kommen dadurch zustande, daß die Erfolgszellen nicht so auf die Einwirkung der Hormone ansprechen wie es die erbliche Reaktionsnorm verlangt.

Es gibt nun aber auch *Abänderungen und Variationen* in Gestalt und Funktion, die so gering sind, daß sie zunächst der Beobachtung ganz entgehen und nur *bei ganz genauer und planmäßiger Untersuchung* aufgefunden werden. Wenn man bedenkt, daß jedes Individuum nur einmalig ist, wenn man überlegt, daß genische und hormonale Kräfte bei dem Aufbau des Ganzen zusammenwirken und daß das Kräftespiel zwischen endokrinen Zellen und Erfolgszellen so außerordentlich vielfältig ist, so kann man verstehen, daß wir bei genauerer Prüfung von Individuen der nämlichen Art, aber nicht nur bei diesen als Ganze, sondern auch an *seinen Teilen und Teilfunktionen* erhebliche Verschiedenheiten beobachten. Da alles Leben mit der wunderbaren Wandelbarkeit des Protoplasmas der Zelle zusammenhängt, so können wir diese individuelle Variabilität des Ganzen und seiner Teile an *allen lebenden Organismen, Pflanzen und Tieren* in irgendeiner Form nachweisen. Ich wähle vier Beispiele aus Tier- und Pflanzenreich, die so heterogen sind, wie sie nur sein können, die aber alle das Gemeinschaftliche an sich haben, daß sie die am meisten kennzeichnende Eigenschaft des Lebenden, eine feinst abgestufte Variabilität in Gestalt und Funktion, zeigen.

Mannigfaltigkeit der Gestalt. GOETHE hat 10000 *Blätter* der gleichen *Baumart* aufeinander legen lassen und festgestellt, daß nicht ein einziges genau die gleiche Form wie die übrigen hat.

W. KUHL [1] hat an zahlreichen *Ohrwürmern* (Forficula auricularia L.) die *Zangen* dieser Tiere untersucht und nicht bei einer einzigen die völlige Übereinstimmung in der Form beobachtet.

Mannigfaltigkeit der Funktion. Die *Immunität* ist die Resultante einer Reihe von cellulären und serologischen Faktoren. Es ist daher nicht auffällig, daß auch diese Eigenschaft große Variabilität aufweist. Die Unterschiede, die PRIGGE [2] bei Meerschweinchen bei der Immunisierung gegen Diphtherie festgestellt hat, sind selbst für den, der von der Variabilität der lebenden Substanz von vornherein überzeugt ist, erstaunlich.

---

[1] KUHL, W.: Z. Morph. u. Ökol. Tiere **12**, 300 (1928).
[2] PRIGGE: Z. Inf.krkh. Haustiere **119**, 186 (1937).

Er stellte fest, daß zum Schutze der schwerst immunisierbaren Tiere die erforderlichen Impfstoffmengen etwa 30000mal so groß sind, wie die Dosen, welche zur Immunisierung der reaktionsfähigsten Tiere notwendig sind. Dagegen finden sich bei jahrelang fortgesetzter Bruder-Schwester-Inzucht viel geringere Unterschiede. Im günstigsten Falle ist die obere Grenzdosis nur 25mal so groß wie die untere (s. graphische Darstellung in Abb. 13). Die PRIGGEschen Immunisierungsversuche beleuchten eindrucksvoll die Bedeutung des Erbgutes für die Widerstandsfähigkeit des einzelnen Individuum gegen Krankheiten und die weitgehend und in breiten Grenzen schwankende Beeinflussung des Krankheitsverlaufes durch erbliche konstitutionelle Faktoren.

Der *Eintritt der Geburt* ist ein besonders interessantes und lehrreiches Beispiel, weil bei ihm *zwei* lebende Organismen, Mutter und Kind, aktiv beteiligt sind. Der Hauptsache nach handelt es sich bei dem Eintritt der Wehentätigkeit um die Auswirkung biologischer hauptsächlich hormonaler Faktoren (s. Abschnitt Geburtseintritt, S. 299). Äußere Einflüsse sind nebensächlicher Natur. Es ist daher durchaus verständlich, daß der Zeitpunkt des Geburtseintrittes innerhalb weiter Grenzen schwankt. Das haben neuerdings die Untersuchungen von GUTHMANN u. BIENHÜLS[1] u. a. an je 10000 genau kontrollierten Fällen ergeben[2].

Wenn man diese Variationen graphisch darstellt, so ergeben sich Kurven, die einander völlig gleichen (vgl. die Kurven von KUHL, PRIGGE, GUTHMANN). Es ist die *Wahrscheinlichkeitskurve* von GAUSS, nach dem Autor, der sie zuerst als für biologisches Geschehen geltend erkannt hat, auch QUÉTELETsche Kurve genannt. Das Kennzeichnende dieser Kurven ist ein Gipfel mit einer innerhalb gewisser Grenzen schwankenden Streuung.

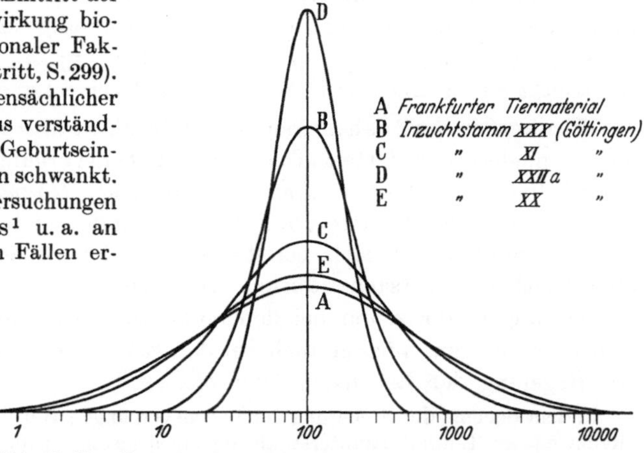

Abb. 13. Verteilung der Immunisierbarkeit bei fünf verschiedenen Tiermaterialien. Bei den Inzuchtstämmen ist die Streuung besonders groß. (Nach PRIGGE.)

Wenn wir die große Mannigfaltigkeit in der äußeren Gestalt und in der inneren Funktion beobachten, wenn wir uns darüber klar sind, daß bei der Steuerung dieser Vorgänge die Hormone eine maßgebende Rolle spielen, so können wir ermessen, wie unendlich schwierig es in manchen Fällen ist, herauszufinden, an welcher Stelle und an welchen Stellen der Fehler sitzt, dann werden wir uns nicht mehr wundern, wenn unsere Therapie im Allgemeinen und unsere hormonale Behandlung im besonderen neben glänzenden Erfolgen häufig auch völlige Versager aufweisen.

10. Verhältnis von Hormonal- und Nervensystem.
a) Allgemeines.

Bei allen Pflanzen, auch bei Protozoen und Parazoen (Schwämmen), gibt es noch *keine Nerven*. Auf dieser Entwicklungsstufe vollziehen sich noch *alle Lebensäußerungen*, wie Reizbarkeit, Bewegung, Assimilation und Dissimilation,

---

[1] GUTHMANN u. BIENHÜLS: Mschr. Geburtsh. **103** (1936).

[2] Auch beim *Zyklus* des Weibes ergibt sich die nämliche Kurve (LUTZ u. REINER: J. amer. med. Assoc. **1935**. — KRAUS: Münch. med. Wschr. **1938 II**.)

Wachstum, Fortpflanzung usw., *ohne Mitwirkung von Nerven* und ohne Mitwirkung eines Gefäßsystems. Die zwei großen Vermittlersysteme, unentbehrliche Bestandteile der höher organisierten Lebewesen, fehlen bei diesen Organismen noch vollständig.

Erst bei den Cölenteraten treten Nerven in der Form der *Epithelnervenzellen* auf; erst die Turbellarien (Strudelwürmer) haben Ganglien, Quer- und Längsstränge; ein sehr weit ausgebautes Nervensystem ist das Strickleitersystem der Gliederfüßler und anderer Wirbelloser.

Da die genannten Organismen bereits alle Merkmale des Lebens an sich tragen, können wir schließen, daß die Nerven ebensowenig wie das Blut zur Steuerung der Lebensvorgänge *an sich* notwendig sind.

Auch die Linse des Auges und der Follikel des Eierstocks, von jenseits der Grenzfaserschicht ab, natürlich auch die Eizelle, sind nervenlos, ebenso ohne Blutgefäße.

Wir werden uns daher fragen, *welche Einrichtungen* es denn sind, die bei diesen niederorganisierten Tieren die Lebensvorgänge regeln. Die Antwort darauf kann nur lauten: *Enzyme, Vitamine, Hormone, die Biokatalysatoren* (einschließlich der Elektrolyte). Enzyme finden sich in jeder Zelle, Vitamine und Hormone lassen sich bereits bei den Protozoen nachweisen. An dieser unbestreitbaren Tatsache dürfen wir nicht achtlos wie bisher vorbeigehen. Einrichtungen, die schon bei den einfachsten Organismen Lebensvorgänge zu steuern vermögen, müssen auch bei den *höherorganisierten Tieren* die *Grundlage* der Regelung der Lebensvorgänge *bleiben.*

In dem Schema der Steuerung der Lebensvorgänge (Abb. 16, S. 79) ist daher der hormvitenzymatöse Einfluß zuunterst als der niedrigsten Stufe der Organisation angehörig und dort alleinherrschend, eingezeichnet.

Ein solcher Satz klingt sehr ketzerisch; denn bisher waren wir geneigt, die wichtigste Substanz in den Nerven zu erblicken. Man führte *alle Antriebe* auf *Nerveneinflüsse* zurück und prägte das Wort von der *Automatie* der Nervensubstanz, ein aus sich rollendes Rad im Sinne von NIETZSCHE, ein deus ex machina.

In der Zeit, in der man noch nichts von innerer Sekretion wußte — sie liegt nicht sehr lange zurück —, war eine solche Einstellung begreiflich. Mit der Vertiefung unserer Kenntnisse über Hormone konnte eine solche einseitige Auffassung nicht mehr Stand halten; sie *versagt* völlig bei der Deutung der *Wachstums- und Fortpflanzungsvorgänge,* wie wir noch später sehen werden. Nur sehr mühsam kämpft sich allmählich eine bessere Einsicht über die Bedeutung der chemisch hormonalen Einflüsse Bahn.

Bei der *Epithelnervenzelle* der Cölenteraten ist die zweifache scharfe Trennung, die wir bei der höheren Entwicklung und Differenzierung regelmäßig beobachten, noch nicht erfolgt: Die Epithel-Nervenzelle hat sowohl *neurale* als auch *hormonale* Funktionen, sie ist neurokrin; sie vereinigt ferner die Eigenschaften, die sonst auf *zwei* Zellen verteilt sind, in sich *allein.* Sie ist nämlich *endokrine* Zelle insofern, als sie Stoffe, die auf andere Zellen einwirken, aussendet, und sie ist *zugleich Erfolgszelle,* indem sie auf Wirkstoffe, die von außen oder von innen kommen, antwortet. Es besteht also noch gewissermaßen eine „Personalunion" mehrerer Funktionen in *einer* Zelle.

Bei der ersten flüchtigen Betrachtung höherorganisierter Tiere hat man den Eindruck, als ob dieser primitive Zustand völlig verschwunden sei. Bei

genauem Studium aber zeigt sich, daß die Zellen in der strukturellen Ausgestaltung und Differenzierung zwar anders geworden sind, daß aber in den
Grundzügen doch vieles, vielleicht alles, gleichgeblieben ist. So kommt STÖHR[1]
in seinen neuesten histologischen Forschungen betreffs des *vegetativen* Nervensystems zu der Meinung, daß es bei diesem System gar keine Zellindividuen oder
Neurone, auch keine Zellgrenzen und keine Umschaltstellen gibt. Dadurch,
daß die Nervenendfaser alle Erfolgszellen schleierartig umfaßt („Terminal-
reticulum") und teilweise sogar mit den feinsten Ausläufern in deren Plasma
eindringt, sind hormonale und neurogene Faktoren hinsichtlich ihrer Funktion
zu einem höchst verwickelten, einheitlichen Ganzen zusammengekoppelt. Noch
deutlicher treten die Zusammenhänge bei den nachfolgenden Betrachtungen
zutage.

b) Die neurohormonale Tätigkeit einzelner Zellen und Zusammenkopplung von neuralen und hormonalen Zellen zu Organen.

Von dem Urtyp der Epithelnervenzelle, die noch neurale *und* hormonale
Antriebe in *einer* Zelle vereinigt, bis zu der typischen Nervenzelle können wir
einige *Zwischenstufen* feststellen:

1. Wie zwischen den gewöhnlichen Epithelzellen bei den Cölenteraten Epithelnervenzellen eingestreut sind, so finden sich auch bei den *höherorganisierten
Tieren zwischen neuralem Gewebe Zellen*, die den *Bau* und den *Typus*
der *Hormonzellen* tragen. Es ist das Verdienst von SCHARRER[2], gezeigt zu
haben, daß im Zwischenhirn, besonders im Hypothalamus bei Fischen[3], Säugern
und beim Menschen solche Zellen vorhanden sind, an denen deutlich innersekretorische Vorgänge festzustellen sind.

Diese „*Drüsenzellen*" zeigen Granula, Vakuolen und Kolloidtröpfchen ähnlich wie die
Hypophyse und zeichnen sich durch ventrikelnahe Lage, Markarmut und reichliche Gefäßversorgung aus und zeigen deutliche jahreszeitliche Schwankungen in der Stärke der
Ausbildung. An der hormonalen Tätigkeit dieser „neurokrinen" Organe kann nicht gezweifelt werden. TRENDELENBURG und ABEL gelang es übrigens auch, aus dem Hypothalamus einen spezifisch wirkenden Stoff, ein Hinterlappenhormon, zu gewinnen. In
allen diesen Fällen ist also die ursprüngliche Nervenzelle in eine endokrine Zelle umgewandelt oder zeigt wenigstens die Funktion einer solchen[4].

2. Die *ursprünglich als Nervenzelle* angelegte Zelle hat den *Charakter einer
nervösen Zelle* völlig verloren und ist zu einer *rein endokrinen Zelle* geworden,
und zwar nicht nur einzelne Zellen wie im Falle 1, sondern sämtliche Zellen,
so daß aus dem *ursprünglich rein nervösen ein endokrines Organ* geworden ist.
Das ist der Fall bei der *Neurohypophyse* (hervorgegangen durch Ausstülpung
der ventralen Seite des Neuralrohres) und dem *Mark der Nebenniere* (umgewan-
deltes Sympathicusgewebe) und die übrigen chromaffinen Zellen.

Diese zwei neurokrinen (ektodermalen) Organe sind mit den zwei rein hormonalen
Drüsen, dem Vorderlappen der Hypophyse und der Rinde der Nebenniere (beide mesodermalen Ursprungs) zu einem einheitlichen Organ zusammengeschlossen. Diese Zusammenkopplung wäre an sich gar nicht unumgänglich notwendig, da die Hormone auf dem

---

[1] STÖHR: Naturforscher- und Ärzteversammlung, Stuttgart 1938.

[2] SCHARRER: Ges. Wiss. Göttingen, Math.-phys. Kl. IV, N. F. **2**, 141.

[3] SCHARRER: Verh. zool. Ges. **1933**, 217. — Z. Anat. **106**, 12 (1936).

[4] Nach FEYRTER (s. S. 40) haben die diffusen endokrinen Organe durch Endophylie
innige Beziehungen zum Nervengewebe.

Blutwege an den richtigen Ort getragen werden. Sie fehlt z. B. noch bei den niederen Fischen, wo Mark und Rinde der Nebenniere räumlich weit auseinander gelegen sind. Der Grund, warum die Natur bei den anderen Wirbeltieren die beiden Organe zusammengelegt hat, ist wohl darin zu suchen, daß durch das räumliche Beieinanderliegen der Betrieb vereinfacht und eine größere Sicherheit gewährleistet ist.

3. Besonders verwickelt liegen die Verhältnisse bei dem *Hypophysen-Zwischenhirnsystem.* Die Hypophyse besteht aus einem neuralen und einem rein

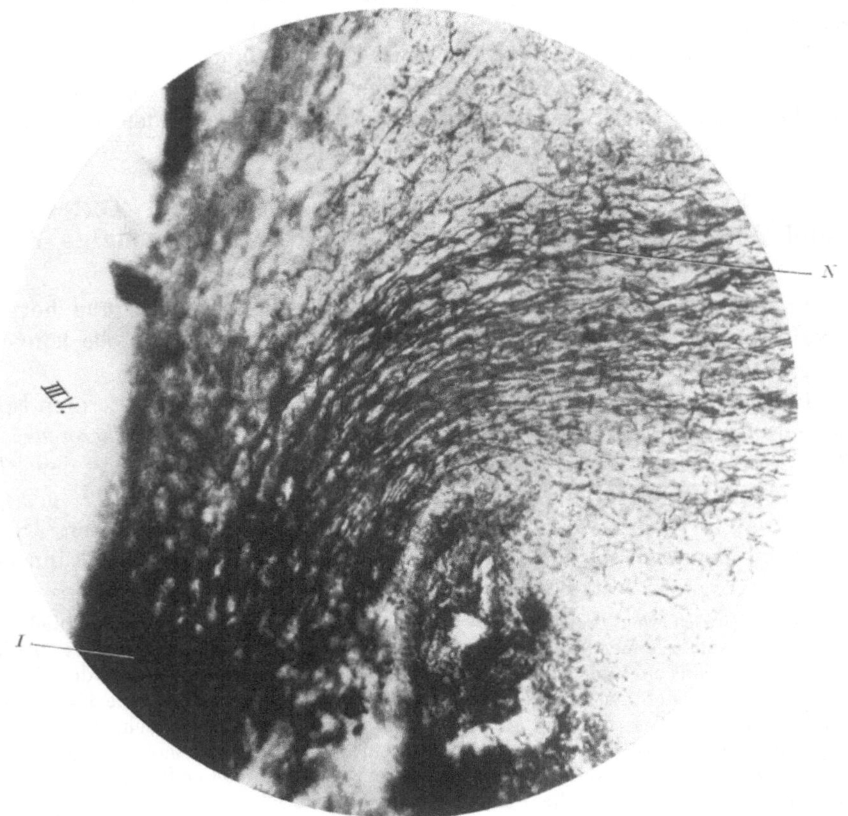

Abb. 14. Die Nervenfasern (*N*), sich in kompakten Bündeln sammelnd, biegen um und verlaufen parallel der Wand des 3. Ventrikels in das Infundibulum (*I*). (Mikroskopischer Schnitt nach PINES.)

hormonalen Anteil, ebenso ist zwar das Zwischenhirn (Diencephalon) der Hauptsache nach aus neuralen Zellen zusammengesetzt, dazwischen aber liegen, wie oben erwähnt, *reine endokrine* Zellen eingestreut[1]. Auch treten sehr häufig *basophile* Zellen von dem Vorderlappen aus auf die Substanz des Zwischenhirns über (s. S. 244). Diese beiden neuroendokrinen Systeme sind nun noch miteinander

a) durch den *Stiel,*[2] in dem *Nervenfasern* verlaufen, die von dem Zwischenhirn in die Hypophyse ausstrahlen, verbunden; ich gebe eine Photographie

---

[1] SCHARRER spricht von einem Kreislauf zwischen den Kernen des Zwischenhirns und der Hypophyse.

[2] JOSEPHY bezeichnet den Stiel der Hypophyse geradezu als einen „Gehirnnerv" (M. HIRSCH, Handbuch der inneren Sekretion, Bd. 2, S. 685).

von PINES in Abb. 14 wieder, die den Übertritt einer Nervenfaser deutlich erkennen läßt;

b) durch einen *Kanal*, den Trichter des Stieles, durch den Hormone, die in der Hypophyse gebildet worden sind, *unmittelbar*, ohne in das Blut übergetreten zu sein, nach dem dritten Ventrikel und an die dort gelegenen vegetativen Zentren gelangen können.

Wenn man diese eigenartige und straffe Zusammenkopplung neuraler und endokriner Elemente im Hypophysen-Zwischenhirnsystem bedenkt, so wird man verstehen, daß nicht nur eine Zerstörung der Hypophyse, wie ohne weiteres verständlich, sondern auch eine *Ausschaltung des Zwischenhirns* zu *Störungen* führen, die auf den ersten Blick *rein hormonal* bedingt zu sein scheinen.

LESCHKE[1] (1919), BERBLINGER (1923) u. a. haben gezeigt, daß, wenn die Zwischenhirnsubstanz durch Encephalitis, Meningitis, durch Geschwülste usw. außer Funktion gesetzt ist, dann Störungen auftreten, wie wir sie bei ausschließlicher Erkrankung oder Zerstörung der Hypophyse beobachten. So ist festgestellt, daß die Dystrophia adiposogenitalis einzig und allein durch eine Schädigung der Zwischenhirnzentren entstehen kann. Auch die örtlich begrenzten Störungen bei der Lipoiddystrophia hängen mit einer Störung der vegatativen Zentren zusammen. Dasselbe gilt von der SIMMONDSchen Kachexie.

Diese pathologischen Befunde sind als ein weiterer Beweis für die innigen Zusammenarbeit von Hypophysen-Zwischenhirnsystem anzusehen. Wir dürfen aus den Befunden schließen, daß das *Zwischenhirn* für die *ungestörte Ernährung und Funktion der Hypophyse* unentbehrlich ist; doch wäre es auch nicht ganz unmöglich, daß in der Zwischenhirnsubstanz nicht nur die bereits aufgefundenen Stoffe, wie Hinterlappenhormon (TRENDELENBURG und ABEL), sondern auch noch *andere Stoffe* von ähnlicher Wirksamkeit wie die Hypophysenstoffe in den SCHARRERSchen Zellen oder anderswo gebildet würden. In diesem Sinne spricht namentlich auch die gleich zu erwähnende Tätigkeit der bisher als ausschließlich nervös angenommenen Gewebe des Sympathicus und des Parasympathicus.

Die Bedeutung der nervösen Innervation für die Bildung der Hormone ist bei den einzelnen Wirkstoffen offenbar *verschieden groß*. Das haben besonders klar die bedeutsamen Untersuchungen von WESTMANN und DORA JAKOBSOHN an der Hypophyse gelehrt[2]. Sie durchschnitten bei Ratten und Kaninchen den Stiel des Hirnanhangs und *schalteten* dadurch *alle nervösen Verbindungen* aus. Nach diesem Eingriff erlitt die Produktion des thyreotropen und adreno-corticotropen Wirkstoffs keine Änderung, die Menge des Wachstumshormons war nur in einigen Fällen und das erst nach längerer Zeit vermindert, dagegen trat regelmäßig eine Atrophie der Geschlechtsteile bei beiden Geschlechtern in der gleichen Weise wie nach der Entfernung der ganzen Hypophyse ein. Die *Bildung* des gonadotropen Hormons war also verhindert, dagegen war die *Abgabe* des bereits in der Hypophyse gebildeten gonadotropen Hormons unverändert; auch erwies sich ferner, daß der Vorderlappen trotz der Ausschaltung aller nervösen Verbindungen noch im Stande war, den „synergistischen Faktor" (EVANS) zu produzieren, denn choriogenes Hormon (Prolan) bewirkte, dem Versuchstier eingespritzt, am Ovar genau die gleichen Veränderungen wie bei dem Kontrolltier, es kam zu einem Wachstum der Follikel, Bildung von

---

[1] LESCHKE: Handbuch der inneren Sekretion, Bd. 3, Teil 1, S. 1019. Leipzig: Curt Kabitzsch 1928.

[2] WESTMAN u. DORA JACOBSOHN: Acta obstetr. scand. (Stockh.) 18, H. 1 (1938). — Acta path. scand. (Københ.) 15, H. 4 (1938).

Gelbkörpern und von Blutpunkten (Reaktion II und III). Diese Feststellungen lassen meines Erachtens daran denken, daß in den zuleitenden Nerven ein *besonderer Stoff* gebildet wird, der erst die Bildung des vollwertigen gonadotropen Vorderlappenhormons ermöglicht (wohl im Sinne eines Co-Fermentes?).

Ganz *unabhängig* von den nervösen Verbindungen ist die Wirkung des *Follikelhormons* auf die *Hypophyse*; das Organ zeigt, wenn Oestron zugeführt wird, nach der Durchtrennung des Stieles genau die nämlichen histologischen Veränderungen wie wenn das Organ ganz unverletzt ist (WESTMAN und JACOBSOHN). Damit stimmen die Beobachtungen von DECLIN und GREGOIRE[1] überein, die die Hypophyse an anderer Stelle einpflanzten und nach Gaben von Follikelhormon an ihr die gleichen Veränderungen wie beim ortsüblichen Sitze beobachteten[2].

c) Die Nervenzellen als endokrine Zelle und als Erfolgszelle.

α) Als endokrine Zelle (Hormonbildungszelle).

Es wurde bereits früher von LANGLEY u. a. die Meinung ausgesprochen, daß die Wirkung des Sympathicus durch chemische Stoffe (Adrenalin) zustande käme. Durch die Untersuchungen von H. H. DALE, OTTO LÖWI[3], ferner PARKER[4], BACK[5] kann heute als sicher angesehen werden, daß die *Endfaser* des *Sympathicus Adrenalin*, die *Endfaser* des *Parasympathicus Acethylcholin* bildet. DALE spricht daher auch von adrenergischen und cholinergischen Nervenenden. Die Stoffe wirken *unmittelbar* auf das Protoplasma der Erfolgszellen ein.

Die Übermittlung des Reizes *entlang der Nervenbahn* erfolgt durch „*Aktionsströme*", die *elektrischer* Natur sind. v. MURALT (Bern) hat es nun sehr wahrscheinlich gemacht, daß die Aktionsströme der Bildung *chemischer* Stoffe, den „*Aktionssubstanzen*", ihre Entstehung verdanken. Die Stoffe entstehen und verschwinden äußerst rasch und wirken wie die Entlassung eines Kondensators und erzeugen elektrische Ströme. (Die elektrischen Fische sind ein besonders eindrucksvolles Beispiel von der Umwandlung einer chemischen in elektrische Energie.) Nach v. MURALT handelt es sich um *acethylcholinähnliche* Stoffe, außerdem wird eine bestimmte Menge von *Vitamin B_1* frei (MINZ).

Es werden bereits Stimmen laut, die auch den *Großhirnzellen* eine *endokrine* Funktion zuschreiben (z. B. SPATZ), doch soll auf diese schwierige Frage hier nicht weiter eingegangen werden[6].

Erwähnt sei nur, daß vom *Gehirn von Schmetterlingsraupen* hormonale Wirkungen ausgehen. Entfernt man bei der Mehlmottenraupe vor der „kritischen Periode" das Gehirn, so unterbleibt die sonst eintretende Häutung der Puppe (KÜHL und PIEPHO). Nach WIGGLESWORTH sollen die Corpora allata dabei eine besondere Rolle spielen.

---

[1] DECLIN u. GREGOIRE: C. r. Soc. Biol. Paris **121**, 1366.

[2] Am stärksten tritt nach diesen Untersuchungen die funktionelle Verbundenheit von Hypophyse und Zwischenhirn merkwürdigerweise gerade bei der *Regelung der geschlechtlichen und Fortpflanzungstätigkeit* in die Erscheinung. Auch HEROLD und EFFKEMANN [Arch. Gynäk. **167**, 387 (1937)] sahen bei der infantilen Ratte nach der Durchtrennung des Stiels eine Blockierung der Bildung des gonadotropen Hormons, die sich sekundär in dem Ausbleiben der Bildung des Corpus luteum äußerte.

[3] DAHLE, H. H. u. OTTO LÖWI: Nobelpreisträger 1936.

[4] PARKER: J. of exper. Biol. **11**, 81 (1934).   [5] BACK: Erg. Physiol. **37**, 82 (1935).

[6] Es sind an Gehirn und Nerven zwei Arten von Strahlungen von geringer und großer Schwingungszahl festgestellt worden, von H. BERGER (Jena) als Alpha- und Betastrahlen genannt. Die ersten finden sich vorwiegend in der Ruhe, die letzteren bei geistiger und Sinnestätigkeit (Fortschr. u. Forsch. **1938**, Nr. 31).

β) Als Erfolgszelle (Hormonwirkungszelle).

Die Nervenzelle kann sowohl durch weiter abgebaute Stoffe (*Hormone zweiter Ordnung*, Hormoide) als auch durch typische *Inkrete* erregt werden.

Die Reaktion der Nervenzelle auf *Hormoide* ist besonders wichtig, weil auf diese Weise die *wichtigsten Lebensvorgänge* gesteuert werden. Es werden namentlich die *neurovegetativen Zentren* im Zwischenhirn durch solche Wirkstoffe oder auch nur durch Änderung des Blutmilieus erregt. Es ist bereits erwähnt, daß das Atemzentrum durch Kohlensäure, das Zuckerzentrum durch den Gehalt an Zucker, daß die Mineralzentren durch den Gehalt des Blutes an Mineralstoffen, das Durstzentrum durch den Wassergehalt, das Hungerzentrum durch den Mangel an Nährstoffen usw. erregt wird.

Auch der *Sympathicus und Parasympathicus* antwortet auf den Reiz von *Hormoiden*. EPPINGER und HESS haben ausgedehnte Prüfungen mit *sympathikotonischen und vagotonischen Mitteln* vorgenommen. Zwei davon, Adrenalin (sympathisch) und Cholin (vagotonisch) werden im Körper selbst gebildet. Andere, wie Atropin, Physostigmin usw., sind von außen eingeführte Pharmaca, die die Rolle von Reizstoffen spielen.

Als ein vegetatives Nervenzentrum kann man auch das *Geschlechtszentrum*, das seinen Hauptsitz wohl in den *Corpora mammillaria* hat, bezeichnen. Es wird durch die von den Geschlechtszellen abgesonderten *Geschlechtshormone* (weibliches und männliches Geschlechtshormon) elektiv in Erregung versetzt.

Da der Geschlechtstrieb ein Instinkt ist, der allen Lebewesen eignet, so kann sein Hauptsitz (gleich allen vegetativen Steuerungseinrichtungen) nur im Urhirn (Palaeencephalon) gelegen sein, die Zentren im Großhirn sind Neben- und Hilfseinrichtungen.

Auch die *Großhirnzellen* spielen gegenüber vielen Inkreten die Rolle der *Erfolgszellen*. Wir haben allen Grund, anzunehmen, daß die Wirkstoffe der *Nebennierenrinde* bei dem Aufbau des Großhirns maßgebend beteiligt sind; denn das Fehlen der Nebenniere hat fast regelmäßig auch ein Fehlen des Gehirns zur Folge (Hemi- und Anencephalus). Der Addisonkranke zeigt außer den bekannten körperlichen Veränderungen depressive Erscheinungen (Fehlen des Corticosterons). Wir kennen ferner den großen Einfluß, den das Hormon der *Schilddrüse* auf die Entwicklung der geistigen Fähigkeiten hat (Kretinismus bei A- und Hypoplasie der Schilddrüse). Ein Zuviel Thyreoidin bewirkt ferner beim Erwachsenen die Unruhe des Basedowikers, ein Zuwenig die Stumpfheit und Schwerfälligkeit des Myxodematösen.

Einen großen, bisher freilich noch wenig beachteten Einfluß hat der *Hypophysenvorderlappen* auf die *Psyche*. In dem Sinne zu deuten ist die Auslösung des *Mutter- und Stillinstinktes* nach Gaben von *Lactationshormon*. Der Rhesus-Affe, der nach Einpflanzung der Hypophyse, solange bis das Implantat aufgesaugt war, das junge Meerschweinchen mütterlich betreute und es wie zum Stillen zärtlich an die Brust drückt, veranschaulicht besser als alle Worte die Einwirkung (s. Abb. 84, S. 214). Uns ist bei den *zahlreichen Hypophyseneinpflanzungen* immer wieder aufgefallen, daß die Frauen, solange die eingepflanzte Drüse in Funktion blieb, psychische Veränderungen zeigten, häufig im Sinne einer Depression. Einmal stellte sich eine starke sexuelle Erregbarkeit ein, die erst nach der Aufsaugung des Implantates allmählich abklang; eine der Patientinnen beging Selbstmord. Auch bei Frauen, die im Anschluß an eine *Schwangerschaft* eine hypophysäre *Magersucht* oder *Fettsucht* bekommen, läßt sich dieselbe seelische

Wandlung häufig sehr gut verfolgen. Die Magersüchtigen zeigen eine erhöhte geistige Beweglichkeit, wie man sie meist auch bei primär hypophysär Magersüchtigen findet, bei den hypophysär Fettsüchtigen, die im Anschluß an eine Geburt erkrankt sind, fällt häufig geistige Stumpfheit und Gleichgültigkeit auf. Sie klagen über Gedächtnisschwäche, mangelnde Entschlußkraft usw. NÜRNBERGER hat ebenfalls nachdrücklich auf die psychischen Veränderungen solcher Frauen aufmerksam gemacht. Noch ein weites Feld für die Forschertätigkeit von Neurologen und Psychiatern!

Auch ein *Teil* der *sexuellen* Veränderungen kommt, wie bereits an dem Beispiel der geschlechtlichen Übererregbarkeit nach Hypophyseneinpflanzung gezeigt wurde, durch Vermittlung der *Hypophyse* zustande. Besonders deutlich kann man die Zusammenhänge bei der künstlichen Nachahmung des jahreszeitlichen Einflusses beobachten: Während es sonst bei Vögeln, Mäusen, Meerschweinchen regelmäßig gelingt, durch starke Belichtung eine Vorverlegung der Brunstperiode herbeizuführen, unterbleibt diese, wenn den Tieren vorher die Hypophyse entfernt worden ist (s. Näheres S. 251).

Durch die Einwirkung der *Geschlechtshormone* auf die *Großhirnzellen* kommen die großen seelischen *Umstimmungen* zustande, die wir während des ontogenetischen Entwicklungsganges auf *erotischem* Gebiete beobachten. Die Sturm- und Drangperiode der Pubertät, die verschiedenartigen Beschwerden und Verstimmungen in der Zeit des Klimakteriums beruhen auf der Einwirkung der Geschlechtshormone auf die Großhirnzellen.

Und wie völlig verändert sich das Verhalten der Tiere in der *Brunstzeit!* Unter dem Ansturm der Sexualhormone werden sie aufgeregt, angriffslustig und vergessen häufig alle Vorsicht und Scheu, die ihnen sonst in so hohem Grade eigen ist.

Man darf den Einfluß der Hormone auf die *psychischen Vorgänge* jedoch auch nicht überschätzen, wie das z. B. von jenen getan wird, die glauben, daß man durch Einverleibung der Sexualhormone beliebig eine sexuelle Erregung hervorzurufen vermöge; davon kann keine Rede sein. Die Voraussetzung für das Ansprechen des Großhirns auf die Geschlechtshormone ist, daß die Gehirnzellen (und die Zellen der Corpora mamillaria) für derartige Reize überhaupt empfänglich sind: Die Erregbarkeit dieser Zentren auf die Geschlechtshormone ist individuell außerordentlich verschieden. (Weiteres bei Sexualhormonen, ferner Abschnitt Neurohormonales Geschlechtssystem und Libido sexualis.)

d) Die Art der Zusammenarbeit von Hormonen und Nerven[1].

Im autonomen System (Lebensnerven).

Wenn nun die wichtigsten Lebensfunktionen hormonal gesteuert werden, *warum*, wird man fragen, hat denn dann noch die Natur die *neurale Lenkung* für das autonome System (Lebensnerven, L. R. MÜLLER) eingeführt?

Es sind m. E. folgende drei Faktoren: 1. der *Zeitfaktor:* ob ein Reiz mit geringer oder größerer Geschwindigkeit übermittelt wird, 2. der *Sicherheitsfaktor*, 3. *straffe zentrale Zusammenfassung der Antriebe* durch ein Leitbahnensystem.

α) Bedeutung des Zeitfaktors.

Die Hormone gelangen im allgemeinen, wenn man von dem unmittelbaren Transport von Zelle zu Zelle und durch den Trichter im Hypophysen-Zwischen-

---

[1] An der innigen Zusammenarbeit der beiden Systeme zweifelt heute niemand mehr. Vgl. die Arbeiten von R. L. MÜLLER, FR. KRAUS, SIEGMUND usw., s. auch den ausgezeichneten Aufsatz von ALBRECHT, H.: Mschr. Geburtsh. **104**, 143 (1937).

hirnsystem absieht, nur auf dem *Blutwege* an die Erfolgszellen. Die Umlaufzeit des Blutes beträgt beim Menschen etwa 21 Sekunden

Diese Zeit genügt für die Steuerung der meisten neurovegetativen Funktionen. Sie reicht namentlich für *alle Wachstums- und Fortpflanzungsvorgänge* aus; denn bei diesen hat es keine Eile. Handelt es bei ihnen sich um Zeiträume, die von Stunden bis zu Jahren sich erstrecken.

Im *Embryo* und in der *Placenta* gibt es keine Nerven und das Wachstum der *Brust* und die *Lactation* erfolgt auch dann, wenn alle zuführenden Nerven abgeschnitten sind. Das allgemeine Wachstum wird der Hauptsache nach durch das thymogene Hormon und das eosinophile Wachstumshormon des Hypophysenvorderlappens, die Fortpflanzungswachstumsvorgänge durch Follikel-, Corpus luteum- und gonadotropes Hypophysenvorderlappen-Hormon geregelt.

Anders dagegen schon bei den *Stoffwechselhormonen*, die jeden Augenblick zur Verfügung stehen müssen. Wenn es zu einer Störung im Blutkreislauf, was leicht eintreten kann, kommt, dann besteht Gefahr, daß die hormonale Versorgung unzulänglich wird. Dann greift die neurale Leitung ein.

Die Leitung eines Antriebes auf dem *Nervenweg* erfolgt ungleich *rascher* als der Transport des Hormons auf dem Blutwege. Das Nervensystem ist ganz allgemein durch die Eigenart seines Baues für eine *möglichst rasche Übermittlung empfangener Reize* eingerichtet. Die Leitung erfolgt mindestens 500—600mal schneller als auf dem Blutwege[1]. Daher schaltet die Natur in allen Fällen, in denen es auf möglichst schnelle Beförderung von Reizen ankommt, die Nervenleitung ein.

Ich möchte für die Richtigkeit dieser Ansicht zwei Beispiele anführen, eines das stammesgeschichtlicher Natur ist, das andere, das dem tierischen und menschlichen Organismus entnommen ist.

1. Die *festsitzenden* niederen Tiere, wie Schwämme, Polypen usw., haben noch *kein eigentliches Nervensystem, nur Epithelnervenzellen* und Epithelmuskelzellen. Dagegen haben bereits die *freibeweglichen* Quallen (Medusen), das sind die geschlechtlich sich fortpflanzenden Umbildungsformen der festsitzenden Polypen — also *dieselbe* Tierart — ein *diffuses* Nervensystem. Tiere, die sich durch beschleunigten Ablauf der Reaktionen und durch rasche Beweglichkeit auszeichnen, verfügen stets über ein gut ausgebildetes und kunstvoll gestaltetes Nervensystem, das Strickleitersystem der Insekten (z. B. Beweglichkeit der Fliege) und das cerebrospinale System der Wirbeltiere (Sicherheit des Vogelfluges usw.).

2. Das *Adrenalin* regt die glatte Muskelzelle der Gefäßwand zur Kontraktion an. Dieser Wirkstoff wird entweder auf dem *Blutwege* von der Stelle, wo er gebildet wird (Mark der Nebenniere), an die zu erregende Zelle gebracht — dieser Transport dauert beim Menschen mindestens 21 Sekunden —, oder aber es geht ein Reiz mit der größten Geschwindigkeit auf der *Nervenbahn* bis zur sympathischen Endfaser und regt dort die Bildung von Adrenalin an, das unmittelbar auf die Erfolgszelle einwirkt.

Gerade das Beispiel: Adrenalin — sympathische Faser zeigt die innige Zusammenarbeit von autonomen Nerven- und Hormonalsystem: Hormon — Nervenweg — Hormon. Am Anfang und am Ende steht das Hormon; das Hormon stellt den eigentlichen Antrieb, die bewegende Kraft dar, der Nerv ist nur der Leiter, das Mittel zum Zweck.

Ein Vergleich möge die Wichtigkeit des Zeitfaktors noch mehr hervorheben: bei einer Nachricht, die keine Eile hat, wählen wir den Brief, und als Übermittlungseinrichtung Post und Eisenbahn, für eilige Nachrichten dagegen den Draht und das Funkgerät. Post und Eisenbahn gleichen dem Blutwege, Telegraph und Radio dem Nervenwege.

---

[1] Der Reiz wird auf der Nervenbahn mit einer Geschwindigkeit von 50—100 m in der Sekunde (Schallgeschwindigkeit 333 m in 1 Sek.) weitergeleitet.

β) Sicherheitsfaktor.

Die raschere Übermittlung eines Reizes durch neurale Leitung gibt meist schon an sich eine größere Sicherheit. Es kommt aber noch etwas anderes hinzu. Sowohl die endokrine Zelle als auch die Erfolgszelle stellen labile und veränderliche Elemente dar und sind sehr vielen äußeren und inneren Einwirkungen ausgesetzt, die ihre Tätigkeit beeinflussen können. Das *Nervengewebe* dagegen stellt eine *verhältnismäßig festgefügte Bahn* dar, auf der der Reiz rasch und sicher weitergegeben wird (Stabilität der Nervenbahn).

γ) Straffe zentrale Zusammenfassung der Antriebe durch ein Leitbahnensystem.

Wie es bei den im wesentlichen rein hormonal gesteuerten Vorgängen (Wachstum und Fortpflanzung) einer Führung der verschiedenen Wirk- und Nährstoffe durch ein übergeordnetes Hormon bedarf (allgemeines Wachstumshormon bei den Wachstumsvorgängen, die Geschlechtshormone für die geschlechtsspezificshen Vorgänge), so ist bei dem neurohormonal gelenkten Stoffwechselgeschehen eine Vermittlung durch nervöse zu- und abführende Leitungsbahnen notwendig. Nur durch Einschaltung eines solchen rasch und zuverlässig arbeitenden Systems und durch die Mitsteuerung von einer Zentrale aus ist eine geordnete Zusammenfassung der hormonalen Kräfte in dem unendlich kompliziert gebauten Körper der höheren Tiere und des Menschen möglich (s. auch nächstes Kapitel der Steuerung der Blutversorgung).

Das scheinen mir die Gründe zu sein, warum die Natur sich bei den höherorganisierten Tieren bei der Steuerung der vegetativen autonomen Vorgänge nicht mit den Hormonen allein, die theoretisch ausreichen würden, begnügt, sondern stets eine *Kombination* beider Antriebe, den *neuro-hormonalen* Weg wählt. Es ist dadurch eine *Doppelsicherung* der lebenswichtigen Vorgänge gegeben: Sicherung durch möglichst *große Geschwindigkeit* und Sicherung durch *Stabilität der Einrichtungen*.

Die Wichtigkeit einer möglichst großen Sicherung für die Funktionsabläufe wird in allen Fällen besonders klar, in denen eine über das *gewöhnliche Maß hinausgehende Leistung* vom Körper und seinen Organen verlangt wird. Das ist z. B. bei der CANNONschen[1] *Notfallsfunktion* oder Katastrophenreaktion (die von WALTHARD noch besonders ausgearbeitet wurde) der Fall. Wenn Mensch und Tier einer wirklichen oder vermeintlichen Bedrohung ausgesetzt sind — wir sprechen von einem *Schreckerlebnis* —, so versucht das Individuum gegen diese Gefahr möglichst rasche Abwehrmaßnahmen zu ergreifen, sei es, daß es sich um Kampfstellung, Fluchtversuch oder sonst etwas handelt. Das alles erfordert eine *andere, möglichst rasch erfolgende Blutverteilung.*

Durch die Sinnesorgane wird die von außen drohende Gefahr den cerebrospinalen Zentralorganen übermittelt und von ihnen geht nun mit Blitzesschnelle der Befehl an die vegetativ neuralen Zentren im Zwischenhirn und zugleich an *die Hormondrüsen,* deren Wirkstoffe den größten Einfluß auf die Blutverteilung haben — die Voraussetzung einer erhöhten Körperleistung — auf Mark der Nebenniere und chromaffines System über. Es kommt zu einer erhöhten Ausschüttung von Adrenalin, Erhöhung des Blutdrucks,

---

[1] CANNON hat bei einer in *Angst* versetzten Katze Erweiterung der Nebennierengefäße, *vermehrte Absonderung von Adrenalin,* erhöhten Blutdruck und Beschleunigung des Blutstromes beobachtet, die sich in einer erhöhten Abwehr- und Angriffsbereitschaft auswirkten.

andere Verteilung des Blutes und Möglichkeit der Vollbringung erhöhter Leistungen (sympathikoadrenale Notfallsfunktion).

Besonders deutlich tritt die Notwendigkeit des neuralen Faktors bei der Blutversorgung zutage.

e) Neurohormonale Steuerung der Blutversorgung im besondern.

Das eben angeführte Beispiel der sympathiko-adrenalen Notfallsfunktion macht uns deutlich, daß die größtmögliche Sicherung, die durch die neurohormonale Einrichtung gewährleistet ist, namentlich bei der *Blutversorgung* notwendig ist.

Die Lebensvorgänge können, wie wir gesehen haben, auch ohne Blut und ohne Nerven ablaufen; aber niemals wenn man von anäroben Bakterien usw. absieht, ist ein Leben möglich *ohne Sauerstoff* (und Nährstoffe). Sobald einmal die Organisation und Differenzierung auf der stammesgeschichtlichen Entwicklungsstufe soweit gediehen ist, daß das Blut als Träger des Sauerstoffes dient und dieser unentbehrliche Stoff nur durch die Vermittlung der Blutbahn an die Zelle gebracht werden kann, muß eine Sicherung gegeben sein, daß die *Blutzufuhr* an die Zellen auch *nicht einmal einen Augenblick* versagt. Daher verwendet die Natur so außerordentlich viel *Mühe und Arbeit* auf eine zuverlässige Versorgung der Zellen und Organe mit Blut.

Es können und sollen natürlich nicht die mannigfaltigen und verwickelten anatomischen Einrichtungen am Herzen und Gefäßsystem, die wir bei den verschiedenen Tierklassen und -arten finden, und die das Blut an die einzelnen Organe befördern, besprochen werden. Es sollen nur mit ein paar Schlagworten die *neuro-hormonalen* Einrichtungen erörtert werden, die es ermöglichen, daß das Blut, das bekanntlich seiner Menge nach nicht ausreicht, zu *gleicher Zeit alle* Organe in genügender Weise zu versorgen, trotzdem den jeweiligen Anforderungen der Zellen an Sauerstoff und Nährstoffe jederzeit gerecht wird.

α) Hormonale Einrichtungen.

Es sind hier zunächst zwei typische Inkrete zu nennen, die der Körper in besonders hierzu bestimmten innersekretorischen Drüsen bildet, das *Adrenalin* (Nebennierenmark und chromaffines System) und das *Hinterlappenhormon* (Neurohypophyse). Beide Drüsen sind *neurogenen* Ursprungs. Nichts könnte deutlicher die Tatsache veranschaulichen, wie innig Hormone und Nerven bei der Blutversorgung zusammenarbeiten.

Das Adrenalin bewirkt bekanntlich eine starke, aber nur kurz anhaltende, das Tonephin eine geringere, aber länger anhaltende Steigerung des Blutdrucks. Man sollte meinen, daß diese zwei Einrichtungen völlig hinreichen, um eine regelmäßige Verteilung des Blutes in den Organen und Zellen zu ermöglichen. Das ist aber keineswegs der Fall. Dazu sind noch viele andere Wirkstoffe notwendig. Die Zahl der Stoffe, die im Körper, im Herzmuskel und in anderen Organen gebildet werden und die eine Wirkung auf Herz und Gefäße haben, ist recht beträchtlich. Es seien nur das Cholin (Darmwand), Histamin (Gewebe), Padutin (Pankreas), die Herzstoffe usw. genannt.

Noch viel zahlreicher sind die Wirkstoffe, die, in *Pflanzen* gebildet oder synthetisch hergestellt, auf Herz- und Gefäßinnervation einen sehr bedeutenden Einfluß haben. Strophantus, Campher, Cardiazol, Digitalis (ein Glykosid, dem Cholesterin nahestehend) usw.

β) Neurale Einrichtungen.

Die neurale Steuerung der Blutgefäße besorgt bekanntlich die *sympathische und parasympathische Nervenbahn.* Vom Vasomotorenzentrum aus gehen die

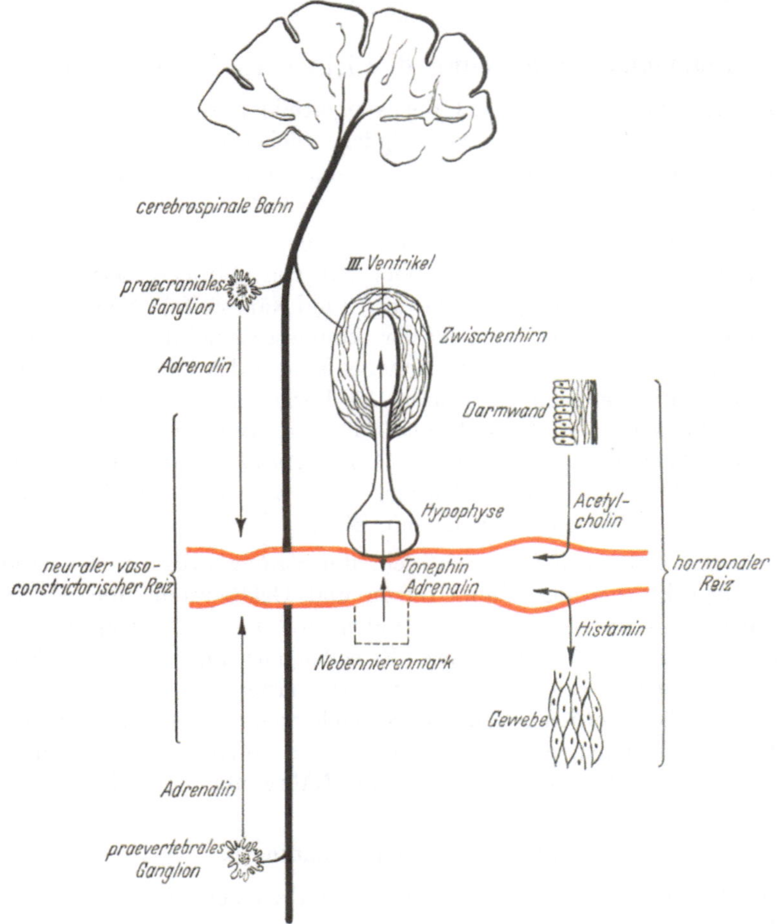

Abb. 15. Schema der hormonalen und neuralen Innervation der Gefäßwände.
In der Mitte querverlaufend ein Gefäß (rot gezeichnet).

Auf der rechten Seite ist die Beeinflussung des Kontraktionszustandes durch *Hormone* dargestellt: durch Acetylcholin (Darmwand) und Histamin (Gewebe) im Sinne der Erweiterung, durch Adrenalin (Mark der Nebenniere) und Tonephin (Neurohypophyse, wahrscheinlich auch Zwischenhirn selbst) im Sinne der Verengerung.

Auf der linken Seite ist der vorwiegend *neurale* Antrieb eingetragen; der auf dem autonomen Bahnen über präkraniale und prävertebrale Ganglien zu den Gefäßen verläuft (wahrscheinlich letzten Endes ebenfalls chemischer Natur).

Vom Großhirn aus wird der Kontraktionszustand der Gefäßwand durch die Verbindungsbahnen zu prävertebralen und präkranialen Ganglien, Zwischenhirn und Hormondrüsen beeinflußt.

Befehle an die Peripherie, dort vielfach wiederum unterstützt durch hormonale Stoffe (Adrenalin und Acetylcholin).

Die sympathische und parasympathische Innervation der Gefäße haben häufig zu der falschen Auffassung geführt, als ob der nervöse Antrieb *allein* maßgebend ist, ja man hat sogar geglaubt, auch die Wachstums- und Fortpflanzungsvorgänge auf rein neurale Antriebe zurückführen zu können. So wurde z. B. noch in allerletzter Zeit allen Ernstes die Ansicht vertreten, daß die zyklischen Vorgänge im Ovar ausschließlich durch ein Zusammenspiel von Sympathicus- und Parasympathicus zustandekämen.

f) Einfluß des Großhirns auf das vegetative Nerven- und auf das Hormonalsystem.

Betreff der neurohormonalen Steuerung verhalten sich alle Tiere, sobald einmal bei ihnen das autonome Nervensystem ausgebildet ist, ziemlich gleich. Die Vorgänge zur Erhaltung des Lebens sind schlechterdings unentbehrlich. Zentral erfolgt die Steuerung von dem Zwischenhirn aus.

Anders ist es mit dem Großhirn, dem Sitz der höheren Assoziationen. Dieses findet sich erst bei den höheren Tieren, beim Menschen hat das Großhirn eine besonders mächtige Entwicklung erfahren, man hat deshalb die Menschen vielfach als Großhirntiere bezeichnet.

Auf welche Weise gewinnen nun Großhirn und die in ihm entstehenden seelischen Vorgänge Einfluß auf das neurovegetativ-hormonale System?

Er kann auf zwei Wegen zustande kommen:

1. Unmittelbar; es gehen nervöse Verbindungen von dem Grau der Großhirnrinde nach dem Zwischenhirn und durch den Stiel nach der Hypophyse. Betreffs Einzelheiten verweise ich auf die Arbeit von WALTHARD[1], BROUHA[2] usw.

2. Mittelbar über die *autonomen Zentren* im Zwischenhirn. Hier gibt es wieder zwei Möglichkeiten: entweder die *unmittelbare* Einwirkung der erregten *autonomen Nervenfaser* auf die *endokrine Zelle* selbst. Der Reiz vermag die Zelle zu einer erhöhten oder verminderten Tätigkeit anzuregen. Es kommt zu einer erhöhten Ausschüttung des Hormons, wie das z. B. bei der CANNONschen Notfallsreaktion mit dem Adrenalin geschieht, oder zu einer Zurückhaltung des Inkrets. Es ist wahrscheinlich, daß z. B. die Schilddrüse und der Inselapparat auf diese Weise durch seelische Erschütterungen stärker erregt und der Ausbruch eines Basedow oder eines Diabetes die Folge sein kann.

3. Mittelbar über die *Blutgefäßnerven* in dem Sinne, daß eine erhöhte oder verminderte *Blutzufuhr* zu der endokrinen Drüse stattfindet und dadurch ihr *Sekretionszustand beeinflußt* wird. Es ist dieser Weg wohl der häufigste. Beim Basedow spricht die stets vorhandene, besonders reiche Gefäßentwicklung in diesem Sinne.

Auf dem *Umwege* über das *autonome System* und speziell über das *Nervengefäßsystem* kommt der Hauptsache nach wohl auch der Einfluß zustande, den Großhirn und seelische Vorgänge auf die Tätigkeit der *Keimdrüse* ausüben. Die unmittelbare Einwirkung der Großhirnzellen auf die Keimdrüsenzellen ist nicht wahrscheinlich; denn Geschlechts- und Fortpflanzungstätigkeit

---

[1] WALTHARD: In VEIT-STÖCKELS Handbuch der Gynäkologie, Bd. 11 (1937).
[2] BROUHA: Verh. internat. gynäk. Kongr. Amsterdam 1938, Teil T, S. 253 (dort schöne schematische Darstellung).

sind *Urtriebe*, allen Lebewesen eigen, und werden deshalb rein *hormonal* oder *neurohormonal* gesteuert.

Der Einfluß, den wir auf die Geschlechts- und Fortpflanzungsvorgänge beobachten, ist also im wesentlichen *mittelbar*, und kommt dadurch zustande, daß durch seelische Erlebnisse, wie Verstimmungen, Schreck, Trauer usw., zunächst die allgemeinen Funktionen des Körpers leiden, daß eine andere Verteilung des Blutes eintritt und so sekundär auch die geschlechtliche Tätigkeit in Mitleidenschaft gezogen wird. Es ist keine Frage, daß durch seelische Einwirkungen gelegentlich einmal eine *Amenorrhöe* oder eine *vermehrte Monatsblutung*, auch manchmal eine *Blutung in der Schwangerschaft* oder eine *vorzeitige Ausstoßung* der Frucht erfolgen kann[1]. Solche Störungen werden um so eher eintreten, je *empfindlicher und labiler autonomes Nervensystem* und *Hormonsystem* des Individuums sind. Sind diese Einrichtungen *vollwertig, gefestigt*, dann vermögen die seelischen Erschütterungen den *Gleichgewichtszustand* von hormonalem und neuralvegetativem Nervensystem nicht zu stören. Im allgemeinen erkranken nach einem Schreckerlebnis usw. nur jene Personen, die in ihrem Neurohormonalsystem nicht vollwertig sind. Es ist also der Einfluß des Großhirns auf das Neurohormonalsystem nicht obligat, sondern *mehr fakultativ* und tritt nur unter besonderen Umständen in die Erscheinung.

Wenn man diese Umstände genügend berücksichtigt, so glaube ich, kommt man zu einer richtigen Einschätzung geistig-seelischer Einflüsse auf das neuralvegetativ-hormonale Geschehen speziell bei den Fortpflanzungsvorgängen. Wenn z. B. eine Frau an einer cystischen Degeneration der Ovarien leidet, so muß man als primäre Ursache eine Minderwertigkeit der hormonalen Einrichtungen annehmen, wie das R. SCHRÖDER eindeutig nachgewiesen hat, und nicht in erster Linie ein seelisches Erlebnis[2].

Es behält also auch beim Menschen bei den Wachstums- und Fortpflanzungsvorgängen die neuralvegetativ-hormonale Steuerung den Vorrang vor den *den geistig seelischen Einflüssen*. Und das ist gut so; denn wie stünde es um die Menschheit, wenn sie sich das noch weiter von der natürlichen Grundlage entfernen würde, als sie das schon unter dem Einfluß der übermächtigen Großhirnentwicklung und des beherrschenden Einflusses geistiger Vorgänge getan hat.

Wenn wir schon bei der hormonalen Regulierung eine gewisse *Zentralisierung* (in Hypophyse und Nebennierenrinde) festgestellt haben, und wenn wir die Bedeutung des autonomen Systems in der Raschheit und Sicherheit der Übermittlung der Antriebe gefunden haben, so ist bei dem *cerebrospinalen System* diese Einrichtung am vollkommensten ausgebildet und gewissermaßen auf die Spitze getrieben. Das cerebrospinale Nervensystem hat einen ausgesprochen *imperialistischen Charakter*. In dieser Zentrale werden die von der Peripherie kommenden Antriebe (sensorisch-sensible Reize) gesammelt und von dort aus gehen die erforderlichen Befehle auf der motorischen Bahn nach der Peripherie weiter.

---

[1] A. MAYER schildert in einer eben erschienenen Arbeit [Arch. Gynäk. 47, 2578 [1938]] die Einflüsse sehr anschaulich (unter Anwendung schematischer Zeichnungen) und läßt trotz seiner vorwiegend neurogenen Einstellung die Möglichkeit einer primären hormonalen Schädigung der Hypophyse offen.

[2] E. KEHRER führt die cystische Degeneration der Eierstöcke auf Dyspareunie zurück.

In der *Willens*bildung dürfen wir die straffste Zusammenfassung dieser Funktionen erblicken.

Was nun das *Leib-Seeleproblem* anlangt, so sollen nur 3 Punkte, die unsere Fragestellung unmittelbar berühren, gestreift werden.

1. Die Frage muß in erster Linie *stammesgeschichtlich* betrachtet werden. Mit der höheren Entwicklung der Arten bildet und differenziert sich *das* Organ aus, in das wir auf Grund experimenteller Untersuchungen und klinischer Erfahrungen den Sitz jeder höheren seelisch-geistigen Tätigkeit verlegen, das Großhirn, das beim Menschen eine besonders mächtige Entwicklung zeigt. Was phylogenetisch geworden ist, das ist ontogenetisch verankert, ist *erblich*. Die verschiedenen Tönungen und Nüancen, die wir bei den verschiedenen Rassen beobachten, sind daher letzten Endes durch feinste Unterschiede in der „Molekularstruktur" des Organs bedingt; sie in ihren Wirkungen zu erforschen, ist Aufgabe der seelischen Rassenkunde. Was die Umwelt, mit der das nervöse Zentralorgan durch die Sinnesorgane in ständiger Verbindung steht, zur weiteren Entwicklung hinzugibt, ist gewiß wichtig und unentbehrlich, aber die Umwelteinflüsse können die schlummernden Anlagen nur wecken, regen sie zur Tätigkeit an, üben und vervollkommnen die Funktionsabläufe, jedoch von Grund aus umzugestalten vermögen sie die erbmäßig festgelegte Molekularstruktur des Organs und die Funktionsformen nicht.

2. Es bedarf nach dem Vorausgesagten keiner weiteren Beweisführung, daß das Problem nur *ganzeinheitlich* gedeutet werden kann; für einen Dualismus ist bei dieser Auffassung kein Platz. Das Gehirn vermag nur als *Glied* eines lebendigen Ganzen seine wichtigen Funktionen auszuüben. Es versagt seine Dienste nicht nur, wenn es keinen Sauerstoff und keine Nährstoffe mehr erhält, sondern auch, wenn der Strom der Ergone, die mit Blut und Liquor seine Zellen beständig umspülen, aufhört. Beide Teile sind zum Zustandekommen geistiger Phänomene gleich notwendig, sie bilden zusammen ein unteilbares lebendiges Ganzes. Bei Fehlen des Corticosterons z. B. stellen sich außer den bekannten Erscheinungen der ADDISONschen Krankheit schwere seelische Depressionen ein, auf die Folgen des Mangels an Schilddrüsenhormon und der Geschlechtshormone ist bereits hingewiesen, groß ist auch der Einfluß der Hypophysenwirkstoffe auf die seelisch-geistige Haltung des Individuums, wie wir bei der hypophysären Fettsucht und Magersucht beobachten können.

3. Die vegetativen Vorgänge, die in unserem Körper verlaufen, gelangen nicht an die Schwelle des *Bewußtseins*. Sie spielen sich alle im Zwischenhirn oder Althirn ab, das schon verhältnismäßig niederstehende Tiere haben. Wie weit sich höhere Tiere ihrer Umgebung und der Vorgänge, die sich dort abspielen, bewußt sind, ist schwer zu sagen[1]. Jedenfalls ist das Bewußtseinsbild grundverschieden von dem des Menschen. Betreff Einzelheiten verweise ich auf die Arbeiten von v. UEXKÜLL.

In seinem Wesen nach ist das ganze Leib-Seeleproblem noch in tiefstes Dunkel gehüllt. Was darüber zu sagen ist, überlasse ich gerne Berufenern[2].

---

[1] „Der Schlüssel der Erkenntnis vom Wesen des bewußten Seelenlebens liegt in der Region des Unterbewußtseins" (CARUS, C. G.: Eingangssatz der „Psyche" 1846).

[2] Aus der letzten Zeit sei nur auf das Buch von CARREL (Die Wissenschaft vom Menschen) und auf einen lesenswerten Aufsatz des Philosophen MANDEL (Dtsch. Ärztebl. **1939**, Nr 1, 2) und — und in gestörter Form — von R. SIEBECK (Dtsch. med. Wschr. **1938** II, 1753) hingewiesen.

Ich möchte das Verhältnis von Hormon- und Nervensystem schematisch
zusammenfassen:

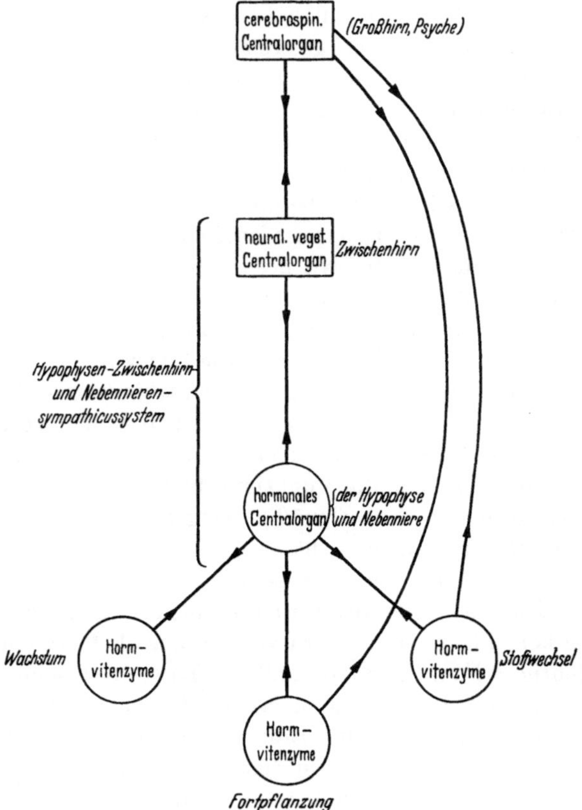

Abb. 16. Schema der Steuerung der Lebensvorgänge durch Hormone (Hormvitenzyme) und Nerven,
phylogenetisch und ontogenetisch gesehen (von unten nach oben zu betrachten).

Auf niedriger Entwicklungsstufe werden die Lebensvorgänge einzig und allein durch
die Biokatalysatoren, die Hormvitenzyme gesteuert (unterer Kreis im Schema).

Diese Art der Steuerung bleibt auch noch bei den höher organisierten und differenzierten
Tieren bestehen, und zwar fast ausschließlich für die Wachstums- und Fortpflanzungsvorgänge und wenigstens in den Grundzügen auch noch für den Stoffwechsel. Aber es
tritt zu der hormonalen Regelung nunmehr noch die neurale hinzu, die Führung wird
hormoneural, hormonal in Vorderlappen der Hypophyse und in der Rinde der Nebenniere,
neural in den neurovegetativen Zentralorganen des Zwischenhirns, das Ganze im Hypophysenzwischenhirn und Nebennieren-Sympathicussystem lokalisiert und zentralisiert.
Die Klammer links umschließt dieses neurohormonale vegetative autonome System.

Auf dieses System ist nun Großhirn und Psyche aufgepfropft (oben). Dieses wirkt
unmittelbar auf die neurovegetative Zentralorgane (Zwischenhirn) und mittelbar auf die
hormonalen Zentralorgane der Hypophyse und der Nebenniere. Es gehen ferner sicher
Reize von den Hormonen der Fortpflanzung und des Stoffwechsels nach dem Großhirn (in
Richtung der Pfeile rechts außen). Ob auch umgekehrt vom Großhirn, wie eingezeichnet
(Pfeile in der entgegengesetzten Richtung) unmittelbar Antriebe auf die Hormondrüsen
abgehen, ist wie erwähnt, fraglich.

II. Geschlecht und Fortpflanzung als Problem im allgemeinen.

1. Die verschiedenen Formen der Fortpflanzung.

a) Die ungeschlechtliche und vegetative Fortpflanzung
(ohne Bildung besonderer Geschlechtszellen).

Wenn wir unter dem Mikroskop eine Amöbe oder ein anderes einzelliges Tierchen, das teilungsreif geworden ist, betrachten, so können wir, wenn wir gerade den richtigen Augenblick erhaschen, eine Einschnürung und daraufhin eine Zerschnürung in zwei Teile erkennen. Das neu entstandene Tierchen unterscheidet sich von dem Muttertiere entweder gar nicht oder nur durch eine etwas kleinere Gestalt und Fehlen von einigen Merkmalen; die Unterschiede werden jedoch in kürzester Zeit ausgeglichen (s. Abb. 17). Das ist die ungeschlechtliche Vermehrung durch *einfache Teilung* der Zelle, wie sie bei Bakterien regelmäßig, aber auch bei Protozoen sich häufig findet. Tiere mit einfacher Teilung sind potentiell unsterblich (s. S. 6).

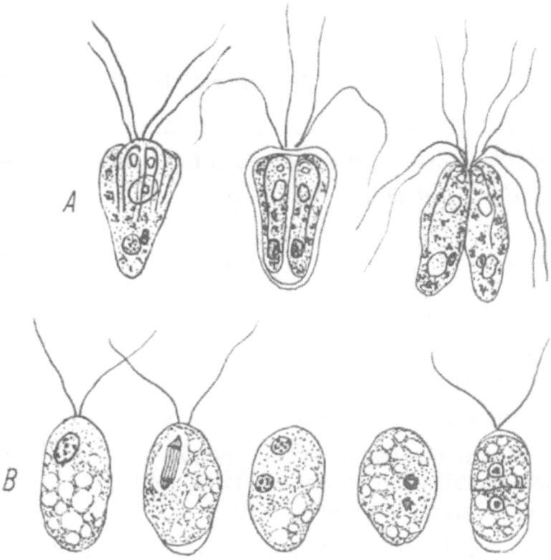

Eine ungeschlechtliche Fortpflanzung ist auch die Fortpflanzung durch *Knospung* bei gewissen Metazoen (bei den Pflanzen sehr verbreitet). Bei dem Süßwasserpolyp (Hydra) z. B. sproßt aus dem Körper eine Art Knospe hervor, die sich schließlich vom Individuum abschnürt und zu einem selbständigen Polypen entwickelt.

Abb. 17. *A* Flagellate Pyramimonas tetrarhynchus in Längsteilung, außer der Teilung des Kernes erfolgt die Verdoppelung der Organe (Geißeln, Vakuole, Chromatophor, Pyrenoid). *B* Pyloptona uvella in Querteilung. (Nach KORSCHELT.)

Die Zelle des Protozoons und die Zellen der Metazoen, die sich durch ungeschlechtliche Vermehrung fortpflanzen, sind noch *Zellen schlechthin*. Sie haben sich *noch nicht zu Somazellen* und zu *Geschlechtszellen* differenziert, daher gibt es bei diesen Lebewesen auch noch *keine Geschlechtlichkeit* (Sexualität). Die Zelle des Protozoons und alle Zellen, die den Körper der auf diese Weise sich fortpflanzenden Vielzellern zusammensetzen, haben noch die Fähigkeit, von sich aus durch *eigene Kraft ein neues Individuum der gleichen Art aufzubauen.*

Diese Fähigkeit findet sich als Überrest und im *verminderten Maße* auch noch bei höher differenzierten Tieren. Wenn wir z. B. einen Regenwurm in mehrere Stücke zerschneiden, so vermag jedes einzelne Stück sich wiederum zu einem vollen Regenwurm zu ergänzen. Auch die Eidechse z. B. hat in ihrem caudalen Teil noch Einrichtungen, die sie instand setzen, den verlorenen Schwanz wieder zu ergänzen. Wir bezeichnen den Vorgang bekanntlich als *Regeneration*. Bei einzelnen Gruppen von *Zellen* ist dieses Regenerationsvermögen auch beim Menschen noch erhalten, z. B. Endometriumzellen, Blutkörperchen usw. (s. S. 18).

Diese primitive Form der ungeschlechtlichen Fortpflanzung ist nur auf eine verhältnismäßig geringe Zahl von niederen Tieren beschränkt. Es tritt bei der höheren Entwicklung eine *weitere Differenzierung* ein. Die Differenzierung erstreckt sich einmal auf die *Somazellen*; parallel damit verläuft auch eine Differenzierung der *Geschlechtszellen*. Da beide Zellarten in ein und demselben Organismus beisammen sind, tritt eine gegenseitige Beeinflussung der Geschlechts- und der Somazellen ein.

Wir wollen im folgenden zuerst die Entwicklung der Geschlechtszellen und alles dessen, was mit geschlechtlicher Fortpflanzung zusammenhängt, besprechen. Sodann werde ich auf die Entwicklung und das Wachstum der somatischen Zellen eingehen und zuletzt erörtern, wie somatische und Geschlechtszellen sich in ihrer Entwicklung, Wachstum und Funktion beeinflussen.

b) Geschlechtliche Fortpflanzung.

Bei ihr erfolgt die Fortpflanzung durch *eigene zu diesem Zwecke im Körper gebildete Zellen,* die *Geschlechtszellen* (geschlechtliche Fortpflanzung im Gegensatz zu der ungeschlechtlichen).

α) Jungfernzeugung (Parthenogenesis).

Die primitivste Form der geschlechtlichen Fortpflanzung ist die *Jungfernzeugung oder Parthenogenesis.* Bei ihr gibt es nur *eine* Art der Geschlechtszellen, die *Eizelle.* Diese entwickelt sich aus eigener Kraft, ohne daß es dazu der Befruchtung durch eine Samenzelle bedürfte, weiter.

Die parthenogenetische Fortpflanzung findet sich bei Blattläusen, Wasserflöhen, Rädertierchen usw., teils obligatorisch, teils fakultativ. Die Eier, die sich länger erhalten und den Winter überdauern sollen, müssen befruchtet werden.

Den Beginn einer parthenogenetischen Entwicklung kann man durch Einwirkenlassen von verschiedenen Medien bei der unbefruchteten Eizelle *künstlich* erzeugen. So gelang es Jacques Loeb, das Ei des Seeigels durch Zusatz von Mineralsalzen zum Meereswasser (hypertonisches Meerwasser) zu einer gewissen Entwicklung zu bringen. Auch mechanische Reizung hat einen gleichen Erfolg.

Die Parthenogenesis ist in reiner Form selten und tritt meist nur neben der geschlechtlichen Fortpflanzung unter besonderen Verhältnissen auf. Aber sie ist in *erkenntnistheoretischer* Beziehung von größter Bedeutung; denn sie beleuchtet im klarsten Lichte die *überragende und führende Stellung* des *weiblichen Prinzips,* der weiblichen Keimzelle (Eizelle) bei der Fortpflanzung. Diese führende Stellung tritt bisweilen auch noch beim Menschen in der Form einer freilich krankhaften parthenogenetischen Weiterentwicklung von Eianlagen zu Dermoiden (Geschwülste mit Zähnen, Haaren, Talgdrüsen, Kiefer usw.) und Teratomen (regellose organoide Gebilde) zutage.

β) Die zweigeschlechtliche Fortpflanzung (Amphigonie).

Auch die Jungfernzeugung ist nur auf ein verhältnismäßig kleine Zahl von niederen Tieren beschränkt. Bei der Mehrzahl aller tierischen Lebewesen erfolgt die Fortpflanzung durch *zwei* Arten von Geschlechtszellen, weibliche und männliche.

Andeutung einer Differenzierung in weibliche und männliche Geschlechtszellen finden sich schon sehr frühzeitig. Man kann schon bei einzelnen *Protozoen* nachweisen, daß sich in ihnen solche Elemente, die sog. „Schwärmer" bilden, die miteinander verschmelzen und ein neues Protozoen der gleichen Art aufbauen. Diese Schwärmer haben entweder gleiche Größe (Isogameten), es gibt aber auch kleine und große (Mikro- und Makrogameten), wobei die kleinen die männlichen, die großen immer die weiblichen Elemente darstellen.

Bei der zweigeschlechtlichen Fortpflanzung gibt es zwei Möglichkeiten. Entweder *ein* Körper vermag *beide* Arten der Geschlechtszellen und die dazugehörigen Hilfsorgane zu erzeugen (Zwitter, Hermaphrodit, monözische Fortpflanzung), oder aber *jede der beiden* Keimzellen wird von einem andern Individuum gebildet (getrennt zweigeschlechtliche oder kurz getrenntgeschlechtliche, gonochoristische, diözische Fortpflanzung).

I. Zwittertum.

Eine reine Form des *Zwittertums* weisen verschiedene Schnecken, Egel, Plattwürmer, Rankenfüßler, Manteltiere (Tunikaten, die zu den Chordaten gehören) usw. auf. Ich gebe die Abb. 18 von einer Schnecke wieder. Man erkennt an diesem Tier sowohl das männliche Glied (*p*) als auch die weibliche Geschlechtsöffnung (*w*).

Es ist falsch und schulmeisterlich, anzunehmen, wie manchmal geschehen, daß das Zwittertum (ebenso wie die Parthenogenesis) ein Irrtum und eine Entgleisung der Natur sei. Für diese Arten von Lebewesen ist die Zwittrigkeit die normale Form der Fortpflanzung, sie entspricht ihrer somatischen Organisation. Bei ihr sind sämtliche zur Fortpflanzung notwendigen Organe vorhanden und im Betrieb *(funktionierender Hermaphrodismus)*.

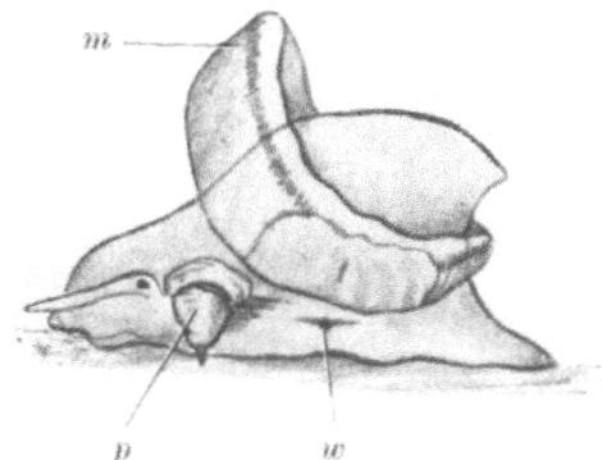

Abb. 18. Schnecke Ancylus fluviatilis, ein funktionierender Zwitter, zeigt Penis (*p*) und weibliche Geschlechtsöffnung (*w*). (Nach DELACAZE-DUTHIERS.)

Von einem *fehlerhaften* oder *krankhaften* Zustand können wir erst dann sprechen, wenn, wie das bei höher organisierten Tieren gelegentlich vorkommt, *wesentliche Teile der Geschlechtsorgane fehlen.* Das ist z. B. der Fall, wenn die Keimdrüse zwar sowohl männliche als weibliche Keimzellen enthält *(Ovotestis)*, aber die entsprechenden Ausführungsgänge und andere Hilfsorgane entweder ganz fehlen oder nur mangelhaft entwickelt sind.

In noch höherem Grade als krankhaft müssen wir das *Scheinzwittertum (Pseudo-Hermaphrodismus)* bezeichnen, bei dem die Keimdrüse entweder einen ausgesprochen männlichen oder weiblichen Charakter trägt, dagegen die Ausführungsgänge und Hilfsorgane eine der Geschlechtsdrüse *entgegengesetzte* Entwicklung zeigen.

Von einem *weiblichen* Pseudohermaphroditismus sprechen wir dann, wenn die männlichen Keimdrüsen vorhanden sind, die äußeren Geschlechtsteile dagegen einen weiblichen Eindruck machen. In diesem Falle sind die Hoden nicht deszendiert, ein Hodensack nicht angelegt, an seiner Stelle nur zwei seitliche Falten (Labia majora), der Penis ist nur ganz kurz, Harnröhre mit Hypo- oder Epispadie. Ein solches Genitale wird bei der Geburt von der Hebamme meist als weiblich angesehen, das Kind als Mädchen beim Standesamt gemeldet und erzogen, bis mit beginnender Entwicklung sich ausgesprochen körperliche und seelische Merkmale männlicher Art einstellen. Erst eine genaue ärztliche Untersuchung klärt den Irrtum auf und ordnet das Individuum in die der Liste der Männer, wohin es von Anfang an gehört hätte, ein. Dieses weibliche Scheinzwittertum ist nicht allzu selten, dagegen ist der männliche Pseudohermaphroditismus, d. h. ein Individuum, das ein Ovarium hat, dagegen die äußeren Geschlechtsmerkmale männlich gestaltet sind, viel seltener.

II. Die getrenntgeschlechtliche Fortpflanzung.

Bei der getrenntgeschlechtlichen Fortpflanzung ist nicht nur in bezug auf die Geschlechtsorgane, sondern meist auch in bezug auf den *ganzen Körper eine scharf ausgeprägte Differenzierung* bei den Trägern der heterologen Geschlechtszellen, eine Trennung der „Geschlechter" eingetreten. Auf dieser Stufe der phylo-ontogenetischen Entwicklung gibt es, von den ersten Anfängen der Entwicklung abgesehen, *keinen Speziesvertreter schlechthin*, sondern nur *entweder* weibliche *oder* männliche Individuen. Alle hochorganisierten Tiere haben getrenntgeschlechtliche Fortpflanzung. Die Natur ist offensichtlich nicht imstande, die hohe somatische Organisation *und* Fortpflanzung anders als durch Schaffung *zweier* geschlechtsverschiedener Individuen durchzuführen. Der Begriff Mensch, Adler, Löwe ist eine reine Denkform unseres Geistes, ein Neutrum dieser Art gibt es in Wirklichkeit gar nicht.

c) Generationswechsel und Varianten in der Art der Fortpflanzung.

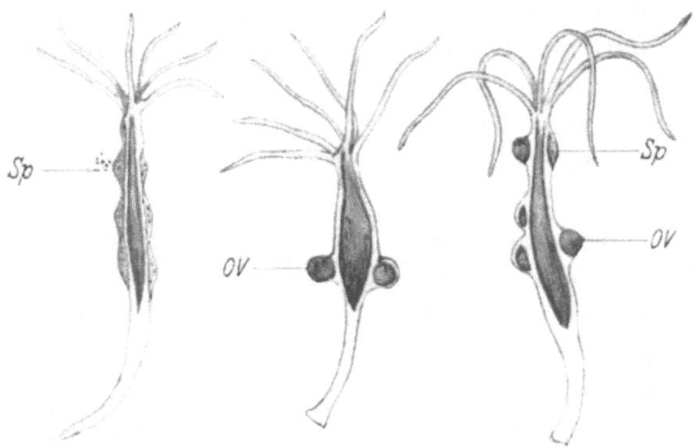

Abb. 19. Verschiedene geschlechtliche Zustände bei Hydra. L. rein männlich, M. rein weiblich, R. zwittrige Form. *OV* Ovarien, *Sp* Spermarien. (Nach MEISENHEIMER.)

Von vornherein könnte man annehmen, daß jede Spezies, chromosomal festgelegt, nur *eine* Art der Fortpflanzung aufwiese. Auf niederer Entwicklungsstufe ist das aber durchaus nicht der Fall. Hier finden wir häufig einen *Wechsel in der Art der Fortpflanzung* (Generationswechsel, Metagenese).

Es gibt z. B. Tiere, die sich eine Zeitlang auf *ungeschlechtlichem Wege* fortpflanzen, dann *wieder geschlechtlich*. Metagenetisch pflanzen sich viele Cölenteraten fort, z. B. der Polyp erzeugt ungeschlechtlich Knospen, aber auch auf ungeschlechtlichem Wege Geschlechtstiere, Medusen, die Hoden und Eierstöcke haben (und zwar zwittrig oder getrennte Geschlechter, gonochoristisch).

Bei anderen Arten kommt neben *geschlechtlicher Fortpflanzung* noch *Parthenogenesis* vor.

Bei den Bienen z. B. entwickeln sich die einen Eier unbefruchtet (Drohnen), die anderen vermögen sich erst nach der Befruchtung weiter zu bilden; diese liefern der Hauptsache nach nur rudimentäre Weibchen, nur wenige werden durch eine besondere Art der Ernährung zu vollwertigen Weibchen (Königinnen).

Auch ein Wechsel zwischen *getrennt geschlechtlicher* und *zwittriger* Fortpflanzung findet sich sehr häufig. Ich führe als Beispiel die Hydra an. In Abb. 19 ist links ein rein männliches Tier mit Hoden (Spermarien), in der Mitte ein weibliches Tier mit Ovarien, und rechts ein Tier, das oben Hoden und unten Ovarien aufweist.

Abb. 20 zeigt ein Männchen eines Vertreters der Plecopteren, der Perla marginata, das eine typische Zwitterorganisation erkennen läßt, insofern, als den aus 3—4 Reihen nebeneinander gestellten Hodenbläschen nach vorn ein wirrer Haufen von Eierstockschleifen aufsitzen. Im Gegensatz dazu weisen die Weibchen der Perla marginata keine Zwitterorganisation auf, sie sind reine Weibchen.

Wir sehen also auf niederer — bei Wirbellosen auch auf höherer Entwicklungsstufe (Bienen) — noch *mehrere* Arten der Fortpflanzung bei *ein und derselben Spezies nebeneinander*. Je *weiter* jedoch die *Differenzierung* und Arbeitsteilung fortgeschritten ist, desto *stabiler* werden auch die Fortpflanzungsverhältnisse. Bei den Wirbeltieren kommt nur noch die getrenntgeschlechtliche Fortpflanzung vor.

2. Fortpflanzung um jeden Preis.

Man wird vergeblich versuchen,· das geschlechtliche und Fortpflanzungsgeschehen in der Tierwelt, wenn man von den bereits erwähnten ganz großen Gesichtspunkten absieht, in ein für unser rationalistisches Denken passendes Schema zu bringen. Man könnte glauben, es herrsche eine *völlige Regellosigkeit* und Willkür.

Diese Regellosigkeit in Fortpflanzungsvorgängen fällt um so mehr auf, als die *somatischen* Zellen in der Tierreihe eine *planmäßige* Aufwärtsentwicklung zeigen oder, wenn wir eine anthropozentrische Einstellung vermeiden

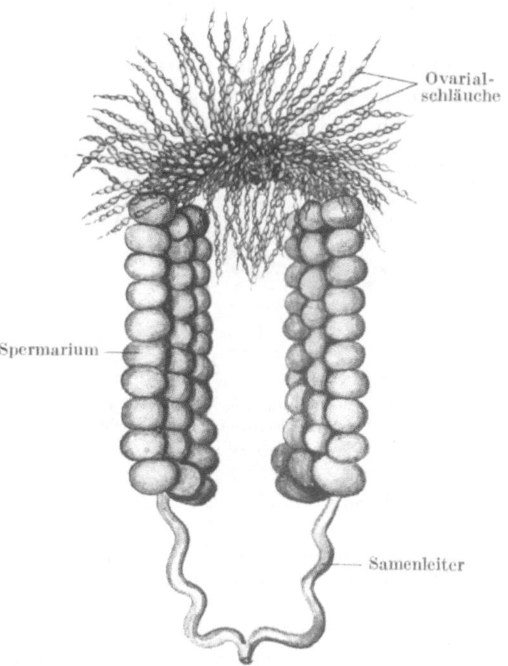

Abb. 20. Innerer Geschlechtsapparat eines Männchens von Perla marginata mit Ovarialschläuchen und Spermarium auf jugendlichem Entwicklungsstadium. (Nach Schönemund.)

wollen, eine nach Art und Klasse ganz bestimmte Weiterdifferenzierung erfahren. Beruht doch auf dieser Ausdifferenzierung der Gewebe unsere Klassifikation der Tierwelt. Im Gegensatz dazu ist es bisher noch keinem Forscher eingefallen, bei den Tieren — bei den Pflanzen hat Linné einen später als verfehlt erkannten Versuch gemacht — eine Einteilung ausschließlich nach der Art der Fortpflanzung vorzunehmen.

Eine derartige *Wendigkeit und Beweglichkeit* in den Fortpflanzungsvorgängen muß vorhanden sein, wenn das *Leben auf der Erde erhalten bleiben soll*; denn eine Neuschöpfung von Lebewesen, eine Generatio aequivoca, kommt, auch wenn sie wiederholt behauptet wurde, auf unserem Planeten, wie er jetzt beschaffen ist, nicht vor. Die Tierarten, bei denen die Sicherung der Fortpflanzung bei Änderungen der äußeren Bedingungen nicht gelang, sind ausgestorben, sofern sie nicht durch äußere Einflüsse, besonders auch die Tätigkeit des Menschen, ausgerottet worden sind.

Wie sehr die Natur danach strebt, die Art zu erhalten, das zeigt sich an der auf den ersten Blick sinnlosen *Verschwendung*, die sie mit den *Geschlechtszellen* treibt. Millionen von Spermatozoen sind in einem Ejaculat enthalten und nur eine einzige Samenzelle ist notwendig, um die Befruchtung des Eies vorzunehmen. Bei den niederen Tieren oder gar erst bei den Parasiten werden Tausende von Eiern und Millionen von Samenfäden produziert, von denen nur ein geringer Prozentsatz zur Vereinigung kommt. Dieser große Aufwand soll nur die *Wahrscheinlichkeit* der Befruchtung möglichst erhöhen.

Die Natur *opfert selbst das Individuum* der Fortpflanzung wegen, wenn es nicht anders geht. Es gibt Tiere, die im Dienste der Art fast völlig aufgezehrt werden. Als Beispiel führe ich die S. 157 abgebildete Sphaerularia bombi an. Auch für die Frau bringt die Fortpflanzungstätigkeit eine Reihe von Gefahren mit sich und manche muß im Dienste der Art durch Schwangerschaftsvergiftungen oder durch Schädigungen bei der Geburt ihr Leben opfern (etwa $2^0/_{00}$).

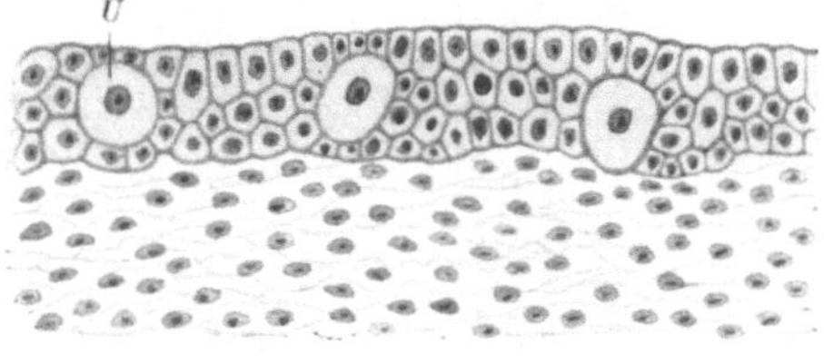

Abb. 21. Anlage der Keimdrüse in Form der Keimplatte (Mensch) (schematisch). *U* Urgeschlechtszelle. (Nach KOHN.)

Ja, die Natur geht sogar soweit, bei bestimmten Tieren Geschlechtsleben und Fortpflanzungstätigkeit unter eine *Art von Gemeinschaftsgedanken* zu organisieren, so wie ein weitblickender Staatsmann die verschiedenen Funktionen des Staates regelt. Das ist z. B. in ausgesprochener Form bei den *sozialen Insekten* der Fall.

Als Beispiel wähle ich die Honigbiene. Bei ihr dient die Zusammenfassung zu einem einheitlichen Staate nicht nur der Erhaltung der Individuen, sondern in noch höherem Grade der Erhaltung der Art. Alle Funktionen, die wir bei den Bienen wegen ihrer Zweckmäßigkeit so sehr bewundern, sind auf die Erhaltung des „Volkes" gerichtet. Das Ei, aus dem einst eine Königin werden soll, wird von vornherein in einer größeren Zelle abgelegt und mit anderer „königlicher Nahrung" gefüttert. Stirbt die Königin, so wird eines der gewöhnlichen Eier, das sonst eine Arbeitsbiene geliefert hätte — der Versuch gelingt nur, solange das Ei noch nicht über 3 Tage alt ist — zur künftigen Königin bestimmt und mit königlicher Nahrung genährt. Wenn der Hochzeitsflug stattgefunden hat und die Königin von einer männlichen Biene, einer Drohne, begattet worden ist, so erscheinen die übrigen 300—400 Drohnen, die vorher von den Arbeitsbienen geduldig miternährt und versorgt wurden, zwecklos und werden sämtlich durch Verhungernlassen (früher „Drohnenschlacht" angenommen) rücksichtslos der Zukunft der Art geopfert. Und die sprichwörtliche Emsigkeit, die wir an der Biene in so hohem Grade bewundern, gilt neben der Sorge für das gegenwärtige Geschlecht hauptsächlich der Versorgung der 10000 jungen Larven mit genügender Nahrung.

3. Ontogenese der Fortpflanzung im Vergleich zur Phylogenese gesehen.

Das, was uns in der *phylogenetischen* Herausentwicklung der verschiedenen Fortpflanzungsarten so regellos und willkürlich erscheint, ist in Wirklichkeit der Ausdruck einer *einzigdastehenden Schöpferkraft der Natur* und einer erstaunlichen *Anpassungsfähigkeit* an gegebene Verhältnisse. Da die Ontogenese innerhalb gewisser Grenzen die Wiederholung der Phylogenese ist, so finden wir in dem ontogenetischen Entwicklungsgang des Individuum noch verschiedene *Anklänge an vor Urzeiten durchgemachte Entwicklungsphasen.*

Bei der getrenntgeschlechtlichen Fortpflanzung der höheren Wirbeltiere und des Menschen — von denen im folgenden allein gesprochen werden soll — können wir im ontogenetischen Entwicklungsgang noch deutlich drei Stadien nachweisen: 1. das indifferente, 2. das zwittrige und 3. das getrenntgeschlechtliche Stadium.

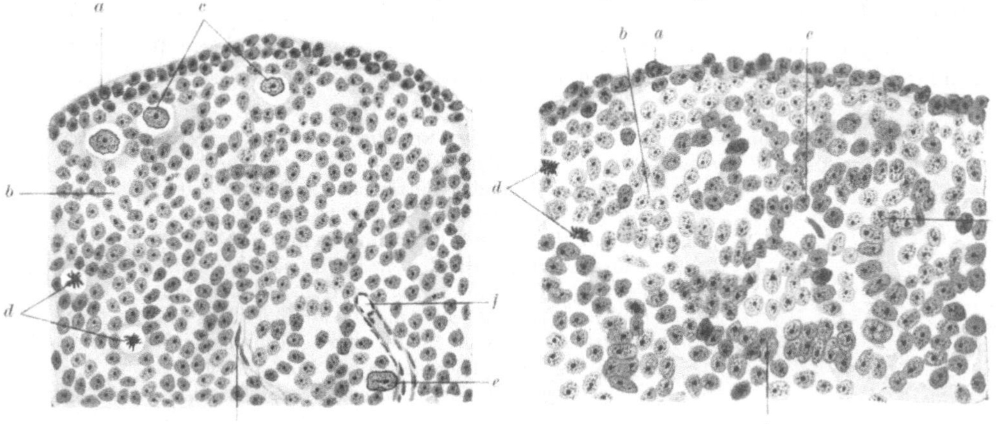

Abb. 22a. Aus der Ovarialanlage eines Embryos von 22 mm Länge. *a* Keimepithel, *b* durch Wucherung des Keimepithels entstandenes Gewebe, *c* Ureier, *d* Kernteilungsfiguren, *e* einwucherndes Bindegewebe, *f* Blutgefäße. (Nach WENDELER.)

Abb. 22b. Aus der Hodenanlage eines Embryos von 16 mm. Ende der 6. Woche. *a* Keimepithel, *b* durch Wucherung des Keimepithels entstandenes Gewebe, *c* dasselbe zu eigentümlich gewundenen, aus großen Zellen — Ursamenzellen — zusammengesetzten Strängen angeordnet, *d* Kernteilungsfiguren. (Nach WENDELER.)

a) Indifferentes Stadium.

Ich gebe eine Geschlechtszellenanlage des Menschen in Abb. 21 wieder. Es ist noch ein völlig indifferentes Gebilde, aus dem sich sowohl männliche als auch weibliche Geschlechtszellen entwickeln können. Aber auch noch in einem weiteren Entwicklungsstadium, wie wir es in Abb. 22a und b beobachten, können wir es den Zellen noch kaum ansehen, ob sie sich zu männlichen oder weiblichen Geschlechtszellen ausbilden werden, sie scheinen noch völlig indifferent zu sein. Dagegen sind wir auf Grund der örtlichen Lagerung der Zellen imstande, Rückschlüsse auf die künftige Differenzierung zu machen. Liegen die Zellen in der Rinde der Geschlechtsanlage, so bilden sich daraus Eier, liegen sie im Mark, dann entwickeln sie sich zu männlichen Keimzellen (Abb. 23).

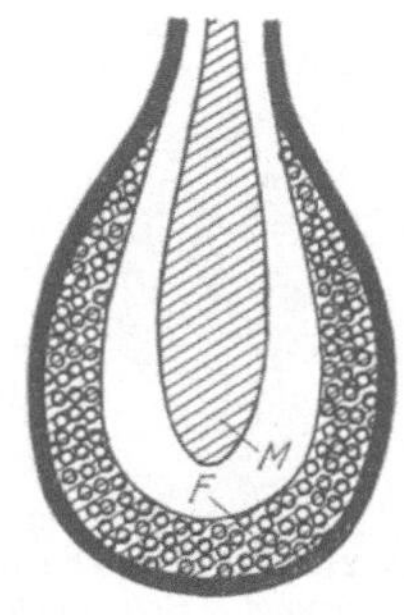

Abb. 23. Schema der Lokalisierung der männlichen (*M*, innen) und weiblichen (*F*, außen) Keimdrüsenanlage in der ersten Entwicklung. (Nach EDG. ALLEN.)

b) Das zwittrige Stadium und die Erhaltung von Spuren der ursprünglich zwittrigen Anlage bei der getrenntgeschlechtlichen Fortpflanzung (bisexuelle Potentialität).

„Wir sehen in vielen, wahrscheinlich in allen Fällen die sekundären Charaktere jedes der beiden Geschlechter schlummernd oder latent in dem entgegengesetzten Geschlechte ruhen, bereit, sich unter besonderen Umständen zu entwickeln". (DARWIN.)

Zwittrig ist die Geschlechtsanlage des Embryo, solange sich gleich aussehende Urgeschlechtszellen in der Rinde und im Mark der Geschlechtsanlage vorfinden. Erst wenn die in der Rinde gelegenen Zellen sich weiter entwickeln und die im Mark sich zurückbilden, ist die Differenzierung im weiblichen Sinne erfolgt und umgekehrt, wenn die Markanteile sich weiter entwickeln und die Rindenzellen entarten, ist eine Differenzierung im männlichen Sinne eingetreten.

Diese geschlechtliche Differenzierung, die bei den Säugern und beim Menschen schon sehr *frühzeitig* erfolgt, kann bei den *niederen Tieren recht lange Zeit* in Anspruch nehmen.

So weiß man schon seit langem, daß von jungen Fröschen neben den regelrecht durch den Besitz männlicher und weiblicher Gonaden geschlechtsbestimmten Individuen andere auftreten, deren Gonaden ein eigenartig indifferentes Aussehen bewahren (intermediäre Formen) (Abb. 24). Die Gonaden dieser Formen sind langgestreckte, schmale, durch leichte Anschwellungen ausgezeichnete Bänder, in denen sich bei den 10 Monate alten Tieren (von der Metamorphose an gerechnet) neben 55% Weibchen und 21% Männchen zahlenmäßig 24% intermediäre Formen feststellen lassen. Später aber ändert sich das Verhältnis derart, daß bei fast gleichbleibender Weibchenzahl die männlichen Individuen ständig zunehmen, die intermediären Formen dagegen abnehmen, bis dann nach 22 Monaten neben 52% Weibchen und 48% Männchen gar keine intermediären Formen mehr vorhanden sind (MEISENHEIMER). Es sind also offenbar aus den intermediären Formen nachträglich männliche Tiere hervorgegangen.

Auch beim Aal tritt die endgültige geschlechtliche Differenzierung erst recht spät auf.

Bei gewissen Krötenarten (Bufo vulgaris) bleibt ganz normalerweise zeitlebens ein Überrest von Zwittertum bestehen. Die männliche Kröte enthält das sog. BIDDERsche Organ, das aus männlichen *und* weiblichen Geschlechtsdrüsenanteilen besteht.

Bei der Kröte Bufo besteht auch sonst noch ein unverhältnismäßig großes Umdifferenzierungsvermögen. Entfernt man nämlich bei der männlichen Kröte die männliche Drüse, so bildet sich aus der rudimentären Eianlage des BIDDERschen Organs eine vollwertige Keimdrüse aus und zugleich entwickelt sich ein regelrechter Ausführungsgang.

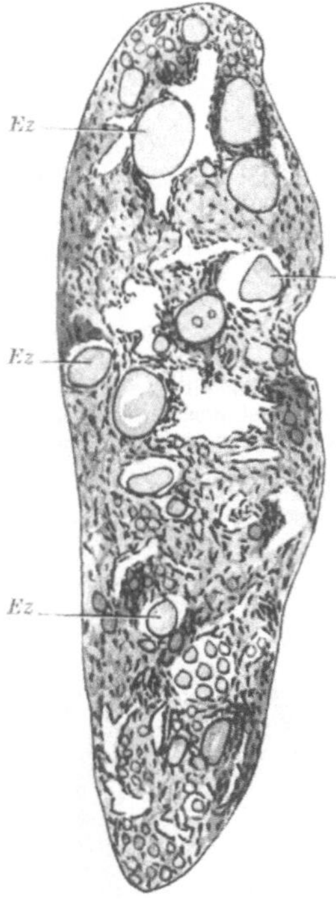

Abb. 24. Schnitt durch eine intermediäre Geschlechtsdrüse von Rana temporaria. *Ez* in Hodengewebe eingelagerte Eizellen. (Nach SCHMITT-MARCEL.)

Für eine zweigeschlechtliche Veranlagung sprechen auch die *gekreuzten Einpflanzungsversuche* von HARMS, STEINACH, K. SAND u. a. Kastriert man möglichst gleich nach der Geburt die Versuchstiere (Kaninchen usw.) und pflanzt ihnen dann die entgegengesetzte Keimdrüse ein, so bilden sich bei ihnen die entgegengesetzten sekundären Geschlechtsmerkmale aus, d. h. das ursprünglich weibliche Tier zeigt männliche körperliche und seelische Eigenschaften, rauhes struppiges Haarkleid, erhöhte Angriffslust usw. Das ursprünglich männliche bekommt mehr oder minder weibliche Eigenschaften. Eine solche Vermännlichung und Verweiblichung in bezug auf die sekundären Geschlechtscharaktere könnte nicht stattfinden, wenn nicht genotypisch eine sexuelle Bipotentialität bestünde.

Die sexuelle Bipotentialität ist häufig auch klar bei *kastrierten jugendlichen* Tieren zu erkennen. Wird die Keimdrüse bei jugendlichen Tieren entfernt, so treten die Merkmale des *entgegengesetzten Geschlechts stark in den Vordergrund.* Beim Ochsen z. B. tritt starke Zitzenbildung auf, Körper und Hörner nehmen weibliche Formen an. Besonders deutlich tritt die bisexuelle Veranlagung bei manchen Vögeln zutage. Entfernt man z. B. bei einer Henne das linke Ovar — die Vögel haben gewöhnlich nur eine Gonade voll entwickelt, die andere ist rudimentär —, so tritt eine Veränderung in dem normalen Gleichgewichtszustand der beiden Gonaden ein und es werden vorwiegend in maskulinisierender Richtung Variationen in den regenerierenden Organen beobachtet. (K. SAND u. a.).

Man sieht ferner sehr häufig, daß *im Alter mit dem Aufhören der Tätigkeit des Eierstocks* ausgesprochen männliche Geschlechtsmerkmale auftreten, bei der Frau Bartbildung am Kinn, tiefe Stimme usw., bei der Henne Hahnenfedrigkeit und männlicher Kamm.

Während es sich bei den niederen Wirbeltieren, wie der Kröte Bufo vulgaris, um weitgehende geschlechtliche Differenzierung mit Umstellung der Geschlechtsanlagen und Ausbildung von homologen Ausführungsgängen handelt, ist es kennzeichnend für die *Säuger und den Menschen* (meist auch für die Vögel), daß es stets nur zur *Ausbildung der sekundären Geschlechtsmerkmale* kommt. Bei ihnen sind die rein chromosomalen Einflüsse nicht mehr oder nicht mehr voll wirksam, an ihre Stelle sind die hormonalen Faktoren getreten. Diese Schlußfolgerungen können wir aus der *Geschlechtsumkehr*, wie sie bei Säugern und bei Menschen beobachtet worden sind, ziehen. Gewisse Geschwülste des Eierstocks (Arrhenoblastome) und gewisse Geschwülste der Nebennierenrinde können zur Rückbildung der weiblichen und zur Ausbildung der männlichen sekundären Geschlechtsmerkmale führen, Veränderungen, die meistens kurzweg als „Vermännlichung oder Entweiblichung" bezeichnet werden (s. Näheres S. 273).

A. KOHN [1] sah in verschiedenen Säugetierovarien heterologe Bildungen, die er entwicklungsgeschichtlich als rudimentäre Hodenanlagen ansieht und als „Testoide" bezeichnet. ROMEIS [2] berichtet, daß er in *allen* untersuchten *senilen* Ratteneierstöcken solche Bildungen, bei geschlechtsreifen Tieren hier und da gesehen habe.

Endlich können wir einen Beweis für die ursprünglich zweigeschlechtliche Veranlagung in dem Vorkommen von kleinen Mengen von *weiblichem Geschlechtshormon* bei *Männern* (LÖWE, SIEBKE, HIRSCH, SEEMANN) und kleinen Mengen von *männlichem* Geschlechtshormon bei *Frauen* (DOHRN, LÖWE, ZONDEK, CARMINADIK) sehen. Beim Hengste — ein merkwürdiger Sonderfall — finden sich im Harn sogar erheblich größere Mengen von Follikelhormon als im Harn der Stute (ZONDEK) (s. auch extragonadale Bildung von Follikelhormon).

Aus allen diesen Tatsachen müssen wir den Schluß ziehen: in der Stammesgeschichte der Säuger und des Menschen hat es vor Urzeiten vorübergehend eine Epoche gegeben, in dem die Geschlechtsanlage zwittrig gewesen war. Im ontogenetischen Entwicklungsgang läßt sich in frühembryonalen Stadien die zwittrige Anlage noch einwandfrei nachweisen. Aber auch beim erwachsenen Menschen sind noch häufig geringe Überreste des entgegengesetzten Geschlechts, eine bisexuelle Potentialität vorhanden, die unter besonderen Umständen einmal deutlich in Form einer Geschlechtsumkehr in die Erscheinung treten kann.

Es geht aus diesen Ausführungen hervor, daß die Einrichtungen, die zur getrenntgeschlechtlichen Fortpflanzung erforderlich sind, *nicht so stark · stabilisiert* sind als man allgemein *bei der so deutlich ausgeprägten geschlechtlichen Differenzierung von männlichen und weiblichen Vertretern glaubt.* Ein letzter Rest der ungewöhnlichen Beweglichkeit und Veränderlichkeit, die wir in der Entwicklungsreihe bei den geschlechtlichen Vorgängen beobachten, hat sich

---

[1] KOHN, A.: Arch. Entw.mechan. 47, 98—118 (1921).
[2] ROMEIS: Handbuch der inneren Sekretion, Bd. 2, S. 1803.

auch noch bei den höchstdifferenzierten Arten erhalten. Aber die scharf geschlechtliche Differenzierung des Individuums und die getrenntgeschlechtliche Fortpflanzung ist bei ihnen *erbliche Reaktionsnorm* geworden, während bei den niederen Tierarten vielfach noch verschiedene Arten der Fortpflanzung, chromosomal festgelegt, vorkommen.

Wenn wir die geschlechtliche Differenzierung und getrenntgeschlechtliche Fortpflanzung in diesem Sinne betrachten, so ist es ein ausschließliches *phylogenetisches* Problem, d. h. es ist chemisch-physikalisch gar nicht oder nur schwer zu beeinflussen, einfach aus dem Grunde, weil uns die chemisch-physikalischen Bedingungen in den ungeheuer langen Zeitabschnitten, in denen die Entwicklung von den Urformen bis zu den jetzigen somatischen und geschlechtlichen Stufen erfolgte, ganz unbekannt sind. Wir können nur feststellen, daß der Zustand chromosomal verankert und damit erblich geworden ist.

c) Bedeutung des phylogenetischen Überganges von der zwittrigen zur getrenntgeschlechtlichen Fortpflanzung.

Den Grund für den Übergang der zwittrigen zur getrenntgeschlechtlichen Fortpflanzung sieht man gewöhnlich darin, daß die letztere eine größere Sicherheit für eine gute *Mischung der Erbfaktoren* ergibt und dadurch die *Inzucht* vermeidet. Aber wie die Betrachtung der Kurve 2c, S. 8 und der als Beispiel angeführten Schnecke (Abb. 18, S. 83) lehrt, kommen auch bei der zwittrigen Fortpflanzung Erbwerte *zweier* verschiedener Individuen zusammen, entstehen „Geschwister" wie bei der getrenntgeschlechtlichen Fortpflanzung.

Immerhin mag die Wahrscheinlichkeit, daß gleichgeartetes Erbgut öfters zusammentrifft, bei der zwittrigen Fortpflanzung größer sein; aber ist das bei getrenntgeschlechtlicher Fortpflanzung nicht auch der Fall? Kommt nicht gerade bei den wilden und bei Haustieren außerordentlich häufig Kopulation von Geschwistern vor und sind nicht auch in der menschlichen Geschichte viele Beispiele von Geschwisterehen vorhanden? Sie fallen nur dann schlecht aus, wenn die *Erbmassen*, die zusammentreffen, *nicht vollwertig* sind. Das ist bei den domestizierten Tieren und bei den zivilisierten Menschen sehr häufig der Fall; *deshalb* ist die *Inzucht schädlich und gefährlich*. Es ist aber *verfehlt*, aus der Feststellung dieser Tatsache und ihrer Nutzanwendung, die wir aus den Erfahrungen ziehen, auf ein *Naturgesetz* schließen zu wollen.

Der Grund zum Übergang zur getrenntgeschlechtlichen Fortpflanzung muß in anderen Umständen gelegen sein. Er ist in der mit der forschreitenden Höherentwicklung zusammenhängenden *Arbeitsteilung und Differenzierung* aller Zellen zu suchen. Bei der phylogenetischen Weiterentwicklung betrifft die Differenzierung nicht nur die Somazellen, sondern auch die Geschlechtszellen und ihre Hilfseinrichtungen.

Wir können feststellen, wie sich im Verlaufe der Höherentwicklung die für männliche und weibliche Geschlechtszellen kennzeichnenden Formen mehr und mehr herausdifferenzieren, wie Ausführungsgänge und Hilfsorgane der beiden Geschlechter sich weitgehend unterscheiden, wie sich bei den Wirbeltieren ein eigenes hormonales Geschlechtssystem entwickelt und wie besonders bei den weiblichen Vertretern der Säuger der Follikelapparat einen staunenswerten Ausbau erfährt. Davon soll in den folgenden und späteren Abschnitten weiter die Rede sein.

Auch die *Schöpferkraft der Natur* hat ihre Grenzen. Nur dadurch, daß sie die Last der Fortpflanzung auf *zwei* Träger, wenn auch in verschiedenem Grade verteilt, und nur dadurch, daß sie *zuerst* die somatischen und *dann erst* die geschlechtlichen Merkmale zur vollen Ausreifung bringt, vermag sie das Wunderwerk der Fortpflanzung, das eine zweite Schöpfung bedeutet, bei den hochdifferenzierten Lebewesen aufzubauen. Sie hat durch die immer schärfere Herausdifferenzierung der beiden Geschlechter die große Doppelaufgabe, *Fort-* und „*Höher*"pflanzung (im Sinne von NIETZSCHE) zu lösen vermocht.

Es besteht ferner fraglos eine gewisse *Rivalität* zwischen *männlichen und weiblichen Geschlechtszellen* und -drüsen, die sich naturgemäß beim Zwitter besonders geltend machen und bei feinerer Differenzierung auf die eine oder andere Keimzellenart sich ungünstig auswirken wird (s. Näheres S. 96).

4. Geschlechtszellen oder Keimzellen (Gameten).

a) Verschiedenheiten in Gestalt und Funktion der weiblichen und männlichen Geschlechtszellen.

Die *weibliche Keimzelle* ist bei den Säugern die *größte Zelle* des Körpers. Beim Menschen hat die reife Eizelle einen Durchmesser von etwa 120—140 μ (STIEWE 1926) nach einer älteren Angabe (KÖL-LIKER) 220—250 μ (Abb. 25). Die Größe des Tieres hat gar keinen nennenswerten Einfluß auf die Größe der Eizelle. Die Eizelle der Maus z. B. mißt 80—90 μ, der Kuh 160—195 μ, bei der Hündin 170 μ. Die Größe der Eizelle ist im wesentlichen durch die große Menge des Protoplasmas bedingt. Der Zelleib enthält nämlich eine große Menge von verschiedenen eiweiß- und lipoidähnlichen Stoffen usw., den Dotter, der die erste Nahrung für den Embryo liefert. Der Kern (Nucleus) mit Nucleolus ist im Vergleich zum Zelleib nur klein. Es ist also bei der Eizelle die *Kernplasmarelation* sehr zuungunsten des Kernes verschoben.

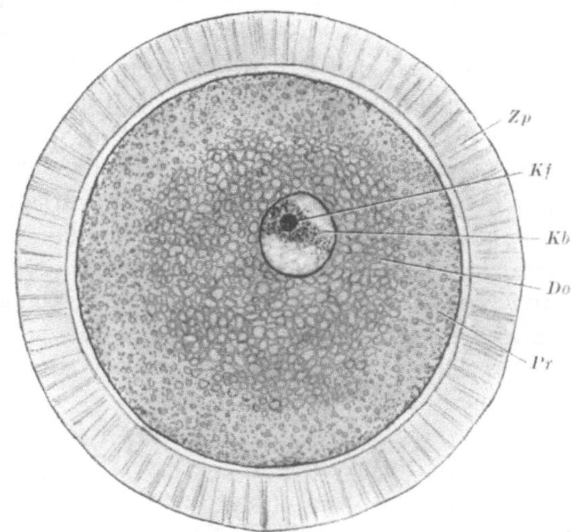

Abb. 25. Reifes Ovarialei des menschlichen Weibes. (In Anlehnung an NAGEL, OGUSHI, WALDEYER in HERTWIGs Handbuch.) *Do* Zone des Deutoplasmas, *Kb* Keimbläschen, *Kf* Keimfleck, *Pr* Zone des dotterarmen Protoplasmas, *Zp* Zona pellucida.

Wir wissen auch einiges über die *Feinstruktur* der Eizelle. Doch sind unsere Kenntnisse so gering, daß wir daraus nichts wesentliches für die Erkennung der wunderbaren Kräfte, die darin schlummern, schließen können. ROUX (1883) hat von einer *Metastruktur der Eizelle* gesprochen und will mit diesem Worte die in der Zelle ruhenden Entwicklungstendenzen kennzeichnen. Man könnte das Wort Metastruktur auch in *dem* Sinne gebrauchen, wie es in der Metaphysik oder Metachemie üblich ist, d. h. zur Kennzeichnung von etwas, was *über* unser Erkennungsvermögen hinausgeht. Hinter der verhältnismäßig einfachen Mikrostruktur der Eizelle verbirgt sich eine *ungeheuer verwickelt gebaute Metastruktur*, eine bisher *unerforschte kleinste Welt chemisch-physikalischer Wechselbeziehungen*.

Wenn man mit der riesigen Eizelle nun das *Spermatozoon* vergleicht, so ist dieses verhältnismäßig recht klein. Man hat berechnet, daß, da bei der Befruchtung nur Kopf und Mittelstück in die Eizelle eindringen, dagegen das Schwanzstück zurückbleibt, die *Eizelle 10 000 mal soviel an Masse enthält* als der bei der Befruchtung beteiligte Anteil des Spermatozoon beträgt.

Bei der *männlichen* Keimzelle wird bei der Reifeteilung die Zelle jedesmal in zwei *gleichgroße* Teilzellen geteilt, es erfolgt eine *äquale Teilung*. Es entstehen dadurch *vier Einzelzellen*, die alle vier fähig sind, die Befruchtung eines Eies vorzunehmen. Die Teilung der Eizelle dagegen erfolgt *inäqual*, es kommt nur zur Bildung einer *einzigen reifen Eizelle*, die drei anderen Teile, die sog. Richtungs- oder Polkörperchen, sind viel kleiner und sind nicht befruchtungsfähig. Von der männlichen Samenzelle genügt also bereits ein Viertel der Gesamtmasse der Ursamenzelle, bei der Eizelle ist fast die gesamte Masse erforderlich, da die Richtungskörper ja nur recht klein sind. Der Anspruch der Eizelle an Aufbaumaterial ist viel größer.

Vielleicht noch deutlicher als in bezug auf die Masse tritt der Unterschied zwischen weiblicher und männlicher Keimzelle in der *Form* in die Erscheinung. Die *Eizelle* der Säuger hat eine *kugelige* Form und auch die Eizellen der übrigen Tiere nähern sich der Kugelgestalt. Die ovoide Form der Eier der Vögel ist eine Anpassungserscheinung an den engen Durchtrittsschlauch. Die Kugel ist bekanntlich die vollkommenste Form, die ein Körper haben kann, sie hat die größte Oberfläche, in ihr können sich der Transport der Stoffe, der Ablauf der chemischen Reaktionen und die Aufbauvorgänge am leichtesten vollziehen. Auch zur *passiven Fortbewegung* ist die Kugelform am geeignetsten. Da der Eizelle die Fähigkeit der Eigenbewegung *völlig fehlt*, ist sie bei der Fortbewegung innerhalb der Geschlechtsorgane ganz auf außengelegene Kräfte, Muskeln des Eileiters und der Gebärmutter, angewiesen. Schon ihre Größe macht die Eizelle schwerfällig. (Nicht bei niederen Metazoen! Hydra: Amöboide Eizelle! Auch bei anderen Cölenteraten.)

Ganz anders bei der *Samenzelle*, sie ist langgestreckt und schmal gebaut. Der verhältnismäßig spitze Kopf entspricht dem Kern und das Zwischenstück mit dem Centrosom (das den Strahlenkranz [Aster] bei der Teilung bildet) ist mit einem je nach der Spezies mehr oder minder langen Schwanzstück versehen, beim Menschen ist es etwa 40 μ lang. Durch wellenähnliche Bewegungen des Schwanzstückes erfolgt eine verhältnismäßig *rasche Fortbewegung der Zelle*. Man betrachte einmal unter dem Mikroskop Samen, man wird erstaunt sein über das lebhafte Durcheinander im allgemeinen und die energischen Bewegungen der einzelnen Samenfäden im besonderen.

Die passive *Eizelle* verbraucht für sich nur wenig Material und speichert fast alles für die Zukunft; denn aus dem Nährmaterial werden die ersten Aufbauvorgänge bestritten. (Bei den dotterreichen Eiern der Vögel usw. reicht der Vorrat bekanntlich bis zum Auskriechen der Jungen aus); auch nach der Befruchtung findet nur ein *langsamer Verbrauch der Vorräte* statt; denn die verwickelten chemischen Kettenreaktionen, die zum Aufbau der Blastomere führen, verlaufen langsam und bedächtig.

Ganz anders ist es bei den *Spermatozoen*. Hier ist alles auf *rasches Freiwerden von Energien* eingestellt. Es werden bei der Reifung der männlichen Keimzelle chemische Stoffe bereitgestellt, die rasche Reaktionsabläufe zeigen und *explosionsartig kinetische Energie zum Zwecke der Fortbewegung* erzeugen.

Nur diese Eigenschaft befähigt die Spermatozoen, die Aufgabe, die ihnen die Natur gestellt hat, zu erfüllen und den weiten Weg bis zur Eizelle, wie er bei den Säugern vorhanden ist, zurückzulegen. Es finden zum Teil schon in der Scheide, besonders in der Gebärmutter und im Eileiter ein *Wettlauf* der Spermatozoen, entgegen dem Wimperschlag der Cilien, nach der Stelle statt, wo sich das Ei gerade befindet. Bei nicht wenigen versagen die vorhandenen Spannkräfte schon auf halbem Wege. Nur eine kleinere Anzahl gelangt noch mit genügenden Kräften bis an die Eizelle und nur ein einziger vermag — im allgemeinen wohl der stärkste, eine Art natürliche Auslese — die Glashaut zu durchstoßen und in das Innere der Eizelle vorzudringen.

Es gibt auch eine Befruchtung mit mehreren Spermatozoen *(Polyspermie)*. Bezeichnenderweise findet sich die Polyspermie bei Eiern mit sehr viel Dotter (telolecithalen Eiern der Amphibien), Reptilien und Vögel; doch muß die Polyspermie auch bei diesen Tieren als Ausnahme angesehen werden.

Es erscheint uns auf den ersten Blick als eine sinnlose Verschwendung, wenn von den *Millionen* in einem Ejakulat befindlichen Samenfäden *nur ein einziger* zur Befruchtung erforderlich ist. Im Sinne der Natur ist diese Handlungsweise *nicht Verschwendung*; denn es liegt ihr alles daran, die Art zu erhalten. Um dieses hohe Ziel zu erreichen, trifft sie *möglichst große Sicherungen*. Wenn mehrere Millionen Spermatozoen zur Verfügung stehen, so ist die Wahrscheinlichkeit größer, daß wenigstens eines bis an die Eizelle gelangt als wenn es nur etwa 100 wären.

b) Verschiedenheiten in der ontogenetischen Entwicklung und in den Potenzen der beiden Arten von Geschlechtszellen.

Die ersten Anlagen der beiden Arten von Keimzellen erfolgen im embryonalen Leben zur *gleichen Zeit* und ungefähr auch in der *nämlichen Zahl*. Auch die weitere Entwicklung der Oogonien und Spermatogonien hält miteinander Schritt. Nur gelangt die erste Eizelle entsprechend der rascheren Entwicklung des weiblichen Geschlechts früher zur vollen Reife als die erste männliche Keimzelle.

Wenn wir also in bezug auf die Entwicklung und Reifung ein paralleles Verhalten der beiden Zellarten feststellen können, so liegen die Verhältnisse grundliegend anders, was die *Neubildung* und damit die *Zahl* der Eizellen und Spermatozoen betrifft.

Die *Zahl der Eizellen* ist von *vorneherein beschränkt*. Beim Neugeborenen finden sich ungefähr 300000 Primärfollikel, die allergrößtenteils im Verlaufe des Lebens atretisch zugrundegehen. Nur ungefähr 300, d. h. von 1000 ungefähr *eine*, gelangen zur Reife. Eine Neubildung von Eizellen findet im extrauterinen Leben bei den Säugern und beim Menschen nicht mehr statt.

Die *Samenzellen* dagegen werden bis tief in das Greisenalter hinein *täglich neu* gebildet, und zwar in ganz *erstaunlich großen Mengen*. Die Zahl der Spermatozoen, die sich in einem Ejakulat finden, werden auf mehr als 3—5 Millionen angegeben. Wenn man die Ejaculationen, die beim Manne während des Lebens erfolgen, zusammenrechnet und damit die Zahl der in jedem Ejakulat befindlichen Spermatozoen multipliziert, so ergeben sich astronomisch große Zahlen, die in die Billionen und Trillionen hineinreichen können.

Dieser *erstaunliche Unterschied in der Zahl* der Eizellen und der Spermatozoen findet sich mit einigen Variationen bei sämtlichen Tieren.

Die *Eizelle* der Tiere mit ungeschlechtlicher und parthenogenetischer Fortpflanzung ist *für sich allein toti- oder omnipotent*, d. h. sie vermag aus eigener Kraft ein Individuum der nämlichen Art aufzubauen.

Diese Fähigkeit der Omnipotenz teilt die weibliche Keimzelle mit der Zelle der Protozoen und den Somazellen der niedrigen Tiere (s. die verschiedenen Formen der Fortpflanzung S. 81). Man sieht daraus, daß ursprünglich und im Anfang der Entwicklung keine deutlichen Unterschiede in bezug auf das Aufbauvermögen zwischen Eizelle und Somazelle bestehen. Diese treten erst bei der Höherdifferenzierung und bei stärkerer Arbeitsteilung ein.

Omnipotenz haben vielfach auch noch die *ersten Blastomere*. HANS DRIESCH u. a. haben gezeigt, daß, wenn man bei Fröschen die ersten zwei Blastomere in der Medianebene trennt, aus jedem Blastomer ein vollständig ausgebildeter Frosch entsteht, ja bei gewissen Tierarten gelingt der Versuch noch im Mehrzellenstadium. Wenn aber erst einmal die örtliche primitive Orientierung der gestaltenden Kräfte stattgefunden hat, so vermag die in der Länge gespaltene embryonale Anlage nur noch die andere symmetrische Längsseite zu bilden, nicht mehr aber bei der Querspaltung die vordere Körperhälfte die hintere und umgekehrt zu regenerieren.

Die *Eizellen der Tiere mit geschlechtlicher Fortpflanzung* (zwittrige und getrenntgeschlechtliche Fortpflanzung) haben das Vermögen, von sich selbst ohne Beihilfe von außen ein neues Lebewesen der gleichen Art aufzubauen, *verloren*. Sie erlangen diese Fähigkeit erst wieder dadurch, daß sie mit der *männlichen Keimzelle verschmelzen*, sie werden dann wieder omnipotent.

Die schöpferische Fähigkeit, die die Eizelle für sich allein oder nach der Befruchtung hat, geht der *männlichen Geschlechtszelle völlig ab*. Es ist noch nie beobachtet worden, daß aus einer männlichen Keimzelle sich ein neues Individuum entwickelt hätte.

Vielleicht erfordert diese Behauptung doch eine Einschränkung. Es ist auffällig, daß im Hoden gewisse Geschwülste (Chorionepitheliome) auftreten, die sonst nur von der nichtbefruchteten Eizelle oder aus der befruchteten Eizelle und deren frühen Abkömmlingen ausgehen. Diese Tatsache läßt doch daran denken, daß eine Spur schöpferischen Vermögens auch in den männlichen Geschlechtszellen schlummert.

Es gelingt *künstlich*, also ohne Spermatozoen, die *Entwicklung der Eizelle* von Tieren mit *zweigeschlechtlicher Fortpflanzung* durch Anwendung von chemischen und physikalischen Reizen in Gang zu bringen.

J. LOEB konnte durch Verbringen von Seeigeleiern in hypertonisches Wasser Furchungen auslösen und BATAILLON erzielte durch Anstechen des Froscheies eine Entwicklung, die bis zur Blastula und darüber gedieh; eine Entwicklung bis zum *vollausgebildeten und lebensfähigen* Jungen gelang bei diesen und ähnlichen Versuchen *jedoch niemals*.

Wenn man sich fragt, welches *Agens* es denn sei, das dem Ei den Antrieb zur Teilung und weiteren Entwicklung gibt, so kann es keinem Zweifel unterliegen, daß hier ähnlich wie beim Keimen des Samenkorns *fermentative Vorgänge* eine maßgebende Rolle spielen. Aber die Leistung des Spermatozoons nur als die eines Enzyms hinzustellen, ist doch wohl eine zu einfache Vorstellung.

Es handelt sich um eine größere Reihe fermentativer und wohl auch fein-chemischer Reaktionsabläufe (Biokatalysatoren).

BOVERI glaubt, daß bei der Befruchtung durch das Spermatozoen wieder ein Centro-som, das in der Eizelle in der Regel verschwindet, eingeführt und dadurch erst die Tei-lung wieder möglich wird.

J. LOEB nimmt außer einer Oxydase einen besonderen Stoff, das Lysin, an (Lysintheorie). LILLIE nimmt die EHRLICHschen Seitenkettentheorie zu Hilfe und spricht von einem Ag-glutinin und einem Fertilin (Fertilintheorie); aber das alles sind vorläufig nur Theorien, etwas Sicheres wissen wir darüber nicht.

Die Träger der Erbanlagen (Gene) liegen in den Chromosomen, die wieder Teile des Kernes sind.

Bei der Befruchtung tritt bekanntlich von den Spermatozoen nur der Kopf, der den Kern, und das Mittelstück, das das Centrosom (Centriolus) enthält, in die Eizelle hinein, das Schwanzstück bleibt außen.

Mit dem Kern dringen die Träger der Vererbung, mit dem Centrosom der Vermittler der spindelförmigen Kernteilungsfiguren in die Eizelle ein. Durch diese Vorgänge erklärt sich, wenigstens morphologisch, befriedigend die Übertragung der Erbwerte der väterlichen Ahnenreihe auf die Eizelle und damit auf das neuentstehende Individuum.

Mit diesen zwei Funktionen: Ingangsetzung der Entwicklung und Über-tragung der Erbanlagen der väterlichen Ahnenreihe auf die Eizelle und damit auf das Junge ist die Bedeutung der männlichen Keimzelle erschöpft. Alles, was weiter geschieht, erfolgt durch Kräfte, die in der Eizelle ruhen. Die durch die geschlechtliche Fortpflanzung verdeckte Omnipotenz der Eizelle wird damit wieder deutlich erkennbar.

Die Omnipotenz der Eizelle in der aufsteigenden Tierreihe zu erhalten, ist offenbar für die Natur eine besonders schwierige Aufgabe. Je höher die Art in der Tierreihe steht, desto stärker sind die Somazellen differenziert, desto mehr geht von der Omnipotenz verloren, sie sind nur noch multipotent und schließlich nur noch unipotent. Die Natur muß die Eizelle bei der phylo- und ontogenetischen Höherentwicklung schützen vor dem Schicksal, das alle Soma-zellen trifft (s. S. 160).

Die Eizelle muß unter allen Umständen omnipotent bleiben, und die für die weitere Entwicklung notwendige Metastruktur erhalten, wenn sie ihre Auf-gabe erfüllen soll.

Deshalb werden die Eizellen schon in früher embryonaler Zeit, d. h. in einer Entwicklungsphase angelegt, wo alle embryonalen Zellen noch Omni- oder wenigstens Multipotenz haben.

Die Zellen des älteren Organismus sind nicht mehr imstande, Zellen zu produzieren, die noch eine derartige Jugendlichkeit und Differenzierungskraft besitzen.

Die männliche Geschlechtszelle braucht keine Omnipotenz. Es müssen in sie nur die Erbwerte hineingelegt werden, die dem männlichen Individuum eigen sind. Diese Aufgabe ist für die Natur offensichtlich viel leichter als die Ausbildung der Eizelle. Das ist wohl auch der tiefere Grund, warum die Natur bei den Säugern schon in embryonaler Zeit sämtliche Eizellen anlegt, keine mehr bildet und sich nur mit ihrer Ausreifung begnügt; der männliche Organismus dagegen bis in das hohe Alter immer wieder Millionen von neuen Samenfäden zu erzeugen vermag.

5. Vorrangstellung des weiblich-mütterlichen Prinzips und Mehrbelastung des weiblichen Geschlechts bei der Fortpflanzung.

Die Vorrangstellung des weiblichen Prinzips wird außer den bereits angeführten Gesichtspunkten durch nichts so gekennzeichnet als durch die Tatsache, daß es auf niedriger Stufe *nur ein Mutter-* aber *noch kein Vatertier* gibt.

Die Vorrangstellung des weiblich-mütterlichen Prinzips erhält sich auch bei der höheren Entwicklung. Die Eizelle behält auch bei der zweigeschlechtlichen Fortpflanzung *potentiell* die Eigenschaft der *Omnipotenz* (die nur des Anstoßes durch die männliche Geschlechtszelle bedarf, um die Fähigkeit zu realisieren und ein neues Individuum der gleichen Art aufzubauen). Diese wichtige Eigenschaft fehlt der männlichen Keimzelle völlig. Beide Geschlechtszellen haben dagegen die Fähigkeit gemeinsam, die in ihnen ruhenden Erbwerte auf das neue Individuum zu übertragen.

Wenn demnach die weibliche Geschlechtszelle den Grundstock des Fortpflanzungsvorganges darstellt, so ist auch die Hauptarbeit bei dem *Aufbau des neuen Individuum* dem weiblichen Geschlecht übertragen. Das weibliche Individuum steuert einzig und allein die Vorgänge, die wir unter *innerer Brutpflege* zusammenfassen und auch bei der *äußeren Brutpflege* ist das Muttertier meist nur auf sich selbst angewiesen.

Die Vorherrschaft des weiblichen Prinzips hat wohl GOETHE, der bekanntlich sich stark mit entwicklungsgeschichtlichen Fragen (Urpflanze, Zwischenkiefer usw.) beschäftigt hat, vorgeschwebt, wenn er in seinem Faust den Urquell alles Lebens symbolisch unter den Begriff der „Mütter" zusammenfaßt:

> „In Euren Namen, Mütter, die ihr thront
> im Grenzenlosen, ewig einsam, wohnt
> und doch gesellig! Euer Haupt umschweben
> des Lebens Bilder, regsam, ohne Leben,
> was einmal war, in allem Glanz und Schein,
> es regt sich dort; denn es will ewig sein.
> Und Ihr verteilt es, allgewaltige Mächte,
> zum Zelt des Tages, zum Gewölb der Nächte."

Daß eine ähnliche Auffassung schon bei den Alten bestanden hat, lehrt das Wort Materia (von mater, die Mutter), worunter alles Stoffliche verstanden wird.

6. Rivalität und Gegensätzlichkeit der zweierlei Keimdrüsen und ihrer Hormone.

Bei den Tierarten, die sich normalerweise durch *funktionierendes Zwittertum*, wie Schnecken, Tunicaten usw., fortpflanzen, sind *Keimzellen und Keimdrüsen* so organisiert, daß sie sich gegenseitig in ihrer Entwicklung und Funktion in *keinerlei Weise behindern*.

Das ist *nicht mehr* der Fall, wenn Geschlechtszellen und Geschlechtsdrüsen noch eine *weitere Differenzierung* erfahren. Mit der stärkeren Ausbildung der verschiedenen Hilfseinrichtungen, des Follikel- und Testicularapparates, mit der Entwicklung innersekretorischer Drüsen, besonders des hormonalen Geschlechtssystems treten *Stoffe und Einflüsse* auf, die ein *unbehindertes Nebeneinanderbestehen* der beiden Geschlechtsdrüsen in *einem und demselben Organismus* nicht mehr möglich machen. Wenn also nicht die primitiven Zustände des Zwittertums bestehen bleiben und damit eine weitere und höhere Differenzierung der Art verhindert werden sollte, so mußte ein ganz neuer Weg eingeschlagen werden. In dieser Zwangslage bildete die Natur ein Verfahren, das sie gelegentlich auch bei niederer Organisation anwendet, zu einem *festgefügten System* weiter aus, nämlich die Verteilung der *zweierlei* Geschlechtszellen auf *zwei* Individuen. Die planmäßige Durchführung der getrenntgeschlechtlichen Fortpflanzung zusammen mit der Höherentwicklung der somatischen Merkmale ist dem Schöpfer nicht leicht geworden. Darauf weisen manche Erscheinungen hin. Es mögen viele Arten, die keine genügende Anpassungsfähigkeit gezeigt haben, auf diesem Entwicklungswege liegengeblieben und ausgestorben sein.

Es macht der Schöpferkraft der Natur deshalb auch *ontogenetisch* noch Mühe, die zweigeschlechtliche Trennung der Individuen als Norm scharf durchzuführen. In der ersten embryonalen Zeit finden wir, wie bereits erwähnt, die zwittrige Anlage noch normalerweise. Wenn aber Überreste dieser Veranlagung bestehen bleiben und sich weiter entwickeln, so bedeutet das ein Versagen und einen Fehlschlag der Natur. Über diese krankhafte und pathologische Zustände s. S. 125.

Ist nun diese *Rivalität und Gegensätzlichkeit* der beiden Geschlechtsdrüsen wirklich vorhanden oder handelt es sich hierbei nur um vorwiegend spekulative Betrachtungen?

Ich glaube, auf Grund der nachfolgenden Belege kann man an der Richtigkeit dieser Annahme nicht mehr zweifeln.

1. Wenn eine Frau einen *Knaben* trägt, so läßt sich sehr häufig nachweisen, daß der *Hoden* des Kindes bis zum 8. Monat eine regelmäßige Entwicklung und Größenzunahme zeigt. Im *9. Monat* tritt wiederum eine *Rückbildung* ein, die sich bis zum Ende der Schwangerschaft stark steigert. Die Hoden stehen dann zur Zeit der Geburt auf der nämlichen Entwicklungsstufe, wie sie etwa im 6. Monat gestanden haben (REIPRICH [1]). Diese Erscheinung ist um so auffälliger, als sowohl bei Mädchen als auch bei Knaben unter dem Einfluß der vermehrten Vorderlappenhormonabsonderung ein vorübergehend gesteigertes Wachstum der übrigen Geschlechtsorgane beobachtet wird (s. S. 180). Der Wachstumsstillstand und die Rückbildung der Hoden erklärt sich durch die Gegenwirkung des gegen Ende der Schwangerschaft in besonders reichlicher Menge im Blute vorhandenen weiblichen Sexualhormons. Erst nach der Geburt, mit dem Wegfall der Follikelhormonüberschwemmung wird die Rückbildung allmählich wieder ausgeglichen und es beginnt ein neues Wachstum.

2. Es gibt einen Zustand, der gleichsam ein von der Natur gemachtes Experiment darstellt, und der kaum anders als durch eine Gegenwirkung der beiden Hormone aufeinander zu erklären ist. Es ist die sog. *Zwickenbildung* beim Rinde, selten auch bei der Ziege und beim Schwein. Trägt eine Kuh zweieiige Zwillinge — ein männliches und ein weibliches Kalb —, und besteht zwischen den Placenten der beiden Feten eine *Gefäßanastomose*, so daß also die beiden Blutarten sich vermischen können, so zeigt das männliche Tier regelmäßige Entwicklung seiner Geschlechtsorgane und seines Körpers, das *weibliche* dagegen ist (unter 14 genau beschriebenen Fällen 13mal) zu einer *Zwicke* umgewandelt. Die *Ovarien* des weiblichen Tieres sind in *Hoden umdifferenziert* und die inneren

---

[1] REIPRICH: Arch. Frauenkde u. Konstit.forschg **11** (1926).

Geschlechtsorgane zeigen eine mehr oder minder stark ausgeprägte, männlich gerichtete Umwandlung. Man erklärt sich den Zustand so, daß die übergetretenen männlichen Hormone auf den zweiten, ursprünglich weiblich angelegten Fetus übertreten und dort durch ihren Einfluß eine männliche Entwicklung veranlassen. Es handelt sich also um echte hormonale Intersexe. Eine umgekehrte Einwirkung von Zwillingsfeten ($♀:♂$) hat man nie beobachtet.

3. Gegen die *Überpflanzungen der heterologen Keimdrüsen* ist eine gewisse Skepsis wegen unspezifischer, von dem Eiweißzerfall des eingepflanzten Gewebes hervorgerufener Einwirkungen berechtigt. Doch liegen eine so große Anzahl eindeutiger Ergebnisse mit deutlicher Rückbildung der andersgeschlechtlichen Keimdrüse, solange noch Teile des überpflanzten Stückes erhalten und in Funktion sind, vor, daß ein gewisser Antagonismus angenommen werden muß (LIPSCHITZ, K. SAND, STEINACH, LAQUEUR, NOVAK [Baltimore], SCAGLIONE, REIPRICH u. a.). REIPRICH[1] sah bei weiblichen Kaninchen nach Überpflanzung von Hoden nicht nur Ausbleiben des Oestrus, Verweigerung der Zulassung des Bockes und vorübergehende Unfruchtbarkeit, sondern bei vorhandener Trächtigkeit Absterben und trockene Aufsaugung der Feten in der ersten Hälfte der Schwangerschaft.

4. *Parabiosenversuche.* Näht man ein junges männliches Tier mit einem weiblichen Tier zusammen, so tritt regelmäßig eine Störung in der Entwicklung *beider* Keimdrüsen auf. Die Keimdrüsen zeigen verschiedene Entartungserscheinungen. Es bleiben mit dem Älterwerden des Tieres die kennzeichnenden Umbildungen aus.

5. Auf einen gewissen Gegensatz von männlichen und weiblichen Keimdrüsen muß man auch die *Umwandlung des* BIDDERschen *Organs*, eines rudimentären Ovars, in einen vollwertigen funktionierenden *Eierstock* bei der Kröte Bufo zurückführen, wenn dem Tiere die *männlichen Keimdrüsen entfernt* werden.

6. Es läßt sich durch *Einspritzung von Follikelhormon* deutlich eine *Hemmung* in der Entwicklung des *männlichen Geschlechts* feststellen. Dies ist einmal daran zu erkennen, daß das Epithel der Prostata niedriger wird, daß an Samenblase und Prostata Rückbildungserscheinungen auftreten, daß bei der Maus sich künstlich Cryptorchismus (LACASSAGNE[2]) entwickelt, beim Kapaun das Kammwachstum gehemmt wird. Die antimaskuline Wirkung ist bei jugendlichen Tieren viel stärker als bei ausgewachsenen (FELS). Man nimmt an, daß die Wirkung über die Hypophyse geht. Es ist aber keine Frage, daß das Follikelhormon wohl selbst einen entwicklungshemmenden Einfluß auf die das männliche Geschlechtshormon bildenden Zellen ausübt.

Umgekehrt hat GROHER[3] nach Zufuhr von *männlichem* Geschlechtshormon bei jugendlichen Tieren eine zahlenmäßig faßbare Hemmung in der Follikelbildung und eine erhöhte Bildung atretischer Follikel beobachtet. MÜHLBOCK[4] hat beim Hahn[5] an dem Verhalten des Kammes einwandfrei einen Antagonismus

---

[1] REIPRICH, W.: Med. Klin. 1928 I 19.

[2] LACASSAGNE: Strahlenther. 54, 477 (1935); s. weiteres Schrifttum bei GIERSBERG: Hormone. Fortschr. Zool. N.F. II 1937.   [3] GROHER: Arch. Gynäk. 165, 347 (1938).

[4] MÜHLBOCK: Verh. internat. Kongr. Amsterdam 1938, 494.

[5] Besonders schön veranschaulichen die Versuche von LUDWIG und RIES (Zbl. Gynäk. 1938, Nr 43, 2373) die Gegensätzlichkeit der Geschlechtshormone: Wenn sie *Hennen* männliches Geschlechtshormon (20 mg Testosteronpropionat) einspritzten, so stellten die Tiere schlagartig die Legetätigkeit ein, der Zustand dauerte 1 Monat. Durch Einspritzungen

zwischen männlichem und weiblichem Geschlechtshormon festgestellt, und zwar tritt die Verkleinerung des Kammes nach Progesteron schon bei erheblich kleineren Dosen als nach Oestron ein[1].

Wie die Gegenwirkung erfolgt, ist noch nicht einwandfrei festgestellt. Da die Geschlechtshormone weder die homologen noch die heterologen Geschlechtsdrüsen stärker beeinflussen, nimmt man an, daß die Auswirkung an den sekundären Geschlechtsmerkmalen zustande kommt, und daß sie über die Hypophyse verläuft unter Bremsung der gonadotropen Hormone.

Wir sehen also, daß tatsächlich ein gewisser Gegensatz zwischen den zweierlei Geschlechtszellen und ihren Hormonen besteht; aber der Kampf wird nicht bis zur völligen Vernichtung, sondern nur bis zum Zurückdrängen des Gegners geführt (*relativer*, nicht absoluter Gegensatz).

Wie aber erklärt sich, wird man einwenden, die Tatsache, daß *weibliches* Geschlechtshormon beim *Manne* und umgekehrt *männliches* Geschlechtshormon beim Weibe sich findet, und daß man therapeutisch mit der Anwendung von Follikelhormon beim Manne und von Testohormon bei der Frau vielfach günstige Einwirkungen sieht. Dieser scheinbare Widerspruch verschwindet, wenn man bedenkt, daß die Geschlechtshormone neben den spezifischen Wirkungen eine Reihe *unspezifische* Wirkungen, die sich an verschiedenen Zellen äußern, aufweisen. Ist doch das Follikelhormon auf niederer Entwicklungsstufe ausschließliches Wachstumshormon. Auch muß man sich immer wieder klar machen, daß es nicht in erster Linie auf die verhältnismäßig einfach gebauten Hormone, sondern auf die *Reaktionsfähigkeit* des *Protoplasma der Erfolgszellen* ankommt.

7. Minderbelastung des männlichen Geschlechts bei der Fortpflanzung, dafür aber andere und weitere Differenzierung somatischer Merkmale.

Wenn man einen weiblichen und männlichen Körper nebeneinanderstehend betrachtet und daneben ein Kind von etwa 2—3 Jahren zum Vergleich stellt, so fällt auch dem ungeübten Beobachter auf, daß der *weibliche* Körper in seinen Formen, in der Weichheit der Konturen sich *mehr dem kindlichen* als dem männlichen nähert. Ich gebe die Photographie eines männlichen, weiblichen und kindlichen Kopfes nach STRATZ-SELLHEIM wieder (Abb. 26). Im Gesichtsausdruck treten die Unterschiede besonders deutlich in Erscheinung.

Es behält also die *Frau die Grundzüge des kindlichen Körpers*, die wir mit dem Begriff der *Jugendlichkeit* verbinden, länger bei als der Mann. SELLHEIM hat sehr richtig von einer „protahierten Jugendlichkeit" gesprochen. Dieses Jugendlichbleiben ist für die spezifische Frauenfunktion offensichtlich *notwendig*. Nur ein Körper, der auf einem jugendlichen Stadium verharrt, ist imstande, die großen Umstellungen, die die Schwangerschaft erfordert, vorzunehmen. In diesen Eigenschaften ist auch das Wesen der weiblichen Anmut und Schönheit zu suchen.

---

von 1 mg Oestradioldipropionat in der Woche wurde bei *Hähnen* die Fruchtbarkeit stark beeinflußt, 81,5% der gelegten Eier waren unfruchtbar. Gleiche Dosen von Oestradioldipropionat, die bei Hennen ohne Einfluß waren, bewirkten bei Hähnen eine weitgehende Atrophie der Hoden.

[1] Nach BUSCHBECK (Zbl. Gynäk. **1939**, Nr 8, 455) soll durch Testosteron eine Schrumpfung der Myome eintreten.

Es ist hart und grausam von der Natur, daß sie diese Eigenschaften der Frau nur für die Zeit der *Geschlechtsfähigkeit* verliehen hat. Wenn diese Zeit — ob mit oder ohne Verwirklichung der Fortpflanzung, ist gleichgültig — vorüber ist, so baut die Natur wieder ab und der ursprüngliche Liebreiz verliert sich in kurzer Zeit. Die kurze Dauer und der rasche Abbau bildet vielfach eine tragische Seite im Leben der Frau. Beim Manne treten diese „Alterserscheinungen" viel langsamer und später auf.

Die nämlichen Erscheinungen stellen sich auch bei den Säugern ein; nur liegen über diesen Punkt so genaue Beobachtungen wie bei der Frau nicht vor.

Der männliche Körper, dem solche schroffe Wandlungen fehlen, differenziert sich mehr gleichmäßig im männlichen Sinne weiter. Die Zeichen der Männlichkeit,

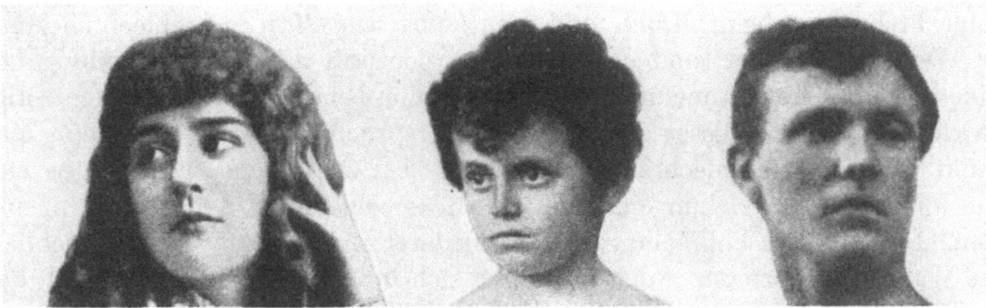

Abb. 26. Vergleich der Gesichtszüge von Frau, Kind und Mann. Die Frau bleibt — als Wesenszug ihrer Weiblichkeit — dem Kinde zeitlebens näher stehen als der Mann.

wie Bartbildung, Stimme, nehmen mit dem Alter an Stärke noch zu. Auch die rein somatischen Merkmale zeigen im großen und ganzen ein fortschreitendes Gepräge.

Daß diese Eigenschaften in der *phylogenetischen* Entwicklung sich herausgebildet, *chromosomal verankert* und damit *erblich* geworden sind, können wir durch folgende Tatsachen beweisen:

1. Das Auftreten der männlichen Merkmale bei der *alternden Frau*; besonders ausgeprägt treten die Erscheinungen bei den *Vögeln* auf.

2. Das starke Hervortreten *weiblicher Züge* bei frühzeitiger *Kastration männlicher* Individuen.

Mit der Entfernung des Hodens und der männlichen Wirkstoffe gewinnen die zurückgedrängte heterologe Geschlechtsanlage und ihre Hormone wieder an Raum.

Anders erklärt sich die *Geschlechtsumkehr* bei gewissen Geschwülsten des Eierstocks und der Nebennierenrinde. Hier handelt es sich von vornherein um *pathologische* Zustände. Die Vermännlichung der Frau, um die es sich meist handelt, kommt in diesen Fällen dadurch zustande, daß in den gewucherten, männlich determinierten Geschwulstzellen zuviel männliches Geschlechtshormon gebildet wird (s. Näheres S. 269).

Die Verweiblichung von Männern, die bisher in 5 Fällen beobachtet wurde, kommt nur deshalb seltener zustande, weil in der männlichen Geschlechtsdrüse und Nebennierenrinde viel seltener Geschwülste auftreten, die aus weibliches Hormon bildenden Zellen hervorgehen. Es ist daher durchaus falsch, zu behaupten — wie das K. SAND tut —, daß eine Verweiblichung des Mannes aus genotypischen Gründen ein Ding der Unmöglichkeit sei; die inzwischen beobachteten Fälle beweisen das Gegenteil.

Man sieht gerade an diesen Beispielen, daß die *Führung* in dieser Beziehung das *männliche Prinzip* hat. Die männliche Keimdrüse und ihre Hormone sind mächtiger und drängen die weibliche Keimdrüse in den Hintergrund. Wenn die männliche Keimdrüse entfernt ist, können weibliche Merkmale wieder zur Geltung kommen.

Das *sieghafte Durchdringen des männlichen Prinzips* können wir sehr schön bei den *Fröschen* beobachten, bei denen neben männlichen und weiblichen Keimdrüsen sich noch geschlechtlich indifferentes Gewebe, die sog. intermediären Gonaden finden. Während bei den 10 Monate alten Tieren noch 24% intermediäre Formen vorhanden sind, finden sich am Ende der Entwicklung ungefähr eine gleiche Anzahl männlicher und weiblicher Individuen, d. h. die intermediären Gonaden haben sich in männliche umgewandelt.

Auch hier finden wir den Gegensatz *chromosomal* und *hormonal*. Was nur hormonal ist, wechselt. Es wird männlich, wenn das männliche Geschlechtshormon überwiegt, weiblich, wenn das weibliche Geschlechtshormon vorherrscht; was aber *chromosomal* festgelegt ist, bleibt bestehen. Es hat *Artcharakter* angenommen, z. B. das Geweih beim Renntier. Das *hormonale* dagegen hat nur *Geschlechtscharakter*, z. B. das Geweih beim Hirsch (s. Näheres primäre und sekundäre Geschlechtsmerkmale).

In *diesem Sinne* setzt sich das *männliche* Prinzip durch und ist der *Sieger im Wettstreit*. Ein besonders eindrucksvolles Beispiel bietet die vorher bereits besprochene Zwickenbildung, bei der wir wie in einem Experiment beobachten können, daß von den beiden Keimdrüsen, die praktisch in einem gemeinsamen Blutkreislauf sich befinden, das weibliche Organ durch den Wirkstoff der männlichen Keimdrüse erstickt wird.

Wie gut ist es, daß die Natur es *nicht umgekehrt* eingerichtet hat, und daß das *weibliche* Geschlecht und seine Hormone *nur einen geringeren* Einfluß auf die männliche Keimdrüse ausüben. Wir würden sonst nicht nur eine vorübergehende Hemmung der Hodenentwicklung beim Knaben in den letzten Monaten des intrauterinen Daseins beobachten, sondern eine völlige Vernichtung der männlichen Geschlechtsdrüse. Wenn die Natur eine solche Einrichtung getroffen hätte, so wäre eine Entwicklung, wie sie Mensch und Säugern eignet, und damit deren hohe Organisation und Differenzierung unmöglich geworden.

8. Die körperlich-seelische Ausdifferenzierung der beiden Geschlechter.
Unterschied zwischen Mann und Weib.

> „Grad und Art der Geschlechtlichkeit reichen bis in den letzten Gipfel seines Geistes hinauf“. (NIETZSCHE).

Zellen, die in Gestalt und Funktion so verschieden sind wie männliche und weibliche Geschlechtszellen, bedürfen zu ihrer Entwicklung und Ausreifung *körperliche Einrichtungen* von *besonderer Eigenart*.

Am deutlichsten sind die Unterschiede an den Trägern der Keimzellen, Eierstock und Hoden und an den übrigen Geschlechtsteilen ausgeprägt.

Was für die Träger der *Geschlechtszellen*, die Keimdrüsen, gilt, das hat auch für die Träger der *Keimdrüsen*, für das ganze *Individuum*, Geltung. Das Körpergefüge der geschlechtsreifen Frau ist anders gestaltet als das des Mannes und auch schon in der Kindheit zeigen Körper und Seele bei beiden Geschlechtern große und kennzeichnende Unterschiede.

Man hat die Anmut des weiblichen Körpers (vgl. SELLHEIM: Das Geheimnis des ewig Weiblichen!) und die Buntheit und Schönheit des Federkleides der männlichen Vertreter vieler Vogelarten meist ausschließlich als ein *Lockmittel* für das andere Geschlecht gedeutet. Ich glaube, man darf darin nicht nur ein Lockmittel erblicken; wir müssen vielmehr annehmen, daß *nur ein Körper, der ausgesprochen weibliches oder männliches Gepräge* mit allen seinen Eigenarten hat, imstande ist, *vollkommen vollwertige Geschlechtszellen* zu produzieren.

Es ist wie bei einem Gebäude; wir können schon an seiner äußeren Form erkennen, welchem Zweck es dient, ob es ein Einzel- oder Miethaus, ob es eine Schule, eine Kaserne, eine Kirche usw. ist. Wie beim Gebäude sind es auch bei dem Aufbau des weiblichen und männlichen Körpers *innere Notwendigkeiten,* die die äußere Form bedingen.

Wie bei der Ausführung eines Gebäudes der Plan schon vorher bis in alle Einzelheiten festgelegt sein muß, so wird gewissermaßen der Plan für das Geschlecht des zukünftigen Menschen mit der Zeugung, d. h. im Augenblick der Vereinigung von Ei- und Samenzelle im Voraus bestimmt.

Um diesem Plane ein festes und unveränderliches Gefüge zu geben, bedurfte es einer Millionen Jahre dauernden phylogenetischen Entwicklung. Ontogenetisch bedient sich die Natur zur Verwirklichung dieses Planes der Geschlechtschromosome (s. S. 116).

Es bekommt also jede Zelle, die sich aus der befruchteten und in ihrer geschlechtlichen Entwicklung von vorneherein festgelegten Eizelle entwickelt, einen *geschlechtlichen Stempel* mit auf den Weg. Das gilt für *alle* Zellen, sowohl für die Geschlechtszellen als auch die Somazellen. Die *Geschlechtszellen* gehen nur alsbald einen gesonderten Weg und differenzieren sich immer mehr, so daß sie letztlich die in dem vorhergehenden Abschnitte beschriebenen, ganz verschiedenen Formen aufweisen. Bei den *Somazellen* tritt eine ganz andere Differenzierung ein, sie unterscheiden sich ebenfalls in ihrem Bau voneinander, je nach dem Zweck, dem sie dienen, und je nach dem Organ, das sie bilden, aber sie zeigen bei den beiden Geschlechtern *keinen so grundlegenden Unterschied.* Es sind wohl Abstufungen vorhanden; so zeigen die Zellen in der unmittelbaren Umgebung der weiblichen und männlichen Geschlechtszellen (Granulosazellen, LEYDIGsche Zellen, Sertolizellen) eine gewisse Eigenart, aber grundsätzlich unterscheiden sie sich nicht von den übrigen Somazellen. Der geschlechtliche Stempel ist bei ihnen nur deutlicher. Einen *Hauch sexueller Eigenart* weisen auch alle übrigen Somazellen auf. Wir können es zwar einer Muskel-, Nerven-, Leber-, Hautzelle usw. nicht ansehen, ob sie in einem männlichen oder weiblichen Organismus liegt; dieses Unvermögen beweist aber noch lange nicht, daß sie keine sexuelle Note in sich trägt. Wir müssen eine solche sexuelle Prägung bestimmt annehmen, und zwar deshalb, weil gewisse Zellen auf den Reiz der Wirkstoffe, die die spätere geschlechtliche Entwicklung steuern, auf die *Geschlechtshormone,* in besonderer Weise wahlhaft antworten. Ein Unterschied ist also vorhanden, er ist jedoch unserem Auge nicht wahrnehmbar, er ist *nur molekular.*

Wer an einer derartig feinen, geschlechtsgerichteten Differenzierung der Somazellen zweifelt, der möge nur an die Bildung der *spezifischen Abwehrproteasen* denken. Wenn Eiweißkörper parenteral ins Blut gebracht werden, so bilden sich (wohl in den Zellen, die dem reticuloendothelialen System angehören) spezifische Abwehrstoffe, Abwehrproteasen (ABDERHALDEN), die sich genau voneinander unterscheiden lassen, je nachdem es sich um diesen oder jenen Eiweißkörper handelt. Ja es besteht noch ein deutlicher Unterschied in der Reaktionsart, ob es sich um ein *weibliches oder männliches Individuum* handelt. Auch das *Alter* hat einen Einfluß. So elektiv vermag die wunderbare Substanz des Protoplasmas mit seinen Kolloiden auf Reize zu antworten.

Es gibt also *keine völlig asexuelle Somazelle.* Die Geschlechtlichkeit reicht bis in die letzten Knochenzellen und bis in die Spitzen unserer Haare hinein.

Es ist wichtig, sich dieser Tatsache bewußt zu sein. Nur dann können wir verstehen, daß die *Muskel- oder Fettzelle* eines *männlichen* Individuums auf *männliche* Geschlechtshormone, die eines *weiblichen* Individuums auf *weibliche* Geschlechtshormone wahlhaft anspricht.

Diese sexuelle Eigenart muß bei jeder Somazelle vor- handen sein; je schärfer sie ausgeprägt ist, desto voll- kommener bilden sich hor- monales Geschlechtssystem, sekundäre Geschlechtsmerk- male und der ganze Körper nach der für ihn bestimmten männlichen oder weiblichen Seite aus. Die scharfe Aus- prägung der äußeren Merk- male des Geschlechtes eines Individuums ist also nicht zufällig, kein rein äußerliches Lock- und Schmuckmittel, sie ist vielmehr innerlich, entwicklungsgeschichtlich be- dingt. Je mehr sie ausgeprägt sind, desto größere Gewähr besteht, daß auch die Ge- schlechtszellen, durch die ja allein die Erhaltung der Art

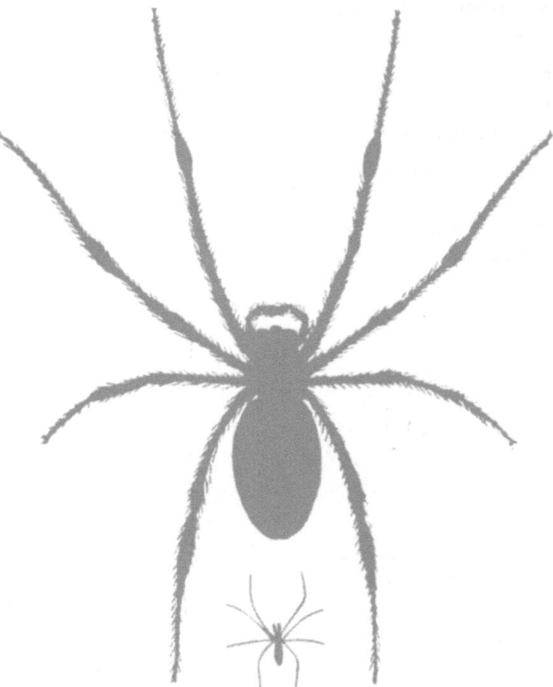

Abb. 27. Spinne Epeira nigra, Weibchen (oben), Männchen (unten). (Nach VINSON.)

möglich ist, vollwertig sind, daß in allen körperlichen und seelischen Eigen- schaften und in ihrem sexuellen Charakter eindeutige und scharflinig differen- zierte Individuen entstehen.

Daß diese Ansicht richtig ist, geht daraus hervor, daß bei der ungeschlecht- lichen, parthenogenetischen und bei der funktionierenden zwittrigen Fort- pflanzung *jedes Tier* den *gleichen Körperbau* hat, es gibt noch keine männlich und weiblich gestalteten Individuen, sondern nur ein *Tier schlechthin,* oder, da das mütterlich-weibliche Prinzip das Grundelement der Fortpflanzung dar- stellt, ein weibliches Tier bzw. einen Zwitter. Erst dann, wenn die niederen Formen der Fortpflanzung der *getrenntgeschlechtlichen Platz* gemacht haben, bekommt auch der *Körper ein ausgesprochen sexuelles Gepräge.* Die Unter- schiede sind bekanntlich meist so kennzeichnend, daß es im geschlechtsreifen Zustande im allgemeinen leicht fällt, die Vertreter der beiden Geschlechter voneinander zu unterscheiden.

Man kann ganz allgemein sagen, daß die *Unterschiede* in der körperlichen Ausgestaltung um so *größer* sind, je *höher* eine Art auf der *stammesgeschicht- lichen Stufenleiter* steht. Deshalb treten bei den höchstentwickelten Wirbel- losen, den *Insekten,* und bei den höchststehenden Wirbeltieren, den *Säugern,*

die geschlechtlichen Verschiedenheiten im Körperbau besonders eindrucksvoll in die Erscheinung.

Ja, bei einigen Insekten geht die Differenzierung der Geschlechter sogar soweit, daß der unbefangene Beobachter gar *nicht auf den Gedanken* kommt, daß es sich bei den so verschieden aussehenden Individuen um *Vertreter derselben Art* handelt. Die Verschiedenheit kann sowohl die männlichen als auch die weiblichen Tiere betreffen. Ich möchte der Wichtigkeit der Frage wegen ein paar Beispiele anführen.

Abb. 27 zeigt die Spinne Epeira, oben das mächtige Weibchen, unten das winzige Männchen.

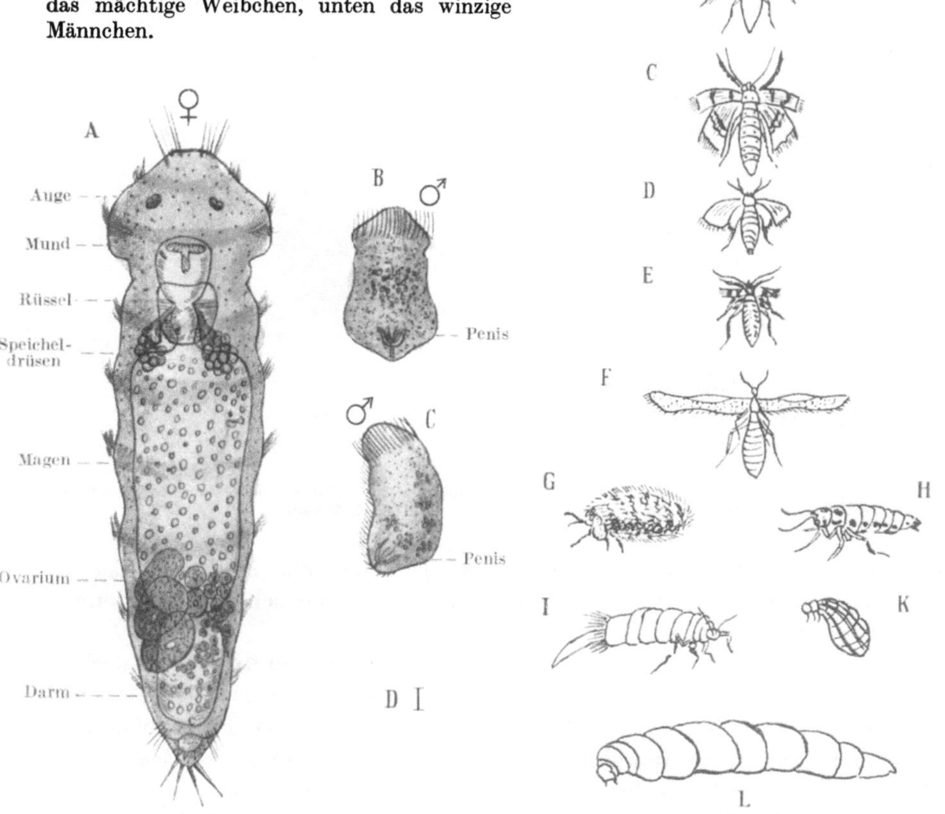

Abb. 28.   Abb. 29.

Abb. 28 A—D. Die Geschlechter von Dinophilus apatris. A Weibchen in Rückenansicht, B Männchen in Flächenansicht, C in Seitenansicht, D Größe des Männchens im Maßstab der Figur A. (Nach KORSCHELT.)
Abb. 29 A—L. Stufenfolge der Flügelrückbildung weiblicher Schmetterlinge. A Ocnogyna parasita, B Chimabacche fagella, C Hibernia marginaria, D Cheimatobia boreata, E Hibernia aurantiatia, F Pleurota rostrella, G Orgyia gonostigma, H Hibernia defoliaria, I Fumea intermediella, K Heterogynis pennella, L Psyche graminella. (Nach KNATZ.)

Abb. 28 die Dinophilus apatris (vaterlos!), das Weibchen ist riesig groß, das Männchen ihm ganz ungleich, winzig klein, fast nur ein Geschlechts- und Begattungsorgan.

Bei den *Weibchen* zeigt sich die Verschiedenheit im Aussehen, namentlich bei gewissen Schmetterlingsarten. Abb. 29 zeigt oben einen männlichen und weiblichen Vertreter von Ocnogyna parasita, die übrigen sind die weiblichen Individuen von verschiedenen Schmetter-

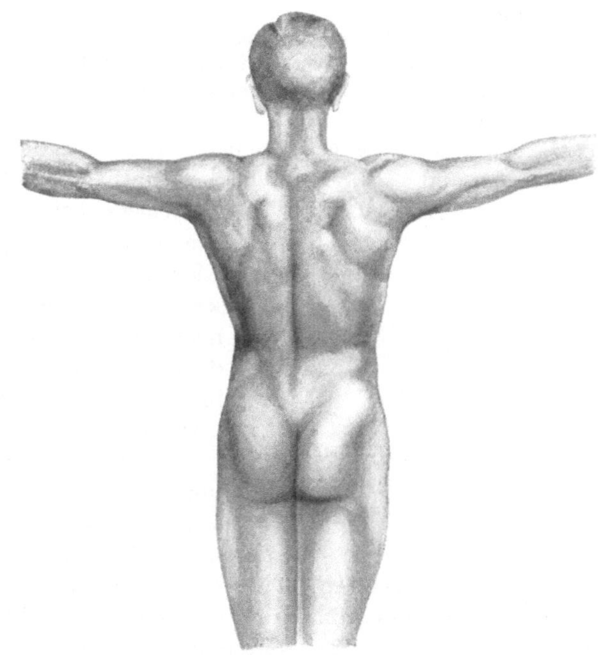

Abb. 30. Körpergebäude des Mannes. (Nach SELLHEIM.)

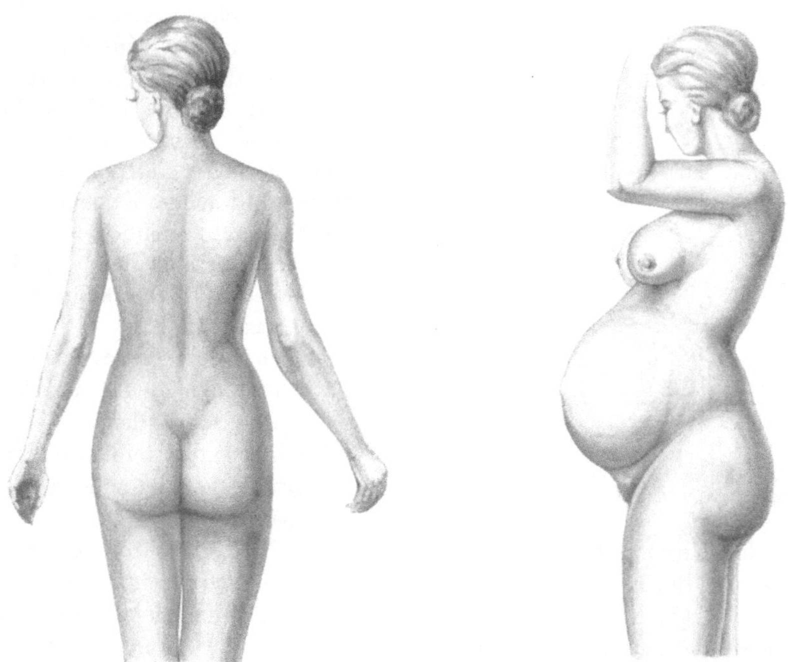

Abb. 31. Körpergebäude der Frau. (Nach SELLHEIM.)　　Abb. 32. Körpergebäude der schwangeren Frau.

lingsformen. Sie zeichnen sich alle dadurch aus, daß die sonst für Schmetterlinge so kennzeichnenden Merkmale, wie die Flügel, mehr und mehr sich zurückbilden, bis bei den fünf unten gelegenen Formen (G—L) auch jede Andeutung von Flügeln fehlt. Die männlichen

Vertreter dagegen behalten ihre Flügel bei. Sie benötigen diese, um das Weibchen aufzusuchen. Dieses bedarf daher die Fortbewegungsorgane für Fortpflanzungszwecke nicht.

Solche groteske Extreme sind selten, aber sie sind wichtig, weil sie uns besonders deutlich den *Zweck* aufzeigen, den die Natur mit der verschiedenen Körpergestaltung der beiden Geschlechter verfolgt.

Auch beim *Menschen* sind die geschlechtlichen Unterschiede in der Ausgestaltung des Körpers und der Seele sehr beträchtlich. Die anatomischen Verschiedenheiten sind hinreichend bekannt, so daß nicht auf Einzelheiten hier eingegangen zu werden braucht. Es sollen nur noch speziell ein paar Verschiedenheiten in der Funktion und in der Dynamik hervorgehoben werden.

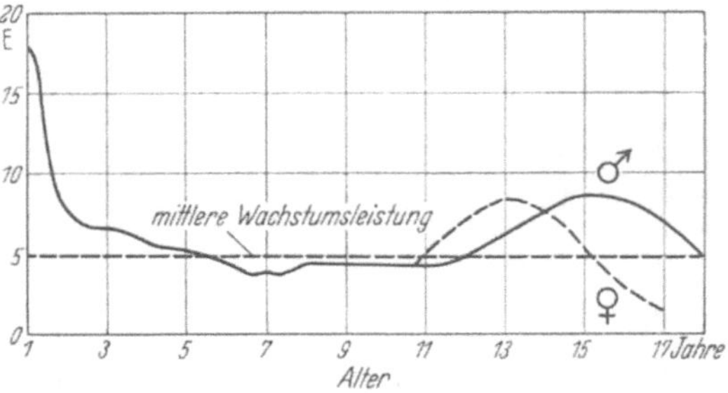

Abb. 33. Wachstum männlicher und weiblicher Individuen. (Nach MENGE-OPITZ.)

Ich möchte zuerst an der Hand von zwei Abbildungen die Verschiedenheiten, die im Körperbau, im Skelet, in der Haltung zwischen Mann und Frau usw. bestehen, deutlich machen (um die Wirkung der Geschlechtsorgane auszuschalten, vom Rücken gesehen, Abb. 30 und 31). Das Bild der Hochschwangeren (Abb. 32) veranschaulicht die äußeren Veränderungen des weiblichen Körpers in der Schwangerschaft. Beim Manne eine *Architektonik* des Körpers, die auf Kraftleistungen eingestellt ist: breite Brust, kräftiger Knochenbau, straffe Muskeln, geringes Fettpolster, beim Weibe schwächere Knochen, zarte Muskulatur, reichlicheres Fettpolster, breit ausladende Beckenpartien zur Beherbergung der Frucht usw.

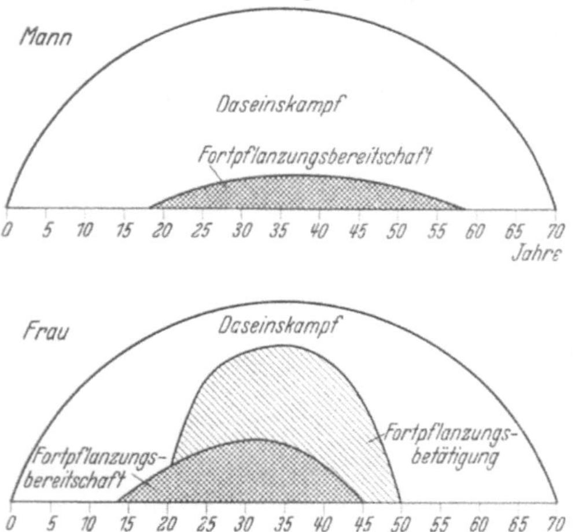

Abb. 34. Geschlechtsunterschied in der Belastung mit Fortpflanzungsaufgaben von Mann und Frau. (Nach SELLHEIM.)

Auch in dem *Tempo des Wachstums* bestehen deutliche Unterschiede zwischen den beiden Geschlechtern; der weibliche Körper erlangt rascher die volle Reife als der männliche.

Die beiden Kurven geben die Unterschiede des *Wachstums von Mann und Weib* wieder. In der Kurve ist das gesamte Wachstum, also allgemeines Körperwachstum plus geschlechtsspezifisches Wachstum zusammengefaßt (Abb. 33).

SELLHEIM[1] hat sich bemüht, die *Arbeitsleistung*, die der Mann auf der einen und die Frau auf der anderen Seite vollbringt, festzustellen. Beim *Manne* wird die Energie vorwiegend auf äußere Arbeit im *Kampf ums Dasein* verbraucht. Bei der *Frau* entfällt ein großer Teil der aufgewendeten Energie auf die *Fort-*

---

[1] SELLHEIM: Das Geheimnis des ewig Weiblichen, 2. Aufl. Stuttgart: Ferdinand Enke 1924.

pflanzungstätigkeit. In der Kurve (Abb. 34) ist schematisch die Arbeitsleistung im Kampf ums Dasein und im Dienste der Fortpflanzung dargestellt.

SELLHEIM hat ferner die Feststellung der weiblichen Arbeitsleistung im Dienste der Fortpflanzung dadurch bestimmt, daß er das *Gewicht der Gewebe* feststellte, die die Frau in der *Vorbereitung und in der Durchführung der Fortpflanzung* verbraucht. Er fand, daß eine Frau durch die Auf- und Abbauvorgänge, die sie während der Monatszyklen (Abb. 35), also nur für die Vorbereitung zur Fortpflanzung im Verlaufe ihres Lebens durchführt, ihr Gewicht verdoppelt. In dem von mir gedeuteten Sinne ausgedrückt, ist das geschlechtsspezifische Wachstum gleich den Leistungen des allgemeinen Körperwachstums, beide ausgedrückt durch das Gewicht der Geschlechtsorgane und der somatischen Organe. In der Schwangerschaft erfolgt ein erhöhtes geschlechtsspezifisches Wachstum. Eine Frau, die 6 Kinder gebiert, baut nach SELLHEIM ihren Körper gewissermaßen dreimal auf. Bei Frauen, die also ihre natürliche Bestimmung zu erfüllen Gelegenheit haben, übertrifft die Leistung bei dem geschlechtsspezifischen Wachstum die Leistung des allgemeinen Körperwachstums und übertrifft bei 6 Geburten die Arbeit um das Dreifache.

Erst wenn wir das Mann-Weib-Problem in *diesem Sinne* betrachten, kommen wir zu der richtigen Würdigung des Wesens und der Aufgabe der Frau, so wie es die Natur nun einmal gewollt hat, und wie es NIETZSCHE mit den Worten umschreibt: „Alles am Weibe ist ein Rätsel und alles am Weibe hat seine Lösung, sie heißt Schwangerschaft; der Mann ist für das Weib das Ziel, der Zweck ist immer das Kind." Die Mutterschaft bedeutet für die echte Frau Erfüllung einer natürlichen Aufgabe und höchstes Lebensglück.

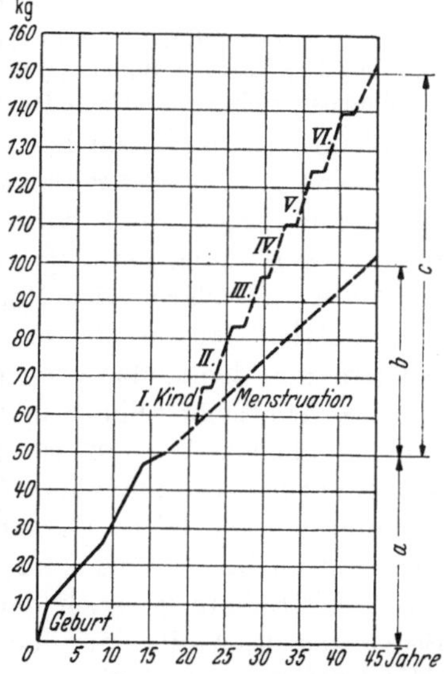

Abb. 35. Übersicht über das Eigenwachstum der Frau und ihr Wachstum im Dienste der Fortpflanzung. (Nach SELLHEIM.)

Das Geschlecht ist eine erbliche Eigenschaft. Je *schärfer* der einzelne Mensch in seinen *gesamten geschlechtlichen Eigenschaften differenziert* ist, *desto vollkommener* ist er im Sinne der Natur. „Denn es wuchs ihm kein Bart" (THULE).

Halbheiten sind wie überall auch auf diesem Gebiete verderblich. Wir müssen in allen unseren Maßnahmen den Winken der Natur folgen und ihre Bestrebungen, soweit sie deutlich erkennbar sind, unterstützen. Gegen die Natur anzugehen, ist immer unsinnig und zwecklos. Es muß daher das Bestreben sein, nur zwei Menschen als *Ehepartner* zusammenzubringen, die in ihrem gesamten *geschlechtlichen Habitus vollwertig differenziert* sind. Nur dadurch ist die Gewähr gegeben, daß der Verflachung der von der Natur gewollten Geschlechtsunterschiede, wie sie z. B. in geistiger Beziehung in den homosexuellen Verirrungen auftritt, wirksam entgegen gearbeitet wird.

Es gibt *Frauen,* die in dieser Deutung eine Herabsetzung ihres Geschlechts sehen. Statt sich bewußt zu sein, daß es keine größere Aufgabe gibt, als Träger des Lebens, und keine höhere Würde, als Mutter zu sein, erblicken die Törinnen ihr Wunschziel darin, es möglichst dem Manne gleich zu tun. Es handelt sich um jene unglückseligen Geschöpfe, bei denen die Natur die geschlechtliche Differenzierung des Körpers und der Seele nicht restlos durchzuführen vermocht hat, und die nun glauben, aus ihrer verfehlten seelisch-körperlichen Einstellung heraus die Welt beurteilen und meistern zu müssen.

Es gibt auch einsichtslose *Männer*, die Frauen nach einem Maßstabe beurteilen, den sie bei den eigenen Geschlechtsgenossen anzulegen pflegen. Sie vergessen, daß der Schöpfer die Frau körperlich und seelisch anders geformt hat, daß ihr Fühlen und Trachten, ihr Denken und Handeln in vielen Dingen ganz anders ist, und dank ihrer Weiblichkeit ganz anders sein muß.

Man hat vielfach das bekannte Buch von MÖBIUS[1] als Verhöhnung der Frauenwürde angesehen. Der Titel des Buches ist nicht glücklich gewählt, MÖBIUS versucht in der Arbeit nur die Wesensverschiedenheit und das vielfach andere Denken und Fühlen der Frau klarzulegen.

Wenn sich der Mann in bezug auf körperliche Kräfte und Leistungsfähigkeit, wenn er sich in der klaren Disposition der Gedanken und der Entschlüsse vielfach überlegen fühlt, so darf er nicht vergessen, daß ihn die Frau in der raschen Auffassung der Lage, in der Opferwilligkeit und Opferbereitschaft, in der Güte und Wärme des Herzens um ein Vielfaches übertrifft.

Die Arbeitsteilung, die mit der getrenntgeschlechtlichen Fortpflanzung bei Säugern und beim Menschen eingetreten ist, hat dem weiblichen Geschlecht die alte Vormachtstellung in der Erhaltung der Art fast völlig *erhalten* und den männlichen Teil nur wenig beschwert. Dadurch ist es der Natur möglich geworden, das männliche Geschlecht mit größeren Körperkräften und mit besseren Waffen (z. B. Geweihe, Stoßzähne usw.) im Kampfe gegen Feinde auszustatten und damit zum Beschützer der Seinen zu machen. Diese Art der Arbeitsteilung ist auch der tiefere Grund, warum trotz der überragenden Bedeutung des Weibes für die Erhaltung der Menschheit die Weiberherrschaft (Matriarchat) nur auf niedriger Kulturstufe und nur vorübergehend vorkommt, auf höherer Kulturstufe sich aber immer wieder die Männerherrschaft (Patriarchat) durchsetzt. Man kann diese Entwicklung lobpreisen oder bedauern, wir können daran nichts ändern und müssen sie als gegeben hinnehmen; denn sie entspricht dem Willen des Schöpfers.

Man liest häufig besonders in pseudophilosophischen Schriften von einem *polaren* Gegensatz zwischen männlichem und weiblichem Prinzip, zwischen Mann und Frau. Die stammesgeschichtliche Betrachtung lehrt, daß ursprünglich ein solcher nicht vorhanden ist und bei den niederen Tierformen heute noch nicht besteht. Auch bei den höher organisierten Tierarten kann von einem polaren Gegensatz keine Rede sein. Es handelt sich vielmehr um eine Arbeitsteilung und um eine Zusammenarbeit zu einem höheren Zweck. Bei dieser Zusammenarbeit treten wohl gewisse Gegensätze zutage, die sich in körperlichen und seelischen Merkmalen äußern, und gelegentlich in feindseliger Stimmung und Gebahren sich offenbaren können (s. S. 106), aber polar, wie etwa negative und positive Elektrizität, sind die Gegensätze nicht und sind es auch nicht im Verhältnis von Weib und Mann.

9. Zur Genese und Bedeutung der primären Geschlechtsorgane und der sekundären Geschlechtsmerkmale.

Unter *primären* Geschlechtsorganen verstehen wir nach der von HUNTER und DARWIN gegebenen Einteilung alle körperlichen Einrichtungen, die *unmittelbar* der Betätigung des Geschlechtstriebes und der Fortpflanzung dienen, unter

---

[1] MÖBIUS: Physiologischer Schwachsinn des Weibes.

sekundären [1] Geschlechtsmerkmalen alle Einrichtungen, die Mittel zu diesem Zwecke sind und dadurch *mittelbar* im Dienste der Fortpflanzung stehen. Dabei verbindet sich mit diesen Bezeichnungen die Vorstellung, daß die *einen primäre* Bildungen, die *anderen* sekundär und *abhängig* von den ersteren entstanden sind.

Zu den *primären* Geschlechtsorganen gehören natürlich in erster Linie die Keimdrüsen, Eierstock und Hoden, dann die Ausführungsgänge mit den verschiedenen Anhangsdrüsen, beim Weibe also Eileiter, Gebärmutter, Scheide, äußere Geschlechtsteile, BARTHOLINISche Drüse, ferner *Brustdrüse*, beim Manne Samenstrang, Penis, Samenblase, Vorsteherdrüse usw. Zu den *sekundären* Geschlechtscharakteren gehören alle körperlichen Merkmale, wodurch sich das eine Geschlecht von dem anderen unterscheidet: Haarkleid, Knochen, besonders Becken, Fettpolster, Muskulatur usw., ferner die *Brustdrüse*.

Man sieht, die *Brustdrüse* ist unter beiden Gruppen vertreten, von den einen Schriftstellern wird sie zu den primären Geschlechtsorganen, von den anderen zu den sekundären Geschlechtsmerkmalen gerechnet. Wodurch erklärt sich dieser Widerspruch ?

Die Bezeichnung primär und sekundär ist zu einer Zeit gebildet worden, in der man von dem chromosomal-zygotischen *Erbgut noch wenig* und von den *Hormonen* noch gar *nichts wußte*. Gerade die Brustdrüse zeigt, daß wir auf Grund der neuen Forschungsergebnisse in dieser Beziehung, — wenn wir zum Teil, weil die Bezeichnung manches Gute erfaßt, zum Teil aus alter Gewohnheit die Ausdrücke beibehalten wollen, — die *Begriffe* doch mit etwas *verändertem Inhalt* füllen müssen [2].

Der Begriff *primär und sekundär* wird gewöhnlich in dem Sinne der *Abhängigkeit* verstanden. Am deutlichsten drückt sich VIRCHOW mit dem Satze aus: Mulier solum prompter ovarium est, quod est. Besonders HERBST (1883) hat mit allem Nachdruck die Lehre vertreten, daß die jeweilige Keimdrüse nicht nur die sekundären Geschlechtsmerkmale, sondern auch die übrigen Bestandteile der primären Geschlechtsorgane *bestimmend* beeinflußt, daß sie *morphogenetische* oder *formative* Fähigkeiten habe. In medizinischen Abhandlungen kann man heute noch jeden Tag den VIRCHOWschen Satz als eine geltende Maxime angeführt lesen. Führende Biologen haben diese Auffassung wohl nie voll anerkannt, und HALBAN hat der Lehre ausdrücklich widersprochen und nur von einem „protektiven“ Einfluß des Ovars gesprochen. Besser als dieser Ausdruck scheint mir die Bezeichnung „*morphokinetisch*“ (E. THOMAS) oder der von mir gebrauchte Ausdruck „*form- oder gestaltweckend*“ zu sein. Ich möchte mit dem Wort andeuten, daß die Anlage chromosomal-zygotisch gegeben ist (und gegeben sein muß) und daß der Wirkstoff des Eierstocks nur die *schlummernden* Eigenschaften weckt und zur *Entfaltung* bringt. In diesem vertieften Sinne ist also die Keimdrüse kein primum agens, sie ist im Sinne der Vererbung ebensogut sekundär wie die sekundären Geschlechtsmerkmale.

Zwischen dem Ausspruche VIRCHOWS und der neuen Auffassung besteht ein grundsätzlicher Unterschied. VIRCHOW sucht alle bewegenden Kräfte im *Ovar*, die neuere Auffassung in den *Erbanlagen* (Gene). Bei der letzteren vollzieht sich die Entscheidung, ob männlich oder weiblich, im *Augenblick der Zeugung*, bei der ersteren gibt es keinen entscheidenden Augenblick, sondern nur einen *jahrelang wirksamen* gestaltenden Einfluß.

Aber auch der *Begriff* der *sekundären* Geschlechtsmerkmale bedarf einer scharfen Abgrenzung. Dabei handelt es sich im Grunde genommen wieder

---

[1] BERBLINGER spricht von genitalsubsidiären und extragenitalen Geschlechtszeichen.
[2] Siehe auch Abschnitt: Essentielle (Keimzellen) und akzidentelle (Follikelapparat) Bestandteile der Keimdrüse bei Kapitel: Hormonales Geschlechtssystem.

um das Auseinanderhalten von chromosomal-zygotischen und hormonalen Einflüssen. Wir müssen nämlich zwischen *Art-* und *Geschlechts*merkmalen unterscheiden. Das Geweih ist beim Hirsch ein Geschlechtsmerkmal, das nur das
männliche Tier hat, bei dem Renntier ein Artmerkmal, das bei beiden Geschlechtern vorhanden ist. Beim Hahn ist der Sporn ein Art- und der Kamm ein
Geschlechtsmerkmal. Bei den Säugern ist die *Milchdrüsenanlage* ein *Art-*, die
vollentwickelte Milchdrüse dagegen ein *Geschlechts*merkmal.

Wir müssen also scharf zwischen dem *chromosomal-zygotischen Erbgut* und
der *hormonalen* Einwirkung, oder im Sinne von ROUX zwischen *Determinationsfaktoren* und *Realisationsfaktoren* unterscheiden. Erbgut und determiniert ist
die *Anlage* der primären Geschlechtsorgane. Ob ein Hoden oder ein Ovar,
ob die Ausführungsgänge der Keimdrüsen sich normal entwickeln, kommt auf
die Beschaffenheit des Erbgutes an. Wenn z. B. das Ovar oder die Scheide
fehlt, oder wenn Uterus zweifach vorhanden ist, so liegt dieser Mißbildung
ein primärer *Fehler des Erbgutes*, speziell der *Geschlechtschromosomen* zugrunde.
Die *Art*, *Stärke* und *Ausdehnung* der Mißbildung hängt noch von *zeitlichen*
Momenten ab. Zuerst kommen bekanntlich die Keimdrüsen zur Anlage, dann
erst in einem gewissen zeitlichen Abstand die Ausführungsgänge der Keimdrüsen in verschiedenen Abschnitten.

In Rücksicht darauf hat man — wie es scheint, zuerst HAVELOCK ELLIS in seinem
Buche: Mann und Weib — die *Keimdrüsen* auch als *primäre* Geschlechtsorgane, die *übrigen*
Bestandteile der Geschlechtsorgane als *sekundäre* Geschlechtsorgane und die später differenzierten, die nicht zu den Geschlechtsorganen gehören, als *tertiäre* Geschlechtsmerkmale
bezeichnet. In der Unterteilung in drei statt in zwei Geschlechtsmerkmale finde ich keinen
besonderen Vorzug.

Die *primären* Geschlechtsorgane sind beim Menschen ungefähr gegen Ende
des *zweiten Monats im Rohbau fertig*. Die Keimdrüse ist wohl schon um diese
Zeit fähig, geringe Mengen des ihr eigentümlichen Geschlechtshormons zu bilden,
sicher ist sie es vom 4. und 5. Monat ab. Von dieser Zeit ab setzt also die Wirkung des geschlechtsspezifischen Hormons (weiblich oder männlich) ein. An
das *chromosomal-zygotische* schließt sich das *hormonale Entwicklungsstadium* an.
Dieser Satz ist aber nicht in dem Sinne zu verstehen, daß das eine das andere
ausschließt. Beide Entwicklungen laufen vielmehr *nebeneinander* her, doch in
der Weise, daß die Wirkung des *chromosomal-zygotischen geringer* und der Einfluß des *hormonalen* Reizes *immer stärker* wird.

Es ist unrichtig, anzunehmen, daß die hormonale geschlechtliche Differenzierung erst
in der *Pubertät* wirksam wird. Sie ist bereits beim Neugeborenen, ja sogar schon beim
Fetus nach dem zweiten Monat vorhanden. Beim Neugeborenen sind durch die Untersuchungen von FEHLING u. a. einwandfrei Verschiedenheiten in der Becken- und Knochen-
beschaffenheit und in anderen Organen zwischen Mädchen und Knaben gefunden worden
und es bedarf nur einer vergleichsmäßigen flüchtigen Betrachtung von vierjährigen Knaben
und Mädchen, um aus den Körperformen, mehr noch aus dem psychischen Verhalten ohne
Berücksichtigung der Geschlechtsorgane die Diagnose Knabe oder Mädchen zu stellen.
Es sind also die geschlechtsspezifischen Unterschiede schon beim Fetus und dem Klein-
kinde vorhanden, sie sind nur geringer, entsprechend der geringeren Menge des Geschlechtshormons, das um diese Zeit von der Keimdrüse abgesondert wird. Erst mit dem Nahen
des Pubertätsalters setzt die Bildung größerer Mengen geschlechtswirksamer Stoffe ein
mit dem Erfolg, daß nunmehr die volle geschlechtliche Ausdifferenzierung beginnt.

Aber *nicht alle* Somazellen reagieren auf das homologe Geschlechtshormon
in der *gleichen Weise und Stärke*. Nur *die* Zellen der Organe und Körperteile,
die eben einen ausgesprochenen männlichen oder weiblichen Typus tragen,

antworten stärker auf den hormonalen Reiz. Ich möchte sie die *geschlechts-hormonempfindlichen Somazellen* oder, um einen in der Klinik gebräuchlichen Ausdruck zu gebrauchen, die *geschlechtshormonstigmatisierten* Somazellen nennen. Das sind vor allem die Zellen der Brustdrüse, des Haarkleides, des Kehlkopfes, des Fettpolsters, des Knochensystems, besonders des Beckens, der Muskeln usw.

Wenn man die Dinge in dem geschilderten Sinne betrachtet, so kann man den *Unterschied* zwischen den *primären* Geschlechtsorganen und *sekundären* Geschlechtsmerkmalen kurz ungefähr folgendermaßen definieren: Die *primären* Geschlechtsorgane sind in erster Linie eine *erbmäßige*, chromosomal-zygotische Angelegenheit, die *sekundären* Geschlechtsmerkmale sind *vorwiegend hormonal* bedingt.

Es ist nicht nur grundsätzlich, sondern auch in praktischer Beziehung wichtig, diesen Unterschied zu machen; denn bei den *chromosomal-zygotischen* Vorgängen kennen wir, so gut wir über die Gesetzmäßigkeiten der Vererbung unterrichtet sind, die *bewegenden, chemisch-physikalischen Kräfte*, die Mechanismen und Chemismen, *noch gar nicht* — die Ausdrücke Differenzierungs- und Determinationsstoffe sind Verlegenheitsworte —, dagegen kennen wir die *hormonalen Kräfte* sowohl nach ihrer *biologischen Wirkungsweise* als nach ihrer *chemischen Zusammensetzung* sehr gut. Wir kennen auch die *Bildungsstätten* dieser Wirkstoffe: es sind die *Keimdrüsen,* zum Teil auch die *Rinde der Nebenniere.* Wir sind imstande, durch Einpflanzung der Keimdrüsen oder Einspritzung ihrer wirksamen Hormone im Tierexperiment auf geschlechtshormonempfindliche Somazellen einzuwirken und so künstlich an den primären Geschlechtsorganen die Veränderungen und Vergrößerungen hervorzurufen, die für das geschlechtsreife Tier kennzeichnend sind und dadurch wieder künstlich die sekundären Geschlechtsmerkmale auszulösen.

10. Die Einrichtungen zur Erhaltung und Ernährung des befruchteten Eies im allgemeinen und bei den Säugern im besonderen (Brutpflege).

Wenn die Tiere mit zweigeschlechtlicher Fortpflanzung auf der Erde erhalten bleiben sollen, so ist es nicht nur notwendig, daß sich die zwei Geschlechtszellen vereinigen, sondern es muß auch dafür Sorge getragen werden, daß der neuentstandene zarte Keimling die *nötigen Lebensbedingungen* vorfindet (Nahrung, Wärme, Schutz vor äußeren Einwirkungen usw.).

Diese *Lebensbedingungen,* und damit die *Einrichtungen,* die im mütterlichen Körper diesem Zweck dienen, sind im allgemeinen um so *verwickelter, je höher die Art* in der Tierreihe steht. Es kommt vor allem sehr viel darauf an, wie groß die Menge der Nährstoffe ist, die das Ei bei seiner Wanderung durch den Eileiter mitbekommt, auf die *Menge des Dotters.*

Man unterscheidet deshalb *dotterreiche* und *dotterarme* Eier. Die niederen Wirbeltiere (Fische, Amphibien, Reptilien, Vögel) haben dotterreiche Eier, bei den höheren Wirbeltieren sind die Eier dotterarm.

Man vergleiche das kaum stecknadelkopfgroße menschliche Ei mit einem Hühnerei und ziehe dabei noch das Gesamtgewicht der Körper vergleichsweise in Betracht, so kann man erkennen, welch ungeheure Unterschiede in dem vom Ei mitgebrachten Vorrat bei den beiden Spezies bestehen.

Die Größe des Eies spielt bei den Säugern keine nennenswerte Rolle. Die Eizelle des Menschen ist z. B. nur um ein geringes größer als die der Maus (110 gegen $80\,\mu$).

Die *dotterreichen* Eier enthalten soviel Nährstoffe, daß der Vorrat ohne Zufuhr von außen ausreicht, das befruchtete Ei bis zur selbständigen Lebensfähigkeit auszubilden. Die Zufuhr von Sauerstoff, Haltung unter einer gewissen Wärme (Körperwärme beim Brüten, Sonnenwärme usw.) genügen zu diesem Zwecke; das Kücken z. B. schlüpft wohlgebildet und gut beweglich aus dem Ei.

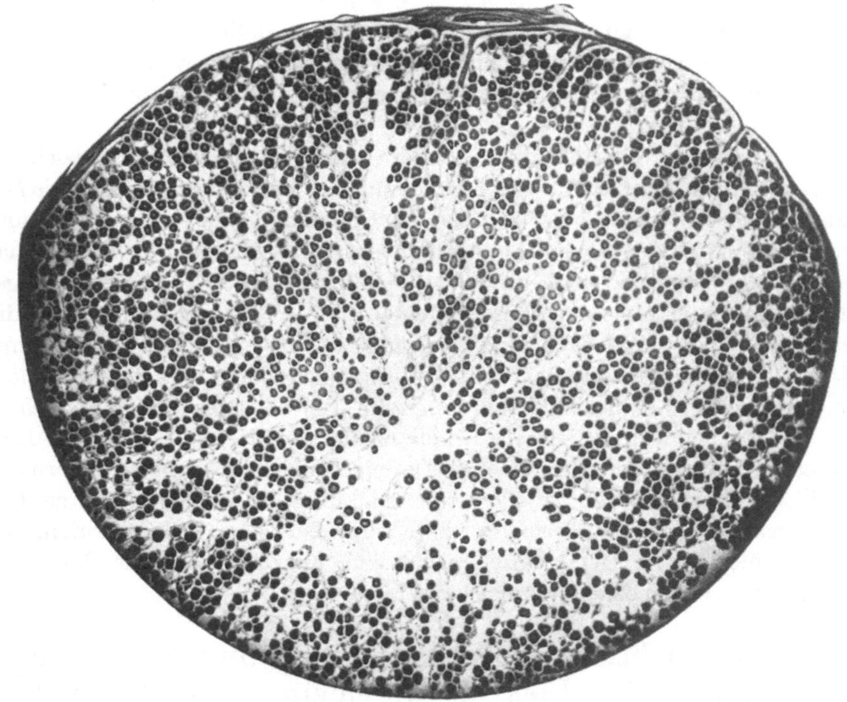

Abb. 36a. Ovarium vom Dorsch. Schwache Vergrößerung. (Aus SCHRÖDER: Handbuch der Gynäkologie.)

Wenn ich sage, daß das Ei der niederen Wirbeltiere alle Nährstoffe in sich trägt, die zum Aufbau des Keimlings notwendig sind, so soll damit nicht gesagt sein, daß alle diese Stoffe schon im endgültig fertigen Zustande im Ei enthalten sind. Die befruchtete Eizelle und die daraus entstehenden Furchungszellen haben die Fähigkeit, in eigener geheimnisvoller Tätigkeit eine Umlagerung der Stoffe vorzunehmen und die nötigen Wirkstoffe selbst zu synthetisieren, so die nötigen Enzyme, Vitamine, Hormone. Schon der Keimling der Pflanze hat ja diese Fähigkeit, z. B. das Weizenkorn vermag Vitamin B zu bilden.

Bei den *Säugern* mit ihrer *geringen Menge von Dotter* reicht der Vorrat nur für kurze Zeit. Ist er aufgezehrt, dann muß dem Keimling — beim Menschen etwa nach 10 Tagen, d. h. etwas mehr als seine Durchwanderung durch den Eileiter dauert (6 Tage) — von außen das nötige Nährmaterial zugeführt werden.

In sehr kennzeichnender Weise unterscheidet sich das histologische Gefüge des Eierstocks eines Nichtsäugers von dem eines Säugers. Beim Dorsch (als Beispiel gewählt, Abb. 36) sind die Eianlagen in strahlenförmigen Keilen unmittelbar nebeneinander gelegen (a), was bei der stärkeren Vergrößerung noch deutlicher wird (b). Bei den Säugern werden die Follikelepithelien viel-

schichtig, es bildet sich der *Follikelapparat* aus, mit Theca externa und interna, Granulosaschicht, Eihügel, Follikelliquor (Abb. 37).

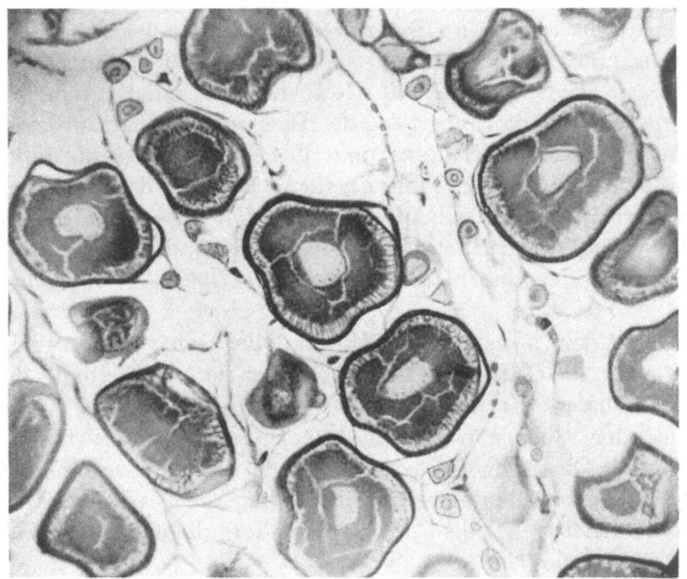

Abb. 36b. Ovarium vom Dorsch. Starke Vergrößerung.

Bei den niederen Wirbeltieren erfolgt auch *kein plötzlicher* Follikelsprung. Es tritt das durch Aufnahme immer größerer Mengen von Dotter wachsende Ei langsam aus seiner dünnen Hülle heraus und gleitet in den Eileiter hinein.

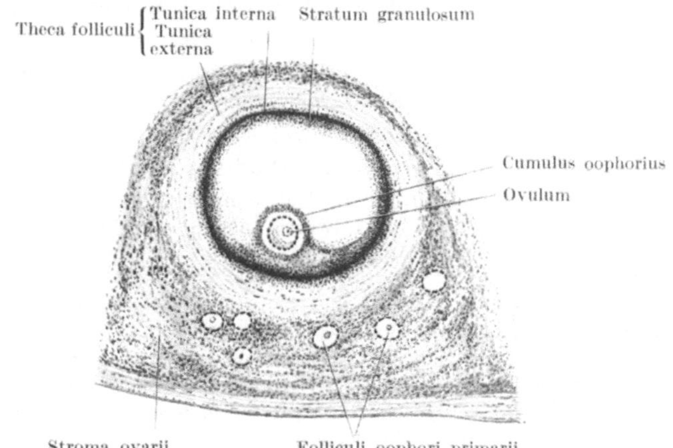

Abb. 37. Schnitt durch den menschlichen Eierstock. (Nach TOLDT-HOCHSTETTER.)

Da sich bei den niederen Wirbeltieren kein richtiger Follikelapparat und namentlich keine breite Granulosaschicht ausbildet, kommt es auch nicht zur Entwicklung eines Corpus luteum. Der *gutausgebildete Gelbkörper* ist ein *Vorrecht der Säuger.*

Bei den Insekten bleiben nach Austritt des Eies Follikelzellen zurück, degenerieren fettig und zeigen gelbliche Anhäufungen, die die Andeutung eines gelben Körpers darstellen.

Bei den Reptilien und Vögeln liegen die Verhältnisse ähnlich, die Follikelzellen bleiben erhalten und werden von Bindegewebe durchwuchert.

Bei den Amphibien gehen die Follikelepithelien rasch zugrunde (nach Harms).

Ein richtiges Corpus luteum gibt es also nur bei den Säugern, bei den übrigen Tieren, sofern überhaupt Follikelepithelien erhalten bleiben, handelt es sich um Restfollikel.

Die Bildung eines Corpus luteum ist deshalb bei den Säugern unentbehrlich, weil dieses, wie wir wissen, die Gebärmutterschleimhaut in die Decidua umwandelt und so erst die Einbettung des Eies in die Gebärmutter ermöglicht.

Das dotterarme Ei des Säugers und des Menschen würde außerhalb des mütterlichen Körpers rasch zugrunde gehen. Es muß deshalb *innerhalb* des Mutterleibes verbleiben und sich die Nahrung dort holen. Zu diesem Zwecke ist es notwendig, daß das befruchtete Ei eine Stätte findet, in der es auf seinem Wege durch den Geschlechtsschlauch entsprechend *lange Zeit ungestört* verweilen kann.

Diese Stelle ist der „*Fruchthalter*" (Uterus) oder Gebärmutter — das letztere Wort betont mehr die Tätigkeit des Organs bei der Austreibung der Frucht.

Bei den Vierfüßlern ist kein besonders dichter und fester Verschluß des unteren Teiles der Gebärmutter erforderlich, es fehlt bei ihnen eine gut ausgebildete Cervix; dagegen ist beim *Menschen* mit dem *aufrechten Gang* und bei dem *Affen*, der ein Baumleben führt (ferner noch phylogenetisch zu erklären bei den Gürteltieren) eine *Cervix* vorhanden, die einen *sicheren Verschluß* gewährleistet (DE SNOO) [1].

Das befruchtete Ei gräbt sich mit den Zotten in die Decidua ein, eröffnet mütterliche Gefäße und bildet die *Placenta* (hämochorialis beim Menschen).

Aus dem mütterlichen Blute entnimmt die Frucht alle Nährstoffe, die sie zu zu ihrem Aufbau braucht. Der Keimling wird in diesem Sinne zum Commensalen. Wir werden sehen, daß auch das Kind zu dem großen Aufbauwerke sehr Wichtiges zusteuert, und daß es sich zwischen Mutter und Kind um eine geradezu ideale Form von Zusammenleben handelt.

Auch die *Placenta* ist im wesentlichen, auch wenn sie bei gewissen Amphibien und Reptilien vorkommt, ein *Vorrecht der Säuger* und des Menschen, genau so wie das Corpus luteum. Beide gehören unzertrennbar zueinander. Ohne Corpus luteum ist bei den Säugern keine Placentabildung möglich.

In bezug auf die Placentabildung hat die Natur merkwürdigerweise schon einmal bei einem *wirbellosen* Tiere, dem *Peripatus* Edwarsii, einem unterhalb der Luftröhrentiere (Tracheaten) stehenden, zu den Onychophoren zählenden Tiere, einen Versuch zur Bildung einer Placenta gemacht.

Aus der beigefügten Abb. 38 ist deutlich zu erkennen, daß alle Einrichtungen vorhanden sind, die zu einer placentaren Ernährung des Keimlings gehören.

Diese Placentabildung ist nur bei den amerikanischen Peripatusarten, die keine dotterarmen Eier haben, festzustellen, während die afrikanischen Formen mit dotterreichen Eiern eine Placentarbildung nicht aufweisen, ein Beweis, von welch großer Bedeutung der Dotterreichtum für die Art der Ernährung des Keimlings (Placenta oder Nichtplacenta) ist.

Die Natur hat diesen Versuch nur bei der *einen* Art gemacht und bei allen anderen Arten als ungeeignet und undurchführbar aufgegeben, sie ist bei allen anderen Protracheaten und Tracheaten den Weg gegangen, der ihr offensichtlich zu gehen leichter fiel, nämlich *dotterreiche* Eier zu bilden, die Ausbildung des geschlechtsreifen Tieres in Etappen (Metamorphosenbildung) vorzunehmen usw.

Warum die Natur den Weg, den sie bei den Säugern in so folgerichtiger und vollkommener Form durchgeführt hat, bei den höheren Formen der Wirbellosen wieder beiseite gelegt hat, ist nicht festzustellen.

---

[1] DE SNOO: Z. Rassenkde 5, 42 (1937).

Auch bei Amphibien und Reptilien kommen Formen vor, die eine Placenta bilden, und zwar eine Placenta endothelio-chorialis.

Nach der Ausstoßung aus der Gebärmutter ist das *Junge der Säuger* noch sehr *hilfsbedürftig* und noch nicht imstande, sich durch die für die Art gemäße Nahrung zu erhalten. Es muß noch eine Periode, in der dem Jungen eine besonders für seine Verdauungsorgane verwertbare Nahrung zugeführt wird, eingeschaltet werden. Bei den Marsupialiern ist es der *Beutel*, bei den Säugern die *Brustdrüse*, die Vormilch und Milch bereiten.

So viele und mannigfaltige Einrichtungen sind bei der Mutter notwendig, um das Junge der höchstorganisierten Lebewesen, der Säuger, in die Zeit

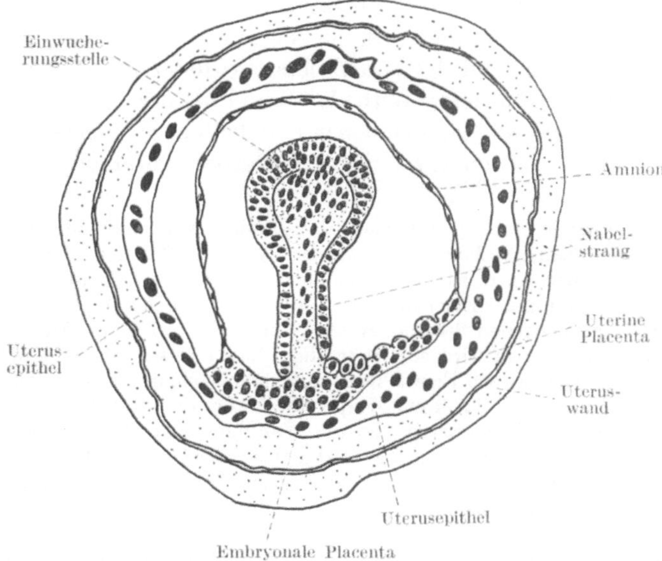

Abb. 38. Medianschnitt durch den Embryo eines Peripatus Edwarsii. Man erkennt auf der Zeichnung alle Attribute, die zu einer Placentabildung gehören. (Nach v. KENNEL.)

hinüberzuleiten, in der sie die gewöhnliche Kost zu verarbeiten vermögen. Diese Organe und Einrichtungen sind *so kennzeichnend*, daß man nach ihnen der ganzen Klasse den Namen gegeben hat (Säuger oder Mammalier, Placentarier im Gegensatz zu Aplacentarier). Bei ihnen sind Geschlechtlichkeit und Fortpflanzung zur *Grundlage der Einteilung* genommen worden, d. h. Merkmale, die bei niederen Tierformen ungewöhnlich viele und auffallend große Schwankungen aufweisen. Sonst dienen rein körperliche Eigenschaften, wie Lungen- und Kiemenatmung, Warm- und Kaltblüter, Knochensystem, Körpersegmentierung, Art der Fortpflanzungsapparate, Hautbeschaffenheit usw. zur Einteilung.

Das Auftreten von Uterus masculinus und Brustdrüsen beim Mann, wenn auch nur in rudimentärer Form ist ein Beweis, daß die Merkmale phylogenetisch stabilisiert und fixiert und damit erblich geworden sind. Sie sind Eigenschaften der *Art* (und nicht des Geschlechts); nur dadurch ist eine Gewähr gegeben, daß sie von Bestand sind.

Um die hohe Organisation, die wir bei Säugern und Menschen beobachten, durchführen zu können, hat die Natur eine besonders scharfe Arbeitsteilung bei der Erledigung der Fortpflanzungsvorgänge vorgenommen. Die körperlichen und seelischen Verschiedenheiten der beiden Geschlechter wurden bereits besprochen (S. 101). Ganz besonders ausgeprägt tritt die Arbeitsteilung aber in der Differenzierung der Geschlechtsorgane zutage. Der weibliche Teil ist mit einer großen Anzahl von *neuen* Organen ausgerüstet, Corpus luteum, Placenta, Brust, Uterus. Die Fähigkeit, diese Organe zu bilden, liegt im *Keimplasma* verankert. Ihre volle *Ausbildung* erfordert eine *recht lange* Zeit und kann erst eintreten, wenn der Körper fast ausgewachsen ist. Bei der Differenzierung sind die uns nunmehr wohlbekannten *Geschlechtshormone* führend.

Einen ganz eigenartigen Weg geht die Natur bei den *Insekten*. Diese sind wohl die höchstentwickelten Wirbellosen mit weitgehender Differenzierung der Körperformen und der Fortpflanzungseinrichtungen (soziale Insekten, wie Bienen, Ameisen usw.). Bei ihnen ist die Natur nicht imstande, in *einem* Zuge ihr Endziel zu erreichen und das geschlechtsreife fortpflanzungsfähige Tier zu bilden, wie das bei den niederen Wirbellosen und bei den Wirbeltieren der Fall ist. Sie muß *Zwischen- und Ruhestationen* einschalten, auf denen sie großartige Umstellungen in der Zusammensetzung des Körpers vornimmt, die sog. *Metamorphosen.*

Man unterscheidet je nach dem Fehlen, der Bildung von einer oder zwei Zwischenformen a-, hemi- und holometabole Insekten. Zu den hemimetabolen Tieren gehören z. B. die Heuschrecken, Ohrwürmer, zu den holometabolen: Bienen, Ameisen, Schmetterlinge.

Bei den letzteren treten die Erscheinungen besonders deutlich zutage. Beim Schmetterling sind es drei verschiedenen Stadien, Raupe, Puppe, Falter. Beim Anblick der so verschieden aussehenden Stadien wird ein Unkundiger kaum je auf den Gedanken kommen, daß es sich nur um verschiedene Entwicklungszustände ein und derselben Tierart handelt. Die gefräßige Raupe sammelt in ihrem Körper die Nähr- und Rohstoffe, die erforderlich sind für den späteren Aufbauvorgang und die Wandlungen in ihrem Innern.

Wenn die Raupe genügend Rohmaterial in ihrem Körper gesammelt hat, dann verpuppt sie sich unter dem Einfluß eines besonderen chemischen Stoffes, des Verpuppungshormons. In diesem Stadium vollzieht sich eine geheimnisvolle humoral-cellulare Umstellung. Eröffnet scheint die Puppe nur aus einer strukturlosen Masse zu bestehen, in der nur noch Gefäß- und Nervensystem zu erkennen sind. Tatsächlich erfolgt von den morphologisch und chemisch noch pluripotenten Zellen ausgehend, das wunderbare Aufbauwerk, das eines Tages das geschlechtsreife Tier, den bunten Falter an das Tageslicht treten läßt. Sein kurzer Lebenslauf gipfelt und erschöpft sich für beide Geschlechter in der Aufgabe, die Erhaltung der Art zu sichern. (Der kürzeste Lebenslauf findet sich wohl bei der Eintagsfliege.)

11. Erblichkeit der Fortpflanzungsart und des Geschlechts.

Wir wissen heute, daß alle wesentlichen Eigenschaften, die ein Lebewesen hat, einschließlich des Geschlechts und der Fortpflanzungsart *vererbt* sind; das, was die Umwelt dazu gibt, ist Modifikation oder Variation.

Diese Erkenntnis ist immer noch nicht so Allgemeinbesitz bei den Medizinern geworden, wie es notwendig ist; sonst hätte nicht noch im Jahre 1932 von einem Japaner, namens KATASE[1] ein Buch erscheinen können, in dem versucht wird, klar zu legen, daß es durch eine bestimmte Art der Ernährung möglich ist, den Menschen auch in seinen erbmäßigen Anlagen grundlegend umzustimmen.

Besonders schön wird die Vererbung der Körpereigenschaften an dem Beispiel der *Mannweiblichkeit* gewisser Tiere (*Gynandromorphismus oder Gynandrie*, R. GOLDSCHMIDT) veranschaulicht. Es handelt sich bei diesem Zustand nicht um ein echtes Zwittertum

---

[1] KATASE: Der Einfluß der Ernährung auf die Konstitution des Organismus. Berlin u. Wien: Urban & Schwarzenberg 1932.

(Hermaphroditismus mit zwei heterologen Geschlechtsdrüsen), es ist vielmehr nur *eine* Gonade (männlich oder weiblich) vorhanden. Auch die Somazellen haben der Hauptsache nach noch homologe Differenzierung. Daneben aber bestehen auch heterologe Merkmale. Zum Beispiel bei Schmetterlingen zeigen die Flügel der einen Seite männliche, die Flügel der anderen Seite weibliche Farbe und Gestalt (laterale Gynandrie) (Abb. 39). Es können aber die andersgeschlechtlichen Partien auch auf der oberen oder unteren Seite des Körpers im vorderen oder im hinteren Teil gelegen sein, sie können auch ganz unregelmäßig über den ganzen Körper verteilt sein (sog. Mosaik-Gynandrie).

Solche mehr oder minder regellos auf den Körper verteilte andersgeschlechtliche Merkmale lassen sich nur durch zygotische, nicht durch hormonale Einflüsse erklären. d. h. sie gehen von Zellen aus, die von den ersten Blastomeren her schon mit heterologen Entwicklungstendenzen ausgerüstet sind.

Durch die Forschungen von WEISMANN, BOVERI, MORGAN usw. ist festgestellt, daß der *Kern* der Zelle und die bei der Teilung entstehenden *Kernschleifen* (Chromosome) die Träger der Erbanlagen (Gene) sind [1]. Die Zahl der Chromosome, die bei jeder Zellteilung auftreten, ist für jede Tierart unveränderlich und konstant. Sie beträgt z. B. bei dem bekannten Versuchstier, der Taufliege (Drosophila) 8 (Abb. 40), beim Menschen 48 (s. Abb. 41) [2]. Die Chromosome sind die Träger der Erbeinheiten, Erbanlagen, der Gene, deren Zahl natürlich ein Vielfaches die Zahl der Chromosome übersteigt. Bei der Taufliege z. B. sind heute allein über 600 einzelne Erbfaktoren nachgewiesen (bei 4 Chromosomen). Es kann heute als erwiesen angesehen werden, daß die Gene in den Chromosomen streng linear hintereinander angeordnet sind (hauptsächlich an den Chromosomen der Taufliege Drosophila festgestellt).

Abb. 39. Fast halbseitiger Gynander von Morpho rhetenor. Links weibliche, rechts männliche Färbung und Gestalt. (Nach SJÖSTEDT aus GOLDSCHMIDT.)

Bei der Parthenogenesis bildet sich bekanntlich nur *eine* Art von Geschlechtszellen, die weiblich-mütterliche Geschlechtszelle, das Ei. Diese vermag ohne Befruchtung aus eigener Kraft ein neues Individuum gleicher Art aufzubauen. Bei dieser eingeschlechtlichen Fortpflanzung tritt ein Vorgang bei den Chromosomen nicht ein, der bei der zweigeschlechtlichen Fortpflanzung, gleichgültig

---

[1] Auf die Frage nach der Bedeutung des *Plasmas* braucht an dieser Stelle nicht näher eingegangen zu werden, weil das *Geschlecht* ganz sicher durch Kern und Chromosome übertragen wird. Nur so viel sei noch zu der Frage erwähnt: Kern und Plasma unterscheiden sich deutlich in ihrer chemischen Zusammensetzung voneinander (andere Färbbarkeit, anderes Kat- und Anionenverhältnis). Der *Kern-Plasma-Relation* (R. HERTWIG) wird daher bei jeder Zelle große Bedeutung zugeschrieben. Speziell für die Keimzellen haben die Untersuchungen der letzten zwei Jahrzehnte (H. MORGAN, W. JOHANNSEN, CONKLIN, PLATE, E. BAUR, A. KÜHN, F. v. WETTSTEIN) es sehr wahrscheinlich gemacht, daß das *Plasma* als die Grundsubstanz die *allgemeine Gestaltung*, die Art der Organe, Polarisation und Symmetrie, kurz das *Spezifische der Art*, das schwer veränderlich, erbgleich und nicht den MENDELschen Gesetzen unterworfen ist, steuert. Im *Kern* der Keimzelle sind dagegen, wie allgemein anerkannt wird, die *Formverhältnisse der Organe*, Farbe, Zeichnung, anatomische und physiologische Charaktere, kurz die *Varietäts- und Rassenmerkmale* verankert.

[2] HEBERER: 50 Jahre Chromosomentheorie der Vererbung. Tübingen 1933.

ob zwittrig oder getrenntgeschlechtlich, nie fehlt und nie fehlen darf, das ist die *Verminderung* der ursprünglichen Zahl der Chromosome auf die *Hälfte* durch die *Reduktionsteilung*. Da die Eigenart der zweigeschlechtlichen Fortpflanzung darin besteht, daß zwei Keimzellen verschiedenen Geschlechts sich zu einer einzigen Zelle, der befruchteten Eizelle oder der Zygote vereinigen, so müßte, wenn die Reduktionsteilung unterbliebe, die Zahl der Chromosomen in der befruchteten Eizelle und damit in allen anderen, aus ihr entstehenden Zellen verdoppelt sein (beim Menschen also statt 48 auf 96 Chromosome und weiterhin in geometrischer Reihe ansteigen), dadurch würde das Gesetz von der Konstanz der Chromosomenzahl umgestoßen werden.

Der Reifungsvorgang der Gameten oder wenn wir uns allgemeiner ausdrücken, die Differenzierung, die in den Gameten vor sich geht, um sie befruchtungsfähig zu machen, ist also bei der zweigeschlechtlichen Fortpflanzung viel verwickelter als bei der eingeschlechtlichen und besonders bei der ungeschlechtlichen Vermehrung.

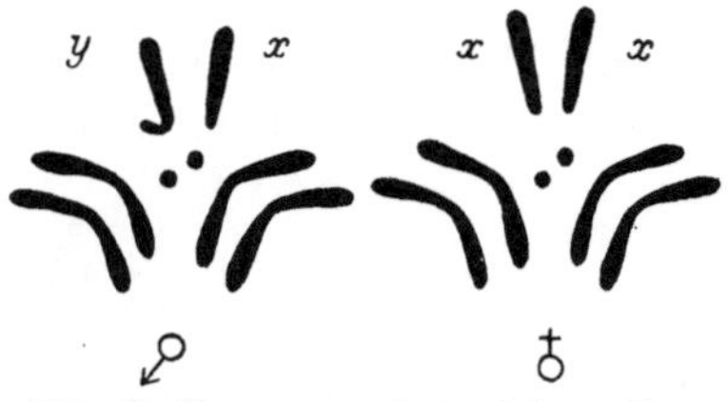

Abb. 40. Chromosomenbestand der weiblichen und männlichen Drosophila (etwas schematisiert). (Nach MORGAN.)

Wenn man den Chromosomensatz der Drosophila oder des Menschen (siehe Abb. 40 und 41) betrachtet, so kann man erkennen, daß je zwei Chromosome in ihrer äußeren Form völlig gleich aussehen (da sie durch Längsteilung entstanden sind). Die Paare sind in der Zeichnung nebeneinander gestellt.

Glücklicherweise sind wir durch Beobachtungen, auf die hier nicht näher eingegangen werden kann, imstande, die Chromosome, die den Aufbau der

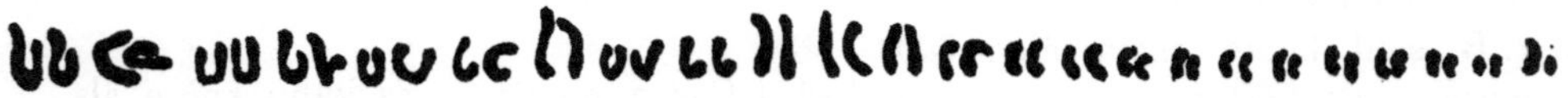

Abb. 41. Analyse des Chromosomensatzes des Menschen. Die homologen Chromosomen sind paarweise angeordnet neben.inandergestellt, rechts das heteromorphe xy-Paar. Aus Spermatogenie eines Weißen. (Nach SHIWAGO und ANDRES).

somatischen Zellen besorgen, die sog. Autochromosome oder Autosome, von den Kernschleifen zu unterscheiden, die den Aufbau der geschlechtlichen Organe steuern, den sog. Idiochromosomen oder *Geschlechtschromosomen*. Die Geschlechtschromosome sind in Abb. 41 am Ende der Reihe gelegen.

Wenn wir nun das morphologische Aussehen der Geschlechtschromosome einer männlichen und einer weiblichen Geschlechtszelle miteinander vergleichen, so ist festzustellen, daß in einem Fall die beiden Arten von Geschlechtschromosome einander gleichen, und wir bei der mikroskopischen Untersuchung keinen Formunterschied festzustellen vermögen, in einem anderen Fall dagegen deutliche morphologische Unterschiede zwischen den beiden Arten der Geschlechtschromosome bestehen. Auch die Anzahl der Geschlechtschromosome kann verschieden, entweder nur in Einzahl oder in Mehrzahl vorhanden sein. Nach dem gestaltlichen Aufbau der Geschlechtschromosome unterscheiden wir zwei Arten, die wir mit x und mit y bezeichnen. Wir können nun aus der Anzahl und nach dem Aufbau der Geschlechtschromosome in manchen Fällen Rückschlüsse ziehen, ob durch die Vereinigung der beiden Gameten ein weibliches oder männliches Lebewesen entsteht.

Man kann drei Typen aufstellen, die sich formelmäßig folgendermaßen darstellen lassen:

Typus A: Eizelle (n/2 einschl. x) + Spermatoz. (n/2 einschl. x) = n (einschl. 2 x) = ♂ oder ♀

Typus B
{ 1. Eizelle (n/2 einschl. x) + Spermatoz. (n/2 einschl. x) = n (einschl. 2 x) = ♀
{ 2. Eizelle n/(2 einschl. x) + Spermatoz. (n/2 einschl. y) = n (einschl. x y) = ♂

Typus C
{ 1. Eizelle (n/2 einschl. x) + Spermatoz. (n/2 einschl. x) = n (einschl. 2 x = ♀
{ 2. Eizelle (n/2 einschl. x) + Spermatoz. (n/2 — x) = n — 1 (einschl. 1 x) = ♂

Bei Typus A sind keine äußeren Merkmale bei den Geschlechtschromosomen vorhanden. Alle sehen gleich aus, sind x.

Bei Typus B (Abb. 42) dagegen tragen die männlichen Keimzellen in dem einen Fall ein x, in dem anderen ein y, die Eizelle dagegen stets ein x. Wenn sich eine Eizelle mit einem Spermatozoon, das ein x-Chromosom enthält, vereinigt, also x zu x kommt, so entsteht ein weibliches Wesen, es besteht *weibliche Homogametie.* Wenn aber ein Spermatozoon, das ein y trägt, mit der Eizelle verschmilzt, also ein y zu x tritt, dann entsteht ein männliches Lebewesen. Wir sprechen von einer *männlichen Heterogametie.* Die männliche Heterogametie und weibliche Homogametie sind am häufigsten in der Tierwelt vertreten, sie kommen auch bei

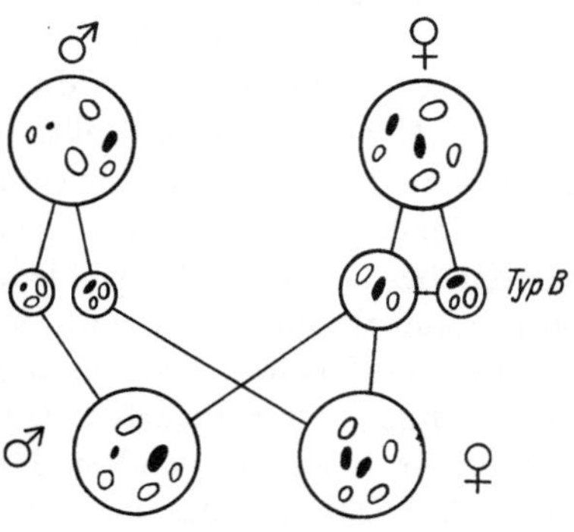

Abb. 42. Typus B.

den *Säugetieren* und beim *Menschen* vor. Dagegen ist es umgekehrt bei Schmetterlingen und bei Vögeln.

Bei Typus C (Abb. 43) findet sich wieder nur ein x-Chromosom, und zwar hat jede Eizelle ein x-Chromosom, dagegen fehlt bei der Hälfte der Spermatozoen das x-Chromosom. Vereinigt sich eine Eizelle mit einem Spermatozoon, das ein x-Chromosom enthält, also kommt x zu x, so entsteht ein weibliches Wesen (weibliche Homogametie). Verschmilzt das Ei dagegen mit einem Spermatozoon, bei dem kein Geschlechtschromosom morphologisch erkennbar ist, so entsteht ein männliches Tier.

Wenn man männliche und weibliche Geschlechtszellen in bezug auf morphologisches Aussehen der Geschlechtschromosome vergleicht, so stellen wir fest, daß die Eizelle stets ein x-Chromosom, die männliche Keimzelle bei Typus A, ferner zur Hälfte bei Typus B_1 und C_1 hat, bei Typus C_2 dagegen fehlt das x-Chromosom.

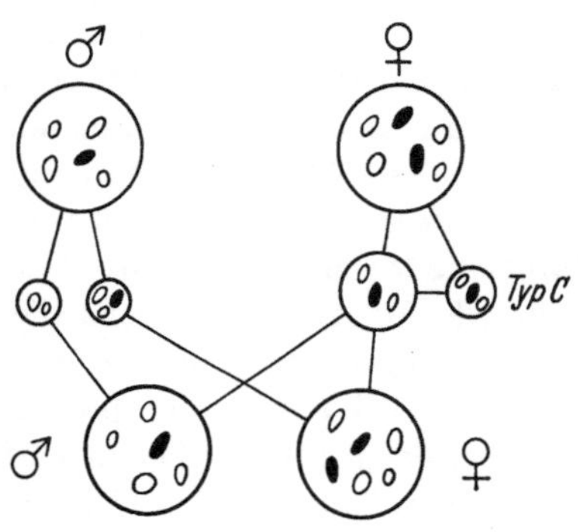

Abb. 43. Typus C.

Ein y-Chromosom dagegen weist nur die Hälfte der Spermatozoen vom Typus B_2 auf. Man kann schon aus diesem Verhalten schließen, daß das x-Chromosom, soweit uns die äußere Gestalt darüber aufklärt, das wichtigere ist.

Tatsächlich ist das Idiochromosom x stets *erheblich größer* als y. Es ist in ihm stets das enthalten, was wir als *weibliches Prinzip*, d. h. die Grundlage und die Voraussetzung für jede Fortpflanzung bezeichnet haben. Es verbirgt sich also hinter dem x-Chromosom stets ein weibliches Prinzip. Es kann aber auch das männliche darunter versteckt sein. In letzterem Falle kann man keinen Schluß ziehen, ob durch die Vereinigung der beiden Geschlechtszellen ein männliches oder ein weibliches Lebewesen entsteht. Ein solcher Schluß ist nur bei Typ B und C möglich.

Man muß das Auftreten eines besonders gestalteten Geschlechtschromosoms, eines *y*, in der männlichen Keimzelle als ein Zeichen einer *höheren gestaltlichen Differenzierung* der Geschlechtschromosome, eine höher geprägte Form, ansehen. Es ist kein Zufall, daß die eine Hälfte der Spermatozoen der körperlich und geschlechtlich höchstorganisierten Lebewesen, Säuger und Mensch, stets ein Y-Chromosom hat.

Man hat gegen die Chromosomentheorie der Entstehung der Geschlechter bei Säugetieren und beim Menschen eingewandt, daß das Verhältnis von männlichen und weiblichen Individuen anders ist als es der Berechnung entspricht. Die *Geschlechtsproportion* sollte 50:50 oder 100:100 sein, tatsächlich ist sie beim Menschen 100 (Mädchen) zu 106 (Knaben); wenn man die Frühgeburten noch hinzurechnet, so findet sich eine noch stärkere Verschiebung zugunsten der Knaben. Auch bei verschiedenen Tieren läßt sich eine andere Geschlechtsproportion als die errechnete feststellen.

Diese auffallende Erscheinung könnte einmal dadurch erklärt werden, daß die männlich determinierten Spermatozoen mit einem Y-Chromosom leichter und besser beweglich sind und daher öfters bis zur Eizelle vor und leichter durch die Glashaut hindurchstoßen können als die schwereren Spermatozoen mit einem X-Chromosom. Vielleicht stecken dahinter aber noch andere Faktoren bei den Teilungsvorgängen, die wir im Augenblick noch nicht erkennen können.

12. Zeitpunkt,
in dem die Geschlechtsdifferenzierung eintritt.

Wenn man die von HAECKER angegebene Einteilung vereinfacht, so kann man folgendes Schema betr. des Zeitpunktes, in dem die geschlechtliche Differenzierung sich vollzieht, aufstellen:

1. Die Geschlechtsbestimmung tritt bereits *vor* der Befruchtung ein *(progame Geschlechtsbestimmung)*. Das Geschlecht wird in diesem Falle einzig und allein durch die Eizelle bestimmt. Das Spermatozoon ist entweder ohne jeden Einfluß, oder es kann höchstens die von der Eizelle determinierte geschlechtliche Entwicklungstendenz unterstützen, aber in keinem Falle verhindern. Es geht aus dem Vorkommen der progamen Geschlechtsbestimmung klar hervor, daß auch bei der geschlechtlichen Differenzierng der Tiere mit getrenntgeschlechtlicher Fortpflanzung dem Ei die größte Wichtigkeit zukommt.

Als Beispiel einer progamen Geschlechtsbestimmung führe ich den Anneliden Dinophilus apatris an. Im Eierstock dieses Tieres finden sich große Eier, die zu Weibchen, und kleine, die zu Männchen werden. Auch bei Tieren mit teils parthenogenetischer, teils zweigeschlechtlicher Fortpflanzung werden aus großen Eiern Weibchen, aus kleinen Männchen. Auch bei Wirbeltieren, besonders bei Vögeln, z. B. der Taube, soll das erste kleine Ei ein Männchen, das zweite größere ein Weibchen geben.

2. Die geschlechtliche Determinierung tritt im *Augenblick der Befruchtung* ein *(syngame Geschlechtsbestimmung)*. Theoretisch sollte man annehmen, daß dabei der Akt des Eindringens des Samenfadens in die Eizelle für die Geschlechtsbestimmung gleichgültig ist; denn wir haben bei der vorausgehenden Form gesehen, daß auch die weibliche Keimzelle allein das Geschlecht zu determinieren vermag. Für die Säuger und den Menschen trifft diese Annahme aber sicher nicht zu, denn hier bestimmt die gestaltliche Form des Geschlechtschromosoms eines Spermatozoon das Geschlecht.

3. Die Geschlechtsbestimmung erfolgt erst einige Zeit *nach* der Befruchtung *(epigame Geschlechtsbestimmung)*. In diesem Falle kann der geschlechtsbestimmende Faktor in der Eizelle allein gelegen sein, er braucht aber längere Zeit, bis er zur erkennbaren Auswirkung kommt; oder aber es wirkt das Geschlechtschromosom des Spermatozoons mit, nicht sofort, wie bei der zweiten Art, sondern verzögert.

Als Beispiel führe ich die Verhältnisse beim Aal an; bei ihm sind bis zu einer Körperlänge von 15 cm die Keimdrüsenanlagen, das sog. SYRSKIsche Organ, noch indifferent; dann bilden sich erst männliche und weibliche Geschlechtsdrüsen aus, entweder Hoden oder, bei günstigen Lebensbedingungen (Wärme, gute Ernährung usw.), Eierstöcke. Über die Beeinflussung des Geschlechts bei Fröschen habe ich bereits S. 88 berichtet. Auch bei den Vögeln scheint eine epigame Geschlechtsdifferenzierung stattzufinden. Es gelingt nach LUDWIG und RIES [1] u. a., am befruchteten Hühnerei durch Einspritzung von Follikelhormon eine weit größere Anzahl von Hennen zu erzielen (s. S. 122).

Man darf aus der Tatsache, daß bei der *progamen* Geschlechtsbestimmung bereits vor der Befruchtung und bei der *epigamen* erst längere Zeit nach der Befruchtung das Geschlecht deutlich wird, den Schluß ziehen, 1. daß bei *den* Tieren, die *diese Art der Geschlechtsbestimmung* haben, die *weibliche Keimzelle allein* oder *wenigstens vorwiegend* das Geschlecht bestimmt und daß der Einfluß der männlichen Keimzelle verhältnismäßig gering ist,

2. daß die *geschlechtliche Differenzierung* bei den verschiedenen Tierarten *verschieden lange Zeit* in Anspruch nimmt. Bei den Fröschen z. B. wird die neben den männlichen und weiblichen Keimdrüsen bestehende, geschlechtlich indifferente intermediäre Gonade erst 10 Monate nach der Metamorphose in eine männliche Keimdrüse umgewandelt.

Im Gegensatz zu den zwei erstgenannten Formen erfolgt bei der *syngamen* Geschlechtsbestimmung die Festlegung des Geschlechtes anscheinend ganz *plötzlich im Augenblick des Eindringens des Spermatozoons* in die Eizelle. Wir dürfen schon aus dieser Tatsache den Schluß ziehen, und können die Annahme durch die morphologische Verschiedenheit der Geschlechtschromosome der Spermatozoen einwandfrei beweisen, daß die *männlichen* Geschlechtschromosome das *Geschlecht maßgebend beeinflussen.*

Diese Feststellung ist von größter Wichtigkeit. Bei der *syngamen* Geschlechtsbestimmung spielen sich die Vorgänge anders als bei der pro- und epigamen Form ab. Es findet eine für unsere Sinne erkennbare morphologische Ausbildung einer besonderen Form von Geschlechtschromosomen bei den männlichen Keimzellen (x, y) statt. Es werden die Kräfte, die das Ei nach einer bestimmten sexuellen Richtung hin zur Entwicklung bringen, in den Spermatozoen gespeichert und kommen im Augenblick der Besamung zur Auswirkung. Dieser Zustand hat sich in langer phylogenetischer Entwicklung ausgebildet und ist *stammesgeschichtlich* in den *Chromosomen* fest *verankert.* Infolge ihrer phylogenetischen festen Verankerung kann die syngame Geschlechtsbestimmung durch *Umweltsfaktoren gar nicht* oder *nur in den ersten Anfängen beeinflußt* werden. Wenn es sich bei den weiteren Untersuchungen wirklich als richtig erweisen sollte, daß, wie LEUPOLD gefunden hat, beim Kaninchen das Geschlecht durch den Gehalt des Blutes an Cholesterin und sein Verhältnis zum Lecithin maßgebend beeinflußt wird, so kann man sich eine solche Wirkung

---

[1] LUDWIG u. RIES: Zbl. Gynäk. **1938**, Nr 43 2370.

sicher nur in den ersten Anfängen der Entwicklung, nicht etwa in einem späteren Stadium vorstellen.

Aus diesen Tatsachen folgt, daß wir auf die Ausbildung des Geschlechts *unmittelbar keinen* oder *nur einen höchst zweifelhaften Einfluß beim Menschen auszuüben vermögen.*

Auf *mittelbarem* Wege ist eine gewisse Beeinflussung nicht ganz unmöglich, indem man versucht, Bedingungen zu schaffen, die den y-haltigen (Männchen erzeugenden) Spermatozoen die Aufwanderung im Geschlechtskanal und das Eindringen in die Eizelle erleichtert. LENZ, UNTERBERGER haben bei der Frau empfohlen, den Säuregehalt der Scheide, der die Beweglichkeit der Samenzellen ungünstig beeinflußt, durch Einführung geringer Mengen von Milchsäure zu erhöhen, dadurch den schwereren Spermatozoen mit einem X-Chromosom die Aufwanderung zu erschweren und so den leicht beweglichen Y-Chromosomen einen Vorsprung zu geben.

Da das weibliche Prinzip bei der Fortpflanzung so ausgesprochen die Führung hat, ist es verständlich, daß allgemein geglaubt wird, bei der Bestimmung des Geschlechts gebe die *Frau* den Ausschlag. Aus dieser Vorstellung heraus machen manche Männer stillschweigend oder offen der Frau einen Vorwurf, wenn sie immer wieder Mädchen zur Welt bringt. Der Mann sollte sich selbst an die Brust schlagen, denn der Grund — ich möchte nicht sagen die Schuld — liegt rein chromosomal betrachtet, *nicht an der von der Frau gelieferten Eizelle, sondern in den Spermatozoen des Mannes.*

Anders liegen die Verhältnisse bei der *pro- und epigamen* Geschlechtsbestimmung. Hierbei handelt es sich um Tiere, die entweder noch gar keine oder jedenfalls noch *keine so scharf festgelegte Determination des Geschlechts* durch die männlichen Keimzellen haben. Bei ihnen können *äußere Einwirkungen* (Wärme, Kälte, Licht, Jahreszeit, Art der Ernährung) die Ausbildung des Geschlechts noch beeinflussen *(regulative Einwirkung)*. Ich führe als klassisches Beispiel die Bonellia an:

1. Die im Mittelmeer lebende *Bonellia viridis*, zu den Sternwürmern oder Gephyreen gehörig, bringt zunächst geschlechtlich indifferente mikroskopisch kleine Larven hervor. Damit aus diesen Weibchen entstehen können, müssen sie am Rüssel eines ausgewachsenen Weibchens (der Rüssel wird über einen Meter lang, das Tier selbst ist so groß wie eine Eierpflaume) saugen. Die anderen Tiere, die nicht am Rüssel saugen, werden Männchen. Beim Saugakt, bei dem sie als vorübergehende Außenparasiten am Rüssel des Weibchens sitzen, nehmen sie offenbar Stoffe auf, die zu hormonalen Geschlechtsstoffen verarbeitet werden.

2. Die *Kröte Bufo vulgaris* hat neben Hoden auch noch das BIDDERsche Organ, das ist ein rudimentäres Ovar. Entfernt man bei dieser Kröte die Hoden, so bildet sich je nach dem Alter und je nach der Art der Ernährung früher oder später das rudimentäre BIDDERsche Organ in ein richtiges Ovar mit Eizellen um und das ursprüngliche männliche Tier wird im Verlaufe von 2—3 Sommern in den primären und sekundären Geschlechtsmerkmalen völlig weiblich umgestellt (HARMS [1]). Durch reichliche Ernährung des Tieres mit stark fetthaltigen Substanzen, Lipoiden, Lecithin wird die Umstellung beschleunigt.

G. HERTWIGS bekannte *Überreifungsversuche* an *Fröschen* mit Änderungen der Geschlechtsproportion beruht wahrscheinlich auf Kälteeinflüssen und dadurch herbeigeführten Veränderungen im Stoffwechsel der Eizelle.

3. Es ist ferner bekannt, daß bei *Vögeln* leicht eine Geschlechtsumkehr künstlich herbeizuführen ist. DANTCHAKOFF, LUDWIG und RIES berichten, [2] daß es ihnen gelungen sei, durch Einspritzung kleinster Mengen Follikelhormon in das 4 Tage bebrütete *Hühnerei*

---

[1] HARMS: Körper- und Keimzellen, Bd. 1. Berlin: Julius Springer 1926.

[2] DANTCHAKOFF, LUDWIG u. RIES: Zbl. Gynäk. **1936**, Nr 45.

100% weibliche Kücken zu erzielen, während sonst das Geschlechtsverhältnis der Kücken 50:50 beträgt. Die Einspritzungen wurden in den Alantoissack gemacht. Weitere Erfahrungen jedoch lehrten, daß die Umstimmung durchaus nicht immer gelingt. Manchmal kommt es nur zur Ausbildung von Intersexen. Umgekehrt gelingt es durch Einspritzung von männlichem Geschlechtshormon, genetische Weibchen zu Intersexen umzuwandeln. [DANTCHAKOFF [1] (die noch teilweise Sterilisierung durch Röntgenstrahlen zu Hilfe nahm), WOLFF und GINGLINGER [2], WILLIER, GALLAFFER und KOCH [3]]. Es hat sich ferner beim Weiterverfolgen der Intersexe gezeigt, daß die Folgen der Follikelhormongaben langsam abklingen, die verweiblichten Tiere also *langsam wieder zu Männchen* werden. Auch bei wiederholten Follikelhormongaben kommt es zu einer Vermännlichung, und zwar infolge Degenerationserscheinungen, die in den Geschlechtszellen auftreten. Naturam expellas furca tamen semper recurret (auch wenn man die Natur gewaltsam austreibt, kehrt sie immer wieder.)

Bei *den* Wirbeltieren, bei denen die Beeinflussung des Geschlechts gelingt (Kröten, Frösche, Vögel), zeigt sich auch eine große *Neigung zu Zwitterbildung* (s. S. 88). Aus dem Umstand, daß die geschlechtliche Bestimmung ontogenetisch durch äußere Faktoren so stark beeinflußt wird, läßt sich schließen, daß phylogenetisch bei diesen Formen noch keine straffe Verankerung in den Chromosomen stattgefunden hat.

Zwischen der Bonellia, bei der das Geschlecht ganz durch die Art der Ernährung bestimmt wird, und der streng stabilisierten getrenntgeschlechtlichen Fortpflanzung der Säuger und des Menschen, bei denen das Geschlecht durch Spermatozoen und durch besonders geformte Geschlechtschromosome determiniert ist, gibt es verschiedene Übergänge und natürlich auch *Abweichungen*.

Wir müssen scharf *die* Stoffe auseinanderhalten, die die geschlechtliche Differenzierung bewirken und die, die das bereits eindeutig differenzierte Geschlecht weiter entwickeln, also *geschlechtsdifferenzierende* und die *homologe Geschlechtsentwicklung fördernde* Stoffe. Es handelt sich um zwei *biologisch verschieden* wirkende und wohl auch *chemisch verschiedene* Körper. Ein Organ, das beide Stoffe zu bilden vermag, ist die Rinde der Nebenniere der Säuger (s. S. 268).

In ganz *reiner* Form sehen wir die Wirkung von Stoffen, die die *homologe geschlechtliche Weiterentwicklung* steuern, bei gewissen Insekten, am ausgeprägtesten bei der Honigbiene.

Arbeitsbienen und Königin sind bekanntlich beide eindeutig weiblich determinierte Tiere; während die letztere jedoch ein vollentwickeltes Weibchen mit allen Attributen ihres Geschlechts ist, bleiben bei den ersteren die Geschlechtsorgane zeitlebens rudimentär. Diese verschiedene Ausbildung der Geschlechtsmerkmale wird durch eine andere Art der Ernährung bewirkt. Die Larve, die zu einer Königin werden soll, wird mit „königlicher" Nahrung gefüttert.

Während es bei der Honigbiene nur die beiden *Extreme* gibt, kommen bei den Wespen und Hummeln alle möglichen Übergänge zwischen den beiden Zuständen vor. Es gelingt aber auch bei der Honigbiene, durch entsprechende Fütterung *künstlich* alle Zwischenformen zu erzeugen.

Die R. Goldschmidtsche Theorie.

Diese Ausführungen über die chromosomale Bestimmung des Geschlechts bei Säugern und Menschen stehen in einem gewissen Gegensatz zu der R. GOLDSCHMIDTschen Theorie. Sie besagt, daß alle Tiere anfänglich zwittrig sind,

---

[1] DANTCHAKOFF: C. r. Soc. Biol. Paris **120**, 579, 980, 1036; **122**, 166, 349, 1307.

[2] WOLFF et GINGLINGER: C. r. Soc. Biol. Paris **120**, 901, 1312; **121**, 1474; **123**, 235.

[3] WILLIER, GALLAFFER and KOCH: Proc. nat. Acad. Sci. U.S.A. **21**, 625. — Physiologic. Zool. **10**, 101.

daß anfänglich männliche und weibliche Geschlechtsstoffe ungefähr in gleicher Menge abgesondert werden, daß dann ein Zeitpunkt, der sog. „Drehpunkt" eintritt, in dem das männliche oder weibliche Hormon das Übergewicht bekommt und das Tier dann in bestimmter Richtung geschlechtlich weiterbildet (Abb. 44). Dementsprechend nehmen GOLDSCHMIDT und seine Anhänger drei verschiedene Differenzierungs- oder Determinierungsstoffe an:

Die *primären oder chromosomalen* Determinierungsstoffe, die die erste Geschlechtsentwicklung einleiten, ihren Einfluß auf die Urgeschlechtszellen und die geschlechtlich noch undifferenzierten neutralen Zellen ausüben; die *sekundären oder embryonalen* Determinierungsstoffe, die die Urgeschlechtszellen zu weiblichen und männlichen Geschlechtsanlagen differenzieren und die *tertiären oder terminalen*, die die spätere geschlechtliche Entwicklung bestimmen.

Über die Wirkung der letzteren, die die Geschlechtshormone und deren Hilfshormone darstellen, besteht volle Einigkeit.

Anders ist es mit den maskulinisierenden und feminisierenden Stoffen der ersten Zeit, mit den primären chromosomalen und sekundären embryonalen Determinationsstoffen. Es scheint mir nicht berechtigt, von ihnen als „Stoffe" d. h. chemischen Substanzen zu sprechen, wenn bisher noch niemand einen solchen Stoff einwandfrei nachgewiesen hat. Die Sachlage wird nicht verändert, wenn man hypothetisch den in der Rinde der Geschlechtsanlage vorhandenen Stoff als Cortexin, den im Mark vorhandenen als Medullarin bezeichnet (WITSCHI).

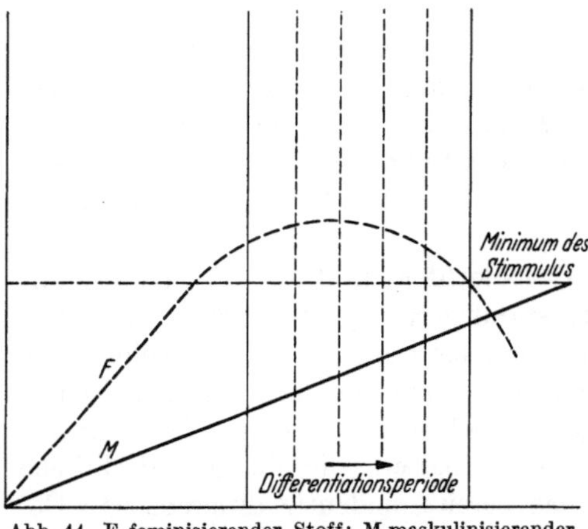

Abb. 44. F feminisierender Stoff; M maskulinisierender Stoff. (Nach GOLDSCHMIDT.)

Ja — wird man einwenden, du sprichst ja auch davon, daß das *Follikelhormon* sich bereits bei Protozoen und embryonalen Zellen (Chorionepithelien) bildet. Ganz recht; aber der Unterschied besteht darin, daß das Follikelhormon bei den niederen Tieren und embryonalen Zellen gar keine geschlechtsspezifische und geschlechtsdifferenzierende Wirkung hat, sondern daß es lediglich als *Wuchsstoff*, der schon vor Ausbildung der Geschlechtlichkeit benötigt wird, wirksam ist. Es kommt in dieser Frage weniger auf den Stoff als auf die *Zellen* an, auf die der Stoff wirkt, auf die geprägte Form, auf die *Struktur*, man könnte sagen, auf die *Metastruktur* [1] (im Sinne der Metaphysik). Die Metastruktur können wir mit unseren Sinnen bisher nicht erfassen. Es kann sich bei den Vorgängen, die sich in der ersten Zeit abspielen, auch um Wirkung kleinster Quanten, Elektronen, Protonen, Neutronen, Photonen usw. handeln, das, was wir auch Induktion nennen, kurz um uns noch unbekannte Dinge.

---

[1] Es wäre daher nicht ganz unmöglich, daß ein und derselbe Stoff, z. B. das schon in niederen Lebewesen vorhandene Follikelhormon, ganz verschieden auf die bekanntlich morphologisch — wie viel mehr noch metastrukturell! — verschiedenen Geschlechtschromosome sich geschlechtsdifferenzierend auswirkt; Chromsoome und Zellen sind noch wichtiger als Hormone.

Auch bei der Grünalge (Chamydomonas eugametos), bei der die Befruchtungsvorgänge genau studiert sind, ist das Maßgebende die molekularstrukturelle Beschaffenheit der

Ich halte es daher nicht für richtig, unbekannte Vorgänge mit Namen zu belegen, die in unserem Bewußtsein schon ganz bestimmte formelhafte Vorstellungen hervorrufen. Wenden wir ganz unverbindlich und nichts vorwegnehmend den Begriff *chromosomal* an!

Es ist eigentlich auch nicht recht einzusehen, warum GOLDSCHMIDT, KNUD SAND u. a. nur *zwei* geschlechtliche Determinations- und Differenzierungsstoffe für die *erste* Zeit der Einwirkung annehmen. Entsprechend dem phylogenetischen Entwicklungsgang müßte man mindestens drei bis vier solche Stoffe fordern, solche, die das ungeschlechtliche Stadium, das geschlechtliche Stadium und davon wieder das parthenogenetische, das zwittrige und das getrenntgeschlechtliche steuern. Die GOLDSCHMIDTsche Theorie versagt natürlich ganz bei den verwickelten Fortpflanzungsformen, z. B. bei der Biene (haploide Männchen, diploide Weibchen). Sie kann daher als allgemein ordnendes Prinzip der geschlechtlichen Bestimmung nicht anerkannt werden.

So sehr das GOLDSCHMIDTsche Schema unsere gedankliche Vorstellung über die geschlechtliche Differenzierung gefördert hat, für die festgefügte und phylogenetisch stark verankerte getrenntgeschlechtliche Fortpflanzung der Säuger und des Menschen paßt sie nicht. Bei diesen gibt es im ontogenetischen Entwicklungsgang keinen „Drehpunkt", wenigstens keinen der irgendwie durch chemische Stoffe herbeigeführt wird. Der „Drehpunkt" ist bei ihnen einmal im Laufe der Stammesgeschichte eingetreten.

Das HÄCKELsche biogenetische Grundgesetz: die Ontogenese ist die Wiederholung der Phylogenese, ist allgemein genommen fraglos richtig; aber es darf nicht in dem Sinne verstanden werden, als ob Tier und Mensch in ihrem ontogenetischen Werdegang in *allen* Stadien die stammesgeschichtliche Entwicklung wiederholen müßten. Es kommen nur vereinzelte, besonders wichtige Organe, wie Kiemenspalten — Übergang von Wasser- zum Landleben — zur Anlage und einer gewissen rudimentären Entwicklung. Die meisten anderen, ehedem durchgemachten phylogenetischen Entwicklungsphasen treten nicht mehr morphologisch, d. h. erkennbar, in die Erscheinung.

13. Pathologische Differenzierung der Geschlechter und der Geschlechtsorgane.

Die Differenzierung der Geschlechtsorgane und der Geschlechtsmerkmale kann nach zwei Richtungen hin fehlerhaft erfolgen:

a) die Differenzierung der Geschlechter in männliche und weibliche Individuen erfolgt unvollständig und fehlerhaft,

b) die Differenzierung in weiblich und männlich erfolgt zwar vollständig, aber die weitere Differenzierung des eigenen Geschlechts ist unvollständig oder gestört.

a) Die Differenzierung in männliche und weibliche Individuen ist unvollständig und fehlerhaft (heterologe Störungen).

Da die Determinierung des Geschlechts beim Säuger und Menschen im Augenblick der Zeugung (syngam) erfolgt, so hängt eine ungenügende Differenzierung der Geschlechter mit einer *fehlerhaften Beschaffenheit der Geschlechts-*

Geschlechtszelle. Die weibliche Geschlechtszelle wird durch das Überwiegen der labilen Vorstufe (cis-Crocetindimethylester), die männliche Gamete durch das Überwiegen der stabilen Endform (trans-Crocetindimthylester) in den befruchtungsfähigen Zustand versetzt. Man erkennt gerade bei diesem niederstehenden Organismus die ausschlaggebende und spezifische Bedeutung der Struktur, deren Ursprung chromosomal ist. Erst deren Beschaffenheit ist es, die dem chemischen Stoffe eine Angriffs- und Wirkungsmöglichkeit verschafft. Wenn der Schlüssel nicht zum Schlosse paßt, dann hilft er nichts (s. auch S. 58).

chromosome zusammen. Die Fehlbildungen treten daher bereits in der *aller-ersten Zeit*, beim Menschen in den ersten zwei Monaten des intrauterinen Daseins in die Erscheinung. Je schwerer 'der Fehler im Chromosomenbestand ist, desto früher tritt die Mißbildung auf und desto größeren Umfang zeigt sie. Von *hormonalen* Faktoren spielt höchstens die Nebennierenrinde, die ja bekanntlich sehr frühzeitig angelegt wird, eine gewisse Rolle; aber auch diese trägt — bereits chromosomal bedingt — ein männlich oder weiblich determiniertes Gepräge. Eine Mißbildung, die in dieses Gebiet gehört, ist der *Ovotestis* und das Testovar des erwachsenen Menschen, ein seltenes Vorkommnis.

Häufiger sind bereits die Formen, bei denen das Erbgut zwar auch nicht ganz vollwertig ist, bei denen aber die Schwäche sich erst durch Vermittlung der innersekretorischen Organe auswirkt, bei denen also *hormonale* Einflüsse bereits eine sehr wesentliche Rolle spielen. Die Störungen kommen dementsprechend erst viel später als die erstgenannten zur Entwicklung, sind bei der Geburt meist erst angedeutet und treten erst um die Geschlechtsreife deutlich zutage.

In erster Linie gehören hierher alle Formen von *Scheinzwittertum (Pseudohermaphrodismus[1])*, die mit einer Mißbildung an den *primären* Geschlechtsorganen einhergehen. Betr. Einzelheiten verweise ich auf das Werk von NEUGEBAUER.

Es gibt aber auch Formen, bei denen die primären Geschlechtsorgane ganz normal gebildet sind und funktionieren, aber die *sekundären* Geschlechtsmerkmale nach der heterologen Seite hin sich entwickeln. Am eindrucksvollsten treten diese Veränderungen bei der *Geschlechtsumkehr* in die Erscheinung. Hier spielen die Hormone der Keimdrüse und der Nebennierenrinde eine wichtige Rolle (s. S. 273).

Der Laie ist der Ansicht, daß die Differenzierung: weiblich — männlich von der Natur stets scharf durchgeführt wird. Die äußere Körpergestalt, die Art der Kleidung sind in der Tat geeignet, einen solchen Eindruck hervorzurufen. Wenn man jedoch mit kundigem Auge den entblößten Körper genauer untersucht und die seelischen Eigenschaften analysiert, so wird man vielfach finden, daß sich bei anscheinend vollwertigen Frauen körperliche und seelische Eigenschaften des anderen Geschlechts verbergen und umgekehrt.

Beim Manne findet sich breites Becken, reichliches Unterhautfettgewebe, zarte Glieder, hohe Stimme, weibliche Gesichtszüge, starke Ausbildung der Brüste, Fehlen der männlichen Behaarung usw. Beim Weibe finden wir kräftigen Knochenbau, straffe Muskulatur, scharfe Gesichtszüge, geringes Fettpolster, tiefe Stimme (Mannweiber, Viragines). Besonders auffällig ist bei diesen Frauen die *Behaarung*, die einen ausgesprochen männlichen Charakter hat, starke Behaarung der Unter- und Oberschenkel, männliche Anordnung der Schambehaarung, mehr oder minder starker Bartwuchs *(Hypertrichosis* und *Hirsutismus)*, nach meinen Beobachtungen besonders häufig bei Juden zu finden.

Die Natur hat bei diesen Individuen den letzten Schritt in der geschlechtlichen Differenzierung nicht mehr zu machen vermocht. *Ihre Schöpferkraft versagte* in der letzten Ausgestaltung der sexuell somatischen Merkmale. Wir

---

[1] Man hat auch von Atavismus gesprochen. Der Ausdruck paßt insofern nicht recht, als es sich um keinen Rückschlag in eine frühere stammesgeschichtliche Entwicklungsperiode mit voller Funktion oder wenigstens Funktionsmöglichkeit handelt, sondern stets um einen mißglückten Versuch, also einen ausgesprochenen pathologischen Zustand.

bezeichnen diesen Zustand als *sexuelle Zwischenstufen* oder *Intersexe*. Andeutung solcher Zustände finden sich wie gesagt sehr häufig. Die 100%igen Frauen und die 100%igen Männer sind eine verhältnismäßig nicht allzuhäufige Erscheinung.

Die Bedeutung der sexuellen Zwischenstufen liegt weniger auf dem Gebiete der Fortpflanzung. Diese ist in den meisten Fällen weder von seiten des Mannes noch der Frau gestört; immerhin kommen auch darin Unregelmäßigkeiten vor; so sind vielfach Frauen mit Hirsutismus unfruchtbar oder kommen nur selten in die Hoffnung. Die Hauptbedeutung der Intersexualität liegt auf *seelischem* Gebiet. Es fehlt den intersexuellen Frauen die wahre Weiblichkeit, alle jene Eigenschaften, die der Mann bei der Frau besonders liebt und verehrt: warmes Herz, Opferfreudigkeit, Hingebung usw. Den intersexuellen Männern mangeln die Eigenschaften, die die Frau beim Manne gerne sieht: Mut, Entschlußkraft, eine gewisse Brutalität usw. Es sind daher solche Ehen vielfach wenig harmonisch und geben leicht zu Störungen Anlaß.

b) Die Weiterentwicklung des eindeutig homolog differenzierten Geschlechts ist fehlerhaft oder unvollständig (homologe Störungen).

I. Homologe Mißbildungen der Geschlechtsorgane.

Die Keimdrüse selbst ist eindeutig weiblich (oder männlich) differenziert, aber die Entwicklung der *Ausführungsgänge* und der *Anhangsorgane ist fehlerhaft*. Die Ursache ist in dem Unvermögen der Chromosome und Geschlechtschromosome im besonderen zu suchen, die nicht imstande sind, den Aufbau dieser Teile in der richtigen Weise durchzuführen. Die Störungen treten in sehr früher embryonaler Zeit auf. Vielfach ist man je nach der Art und dem Sitz der Mißbildung in der Lage, zu sagen, in welchem Zeitpunkt der embryonalen Entwicklung die Schwäche in den Genen sich ausgewirkt hat. Hierher gehören *alle Mißbildungen* der Geschlechtsorgane, die in *irgendeinem Teil der Ausführungsgänge* auftreten. Hierher zu rechnen sind auch die *Doppelmißbildungen*, die durch ein Unterbleiben des Zusammenwachsens der beiden MÜLLERschen Gänge in den verschiedenen Abschnitten des Geschlechtsschlauches zustande kommen. Auch am *Follikelapparat* kann sich eine solche chromosomale Schwäche manchmal auswirken.

So berichtet BRÜHL[1] über eine auffallende Formveränderung und Verlagerung der Granulosazellen in einem atretischen cystischen Follikel, der durch eine minderwertige Organanlage zustande gekommen ist, in dem fetales Gewebe über Gebühr lange erhalten bleibt, während normal entwickeltes Gewebe vor der Zeit zugrunde ging[2].

II. Die Weiterentwicklung des eindeutig homolog differenzierten Geschlechts erfolgt unvollständig (Hypoplasia genitalis, Kümmerformen).

In diesen Fällen tritt eine *Hemmung in der Weiterentwicklung* der Geschlechtsorgane ein. Sie bleiben auf einer kindlichen Entwicklungsstufe stehen. Die Funktionen, die wir an dem geschlechtsreifen Organ beobachteten, bleiben aus *(Hypoplasie des Genitals)*.

---

[1] BRÜHL: Arch. Gynäk. **136**, 1 (1936).
[2] Siehe KERMAUNER: HALBAN-SEITZ, Handbuch der Biologie und Pathologie des Weibes, Bd. 3, S. 282. 1924.

Diese Unterentwicklung der Geschlechtsorgane kann nur eine *Teilerscheinung* einer *allgemeinen körperlichen Unterentwicklung* sein *(Hypoplasia universalis)*. In diesem Falle ist der *ganze Chromosomenbestand* nicht vollwertig und auch die aus ihnen hervorgegangenen endokrinen Drüsen zeigen eine Bildungsschwäche. Es kann aber auch die Hypoplasie einzig und allein auf die Geschlechtsorgane beschränkt sein *(Hypoplasia genitalis)*, während alle anderen Körperorgane vollkommen ausgebildet sind. Bei diesen Störungen liegt die Schwäche in erster Linie in den *Idiochromosomen*. Da aber zur richtigen Ausbildung und Funktion der Geschlechtsorgane das ganze hormonale Geschlechtssystem mitwirken muß, fehlt es zum Teil auch an den Autochromosomen. Äußere Einflüsse, wie unrichtige Ernährung, spielen wohl gelegentlich eine Rolle, sind aber im Vergleich zu den körpereigenen Hormonen, die im wesentlichen diese Vorgänge steuern, doch nebensächlicher Natur.

Am deutlichsten tritt die Minderwertigkeit der Geschlechtsfunktionen in dem *Ausbleiben der Menses* und der *Empfängnis* zutage. Wir sprechen von einer *primären Amenorrhöe*, wenn überhaupt keine Monatsblutung vorhanden ist. Von einer *sekundären* Amenorrhöe, wenn Monatsblutungen ursprünglich da waren, später aber für längere Zeit verschwunden sind. Die *erstere* schwere Form ist vorwiegend *chromosomal* bedingt; daher hilft die *Verabreichung von Hormonen* entweder gar *nichts* oder führt nur ausnahmsweise bei den leichteren Fällen zu vorübergehenden Erfolgen. Bei der *zweiten* Form beherrscht die *hormonale Unzulänglichkeit* das Feld. Es gelingt daher im allgemeinen durch die *richtige Zufuhr der Geschlechtshormone die monatliche Blutung* wieder in Gang zu bringen.

14. Geschlechtstrieb und Geschlechtssinn und seine wichtigsten Störungen.

a) Allgemeines.

Eine *Geschlechtlichkeit* (Sexualität), d. h. Verhältnis der beiden Geschlechter zueinander gibt es erst bei der zweigeschlechtlichen Fortpflanzung, besonders bei der getrenntgeschlechtlichen Fortpflanzung. Bei der ungeschlechtlichen Vermehrung gibt es nur eine einfache Fortpflanzung, aber keine Geschlechter und damit auch keine Geschlechtlichkeit.

Wenn die Fortpflanzung bei der zweigeschlechtlichen Vermehrung zustande kommen soll, so muß Vorsorge getroffen sein, daß die zweierlei Geschlechtszellen, die männliche und die weibliche, sich treffen und verschmelzen. Um dieses Ziel zu erreichen, zeigt die Natur eine unendlich große Findigkeit und hat die mannigfachsten Einrichtungen getroffen. Im Prinzip lassen sich jedoch die Einrichtungen auf einige wenige Typen zurückführen.

Bei den im *Wasser* lebenden Tieren genügt meist die Entleerung der beiderseitigen Geschlechtszellen in das umgebende Medium, das durch seine Beschaffenheit geeignet ist, die Begegnung und Vereinigung der Geschlechtszellen herbeizuführen. Immerhin sucht auch bei den Wassertieren die Natur die Wahrscheinlichkeit des Zusammentreffens der heterologen Keimzellen dadurch zu erhöhen, daß sie die beiden Geschlechtspartner einander möglichst stark nähern läßt. Fische z. B. drängen in der Laichzeit ihre Körper möglichst nahe aneinander. Wir sehen die erste Äußerung des Geschlechtstriebes, den Annäherungstrieb (Kontrektationstrieb) in der Natur auftreten. Bei den Fröschen kommt es zu einer langdauernden und besonders intensiven Annäherung der Kloakenränder durch den Umklammerungsreflex.

Bei den auf dem *Lande und in der Luft* lebenden Tieren ist ein für die Vereinigung der Geschlechtszellen so günstiges Medium wie das Wasser nicht vorhanden. Hier wird ein prinzipiell anderer Weg eingeschlagen. Es werden *nicht mehr beide Geschlechtszellen nach außen entleert, sondern nur die männlichen.* Die weiblichen Keimzellen bleiben im Körper des weiblichen Tieres mehr oder weniger lange Zeit, bei den Vögeln kurz, bei den Säugetieren bis zur Lebensfähigkeit des Keimlings. Diese Art der Fortpflanzung erfordert andere Einrichtungen und eine andere Art des Geschlechtstriebes bei den beiden Geschlechtern. Das männliche Tier wird mit einer gliedähnlichen, meist erektionsfähigen Verlängerung der Ausführungsgänge (Penis) versehen, die bei dem Begattungsakt mehr oder weniger tief in die weibliche Geschlechtsöffnung, die Vagina, eingeführt wird, in die die Keimzellen entleert werden. Das Weibchen verhält sich beim Akte im wesentlichen passiv. Zuerst muß es noch angelockt und gefügig gemacht werden; das geschieht durch Lockmittel der verschiedensten Art. Das eine Mal sind es Riech- und Duftstoffe, die das Männchen absondert, z. B. Bibergeil, Moschus usw., ein anderes Mal sind es Lockrufe, wie sie in ganz besonders anmutiger Form bei unseren Singvögeln ausgebildet sind, oder es erfolgt die Anlockung durch ein farbenprächtiges Gefieder, Schlagen von großen Rädern wie beim Pfau und Truthahn, Ausführung von Tänzen und Spielen, durch Wettkämpfe mit dem männlichen Mitbewerber, z. B. bei den Hirscharten usw. Das Männchen verhält sich dabei immer aktiv und steigert die Aktivität bis zu einem Höhepunkt beim Begattungsakt.

Es muß daher auch der männliche Geschlechtstrieb anders geartet sein als der weibliche. Der *weibliche* Geschlechtstrieb erschöpft sich im wesentlichen im *Annäherungstrieb.* Das Weibchen muß nur soweit angeregt, sensibilisiert und berauscht werden, daß es rein passiv sich verhält, und wie es in der Tierzüchtersprache heißt, den Bock zuläßt. Im nicht erregten Zustand, bei fehlender Brunst wird der Begattungsakt vom Weibchen verweigert.

Der Geschlechtstrieb des *Männchens* ist herrischer, fordernder, gewaltsam und ungestümer, rücksichtsloser, stößt alle Hindernisse beiseite, vertreibt den Geschlechtsgegner, verwundet oder tötet ihn gelegentlich im Kampf — Duelle in Liebesangelegenheiten gehören in die männliche Kategorie. Die völlige Befriedigung des Triebes tritt erst in dem Augenblick ein, wenn die Keimzellen entleert (ejaculiert) und de norma in die weiblichen Geschlechtsteile eingeführt worden sind. Erst dann tritt die Entspannung (Detumescentia) ein.

Wenn demnach auch durch die Anlockung und Aktivität des männlichen Geschlechts eine hinreichende Gewähr für geschlechtliche Betätigung und für Fortpflanzung gegeben ist, so hat die Natur, übervorsichtig wie sie in Sachen der Fortpflanzung ist, doch auch noch dafür gesorgt, daß auch vom *weiblichen* Geschlecht (Tier und Mensch) ein gewisser *Anreiz* ausgeht.

Die Frau versteht vielfach ausgezeichnet, ihre auf den Mann wirkenden körperlichen und seelischen Reize durch Haltung, Kleidung, Anwendung von Schmuck, Mienenspiel, Rede besonders hervortreten zu lassen. Die „Mode" ist darin zu allen Zeiten unglaublich erfinderisch gewesen. SELLHEIM hat in seinem Buche: „Das Geheimnis des ewig Weiblichen"[1] dieses Lockmittel weiblicher Anmut in sehr anschaulicher Weise geschildert.

Manchen Frauen, die sonst durchaus vollwertig sind und würdig wären, Trägerinnen künftiger Geschlechter zu sein, fehlt diese Fähigkeit. Das ist in diesen Fällen sehr schade, weil sie dadurch nicht zur Heirat und Fortpflanzung kommen. Schon die Alten haben den Liebesgott als launisch bezeichnet und dieses Irrationelle im Liebesempfinden ist es auch, das die erfolgreiche Durchführung einer planmäßigen Rassenpolitik vielfach so außerordentlich erschwert.

Welche Einrichtungen und Kräfte sind es nun, die den Geschlechtstrieb steuern?

---

[1] Stuttgart: Ferdinand Enke 1911.

Der Trieb zur Fortpflanzung liegt in jedem Lebewesen. Er ist schon in den Protozoen vorhanden. Er ist eine *Ur- und Grundeigenschaft des Lebens*, wie Bewegung, Reizbarkeit, Nahrungsaufnahme, Atmung. Der Trieb ist also an die Zellen und ihren geheimnisvollen Bau gebunden. Er ist daher auch bei *den* Metazoen vorhanden, bei denen es noch keine Nerven gibt. Er ist eine Eigenschaft der lebenden organismischen Substanz.

Wenn mit der höheren Organisation Anregung und Leitung von Reizen an die Nervensubstanz gebunden sind, so wird auch der *Geschlechtstrieb neural gesteuert*. Der Sitz dieses Nervenzentrums ist bei den Wirbeltieren wie bei allen lebensnotwendigen vegetativen Vorgängen, im ältesten Teile des Gehirns, im *Zwischenhirn*. Wir können heute beim Menschen die Stelle ziemlich genau angeben, es sind die *Corpora mammillaria*. Neben diesem Hauptzentrum sind wahrscheinlich auch noch *kleinere Zentren in der Großhirnrinde* vorhanden[1].

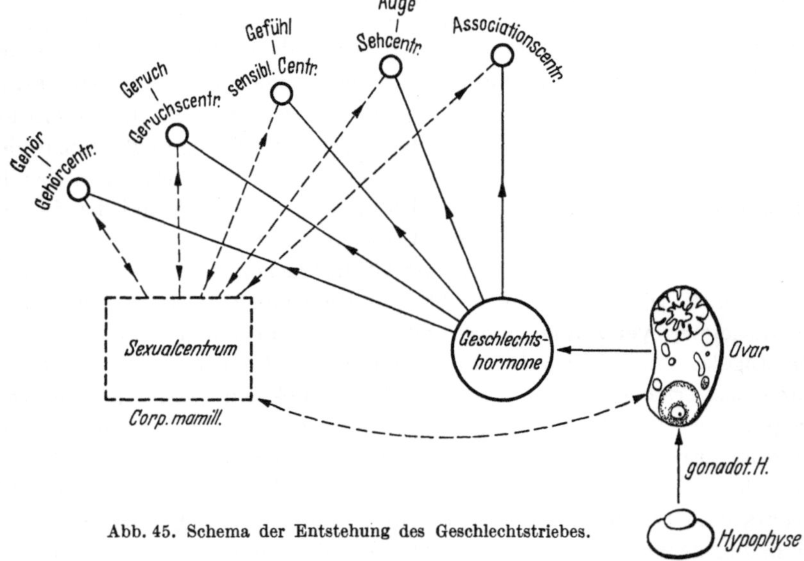

Abb. 45. Schema der Entstehung des Geschlechtstriebes.

Abb. 45. Im Mittelpunkt das Geschlechtszentrum (links) und die Geschlechtshormone (rechts), letztere von Ovar (und Hoden) produziert, die Bildung durch das gonadotrope Hormon des Hypophysenvorderlappens angeregt. Die Keimdrüse wirkt durch die Geschlechtshormone unmittelbar auf das Geschlechtszentrum ein und umgekehrt wirkt dieses wieder auf die Tätigkeit der Keimdrüse zurück (durch die punktierte Linie angedeutet).

Es gehen aber auch neurale Reize (Sexualzentrum) und hormonale Reize [Geschlechtshormone (diese nur einseitig, Pfeil nur in einer Richtung)] nach dem Großhirn (Assoziationszentren) und den Zentren der sensorischen und sensiblen Nerven, die Zentren werden dadurch sensibilisiert. Umgekehrt laufen durch die Sinnesorgane Antriebe nach dem Geschlechtszentrum, beim Menschen hauptsächlich über das Auge, bei den meisten Säugern über das Geruchsorgan.

---

[1] Besonders deutlich erkennbar und erforscht ist das Zusammenspiel zwischen neuralen und hormonalen Antrieben beim Kaninchen, bei dem bekanntlich der Follikelsprung nur post coitum erfolgt. WESTMAN und Mitarbeiter (Verh. internat. Gynäk. Kongr. Amsterdam 1938, S. 487) konnten nach Durchschneidung des Stiels der Hypophyse und nach Lähmung der sexuellen nervösen Zentren durch Novocainlösung feststellen, daß das gonadotrope Hormon zwar weiter abgegeben, aber nicht mehr produziert wird, daß also die Produktion des Wirkstoffes beim Kaninchen ohne neuralen Einfluß nicht zustande kommt (s. auch S. 69 und 230).

Dieses Zentrum und diese Zentren haben, wie alle Nervensubstanz eine *eigengesetzliche und autonome* Erregbarkeit; wenigstens nehmen wir mangels eines Nachweises von entstandenen Reizstoffen dieses an. Die Erregbarkeit ist *individuell verschieden* groß. Sie kann zu klein sein (Geschlechtskälte, Impotenz), sie kann zu groß sein (geschlechtliche Übererregbarkeit). Das normale ist eine mittlere Schwellenhöhe. Die *Voraussetzung* zur Auslösung einer Geschlechtsempfindung (Libido) ist also das *Vorhandensein und die Erregbarkeit der nervösen Sexualzentren.*

Wenn das Zentrum in eine starke Erregung versetzt werden soll, bedarf es eines *Anreizes von außen* (Abb. 45), deren es verschiedene gibt. Hierher gehören *alle Sinneseindrücke,* die je nach der Tierart verschieden sind und verschieden stark einwirken. Bei Tieren mit stark ausgebildetem Nervus Olfactorius spielt vielfach der Geruchsinn eine Hauptrolle. Beim Menschen ist das Auge das wichtigste Organ [1], aber auch der Tast- und der Gehörsinn vermag erotische Empfindungen auszulösen.

Beim Menschen mit seiner übermäßig starken Entwicklung des Großhirns und seiner vorwiegend geistigen Struktur sind *höhere assoziative Vorgänge* von großer Bedeutung. Alle diese Faktoren treten aber gegenüber einem anderen Einfluß stark in den Hintergrund, oder werden erst durch ihn geweckt, nämlich durch die *Geschlechtshormone.* Sie sind die eigentlichen *Wecker* des Geschlechtstriebes, sie erst sensibilisieren das Zentrum soweit, daß es auf äußere Reize anspricht.

Am deutlichsten erkennen wir den Einfluß der Geschlechtshormone bei den *Tieren.* Erst wenn die Geschlechtsdrüse in der Zeit der *Brunst* anschwillt und größere Mengen von Hormon bildet, wird das Geschlechtszentrum so stark erregt, daß sich beim weiblichen Tier die Begattungsbereitschaft einstellt. Daß es sich tatsächlich um eine Einwirkung der Geschlechtshormone handelt, ersehen wir mit aller Deutlichkeit aus der *Dauerbrunst,* die wir bei dem Versuchstier künstlich durch die Zufuhr größerer Mengen von Follikelhormon erzeugen können, oder die bei manchen Tieren, z. B. bei der Kuh, auftritt, wenn der Follikel bestehen bleibt oder eine Follikelcyste mit vermehrter Hormonabsonderung vorhanden ist.

Wenn beim *Menschen* im Prinzip die Verhältnisse auch gleich gelegen sind, so bestehen doch einige sehr wesentliche Unterschiede.

Es ist beim Menschen die *Begattungsbereitschaft* [2] nicht an einen bestimmten Zeitpunkt des Zyklus gebunden, sie ist praktisch genommen, *stets vorhanden.* Man könnte darin allein die Auswirkung der Domestikation und Zivilisation sehen, durch die der Einfluß der Jahreszeiten und alles dessen, was damit zusammenhängt, wie Nahrung, Wärme, Licht usw., weitgehend ausgeschaltet wird. In der Tat sehen wir nicht selten bei den domestizierten Tieren, z. B. beim Rinde, daß die jahreszeitlich bedingten Einflüsse auf den Eintritt des Oestrus verschwinden. In der brunstlosen Zwischenzeit wird der Paarungsakt verweigert. Der Mensch teilt die ständige Begattungsbereitschaft mit den

---

[1] Siehe auch Einwirkung des Lichtes auf Geschlechtstätigkeit (S. 251).

[2] Diese Tatsache hat zu einer falschen Meinung geführt, daß auch jederzeit eine Be*fruchtung* stattfinden könne. Erst die Untersuchungen von KNAUS ergaben, daß beim Menschen genau so wie beim Tier, der Eintritt der Empfängnis nur auf wenige Tage, nämlich auf die Zeit um den Follikelsprung, beschränkt ist.

höheren Affen, wie die ausgedehnten Beobachtungen von C. Hartmann gelehrt haben. Es kann sich demnach nicht um eine hormonale Angelegenheit, sondern um eine tiefer eingewurzelte, *erbmäßig* übernommene *phylogenetische Eigenart der Primaten* handeln, genau so wie die Menstruation oder, wenn man über das sexuelle Gebiet hinausgeht, beim Menschen der aufrechte Gang, die Handbildung, das Lachen usw.

Eine gewisse jahreszeitliche Einwirkung auf den Geschlechtssinn ist auch beim Menschen heute noch nachzuweisen. Es ist kein Zufall, daß der Mai als der Liebesmonat gilt, auch läßt sich statistisch nachweisen, daß die Zahl der Geburten in *den* Monaten größer ist, bei denen der Empfängnistermin auf die Frühjahrsmonate fällt. Bei den Affen (Rhesusarten) tritt nach den Beobachtungen von C. Hartmann während des ganzen Jahres die Menstruation in regelmäßigen 28tägigen Zwischenräumen auf, auch besteht beständige Begattungsbereitschaft; aber nur während der im Winter stattfindenden Zyklen kommt es zur vollen Reifung der Eier mit Follikelsprung und der Möglichkeit der Schwangerschaft. Dagegen bleiben während der sommerlichen Zyklen Eireifung, Follikelsprung und Schwangerschaft aus.

<h3 style="text-align:center">b) Die Bedeutung der relativen Unabhängigkeit
der Fortpflanzung von jahreszeitlichen Einflüssen
und der jederzeitigen Paarungsbereitschaft der Primaten.</h3>

Die relative Unabhängigkeit der Fortpflanzung von jahreszeitlichen Einflüssen und die jederzeitige Paarungsbereitschaft der *Primaten* sind *hochwichtige phylogenetische* Errungenschaften.

Wir kennen zwar nicht die Ursache, die zu dieser Ausnahmestellung — alle anderen Tiere unterliegen bekanntlich in ihrem Geschlechtsleben jahreszeitlichen Einflüssen — geführt haben, aber man wird in Analogie mit der Wandlung in dem Auftreten der Brunst, die man bei unseren Haustieren gelegentlich als Folge der Domestikation beobachtet, nicht fehl gehen, wenn man neben der Besonderheit der Organisation, besonders des Großhirns, die entscheidenden Bedingungen in der teilweisen *Loslösung der Ernährung und der Wärmeregulierung* von den Jahreszeiten sieht. Die Affen leben in subtropischen und tropischen Gegenden, in denen der Unterschied zwischen Winter und Sommer und die Schwierigkeiten der Nahrungsbeschaffenheit nicht so ausgeprägt sind, wie in den nördlichen Breiten. Bei Menschen ist es wohl die starke Entwicklung und die führende Stellung des Großhirns, die ihn in die Lage versetzen, sich gegen die Unbilden der Witterung durch Kleidung, Wohnung, Feuer usw. zu schützen („künstliches Klima!"), und eine Vorratspolitik in bezug auf Nahrungsmittel zu treiben.

Die verhältnismäßig große Unabhängigkeit der Fortpflanzungsvorgänge von den jahreszeitlichen Einflüssen und die jederzeitige Paarungsbereitschaft sind Eigenschaften, die es ermöglichen, daß der Mensch, trotzdem er zu den *eingebärenden* Lebewesen gehört, doch eine zur *Erhaltung und Vermehrung der Art hinreichende Zahl von Nachkommen* hat, wie die große Zahl der Menschen auf der Erde beweist.

Mit der Ausbildung dieser Eigenschaften ist wohl eine *gewisse Milderung und Schwächung* des *Geschlechts- und Fortpflanzungstriebes* verbunden. Während bei den Tieren, deren Brunst durch jahreszeitliche Einflüsse bestimmt wird, die Zeit der Geschlechtstätigkeit durch gewaltiges Anwachsen der Keimdrüse und elementaren Instinktausbruch sich offenbart, die häufig die Folgerichtigkeit und Wucht physikalischer Ereignisse zeigen, verlieren die geschlechtlichen Äußerungen beim Menschen vielfach an Ursprünglichkeit, Wucht und Unwiderstehlichkeit. Ja es kommt nicht selten vor, daß sie mehr oder minder verkümmern, ganz verloren gehen, oder sich in krankhafte Formen umbilden. (s. Störungen des Geschlechtstriebes).

Die Ausdehnung der Fortpflanzungsmöglichkeit auf das ganze Jahr bedeutet ferner eine *bessere Verteilungsmöglichkeit* der dem Körper zur Verfügung stehenden *Energien.* Während bei der jahreszeitlich bedingten Brunst fast *alle* Kräfte des Körpers für die Fortpflanzungsaufgabe verwendet werden, wird bei den Primaten der Körper zu diesem Zwecke *nicht auf einmal* so stark belastet und es bleiben deshalb für die *übrige Tätigkeit mehr Energien* zur Verfügung. Es ist der *Kampf der Soma- und Geschlechtszellen,* der S. 156 noch ausführlich geschildert werden soll, bei den Primaten nicht mehr so ungebändigt und rücksichtslos, wie wir das bei den niederen Lebewesen, aber auch noch bei den Wirbeltieren und bei den Säugern mit jahreszeitlich bedingter Brunst beobachten können.

Im Vergleich zu den genannten Eigenschaften ist die Ausbildung der *Menstruation* bei den Primaten von nebensächlicher Natur, so bedeutungsvoll sie für die Beurteilung des Funktionszustandes der Geschlechtsorgane, vom ärztlichen Standpunkt aus gesehen, auch sein mag. Sie stellt eher eine *Minusleistung* dar; denn die übrigen Säuger sind imstande, die Schleimhaut der Gebärmutter, ohne daß es zu einer Abstoßung nach außen kommt, durch innere Vorgänge wieder zur Aufsaugung zu bringen.

Das Urelementare, das Nur-Triebhafte, die ungehemmte Betätigung ohne Rücksicht auf äußere Umstände, hat beim Menschen dem *mehr beherrschten Triebe* Platz gemacht.

Das *Zwischenhirn* (Thalamus und Hypothalamus), dem die Steuerung aller vegetativen Vorgänge und damit auch des Geschlechtstriebes obliegt, ist bei den niederen Säugern bis einschließlich der Nager noch wohl entwickelt, bleibt aber bei den höheren Säugern gegenüber dem Großhirn nicht nur im *Wachstum und in der Massenentwicklung beträchtlich zurück,* sondern zeigt in der aufsteigenden Tierreihe über Fleischfresser, Halbaffen und Affen bis zum Menschen in seinem Aufbau eine *zunehmende Vereinfachung* und eine *Verarmung an Kernen.* Wir haben in diesen Veränderungen nach der Meinung der Anatomen, wie KLAESI[1], das *anatomische Substrat* für den anders gearteten Geschlechtstrieb, oder wie man beim Menschen sagen möchte, Geschlechtssinn zu sehen. Das Nur-Triebhafte, das rein Instinktmäßige unterliegt beim *Menschen* der *Bevormundung und der Herrschaft der übergeordneten geistigen Zentren.* Aber wenn diese Zentren ausgeschaltet sind oder, was pathologischerweise auch bisweilen vorkommt, gar nicht in Funktion sind, dann kommt das Urelementare, das Ungebändigte des Triebes auch beim Menschen genau so wie beim Tier zum Vorschein.

Es gibt auch im *menschlichen* Körper noch Zellen, die die *Ursprünglichkeit der Zellen primitivster Lebewesen* beibehalten und auf chemische und physikalische Reize der Umwelt in bestimmter Weise reagieren. Es sind das die Zellen des *Hypophysenvorderlappens* und für die Steuerung des *Geschlechtstriebes* speziell die *chromophoben* Zellen dieses Organs, in geringerem Grade auch noch bestimmte Zellen der Nebennierenrinde. Sie übertragen die vom Blute empfangenen Reize sekundär auf die mit ihnen in einer *biologischen Einheit zusammengekoppelten Zellen des Zwischenhirns* (s. auch Hypophyse und Nebenniere). Es handelt sich dabei um primitive, ursprüngliche Mechanismen, oder richtiger Chemismen, die mit großer Präzision arbeiten und mit der Naturnotwendigkeit chemischer Reaktionen ablaufen.

---

[1] KLAESI: Schweiz. med. Wschr. **1936**, Nr. 46.

Durch die *übergeordneten höheren Zentren* vermag der Mensch den Geschlechtstrieb innerhalb gewisser Grenzen zu *beherrschen*. Er kann bewußt und überlegt in seiner Befriedigung bis zur Erfüllung gehen oder auch in jeder Phase davon Abstand nehmen. Ja er vermag den rein tierischen Instinkt zu einer *höheren Form des Erlebnisses umzugestalten*. Er kann die Energien, die den Geschlechtstrieb steuern — und damit kommen in erster Linie die Geschlechtshormone als Antriebskraft in Betracht — von der ursprünglichen biologischen Aufgabe ablenken, ihn verfeinern und zu hohen seelischen Zwecken transformieren. So wissen wir, daß viele hervorragend hohe Leistungen in Kunst, Wissenschaft auf dem Gebiete der Ethik, der Religion, der Politik in ihren letzten Quellen auf erotische Antriebe zurückgehen. Ja, es können diese gesteigerten geistigen Leistungen den Geschlechtstrieb und seine Auswirkungen ganz *verdrängen* und *ersetzen*, wenn das Individuum mit allen seinen Kräften sich völlig der Lösung der hohen von ihm gesetzten Aufgabe hingibt. Die geistigen Kinder können so einen vollwertigen Ersatz für die leiblichen Nachkommen bilden.

Wenn der Mensch also durch die andere seelische Struktur seinen Geschlechtstrieb im *Zaune zu halten vermag*, wenn Sitte, Erziehung, religiöser Einfluß, Gewohnheit bei der Zügelung des Ungestümen mithelfen und ihn in die richtige, für die Gemeinschaft zuträgliche Bahn lenken, so läßt er sich auf die Dauer doch nicht ganz unterdrücken, sofern er überhaupt in normaler Weise ausgebildet ist. Von Zeit zu Zeit strebt er nach einer Betätigung, und einmal losgelassen, steht er an Wildheit dem tierischen nicht viel nach. Und das ist auch notwendig; denn nur dadurch, daß der Trieb eine gewisse Stärke beibehält, ist eine Gewähr gegeben, daß der Kulturmensch, der vielfach zu stark mit geistigen und moralischen Hemmungen beschwert ist, sich erhält.

Es sind fraglos Anzeichen vorhanden, die darauf hindeuten, daß auch in unserem Volke, namentlich in den Kreisen, die durch Luxus, Mangel an ernster Arbeit, Überfeinerung usw. erschlafft sind, in dieser Beziehung nicht mehr alles ganz in Ordnung ist [1]. Es ist diesen Entarteten nurmehr um ein lockeres Liebesspiel und angenehme Unterhaltung zu tun, nie aber um jenen ernsten Zweck, den die Natur anstrebt. Besonders schlimm ist die Entgleisung, die Verkehr mit den eigenen Geschlechtsgenossen sucht (s. Homosexualität).

Mit der *andersgearteten und höheren Verstandestätigkeit des Menschen hängt* das zusammen, was wir die *Rationalisierung des Geschlechtsverkehrs* — seine Auswirkungen sind viel eingreifender und vom bevölkerungspolitischen Standpunkte aus viel gefährlicher als die vorgenannten Unregelmäßigkeiten — bezeichnen. Die *klar bewußte Regelung der Zahl der Nachkommen* ist nicht etwa nur bei den „Kultur"menschen vorhanden, sie findet sich auch schon bei den primitiven Völkern, wie uns alle Forschungsreisenden berichten. Sie ist nur bei den Völkern des Abendlandes seit Beginn des Jahrhunderts und besonders seit dem Weltkrieg durch die Abkehr von den natürlichen Daseinsbedingungen, begünstigt durch die Mechanisierung und Industrialisierung des Lebens, durch technische Fortschritte in den Verhütungsmitteln, besonders stark und verhängnisvoll in die Erscheinung getreten.

---

[1] Es gibt auch Entartungen durch Not, unzweckmäßige Ernährung, gesundheitsschädliche Arbeit, Gifte usw.

c) Die wichtigsten Störungen des Geschlechtstriebes. Der primär und sekundär zu geringe Geschlechtstrieb (Dyspareunie).

Ich möchte hier zwei verschiedene Formen unterscheiden:

α) Der primär zu geringe Geschlechtstrieb (Dyspareunie).

Er kommt hauptsächlich bei *hypoplastischen und dysplastischen Personen* vor, bei denen auch das hormonale Geschlechtssystem kümmerlich entwickelt ist und sich in verschiedenen Störungen der Menstruation und seelischen Unlustempfindungen äußert. Es sind Frauen, die für die Fortpflanzung wenig geeignet und meist unfruchtbar sind, oder schon nach der Geburt *eines* Kindes körperlich und seelisch zusammenbrechen.

Aber es gibt auch Frauen, die so gut wie *jeden Geschlechtstriebes* oder jeder geschlechtlichen Lustempfindung *bar sind,* deren *Körper jedoch wohl entwickelt* und deren *Geschlechtsteile gut ausgebildet und regelmäßig funktionieren,* also einen vollkommenen Zyklus aufweisen (naturae frigidae). Diese *Geschlechtskälte* ist keineswegs ein Hindernis für eine Empfängnis. Es kommt nicht selten vor, daß solche Frauen sogar eine größere Anzahl von Kindern haben. Man sieht daraus, daß die *geschlechtliche Erregung beim Menschen keine unbedingte Voraussetzung für den Eintritt einer Schwangerschaft* ist. Da die Hormone offensichtlich bei diesen Frauen in richtiger Menge vorhanden sind und daher die zyklischen Vorgänge regelmäßig verlaufen, müssen wir die Ursache in der *mangelnden Ansprechbarkeit der neuralen Zentralorgane* auf die *geschlechtlichen* Hormone suchen.

Der zu geringe Geschlechtstrieb kommt auch beim *Manne* vor. Er trifft meist Personen von dysplastischem Gepräge. Die Geschlechtsorgane sind schlecht entwickelt, Erektionen treten selten, schwach oder gar nicht auf. Es fehlt diesen Männern jegliches Interesse am weiblichen Geschlecht. Sie *bleiben* daher in der Regel Junggesellen, oder werden halb gegen ihren Willen geheiratet. Wegen der zu geringen oder fehlenden Potentia coeundi *bleibt* bei ihnen die Ehe meist unfruchtbar.

β) Der sekundär zu geringe Geschlechtstrieb (ungeweckter oder unterdrückter Geschlechtstrieb).

Während bei dem Mann der Geschlechtstrieb, sofern er überhaupt vorhanden ist, ganz von selbst nach aktiven Äußerungen strebt, schlummert bei der Frau die Libido häufig und muß erst durch das Beisammensein mit dem Manne, durch Zärtlichkeiten und durch den Geschlechtsverkehr geweckt werden. Auch kommt es vor, daß ein sich regender Geschlechtssinn aus diesen oder jenen Gründen, z. B. religiösen Vorstellungen, Angstgefühlen, gewaltsam schon in den allerersten Anfängen unterdrückt wird. Dieses Niederhalten geschlechtlicher Empfindungen ist manchmal auch in der Ehe zu beobachten, wenn die beiden Ehepartner seelisch zu verschieden sind, wenn Streitigkeiten und Mißhelligkeiten die Harmonie des Zusammenlebens stören. E. KEHRER mißt dieser seelisch bedingten Form der Dyspareunie eine große, vielleicht zu große Wirkung auf die Funktion und den morphologischen Aufbau der Geschlechtsorgane bei und führt die Ausbildung der kleincystischen Degeneration der Eierstöcke auf diese Einflüsse zurück.

d) Der übermäßig gesteigerte Geschlechtstrieb
Nymphomanie (weiblich), Satyriasis (männlich).

Der krankhaft gesteigerte Geschlechtstrieb wird nicht selten durch eine *übermäßige Produktion von Hormonen* hervorgerufen. Das erkennen wir einmal an der *Brunst* der Tiere, bei der regelmäßig eine Mehrbildung von Geschlechtshormonen stattfindet (s. ferner Dauerbrunst).

Auch beim *Menschen* kann eine geschlechtliche Übererregbarkeit durch *Mehrbildung von Geschlechtshormonen* zustande kommen. In allen diesen Fällen kann die geschlechtliche Übererregbarkeit durch operative Entfernung der Keimdrüse oder durch ihre Ausschaltung mittels Röntgenstrahlen beseitigt werden. Die klinischen Erfahrungen haben aber gelehrt, daß ein solcher Erfolg nur in einem gewissen Hundertsatz der Fälle eintritt. Bei anderen Kranken versagt das Verfahren völlig. Wir müssen daher annehmen, daß bei diesen — das ist die Mehrheit — die Ursache in *konstitutionellen Momenten* zu suchen ist.

Es ist daher nicht auffällig, wenn wir nach künstlicher Zufuhr von Follikelhormon bei der Frau häufig jede geschlechtliche Erregung vermissen. Sie kommt zwar gelegentlich vor, aber zu den regelmäßigen Wirkungen des Follikelhormons gehört sie nicht. Man sieht daraus, wie abwegig für den Menschen die Meinung ist, wir wären imstande, durch Zufuhr von Geschlechtshormon männlicher oder weiblicher Prägung alle Formen verminderten oder entarteten Geschlechtstriebes zu beeinflussen.

e) Der krankhaft entartete Geschlechtstrieb,
besonders die Homosexualität.

Wenn bei dem zu geringen und dem zu starken Geschlechtstrieb *hormonale* Einflüsse noch eine Rolle spielen, so sind sie für die Entstehung des auf das eigene Geschlecht gerichteten Geschlechtstriebes völlig *bedeutungslos*. Es ist noch nie beobachtet worden, daß bei einem Homosexuellen ungewöhnlich große Mengen des andersgeschlechtlichen Hormons im Blut vorhanden wären. Aber selbst, wenn einmal ein vermehrter Nachweis gelingen sollte, so bewiese dieser Fund noch sehr wenig; denn es kommt nicht nur auf die Menge des Hormons, sondern mehr auf die *Ansprechbarkeit der Körperzellen* an, wie das Beispiel des Hengstes zeigt, bei dem ungeheuer große Mengen Follikelhormon im Harn ausgeschieden werden. Bei homosexuellen Menschen sind Keimdrüsen und Anhangsorgane in der Regel durchaus normal gebaut und voll in Funktion. Erzeugung und Gebären von Kindern wird sehr häufig beobachtet. Es handelt sich also um Störungen in *den* nervösen Apparaten, in denen die Geschlechtsempfindungen zustande kommen, um *psychische Unregelmäßigkeiten*.

Es ist wiederholt behauptet worden, Homosexualität komme auch bei *Tieren* vor. Ein Beweis für diese Behauptung konnte jedoch nicht erbracht werden. Wenn eine gleichgeschlechtliche Tätigkeit einzelner Tierarten, z. B. beim Hunde beobachtet wird, so geschieht das nur mangels eines andersgeschlechtlichen Partners. Ist doch der Geschlechtstrieb so stark entwickelt, daß er schon durch kleinste Reize rein reflektorisch ausgelöst werden kann; so umklammert der Frosch in der Brunstzeit auch ein hingehaltenes Stück Holz.

Der Homosexuelle verkennt völlig den Zweck, für den die Natur den Geschlechtstrieb geschaffen hat. Seine Handlungsweise ist eine Sünde gegen die Natur und gegen ihre obersten Gesetze. Mit Recht stellt daher das deutsche Strafgesetzbuch den gleichgeschlechtlichen Verkehr unter hohe Strafe. Bei den üblen Folgen, den eine starke Ausbreitung homosexueller Gepflogenheiten haben kann und z. B. im alten Griechenland gehabt hat, stellt LENZ[1] die Frage zur Aussprache, ob nicht bei schwerer homosexueller Entartung eine Unfruchtbarmachung angezeigt sei.

In das Gebiet der Psychopathia sexualis gehören auch die verschiedenen anderen krankhaften Formen des Geschlechtstriebs, wie Sadismus, Masochismus usw., auf die hier jedoch nicht weiter eingegangen werden kann.

III. Das Wachstumsproblem im allgemeinen.

1. Allgemeines.

Bei den niederen Lebewesen (niedere Metazoen) steuern *ein und dieselben Zellen Wachstums- und Fortpflanzungsvorgänge*. Wachstum und Vermehrung sind untrennbar miteinander verbunden und können auf dieser Entwicklungsstufe als *fast identische Begriffe* angesehen werden.

Ein ferner Nachklang von der innigen Zusammengehörigkeit von Wachstums- und Fortpflanzungsvorgängen finden wir noch, wenn wir einer Familie, einer menschlichen Vereinigung, einem Volke ein Blühen, „*Wachsen*" und Gedeihen wünschen. In dem Wunsche ist zugleich die Vermehrung und Fortpflanzung inbegriffen.

Wachstum ist ebenso wie Fortpflanzung ein *Urvorgang*, der allen Lebewesen eignet. Aber nur in der ansteigenden Lebenskurve (s. Abb. 1, S. 7), in der „Jugend", sind im allgemeinen Wachstumsvorgänge vorhanden.

Wir beobachten zwar auch noch im späteren Alter Wachstumsvorgänge, aber diese dienen nur mehr zur Erhaltung und tragen nichts Wesentliches mehr zur Gestaltung und Leistungssteigerung des Körpers bei, oder aber es handelt sich um Fortpflanzungsaufgaben, wie besonders in der Schwangerschaft deutlich wird. Neben dem physiologischen Wachstum gibt es noch pathologische Wachstumsvorgänge, unter denen vor allem das blastomatöse Wachstum bedeutungsvoll ist.

Das physiologische Wachstum ist *um so größer, je jünger* das Individuum ist, am größten gleich in den ersten Stadien embryonaler Entwicklung nach dem Durchbruch durch die Glashaut, sehr groß auch noch in der fetalen Zeit; dann nimmt das Wachstum in der Kindheit und in der Entwicklungszeit an Intensität bereits ab, wobei bekanntlich zwei Perioden vermehrten Wachstums dazwischen geschaltet sind. Um das 20. Lebensjahr kann das Wachstum im allgemeinen als abgeschlossen angesehen werden.

Nach PREYER verdoppelt der menschliche Embryo seine Körperlänge von der 5. Woche bis zur Geburt nicht weniger als fünfmal, sein Gewicht vermehrt er von der 9. Woche ab um das 800fache, während der neugeborene Mensch seine angeborene Länge während des ganzen Lebens nicht einmal ganz vervierfachen kann, sein Körpergewicht aber nur um das 21—22fache zunimmt. Noch größer ist das Wachstum in den allerersten Wochen, in denen sich das Gewicht durch die Zellteilungsvorgänge in annähernd geometrischer Progression vermehrt.

Cytologisch ist Wachstum gekennzeichnet durch *Vermehrung* (Hyperplasie), *Vergrößerung* (Hypertrophie) und *Differenzierung* von Zellen. In der ersten embryonalen Zeit, solange die Glashaut noch nicht durchbrochen ist, herrscht Vermehrung vor, dann tritt mehr die Differenzierung und Vermehrung, noch später hautpsächlich die Größenzunahme in den Vordergrund.

---

[1] BAUR, FISCHER, LENZ: Menschliche Erblichkeitslehre und Rassenhygiene, 4. Aufl., Bd. 2, München: J. F. Lehmann 1932.

Schwerer als das rein cyto-morphologische Geschehen ist die Frage nach den *Kräften* zu beantworten, die das Wachstum *auslösen*. Wie bei jeder naturwissenschaftlichen Forschung muß man versuchen, die Vorgänge auf *chemisch-physikalische Einwirkungen* zurückzuführen.

Eine solche Deutung versagt vorläufig noch völlig bei den *ersten embryonalen* Wachstumsvorgängen. Wir kennen die *Determinationsfaktoren* im Sinne von ROUX noch nicht, wir können nur sagen, daß sie stammesgeschichtlich für jede Art festgelegt, *chromsomal verankert* und damit auch erblich geworden sind.

Etwas mehr wissen wir über die chemisch-physikalischen Kräfte, die die im Keim und im befruchteten Ei *schlummernden Potenzen* zur Entfaltung bringen, die *Realisationsfaktoren*.

Sie sind sehr mannigfaltiger Natur und je nach der niederen oder höheren Organisationsstufe der Lebewesen natürlich sehr verschieden. In physikalischer Beziehung sind fast immer unentbehrlich eine gewisse Wärme, Einwirkung des Lichtes usw., in chemischer: Wasser, Sauerstoff, Eiweißkörper und Lipoide als Kolloide und als Energiespender, Kohlehydrate, Mineralstoffe usw.

Man kann die einwirkenden Stoffe in *Nährstoffe* und in *Wirkstoffe* einteilen; ein Teil der letzteren wirken als *Wuchsstoffe*. Schematisch sind die Verhältnisse in Abb. 46a

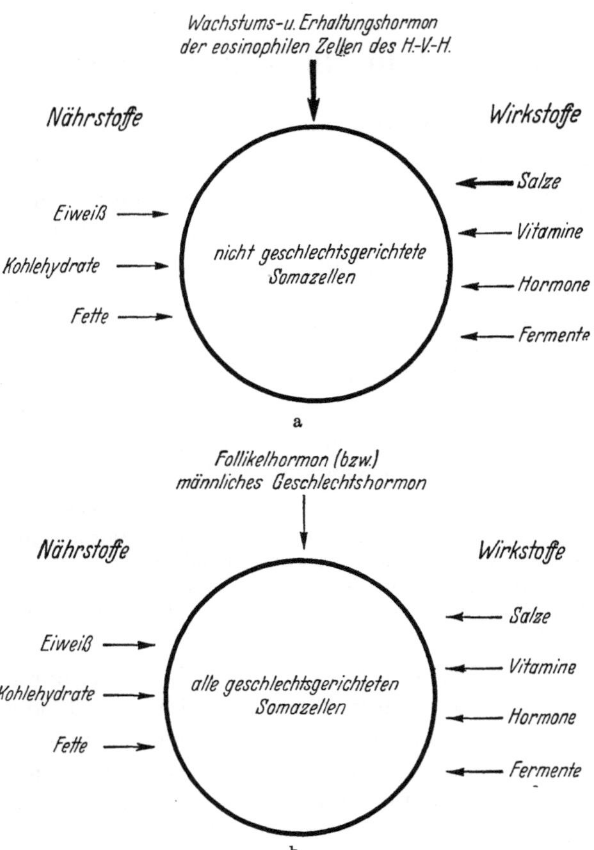

Abb. 46a und b. Nährstoffe (links) und Wirkstoffe (rechts) sind in a und b die gleichen, sie wirken auf beide Zellarten (Kreise) ein. Die *nicht*geschlechtsgerichtete Somazelle (a) antwortet auf den Reiz des *eosinophilen* Hormons des Hypophysenvorderlappens mit Wachstum (allgemeines Wachstum), dagegen die *geschlechts*gerichteten Somazellen (b) reagiert auf den Reiz des *Follikelhormons* (bzw. beim Mann des männlichen Geschlechtshormons) mit Wachstum (geschlechtsspezifisches Wachstum).

und b dargestellt, wobei, den Ausführungen etwas vorgreifend, bereits die Unterscheidung in Hormone, die das allgemeine Körperwachstum und in solche, die das geschlechtsspezifische Wachstum auslösen, vorgenommen ist.

Es ist nicht immer möglich, *Wuchsstoffe* und *Nährstoffe* scharf voneinander zu unterscheiden. So wirken die verschiedenen Arten von Eiweißkörpern, manchmal auch nahe verwandte Arten, in verschiedener Weise auf Wachstum und Baustoffwechsel ein. Die Mehrzahl fördert die Wachstumsvorgänge. Es gibt aber auch Eiweißarten, die das Wachstum hemmen, nach A. BICKEL am stärksten das Phaseolin der Bohne, dann abnehmend das Zëin des Mais, die tierische Gelatine, das Kongluten der Lupine.

Die chemisch-physikalischen Kräfte, die zum Wachstum eines pflanzlichen oder tierischen Individuums erforderlich sind, wechseln naturgemäß sehr stark, je nach der Stellung, die die betreffende Art im gesamten Tier- und Pflanzenreich einnimmt.

Bei den Pflanzen z. B. sind eine Reihe gut definierter Stoffe gefunden worden, die das Wachstum anregen. Die *Auxine* bewirken die Zellstreckung, die *Biofaktoren* steuern die Zellteilung und den Plasmawuchs.

Bei den *niederen* Tieren werden die Wuchsstoffe in Zellen gebildet, die sich in keiner Weise in ihrer Struktur von den *gewöhnlichen* Körperzellen unterscheiden. So findet sich das Follikelhormon bereits bei den Protozoen, bei denen es nur als Wachstumshormon wirksam ist.

Die *höher* organisierten tierischen Lebewesen, besonders die *Wirbeltiere*, erhalten die nötigen Wuchsstoffe auf zweierlei Weise:

1. durch Zufuhr von *außen* mit der Nahrung in Form der *Vitamine* und
2. durch Bereitung im *Körper selbst* durch *besonders dafür gebaute Organe* (innersekretorische Drüsen).

a) Vitamine als Wachstumsstoffe [1].

Die Wirkung der Vitamine auf die Wachstumsvorgänge können wir feststellen durch Wegnahme der Wirkstoffe aus der gereichten Nahrung, ferner durch das Studium der bei den Hypo- und Avitaminosen beobachteten klinischen Störungen.

Wollte man die Wirkung der Vitamine auf das Wachstum erschöpfend würdigen, so müßten eigentlich alle Ergänzungsstoffe besprochen werden, denn wenn einer dieser wichtigen Stoffe in der Nahrung völlig fehlt, so leidet die Ernährung bestimmter Zellen und damit mittelbar auch die Ernährung des Individuums. Wenn man aber von diesem mittelbaren Einfluß auf die Zellfunktionen absieht, so sind es hauptsächlich drei Vitamine, denen wir eine *unmittelbare* Einwirkung auf die Wachstumsvorgänge zusprechen.

1. Bei Mangel an *Vitamin A* zeigt sich zunächst einmal ein Zurückbleiben im Wachstum, ferner eine gesteigerte Verletzlichkeit der Epithelien mit einer Zelldegeneration, mit Pyknose und Lyse der Kerne einhergehend, die durch Verminderung der Purinkörper (v. EULER und MALMBERG) zustande kommt. Die Schädigung äußert sich besonders an den Epithelien der Bindehaut und Hornhaut (Xerophthalmie, Keratomalacie), der Netzhaut (Nachtblindheit), Anfälligkeit für Infektionen, Thrombopenie, Veränderung der Scheide (Kolpokeratose). Aber auch die meisten endokrinen Drüsen, darunter auch die Keimdrüse und die Nebennieren, werden bei Mangel an Vitamin A atrophisch. Das Vitamin A entsteht aus dem Carotin der Nahrung durch Spaltung (Halbierung) in der Leber (Formel des Carotin: $C_{40}H_{56}$, des Vitamin A: $C_{20}H_{29}OH$). Wenn man versucht, die Wirkung des Vitamins A auf die kürzeste Formel zu bringen, so kann man sagen, daß der Stoff — wahrscheinlich mittelbar — eine das Wachstum anregende und speziell die Erhaltung und Funktion der *Epithelien* regelnde Tätigkeit hat. Überschüssiges Vitamin A wird in der Leber, in der Retina, im Corpus luteum, in allen Fettgeweben besonders während

---

[1] Siehe auch Abschnitt: Biokatalysatoren, besonders Wechselbeziehungen der Ergone untereinander.

der Schwangerschaft gespeichert. Es wirkt dämpfend auf die Schilddrüsenfunktion.

2. Für unsere Betrachtung ist der wichtigste Bestandteil der als *Vitamin B* bezeichneten Stoffe der *Wachstumsfaktor* (vielfach kurzweg *Vitamin B_2* genannt), der den Gelbfarbstoff *Flavin* und mit Eiweiß und Phosphorsäure das gelbe Atmungsferment WARBURGs darstellt (chemische Formel: $C_{17}H_{20}O_6N_4$). Als Atmungsferment spielt es gegenüber dem eisenhaltigen Atmungsferment eine untergeordnete Rolle, seine Hauptbedeutung liegt in der Anregung der Wachstumsvorgänge. Bei seinem Fehlen tritt Wachstumsstillstand bei Warmblütern ein. Seine Wirkung hängt im wesentlichen mit der Regelung der Kohlehydrat-Fettresorption zusammen (Nebennierenrinde S. 261).

3. Als Begleitstoff des Vitamin E (Antisterilitätsvitamin) und ihm chemisch nahestehend ist das von EVANS und BURR gefundene fettlösliche *Wachstumsvitamin* (vielleicht eine im intermediären Stoffwechsel nicht synthetisierbare Fettsäure) noch wenig in seinen biologischen Wirkungen studiert.

Die anderen Vitamine haben einen mehr auf einzelne Zellgruppen begrenzten Einfluß. Man kann summarisch etwa folgendermaßen sagen: das Vitamin B_1 wirkt auf die Nervenzellen, Vitamin C auf die Gefäßendothelien, Vitamin D auf den An- und Aufbau der Knochenzellen, Vitamin E auf die Geschlechtsorgane.

b) Hormone als Wachstumsstoffe.

Die Wirkung der Hormone auf die Wachstumsvorgänge können wir durch folgendes Verfahren feststellen:

1. Durch Entfernung von innersekretorischen Drüsen, die die betreffenden Hormone bilden; 2. durch Beobachtung des Wachstums von embryonalen und jugendlichen Tieren bei Verfütterung oder Zusatz von endokrinen Drüsen und deren Hormonen zu dem Nährmedium, z. B. Schilddrüsen- oder Hypophysensubstanz zu dem Wasser, in dem Kaulquappen leben; 3. durch Feststellung der klinischen Befunde, die bei Erkrankungen endokriner Drüsen eintreten.

Es kann natürlich nicht meine Aufgabe sein, alle Versuche und Beobachtungen im einzelnen zu besprechen, ich muß mich begnügen, nur die wesentlichen und für unsere Fragestellung wichtigsten Ergebnisse zusammenzufassen:

1. Die Entfernung der *Schilddrüse*, der *Hypophyse* und des *Thymus* hat bei jugendlichen Tieren gleichmäßig zur Folge, daß das *Längenwachstum erheblich zurückbleibt* und daß diese Tiere, sofern sie den Eingriff überhaupt überstehen, viel kleiner als die Kontrolltiere bleiben und vielfach auch sonst noch Störungen in ihrem Körperaufbau zeigen.

Man kann daraus schließen, daß alle drei Einsonderungsdrüsen für die Wachstumsvorgänge im gesunden Organismus etwas beitragen. Sie haben alle einen *fördernden Einfluß* auf das allgemeine Körperwachstum.

Von dieser Regel macht *nur eine innersekretorische Drüse eine Ausnahme*, das *ist die Keimdrüse.* Wird die Keimdrüse bei einem jugendlichen Individuum entfernt, so geht das Wachstum nicht nur in derselben Weise wie bei einem nichtkastrierten Tier weiter, sondern *sein Körperwachstum hält länger an*, die Verknöcherung der Epiphysen erfolgt später, die Körperlänge wird größer, die Tiere werden länger als die nichtkastrierten (s. Abb. 47). Es hat also die *Keimdrüse auf die Wachstumsvorgänge einen gewissen hemmenden Einfluß*. Diese

Feststellung ist von grundsätzlicher Bedeutung. Ich werde bei der Besprechung des Zusammenhangs des allgemeinen Körperwachstums und des geschlechtsspezifischen Wachstums noch genauer darauf eingehen.

2. Die Untersuchungen, die mit *Zusatz von Drüsensubstanz* zu dem Nährmilieu von Amphibienlarven, durch *Verfütterung und Einpflanzungsversuche und Einspritzungen* von Hormonen bei jugendlichen Tieren gemacht worden sind, geben uns die Möglichkeit zu sagen, wie der jeweilige Wirkstoff auf die empfänglichen Zellen einwirkt, ob er mehr das Wachstum im engeren Sinne (Vermehrung und Vergrößerung) oder mehr die Differenzierung der Zellen fördert. Ich halte mich bei den nachfolgenden Ausführungen an die Angaben von GUDERNATSCH in HIRSCHs „Innerer Sekretion".

Die *Schilddrüse* ist die führende *Differenzierungsdrüse*, die Tempo und Ausmaß der Differenzierung regelt. Als Differenzierungsdrüse muß ferner die *Nebennierenrinde* und die Epiphyse angesehen werden. Doch üben diese zwei Einsonderungsdrüsen einen differenzierenden Einfluß nur auf die Geschlechtsorgane und die Ausbildung der sekundären Geschlechtsmerkmale aus. Auch die *Keimdrüse* gehört zu den Differenzierungsdrüsen, einmal weil sie zur Differenzierung der Geschlechtsmerkmale beiträgt, dann aber auch insofern, als eine vollwertige Differenzierung der Somazellen nur bei vollkommener Funktion der Geschlechtszellen eintritt. Die *Nebenschilddrüse* übt durch Beeinflussung des Kalkstoffwechsels einen differenzierenden Einfluß auf die Knochen aus.

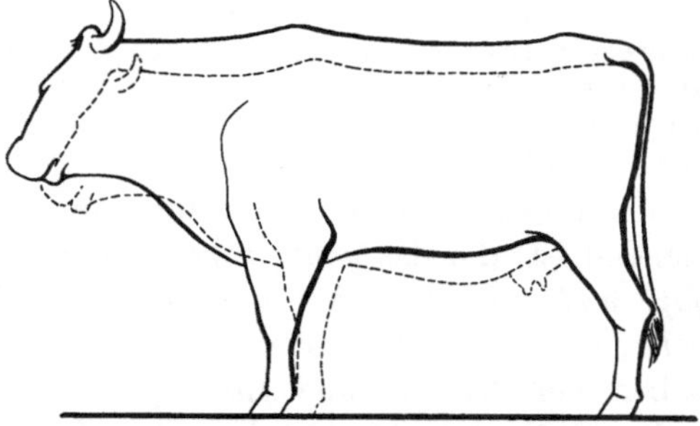

Abb. 47. Profilskizze einer normalen und einer kastrierten Kuh. - - - - normal, —— kastriert. (Nach TANDLER und KELLER.)

Als typische *Wachstumsdrüse* ist die *Vorderhypophyse* anzusehen, die hauptsächlich auf das mesodermale Stütz- und Grundgewebe, und damit in erster Linie auf die Entwicklung des Skeletes Einfluß hat. Ihre Tätigkeit entfällt auf die spätere Wachstumsperiode. Zu den Wachstumsdrüsen gehört auch der *Thymus*, dessen Wirkungszeit in die Frühperiode fällt. Er arbeitet nach GUDERNATSCH der Hypophyse vor. Einen geringen wachstumsfördernden Einfluß hat auch die *Nebennierenrinde*. Die *Keimdrüse* dagegen hat einen wachstumshemmenden Einfluß, denn das Wachstum hält bekanntlich länger als sonst an, wenn die Keimdrüse entfernt wird. Besonders verwickelt ist das *Verhältnis der Schilddrüse* und der *Vorderhypophyse*. Es besteht zwischen beiden Drüsen ein Korrelationsmechanismus, der die beiden Drüsen voneinander abhängig und auch bis zu einem gewissen Grade gegenseitig ersetzbar macht. Die gesteigerte Hypophysentätigkeit kann die Schilddrüse ersetzen, erst Hypofunktion der Vorderhypophyse, verursacht durch Schilddrüsenausfall, führt zu Wachstumshemmung.

3. Sehr aufschlußreich für die Frage nach dem Einfluß endokriner Drüsen auf das Wachstum sind die klinischen Erfahrungen und pathologisch-anatomischen Befunde bei *Klein-, Kümmer- und Zwergwuchs*, den Ateleiosisformen ($\tau\varepsilon\lambda\varepsilon\iota\omega\varsigma\iota\varsigma$ = Vollendung). Am häufigsten findet sich beim Zwergwuchs eine Verkümmerung der Hypophyse oder eine Unterentwicklung der Schilddrüse (*hypophysärer* und *thyreotischer* Zwerg). Der Thymus- und Nebennierenrindezwerg ist fraglich. Man hat auch von einem Epiphysen-, hepatischen, pankreatischen, intestinalen usw. Zwerge gesprochen; doch hebt R. RÖSSLE, dem auch E. KEHRER zustimmt, hervor, daß diese Annahme pathologisch-anatomisch in keiner Weise gestützt sei.

2. Hormonale Steuerung des allgemeinen Körperwachstums (Längen- und Breitenwachstum).

So vieler von außen zugeführter und im Körper erzeugter Reiz- und Wirkstoffe bedarf es, um die Wachstumsvorgänge zu steuern und nach Abschluß der Wachstumsperiode den normalen Bestand der Zellen und Gewebe zu erhalten. Man sollte meinen, daß diese so *vielgestaltigen Einrichtungen genügen würden,* um die *Differenzierungs- und Wachstumsvorgänge richtig zu steuern.* Das ist aber nicht der Fall. Denn diese Stoffe wirken sich doch zu spezialisiert aus, sind zu sehr auf bestimmte Zellen und Organe abgestimmt. Sie arbeiten alle mehr oder weniger unabhängig nebeneinander. Es fehlt an *Zusammenfassung,* an *Zentralisierung,* an Hinsteuern auf einen großen Zweck, wie ihn die Natur verfolgt. Um dieses Ziel zu erreichen, bedürfen alle diese Wachstumseinflüsse noch der *Überwachung und Leitung* durch eine *übergeordnete* Einrichtung.

Es ist wie bei einem Orchester: die leitende Hand des Kapellmeisters hält die verschiedenen Instrumente und persönlichen Temperamente zu einem harmonischen Gesamtspiel zusammen. Wenn Instrumente und Mitspieler nichts taugen, vermag auch der beste Kapellmeister nichts Gutes zu leisten und umgekehrt, wenn der Leiter versagt, so fehlt der einheitliche Zusammenklang und der rhythmische Schwung.

Es erhebt sich vor allem die Frage, ob nicht doch eine Einrichtung vorhanden ist, die das *ganze hormonale Wachstumsgeschehen einheitlich zusammenfaßt und „richtet".* Wir müssen in der Tat bei den höher organisierten Geschöpfen eine solche annehmen und dürfen sie in der harmonischen Zusammenarbeit von *Nerven- und Inkretsystem* suchen; aber nicht etwa in der Weise, daß das Nervensystem dabei allein führend und ausschlaggebend sei, sondern nur in dem Sinne, daß es zugeordnet mittätig ist. Das Wesentliche ist bei den *Wachstumsvorgängen* fraglos die *chemisch-hormonale Komponente,* die ja schon bei nervenlosen Tieren und im embryonalen Zustande wirksam ist.

Wir müssen daher suchen, ob wir nicht ein Hormon oder Hormone finden können, denen eine *übergeordnete* Stellung an dem Wachstumsgeschehen einzuräumen ist.

Das äußere Gefüge des Körpers, seine Längen- und Breitenausdehnung ist im wesentlichen durch die Maße des *mesodermalen Stützgewebes* und seiner Abkömmlinge, insbesondere des Skeletsystems bedingt. Danach bezeichnen wir einen Menschen als klein oder groß, schmächtig (leptosom) oder athletisch usw. Das mesodermale Gewebe wird in der letzten Zeit jedoch noch höher gewertet und geradezu als *Grundgewebe* des Körpers erklärt. Nach dieser Auffassung richtet sich das ganze übrige Gewebe des Körpers, ektodermale Gebilde, Epithelien usw. — auch entodermale Abkömmlinge, soweit heute das zweite Keimblatt noch anerkannt ist — nach der Entwicklung und Ausbildung der mesodermalen Elemente. Wir fassen das *Wachstum, das mit der Entwicklung des mesodermalen Grund- und Stützgewebes zusammenhängt,* gewöhnlich als das *Längen- und Breitenwachstum* des Körpers zusammen [1]. Auch auf das Längen-

---

[1] Sogar beim *Carcinom* ist die Bindegewebsfaser die Grundlage und der Wegweiser für die wuchernden *epithelialen* Zellen, wie HUZELLA (Dtsch. Ges. Gynäk. Berlin 1937) in Gewebekultur und Filmaufnahmen sehr anschaulich zeigen konnte. Die Carcinomzellen bedürfen zu ihrer Entwicklung der intercellulären Substanz, ihr „Fasersystem" stellt eine Leitbahn dar, an der die Carcinomzellen Stütze und Halt finden und an dem sie entlang wachsen.

und Breitenwachstum haben fraglos verschiedene Hormone und Vitamine Einfluß. Wir haben gesehen, daß von den innersekretorischen Drüsen die Wirkstoffe der Schilddrüse, der Nebenniere, von den Ergänzungsstoffen die Vitamine A, B₂, der Wachstumsfaktor des Vitamins E von Bedeutung sind. Aber keiner dieser Wirkstoffe greift so stark steuernd in das Wachstumsgeschehen ein als der Wuchsstoff, der von dem *Vorderlappen der Hypophyse* gebildet wird. Neben ihm spielt, aber nur in der Kindheit, noch das Hormon des *Thymus* eine ähnlich wichtige Rolle.

Für Schilddrüse und Rinde der Nebenniere können wir den Einfluß, den sie auf das Wachstum ausüben, bereits genauer umschreiben. Es handelt sich stets nur um einen *mittelbaren* Einfluß, die *Führung* bleibt dem *Vorderlappen*; denn der Vorderlappen bildet das *thyreotrope* Hormon, das sekundär auf die Schilddrüse einwirkend, diese erst zu ihrer zelldifferenzierenden und stoffwechselanregenden Tätigkeit antreibt. Der Vorderlappen bildet auch das *corticotrope* Hormon, dessen Abwesenheit die bekannte Wirkung auf Kohlehydrat-Fettresorption usw. (s. S. 260) ausübt und dadurch erst Wachstum und Erhaltung der Zellen ermöglicht.

Es gibt für die Wachstumsvorgänge beim Erwachsenen nur *zwei hormonale* Zentren. Beide sitzen im Vorderlappen der Hypophyse. Das eine ist das *allgemeine* Wachstumshormon, das in den *eosinophilen* Zellen gebildet wird. Das andere ist das *gonadotrope* Hormon, das in den *chromophoben* Zellen entsteht und durch Vermittlung der Keimdrüse die geschlechtsspezifischen Wachstumsvorgänge auslöst. Das *eosinophile* hormonale Zentrum steht ausschließlich im Dienste des *Individuums* und beherrscht das individuelle Wachstum. Das *chromophobe-gonadotrope* hormonale Zentrum steuert die Wachstumsvorgänge, die im Dienste der *Art* sich vollziehen. Wie bei den primitiven Tieren Soma- und Geschlechtszellen im unmittelbaren Wettstreit und Kampf liegen, so sind bei den höchstentwickelten Tieren und beim Menschen im Vorderlappen noch *zwei Zellarten* unmittelbar nebeneinander und in gegenseitiger Kampfstellung, die als die *Träger der nämlichen Entwicklungstendenzen* angesehen werden müssen. Ein gewisser Gegensatz zwischen den chromophoben und eosinophilen Zellen und Hormonen läßt sich noch deutlich nachweisen (s. Schema 1a, S. 171—174).

Zwischen diesen beiden hormonalen Zentren steht nun ein drittes, das hormonale *Stoffwechsel*zentrum, dessen Hormone sich, soweit wir heute sehen hauptsächlich in den *basophilen* Zellen des Vorderlappens bilden. Es steht sowohl im Dienste des individuellen Wachstums und der individuellen Erhaltung als auch im Dienste des geschlechtsspezifischen Wachstums. Beide Arten von Wachstumsvorgängen bedürfen als *Voraussetzung* und als *Grundlage* der Mitarbeit der von den Stoffwechselhormonen ausgehenden Anregungen. So versteht man, daß sowohl eine zu geringe als auch eine zu reichliche Menge von thyreotropem Hormon durch seine Einwirkung auf die Schilddrüse sowohl das geschlechtsspezifische als auch das allgemeine Wachstum stark beeinflußt, auf der einen Seite Störungen in der Entwicklung und Funktion der Geschlechtsorgane (Amenorrhöe, Polymenorrhöe) (SEHRT[1], SIEGERT) und durch vermehrtes Schilddrüseninkret Hemmung der lactierenden Brust (SIEGERT[2]) auslöst, auf der anderen Seite aber auch das allgemeine Körperwachstum in bestimmter Weise beeinflußt und zum kretinösen, myxödematösen, Basedowschen Typus führt.

---

[1] SEHRT: Med. Klin. **1933**, Nr 48.   [2] SIEGERT: Zbl. Gynäk. **1935**, Nr 43, 2530.

Soviel sei bereits an dieser Stelle im voraus zur allgemeinen Orientierung vorweg genommen; die nähere Begründung dieser neuartigen Auffassung ergibt sich, soweit bisher noch nicht geschehen, aus den späteren einzelnen Abschnitten des Buches.

a) Das thymogene Wachstumshormon.

Die Funktion des Thymus ist in allen Einzelheiten heute noch nicht bekannt, insbesondere ist auch noch kein Wirkstoff isoliert, den wir einwandfrei als Hormon bezeichnen könnten. Trotzdem ist nach allen experimentellen Untersuchungen, die man mit der Verfütterung von Thymus an Kaulquappen (GuDERNATSCH usw., Förderung des Wachstums) oder mit der Entfernung des Organs (KLOSE und VOGT usw., Hemmung des Wachstums und rachitisähnliche Befunde am Skelet) gemacht hat, sichergestellt, daß das Organ die Wachstumsvorgänge im kindlichen Körper stark, sogar maßgebend beeinflußt.

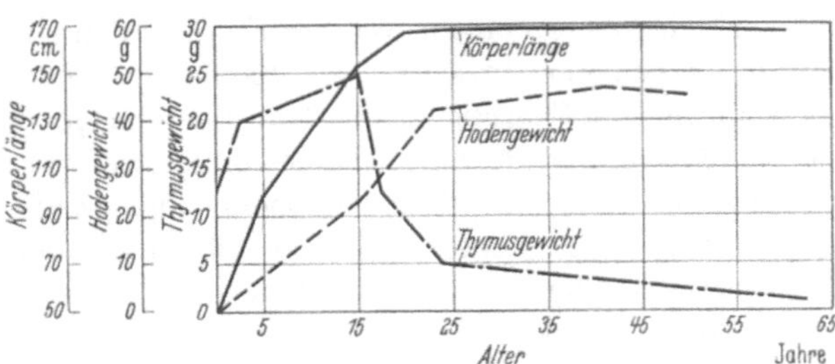

Abb. 48. Vergleich von Körperlänge, Hodengewicht und Thymusgewicht. Gegensätzliches Verhalten von Hoden- und Thymusgewicht in der Pubertät. (Nach WEIL.)

Schon die Tatsache, daß der Thymus ein Organ ist, das seine größte Entwicklung in der Zeit des stärksten Wachstums hat und bekanntlich ungefähr mit dem 15. Jahre sich zurückbildet, spricht in diesem Sinne. Abb. 48 zeigt die Gewichtskurve des Thymus im Vergleich mit dem Gewicht des Körpers und des Hodens.

Alle diese Feststellungen berechtigen bereits jetzt — der weiteren Forschung freilich etwas vorgreifend —, von einem *thymogenen Wachstumshormon* zu sprechen.

Abb. 49a und b. Thymus a von einem fast geschlechtsreifen Tier; b von einem gleichaltrigen Tier, dessen Keimdrüse durch Injektion in der Entwicklung gehemmt war. (Nach EDGAR ALLEN.)

Es ist ferner sichergestellt, daß der Thymus noch zwei weitere Funktionen hat, nämlich die Entfaltung von antitoxischen Eigenschaften und Förderung der Muskeltätigkeit, doch brauchen diese Funktionen in unserer Betrachtung nicht weiter berücksichtigt zu werden.

Dagegen sind für unser Problem noch zwei Feststellungen von großer Wichtigkeit:

1. Wenn man ein Tier *kastriert*, so tritt eine Hyperplasie des Thymus ein, und das Organ bleibt länger bestehen als sonst (Abb. 49).

2. Bei Tieren und beim Menschen, bei denen der Thymus, sei es infolge Jugendlichkeit oder aus pathologischen Gründen, noch vorhanden ist, bildet

sich das Organ beschleunigt zurück, wenn eine *Schwangerschaft* eintritt. Die Schwangerschaft ist sexuell hormonal durch eine überreichliche Produktion von Follikelhormon gekennzeichnet. Wir werden daher nicht fehlgehen, wenn wir annehmen, daß die beschleunigte Rückbildung des Thymus dem Einfluß des Follikelhormons zuzuschreiben ist. Es besteht also ein gewisser Antagonismus zwischen thymogenem Wachstumshormon und Follikelhormon. Aus der nämlichen Gegensätzlichkeit erklärt sich auch die unter 1. erwähnte Erscheinung, daß der Thymus länger bestehen bleibt, wenn die Keimdrüse entfernt ist[1].

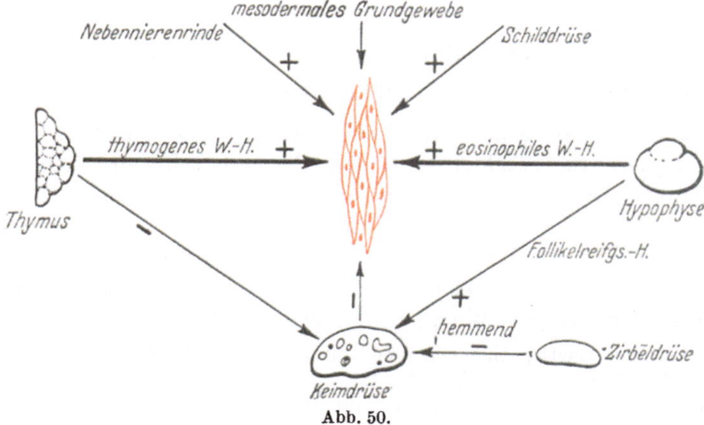

Abb. 50.

Angriffspunkt der Hormone und führend im Wachstum ist das mesodermale Grund- und Stützgewebe [durch spindelförmige Bindegewebszellen (rot) im Schema angedeutet].

Kindheit. Starkes allgemeines Wachstum, geringes geschlechtsspezifisches Wachstum. Thymogenes Hormon und eosinophiles Hypophysenvorderlappenhormon sind führend (das Wachstum fördernd, angedeutet durch +), werden in reichlicher Menge gebildet (durch starken Pfeil angedeutet), Schilddrüse und Nebennierenrinde wirken unterstützend. Die Keimdrüse, die um diese Zeit noch wenig Follikelhormon bildet, hemmt die Tätigkeit der wachstumsfördernden Faktoren etwas. Sie selbst wird durch das thymogene Hormon und das gonadotrope Hormon der Zirbeldrüse in ihrer Entwicklung zurückgehalten.

Wir können also feststellen: Die *Keimdrüse hemmt*, und zwar bei beiden Geschlechtern in gleicher Weise, die *Entwicklung des Thymus*. Hormonal ausgedrückt: das *Follikelhormon und männliche Sexualhormon hemmen* die Tätigkeit des thymogenen Wachstumshormons; oder, die Wirkung auf die Wachstumsvorgänge ausgedehnt: das *geschlechtsspezifische Wachstum* steht in einem *gewissen Gegensatz* zu dem *allgemeinen Körperwachstum* und umgekehrt.

So merkwürdig es auf den ersten Blick erscheinen mag, die *beiden Kindheitsdrüsen, Zirbeldrüse und Thymus*, und ihre spezifischen Wirkstoffe, thymogenes Wachstumshormon und gonadotropes Zirbeldrüsenhormon, wirken auf das *mesodermale Grundgewebe* und damit auf die allgemeinen Körperwachstumsvorgänge im *gleichen Sinne* ein. Das thymogene Hormon fördert das allgemeine Körperwachstum, das gonadotrope Hormon der Zirbeldrüse hemmt die

---

[1] In guter Übereinstimmung mit dieser Auffassung stehen die klinischen Beobachtungen von PENDE (Rom) (Dtsch. med. Wschr. **1939** I) über „*übermäßige Fettsucht*" von Knaben und Mädchen mit einer „matronalen" Fettverteilung. Es gelang PENDE, durch Röntgenbestrahlung des übermäßig großen Thymus die zurückgebliebenen Geschlechtsorgane und andere infantile Erscheinungen zum Verschwinden zu bringen.

Entwicklung der Keimdrüse und damit eine vermehrte Bildung von Follikel-hormon. Da das Follikelhormon Gegenspieler des eosinophilen Hypophysen-vorderlappen-Wachstumshormons ist, wirkt also das gonadotrope Zirbeldrüsen-hormon *mittelbar* fördernd und synergetisch mit dem thymogenen Hormon auf die allgemeinen Wachstumsvorgänge.

Die hormonale Steuerung des allgemeinen Körperwachstums in der *Kind-heit* läßt sich schematisch folgendermaßen (Abb. 50) darstellen. (In der Abbildung ist auch das geschlechtsspezifische Wachstum, dessen Steuerung später erst genauer besprochen werden soll, eingefügt; ebenso in den Abb. 53 und 54.)

b) Das Wachstumshormon der eosinophilen Zellen der Vorderhypophyse (allgemeines Wachstumshormon).

Das von EVANS entdeckte wichtige Wachstumshormon wird im Vorder-lappen der Hypophyse gebildet, d. h. von der innersekretorischen Drüse, die im Mittelpunkte des ganzen hormonalen Geschehens unseres Körpers steht und von der so viele steuernde und richtende Antriebe nach verschiedenen Seiten ausgehen. Es ist daher nicht wunder zu nehmen, daß auch das von ihr eingesonderte *Wachstumshormon* eine *zentrale und beherrschende Stellung* einnimmt und den übrigen Wuchsstoffen übergeordnet ist.

Schon die älteren Exstirpationsversuche von FISCHERA, ASCHNER, BERBLINGER usw. hatten einwandfrei den großen Einfluß der Hypophyse auf das Längenwachstum ergeben; die hypophysektomierten Tiere blieben in ihrem Wachstum weit hinter den Kontroll-tieren zurück.

Wir können heute nicht nur mit aller Bestimmtheit sagen, daß das Wachs-tumshormon im Vorderlappen des Hirnanhangs gebildet wird, sondern wir sind auch in der Lage, mit größter Wahrscheinlichkeit von den drei den Vorder-lappen zusammensetzenden Zellen *die Art* zu nennen, von denen der Stoff gebildet wird; es sind *die eosinophilen Zellen.* Wir können diese Schlußfolgerung aus folgenden Feststellungen ziehen:

1. Beim *Riesenwuchs,* dessen Entwicklung in die Zeit fällt, in der Wachstum überhaupt stattfindet, also in die Jugend, finden wir fast regelmäßig eine Hyper-plasie oder ein Adenom der eosinophilen Zellen. Umgekehrt findet man bei (hypophysärem) *Zwergwuchs* eine unterentwickelte Hypophyse.

2. Auch bei der *Akromegalie,* die bekanntlich nichts anderes darstellt, als Riesenwuchs beim Erwachsenen, können wir eine Vermehrung der eosino-philen Zellen in gleicher Weise wie beim Riesenwuchs feststellen.

3. EVANS und LONG gelang es, durch monatelange intraperitoneale Zufuhr von fein zerriebenem Vorderlappen bei Ratten Riesenwuchs zu erzielen (Abb. 51 und 52). GUDERNATSCH hat bei Kaulquappen nach Zusatz von Vorderlappen-substanz zur Nährflüssigkeit gesteigertes Wachstum der Tiere beobachten können. Bei der Wichtigkeit der Versuche möchte ich einige Abbildungen aus den Arbeiten von EVANS und seiner Mitarbeiter bringen.

4. SMITH [1], einem Schüler von EVANS, ist es gelungen, aus der Hypophyse des Rindes die eosinophilen Zellen, die bei dieser Tierart auffällig randständig sind, einigermaßen isoliert zu gewinnen. Die Extrakte dieser Zellen verursachen bei hypophysektomierten Kaulquappen ein erhöhtes Körperwachstum.

---

[1] SMITH: Anat. Rec. **25**, 150 (1923).

Mit der wachstumsanregenden Wirkung der *eosinophilen Zellen* stimmt auch die Tatsache überein, daß die Eosinophilen nach der übereinstimmenden Meinung aller Untersucher *sehr frühzeitig beim Embryo* auftreten. ROMEIS, einer der besten Kenner der Hypophyse, teilte mir auf Befragen persönlich mit, daß er bei einem Embryo von 4,4 cm Scheitelsteißlänge, was etwa der 10. Schwangerschaftswoche entspricht, bereits eosinophile Zellen gefunden hat. Dagegen konnte er die basophilen Zellen, die in erster Linie mit den Stoffwechselvorgängen zu tun haben, erst gegen Ende des 7. Monats auffinden. Das Wachstumshormon ist eben schon in der allerersten Zeit des embryonalen Daseins erforderlich; anders ist es mit den Stoffwechselhormonen, die erst später benötigt werden.

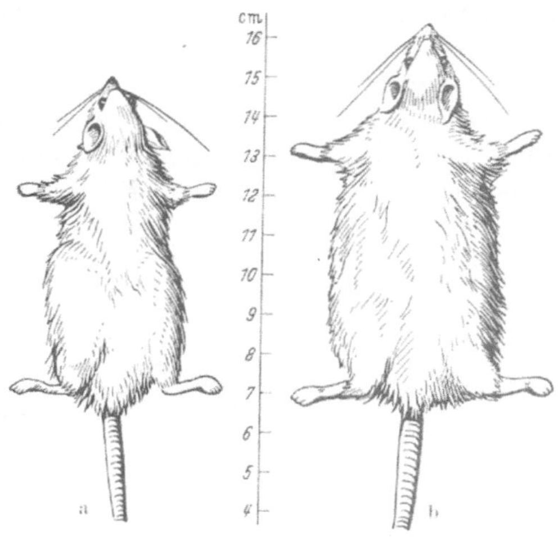

Abb. 51a und b. Beide Ratten vom gleichen Wurfe, etwas über 400 Tage alt. a Kontrolltier. b erhielt vom 14. Tage an täglich intraperitoneale Einspritzungen 1—1¹/₂ ccm von Hypophysenvorderlappenextrakt, und zwar länger als 1 Jahr (400 Tage). (Nach EVANS.)

Durch zahlreiche Untersuchungen von niederen und höheren Wirbeltieren ist ferner festgestellt, daß in der Zeit der *Entwicklung* die Zahl der *Eosinophilen,* dagegen in der Zeit der Fortpflanzung und der Trächtigkeit die Chromophobenzellen überwiegen. (Siehe Näheres bei Entstehungsart der chromophoben Zellen, S. 221).

DINGEMANSE und FREUD [1] gelang es, das Wachstumshormon isoliert darzustellen. Dagegen kommen BATES und RIDDLE [2] zu dem Ergebnis, daß das Wachstumshormon keinen einheitlichen Stoff darstelle, daß vor allem das thyreotrope und das Prolaktin die Wachstumsvorgänge anregen, und daß bei Zusammenwirken der beiden Stoffe das in besonders deutlicher Form in die Erscheinung trete. EVANS [3] und Mitarbeitern gelang es neuerdings, das Wachstumshormon durch das Ammonsulfatverfahren weitgehend isoliert darzustellen. Sie konnten mit der Anwendung dieser gereinigten Wirkstoffe künstlich bei den Versuchstieren (Ratten) ein Wachstum herbeiführen, das das Wachstum, das mit anderen Stoffen (thyreo- und corticotropen Hormonen) erzielt wurde, um ein Vielfaches übertraf.

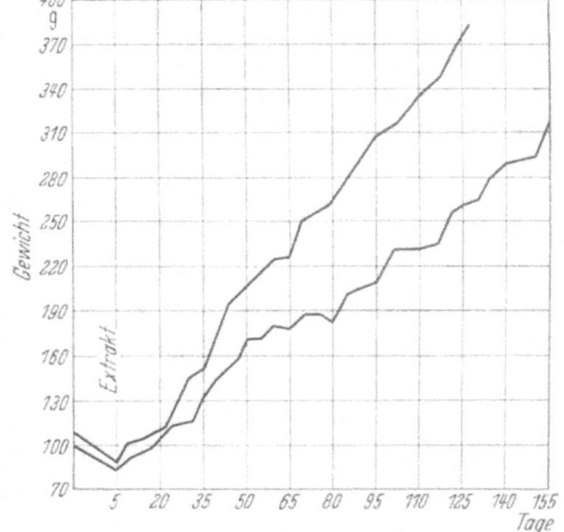

Abb. 52. Gewichtskurve zweier hypophysektomierter Ratten (die sonst im Wachstum zurückbleiben) mit Hypophysenvorderlappenextrakt behandelt. (Nach EVANS.)

---

[1] DINGEMANSE et FREUD: Act. brevia neerl. Physiol. **5**, 9.

[2] BATES and RIDDLE: Proc. Soc. exper. Biol. a. Med. **33**, 446.

[3] EVANS: Endocrinology **22**, 483 (1938). — Proc. Assoc. Res. nerv. a. ment. Dis. **17**, 175 (1936).

Wenn auch noch Vitamine und andere Hormone, wie Schilddrüse und Nebennierenrinde zum Wachstum des Körpers beitragen, so kann es doch keine Frage sein, daß der Hauptanstoß von der Hypophyse ausgeht, gleichgültig, ob es sich um einheitliches Hormon handelt oder ob der Effekt durch das Zusammenwirken von mehreren Hormonen zustande kommt.

Wir haben also in der Wachstumsperiode zwei Hormone, die am mesodermalen Grund- und Stützgewebe angreifen, dadurch das Wachstum aller Organe maßgebend beeinflussen und dem Körper sein kennzeichnendes Gepräge, die

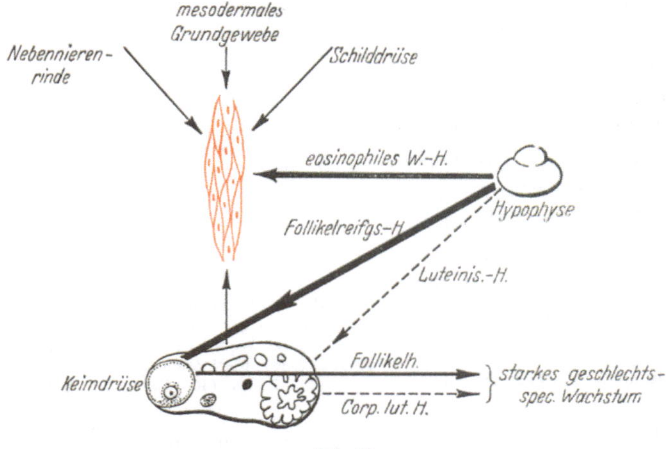

Abb. 53. *Pubertät.* Starkes allgemeines und starkes geschlechtsspezifisches Wachstum. Thymus und Zirbeldrüse ganz oder fast ganz ausgeschaltet. Allgemeines und geschlechtsspezifisches Wachstumshormon im Gleichgewichtszustand.

Viel eosinophiles Wachstumshormon, daher starkes Körperwachstum.

Viel Follikelhormon und Bildung von Corpus luteum-Hormon, daher starkes geschlechtsspezifisches Wachstum.

„Statur" geben. In der Abb. 53 und 54 sind die führenden Hormone des Längen-Breitenwachstums in der Wachstumsperiode und bei der geschlechtsreifen Frau schematisch dargestellt. (Auch hier ist das geschlechtsspezifische Wachstum zum Vergleich in der Abbildung eingefügt.)

Es ist nicht mehr zweifelhaft, daß der Mensch innerhalb der Zeiträume, die wir mit hinreichender Sicherheit überblicken können, *größer* geworden ist. Die Rüstungen der alten Ritter sind für den heutigen Menschen zu klein. Vergleichende Messungen von Rekruten und jugendlichen Schülern in verschiedenen Ländern innerhalb der letzten 30—100 Jahren haben übereinstimmend ergeben, daß das Längenmaß in dieser Zeit um 1—10 cm zugenommen hat[1]. Auch die jetzt lebenden Säugetiere sind größer als die früherer Epochen.

Man wird wohl nicht fehl gehen, wenn man annimmt, daß der letzte Anstoß zu dem vergrößerten Längenwachstum in der *Mehrbildung von eosinophilem Wachstumshormon* des Vorderlappens zu suchen ist. Für die erhöhte Produktion des führenden Wachstumshormons ist nicht nur ein Faktor, sondern eine Vielheit von Einflüssen verantwortlich zu machen. Die Zellen des Vorderlappens der Hypophyse, die auf alle möglichen von außen kommenden Einflüsse, auf Veränderungen der Blutbeschaffenheit außerordentlich stark ansprechen, können auf diese Weise zu erhöhtem Längenwachstum Veranlassung

---

[1] Mayer, A.: Zbl. Gynäk. **37**, Nr 48, 2734.

geben. In dieser Beziehung ist besonders wichtig der Einfluß der „Domestikation". Betr. Einzelheiten verweise ich auf die S. 170.

Es wäre falsch, in der Zunahme der Körperlänge ohne weiteres ein günstiges Zeichen für die Rasse zu sehen; das ist nur bedingt richtig. Nur wenn Längen- und Breitenausdehnung des Körpers in einem bestimmten Verhältnis zueinander stehen, ist ein Optimum der Leistungsfähigkeit vorhanden. *Riesenwuchs*, der meist auf einer vermehrten Körperlänge beruht, muß daher als ein *Abweichen vom normalen Typ* und in ausgesprochenen Fällen bereits als Krankheit

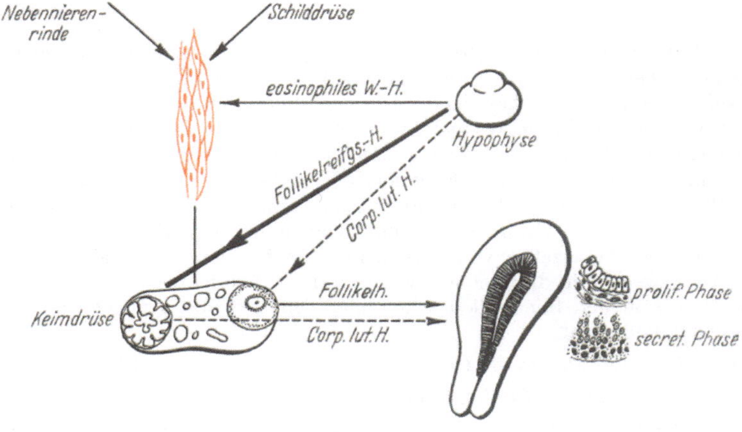

Abb. 54.

Abb. 54. *Geschlechtsreife Frau.* Zyklus, unfruchtbarer Funktionsgang, Vorbereitung zur Schwangerschaft.

Allgemeines Körperwachstum zum Stillstand gekommen, nur noch Erhaltung des Zellbestandes. Auch das Wachstum der geschlechtsgerichteten somatischen Zellen, soweit sie die sekundären und zum Teil auch die primären Geschlechtsmerkmale zur Ausbildung bringen, zu einem gewissen Abschlusse gelangt. Geschlechtshormonaler Stoß im Zyklus mit vermehrtem, hauptsächlich auf den Uterus (Endometrium) beschränkten geschlechtsspezifischem Wachstum.

Menge des eosinophilen Hormons geringer, gleichbleibend, dagegen die Menge des Follikel- und Corpus luteum-Hormons reichlich. Rechts Uterusschleimhaut in proliferativer und sekretorischer Phase des Zyklus.

angesehen werden. Wenn es richtig ist, daß, wie manche annehmen, die Riesenechsen der Vorwelt, die Saurier, dadurch ausgestorben sind, daß ihre Hypophyse zu mächtig entwickelt war — aus dem ungewöhnlich großen Türkensattel zu schließen —, so wäre dies eine Bestätigung dieser Ansicht.

Von den Hormonen, die das allgemeine Körperwachstum, wie ich Längen- und Breitenwachstum zusammenfassend benennen will, steuern, sind *die* Wuchsstoffe abzutrennen, die das *Wachstum der Geschlechtsorgane* und der damit zusammenhängenden sekundären Geschlechtsmerkmale lenken (s. Abschnitt V).

3. Wachstumsverhältnisse und Körperformen ohne Keimdrüse.

Wenn man frägt, welchen Einfluß die *Keimdrüse* und ihre *Hormone* auf das Körperwachstum von Säugern und Menschen haben, so könnte man eine solche Frage einwandfrei nur dann beantworten, wenn *einzig und allein nur die Keimdrüse* fehlte, alle anderen Organe, namentlich alle innersekretorischen

Drüsen, aber voll ausgebildet und funktionstüchtig wären, mit anderen Worten, wenn in den Geschlechtszellen alle Autochromosome vorhanden, dagegen die *Idiochromosome* völlig *fehlten*; ein Individuum, das aus einem solchen Ei entstanden wäre, wäre *völlig geschlechtslos*, ein *Neutrum* im wahrsten Sinne des Wortes.

In Wirklichkeit ist ein solcher Fall bisher nie beobachtet worden. Wenn er je vorkäme, so wäre die Angelegenheit mit diesem einzelnen Individuum erledigt; denn es wäre nicht imstande, sich fortzupflanzen und den Mangel zu vererben.

Wenn Individuen vorkommen, bei denen die Geschlechtsorgane *rudimentär* entwickelt sind, so handelt es sich *nie um reine Fälle* nur mit Fehlen oder Unterentwicklung der Keimdrüsen, sondern die Schwäche besteht auch in den *Autochromosomen* und in weiterer Auswirkung an den *übrigen Einsonderungsdrüsen*. Wir können auch experimentell kein völlig geschlechtsloses Säugetier schaffen. Wenn man das wollte, müßte man aus den Keimzellen die Geschlechtschromosome künstlich herausholen. Dieser Versuch wird so leicht nicht gelingen. Bleiben aber die Geschlechtschromosome erhalten, so ist, da beim Säuger und Menschen das Geschlecht chromosomal und syngam im Augenblick der Zeugung entschieden wird, allen Somazellen von vorneherein ein bestimmter sexueller Stempel aufgedrückt. Auch wenn wir die Keimdrüse, so früh es überhaupt möglich ist, entfernen, vermögen wir die in den Somazellen schlummernden sexuellen Antriebe nicht mehr zu ändern, sie sind immanent.

Da aber die chromosomale Determinierung des Geschlechts in der weiteren Entwicklung *hormonaler Realisatoren* bedarf, so können wir wenigstens *den* Teil der Entwicklung noch isoliert erfassen, der im wesentlichen durch die *Geschlechtshormone* ausgelöst wird. Es lohnt sich daher doch die Mühe, festzustellen:

a) wie Wachstum und Körpergestalt eines Tieres sich verhält, wenn ihm sehr frühzeitig die Geschlechtszellen entfernt werden,

b) wenn nach der Kastration die andersgeschlechtliche Keimdrüse eingepflanzt wird (Vertauschversuch), und

c) wenn überhaupt keine Keimdrüse angelegt ist (Aplasie der Keimdrüse).

a) Frühzeitige Kastration.

Bei der frühzeitigen Kastration eines Tieres müssen wir unterscheiden, ob es sich um ein weibliches oder männliches Tier handelt. Wird ein *weibliches* Tier kastriert, so zeigt es im weiteren Leben keine Veränderungen in seiner Körpergestalt, die wesentlich von dem *weiblichen Typus* abweichen. Dagegen nähern sich *männliche* Kastraten fraglos dem *weiblichen* Typ. Beim Rinde ähnelt z. B. der Körper des Ochsen viel mehr dem einer Kuh als dem des Stieres, die Hörner nehmen weibliche Formen an, sogar die Zitzen treten deutlich hervor. Die Vorrangstellung des weiblich-mütterlichen Prinzips, die bereits S. 96 besprochen ist, macht sich geltend.

Eine weitere Wirkung der Kastration, die sowohl beim weiblichen als auch beim männlichen Geschlecht eintritt, ist das *längere Anhalten der Wachstumsperiode*. Der wachstumshemmende Einfluß der Geschlechtshormone fällt weg. Die Epiphysenlinie verknöchert erst später, die Körperlänge des Individuums nimmt zu (Abb. 141).

Tandler und Gross haben Skopzen, eine russische Sekte, bei denen vielfach eine frühzeitige Kastration üblich ist, genau untersucht und zwei Typen von Eunuchen feststellen können, einen *Hoch-* oder *einen Riesenwuchs* — hier tritt der wachstumshemmende Einfluß der Keimdrüse und des geschlechtsspezifischen Wachstumshormons am reinsten zutage — und einen *fettsüchtigen Typ*; bei diesen Individuen hat der Ausfall der Keimdrüse eine ungünstige Rückwirkung auf die Funktion der Vorderhypophyse (Fettstoffwechselhormon); vielleicht besteht bei ihnen schon primär eine Schwäche in der Hypophysenfunktion.

Umgekehrt gelingt es, durch lang dauernde Zufuhr *großer Dosen von Follikelhormon* „Zwergtiere" (ZONDEK[1]) zu erzeugen. Die Wirkung geht über die Hypophyse, es wird sowohl die Bildung von gonadotropem als auch von Wachstumshormon gehemmt.

b) Vertausch der Keimdrüsen.

Durch die Entfernung der eigengeschlechtlichen und Überpflanzung der gegengeschlechtlichen Keimdrüsen bei sehr jungen Tieren gelang es HARMS, STEINACH, SAND u. a. eine gewisse Umstimmung der Versuchstiere herbeizuführen. Die vermännlichten ursprünglichen Weibchen zeigten struppiges Haarkleid, starke Kampflust usw., und umgekehrt die verweiblichten Männchen ausgesprochen weibliche körperlich-seelische Eigenschaften. Nachprüfungen haben indes ergeben, daß die Umstimmungen nicht selten ganz ausbleiben und sich häufig in recht bescheidenen Grenzen halten. Eine dauernde Umstim-mung gelang nie, den Versuchen kommt keine Allgemeingültigkeit zu.

c) Aplasie der Keimdrüsen.

Über das Aussehen eines Menschen, dem die *männlichen* Geschlechtsdrüsen, namentlich auch die interstitiellen Drüsen des Hodens völlig fehlen, ist meines Wissens nichts Näheres bekannt. Wohl aber kommen bisweilen unglückliche Geschöpfe vor, die *chromosomal weiblich determiniert sind*, oder zu sein scheinen, bei denen aber der *Eierstock nur ganz kümmerlich ist oder völlig fehlt*. Diese Individuen sind schwächlich, hager, asthenisch, zeigen einen *Körperbau ähnlich wie das Kind*. Die primären Geschlechtsorgane sind nur rudimentär angelegt, können stellenweise auch ganz fehlen[2]. Die sekundären Geschlechtsmerkmale erinnern wohl an den weiblichen Typus, sind aber verkümmert. Ähnlich verhalten sich weibliche Tiere, wenn sie in sehr früher Zeit ihrer Keimdrüsen beraubt werden.

Solchen geschlechtlich rudimentär gebliebenen Menschen stehen jene Menschen nahe, die zwar geschlechtlich körperlich voll ausdifferenziert und geformt sind, die aber das *seelische Korrelat* zu der körperlichen Gestaltung vermissen lassen und die weder den *Drang*, noch die *Verpflichtung* in sich fühlen, von sich aus zur *Erhaltung künftiger Geschlechter* beizusteuern. Sie zählen, das Problem vom großen Naturgeschehen aus betrachtet, zu den Entarteten, zu den *erotisch Unzulänglichen*; denn die Natur will es anders und deshalb hat sie scharfe seelische und körperliche Prägung der Geschlechter vorgenommen.

Der Einfluß der Keimdrüsen und ihrer Hormone auf die Wachstumsvorgänge läßt sich auf Grund experimenteller Feststellungen und klinischer Erfahrungen folgendermaßen kennzeichnen:

1. Das Längenwachstum hält länger an, die Keimdrüse und ihre Hormone wirken dem allgemeinen Wachstumshormon entgegen.

2. Wenn die Keimdrüse und Geschlechtshormone fehlen, so bleiben alle jene Formen, die das männliche und das weibliche Geschlecht kennzeichnen, aus.

---

[1] S. 243 seines Buches.

[2] Betreff Einzelheiten in dieser Frage verweise ich auf das Buch von E. KEHRER: Endokrinologie für den Frauenarzt. Stuttgart: Ferdinand Enke 1937.

Wir können daraus schließen, daß die Geschlechtshormone sämtliche *geschlechts-spezifische* Wachstumsvorgänge, durch die die Körperverschiedenheiten der beiden Geschlechter bedingt sind, auslösen.

IV. Verhältnis von Soma- und Geschlechtszellen und von allgemeinem Körper- und geschlechtsspezifischem Wachstum.

1. Verhältnis von Soma- und Geschlechtszellen.

a) Grundsätzliche Trennung von Soma und Geschlechtszellen.

Die Unterscheidung der gesamten Körperzellen in *Somazellen* und *Geschlechts-zellen* ist allgemein üblich. Ich finde jedoch, daß die Schlußfolgerungen, die man aus dieser Trennung ziehen muß, noch nicht bis zum Letzten gezogen worden sind.

Wenn wir von Geschlechtszellen sprechen, so denken wir gemeinhin an das *Trägerorgan* der Geschlechtszellen, an die *Keimdrüse*. Für die Praxis ist diese Einstellung auch durchaus berechtigt. Sie genügt aber nicht, wenn wir das Problem entwicklungsgeschichtlich betrachten — denn auf niederer Entwick-lungsstufe gibt es nur diffuse Geschlechtszellen und noch keine Geschlechts-drüse — und wenn wir tiefer in die Zusammenhänge, die zwischen Art und Individuum bestehen, eindringen wollen.

In diesem Sinne betrachtet, sind der *wesentliche* Bestandteil der Keimdrüse (besonders beim Säuger und Menschen) die *Geschlechtszellen*. Ich möchte sie daher auch als *essentiellen Bestandteil der Keimdrüse* bezeichnen. Alles andere, insbesondere auch der Follikelapparat, sind Hilfsmittel im Dienste der Ge-schlechtszellen, sind deshalb nur *akzidentelle Bestandteile der Keimdrüse*. Die Zellen, die die akzidentellen Bestandteile zusammensetzen, sind *somatischer* Natur; sie zeichnen sich von den übrigen Somazellen nur dadurch aus, daß sie in besonderen Beziehungen zu den Geschlechtszellen stehen und entsprechend ihrer Aufgabe auch anders differenziert sind, wie auch die übrigen Somazellen je nach dem Organ, in dem sie sich befinden, eine andere Struktur und Funktion haben (s. a. hormonales Geschlechtssystem Abschnitt VIII).

Die Scheidung der Gesamtheit der Körperzellen in Soma und Geschlechts-zellen ist *gedanklich* erforderlich. Die Tätigkeit dieser Zellen ist auf ein bestimmtes *Ziel* „gerichtet", darüber besteht kein Zweifel.

Die *Geschlechtszellen* stehen also einzig und allein im *Dienste der Art,* sind nur zur Erhaltung der Art und in weiterer Gliederung der Rasse, des Stammes usw. vorhanden. Da sie aber stets mit den Somazellen in einem Individuum zusammengekoppelt und auf Gedeih und Verderb von ihnen abhängig sind, so treten sie in *gewisse Wechselbeziehungen* zu den *Somazellen,* auf die später noch eingegangen werden soll.

Die *Somazellen* stehen dagegen in erster Linie im *Dienste des Individuums* und nur mittelbar auch im Dienste der Geschlechtszellen und damit der Art. Wenn wir einem Individuum die Keimdrüsen entfernen, so treten wohl gewisse Veränderungen in seinen körperlichen und seelischen Eigenschaften ein, sonst aber erfahren die Funktionen des Körpers keine Störung. Ein Individuum ohne Somazellen dagegen, ohne die lebenswichtigen, aus Somazellen hervorgegangenen Organe, ist unmöglich.

Es gehen ferner die Urtriebe, die Mensch und Tier gleicherweise beherrschen, „Hunger" und „Liebe" in ihren letzten Wurzeln auf Soma- und Geschlechtszellen zurück.

Es ist interessant, festzustellen, daß beim Hunger zuerst stets die somatischen Zellen angegriffen werden, die Geschlechtszellen dagegen lange Zeit unversehrt bleiben.

Versuche an Hunden und Kaninchen (STIEVE, PETROFF) und Untersuchungen am Lachs (MIESCHER) haben ergeben, daß die Keimdrüse ihr Gewicht im Hunger beibehält oder beim Lachs sogar noch vermehrt, während die übrigen Organe an Gewicht zurückgehen. Der unterernährte und hungernde Mensch verliert nicht die Zeugungsfähigkeit — im Gegenteil scheint es, daß Überernährung die Funktion der Zellen ungünstig beeinflußt —, die Leibesfrucht entzieht auch der hungernden Mutter rücksichtslos die Nährstoffe. Die Natur ist also im Prinzip geneigt, ruhig das Individuum zu opfern, wenn es damit gelingt, die Art zu erhalten.

Die Wirkung der *Somazellen* liegt ausschließlich *innerhalb* des Körpers, die *Geschlechtszellen* verbleiben zwar ebenfalls bis zur völligen Reife im Körper; wenn sie aber völlig funktionsfähig geworden sind, werden sie *aus dem Körper ausgestoßen. Erst außerhalb des Körpers*, bei den weiblichen Säugern in besondere Körperabschnitte verlegt, vermögen sie *ihre Funktion zu erfüllen.* Reif geworden, sind sie für die Somazellen *Fremdzellen.* Als Fremdzellen werden die Geschlechtszellen von den Somazellen rücksichtlos vernichtet, wenn es ihnen nicht durch Kopulation gelingt, sich dem Angriff der Somazellen zu entziehen.

Die *unbefruchtete* Eizelle vermag sich nur wenige Stunden außerhalb des Follikels lebensfähig zu erhalten. Auch die Samenfäden haben im mütterlichen Körper nur eine Lebensdauer von höchstens 2 Tagen. Die Geschlechtszellen verfallen schutzlos der Angriffslust der Leukocyten des Körpers und seinen Verdauungsfermenten.

Aber nicht nur die reifen Geschlechtszellen, auch die noch *jungen wachsenden Eizellen* fallen vielfach der Vernichtung durch die Somazellen anheim. Wir wissen, daß von den 300000 Eizellen, die sich im Eierstock des neugeborenen Mädchens finden, während des ganzen Lebens nur etwa $300 = 1^0/_{00}$ zur vollen Reife gelangen, alle anderen erliegen frühzeitig als Opfer der Somazellen, die ihnen Nahrung und Schutz versagen. Wenn ein Follikel atretisch zugrunde geht, so können wir stets *zuerst* an der Eizelle Anzeichen von cellulärer Zerstörung (Chromatinzerfall, Eindringen von Leukocyten usw.) feststellen, dann erst zerfallen die Granulosazellen.

Wichtiger noch als die vorausgegangenen Betrachtungen sind die *stofflichen* Verschiedenheiten, die zwischen Soma- und Geschlechtszellen bestehen.

Die beiden Zellarten unterscheiden sich in *anatomischer* Hinsicht, in ihrem *Entwicklungsgang* und in ihrer *Funktion* sehr erheblich voneinander.

1. *Anatomisch.* Die Geschlechtszellen unterscheiden sich bei den höher organisierten Tieren in sehr kennzeichnender Weise von den Somazellen. Ich habe die Eigenschaften der männlichen und weiblichen Geschlechtszellen bereits ausführlich S. 91 beschrieben. Aus dieser Beschreibung gehen ohne weiteres die großen Unterschiede, die in der Morphologie der Soma- und Geschlechtszellen bestehen, hervor.

2. Somazellen und Geschlechtszellen zeigen einen *verschiedenen Entwicklungsgang.*

Die *Somazellen* weisen von der ersten Bildung an eine *gleichmäßige, durch keine Ruhepausen unterbrochene Entwicklung auf.*

Die Herzzellen sind schon in embryonaler Zeit funktionsfähig. Auch die Gefäß- und Nervenzellen ordnen sich frühzeitig so an, daß sie funktionieren. Die parenchymatösen Organe: Leber, Lunge, Niere, ferner Magen, Darm usw. sind entweder tatsächlich oder wenigstens potentiell spätestens um den 7.—8. Fetalmonat fähig, ihre Tätigkeit aufzunehmen.

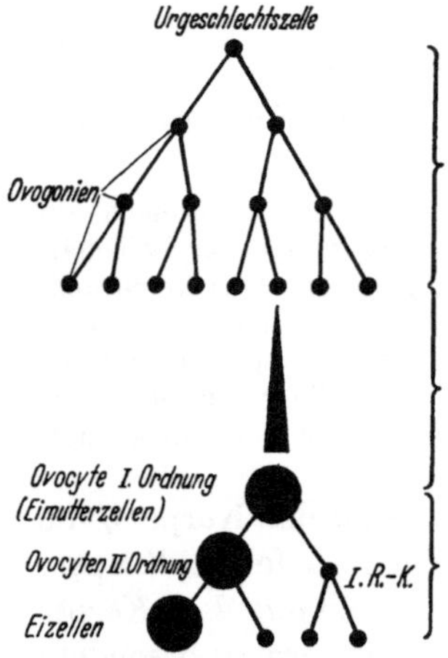

Um die nämliche Zeit zeigen auch bereits die meisten innersekretorischen Drüsen Funktion.

Im späteren Leben erfahren natürlich alle diese Organe noch gewisse Veränderungen, aber irgend etwas Grundsätzliches ändert sich bei ihnen weder in der Form noch in der Tätigkeit. (Mit Ausnahme gewisser innersekretorischer Drüsen, wie bereits S. 49 ausgeführt.)

Die Somazellen haben also spätestens um den 7.—8. Monat ihre volle Funktionsfähigkeit erreicht.

Anders ist es mit den *Geschlechtszellen.* Man kann bei ihnen *drei Wachstumsperioden* unterscheiden. O. Hertwig bezeichnet die Zellen der drei Entwicklungsstadien als Ovocyten und Spermacyten I., II. und III. Ordnung (Abb. 55).

In der ersten Periode, die in die erste embryonale Zeit fällt, zeigen die Geschlechtszellen dieselben Erscheinungen wie die Somazellen; es tritt eine starke Vermehrung auf (Vermehrungsperiode). Dagegen dauert bei ihnen die zweite Periode, die *Wachstumsperiode, außerordentlich lange*; von der fetalen Zeit bis zur Geschlechtsreife, beim Menschen *etwa 14—15 Jahre.* Die letzte Periode, die Reifezeit, beansprucht bei der Frau nur 14 Tage.

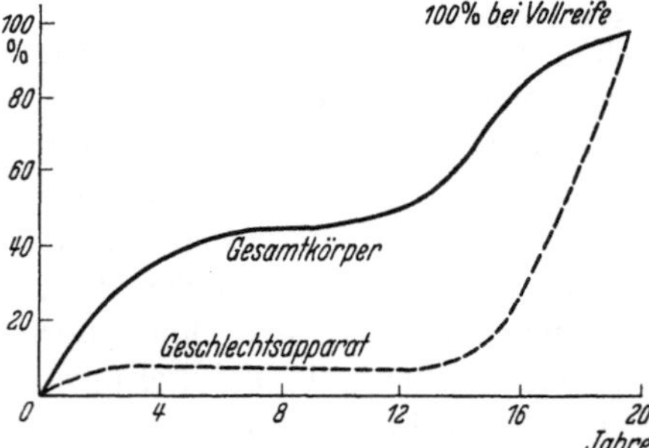

Abb. 55. Schema der Eibildung und Reifung bei Ascaris. (Nach Boveri.) S. Näheres im Text.

Ein weiterer Unterschied zwischen den *Somazellen* und der *Eizelle* — diese Ausführung gilt nicht für die männliche Keimzelle — besteht weiter darin, daß sämtliche Somazellen eines Organs, z. B. der Leber, eines Muskels usw. ungefähr gleiche Entwicklung und gleiches Alter aufweisen. Im Eierstock dagegen finden sich *verschiedene Entwicklungsstadien* der Eizellen *nebeneinander*, in der Vorpubertätszeit Primärfollikel bis zu Graafschen Bläschen von 5 mm Durchmesser, bei der geschlechtsreifen Frau noch zeitweise reife Eizellen.

Abb. 56. Verhältnis von Körpergewicht und Gewicht der Geschlechtsorgane. Körpergewicht stark ansteigend, Gewicht der Geschlechtsorgane fast 15 Jahre lang gleichbleibend. (Nach Scammon.)

Die Unterschiede, die wir in der Entwicklung und im Wachstum der einzelnen Soma- und Geschlechtszellen beobachten, können wir auch an den aus ihnen *hervorgegangenen somatischen und Geschlechtsorganen* feststellen.

Vergleichende Wägungen der Organe des Körpers zeigen entsprechend dem Körperwachstum eine beständig ansteigende Gewichtszunahme. Dagegen weisen Keimdrüsen und Anhangsorgane lange Zeit gar keine oder nur geringe Größenzunahme auf.

Das nämliche Verhältnis läßt sich nachweisen, wenn man das *gesamte Körpergewicht*, das natürlich im wesentlichen durch die Gesamtmenge der somatischen Organe bedingt ist, mit dem *Gewicht der Geschlechtsorgane* in der *Wachstumsperiode* vergleicht. Ich führe die Gewichtskurve von SCAMMON zum Beweise an (Abb. 56): Die Gewichtskurve des Körpers zeigt einen gleichmäßigen Anstieg. Die Kurve der Geschlechtsorgane verläuft anfänglich ganz flach, erst um das 15. Lebensjahr beginnt ein rascher und starker Anstieg des Gewichts.

Völlig fehlt ferner den Somazellen die für die Geschlechtszellen kennzeichnenden *zwei Reifeteilungen* mit Abstoßung der Richtungskörperchen und die Verminderung der Zahl der Chromosome auf die Hälfte.

3. Entsprechend dem morphologischen Verhalten und dem Entwicklungsgang ist auch die *Funktion* von Soma- und Geschlechtszellen grundverschieden. Die Aufgabe der *Geschlechtszellen* ist die *Erhaltung der Art*. Die Geschlechtszellen übertragen auf den Keimling die *Erbanlagen* der Vorfahren. An der Übertragung beteiligen sich beide Geschlechtszellen gleichmäßig; aber in einem Punkte unterscheidet sich die *Eizelle* grundlegend von der männlichen Geschlechtszelle; sie ist fähig, die *Omnipotenz* bis zur vollen Ausreifung sich zu erhalten, bei der parthenogenetischen Fortpflanzung ganz allein, bei der zweigeschlechtlichen Fortpflanzung bleibt wenigstens die *Omnipotenzbereitschaft* bestehen; um sie zur vollen Auswirkung zu bringen, bedarf es nur eines Anstoßes durch die männliche Keimzelle.

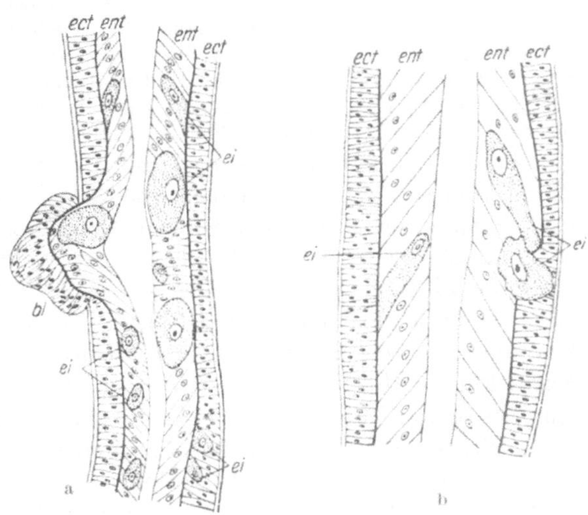

Abb. 57a und b. Eizellen mitten unter den Mesodermzellen gelegen, Längsschnitte durch Zweige eines Hydroidpolypen, *Eudendrium racemosum*, in a mit Blastostylknospe (*bl*) mit wandernden Eizellen (*ei*) im Ekto- und Entoderm (*ect* und *ent*); in b Durchbrechen der Stützlamelle. (Nach A. WEISMANN.)

Die Erhaltung dieser *Omnipotenzbereitschaft* der Eizelle bis zu ihrer vollen Reife ist eine *sehr wichtige und sehr schwierige Aufgabe*; denn die Eizelle befindet sich in einem Körper, dessen Somazellen je nach der Entwicklungsstufe der Art eine immer weitergehende Differenzierung und Arbeitsteilung erfahren. Von der Tätigkeit der Somazellen und des gesamten Körpers aber ist die Eizelle völlig abhängig.

Von der Größe der Aufgabe kann man sich eine Vorstellung machen, wenn man die Eizelle niedrigstehender Lebewesen betrachtet, wie wir das bei dem in Abb. 57 abgebildeten Polypen sehen — die Eizellen sind mitten im Mesoderm gelegen —, oder wenn man die erste Keimdrüsenanlage des menschlichen Embryos, wie sie Abb. 21 und 22 darstellt, ansieht. Vergleicht man damit das verwickelt gebaute Gehäuse des Follikularapparates, wie es z. B. Abb. 62, S. 160 zeigt, oder gar die isolierte menschliche Eizelle (Abb. 25), so kann man verstehen, daß eine derartig weitgehende Differenzierung aus einer ursprünglich primitiven Zelle zu einem so kompliziert gebauten Gebilde phylogenetisch schwierig war und lange Zeiträume beansprucht hat.

b) Der „Kampf" als regelndes Prinzip im Verhältnis von Soma- und Geschlechtszellen.

„Der Kampf ist der Vater der Dinge" (HERAKLIT). Ein anderer griechischer Philosoph, EMPEDOKLES, hat, den Gedanken HERAKLITS weiterführend, die Liebe und den Haß, die Anziehung und die Abstoßung als die Kräfte erkannt, durch deren Wechselwirkung zweckmäßige Einrichtungen auf mechanische Weise unter Ausmerzung aller nicht dauerfähig sich erweisenden Kombinationen entstehen.

CH. DARWIN und A. WALLACE haben die theoretischen Forderungen der griechischen Philosophen auf die Tierwelt ausgedehnt und das Prinzip des Kampfes als die Ursache des Überlebens des Zweckmäßigen nachzuweisen versucht.

Während es sich bei den genannten Anschauungen um Beeinflussungen des *Individuums* handelt, hat ROUX [1] den Kampf als gestaltendes Prinzip auch auf die einzelnen *Teile* des Körpers und auf die *Zellen*, die den Körper zusammensetzen, übertragen. ROUX sieht in der Selbstregulation und in der Überkompensation des Verbrauchs die Grundeigenschaften und die nötigen Vorbedingungen für das Leben.

Die Anschauungen von ROUX haben, soviel ich übersehen kann, keinen großen Anklang gefunden; im wesentlichen wohl deshalb, weil er kein genügend fundiertes Beweismaterial herbeizuschaffen vermochte. Und trotzdem steckt, wie mir scheint, sehr viel Richtiges in der Theorie. An dem *Verhältnis von Soma- und Geschlechtszellen* ist der Beweis für diese Ansicht besonders deutlich zu erbringen.

Der Kampf zwischen Soma- und Geschlechtszellen findet auf *niedriger* Entwicklungsstufe gewissermaßen von *Zelle zu Zelle* statt unter Verwendung von chemisch-physikalischen Hilfsmitteln, deren Art uns freilich nicht näher bekannt ist. Die Geschlechtszellen liegen vielfach noch zwischen und unter die Somazellen eingestreut. Eine scharfe örtliche Trennung der beiden Zellarten ist noch nicht eingetreten (*diffuse* Keimdrüse). Es findet vielfach sogar Umwandlung von Somazellen in Geschlechtszellen statt. Erst bei höherer Entwicklung erfolgt eine *straffere Lokalisierung* der Keimzellen im Körper. Nur bestimmte Teile sind noch imstande, die Geschlechtszellen zu bilden, es bilden sich besondere *Organe* und eine Reihe von Hilfseinrichtungen aus (s. Abschnitt hormonales Geschlechtssystem.

Es sind im Kampf der beiden Zellarten theoretisch *drei Möglichkeiten* vorhanden:

1. Die *Somazellen verdrängen völlig die Geschlechtszellen*. Wenn ein völliges Verdrängen der Geschlechtszellen bei *allen* Individuen derselben Art stattfände, so würde das unweigerlich das Aussterben der Art bedeuten. Ob dieses wirklich einmal vorgekommen ist, wissen wir nicht.

Dagegen bildet die Natur zum *Zwecke der Arbeitsteilung* gelegentlich *reine Somazellentiere* aus. Wir sprechen gewöhnlich von rudimentären Weibchen, bei denen die Entwicklung der Geschlechtsorgane und die Bildung von Eiern fehlen. Die Natur nimmt gewissermaßen eine *soziale Gliederung unter sexuellen Gesichtspunkten* vor. Die einen Tiere sorgen für die Erhaltung der Individuen durch Beschaffung der Nahrung usw., die anderen für die Erhaltung der Art. Das sind die *staatbildenden oder sozialen Insekten*.

Als Beispiel führe ich das Gemeinschaftsleben der Honigbiene an. Im Bienenstock gibt es ungefähr 300—400 vollentwickelte Männchen (Drohnen), die alle männliche Geschlechtszellen zu bilden vermögen, aber nur ein einziges vollentwickeltes Weibchen, die Königin, die weibliche Geschlechtszellen in ihrem Körper aufbaut. Die Mehrzahl aller

---

[1] ROUX: Der Kampf der Teile im Organismus. Leipzig: Wilhelm Engelmann 1881. — A. MÜLLER (Jena 1938) spricht von einem individualisierenden Prinzip und Zentralisation und von einem dezentralisierenden Prinzip der Fortpflanzung (ausgehend von dem Herabwandern der Keimdrüsen.)

Bewohnerinnen eines Bienenstockes, etwa 20—30000, sind rudimentäre Weibchen, die normalerweise nicht imstande sind, Geschlechtszellen zu bilden, sie sind reine Somazellentiere geworden, bei ihnen ist es also zu einer fast völligen Unterdrückung der Geschlechtszellen durch die Somazellen gekommen.

2. Die *Geschlechtszellen* werden *übermächtig* und drängen die *Somazellen mehr oder minder stark zurück.* Dieses Vordrängen der Geschlechtszellen tritt

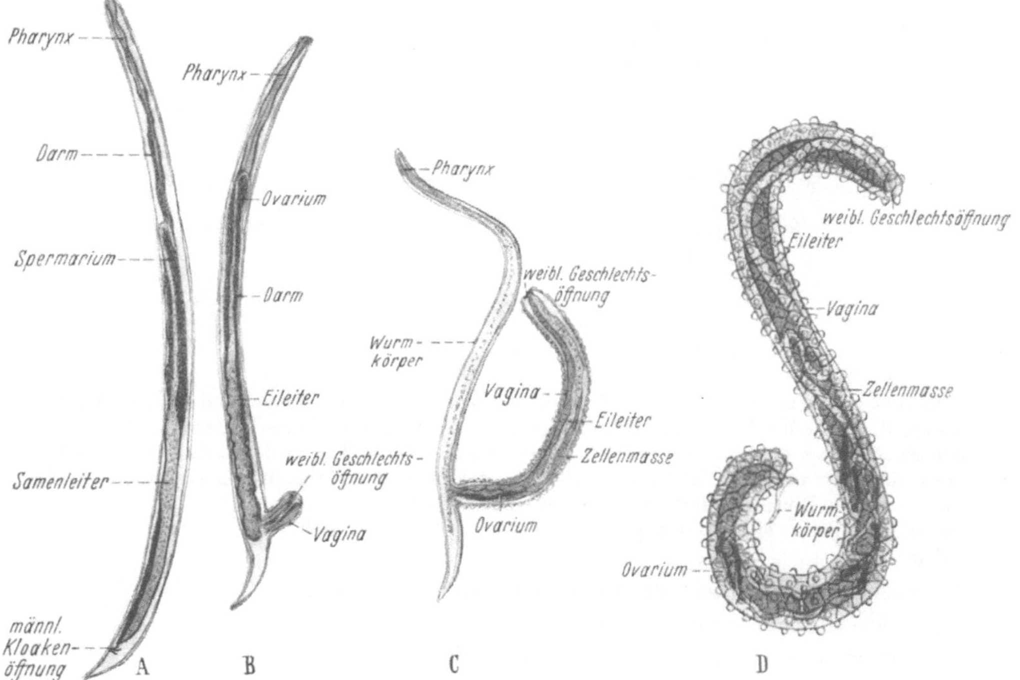

Abb. 58 A—D. Geschlechtsformen von Sphaerularia bombi. (Nach LEUCKART.)

Die Abb. A zeigt das Männchen, die Abb. B das Weibchen vor Eintritt in die sexuelle Tätigkeit, solange sie im Freien leben. Nach der Befruchtung wandert das Weibchen in ein Hummelweibchen ein. Als erstes äußeres Zeichen der gesteigerten geschlechtlichen Tätigkeit stülpt sich der Uterus vor (Abb. C), der nunmehr ungeheures Wachstum zeigt. Er erhält eine Länge, die die frühere um das 60fache übertrifft, auch eine erhebliche Dickenzunahme. Der Wurmkörper selbst schrumpft zusammen und hängt schließlich nur noch als ein dünnes Fädchen am vorgestülpten Uterus, der die Eier enthält (Abb. D). Das ist *Selbstaufopferung im Dienste der Art.*

hauptsächlich bei den geschlechtsreifen Tieren während der jeweiligen Geschlechtsperiode in die Erscheinung.

Es liegt in der Natur der Sache, daß das ontogenetische Vordrängen der Geschlechtszellen bei dem *weiblichen Geschlecht*, das mit der Fortpflanzungsaufgabe stets stärker belastet ist, deutlicher in die Erscheinung tritt als beim männlichen, doch sind bei manchen Tieren, z. B. den Fischen, die Veränderungen kaum geringer.

Wohl das Äußerste, was es in dieser Beziehung gibt und bei dem es zur Unterdrückung fast aller somatischen Organe durch das riesenhafte Wachstum der Geschlechtsorgane kommt, sehen wir bei dem Wurm (Nematode *Sphaerularia bombi* (Abb. 58).

Aber auch bei den recht hoch organisierten und differenzierten *Insekten* finden ungeheure Umgestaltungen des weiblichen Körpers während der Geschlechtstätigkeit statt (Abb. 59 und 60).

Ich führe als Beispiel die *Sarcopsylla* (Abb. 59) vor und nach der Begattung an. Der Leib hat eine erstaunliche Anschwellung erfahren, so daß nur noch Kopf und Beine aus der Anschwellung herausragen. Noch stärker umgestaltet wird das *Termitenweibchen*, wie

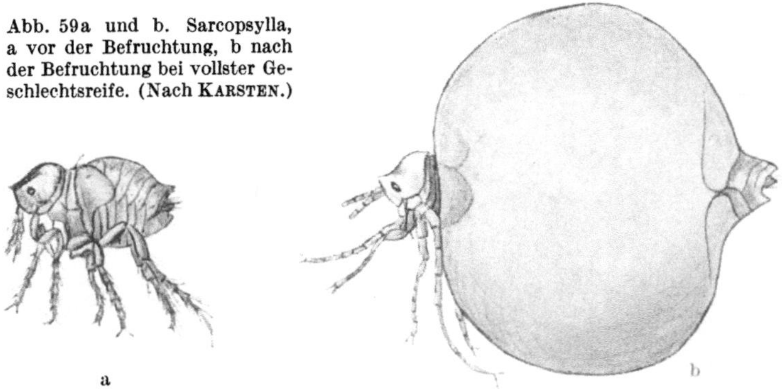

Abb. 59a und b. Sarcopsylla, a vor der Befruchtung, b nach der Befruchtung bei vollster Geschlechtsreife. (Nach KARSTEN.)

Abb. 60a und b zeigt. Im Dienste der Fortpflanzung werden die Flügel und andere Organe geopfert, der Leib erfährt eine mehr als 10fache Vergrößerung seines Umfanges. Auch bei den *Stechmücken* (Culexarten) tritt eine beträchtliche Vergrößerung des Leibes beim Weibchen auf. Der erhöhte Nahrungsbedarf für die gesteigerte Tätigkeit des Eierstocks wird hier von dem Blute geliefert, das die weiblichen Stechmücken — nur die Weibchen sind Blutsauger — aus Tier und Mensch sich holen.

Auch die *Wirbeltiere* erfahren eine mächtige Umbildung des Körpers; man eröffne den Leib eines Frosches oder eines Fisches zur Zeit der Ablage der Eier, man

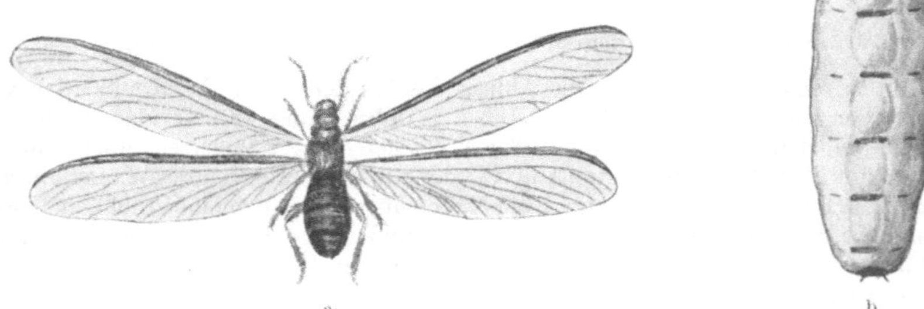

Abb. 60. a und b. Termitenweibchen a vor der Befruchtung mit gut ausgebildeten Flügeln; b nach der Befruchtung, Leib ungeheuer aufgetrieben, Flügel verschwunden. (Nach DESNEUX.)

wird erstaunt sein, wie mächtig die Keimzellen beider Geschlechter entwickelt sind und welch großen Raum sie einnehmen. Man kann das Gewicht auf mindestens $\frac{1}{5}$ bis $\frac{1}{4}$ des Gesamtkörpergewichts schätzen.

Besonders interessant und für die Deutung der Befunde bedeutungsvoll liegen die Verhältnisse beim Lachs (MIESCHER). Diese Fische ziehen in der Paarungszeit aus dem Meerwasser den Rhein aufwärts, ohne dort Nahrung zu sich zu nehmen. Trotz dieses Hungerzustandes erfolgt eine ungeheure Vergrößerung der Hoden und der Eierstöcke. Das Material zu der Vergrößerung wird aus den Seitenmuskeln entnommen. Es findet also hier eine Umarbeitung von in anderen Zellen enthaltenen Stoffen in der Weise statt, daß diese für den Aufbau der Geschlechtsorgane verwendet werden. Dieser Vorgang kommt durch komplizierte chemisch-physikalische Umformungsprozesse zustande. Die einen Zellen geben etwas her, die anderen Zellen nehmen es in sich auf. Solche Vorgänge bezeichnen wir in unserer Sprache, in der wir nun einmal in Bildern, meist mechanischen[1] Vorgängen entlehnt, zu sprechen gewöhnt sind, als Kampf.

Etwas anders gelegen, aber doch in demselben Sinne zu deuten, ist die *Gefährdung oder das Zugrundegehen* des *Individuums* im Dienste der Fortpflanzung; bei dem *weiblichen Tiere* ist das *Sterben* des Individuums an den Folgen der Fortpflanzung eine sehr häufige Erscheinung. Auch beim *Menschen* unterliegen, trotz der großen Fortschritte, die die Geburtshilfe aufzuweisen hat, immerhin noch etwa 2 von 1000 Frauen einzig und allein der durch Schwangerschaft und Geburt herbeigeführten Schädigung. Hierzu sind insbesondere die Todesfälle durch Schwangerschaftsvergiftungen, Vorliegen des Mutterkuchens usw. zu rechnen. Die Wunden und Schäden, die ferner Schwangerschaft und Geburt der Frau zufügen, sind bekanntlich sehr zahlreich.

3. Die beiden geschilderten *Extreme* kommen bei den höchstorganisierten Lebewesen, *Säugern und Mensch*, nicht mehr vor. Hier ist eine *Regelung auf mittlerer Linie* getroffen worden.

Je höher das Tier auf der *Entwicklungsstufe* steht, desto mehr werden die Geschlechtszellen zu einem *besonderen Organ*, der *Keimdrüse*, zusammengeballt, einen desto kleineren Raum nehmen sie im Gesamtkörper ein. Bei den *Säugern* und beim *Menschen* beträgt das Gewicht der *Keimdrüse* im Durchschnitt nur mehr den

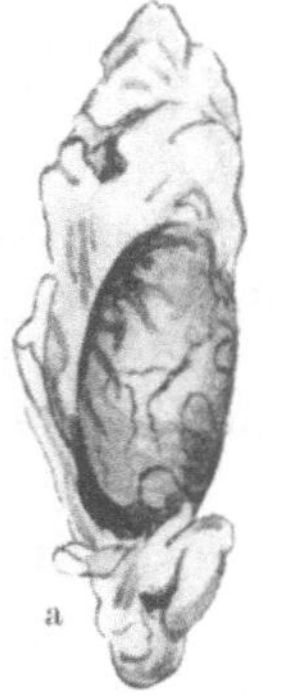

Abb. 61a und b. Experimenteller Kryptorchismus. a Hoden einer ausgewachsenen Ratte; b derselbe nach 4monatlicher Occlusio intraabdominalis. (Nach SAND.)

tausendsten Teil von dem gesamten Körpergewicht. Ich lasse die Gewichte der Hoden verschiedener Tierarten und des Menschen nach BENOIT folgen:

Hahn 1:70	Maus 1:180	Ratte 1:110
Kater 1:1800	Stier 1:640	Mensch 1:2000.

Bei den *männlichen* Säugetieren tritt sogar die Eigentümlichkeit ein, daß die Keimdrüse, die sonst überall in der Bauchhöhle gelegen ist, nach *außen* in die häutige Ausstülpung des Hodensackes verlagert wird.

Diese Einrichtung widerspricht scheinbar allem, was sonst die Natur zur Sicherung der Fortpflanzung tut; denn es gibt kaum eine Stelle, die den männlichen Keimdrüsen so wenig Schutz gegen äußere Gewalteinwirkungen gewährt, wie der Hodensack. Bei allen anderen Tieren liegen die Keimdrüsen wohlgeschützt in der Bauchhöhle. Als Grund für diese Verlagerung der Hoden hat man neuerdings ein physikalisches Moment entdeckt. Die Samenzellen vermögen bei Körpertemperatur nicht zum Reifen zu kommen, sie können dies nur bei einer Temperatur, die unterhalb der Körperwärme der Säugetiere gelegen ist (Abb. 61 a und b). Bei den Nagern sehen wir gewissermaßen noch ein Übergangsstadium. Der Hoden ist gewöhnlich innerhalb des Leibes gelegen, nur zur Zeit der Brunst, d. h. zur Zeit der Ausreifung der Samenzellen, tritt er in den Hodensack nach außen.

Es wird also im Verlauf der *phylogenetischen Entwicklung* der *Kampf zwischen Keim- und Körperzellen* der Masse nach stets *zugunsten der letzteren* entschieden, doch so, daß die Geschlechtszellen trotz ihrer mengenmäßig kleinen Zahl wohl gesichert in einem besonderen Teil des Körpers als eine *Art Reservat* gelegen sind. Je höher organisiert der Körper eines Tieres ist, um so größer die Arbeitsteilung, einen desto kleineren Raum nimmt die Geschlechtsdrüse ein. Nur

---

[1] Zum Beispiel ver-stehen, er-fahren, be-greifen usw.

auf diese Weise ist es offenbar der Natur möglich, die gewaltige *Doppelaufgabe* zu erfüllen, nämlich die allgemeine *Körperorganisation bis zur Spitze der Vollkommenheit durchzuführen*, wie wir es beim Menschen sehen — bei den ebenfalls sehr hoch organisierten Insekten wählt die Natur einen anderen Weg (s. S. 116) — und *zugleich die Fortpflanzung nicht zu gefährden* und damit die Erhaltung der Art sicherzustellen.

Das Zurückdrängen der Geschlechtszellen bei den höheren Wirbeltieren ist mit einer mengenmäßigen Beschränkung der *Zahl der Nachkommen* verbunden. Die Einschränkung der Zahl der Jungen hängt aber einzig und allein damit zusammen, daß nur eine *geringe* Zahl befruchtungsfähiger *Eizellen* bereitgestellt werden. Während bei den Wirbellosen und bei den niederen Wirbeltieren zur Zeit der Geschlechtsreife tausende und abertausende Eier vorhanden sind, reift bei der Mehrzahl der Säugetiere und beim Menschen bei jedem fruchtbaren Funktionsgang nur ein einziges oder nur wenige Eier. Für das männliche Geschlecht gilt dieser Satz nicht. Denn bei ihm arbeitet die Natur wie bei den niederen Tieren mit Millionen von Keimzellen.

c) Die cellulären und humoralen Einrichtungen zum Schutze der Eizelle.

Wir sahen, daß in der Zeit höchster Geschlechtstätigkeit, besonders ausgeprägt bei den niederen Tieren, ein Vordringen der Geschlechtszellen und ein

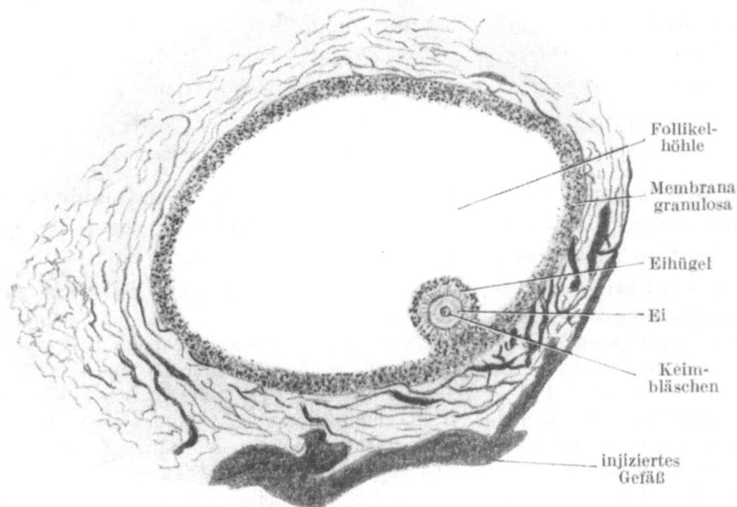

Abb. 62. Eierstock des Menschen. Man sieht, daß die injizierten Gefäße an der Grenzmembran aufhören und nicht zwischen die Granulosazellen treten. (Nach Böhm und Davidoff.)

Zurückgedrängtwerden der somatischen Zellen, zum Teil unter Einschmelzung ganzer Organe, erfolgt, also ein *gegenseitiger Kampf* stattfindet. Wir haben ferner festgestellt, daß die Geschlechtszellen sich in anatomischer und funktioneller Hinsicht, im Entwicklungsgang und nach ihrer Bestimmung grundlegend von den Somazellen unterscheiden und etwas *Anderes*, man kann sagen, *Fremdartiges* darstellen.

Wenn nun Zellen, die dem Körper nicht völlig adäquat sind, in die *freie Blutbahn* gelangen, so werden sie durch *Verdauungsfermente und Leukocytenfraß unschädlich* gemacht. Aber auch dann, wenn wir versuchen, arteigenes Gewebe — von artfremdem ganz zu schweigen — *einzupflanzen*, so wird es, wenn man von den wenigen Geweben mit besonders großer Regenerationskraft, wie Endometrium, Epidermiszellen usw., absieht, regelmäßig in kürzerer oder längerer Zeit wieder vernichtet. Der Organismus ist eifrig bemüht, seine *serologische und celluläre Eigenart und Unversehrtheit* zu bewahren.

Wenn die so *fremdartige Eizelle* in der Art wie die meisten Somazellen *unmittelbar vom Blute umströmt* wäre, so würde sie bei allen Tieren, bei denen eine höhere Differenzierung eingetreten ist, fraglos rasch der *Vernichtung* durch *Blut* und durch die zu Schutzzwecken aufgestellten *Somazellen*, besonders Leukocyten, anheimfallen. Es müssen also *besondere Einrichtungen* vorhanden sein, um den Eintritt dieses Ereignisses zu vermeiden.

Diese Einrichtungen sind in dem *Follikelapparat* zu suchen. Er dient nicht nur zur Ernährung — fraglos die wichtigste Aufgabe —, sondern auch zum *Schutze* der Eizelle gegen Bluteinwirkung und Somazelleneinfluß. Deshalb erhält er bei den Wirbeltieren einen mit der Höhe der Arbeitsteilung und Differenzierung zunehmend komplizierteren Bau und zeigt bei den Säugetieren die bekannte eigenartige Struktur.

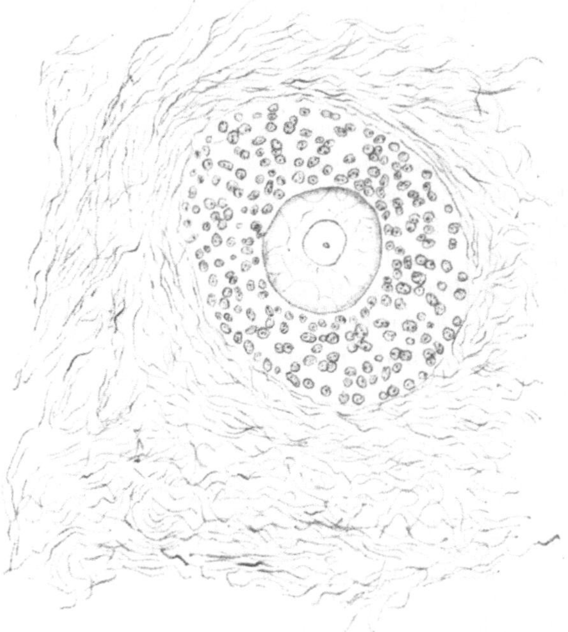

Abb. 63. Mittelgroßer menschlicher Follikel nach BIELSCHOWSKY gefärbt. Man sieht sehr deutlich, daß die gefäßtragenden Bindegewebsfasern nur bis zur Grenzfaserschicht gehen. (Nach K. HÖRMANN.)

Das *Blut* kommt in *keine unmittelbare Berührung* mit der Eizelle. Sie wird auch von *keiner Nervenfaser* erreicht. Die Eizelle zeigt darin das nämliche *primitive* Verhalten, wie wir es bei den niedern blut- und nervenlosen Metazoen beobachten. Sie vermag offenbar nur dadurch ihre Omnipotenzbereitschaft, die den Somazellen dieser primitiven Lebewesen eignet, sich zu erhalten.

Die Blutgefäße endigen in dem Follikel an der Stelle, wo die Thecazellen an die Granulosazellen stoßen (s. Abb. 62). Sehr deutlich kann man das Aufhören der Gefäße bei der Bindegewebsfärbung nach BIELSCHOWSKI beobachten, wie das K. HÖRMANN [1] in ausgezeichneter Weise gezeigt hat. Das Bindegewebe, das stets ein Begleiter der Gefäße ist, endigt an der sog. Grenzfaserschicht, die durch eine enge Verflechtung der Bindegewebsfasern zustande kommt (s. Abb. 63). Ebenso ist es nach den neuesten Untersuchungen von GOECKE und BEAUFAYS [2] (modifizierte BIELSCHOWSKI-Silberimprägnation) mit den Nervenfasern.

---

[1] HÖRMANN, K.: Arch. Gynäk. **82**, 619 (1907).
[2] GOECKE u. BEAUFAYS: Arch. Gynäk. **160**, 211 (1935).

Es gelangt also das Blut *nur bis zur Grenzfaserschicht*, in die Granulosazellen hinein dringt kein Blut, natürlich auch *nicht an die Eizelle*. Diese ist zudem noch durch eine deutlich ausgebildete Membran, die Zona pellucida, die beim Menschen eine Dicke von $20\,\mu$ hat, gegen die Umgebung abgegrenzt.

Es sind also zwischen *Blut und Eizelle zwei Schichten eingeschaltet.* Die eine Schicht besteht aus den *Granulosazellen*, die andere Schicht, die bei den wachsenden Follikeln sich findet, ist durch den *Liquor folliculi* gegeben. Diese zwei Schichten, eine *celluläre und eine humorale, schützen die Eizelle vor der direkten Einwirkung des Blutes und der Somazellen.* Die Follikelepithelien lassen nur die Stoffe durch, die die Eizelle zu ihrer Ernährung bedarf.

Die Eizelle hat sicherlich zum Teil *andere Stoffe* zu ihrer Entwicklung und Reifung notwendig als die Somazellen. Es mag ähnlich sein wie bei der Bienenkönigin. Wenn ein Ei nicht zu einem rudimentären Weibchen, der Arbeitsbiene, sich entwickeln soll, dann muß dieses Ei eine besondere Nahrung erhalten.

Die *Follikelepithelien* stellen nicht nur ein passives Filter dar, sondern entfalten sicherlich auch eine *aktive Tätigkeit.* Sie sind imstande, in eigener Tätigkeit chemische Umsetzungen vorzunehmen. Es wird allgemein angenommen, daß außer den Theca interna-Zellen auch die Granulosazellen die Fähigkeit haben, *Follikelhormon zu bereiten.*

Da das Follikelhormon schon bei niederen Tieren und pflanzlichen Lebewesen für normale Entwicklung und Wachstum, wie es scheint, unentbehrlich ist, ist die Annahme berechtigt, daß auch die Eizelle zu ihrer Entwicklung dieses Stoffes nicht entbehren kann.

Über die Stoffe, die sonst die Eizelle zu ihrer Ernährung bedarf, wissen wir nichts Genaueres.

Wer unbefangen den mikroskopischen Durchschnitt eines GRAAFschen oder *reifen Follikels* betrachtet, den erinnert der Bau dieser Gebilde an eine *Festung mit Wall* (Thecazellen und Follikelepithelien) und Graben (Liquor), mitten darin sitzt in dem Eihügel wie in einem festen Schlosse die Eizelle, eine Art Königin. *Zelliger Wall und humoraler Graben halten die Einwirkungen und die Angriffe der Somazellen* zurück und sorgen zugleich für die *geregelte Zufuhr der Nahrung.* Erst wenn die Zeit gekommen ist und die Eizelle unter dem Schutze der lebenden Festung genügend Kräfte angesammelt hat und reif geworden ist, öffnet sich unter dem zunehmenden intrafollikularen Druck der Weg in das Freie, der Schutzwall wird an der dünnsten Stelle durchbrochen, die befreite Eizelle gelangt in den Eileiter. Dort wird sie von zahlreichen Samenfäden bestürmt und, um im Bilde zu bleiben, im Sturme von *dem* genommen, der sich als der kräftigste und tüchtigste erweist. Was die Dichter symbolisch von den beiden Liebenden singen und rühmen, hier ist es Tatsache geworden, hier kommt es in Wirklichkeit zu einem vollständigen Ineinanderaufgehen und zu einer restlosen Verschmelzung zweier Individuen. Was bei den beiden Makrokosmen der Liebenden Gleichnis bleibt, das wird bei den beiden Mikrokosmen der Keimzellen Ereignis.

Der Schutz, den diese cellulären und humoralen Einrichtungen geben, ist *kein absoluter*, braucht es auch nicht zu sein, wenn nur das Ziel der Natur, die Erhaltung der Art, dadurch gewährleistet ist.

Denn es gehen die meisten Eizellen während des Lebens zugrunde. Von den 300 000 Eianlagen, die sich im Eierstock des neugeborenen Mädchens finden, werden im Laufe des Lebens höchstens 300, gleich $1^{1}/_{00}$, *reif und haben die Möglichkeit, zur Erfüllung ihrer Aufgabe* zu kommen. Es besteht nun unter allen Forschern Einigkeit darüber, daß stets *zuerst die Eizelle abstirbt*, und dann, wenn diese abgestorben ist, erst die Follikelepithelien nachfolgen. Man sieht häufig, daß sich Leukocyten in atretischen Follikeln um die Eizellen herum ansammeln, die ihre Aufräumungsarbeit vollbringen.

Wenn die Eizelle abstirbt, so dürfen wir daraus schließen, daß entweder die Ernährung, die durch den Follikelapparat besorgt wird, oder daß die cellulären und humoralen Schutz- und Abwehreinrichtungen gegenüber den Somazellen versagt haben. Es ist sonst kein rechter Grund vorhanden, warum schon in so früher Zeit so viele Eizellen absterben, eine Alterserscheinung kann es unmöglich sein. Die Natur, sonst auf möglichst reichliche Bereitstellung von Keimzellen bedacht, müßte einen größeren Vorrat von Eizellen in die geschlechtsfähige Zeit hinüberretten, als sie in Wirklichkeit tut. Die Theca interna-Zellen atretischer Follikel werden zwar mit zur Bereitung von Follikelhormon benutzt. Aber bei der großen Gestaltungskraft der Natur könnte es nicht schwer fallen, die Stromazellen wie beim Manne als Bildner des Follikelhormons bereitzustellen.

Es bleibt m. E. keine andere Deutung, als daß in dem Kampfe zwischen weiblichen Keimzellen und Somazellen trotz des follikulären Ernährungs- und Schutzapparates immer noch die größte Zahl der Eizellen unterliegen und *nur die allerwiderstandsfähigsten und tüchtigsten erhalten bleiben.* Wir sehen einen ähnlichen Vorgang auch bei dem Wettlauf der *Spermatozoen,* bei dem auch nur wenige Kraft und Energie genug besitzen, um durch den Uterus bis zur Tube zu gelangen.

Die *unbefruchtete* Eizelle vermag sich nur wenige Stunden nach dem Follikelsprung lebend zu erhalten. Wie kommt es nun, daß die *befruchtete* Eizelle dem Einfluß der Verdauungsfermente und der Freßgier der Leukocyten nicht erliegt? Welche Einrichtungen sind vorhanden, die das befruchtete Ei vor den Angriffen dieser Feinde schützen?

Wenn wir im Film einen Befruchtungsvorgang beobachten, so sehen wir, wie mit dem *Eindringen eines Spermatozoons* plötzlich eine *großartige Veränderung in der Eizelle* vor sich geht. Bei Zeitraffung beobachten wir im Innern der Zelle lebhafte Bewegungen, ein Durcheinanderwogen der Teilchen, die umgebende Hülle, die *Glashaut* des Eies, nimmt eine *festere Konsistenz* an und versperrt auf diese Weise allen übrigen Samenfäden das Eindringen. Aber nicht nur die Spermatozoen, auch die Leukocyten und Verdauungsfermente vermögen gegen die schützende Wand nichts mehr auszurichten. Dazu kommt noch, daß das Ei sich mit einer *Eiweißschicht,* die von der Tube geliefert wird, überzieht.

Westmann hat gezeigt, daß beim Kaninchen die Bildung der *Eiweißhülle* unterbleibt und das *Ei abstirbt,* wenn der Gelbkörper entfernt wird. Das Absterben des Eies hängt sicher nicht mit Nichtzufuhr von Nährstoffen, wie man bisher gemeint hat, zusammen — auch das Säugetierei hat für die kurze Zeit der Eileiterdurchwanderung genügenden Vorrat an Dotter —, sondern tritt deshalb ein, weil der *schützende Mantel* gegen die Einwirkung der Somazellen *fehlt.*

Wenn ich vorher gesagt habe, daß die *Eizelle im Follikel* wie eine Burgkönigin gegen die Außenwelt durch Mauer (Granulosa- und Thecazellen) und Graben (Liquor) wie in einer Festung geschützt ist, so gleicht die *befruchtete Eizelle auf ihrer Wanderung* nach der Uterushöhle einer Walküre, die durch ihre Panzerrüstung gegen alle Angriffe von außen gefeit ist[1].

Das befruchtete Ei braucht *etwa 6 Tage,* um von dem Follikel bis zur Gebärmutter zu wandern. Auf dieser Wanderung übt es noch *keinen nennenswerten Einfluß auf den mütterlichen Körper* aus, denn es fehlt ihm noch jede

---

[1] Bei den *Vögeln* wird das Ei vor seinem Austritt aus dem Geschlechtskanal durch den Kalkpanzer der Schale vor störenden Einwirkungen der Um- und Außenwelt geschützt.

festere Verbindung mit dem mütterlichen Gewebe. Außerdem ist die Eizelle selbst durch Glashaut und Eiweißschicht gegen die Umgebung abgedichtet.

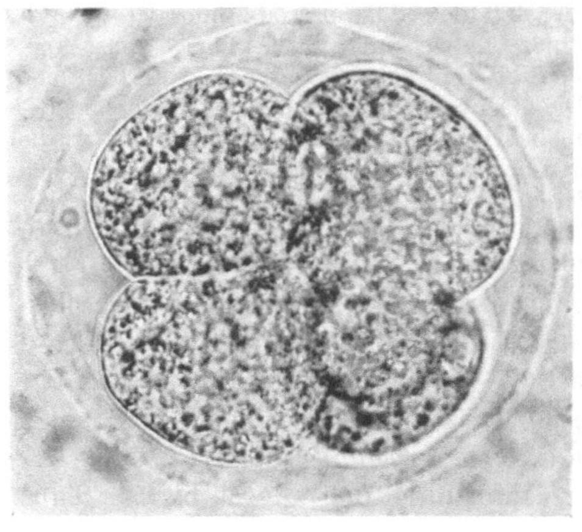

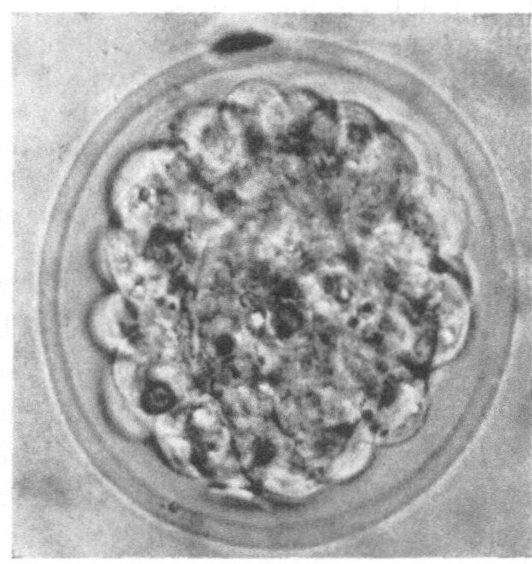

Abb. 64.   Abb. 65.

Abb. 64. Mäuseei im 4-Zellenstadium. Zona pellucida erhalten. Rechts Polkörperchen durchscheinend.

Abb. 65. Morulastadium (durch osmotische Störungen entstandenes Kunstprodukt, in Wirklichkeit nicht vorkommend). Glashaut noch völlig intakt.

Man hat bisher gemeint, daß die Glashaut schon gleich nach den ersten Teilungen gesprengt wird. Die schönen Untersuchungen, die KUHL und FREKSA [1] am Säugetierei (Maus) mit Hilfe des Zeitraffer - Laufbildes gemacht haben,

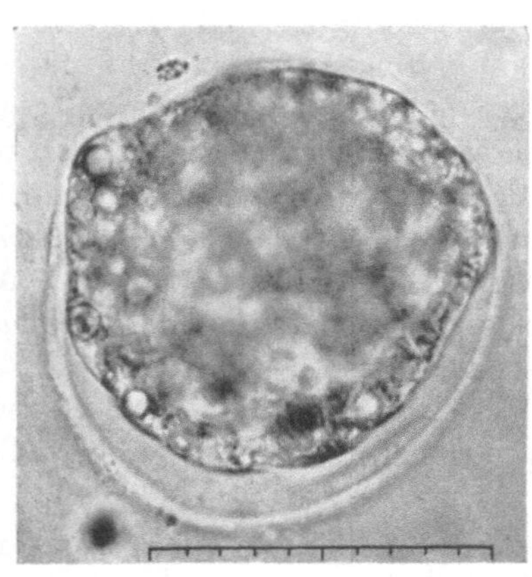
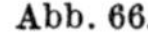

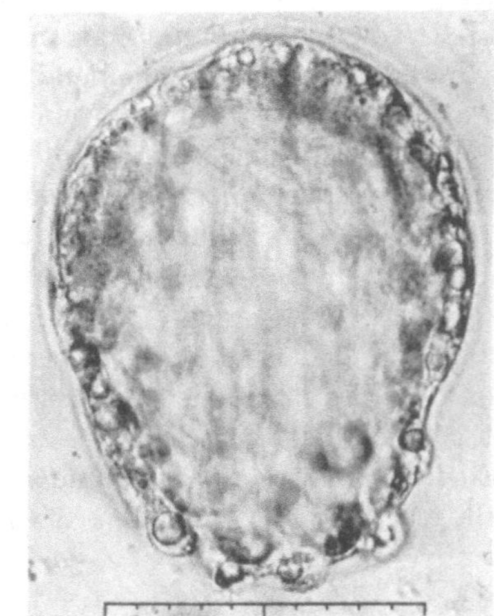

Abb. 66.   Abb. 67.

Abb. 66. Etwa 60-Zellenstadium. Glashaut oben stark verdünnt.

Abb. 67. Durchbruch des Trophoblasten durch die Glashaut. (Abb. 57—60 nach KUHL und FREKSA.)

ergeben, daß die *schützende Zona pellucida sehr lange erhalten* bleibt, bei dem Mäuseei bis ungefähr zum *60-Zellenstadium* (etwa 5 Tage); dann erst wird die Glashaut durchbrochen und der Trophoblast kriecht aus.

---

[1] KUHL u. FREKSA: Verh. dtsch. Ges. Zool. **1936**, 187—195.

Das lange Bestehenbleiben der Glashaut muß einen *bestimmten Zweck* haben. Sie gewährt auch dem befruchteten Ei in der ersten Zeit noch *Schutz gegen die Angriffe der Somazellen*. Dagegen kann es keine Frage sein, daß die Glashaut die Zufuhr von Nahrung von außen erschwert oder ganz unmöglich macht. Wir müssen daher annehmen, daß die Nährstoffe, die das befruchtete Ei bis etwa zum 60-Zellenstadium benötigt, von dem Dotter, der ja auch in der Zelle des Säugers in geringer Menge vorhanden ist, stammen.

Der Aufbau des Follikels, die Bereitung des Follikelhormons, kurz die ganze Funktion des Follikelapparates, wird durch eine Reihe verwickelter Mechanismen und Chemismen gesteuert, bei denen auch andere endokrine Drüsen und ihre Hormone eine wichtige Rolle spielen. Ich fasse die endokrinen Einflüsse, die hierfür in Betracht kommen, unter dem Begriff des hormonalen Geschlechtssystems zusammen, über das ich später noch Näheres berichten werde.

d) Primat der Eizelle?

Nach den vorausgegangenen Besprechungen der allgemeinen Wechselbeziehungen zwischen Soma- und Geschlechtszellen erscheint es angezeigt, die Stellung der *Eizelle* im Gesamtkörpersystem noch besonders zu besprechen.

Man hat der Eizelle in ihrem Verhältnis zu den somatischen Zellen, speziell zu den Zellen der akzidentellen Teile der Keimdrüse (Follikelapparat) eine Vorrangstellung eingeräumt und von einem *Primat* der Eizelle gesprochen in dem Sinne, daß von ihrer Einwirkung alle Veränderungen, die wir an Follikelapparat, Gelbkörper und in weiterer Folge am weiblichen Körper beobachten, ausgingen (Robert Meyer, Robert Schröder, R. H. Neumann usw.).

Ich habe schon früher einmal in zwei Arbeiten dieser Auffassung widersprochen [1] und möchte es nunmehr auf noch breiterer Grundlage wiederholen.

Eine Vorrangstellung kann einmal vom *phylo- und ontogenetischen Standpunkte* aus nicht anerkannt werden; denn sämtliche Zellen, Somazellen sowohl als Geschlechtszellen, männliche Geschlechtszellen genau so wie weibliche, gehen in gleicher Weise von der nämlichen befruchteten Eizelle hervor. Da gibt es keine unter- und keine übergeordnete, sondern nur eine zugeordnete Entwicklung.

Aber auch in dem *Verhältnis von Eizelle und Follikelapparat* kann man von einem Primat der Eizelle nicht sprechen. Die Granulosa- und Thecazellen des Follikels haben die nämliche Daseinsberechtigung und sind für Säuger und Mensch genau so notwendig wie die Eizelle: denn ohne Follikelepithelien keine Eizelle und ohne Eizelle keine Follikelepithelien. Beide sind zu einem untrennbaren Ganzen zusammengekoppelt, das man nicht voneinander reißen kann, ohne beide Teile zu zerstören.

Auch die *dynamischen Verhältnisse* sprechen, wie bereits in meinen früheren Arbeiten erwähnt, gegen eine einseitige Vorherrschaft der Eizelle. Die Tausende von Granulosa- und Thecazellen des Graafschen und des reifenden Follikels stellen naturgemäß eine weit größere Kraftquelle als die Eizelle dar, deren Tätigkeit in der Sammlung *innerer* Bildungs- und Spannkräfte gipfelt. Über die gegenseitigen Wechselbeziehungen von Eizelle und Follikelapparat s. S. 160.

---

[1] Seitz: Arch. Gynäk. **115**, H. 1 (1921). — Zbl. Gynäk. **1918**, Nr 47.

Ganz einwandfrei zeigen die Tierexperimente von Axel Westmann [1], daß der Luteinisierungsvorgang nicht von einer hormonalen Beeinflussung des Eies abhängig ist: es wurden im Tierexperiment die Granulosazellen bei sämtlichen ihres Eies beraubten Follikel in typische Luteinzellen umgewandelt.

Die neuesten tierexperimentellen Untersuchungen von Kandaratsky [2] lassen den Einfluß der Eizelle bei den Vorgängen am Follikel eher noch geringer erscheinen. Kandaratsky erzeugt beim Kaninchen durch Einspritzen von Prolan künstliche Gelbkörperbildung und kommt auf Grund seiner Untersuchungen zu dem Ergebnis: „das Vorhandensein der Eizelle übt weder am spontan geplatzten, noch am künstlich durchstochenen Follikel einen Einfluß auf die weitere Umwandlung des Follikels in einen Gelbkörper aus" (s. auch Abschnitt: Hormonales Geschlechtssystem).

Beide, Eizelle und Follikelapparat, gehorchen also dem Gesetze, nach dem sie „angetreten sind", dem *obersten Lebensgesetz* der *Art* und des *Individuums*, das der Erforschung nicht zugänglich ist. Etwas ganz anderes ist natürlich die *rein gedankliche Würdigung der Eizelle*, die teleologische Betrachtung des Problems. Hier ist es selbstverständlich, daß die Eizelle das wertvollste und geheimnisvollste Zellgebilde ist, das der lebende Körper besitzt. Aber als cellulärer Bestandteil des Körpers betrachtet, ist die Eizelle hilfloser als ein Kind — im genetischen Sinne wörtlich zu nehmen — und ganz von der Tätigkeit der somatischen Zellen abhängig.

Etwas ganz anderes ist natürlich die *befruchtete* Eizelle. Sie ist ein neues Individuum, ein lebender Organismus, der alle Potenzen einer Weiterentwicklung in sich trägt. Sobald einmal die Natur bei einer Art endgültig zur zweigeschlechtlichen Fortpflanzung geschritten ist, sind männliche und weibliche Geschlechtszellen *für sich allein* wertlose, dem raschen Tode verfallende Elemente; nur durch *Vereinigung* werden sie zu einem lebensfähigen organismischen Gebilde, zum Individuum mit schöpferischer Kraft, das sich wieder nach den ererbten Gesetzen entwickelt.

2. Verhältnis von allgemeinem Körperwachstum und geschlechtsspezifischem Wachstum.

Somazellen und *Geschlechtszellen* und ihre grundverschiedenen Aufgaben, die ihnen nach dem Plane der Natur zukommen, bilden auch den Ausgangspunkt und die Grundlage für das allgemeine Körperwachstum und das geschlechtsspezifische Wachstum.

Cytologisch beruhen beide Formen des Wachstums auf denselben morphologischen Vorgängen, nämlich Vergrößerung, Vermehrung und Differenzierung von Zellen. Dieser Satz gilt auch für die Veränderungen, die wir im Zyklus und während der Schwangerschaft im weiblichen Körper beobachten.

Dagegen verhalten sich allgemeines Körperwachstum und geschlechtsspezifisches Wachstum nach 2 Richtungen hin durchaus verschieden:

1. in bezug auf den *Zeitpunkt*, in dem das Wachstum einsetzt. Diese Verhältnisse wurden bereits im Abschnitt IV, S. 154 genauer besprochen,

2. in bezug auf die *Wirkstoffe*, die das Wachstum auslösen.

Die Stoffe, die das *allgemeine Körperwachstum* (Längen- und Breitenwachstum) steuern, sind zum Teil bereits in einem früheren Abschnitt behandelt, auch werde ich im nächsten Kapitel noch einmal zusammenfassend darauf zurückkommen.

---

[1] Arch. f. Gyn. **156**, 550 (1934). [2] Kandaratsky: Zbl. Gynäk. **1936**, Nr 41, 2418.

Dagegen bedarf die Steuerung des *geschlechtsspezifischen Wachstums* noch einer genaueren Erörterung, da hier durch die Einschaltung des akzidentellen Anteils der Keimdrüse zwischen Soma- und Geschlechtszellen besonders verwickelte Verhältnisse eintreten.

Man kann ganz allgemein sagen: die Steuerung erfolgt durch das *hormonale Geschlechtssystem* (s. Abschnitt VIII). Die hormonalen Kräfte,

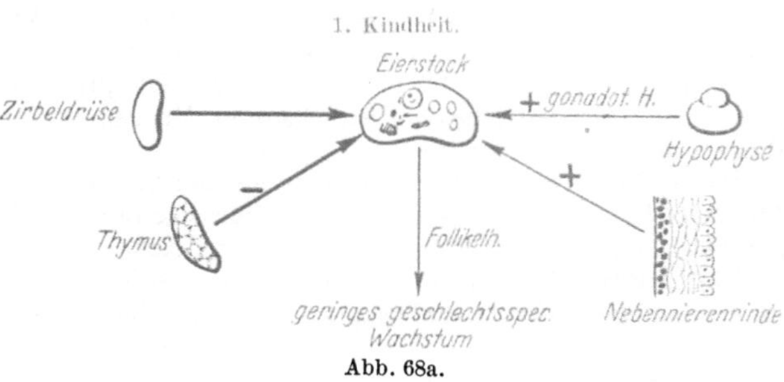

Abb. 68a.

die das geschlechtsspezifische Wachstum im einzelnen auslösen, lassen sich am raschesten in den nachfolgenden schematischen Abbildungen darstellen.

Hormonale Steuerung des *geschlechtsspezifischen Wachstums* in den verschiedenen Phasen des ontogenetischen Daseins der Frau (Abb. 68, 1—3a und b).

1. Kindheit (Abb. 68a). Links: Die hemmenden gonadotropen Hormone der Zirbeldrüse und des Thymus (—). Rechts: Die fördernden gonadotropen Hormone des Vorderlappens der Hypophyse und der Nebennierenrinde (+).

Die hemmenden Hormone überwiegen (angedeutet durch dicken Pfeil), daher bleibt die Keimdrüse klein. Es finden sich

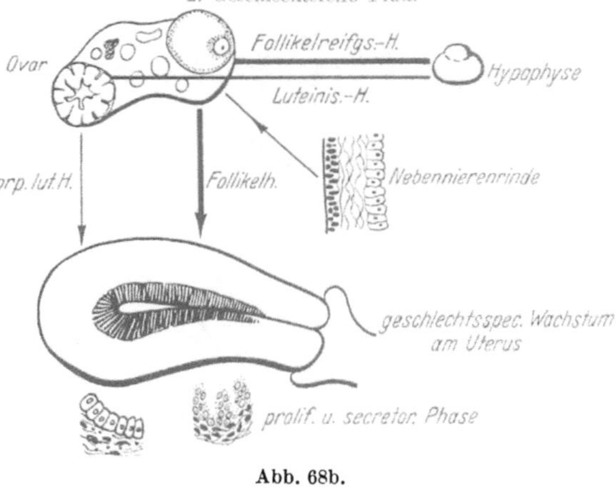

Abb. 68b.

im Eierstock nur kleine Follikel bis 5 mm Durchmesser und es wird nur wenig Follikelhormon gebildet. Dementsprechend nur geringes geschlechtsspezifisches Wachstum, Uterus, Brüste und sekundäre Geschlechtsmerkmale gering entwickelt.

Man sieht ferner, es gibt in der Kindheit noch keine zentrale hormonale Steuerung durch den Vorderlappen. Er hat noch nicht die Führung. Zirbeldrüse und Thymus scheinen unabhängig vom Vorderlappen zu arbeiten.

2. Geschlechtsreife Frau (Zyklus) (Abb. 68b). Die Vorderhypophyse steuert durch die zwei gonadotropen Hormone, Follikelreifungshormon und Luteinisierungshormon, die Tätigkeit des Eierstocks und damit das geschlechtsspezifische Wachstum zusammen mit der Rinde der Nebenniere. In dieser Phase des ontogenetischen Daseins bildet der Vorderlappen tatsächlich das hormonale Zentrum für die Geschlechtstätigkeit.

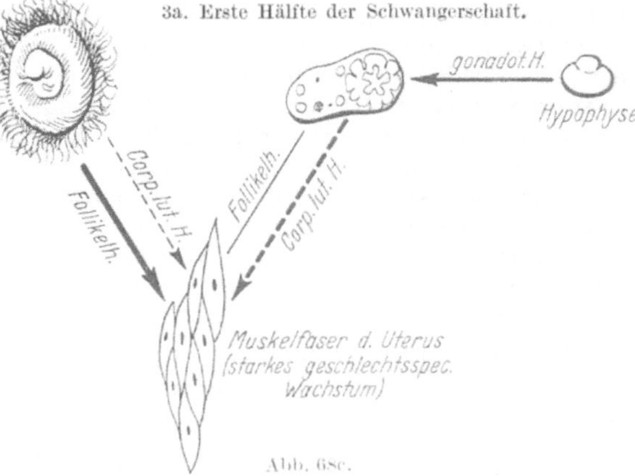

3. Die schwangere Frau. a) Erste Hälfte der Schwangerschaft (Abb. 68 c). Die hormonale Führung übernimmt in der ersten Hälfte der Schwangerschaft der Trophoblast der Frucht, er bildet die Hauptmenge des Follikelhormons (dicker Pfeil) und große Mengen von Chorionhormon (nicht eingezeichnet), Im Ovar und im Vorderlappen werden nur kleine Mengen von Follikelhormon und gonadotropem Hypophysenvorderlappenhormon gebildet. Nur das Corpus luteum-Hormon stammt der Hauptmenge nach von dem mütterlichen Eierstock (dicker gestrichelter Pfeil), kleinere Mengen werden auch im Trophoblast erzeugt (dünner gestrichelter Pfeil).

Die reichliche Follikelhormonmenge löst starkes geschlechtsspezifisches Wachstum aus. Zur Darstellung ist die Muskelfaser des Uterus gewählt, weil sie am stärksten in den ersten 4 Monaten mit Wachstumserscheinungen anspricht.

Die zentrale hormonale Steuerung der geschlechtsspezifischen Wachstumsvorgänge durch den Hypophysenvorderlappen, die wir bei Nichtschwangeren sehen, ist völlig

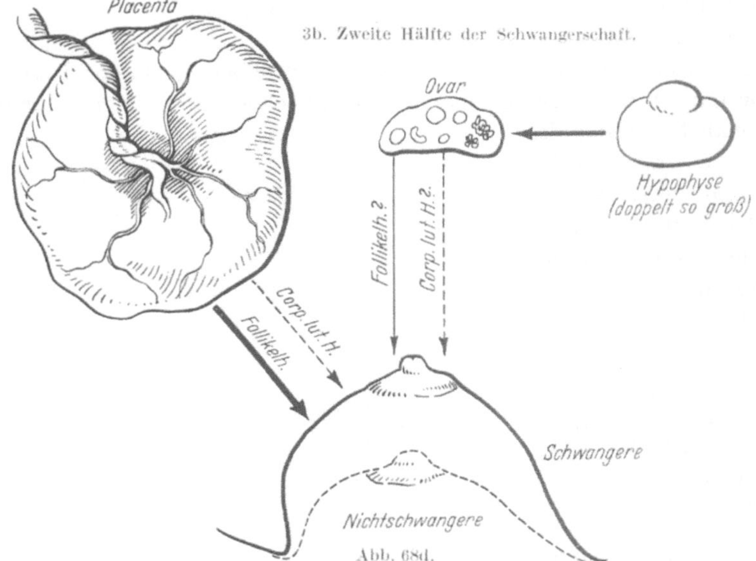

Abb. 68a—d. Hormonale Steuerung des geschlechtsspezifischen Wachstums.

ausgeschaltet und durch die hormonale Tätigkeit der Chorionepithelien ersetzt. Das geschlechtsspezifische Wachstum im mütterlichen Körper wird durch Hormone fetalen Ursprungs der Hauptsache nach gesteuert.

b) Zweite Hälfte der Schwangerschaft (Abb. 68 d). Auch in der zweiten Hälfte der Schwangerschaft herrscht der hormonale Einfluß der Placenta vor. Doch zeigt auch das Ovar (interstitielle Drüse und größere Follikel) und die Hypophyse vielleicht (??) wieder Anzeichen erhöhter hormonaler Tätigkeit.

Die zunehmende Menge des Follikelhormons (durch den dicken Pfeil angedeutet) löst starke geschlechtsspezifische Wachstumsvorgänge aus, am stärksten an der Brustdrüse, daher wird diese als Vertreterin der durch die Geschlechtshormone angeregten Organe gewählt (gestrichelt: Brustdrüse der Nichtschwangeren; ausgezogene Linie: Brustdrüse der Schwangeren). Corpus luteum-Hormon wird in der Placenta gebildet, kleine Mengen vielleicht auch in der interstitiellen Drüse des Eierstocks (?).

Inwieweit tragen nun die *verschiedenen Hormone*, die von den endokrinen Zellen des hormonalen Geschlechtssystems gebildet werden, zum geschlechtsspezifischen Wachstum bei? Welche wirken *unmittelbar* auf die geschlechtsempfindlichen Somazellen, bei welchen handelt es sich um eine *mittelbare* Wirkung?

Meines Erachtens kommt eine *unmittelbare* Einwirkung *nur* den *Geschlechtshormonen* im engeren Sinne (Follikelhormon, Corpus luteum-Hormon und

Androsteron und wahrscheinlich dem geschlechtlichen Rindenhormon) zu; denn durch Follikelhormon und Corpus luteum-Hormon allein kann man alle zyklischen Vorgänge auslösen (C. KAUFMANN) und innerhalb gewisser Grenzen die Wachstumsvorgänge, die wir in der Schwangerschaft beobachten, herbeiführen (s. Näheres S. 187).

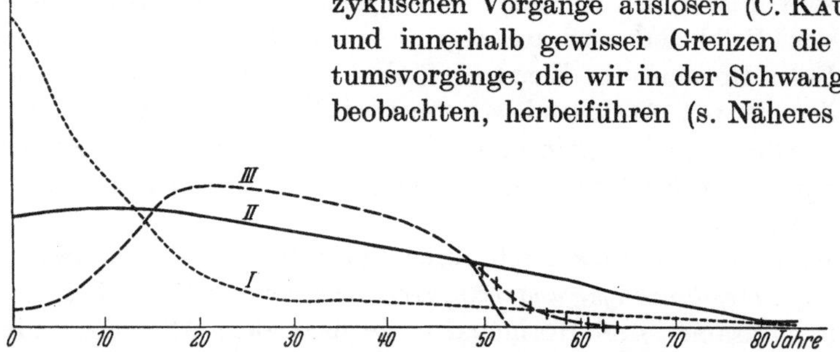

Abb. 69. Kurve der Verteilung der drei Hormonarten in den verschiedenen Lebensaltern. *I* ---------- Wachstums- und Erhaltungshormone, Kurve fällt beständig ab, am stärksten in der Kindheit. *II* — — — Stoffwechselhormone, Kurve senkt sich nur wenig. *III* ———— Geschlechtshormone, Kurve in der Kindheit niedrig, im Anfang der vollen Geschlechtsreife am höchsten, sinkt bei der Frau im Alter rasch, bei dem Manne (+ + +) langsam zum Nullpunkt. Kurven von Wachstums- und Geschlechtshormonen überschneiden sich in der Pubertät.

Alle anderen Wirkstoffe haben nur *mittelbar* Einfluß auf das geschlechtsspezifische Wachstum dadurch, daß sie auf die *Zellen des akzidentellen Anteils* der Keimdrüse, im wesentlichen auf den Follikelapparat, einwirken, das gonadotrope Hormon der Zirbeldrüse im hemmenden, die Nebennierenrindenhormone im synergetischen und das homologe Geschlecht erhaltenden, das Vorderlappenhormon im fördernden Sinne.

Eine andere Frage ist, ob die letztgenannten Hormone auch eine *unmittelbare* Einwirkung auf die *Eizelle* haben. Ich glaube diese Frage im positiven Sinne beantworten zu können. Dafür spricht, daß die Entwicklung der *Eizelle* immer *parallel* mit der Entwicklung des *Follikels* geht. Die chemische Zusammensetzung des

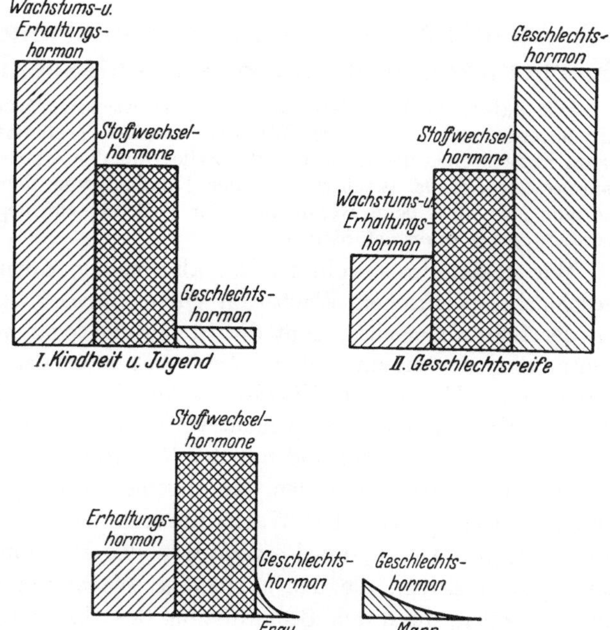

Abb. 70. Mengenmäßige Verteilung der drei Hormonarten auf die verschiedenen Lebensalter.

Zirbeldrüsen- und Nebennierenrindenhormons kennen wir noch nicht näher. Von dem gonadotropen Hormon des Hypophysenvorderlappens wissen wir wenigstens, daß es ein Eiweißabkömmling ist. Braucht die Eizelle außer den Lipoidabkömmlingen noch besondere Eiweißabkömmlinge, um ihre geheimnisvolle „Meta"struktur aufbauen zu können?

Dieselbe Frage wie bei der Eizelle wiederholt sich bei der *befruchteten* Eizelle, bei der Frucht. Ist hier das überreichliche Prolan — ein leicht abgewandeltes Hypophysenvorderlappen-Hormon — nur dazu da, die Chorionepithelien zur Bildung von Follikelhormon anzuregen — wie das Vorderlappenhormon die Bildung dieses Hormons im Eierstock fördert — oder ist es Nähr- und Aufbaustoff für den Fetus? Auffallend ist immer wieder, daß der Wirkstoff nur beim Menschen, Affen und im geringeren Maße auch bei den Pferdearten in reichlicher Menge durch den Urin ausgeschieden wird. Wir sehen in diesem Punkte noch keineswegs klar.

Teilt man die Hormone nach ihren Hauptfunktionen in drei Gruppen, *Wachstums-, Fortpflanzungs- und Stoffwechselhormone*, ein, so sind die Mengen der jeweils wirksamen drei Hormonarten je nach dem Alter des Individuums recht verschieden. Die Stoffwechselhormone, die jederzeit notwendig sind, zeigen die geringsten Schwankungen. In der Kindheit sind die Wachstumshormone führend (eosinophiles und thymogenes Hormon), im geschlechtsreifen Alter steuern die Geschlechtshormone die geschlechtsspezifischen Wachstumsvorgänge.

Die Abb. 69 und 70 stellen das Verhältnis der drei Hormonarten in den *verschiedenen Lebensphasen* dar.

3. Ausgleichende zentrale Steuerung von allgemeinem Körperwachstum und geschlechtsspezifischem Wachstum.

Wir haben gesehen, daß das *allgemeine Körperwachstum* in der *Kindheit* von dem thymogenen und eosinophilen Wachstumshormon gesteuert wird und daß das letztere beim Erwachsenen die Erhaltung der Zellen auf dem Status quo bewirkt, daß ferner das *geschlechtsspezifische* Wachstum in der Kindheit von dem gonadotropen Zirbeldrüsenhormon gehemmt, beim Herannahen der Pubertät von dem gonadotropen Hypophysenvorderlappenhormon gefördert wird.

Wir stellen also sowohl bei dem allgemeinen Körperwachstum als auch beim geschlechtsspezifischen Wachstum einen *Wechsel der endokrinen Organe* fest. In der Schwangerschaft geht die Steuerung sogar von einem Organ, der Placenta, aus, das einem *anderen Lebewesen* angehört. Eine *zentrale, hormonale* Steuerung *fehlt* in der *Kindheit völlig*, in dieser Zeit ist der überragende Einfluß der Hypophyse noch nicht vorhanden; er stellt sich erst mit der *Wachstumsperiode der Pubertät* und mit der *Geschlechtsreife* ein. In dieser Zeit können wir feststellen, daß die Zellen, die allgemeines Körperwachstum auf der einen, und geschlechtsspezifisches Wachstum auf der anderen Seite regeln, in *einem und demselben* Organ, im *Vorderlappen* der Hypophyse, sitzen. Das sind die eosinophilen Zellen, die das allgemeine Wachstum steuern, und die chromophoben Zellen, die durch Beeinflussung des akzidentellen Teiles der Keimdrüse mittelbar das geschlechtsspezifische Wachstum regeln[1].

Wie bei den niederen Metazoen Geschlechtszellen und Somazellen noch vielfach nebeneinander gelegen sind, so liegen bei den Wirbeltieren, besonders den Säugern und Menschen, die zwei *Zellarten*, die das *Wachstum* der Soma- und Geschlechtszellen steuern, die eosinophilen und chromophoben Zellen des Hypophysenvorderlappens *nebeneinander*. Bei den niederen Metazoen liegen *Soma- und Geschlechtszellen* also noch *unmittelbar* einander gegenüber, bei der

---

[1] Siehe auch L. SEITZ: Mschr. Gynäk. **103**, 185 (1936).

höheren Entwicklung vermögen Soma- und Geschlechtszellen nur mehr durch sehr verwickelte hormonale Einrichtungen *mittelbar* aufeinander einzuwirken.

Es ist also eine weitgehende Arbeitsteilung wie in allen Teilen des Körpers eingetreten. Aber die Steuerung der zwei wichtigsten Vorgänge, nämlich die Entwicklung und Erhaltung der Somazellen, die in dem allgemeinen Körperwachstum, und die Entwicklung und Erhaltung der Geschlechtszellen, die in dem geschlechtsspezifischen Wachstum zum Ausdruck kommt, ist im *Prinzip bei den Säugern noch ebenso primitiv wie bei den niedrigen Metazoen*, nämlich *Zelle gegen Zelle*; denn wir müssen annehmen, daß die nebeneinander gelegenen eosinophilen und chromophoben Zellen *ohne Vermittlung von Blut und Nerven durch Zellsaft und die Zellmembran* hindurch gegenseitig Stoffe und Anreize austauschen, so wie bei den blut- und nervenlosen Tieren und wie im embryonalen Zustand. (Daneben kann der Blutweg wohl noch mit eine Rolle spielen.)

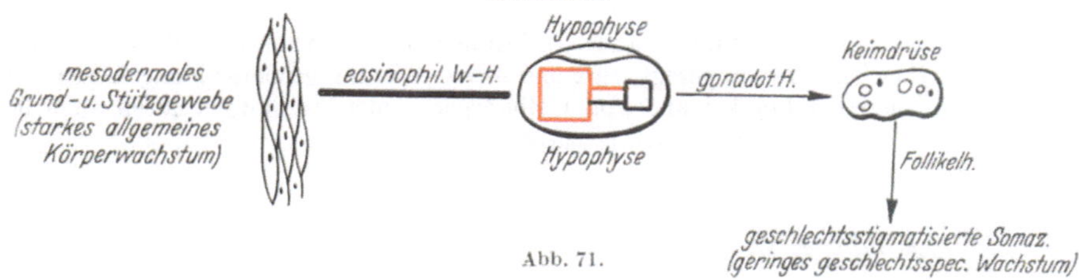

Abb. 71.

Auf alle Fälle bewirkt das enge Zusammenliegen der zwei steuernden Zellarten in *einem* Organ eine *Erleichterung* der Aufgabe, die diese Zellen zu erfüllen haben und entspricht dem Sparsamkeitsprinzip der Natur.

Über die Zusammenarbeit des *hormonalen* Zentrums in der Hypophyse mit den *neuralen* Zentren im Zwischenhirn, die fraglos sehr innig ist, sind wir noch wenig unterrichtet. Vielleicht beruhen die Zusammenhänge im wesentlichen auf der Regelung der richtigen Blutversorgung (Hinterlappenhormon auch im Zwischenhirn von TRENDELENBURG gefunden).

Durch die eosinophilen und chromophoben Zellen des Vorderlappens wird auch der *Ausgleich* zwischen den allgemeinen und geschlechtsspezifischen Wachstumsvorgängen, der zur regelmäßigen Entwicklung und Funktion des Individuums erforderlich ist, vorgenommen. Am raschesten läßt sich die Regelung an Hand der nachfolgenden schematischen Abbildungen darstellen, wobei das rote Quadrat jeweils die eosinophilen, das schwarze die chromophoben Zellen darstellt.

Wechselbeziehungen zwischen allgemeinem Körperwachstum und geschlechtsspezifischem Wachstum. Ausgleich durch die Tätigkeit des Vorderlappens (Abb. 71—78). Benennungen überall gleich. Links mesodermales Grund- und Stützgewebe als Maßstab für die Stärke des Körperwachstums.

In der Mitte die Hypophyse. Das rote Quadrat stellt die eosinophilen, das schwarze die chromophoben Zellen als die Bildner des gonadotropen Hormons dar. Großes Quadrat bedeutet starke, kleines geringe Hormonbildung.

Rechts die Keimdrüse und die Beeinflussung der geschlechtsstigmatisierten Somazellen zu geschlechtsspezifischem Wachstum.

1. Kindheit (Abb. 71). In der Kindheit wird im Vorderlappen sehr reichlich eosinophiles Wachstumshormon gebildet (rotes großes Quadrat links). Dieses regt das mesodermale Grund- und Stützgewebe stark an. Es findet starkes allgemeines Körperwachstum statt. Dagegen wird nur wenig gonadotropes Hormon (schwarzes kleines Quadrat rechts) gebildet. Die Keimdrüse wird nur wenig angeregt. Es sind in ihr nur kleine Follikel bis etwa 5 mm

Durchmesser vorhanden, es bildet sich wenig Follikelhormon. Es gelangt daher an die
geschlechtlich stigmatisierten Somazellen nur ein geringer Reiz (nur geringes geschlechtsspezifisches Wachstum).

2. Pubertät (Abb. 72). Die Menge des im Vorderlappen gebildeten eosinophilen Wachstumshormons und der gonadotropen Hormone (Follikelreifungs- und Luteinisierungshormon)

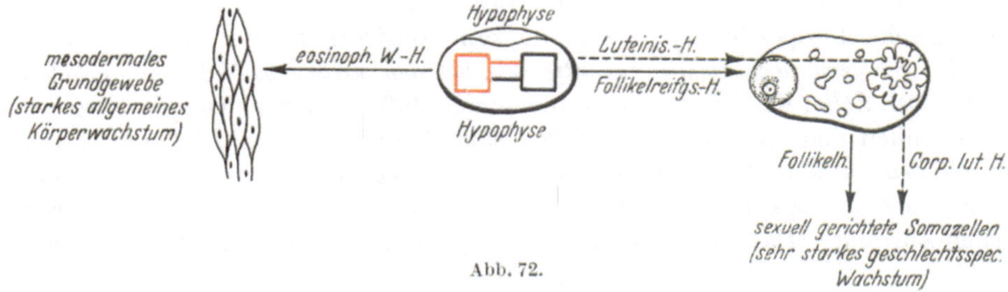

Abb. 72.

sind ungefähr gleich groß. Es findet daher starkes allgemeines Wachstum statt. Da auch
das Ovar zu starker Tätigkeit angeregt wird und es zur Bildung größerer Mengen von Follikelhormon im reifenden Follikel und von Gelbkörperhormon kommt, erhalten auch die

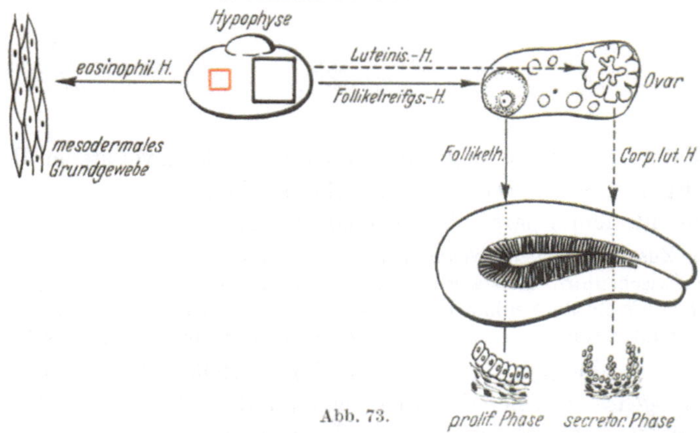

Abb. 73.

geschlechtlich stigmatisierten Somazellen einen stärkeren Antrieb, es findet starkes geschlechtsspezifisches Wachstum statt (Wachstum der primären und Vollausbildung der
sekundären Geschlechtsmerkmale).

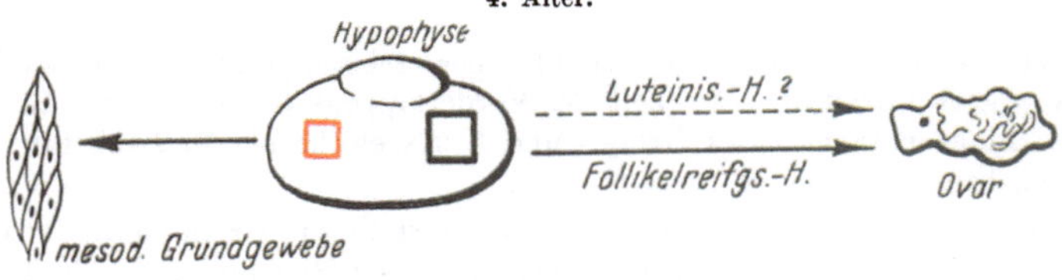

Abb. 74.

3. Geschlechtsreifes Alter (Abb. 73). Die Menge des eosinophilen Wachstumshormons ist
gering und reicht gerade noch aus, um die Körperorgane auf ihrem Stande zu erhalten. Dagegen bilden sich größere Mengen von gonadotropen Wirkstoffen im Vorderlappen (Follikel-
reifungs- und Luteinisierungshormon), die nacheinander zur vermehrten Bildung von
Follikelhormon und zur Produktion von Gelbkörperhormon führen und die Uterusschleimhaut in das proliferative und sekretorische Stadium bringen (die sekundären Geschlechtsmerkmale werden nicht mehr oder kaum mehr verändert).

4. Alter (Abb. 74). Es bildet sich nunmehr wenig eosinophiles Wachstumshormon. Dieses genügt nicht mehr völlig zur Ernährung und Erhaltung der mesodermalen Grund- und Stützzellen, es tritt vielfach Schrumpfung ein. Die Bildung des gonadotropen Hormons ist nach Analysen des Harns und Blutes erhöht, aber wahrscheinlich nur deshalb, weil es nicht mehr verbraucht wird (tatsächlich wird wohl weniger als in der geschlechtsreifen Zeit gebildet). Meist wird nur Follikelreifungshormon (A.Z.R. 1 positiv) produziert, das Luteinisierungshormon fehlt entweder ganz oder ist nur wenig vorhanden. Das Ovar, dessen Tätigkeit nach dem Lebensgesetz der Species homo sapiens abgelaufen ist, spricht nicht mehr auf das gonadotrope Hormon an. Es schrumpft trotz Vorhandenseins dieses Wirkstoffes.

5a. Hypophyse entfernt. 5b. Hypophyse wieder implantiert.

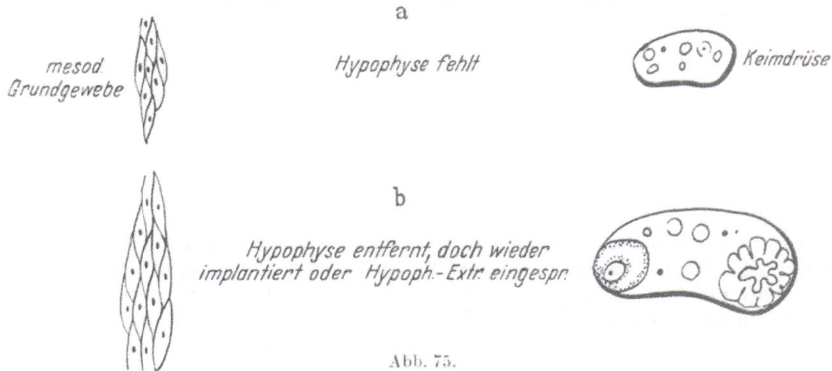

Abb. 75.

5. Hypophyse bei jungen Tieren entfernt (Abb. 75). a) Hypophyse fehlt. Die Tiere bleiben klein, das Ovar hypoplastisch, sekundäre Geschlechtsmerkmale schlecht entwickelt, keine Eireifung, vermehrter Fettansatz.

6. Zu viel eosinophiles Wachstumshormon.

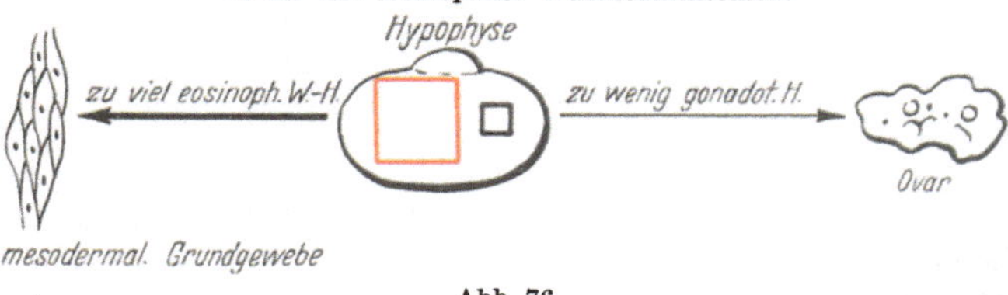

Abb. 76.

b) Hypophyse zwar entfernt, aber wieder implantiert, oder Hypophysenextrakt eingespritzt, Längenwachstum setzt wieder ein, im Eierstock bilden sich reife Follikel und Corpora lutea.

6. 1. Zuviel Wachstumshormon.

a) Im jugendlichen Alter Riesenwuchs.

b) In der Pubertät und in der geschlechtsreifen Zeit Akromegalie (s. Schema) (Abb. 76). Adenom der eosinophilen Zellen (angedeutet durch das große rote Quadrat links), zuviel eosinophiles Wachstumshormon, starkes Wachstum der gipfelnden Teile, nicht mehr Längenwachstum, weil die Epiphysen bereits verknöchert sind, Folge Akromegalie. Bei dieser Störung wenig gonadotropes Hormon (kleines schwarzes Quadrat), daher meist Schrumpfung des Ovars, Amenorrhöe und Unfruchtbarkeit).

2. Zu wenig eosinophiles Wachstumshormon (keine Abb).

a) In der Jugend Zwergwuchs.

b) In der Pubertät und in der Geschlechtsreife meist gesellschaftet auch mit einer zu geringen Produktion von gonadotropem Hormon, daher Hypoplasie der Geschlechtsorgane und Amenorrhöe. Offenbar sind sowohl die Zellen, die das allgemeine Körperwachstum, als auch das geschlechtsspezifische Wachstum lenken, chromosomal zygotisch minderwertig.

7. Keimdrüse im jugendlichen Alter entfernt (Abb. 77a und b).

a) Bei Entfernung der Keimdrüse im jugendlichen Alter (Abb. 77a) wird infolge Vermehrung der eosinophilen Zellen mehr und länger eosinophiles Wachstumshormon gebildet (rotes Quadrat links). Es dauert daher das Längenwachstum länger als sonst an und resultiert ein erhöhtes Körperlängenmaß. Bei Entfernung der Keimdrüse im geschlechtsreifen Alter tritt zwar auch eine Vermehrung der eosinophilen Vorderlappenzellen ein, aber kein erhöhtes Körperwachstum, auch keine Akromegalie. Die mesodermalen Grund- und Stützzellen sind eben normalerweise in diesem Alter auf den Reiz des eosinophilen Wachstums-hormons nicht mehr so stark wie beim wachsenden Körper empfänglich (Gesetz der Art).

7a. Keimdrüse im jugendlichen Alter entfernt.

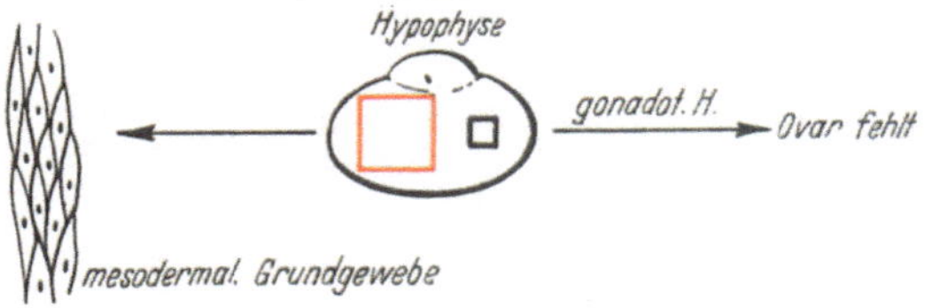

Abb. 77a.

b) Einspritzung von Follikelhormon und Corpus luteum-Hormon nach Entfernung der Keimdrüse (Abb. 77b). Einspritzung von Follikelhormon und Corpus luteum-Hormon wirken erstens auf den Hypophysenvorderlappen und führen die vorher vermehrte Menge der eosinophilen Zellen wieder auf die normale Quantität zurück.

7b. Kastration, Follikelhormon und Progesteron eingespritzt.

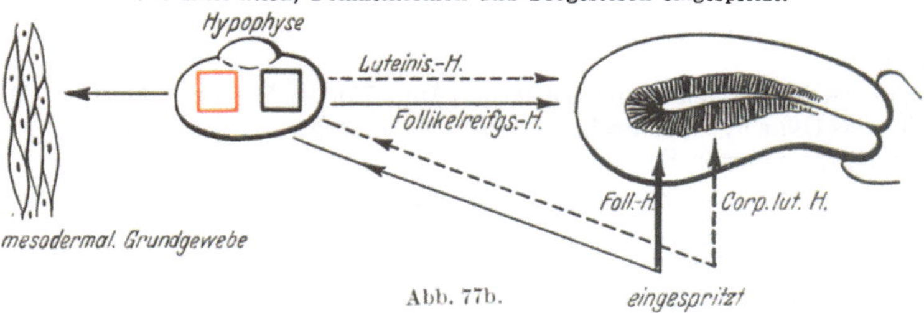

Sie wirken zweitens unmittelbar auf die geschlechtsempfindlichen Zellen ein, führen im Endometrium die proliferative und sekretorische Phase herbei und lösen echte Menstruation aus (C. KAUFMANNscher Versuch).

V. Die hormonale Steuerung der geschlechtlichen und der Fortpflanzungsvorgänge.

A. Die Geschlechtshormone im engeren Sinne.

Es ist kein Zufall, daß das Vorhandensein einer inneren Sekretion *zuerst* an den *Keimdrüsen* erkannt wurde; denn die Wirkung der von den Keimdrüsen gelieferten Hormone auf die Somazellen und damit auf den ganzen Körper äußert sich in besonders *auffallender* und leicht erkennbarer Form und tritt am deutlichsten an den *sekundären Geschlechtsmerkmalen* zutage.

BERTHOLD (1840) hat als erster die Erscheinungen, die nach der Kastration beim Hahne auftreten, genauer studiert und auf Grund seiner Untersuchungen den Schluß gezogen, daß durch die Entfernung des Hodens die Bildung eines Stoffes ausbleibe, der unter normalen Verhältnissen zur Entwicklung der sekundären Geschlechtsmerkmale führe. Diese Forschungen BERTHOLDs, die lange Zeit wenig beachtet wurden, fanden erst allgemeinere Aufmerksamkeit, als BROWN-SEQUARD 1889 mit seinen bekannten Forschungen und Selbstversuchen auftrat.

Die *Geschlechtshormone im engeren Sinne* sind nur die in den *Geschlechts-drüsen selbst* gebildeten Wirkstoffe. Wir müssen an dieser Definition festhalten und dürfen nicht, wie das vielfach geschieht, auch andere, z. B. das im Vorderlappen gebildete Hormon, zu den Geschlechtshormonen im engeren Sinne rechnen. Es gibt, wie wir sehen werden, sehr verschiedene Stoffe, die auf die Entwicklung der Keimdrüse und die Bereitung ihrer Hormone von Einfluß sind. Man müßte sie, wenn man das gonadotrope Hypophysenvorderlappenhormon dazu zählt, ebenfalls zu den Geschlechtshormonen rechnen.

Chemie der Geschlechtshormone.

Bei der *Frau* sind bisher zweierlei Geschlechtshormone nachgewiesen worden. Eines, das im Follikel gebildet wird, *Follikelhormon*, und eines, das im Corpus luteum gebildet wird, das *Corpus luteum-Hormon*. Ich werde im folgenden meist diese Bezeichnungen gebrauchen, weil sie bei der Erörterung allgemein biologischer Fragen am wenigsten mißverständlich sind.

Follikelhormon.

Wenn man das Problem von der chemischen Seite und vom Standpunkt der biologischen Wirksamkeit betrachtet, so müssen wir auf Grund der neueren Forschungen noch folgende Unterscheidungen machen. Es gibt drei verschiedene chemisch einander nahe verwandte Stoffe, die am ALLEN-DOISYschen Test (Eintritt von Brunsterscheinungen an der Scheide des kastrierten Nagers, Schollenbildung) sich als wirksam erweisen. Sie werden nach der Internationalen Londoner Vereinbarung (1935) folgendermaßen bezeichnet [1]:

1. Oestron (von Oestrus, Brunst, und on = Keton, das ist CO-Gruppe), kristallisiertes Follikelhormon, mit der chemischen Formel $C_{18}H_{22}O_2$ (s. Formel). Ferner der Benzoesäureester des Oestrons = Oestronbenzoat, künstliches Produkt.

2. Oestradiol (von Oestrus Brunst, di zwei und ol Alkohol) ist Dihydro-follikelhormon, von SCHWENK und HILDEBRAND zuerst gewonnen, entsteht aus dem Oestron durch Umwandlung der Ketongruppe in eine Hydroxylgruppe durch Anlagerung von zwei Wasserstoffatomen, chemische Formel $C_{18}H_{24}O_2$ (ferner Monobenzoesäureester des Oestradiols = Oestradiolmonobenzoat).

3. Oestriol (von Oestrus Brunst tri = drei ol von Alkohol) = Follikelhormon-hydrat, chemische Formel $C_{18}H_{27}O_3$, findet sich im Harn von Schwangeren.

Oestron ($C_{18}H_{22}O_2$) Oestradiol ($C_{18}H_{24}O_2$) Oestriol ($C_{18}H_{27}O_3$)

Das Oestradiol ist ungefähr 4—5mal so wirksam als das Oestron. Man nimmt heute an, daß das Hormon, das im Blute der Frau wirksam ist, Oestradiol

---

[1] Siehe NÜRNBERGER, Zbl. Gyn. **1937**. 2258.

ist, und daß das Oestron und Oestriol, die im Harn gefunden werden, Abbauprodukte des ersteren darstellen.

Die Präparate, die in der Therapie angewendet werden, werden jetzt nach internationalen Einheiten geeicht.

Eine internationale Einheit (i.E) $= 0,1\,\gamma$ Oestron $= {}^1/_{10000}$ mg (1 γ = ${}^1/_{1000}$ mg). Eine Ratteneinheit (RE) ist ungefähr $= 25$ i.E und eine Mäuseeinheit (ME) $=$ ungefähr 5 i.E.

Eine internationale Benzoateinheit (i.BE) $= 0,1\,\gamma$ Oestradiolmonobenzoat.

Corpus luteum-Hormon, Progesteron.

Corpus luteum-Hormon, Progesteron (auch Luteohormon, Luteosteron, Proluton, Progestin genannt). Als Testobjekt dient nach CORNER und ALLEN der Uterus des Kaninchens, nach der verbesserten Methode von CLAUBERG das Organ junger Kaninchen, die mit Follikelhormon vorbehandelt wurden. Das Corpus luteum-Hormon hat die chemische Formel $C_{21}H_{30}O_2$.

Man bezeichnet diesen chemisch genau definierten Körper nach internationalem Übereinkommen als *Progesteron*.

Im Harn kommt das Progesteron nur in Spuren vor, PHILIPP [1], EHRHARDT und HARDT [2] fanden im Harn des Neugeborenen geringe Mengen. Dagegen konnte man im Harn der Frau zwei andere Stoffe isolieren, die mit großer Wahrscheinlichkeit als Ausscheidungsformen des Progesterons angesehen werden können, das Pregnandiol und das isomere Allo-Pregnandiol.

Als internationale Einheit des Corpus luteum-Hormons gilt 1 mg reines krystallisiertes Progesteron. Eine Kanincheneinheit entspricht bei Anwendung des CLAUBERG-Testes 0,75 mg Progesteron, bei Anwendung des CORNER-ALLEN-Testes ungefähr 1,25 mg Progesteron.

Männliches Geschlechtshormon.

Das männliche Geschlechtshormon ist das *Testohormon*, das aus den Testes gewonnen wird. Chemische Formel $C_{19}H_{28}O_2$, als Testobjekt wird der Hahnenkamm und der Vesicularapparat der Ratte (Samenblasentest) benützt.

Im Harn läßt sich das *Androsteron* und das Dehydro-androsteron isolieren. Man sieht die beiden Stoffe als Ausscheidungsformen des Testohormons an (s. Konstitutionsformeln).

Testosteron
($C_{19}H_{28}O_2$)

Androsteron
($C_{19}H_{30}O_2$)

Dehydro-androsteron
($C_{19}H_{28}O_2$)

Das Androsteron hat nur $^1/_6$ der Wirkung des Testohormons — einzelne haben im ersteren ein selbständiges Geschlechtshormon erblickt und bezeichnen

---

[1] PHILIPP: Arch. Gynäk. **161**, 282 (1936).
[2] EHRHARDT u. HARDT: Med. Welt **1937**, 745.

die Gesamtheit der männlichen Prägungsstoffe als Androsterongruppe — das Dehydro-androsteron hat $1/_3$ der Wirkung des Androsterons.

Man sieht bei der Betrachtung der Konstitutionsformeln, daß sämtliche Geschlechtshormone das nämliche Vierringskelet haben, das auch noch vielen anderen wichtigen Stoffen zugrunde liegt, wie dem Cholesterin, dem Ergosterin, dem Stigmasteron, den Digitalisglykosiden.

Die beistehende Abbildung veranschaulicht das Verhältnis von Phenanthren, Cholesterin und Oestron.

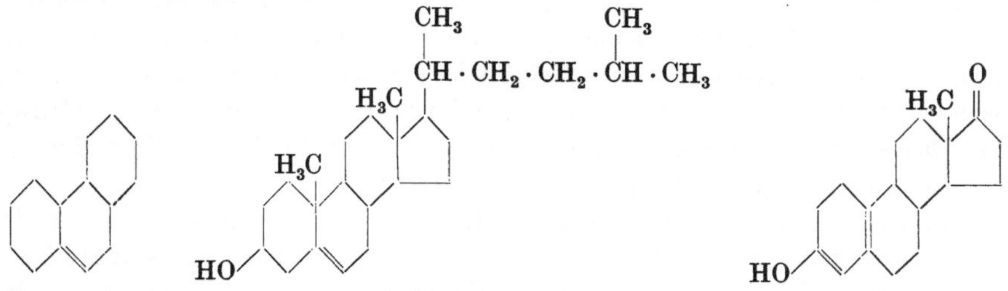

Phenantren · Cholesterin · Oestron

Um die nahe Verwandtschaft der einzelnen Geschlechtshormone noch einmal klar vor Augen zu führen, stelle ich die einzelnen Skelete der weiblichen und der männlichen Geschlechtshormone nebeneinander.

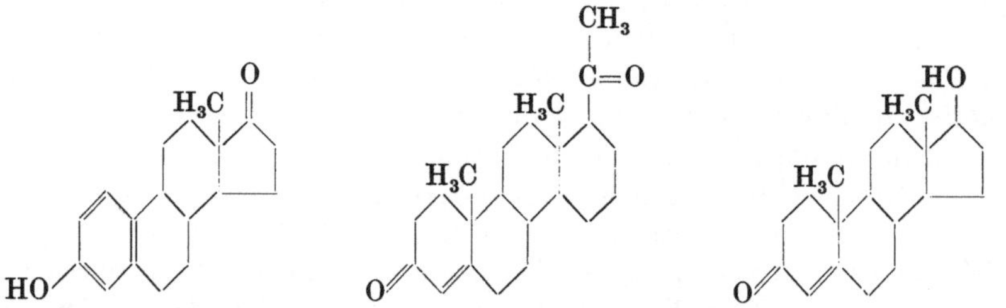

Oestron ($C_{18}H_{22}O_2$) · Progesteron ($C_{21}H_{30}O_2$) · Testosteron ($C_{19}H_{28}O_2$)

Es gibt also außer dem Follikelhormon oder Oestradiol ($C_{18}H_{24}O_2$) *verschiedene* Stoffe, die den Oestrus auszulösen vermögen (östrogene Stoffe). Von den chemisch genauer analysierten Stoffen nennt BUTENANDT vier weitere: Oestron, Oestriol, Equilin, Equilenin. Sie sind chemisch voneinander verschieden, unterscheiden sich aber in ihrer biologischen Wirkung in bezug auf die Auslösung der Brunst nur quantitativ. Daher als „Oestrongruppe" zusammengefaßt [1]. Ähnlich ist es bei dem *männlichen* Geschlechtshormon, das ebenfalls mindestens vier chemisch verschiedene Stoffe von ähnlicher biologischer Wirkung aufweist (daher als „Androsterongruppe" zusammengefaßt).

---

[1] I. W. COOK, E. C. DODDS und Mitarbeiter konnten eine Reihe von Cyclopentanophenanthrene herstellen, die östrogene Wirkung, aber nur ganz schwache ($1/_{1000}$—$1/_{100\,000}$ der Wirkung) des Oestrons haben. Neuerdings gelang es DODDS und Mitarbeitern, einen im Körper nicht vorkommenden Stoff zu synthetisieren, das 4,4′ Dioxy-α-β-diaethylstilben (Präparat Estilbin), das gleich große Wirkung wie das Oestron hat. Bei einer jugendlich Kastrierten konnte GULDBERG [Z. Gynäk. 47, 2584 (1938)], ferner BUSCHBECK (Klin. Wschr. 1939), EHRHARDT, KRAMANN und SCHÄFER (Münch. med. Wschr. 1939 I, 261) einen typischen Endometriumaufbau und eine echte Menstruation auslösen [Präparat Cyren (Bayer), Oestrostilben (Merck)].

BUTENANDT nimmt ganz allgemein an, daß die Keimdrüsenhormone durch Abwandlungen des Cholesterins entstehen und daß die verschiedenen männlichen und weiblichen Geschlechtshormone als Zwischen- und Nebenprodukte des „Sterinkeimdrüsen-Hormonstoffwechsels" entstehen.

SCHÖLLER gelang es, durch oxydativen Abbau des Cholesterin männlichen Prägungsstoff herzustellen. Im BUTENANDTschen Institut konnte aus dem Stigmasterin der Sojabohne männliches Geschlechtshormon synthetisiert werden, im SCHERINGschen Laboratorium wurde das Oestron durch Hydrierung in männlichen Wirkstoff umgewandelt.

Schon ganz geringfügige Änderungen des chemischen Baues, wie Einführung einer Doppelbindung, einer Ketongruppe in das Molekül, genügen also, um einen männlichen Wirkungsstoff in einen weiblichen umzuwandeln, ja schon geringe sterische Verschiedenheiten, z. B. eine cis- oder trans-Stellung einer OH-Gruppe, können bei sonst identischen Körpern eine ganz verschiedene biologische Wirkung bedingen (RUZICKA, TSCHOPP).

BUTENANDT konnte ferner sogar Stoffe, das Androsten-diol und Androsteron-diol, synthetisieren, die Eigenschaften und Wirkungen des männlichen und weiblichen Wirkstoffes (*bisexuelle Wirkung*, bei kastrierten weiblichen Ratten Vollbrunst, beim Kapaun intensives Wachstum des Kammes) in sich vereinigen.

Es ist daher nicht ganz ausgeschlossen, daß bei einem geschlechtlich nicht scharf durchdifferenzierten Körper einmal solch *männlich-weibliche* Wirkstoffe entstehen; aber sicher ist das eine seltene Ausnahme und wahrscheinlich schon ein pathologischer Zustand; denn *normalerweise* ist die *Geschlechtsdrüse doch in ihrem cellulären Aufbau so scharf entweder männlich oder weiblich differenziert und stabilisiert,* daß sie der Hauptsache nach entweder männliches oder weibliches Geschlechtshormon und deren Varianten zu bereiten vermag.

Von den Geschlechtshormonen hat fraglos die größte Eigenart das *Progesteron.* Es kann nach unseren heutigen Kenntnissen als biologisch streng spezifisch angesehen werden. Auch Spielarten in chemischer Konstitution scheinen nicht viel vorzukommen. Diese Erscheinung ist nicht auffällig, da das Organ, das das Progesteron bildet, das Corpus luteum, sowohl phylogenetisch jungen Datums ist als auch ontogenetisch nur bei der geschlechtsreifen Frau auf der Höhe ihrer Lebenskraft und nicht in anderen Lebensphasen gebildet wird (s. Abschnitt: Wirkungsweise der Hormone).

Im folgenden werde ich mich im wesentlichen nur auf die weiblichen Geschlechtshormone beschränken und das männliche nur insoweit heranziehen, als es zur Klärung allgemein sexueller Probleme notwendig ist.

a) Follikelhormon Oestron ($C_{18}H_{22}O_2$).

α) Bildungsstätte.

I. Im Follikularapparat des Eierstocks.

Es ist bisher noch nie bestritten worden, daß das Follikelhormon gewöhnlich im Eierstock gebildet wird. Zweifelhaft ist nur, in *welchen Bestandteilen* dieses Organs das Hormon entsteht. Die Mehrzahl der Untersucher nimmt an, daß das Follikelhormon von den *Granulosazellen* gebildet wird.

ASCHHEIM und ZONDEK, die sich wohl am eingehendsten mit dem Bildungsort des Follikelhormons beschäftigt haben, fanden den Stoff auch in der sog.

interstitiellen Drüse und kamen zu der Meinung, daß der Wirkstoff in den *Theca interna-Zellen* gebildet wird, ebenso WESTMAN, CLAUBERG [1], FRANK, GOLDBERGER und Mitarbeiter, SELYE und COLLIP, DE FREMERY, SCHUBERT usw. Diese Annahme hat a priori sehr viel für sich, da in den Thecazellen besonders reichlich Lipoide vorhanden sind, die als das Ausgangsbildungsmaterial für das Follikelhormon angesehen werden dürfen.

Dem Nachweis des Follikelhormons in den Theca interna-Zellen durch ASCHHEIM und ZONDEK kommt eine *grundsätzliche Bedeutung* zu:

1. Es ist damit festgestellt, daß nicht nur Epithelzellen, wie bisher fast allgemein angenommen wurde, sondern auch bindegewebliche Zellen imstande sind, *Follikelhormon* zu bereiten.

2. Es bestand bisher ein merkwürdiger Gegensatz in bezug auf die Bildungsstätte des Geschlechtshormons beim *Manne* und bei der *Frau*. Bei dem männlichen Geschlecht steht so gut wie sicher fest, daß das Geschlechtshormon in Zellen bindegeweblicher Natur, nämlich in den LEYDIGschen Zellen gebildet wird (neuerdings wieder von DANTSCHAKOFF, FANG-TÜ, BENOIT, COURRIER und GROS usw. betont), bei der Frau dagegen, nach weit verbreiteter Ansicht in den Follikelepithelien. Mit dem Nachweis des Follikelhormons in den Thecazellen hat dieser Widerspruch eine befriedigende Erklärung gefunden.

3. Auch der Streit über die *interstitielle Drüse des Eierstocks*, ihr Vorkommen und ihre Funktion erscheint nach dieser Feststellung in einem anderen Lichte als bisher.

Wenn die Eizelle abgestorben und die Follikelepithelien abgestoßen sind, so bildet sich bei vielen Tieren durch Vergrößerung und Vermehrung der Thecazellen ein recht stattliches Gebilde, die interstitielle Drüse (glande interstitielle [LIMON, ANCEL und BOUIN]). Diese Bildungen, die sich in besonders schön ausgebildeter Form und in großer Anzahl bei den Nagern und Raubtieren finden, werden nach den eingehenden Untersuchungen von L. FRÄNKEL an dem Tiermaterial des zoologischen Gartens in Breslau bei 40% aller Tiere gefunden. Bei der *gereiften Frau* findet sich das Gebilde unter gewöhnlichen Verhältnissen *gar nicht* oder *nur angedeutet*. Man hat daher vielfach die Meinung ausgesprochen, daß es beim Menschen entweder überhaupt ein derartiges Organ gar nicht gäbe, oder daß ihm wenigstens keine Funktion zukomme (L. FRÄNKEL, STIEVE u. a. m.). Diese Meinung hat jedoch keine allgemeine Gültigkeit. Ich habe bereits in meiner Arbeit über die Follikelatresie [2] (1906) gezeigt, daß beim *Neugeborenen und beim Mädchen vor der Geschlechtsreife* die *Theca interna-Zellen* nach dem Absterben von Ei und Granulosazellen nicht völlig verschwinden, sondern sich *vergrößern und vermehren* — ich gebe eine Abbildung aus der damaligen Arbeit wieder (Abb. 78) —. WALLART hat in planmäßigen Untersuchungen feststellen können, daß in dieser Altersperiode die interstitielle Drüse sogar regelmäßig vorhanden ist (s. Abb. 79). Es gibt aber noch einen Zustand, in dem die interstielle Drüse sich besonders deutlich ausbildet, das ist, wie ich und gleichzeitig und unabhängig von mir WALLART nachweisen konnten, in der *Schwangerschaft*, besonders gegen Ende der Zeit der Fall. In der zweiten Hälfte der

---

[1] Schrifttumsnachweis bei CLAUBERG, BERBLINGERs zwanglose Abhandlungen der inneren Sekretion, Bd. 2, S. 28. 1937. Nur SEIFFERLE [Z. Zellforschg **25**, 421 (1937)] spricht sich gegen die Bildung des Follikelhormons in den Thecazellen aus.

[2] SEITZ: Arch. Gynäk. **77**, 2 (1906) — Zbl. Gynäk. **1905**, Nr 9 u. 19.

Schwangerschaft bilden sich durch Vergrößerung und Vermehrung der Theca-zellen cystische und strahlenförmig angeordnete Gebilde (s. Abb. 94, S. 241).

Es ist nicht angängig, Gebilde von so ausgeprägtem morphologischem Charakter als nicht vorhanden oder als funktionslos anzusehen, oder sie, wie

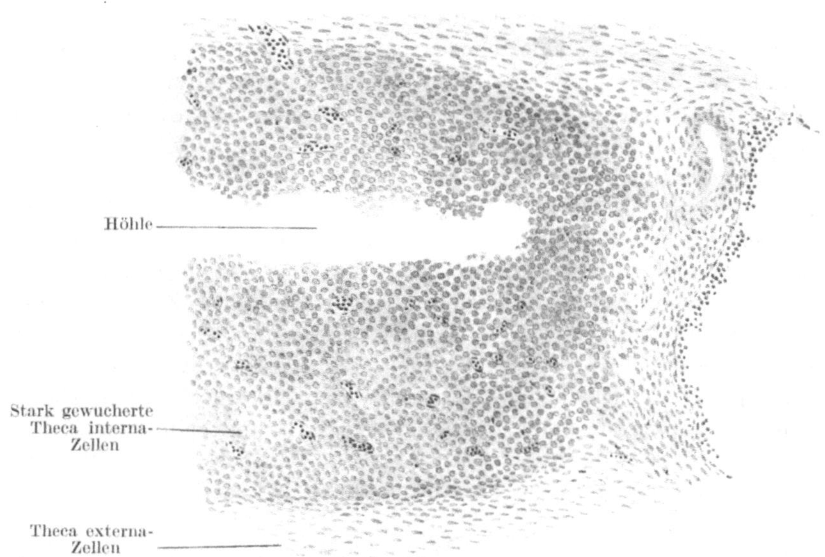

Abb. 78. Atretischer Follikel aus dem Eierstock des Neugeborenen. Man erkennt die starke Wucherung der Theca interna-Zellen, die sich scharf von dem umgebenden Stromagewebe abheben und die Höhle bis auf einen schmalen Spalt ausfüllen. (Nach L. SEITZ.)

ebenfalls geschehen, als Folge der Schwangerschafthyperämie anzusprechen. Solche morphologischen Anstrengungen macht die Natur nicht sinn- und zweck-

Abb. 79. Ovar eines 4 Monat alten Kindes mit mehreren aus atretischen Follikeln hervorgegangenen interstitiellen Drüsen von teils länglicher, runder und dreieckiger Gestalt. (Nach WALLART.)

los. Die Bildungen sind dazu vorhanden, um in der Vorpubertätszeit genügend Mengen Follikelhormon zur Verfügung zu stellen, und damit bei dem wachsenden Mädchen primäre Geschlechtsorgane und sekundäre Geschlechtsmerkmale den nötigen Antrieb zur Entwicklung bekommen, und dienen in der zweiten Hälfte der Schwangerschaft dazu, die mit dem Altern der Placenta an Ergiebigkeit abnehmende Hormonquelle zu verstärken, wie das eine vorsorgliche Gemeindeverwaltung bei einer Wasserversorgung tut, bei der man sich gewöhnlich auch nicht auf eine einzige Quelle verläßt.

Das Fehlen oder die Unterentwicklung der interstitiellen Drüse bei einzelnen Tieren und die stärkere Entwicklung bei anderen Tierarten hängt, wie ASCHNER betont, damit zusammen, daß die einen Tiere nur eine, die anderen mehrere Früchte tragen. Bei den mehrgebärenden Tieren muß offenbar die Drüse immer in Tätigkeit sein, um genügend Nährmaterial zu den Aufbauvorgängen bereit zu stellen, während sie bei eingebärenden Tieren und beim Menschen nur zu bestimmten Zeiten einzuspringen braucht.

Diese Feststellungen lehren uns, daß wir in Dingen der Fortpflanzung bisher zu unelastisch und zu starr gedacht haben. Wir müssen uns darüber klar sein, daß die Zellen, die bei den Fortpflanzungsvorgängen beteiligt sind, besonders große Beweglichkeit, Anpassungsfähigkeit und Wandelbarkeit zeigen müssen, um sich den immer wieder ändernden Verhältnissen anzupassen. Sie müssen, wenn ich so sagen darf, das lebendigste von allem Lebenden sein.

Die *Theca interna-Zellen* sind nichts anderes, als umgebildete Theca externa-Zellen und diese wieder nichts anderes als veränderte *Stromazellen*. Wenn man bedenkt, wie der Körper, wenn es sich um die Erledigung von Fortpflanzungsvorgängen handelt, auf die letzten Reserven zurückgreift, so wird man keine Bedenken tragen, anzunehmen, daß gelegentlich auch einmal die Zellen der Externa und sogar die Stromazellen zu hormonproduzierenden Zellen umgewandelt werden. In diesem Sinne sprechen die Veränderungen, die ich am Ende der Schwangerschaft nicht nur an den Thecazellen, sondern auch an den Stromazellen beobachtet und beschrieben habe. Man findet vielfach einzelne Stromazellen größer, breiter, leicht gelblich gefärbt mit Lipoiden. Ich bezeichnete sie daher in Analogie zu den Theca-Luteinzellen als *Stroma-Luteinzellen*. Für die Möglichkeit, daß gelegentlich und im Notfall auch die Stromazellen kleine Mengen von Follikelhormon zu bilden vermögen, spricht auch die Tatsache, daß nach *Röntgenkastrationen*, bei denen man bei genügender Dosierung sicher alle Follikel einschließlich der Primärfollikel zerstört, *trotzdem die Ausfallserscheinungen viel geringer* sind als nach der operativen Entfernung der Eierstöcke. Es soll aber nicht unerwähnt bleiben, daß diese Fähigkeit der Umstellung individuell (und wohl auch nach der Spezies) verschieden stark ausgebildet ist.

Es scheint sogar, daß auch die *Corpora fibrosa* noch eine gewisse Fähigkeit zur Hormonproduktion behalten können. WALLART [1] weist auf die auffallende Tatsache hin, daß sich die Corpora fibrosa bei der geschlechtsreifen Frau (im Gegensatz zu dem rasch schrumpfenden sonstigen Narbengewebe) häufig erhalten und vielfach sogar die geschlechtsfähige Zeit überdauern. WALLART fand gut erhaltene und sogar vergrößerte Corpora fibrosa noch bei 70jährigen Frauen. Er erblickt ferner in den häufig zu findenden *decidualen* Umänderungen in der Rinde des Ovars die Auswirkung der noch vorhandenen hormonalen Tätigkeit infolge von Gleichgewichtsstörungen in der Zusammenarbeit Ovar—Hypophyse.

Nach dieser Abschweifung gehen wir wieder zur Frage nach der *Produktion von Follikelhormon* bei der geschlechtsreifen, nichtschwangeren Frau zurück. Wir haben gesehen, daß sowohl in den Theca- als auch in den Granulosazellen und im Liquor folliculi Follikelhormon nachzuweisen ist. Es ist nur eine Streitfrage, die sich vorläufig nicht einwandfrei lösen läßt, ob in den Thecazellen nur die Vorstufe und in den Granulosazellen das eigentliche Endprodukt gebildet wird. Diese Frage scheint mir aber von geringerer Bedeutung zu sein. Wichtiger ist die Tatsache, daß das *Follikelhormon in dem Follikelapparat* und nicht etwa in der Eizelle oder in der Marksubstanz bereitet wird. *Thecazellen und Granulosazellen* sind in funktioneller Beziehung nicht voneinander zu trennen, sie bilden in bezug auf Hormonbereitung eine *biologische Einheit*.

II. Bildung des Follikelhormons in den Chorionepithelien der Placenta.

PHILIPP hat zuerst auffallend große Mengen von Follikelhormon in der Placenta nachgewiesen und auf Grund dieses Befundes die Meinung ausgesprochen, daß das Hormon in der Placenta gebildet worden sei. Diese Annahme ist unterdessen durch die Beobachtungen von AMATI, WALDSTEIN usw. ganz sichergestellt worden. AMATI hat am 65. Tage, WALDSTEIN am 135. Tage der Schwangerschaft bei einer Frau beide Eierstöcke wegen Geschwülsten entfernen müssen. Es wurde die Menge des ausgeschiedenen Follikelhormons

---

[1] WALLART: Arch. Gynäk **163**, 50 (1936).

während der weiteren Schwangerschaft beobachtet und festgestellt, daß die Ausscheidung gar nicht oder nicht nennenswert sich verminderte. Man kann daraus keinen anderen Schluß ziehen, wenn man nicht ganz willkürlich die Entstehung des Wirkstoffes in irgendeinem anderen Körperorgan annehmen will, als daß das Follikelhormon in der Placenta gebildet worden ist. Daß es die Chorionepithelien des Mutterkuchens sind, die das Hormon bilden, dafür werde ich an anderer Stelle Beweis antreten.

Die Feststellung, daß ein Wirkstoff von der biologischen Bedeutung des Follikelhormons aus den so *einfach gebauten und wenig differenzierten fetalen Chorionepithelien* gebildet wird, hat eine *grundsätzliche und grundlegende Bedeutung*. Bisher nahm man als Gesetz an, daß *nur die Zellen der wohl ausgebildeten innersekretorischen Drüsen* imstande wären, *hormonale Wirkstoffe* zu bilden, z. B. die Schilddrüse das Thyroxin, die Bauchspeicheldrüse das Insulin usw. Für das *Follikelhormon hat dieser Satz keine Gültigkeit mehr*, auch wie wir noch sehen werden, nicht für das *Corpus luteum-Hormon* und mit einer gewissen Einschränkung für [das *Vorderlappenhormon der Hypophyse*. Alle drei Wirkstoffe werden in der Schwangerschaft auch in den Chorionepithelien (Syncytium und LANGHANSsche Zellen) gebildet. Doch darüber später noch Näheres.

III. Bildung von Follikelhormon bei niederen Tieren und bei Pflanzen.

Bisher konnte kein anderes Organ der nichtschwangeren Frau außer dem Ovar als Bildungsstätte des Follikelhormons festgestellt werden. Man könnte daraus schließen, daß die Produktion des Follikelhormons ausschließlich das Vorrecht der weiblichen Geschlechtsdrüse sei. Dem ist aber keineswegs so.

Wir haben im vorigen Kapitel gesehen, daß bereits die ganz jungen embryonalen Zellen des Chorions imstande sind, Follikelhormon zu bilden. Da die Ontogenese annähernd eine Wiederholung der Phylogenese darstellt, ist anzunehmen, daß auch bereits bei sehr niederstehenden Tieren der Wirkstoff nachzuweisen ist.

Das ist in der Tat der Fall. Es ist Follikelhormon nicht nur bei den *niedersten Tieren*, den *Einzellern*, sondern auch bereits in der *Pflanzenwelt* wiederholt nachgewiesen worden. Der Wichtigkeit der Frage wegen, möchte ich die Forscher, die Follikelhormon bei den niedersten Tieren und bei Pflanzen nachgewiesen haben, namentlich anführen.

Oestrogene Stoffe, die dieselbe Reaktion wie das Follikelhormon geben, wurden bisher gefunden:

In Pflanzen (Pflanzenblüten, ferner Kartoffeln, Rüben), Palmkernen (BUTENANDT) usw.: FELLNER, Wien. klin. Wschr. **1926** I, 39, 1263. LOEWE, Biochem. Z. **180**, 1 (1927). SOHRN, Münch. med. Wschr. **1926** II, 1417 und Klin. Wschr. **1927** I, 359 (Weidenkätzchen). KARZYNSKI, Bull. Acad. Pol. Sci. **5**, 347 (1933) fand in Weidenkätzchen Hormonhydrat. SCHOELLER und GOEBEL, Biochem. Z. **240**, 1 (1931); **251**, 223 (1932). WALKER und TENNEY, Endocrinology **14**, 389 (1930).

Bei niederen Tieren (Cölenteraten und Arthropoden): SCHWERDTFEGER, Arch. f. exper. Path. **163**, 487 (1931). BAUER, Arch. f. exper. Path. **163**, 602 (1931).

In Tuberkelbacillen: PETERSEN-BERGAURD, C. r. Soc. Biol. Paris **112**, 103 (1933).

In Bakterien: SILBERSTEIN, Wien. klin. Wschr. **1932** I, 559.

In Hefe: GLIMM und WADEHN, Biochem. Z. **197**, 442 (1928).

Im bituminösen Schiefer: ASCHHEIM und HOHLWEG, Med. Welt **1933** I, 12.

In Erdöl, Torf, Kohle, Moor: GIERHAKE und WEHEFRITZ.

Im Meerwasser: KNOCHE, Zbl. Gynäk. **1930**, 849.
In Vogeleiern und Fischen: FELLNER, Klin. Wschr. **1925 II**, 1651.
In Schmetterlingsovarien: LOEWE und VOSS.

Man hat gegen die Beweiskraft dieser Untersuchungen eingewendet, daß der ALLEN-DOISYsche Test für das Follikelhormon nicht spezifisch sei. Diesen Einwand macht z. B. auch TRENDELENBURG in seinem bekannten Buche. Indessen haben BUTENANDT und JACOBI [1] nachgewiesen, daß das in Pflanzen vorkommende Hormon mit dem aus dem Schwangerenharn gewonnenen Wirkstoff identisch ist, jedenfalls haben alle diese Stoffe oestrogene Wirkung.

Das Vorkommen von oestrogenen und dem Follikelhormon in ihrer chemischen Zusammensetzung sehr nahestehenden Wirkstoffen bei Tieren mit ungeschlechtlicher Fortpflanzung und im Embryonalstadium, ehe eine geschlechtliche Differenzierung eingetreten ist, ferner bei Pflanzen usw., weist darauf hin, daß das Follikelhormon außer der geschlechtsspezifischen Wirkung noch andere Funktionen hat. Es ist vor allem auch ein *Wachstumshormon*; es ist wiederholt beobachtet worden, daß Pflanzen, deren Nährboden Follikelhormon zugesetzt wurde, besser gediehen.

Es gibt kaum einen organischen Stoff im Körper, der so stabil ist, wie das Follikelhormon. Er ist unempfindlich gegen Kälte und Wärme, gegen Alkalien und gegen Säuren. Er hat dem Einfluß Millionen Jahre getrotzt, die vergangen sind, seit der Stoff in den lebenden Zellen jener Pflanzen gebildet wurde, die später zur Steinkohle oder Petroleum sich umgewandelt haben. Ein Stoff, der auf früher Entwicklungsstufe Wachstum und Entwicklungsvorgänge anregt und der bei höher organisierten Tieren geschlechtspezifisches Wachstum auslöst, muß stabil sein, wenn anders er seine Aufgaben erfüllen soll.

IV. Die extragonadotrope Bildung des Follikelhormons.

Da das Follikelhormon allgemein als das spezifisch weibliche Geschlechtshormon angesprochen wird, war man sehr erstaunt, als sich zeigte, daß auch im Harn und im Blut von *Männern* Follikelhormon sich nachweisen läßt und umgekehrt, daß sich im Frauenharn männliches Geschlechtshormon findet. Die Erscheinung erklärt sich restlos aus der *sexuellen Potentialität* des Menschen und aus dem *Bestehenbleiben* eines *geringen Überrestes der anderen Geschlechtsanlage*. Wenn man ferner bedenkt, daß es bei der *nahen chemischen Verwandtschaft* von männlichem und weiblichem Geschlechtshormon nicht ganz unmöglich ist — wohl nur unter besonderen Verhältnissen —, daß das eine in das andere umgewandelt wird, so sind die Befunde nicht mehr so auffällig [2].

Noch mehr erstaunt war man, daß es gelang, im Harn *seniler* Frauen den Wirkstoff nachzuweisen. Aber auch hier braucht man nicht ohne weiteres an eine Bildung des Follikelhormons außerhalb der Keimdrüse zu denken: Denn wir wissen durch die Untersuchungen einer größeren Anzahl von Autoren (s. Abschnitt Altern des Ovars [3]), daß nicht selten auch im Eierstock von alten Frauen sich im *Stroma und in den Corpora albicantia Zellen* finden, die nach

---

[1] BUTENANDT u. JACOBI: Hoppe-Seylers Z. **218**, 104 (1933).

[2] SCHÖLLER z. B. gelang es, durch vollständige Hydrierung des krystallisierten Follikelhormons Präparate zu gewinnen, die die Eigenschaft des männlichen Geschlechtshormons aufweisen. RUZIKA konnte aus Cholesterin das männliche Geschlechtshormon synthetisch darstellen. Es zeigt sich zudem, daß es eine Reihe von Stoffen gibt, die die Wirkung des weiblichen und männlichen Geschlechtshormons mehr oder minder in sich vereinigen, z. B. Androsten-diol, Androsteron-diol (BUTENANDT).

[3] Siehe auch WALLART u. SCHEIDEGGER: Arch. Gynäk. **165**, 188 (1937).

ihrem histologischen Aufbau auf eine Funktion, das ist für die Stroma und Thecazellen, auf die Bildung von *Follikelhormon* hinweisen.

Mit dem Fortbestehen einer endokrinen Tätigkeit der Stroma-Theca-Zellen bis in das hohe Alter erklärt sich zum Teil die merkwürdige Erscheinung, daß manche Frauen unter dem Klimakterium mit Ausfallserscheinungen gar nicht und andere außerordentlich stark zu leiden haben.

Die Bildung von Follikelhormon in der Keimdrüse kann man in allen den Fällen nicht mehr annehmen, in denen die *Keimdrüse restlos entfernt* ist. Wenn auch der Befund von einigen Untersuchern bestritten wird (z. B. SIEBKE), so ist doch durch eine Reihe einwandfreier Untersuchungen festgestellt, daß nach Totalkastration noch Follikelhormon vorkommt (LOEWE, ZONDEK[1], RAUDEN-BUSCH, VOSS und LANGE, FRANK und Mitarbeiter[2], BINGEL[3].

Es erhebt sich nun die Frage, in welchen Zellen wird bei *Kastrierten* das *Follikelhormon* gebildet.

Man muß einmal an die *Nebenniere* denken. Es wird in dem Abschnitt Nebennierenrinde noch genauer auf die innigen Beziehungen der Rinde zu den Funktionen der Geschlechtsdrüsen eingegangen. Hier soll nur erwähnt werden, daß sich mehr und mehr die Befunde mehren, nach denen Follikelhormon in der Rinde gebildet wird. Es geht aus diesen Befunden wenigstens soviel mit größter Wahrscheinlichkeit hervor, daß die Rinde bei der Bildung des weiblichen Geschlechtshormons eine wichtige Rolle spielt. Ob sie nach der Entfernung der Keimdrüse, also allein, Follikelhormon zu bilden vermag, können wir nicht sagen.

Man muß aber noch an eine andere Möglichkeit denken, die sich aus einer *stammesgeschichtlichen Betrachtung* des Problems ergibt.

Es ist eine irrige Meinung, zu glauben, daß das Follikelhormon von Anfang an ein Geschlechtshormon sei. Es findet sich schon bei niederen Tieren ohne geschlechtliche Fortpflanzung, es findet sich bei Pflanzen, bei denen es offenbar Wachstumsvorgänge steuert. Erst bei der geschlechtlichen und besonders der getrenntzweigeschlechtlichen Fortpflanzung hat das Follikelhormon formweckende Wirkung auf die geschlechtlich stigmatisierten Somazellen, zeigt aber neben diesen spezifischen Wirkungen noch verschiedene unspezifische, mittelbare und unmittelbare Nebenwirkungen.

Das Follikelhormon wird bei den niederen Lebewesen, bei denen es noch keine Keimdrüse gibt, von den *gewöhnlichen* Somazellen gebildet. Auch bei der menschlichen Frucht haben die Chorionzotten, also *embryonal-fetale* Gebilde, noch in besonders hohem Grade die Fähigkeit, Follikelhormon zu bereiten. Wie wir zeitlebens an unserem Nabel eine Erinnerung an die fetale Zeit mit uns herumtragen, wie beim Embryo in Erinnerung an das Leben unserer Ururvorfahren im Wasser[4] noch die Kiemenspalten angelegt werden, so verbleibt in unseren Zellen noch ein letzter kleiner Überrest aus jener fernen Urzeit unserer stammesgeschichtlichen Entwicklung, in der eine Differenzierung der Geschlechter noch nicht erfolgt war.

Auf solche phylo- und ontogenetische Zusammenhänge weisen namentlich auch die Befunde hin, daß beim *Krebs* älterer Frauen und Männer und beweisen-

---

[1] ZONDEK hat z. B. beim Wallachen 333 ME. pro Liter Harn gefunden (beim Hengste 170000 ME.).   [2] FRANK und Mitarbeiter: Klin. Wschr. 1935 II, 1827.
[3] BINGEL: Proc. Soc. exper. Biol. a. Med. 33, 615 (1936).
[4] „Alles ist aus dem Wasser entsprungen,
Alles wird durch Wasser erhalten" (GOETHE).

der noch bei der *Krebsbildung nach Totalkastration* sich Follikelhormon nachweisen läßt (LAQUEUR und Mitarbeiter, BINGEL[1], FRANK, GOLDBERGER, SALOMON und FRIEDMANN[2]).

Bei den *Carcinomzellen* handelt es sich um Gewebe mit *embryonalem Einschlag*. Embryonales Gewebe und Somazellen niederer Tiere verhalten sich in dieser Beziehung gleich, sie haben die Fähigkeit, in ihrem Innern Follikelhormon zu bilden. Wir dürfen bei der Betrachtung dieser Probleme nicht nur die Gegenwart und die gegenwärtigen Menschen und Tiere berücksichtigen, sondern wir müssen versuchen, ähnlich wie bei der Erblehre auf eine möglichst entfernt liegende Vergangenheit zurückzugreifen. Dann wird uns das Vorkommen von Follikelhormon bei Kastrierten und bei Carcinomen nicht mehr so unerklärlich, wie z. B. ZONDEK und CLAUBERG meinen, vorkommen, wenngleich natürlich auch noch viel Rätselhaftes wie bei allen Lebensvorgängen bestehen bleibt.

β) Die Menge des Follikelhormons in den verschiedenen Lebensaltern und Fortpflanzungsperioden.

Für den wichtigsten Abschnitt des weiblichen Lebens für *Zyklus und Schwangerschaft* liegen gut brauchbare *quantitative* Bestimmungen des im Blute gebildeten und im Urin ausgeschiedenen oder im Follikelapparat bereiteten Wirkstoffes vor. Für den *Zyklus* verdanken wir diese Zahlen den mühsamen Untersuchungen von FRANK und GOLDBERGER, ASCHHEIM und ZONDEK, H. O. NEUMANN, FR. PETÉR und besonders SIEBKE[3].

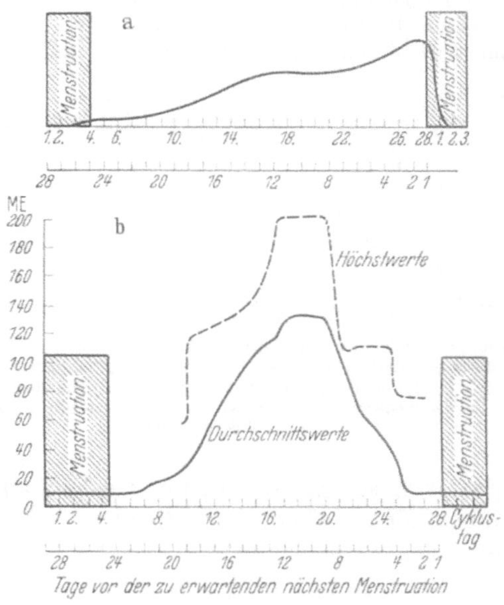

Abb. 80 a und b. a Follikelhormongehalt im Blut (nach FRANK) zeigt einen starken Anstieg um die Mitte des Intervalls und einen zweiten kurz vor der Menstruation (letzterer von SANNICANDRO nicht gefunden). b Follikelhormongehalt im Urin (nach SIEBKE). Stärkste Ausscheidung kurz nach der Zeit des Follikelsprungs.

Im *Harne* steigt der Hormongehalt in der ersten postmenstruellen Woche stark an und erreicht seinen Höhepunkt um die Zeit der höchsten Follikelreife (etwa 12.—13. Tag); dann sinkt er bis zum Eintritt der Menses ab (s. Abb. 80b).

Die Menge des im *Blute* ausgeschiedenen Wirkstoffes zeigt damit keinen völlig parallelen Verlauf. Eine größere Menge wird zwar ebenfalls um die Zeit der Follikelreifung gefunden, aber auch in der Woche vor Eintritt der Regel zeigt sich noch einmal ein Anstieg (s. Abb. 80a). Auch mit den *Faeces* wird Follikelhormon, ungefähr parallel mit der Harnausscheidung verlaufend, ausgeschieden, doch soll die Menge nach SANNICANDRO[4] größer als im Harn sein.

---

[1] BINGEL: Klin. Wschr. **1935** II, 1827.

[2] SALOMON u. FRIEDMANN: Proc. Soc. exper. Biol. a. Med. **32** 1665 (1935).

[3] SIEBKE u. SCHUSCHANIA: Z. Geburtsh. **1930**, Nr 31.

[4] SANNICANDRO: Atti Soc. Ostetr. e Gin. **1938**, 134.

In der *Schwangerschaft* ist die Menge des Wirkstoffes im Blut und Harn sehr erheblich vergrößert. Aschheim und Zondek fanden im Blut 600 ME., im Harn 1200 ME.

Diese Feststellungen genügen vorläufig für unsere Betrachtungen. Die Kurve der Follikelhormonausscheidung während Zyklus und Schwangerschaft stellt die Ausscheidungsverhältnisse in übersichtlicher Form dar (Abb. 81).

Einwandfreie Untersuchungen liegen ferner in der *Menopause* und bei der *kastrierten* Frau vor. Siebke und Schuschania[1] finden in der Menopause kein Follikelhormon im Blut oder im Harn. Davon machte von einer größeren Anzahl sorgfältig untersuchter Frauen nur *eine* eine Ausnahme:

Eine 65jährige Frau, die bereits 9 Jahre in der Menopause war, schied während einer 15tägigen Beobachtung 975 ME. aus. Die Ursache dieser Erscheinung war in einem Granulosazellentumor (follikulare cylindromatosum) gelegen, d. h. in einer krankhaften Wucherung der das Follikelhormon produzierenden Granulosazellen.

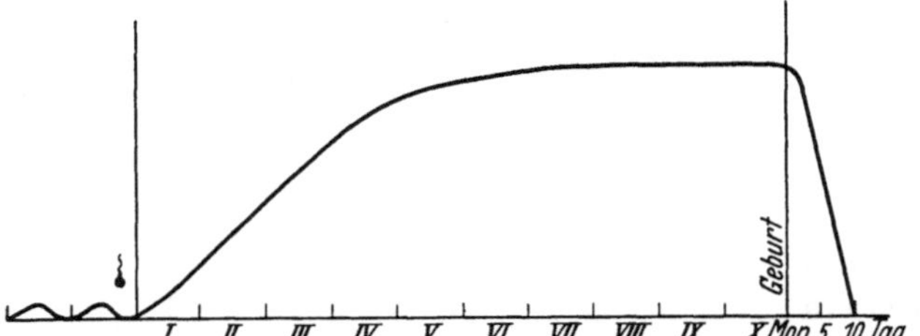

Abb. 81. Follikelhormonmenge steigt in den ersten 4—5 Monaten der Schwangerschaft sehr stark an, von da ab etwas langsamer und fällt gleich nach der Geburt rasch zur Norm ab. Vor dem Eintritt der Schwangerschaft 2 Zyklen (links mit Spitze um die Zeit des Follikelsprungs).

Am wenigsten ist bisher das *Kindesalter* auf den Gehalt an Follikelhormon untersucht worden. Da wir heute nun aber bestimmt wissen, wie im vorigen Abschnitte ausgeführt, daß die Bildungsstätte des Wirkstoffes in dem Follikelapparat zu suchen ist, so ist es möglich, aus der Zahl der nachweislich größeren Follikel ein annähernd zutreffendes Urteil über die Menge des gebildeten Hormons sich zu machen.

Siebke hat nachgewiesen, daß die Zahl der Follikel, die nicht schon in einem früheren Stadium atretisch zugrunde gehen, sondern bis zu einer *gewissen Größe heranwachsen*, mit dem *Alter des Kindes zunehmen*. Wir dürfen daraus mit Sicherheit den Schluß ziehen, daß auch die *Menge des Follikelhormons mit dem zunehmenden Lebensalter ansteigt* und kurz vor dem Eintritt der ersten Menstruation sich dem Hormongehalt der geschlechtsreifen Frau nähert.

Eine besondere Erwähnung verdient noch das Verhalten des *Fetus der letzten 2—3 Monate*. Wir wissen, daß der Uterus in den letzten 2—3 Monaten des fetalen Lebens ein gesteigertes Wachstum aufweist und daß er im Augenblicke der Geburt am größten ist, daß er dann in den ersten 1—2 Monaten nach der Geburt sich verkleinert und erst von dieser Zeit ab erneutes Wachstum zeigt (Bayer). Diese Erscheinung hängt mit dem Übertritt von *mütterlichen* Follikelhormon auf den Fetus zusammen. Es kommt nicht allzu selten unter dem Einfluß des vermehrten Hormonzuflusses zu einer *erheblichen Verdickung der Gebärmutterschleimhaut* (proliferatives Stadium) mit nachfolgender Abstoßung und Eintritt einer menstruationsähnlichen Blutung (Halban[1]).

Ich habe auf Grund der bisherigen Untersuchungen und Feststellungen eine *Kurve* (Abb. 82) gezeichnet, die uns annähernd die Menge des in den verschiedenen Lebensaltern und Fortpflanzungsperioden gebildeten Hormons angibt.

---

[1] Neuerdings von Philipp als aus der Cervix stammend nachgewiesen (s. S. 189).

Für die Frage nach der Art der Wirkung des Follikelhormons ist die *Kenntnis des mengenmäßigen Gehalts des Blutes an Follikelhormon* von erheblicher Bedeutung.

RUNGE[1], ebenso MOBIUS, JAN HOFMANN, CAFFIER[2] haben darauf hingewiesen, daß nach der Entfernung des einen Eierstocks vielfach Abweichungen in dem vorher bestandenen Typus der Menstruation eintraten und das Restovarium nicht immer völlig die hormonale Funktion beider Eierstöcke zu übernehmen vermag. Es ist wohl anzunehmen, daß bei dem Auftreten dieser Unregelmäßigkeit im Ablauf der Monatsblutung eine nicht immer hinreichende Menge von Follikelhormon gebildet wird und dadurch eine leichte Gleichgewichtsstörung im gesamten hormonalen Geschlechtssystem auftritt.

Daß es in erster Linie auf die *Menge* des Follikelhormons hinsichtlich geschlechtsspezifischer Wachstumsvorgänge ankommt, ersieht man aus den neuesten Untersuchungen von HERRNBERGER[3]. Ihm gelang es, durch eine einzige intramuskuläre Einspritzung von 10000 IBE. der öligen Lösung des Oestradiolbenzoats das niedrige Vaginalepithel *kleiner Mädchen* zu einer Schichthöhe der normal entwickelten Scheidenschleimhaut zu bringen und den Zustand

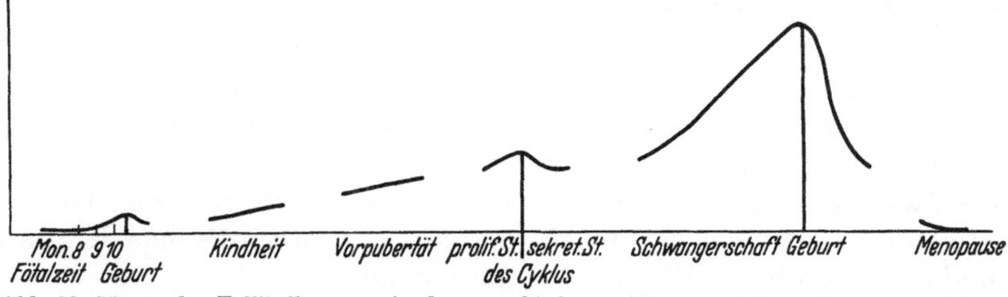

Abb. 82. Menge des Follikelhormons in den verschiedenen Alters- und Fortpflanzungsperioden.

bei weiteren täglichen peroralen Gaben von 1000 IBE. eines alkoholischen Oestradiolbenzoats zu erhalten. (Wichtig für die Behandlung der Vulvovaginitis kleiner Mädchen!)

Die Ausbildung der Unfruchtbarkeit, das Auftreten von schweren entzündlichen Veränderungen in den verschiedenen Abschnitten des Geschlechtsschlauches (C. KAUFFMANN) bei Verabreichung von *unphysiologisch hohen Dosen* im *Tierexperiment* weisen daraufhin, daß auch bei der *therapeutischen* Anwendung eine Überdosierung und damit eine Schädigung stattfinden kann. Ich habe einmal entzündliche Veränderungen im Beckenraume nach allzulanger Anwendung großer Dosen von anderer Seite gesehen[4].

γ) Biologische Wirkungsweise des Follikelhormons.

I. Geschlechtsspezifische Wirkungen.

Follikelhormon (im Verein mit dem Progesteron) als Regler des Zyklus und als geschlechtsspezifischer Wachstumsstoff. Am klarsten lassen sich die Funktionen der Geschlechtshormone an den Auf- und Abbauvorgängen, die sich während *des Zyklus* an der Gebärmutterschleimhaut vollziehen, erkennen. Ich beginne daher mit deren Besprechung. Da es sich hierbei um bekannte Vorgänge handelt, kann ich mich ganz kurz fassen.

---

[1] RUNGE: Mschr. Geburtsh. **100**, 16 (1935).   [2] CAFFIER: Zbl. Gynäk. **1937**, Nr 41, 2370.

[3] HERRNBERGER: Arch. Gynäk. **167**, 506 (1938).

[4] Innerhalb gewisser Grenzen (etwa 20% der zugeführten Menge) hat die *Leber*, nach den Untersuchungen von ISRAEL, MERANZE und JOHNTON (Amer. J. med. Sci. **1937**, 789) am Herz-Lungen-Leberpräparat, die Fähigkeit, Follikelhormon abzubauen. ZONDEK nimmt die Bildung eines Fermentes (Oestrinase) an.

Das Follikelhormon, das sich im reifenden Follikel bildet, bewirkt den proliferativen Aufbau der Gebärmutterschleimhaut, das Progesteron, das im Corpus luteum bereitet wird, die sekretorische Phase oder wie sich CLAUBERG ausdrückt, die Transformationsphase.

Sollten noch irgendwelche Bedenken über den ursächlichen Zusammenhang der zyklischen Veränderungen der Gebärmutterschleimhaut und der Wirkung der Geschlechtshormone bestanden haben, so sind die letzten Zweifel durch den KAUFMANNschen Versuch (1932) beseitigt worden. C. KAUFMANN gelang es, bei einer kastrierten Frau durch Einspritzung von 250000 ME. Follikelhormon und 35 KE. Corpus luteum-Hormon die typische Umwandlung des Endometriums und eine echte Menstruation auszulösen (bestätigt von CLAUBERG, BUSCHBECK, DAMM, HÜBSCHER, E. STRASSMANN, NEUMANN, zwei eigene Beobachtungen)[1].

Wenn wir das zyklische Geschehen im Lichte der Fortpflanzung betrachten, so handelt es sich um Vorgänge, die alle kennzeichnenden Eigenschaften echten Wachstums (Vermehrung, Vergrößerung und Differenzierung von Zellen) an sich tragen. Je nach der Spezies vollziehen sich die Vorgänge verschieden, aber alle verfolgen den gleichen Zweck, die Fortpflanzung der Art zu ermöglichen. Es handelt sich also um *geschlechtsspezifische Wachstumsvorgänge*. In der ersten Hälfte des Zyklus ist das wirksame Prinzip das Follikelhormon, das in der Schleimhaut die schlummernden Kräfte weckt und die Zellen zur Vermehrung und Vergrößerung anregt, in der zweiten Hälfte ist es das Progesteron, das — zum Teil unterstützt noch von dem Follikelhormon — differenzierende Kräfte entfaltet und die Zellen in die Praedecidua umwandelt.

Es gibt kein anderes Organ, an dem wir mit der gleichen Sicherheit imstande sind, den formweckenden (morphokinetischen) Einfluß der Hormone auf die darauf abgestimmten Zellen zu verfolgen; durch Zufuhr der Wirkstoffe können wir unter unseren Augen künstlich die Wachstumsvorgänge erzeugen, freilich nur unter der Voraussetzung, daß auch die übrigen Organe und insbesondere die übrigen endokrinen Einrichtungen vollwertig funktionieren.

Die Wirkung des Follikelhormons erstreckt sich nicht nur auf die Gebärmutterschleimhaut, auch Scheide, Cervix, Uterusmuskel und Tube usw. werden beeinflußt. Besonders ausgesprochen sind die Veränderungen an der *Scheide* der kleinen Nager (daher als Testobjekt für Follikelwirkung, auch zur Prüfung der Erregbarkeit der Muscularis auf Hinterlappenhormon geeignet. RUNGE[2]); aber auch bei der Frau lassen sich zyklische Wandlungen nachweisen, auf deren Einzelheiten hier nicht näher eingegangen zu werden braucht. Bei der Vulvovaginitis kleiner Mädchen erweist sich Follikelhormon durch Ausreifung der Scheidenepithelien und Glykogenspeicherung als therapeutisch sehr wirksam (zuerst von amerikanischen Autoren festgestellt).

An der *Cervix* tritt eine typische Proliferation der Epithelien mit veränderter Sekretion ein, die um die Zeit der Ovulation am stärksten ausgebildet ist und das Aufwandern der Spermatozoen erleichtert (SJÖVALL[3]). Die Veränderung wird durch das Follikelhormon ausgelöst, das Corpus luteum-Hormon hat nach

---

[1] I. SAMUELS (Münch. med. Wschr. **1937 II**) glaubt, mittels der spektroskopischen Untersuchungsmethode mehrere Ovulationen während eines Zyklusintervalls nachgewiesen zu haben. Es müssen erst weitere Erfahrungen mit dem Verfahren abgewertet werden, ehe dazu Stellung genommen werden kann. Von WENNER (Münch. med. Wschr. **1939 I**) unterdessen nicht bestätigt.

[2] RUNGE, HUTTER und WITTMANN: Arch. Gynäk. **168**, 58 (1939).

[3] SJÖVALL: Acta obstetr. scand. (Stockh.) **18**, Suppl. 4 (1938) (Lund).

Sjövall keinen Einfluß auf das Verhalten der Cervixepithelien während des Zyklus (s. auch Cervixveränderungen neugeborener Mädchen, s. Fußnote 5).

Die *Eileiter* kann man durch Gaben von Follikelhormon zu einer kräftigeren Entwicklung, die Epithelien zu besserer Flimmerung bringen und dadurch die Fruchtbarkeit beeinflussen (Westman[1], Tietze[2], Caffier[3], Clauberg[4]).

Wenn wir demnach bei der geschlechtsreifen Frau während des Zyklus (und beim Tier während des Oestrus) ganz klar sehen, so ist die Wirkung des Follikelhormons — von dem weiterhin zunächst allein die Rede sein soll —, sehr viel schwieriger in den übrigen *ontogenetischen Entwicklungsphasen und Funktionszuständen* zu beurteilen. Hier sind es hauptsächlich zwei Zeitabschnitte, die in Betracht kommen: Die Zeit vor der Pubertät und dann die Fortsetzung des Zyklus, die Zeit der Schwangerschaft. In dem ersten Zeitabschnitte fehlt noch das Corpus luteum, in dem zweiten tritt durch das Hinzukommen der Frucht mit ihren hormonalen Potenzen ein ganz neuer Faktor auf den Schauplatz.

Die spezifische Follikelhormonwirkung in der Kindheit und in der Vorpubertätszeit. Da das Follikelhormon formweckenden Einfluß auf die geschlechtsempfindlichen Somazellen ausübt und bereits um den 5. Fetalmonat im Eierstock gebildet wird, darf man von vornherein annehmen, daß auch das geschlechtsspezifische Wachstum, das wir in der Kindheit und in der Vorpubertätszeit beobachten, im wesentlichen durch diesen Wirkstoff hervorgerufen wird, also die weitere Entwicklung der durch chromosomale Kräfte determinierten akzessorischen Geschlechtsteile und der sekundären Geschlechtsmerkmale. Es lassen sich für diese Annahme folgende Belege erbringen.

1. Das *starke Wachstum des fetalen Uterus* in den *letzten 2—3 Monaten* unter dem Einfluß der erhöhten Menge des von der Mutter stammenden Follikelhormons (Bayer[5]).

2. Das Fehlen der sekundären Geschlechtsmerkmale bei *Aplasie* der Eierstöcke oder bei *sehr frühzeitiger Kastration.*

3. Die *Vertauschversuche in sehr früher Zeit,* wie sie von Harms, Steinach, K. Sand u. a., durch Entfernung der Hoden und Überpflanzung von Eierstöcken gemacht worden sind. Es gelang dadurch, innerhalb gewisser Grenzen

---

[1] Westman: Acta obstetr. scand. (Stockh.) **10**, H. 3 (1930).

[2] Tietze: Zbl. Gynäk. **1929**, Nr 32. — Arch. Gynäk. **148**, 724 (1932).

[3] Caffier: Zbl. Gynäk. **1938**, Nr 19, 1024.

[4] Clauberg: Zbl. Gynäk. **1938**, Nr 19, 1034.

[5] Bisher hat man allgemein geglaubt, daß der *Körper* des Uterus durch das mütterliche Follikelhormon einen Antrieb zum Wachstum erhält, und daß die zuweilen bei neugeborenen Mädchen beobachtete Blutausscheidung mit der Abstoßung des *Endometriums* zusammenhänge. Philipp (Zbl. Gynäk. **1938**, Nr 1, 1) konnte jedoch jüngst in einwandfreien Untersuchungen nachweisen, daß die Vergrößerung an der *Cervix* eintritt und daß die Blutung von der Desquamation der oberflächlichen Teile der gewucherten Cervixdrüsen herrühre. Wir ersehen aus diesen Feststellungen wiederum, wie sehr es bei der Erörterung der Wirkung eines Hormons und besonders der Geschlechtshormone auf die *jeweilige ontogenetische Entwicklungsphase* des Individuums ankommt. Beim Fetus ist bekanntlich die Cervix im Vergleich zum Körper sehr stark entwickelt und unterscheidet sich nur wenig in seinem Aufbau von der Cervix der geschlechtsreifen Frau. Seine Zellen sprechen daher auf den Reiz des Follikelhormons an, die Zellen des Körpers dagegen sind noch weniger empfindlich.

die ursprünglich männlichen Tiere zu verweiblichen und umgekehrt, die ursprünglich weiblichen zu vermännlichen[1].

Wenn man die Kurve betrachtet, die die Menge des Follikelhormons in den verschiedenen Lebensaltern darstellt, so erkennt man deutlich, daß der *Anstieg der Menge des Hormons* immer mit der Zeit zusammenfällt, in der eine *Vergrößerung der Geschlechtsorgane*, besonders des *Uterus*, und eine *schärfere Ausprägung der sekundären Geschlechtsmerkmale* zu beobachten ist. Besonders ausgeprägt tritt die Zunahme mit der Pubertät und ferner in der Schwangerschaft zutage.

Spezifische Follikelhormonwirkung in der Schwangerschaft. Ist nun auch für die *Schwangerschaft* ein Beweis erbracht, daß die Veränderung, die wir am Körper der Frau in dieser Zeit beobachten, wirklich *allein durch das Follikelhormon* zustande kommt?

Diese Frage muß mit einem bestimmten *Ja* beantwortet werden. Es gelingt, die typischen *Schwangerschaftsveränderungen künstlich* durch entsprechende Zufuhr von Follikelhormon zu erzeugen. Ich führe folgende Versuche und Beobachtungen zum Beweise an:

1. GANDER[2] gelang es im RÖSSLEschen Institut (Basel) durch lange Zeit durchgeführte Zufuhr von Follikelhormon beim Kaninchen eine Vergrößerung des Uterus mit *Vermehrung der Muskelfasern* herbeizuführen, wie wir sie sonst in der Schwangerschaft beobachten und künstlich eine Wanddicke des Uterus zustande zu bringen, die ungefähr der stärksten Entwicklung der Uterusmuskulatur in der Schwangerschaft entspricht. CLAUBERG und BREIPOHL[3] konnten bei Kaninchen durch tägliche Einspritzungen von 200 Follikelhormon 7 Tage lang eine Vergrößerung der *Scheide* herbeiführen, wie sie der „normalen Spätschwangerschaft" entspricht.

2. Es gelang einer Reihe von Forschern (FELS[4], MÖHLE und MARTIUS[5], TAUSCH, DE FREMERY und KOBER, CLAUBERG, HISAW u. a.) durch lange Zeit durchgeführte Einspritzungen von Follikelhormon beim Meerschweinchen, an dem sich diese Veränderung besonders gut studieren läßt, eine *Auflockerung und Verbreiterung der Symphyse* herbeizuführen, wie sie sonst nur in der Schwangerschaft beobachtet wird, ebenso eine Lockerung der Kreuzhüftbeinfugen. Da von den genannten Forschern vielfach Follikelhormon *und* Corpus luteum-Hormon gegeben wurde, so konnte es zweifelhaft bleiben, wieviel auf die Wirkung des einen, wieviel auf die Wirkung des anderen Hormons entfiel. Diese Zweifel sind durch die Versuche von TAPFER und HASLHOFER[6] beseitigt worden. Sie stellten fest, daß Follikelhormon *allein* eine spezifische Wirkung auf die Beckengelenke ausübt, das Corpus luteum-Hormon dagegen erst dann eine Weiterstellung bewirkt, wenn bereits vorher mit Follikelhormon behandelt worden ist.

---

[1] Besonders wichtig sind die klinischen Erfahrungen, die man bei hypoplastischen Individuen mit schlechtentwickelten sekundären Geschlechtsmerkmalen gemacht hat. So berichtet L. H. SPECKEN (Nederl. Tijdschr. Geneesk. **82**, 2107), daß bei einem 20jährigen Mädchen mit primärer Amenorrhöe nach länger durchgeführter Follikelhormonzufuhr nicht nur die Menses eintraten und Uterus und Adnexe größer wurden, sondern auch die schwach entwickelten Brüste wuchsen und die fehlende Behaarung der Achselhöhle und der Pubes eintrat.   [2] GANDER: Z. exper. Med. **72**, 1 (1930).

[3] CLAUBERG u. BREIPOHL: Arch. Gynäk. **160**, 263 (1935).

[4] FELS: Arch. Gynäk. **158**, 364 (1934).

[5] MÖHLE u. MARTIUS: Münch. med. Wschr. **1933** I, 376.

[6] TAPFER u. HASLHOFER: Arch. Gynäk. **159**, 313 (1935).

3. MIGLIAVACCA[1] hat gezeigt, daß es möglich ist, durch lange Zeit durchgeführte Einspritzungen von Follikelhormon beim Kaninchen eine *syncytiale Umwandlung der Gebärmutterschleimhaut*, wie wir sie in der Schwangerschaft sehen, künstlich zu erzeugen.

4. Bei der *extrauterinen Schwangerschaft* des Menschen und bei *Uterus bicornis* tritt eine Vergrößerung des nicht schwangeren Horns ein, trotzdem die Frucht außerhalb des Uterus sich befindet. Es kann also die Vergrößerung des Organs nicht passiv durch den wachsenden Fetus entstanden sein, sondern muß auf die Einwirkung aktiver Kräfte, das ist das Follikelhormon zurückgeführt werden.

5. Die Vergrößerung der *Brüste* in der Entwicklungszeit und in der Schwangerschaft unter dem Einflusse des Follikel- und teilweise Gelbkörperhormons (s. Abschnitt: Brustdrüse).

Ja, wird der Skeptiker sagen, die Vergrößerung des Uterus, die Bildung von Synzytien, das Wachstum der Brüste, die Auflockerung und Verbreiterung der Schamfuge usw. sind wohl kennzeichnende Schwangerschaftsveränderungen und können durch große Mengen von Follikelhormon künstlich hervorgerufen werden. Damit sind aber noch lange nicht alle Wachstumserscheinungen, die am weiblichen Körper in der Schwangerschaft auftreten, erklärt, nicht z. B., daß der Uterus sein Gewicht um das 20fache des ursprünglichen Wertes vermehrt und am Ende der Zeit bis zum Schwertfortsatz aufsteigt, nicht die übrige Gewichtszunahme, das veränderte Aussehen, die Vollsaftigkeit der Schwangeren usw.

Die Einwände sind durchaus berechtigt; aber man darf nicht vergessen, daß wir wohl Follikelhormon nach unserem Belieben zuführen können, daß wir aber *alles übrige, was in der Schwangerschaft* geschieht, *nicht künstlich nachzuahmen* vermögen. Vor allem *nicht das Heranwachsen des neuen Menschen* von den kleinsten Anfängen bis zur beträchtlichen Größe des Neugeborenen; ferner nicht die Veränderungen im Stoffwechsel, in der Zusammensetzung des Blutes (Vermehrung des Wassers, Verminderung des Eiweißes, Verschiebung des Eiweißes nach der grob dispersen Phase), im hormonalen Gleichgewichtszustand usw. Wir wissen, daß die Vergrößerung des Uterus vom *4.—5. Monat* an im wesentlichen *passiv* infolge Dehnung durch den beständig *wachsenden Fruchtkörper* erfolgt, daß von der nämlichen Zeit an die Wände des Uterus dünner und namentlich im unteren Uterinsegment stark auseinandergezogen werden.

Zusammenfassend können wir sagen:

Die Vorgänge, die sich unter dem Einfluß des *Follikelhormons* im weiblichen Körper in den *verschiedenen Altersperioden und Phasen der Geschlechtstätigkeit* in den Zellen abspielen, sind gekennzeichnet durch *Wachstum und Vermehrung der auf die Hormone abgestimmten Zellen*. Das Follikelhormon ist also ein *ausgesprochenes Wachstumshormon* und zwar, weil es allein die Zellen beeinflußt, die mit den Geschlechts- und Fortpflanzungsvorgängen etwas zu tun haben, ein *geschlechtsspezifisches Wachstumshormon*. Da auch in der Schwangerschaft dasselbe Hormon bei den Wachstumsvorgängen wirksam ist, kann man von einem *schwangerschaftsspezifischen Wachstumshormon* sprechen. Doch davon noch später genaueres.

Hier sei nur noch erwähnt, daß die *Stärke* des geschlechtsspezifischen Wachstums durch die *Menge* des im Blut vorhandenen Follikelhormons bestimmt wird. Es handelt sich also um *quantitative* und nicht qualitative Einflüsse. Das

---

[1] MIGLIAVACCA: Arch. Gynäk. **159**, 172 (1935).

Schwangerschaftswachstum ist nur potentiertes geschlechtsspezifisches Wachstum.
Die Abb. 81, S. 186 veranschaulicht, daß die Menge des Follikelhormons bei
der Ausbildung der Geschlechtsmerkmale von entscheidendem Einflusse ist.

Erregbarkeitssteigerung des Uterusmuskels durch Follikelhormon. Es liegen
eine große Anzahl von Versuchen vor, die alle eindeutig ergeben, daß durch
Zufuhr von Follikelhormon die *Erregbarkeit des Uterusmuskels* auf Hinterlappenhormon (Oxytoxin, Orasthin) gesteigert wird (KNAUS, BROUHA und SIMMONET,
BRAUN und BURN, PARKAS, MÖLLER-CHRISTENSEN, v. ÁRVAY[1], ROBSON[2], ROBIN-
SON und Mitarbeiter[3], GENELL[4], DRUCKREY u. a.). Es gelingt regelmäßig, durch
längere Zufuhr von größeren Mengen von Follikelhormon die Uteruserregbarkeit
so zu steigern, daß der hemmende Einfluß des Corpus luteum-Hormons überwunden wird und vorzeitige Ausstoßung der Früchte eintritt (s. auch hormonale Steuerung des Geburtseintritts). DRUCKREY und BACHMANN[5] konnten
durch einen kräftigen Hormonstoß (intravenöse Einspritzung von 200—400 ME.
Follikelhormon) bei hochträchtigen Katzen und Kaninchen richtige Wehen
auslösen, die zur Ausstoßung der Früchte führten.

Es fällt auf, daß die das Wachstum des Uterus anregende Wirkung des
Follikelhormons (s. oben!) bereits mit Beginn des 5. Monats aufhört, dagegen
die Komponente, die die Erregbarkeit des Muskels steigert, bis zum Schluß
der Schwangerschaft anhält und sogar zunimmt. Dabei ändert sich an der
Beschaffenheit des Follikelhormons nichts; der Grund kann also nur in der mit
dem Alter der Schwangerschaft sich ändernden *Ansprechbarkeit* der Muskelzelle
gelegen sein.

Die geschilderten Wirkungen sind geschlechtsspezifisch, d. h. das männliche
Geschlechtshormon ruft die männlichen, das weibliche Geschlechtshormon die
weiblichen Geschlechtsmerkmale hervor.

II. Unspezifische Wirkungen.

Das Follikelhormon hat noch eine Reihe von Wirkungen, die wir im Tierversuch entweder gar nicht oder nur schwer und vielfach nur unter besonderen
Umständen, wie bei der klinischen Beobachtung, nachweisen können. Fraglos
spielt dabei die Reaktionsfähigkeit der Erfolgszelle, die durch Milieu, Alter usw.
stark beeinflußt wird, eine bedeutsame Rolle. Es kommt dabei vielfach auf
eine besondere Gesamtkonstellation, die der Körper gerade aufweist, an. Weil
die *unspezifische* Wirkung, wie wir meist die Reaktionsform nennen, sich nur
schwer exakt nachweisen läßt, wird sie vielfach bestritten. Wenn sie aber bei
der klinischen Beobachtung oder sonstwie erkennbar in Erscheinung tritt, ist
es absurd, sie nur wegen ihres schwer experimentellen Nachweises wegleugnen
zu wollen.

Bei Protozoen und niederen Metazoen ohne getrenntgeschlechtliche Fortpflanzung hat das Follikelhormon noch keine geschlechtsspezifische Wirkung,
es wirkt im wesentlichen nur als Wachstumhormon. Es ist daher nicht zu verwundern, wenn auch bei den höher organisierten Tieren und beim Menschen

---

[1] ÁRVAY, v.: Endocrinologie **1934**, 6. — Zbl. Gynäk. **1937**, Nr 51, 2900.
[2] ROBSON: J. of Physiol. **78**, 309 (1933); **79**, 83 (1933); **84**, 121 (1935).
[3] ROBINSON u. Mitarbeiter: Brit. med. J. **1935**, 749.
[4] GENELL: Nord. med. Tidskr. **1934**, 236.
[5] DRUCKREY u. BACHMANN: Zbl. Gynäk. **1937**, Nr 19, 1091.

noch solche unspezifische Restwirkungen aus grauester Vorzeit sich erhalten haben.

Besonders sinnfällig tritt der wachstumsfördernde Einfluß zutage, wenn wir dem Wasser, in das wir einen Zweig mit ruhenden Knospen stecken, z. B. Forsythia, etwas Follikelhormon zusetzen. Er entfaltet in wenigen Tagen seine Blüten.

Das Follikelhormon wirkt insbesondere auf den Kohlehydrat- und Fettstoffwechsel ein.

Kohlehydratstoffwechsel. Entfernt man bei der Ratte die Keimdrüse, so steigt der Glykogengehalt der Leber an (CAHANE, KAUFMANN, SCHERINGER und BOCKELMANN). Spritzt man Follikelhormon ein, so tritt eine Verminderung des Leberglykogens (BOCKELMANN und SCHERINGER) und eine Vermehrung des Zuckers im Blute ein (AMILIBIA, MENDIZABEL und LIUSIA[1]). Es wirkt also das Follikelhormon blutzuckermobilisierend ähnlich wie das Adrenalin und ist ein Gegenspieler des Insulins. Die Wirkung ist aber nicht unmittelbar, sie kommt erst auf dem Umwege über die Schilddrüse zustande (EUFINGER, AMILIBIA), denn entfernt man die Schildrüse, bleibt die mobilisierende Wirkung des Follikelhormons aus.

Gerade umgekehrt wirkt das Luteohormon. Eingespritzt bewirkt es eine Vermehrung des Glykogens in der Leber und eine Verminderung des Blutzuckers, seine Wirkung gleicht also dem des Insulins.

Fettstoffwechsel. Im Sinne einer Beeinflussung des Fettstoffwechsels sprechen die Erfahrungen, daß Frauen im Klimakterium und nach Kastration (nach K. W. SCHULTZE in 40%) an Gewicht stark zunehmen. Tierzüchter wenden die Kastration häufig als Mittel zur raschen Mästung der Tiere an. MÜLLER und MÜHLBOCK haben aus dem Eierstock einen Stoff isoliert, der eine stoffwechselsteigernde Wirkung hat. Die Befunde sind freilich von CLAUBERG und DINGEMANSE bestritten worden. Jedenfalls steht soviel fest, daß der Ausfall der Keimdrüse den Fettansatz begünstigt. Ob es sich dabei um eine unmittelbare Wirkung des Follikelhormons oder um eine mittelbar über die Schilddrüse, was wahrscheinlich ist, handelt, ist noch unbekannt.

Die Stoffwechseluntersuchungen insbesondere die Bestimmungen des Grundumsatzes nach der Kastration haben bei Tieren und bei Menschen keine eindeutigen Ergebnisse gezeigt. Manchmal ließ sich eine Verminderung des Grundumsatzes feststellen, meist trat aber keine nennenswerte Veränderung auf.

Auch die Erscheinungen und die Befunde, die bei dem Zustand auftreten, die wir als *ovarielle Insuffizienz* bezeichnen, sind wenig charakteristisch. Im allgemeinen läßt sich nach GROTE [2] sagen, daß sich die gefundenen Funktionszahlen meist an der unteren Grenze bewegen, die vagotonische Einstellung herrscht vor. Die Grundumsatzwerte liegen öfter unter Null. Der prozentuale Anteil des Harnstoff-Stickstoffes im Gesamtstickstoff des Urins wird öfter unter 70% gefunden gegenüber 80—90% der Norm. Die Blutzuckerwerte liegen niedrig. Bei Zuckerbelastungen überwiegt der Inseleinfluß den der Nebenniere. Zum Extrem gesteigert, finden sich im Grundumsatz die gleichen Verhältnisse bei der hypophysären Magersucht mit ihrer Unterfunktion der Eierstöcke. Man sieht aus der Buntheit und Mannigfaltigkeit der Befunde, daß es sich unmöglich nur um den Ausfall eines einzelnen Hormons handeln kann. Es liegen Unzulänglichkeiten einer ganzen Reihe von Einrichtungen vor. Am ehesten kann man diese als ovarielle Insuffizienz bezeichneten Zustände verstehen, wenn man annimmt, daß der ganze Organismus mitsamt dem endokrinen System und der fermentativen Tätigkeit chromosomal unterwertig ist (s. auch den

---

[1] AMILIBIA, MENDIZABEL u. LIUSIA: Arch. Gynäk. **159**, 453 (1935) mit Literatur.
[2] L. R. GROTE: Verh. dtsch. Ges. Gynäk. **1937**. — Arch. Gynäk. **167**, 168 (1938).

194   Die hormonale Steuerung der geschlechtlichen und der Fortpflanzungsvorgänge.

Begriff der Bradytrophie der alten französischen Schule (BOUCHARDAT). Ein Organismus
bei dem fermentative und hormonale Vorgänge unzulänglich funktionieren, ist auch nicht
imstande, eine der größten Le.stungen des weiblichen Körpers, die vollkommene Ausreifung des Follikels mit Corpus luteum-Bildung und die völlige Ausreifung des Eies zu
vollbringen.

Weitere Funktionen des Follikelhormons. Das Follikelhormon soll noch auf
zahlreiche andere Funktionen und Organe einen gewissen Einfluß haben. Ich
führe in aller Kürze folgende an:

Nach TAKATA [1] geht die Flockungszahl generell mit der im Blute kreisenden Menge des
Follikelhormons parallel. Nach BANKOW (1931) wird die Zahl der Blutplättchen verändert.
Durch die Untersuchungen von CRAINICIANU (1932), DRUCKREY (1933), LUNDBERG (1933)
wurde auch eine Beeinflussung der Blutgerinnung, der Blutbildung sowie der Blut-
regeneration festgestellt. NIGST (1932), LIEBHART (1934) konnten einen Einfluß auf den
Blutdruck feststellen, ebenso SEYDERHELM. Einfluß auf die Galle und den Darm fanden
LOEPER, LEMAIRE und TANZIN, auf den Kreatiningehalt des Blutes BÜHLER (1933), auf den
Cholesteringehalt KAUFMANN (1930) und KNELL (1932), SCHWALM [2] fand, daß bei Klimakterischen die Blutregeneration langsamer verläuft und daß durch Follikelhormonzufuhr
eine geringfügige, vorübergehende Stimulation in der Bildung der roten Blutkörperchen
eintritt (s. auch die traubenzuckergärungshemmende Wirkung des Frauenblutes S. 29).

Wenn bei allen diesen Zuständen noch Zweifel darüber bestehen können,
ob es sich bei den Vorgängen tatsächlich um Wirkungen des Follikelhormons
handelt, so sehen wir bei *Heilerfolgen,* die mit dem Follikelhormon bei verschiedenen *Störungen und Krankheiten* beobachtet werden, viel klarer Es ist durch
BUSCHBECK u. a. (auch eigene Beobachtungen) wiederholt festgestellt worden,
daß es durch Follikelhormonzufuhr möglich ist, hartnäckigen *Pruritus* älterer
Frauen zu heilen; auch die Abheilung von *Decubitus, Fußgeschwüren* usw. wird
durch Follikelhormonanwendung sehr begünstigt, *frühgeborene Kinder* nehmen
bei Follikelhormonverabreichung besser an Gewicht zu. LACASSAGNE [3] hat auf
das Eintreten von Harnzurückhaltung bei weißen Mäusen nach länger dauernder
Zufuhr größerer Follikelhormongaben aufmerksam gemacht. FR. HOFFMANN [4] u. a.
sahen eine gute Wirkung von Follikelhormonverabreichung bei *Incontinentia
urinae.* Erwähnt sei auch noch das *Erythema der Neugeborenen,* das auf Einwirkung von Follikelhormon zurückgeführt wird. Es weisen alle diese Erfahrungen daraufhin, daß nicht nur die geschlechtlich stigmatisierten, sondern
auch andere Zellen in ihrer Ernährung und Tätigkeit unmittelbar oder mittelbar
durch Follikelhormon beeinflußt werden. Es tritt bei diesen Erscheinungen der
ursprüngliche Charakter des Follikelhormons als Zellwachstums- und Erhaltungs-
wirkstoff wieder deutlicher zutage. Durch verbesserte Blutzufuhr allein, wie
man vielfach gemeint hat, können natürlich solch verschiedenartige Vorgänge
.und Störungen nicht erklärt werden. W. SCHÄFER [5] hat gezeigt, daß bei Kaninchen die Erhöhung des Follikelhormonspiegels die anaphylaktische Reaktionsbereitschaft weiblicher Tiere steigert und mahnt bei der Anwendung von Follikelhormon zur Vorsicht bei Allergikern.

Einwirkung des Follikelhormons auf die Gonade selbst. Die Tierversuche,
durch Einspritzung von Follikelhormon (oder von Androsteron beim männlichen

---

[1] TAKATA: Arch. Gynäk. **166**, 204 (1938).
[2] SCHWALM: Mschr. Geburtsh. **106**, 274 (1937).
[3] LACASSAGNE: C. r. Soc. Biol. Paris **120**, 833. (1935).
[4] HOFFMANN, FR.: Zbl. Gynäk. **1937**, Nr 44, 2545.
[5] SCHÄFER, W.: Med. Klin. **1937**, 32.

Tiere) das Wachstum der Keimdrüse zu beeinflussen, sind verschieden ausgefallen. In der *Mehrzahl* der Fälle zeigte sich, daß die Gonade sich *verkleinerte* oder jedenfalls ein Wachstum vermissen ließ.

Auf den ersten Blick ein sehr merkwürdiges Ergebnis! Denn ganz unwillkürlich drängt sich der Gedanke auf: das Hormon, das die Natur eigens zur Regelung der Geschlechtsvorgänge geschaffen hat, muß doch auch die Keimdrüse in förderndem Sinne beeinflussen. Bei genauerer Überlegung zeigt sich jedoch, daß hier ein Fehlschluß vorliegt. Bei den höher organisierten und differenzierten Tieren wirkt das Hormon nicht auf *die* Zellen, in denen es entstanden ist. Die Eigenart der endokrinen Zelle besteht ja gerade darin, daß der in ihr gebildete Stoff auf *andere*, d. h. die Erfolgszellen wirkt. Das Follikelhormon wirkt gemäß der eigenartigen Stellung, die die Keimdrüse unter allen Organen einnimmt (s. Genaueres „Hormonales Geschlechtssystem"), nach zwei Seiten hin, einmal auf die Eizelle, dann auf die verschiedenen, auf das Hormon abgestimmten Somazellen.

Entwicklung und Wachstum des akzidentellen Teils der Gonade dagegen werden von anderen Faktoren gesteuert. Die zur Keimdrüsenbildung determinierten Zellen tragen wohl chromosomal die Entwicklungstendenzen in sich, die Realisationsfaktoren dagegen, die diese Entwicklungspotenzen verwirklichen, gehen von Zellen *außerhalb* der Keimdrüse aus, in erster Linie von anderen innersekretorischen Drüsen, dann natürlich von dem Gesamtkörper. Wir kennen die hormonalen Einflüsse genau, die das Wachstum der Keimdrüse steuern: Hemmung durch das Zirbeldrüsen- und Thymushormon in der Kindheit, Förderung durch das gonadotrope Hormon des Hypophysenvorderlappens, ferner durch das Nebennierenrindenhormon, auch durch das Schilddrüsenhormon. Die Entfernung oder Schädigung des Hypophysenvorderlappens, der Nebennierenrinde, der Schilddrüse führt bekanntlich bei Tier und Mensch zur Rückbildung der Keimdrüse.

Ein anderer Teil der Versuche mit Follikelhormoneinspritzungen fiel ganz anders aus. Das Ovar der infantilen Tiere *vergrößerte* sich. Es traten Reiffollikel auf, bisweilen kam es auch zur Bildung von Corpora lutea. Über diese merkwürdige Erscheinung haben uns erst die Untersuchungen von HOHLWEG[1] Aufklärung gebracht. HOHLWEG hat nämlich gezeigt, daß eingespritztes Follikelhormon auf die *gonadotropen Zellen des Hypophysenvorderlappens stimulierend* wirkt, dort die Bildung von Follikelreifungshormon, allenfalls auch die von Luteinisierungshormon anregt und dadurch *mittelbar* zur Vergrößerung und Frühreife des Ovars führt.

Ob es nun zu einer Entwicklungshemmung und *Verkleinerung* oder ob es zu einer *Vergrößerung* und Frühreife der Keimdrüse nach Follikelhormoneinspritzungen beim infantilen Tiere kommt, hängt von verschiedenen Umständen ab. Der wichtigste Faktor ist das Gewicht und das Alter des Versuchstieres, oder wie ich mich ganz allgemein gültig in dieser Arbeit ausdrücke, der jeweiligen *Phase des ontogenetischen Entwicklungsganges* des betreffenden Individuums und damit die jeweilige Reaktionsfähigkeit der einschlägigen Erfolgszellen. Auch die *Menge* des zugeführten Hormons spielt eine Rolle. Aus diesen Umständen erklärt sich das wechselnde Resultat der Versuche.

Indessen ist es auch EHRHARDT an unserer Klinik gelungen, durch Einspritzungen großer Mengen von *Corpus luteum-Hormon* nach vorherigen Gaben von Follikelhormon bei infantilen Tieren Frühreife des Ovars und Corpora lutea-Bildung herbeizuführen und einmal, zusammen mit STEUP[2] an einer amenorrhoischen, aber nicht schwangeren Frau eine echte Schwangerschaftsreaktion auszulösen.

---

[1] HOHLWEG: Klin. Wschr. **134**, 92, 136 (1932).
[2] STEUP: Dissertation Frankfurt a. M. 1938.

Siehe Näheres, Abschnitt „Verhältnis von Vorderlappenhormon, Follikelhormon und Corpus luteum-Hormon", S. 226.

Gegen die Annahme einer *geschlechtsspezifischen* Wirkung sprechen scheinbar folgende zwei Umstände: 1. Wie bereits erwähnt, finden sich kleine Mengen von *Follikelhormon* im Blute des *Mannes* und umgekehrt, kleine Mengen von männlichem Geschlechtshormon bei der Frau. Diese merkwürdige Erscheinung erklärt sich aus dem Vorhandensein von Überresten der anders geschlechtlichen Anlage; eine 100% geschlechtliche Differenzierung ist selten. Das andersgeschlechtliche Hormon braucht dabei gar keine biologische Wirkung zu haben und hat sie regelmäßig dann nicht, wenn die Erfolgszellen hinreichend scharf molekularstrukturell differenziert und auf das homologe Hormon prompt ansprechen, wie das klassische Beispiel vom Hengste lehrt, der trotz der großen Mengen von Follikelhormon, die ständig in seinem Blute kreisen, gar nichts von seinen männlichen Geschlechtsmerkmalen verliert.

2. Es gelingt, durch männliches Sexualhormon bei weiblichen infantilen Versuchstieren *geschlechtsspezifische* Wachstumserscheinungen an den *weiblichen* Geschlechtsorganen und umgekehrt durch Follikelhormon bei männlichen Versuchstieren männliche geschlechtsspezifische Merkmale hervorzurufen. Bei der Zuverlässigkeit der Untersucher kann an dem Vorkommen dieser überraschenden Befunde kein Zweifel mehr bestehen[1].

Man konnte mit Männerharn, Hodenextrakten und auch mit gereinigtem *männlichen* Sexualhormon „spezifische" Wirkungen auf die Geschlechtswege der *weiblichen* Tiere, wie Schollenbildung in der Scheidenschleimhaut, Vergrößerung des Uterus, Oestrus, erzielen kurz Wirkungen auslösen, wie wir sie sonst nur beim Follikelhormon zu sehen gewohnt sind (Löw, Voss und Rothschild, Fellner, Kriss)[2].

Umgekehrt gelang es durch Einspritzung von *Ovarialextrakten*, Frauenharn oder reinem Follikelhormon bei jungen *männlichen* Tieren Wachstum der Geschlechtsorgane, der Samenblasen, ja sogar Spermiogenese herbeizuführen (Harms, Steinach, Kabak, Maino und Frattini, Laqueur und Gereb). Die Wirkung des männlichen Geschlechtshormons wird durch Zusatz von Follikelhormon erheblich verstärkt (Freud, Steinach, Kuhn und Petczenik).

Kriss z. B. sah bei der Behandlung von *hypohormonalen Menstruationsstörungen* bei der Frau mit *männlichen* Geschlechtshormonen sogar bessere Erfolge als mit der Behandlung mit weiblichem Sexualhormon. Er hatte bei 48 Frauen mit hypohormonaler Amenorrhöe bei über 50% einen vollen Erfolg mit Testosan forte oleosum.

Diese paradoxe Reaktion kommt durch *Vermittlung des Hypophysenvorderlappens* zustande. Es geht nämlich nicht nur ein Anreiz von den chromophoben Zellen des Hypophysenvorderlappens zu den Geschlechtsdrüsen, sondern die Geschlechtshormone wirken auch in umgekehrter Richtung auf die chromophoben Zellen ein. Dabei ist es gleichgültig, ob die Reizung durch männliches oder weibliches Geschlechtshormon erfolgt; die *Ansprechbarkeit der chromophoben Zellen* auf Geschlechtshormon ist also *geschlechtsunspezifisch*; dagegen tragen die chromophoben Zellen, chromosomal-zygotisch determiniert, ein männliches oder weibliches Gepräge in sich, sind geschlechtsspezifisch stigmatisiert. Daher können durch männliches Geschlechtshormon die im weib-

---

[1] Beim Bitterling bewirkt sowohl männliches wie auch weibliches Geschlechtshormon, letzteres im weit höheren Grade, Wachstum der Legeröhre; aber auch der Extrakt der Nebenniere hat die nämliche Wirkung (Kanter, Klawans und Barnes: Amer. J. Obstetr. **35**, 984 (1938)].

[2] Mschr. Geburtsh. **106**, 157 (1937) mit Literatur.

lichen Körper befindlichen und weiblich stigmatisierten chromophoben Zellen erregt und zur Bildung von Follikelreifungs- und Luteinisierungshormon veranlaßt werden und umgekehrt beim männlichen Geschlecht die Hoden durch das weibliche Geschlechtshormon einen Wachstumantrieb erhalten.

Bei der *nahen chemischen Verwandtschaft der beiderlei Geschlechtshormone* hat man auch an eine *Umbildung* des einen Wirkstoffes in den andern gedacht. BUTENANDT hält eine solche chemische Umstellung für durchaus möglich. Es gelang ihm, zwei *doppelgeschlechtliche* Stoffe herzustellen — Androsterondiol und Androsten-diol — die beim infantilen Versuchstier sowohl männliche als auch weibliche Geschlechtsmerkmale auslösten. ZONDEK nimmt an, daß das männliche Geschlechtshormon, das der Hengst im Überschuß bildet, zu Follikelhormon abgebaut und in dieser Form durch den Harn (bekanntlich in sehr reichlicher Menge) ausgeschieden wird.

Nach den bisher vorliegenden Untersuchungen entstehen in dem unendlich verwickelten Betriebe der Zelltätigkeit fraglos verschiedene *Auf-, Abbau-* und *Zwischenprodukte,* zum Teil wohl sehr vergänglicher Natur. Ob aber diese Stoffe *regelmäßige* und *typische* Produkte der betreffenden endokrinen Zellen darstellen und ob im Körper auch Zellen vorhanden sind, die auf jene Substanzen ansprechen, erscheint doch recht fraglich. Im allgemeinen darf man annehmen, daß bei den geschlechtlich gut differenzierten Individuen die *Molekularstruktur* der geschlechtlichen endokrinen Zellen ebenfalls *scharf ausgeprägt* und *stabilisiert* ist und daß daher die lebende chemische Fabrik der Zelle stets das gleiche Produkt liefert. Anders ist die Sachlage bei ungenügender Durchführung der sexuellen Differenzierung der hormonproduzierenden und hormonempfindlichen Zellen (s. Intersexe!).

Wir müssen also trotz der beiden Beobachtungen an der *Spezifität der beiden Geschlechtshormone* (männlich und weiblich) als einem *Gesetz* festhalten. Eine solche spezifische Wirkung zu leugnen, würde nichts anderes bedeuten, als das Vorhandensein der *zweierlei Geschlechter* in Abrede stellen zu wollen; denn ohne Mitwirkung der Geschlechtshormone als Realisationsfaktoren gibt es keine weibliche und keine männliche Prägung des Körpers und des Geistes.

Neben diesen geschlechtsspezifischen Wirkungen kommt bei den Geschlechtshormonen noch eine *allgemein spezifische* Wirkung wie bei anderen Hormonen vor. Nur so kann man z. B. die Beeinflussung der Kreatinurie durch die Keimdrüsenhormone erklären.

Es gelingt sowohl die spontane Ausscheidung von Kreatin im Harn beim Menschen als auch die experimentell erzeugte durch Zufuhr von Follikelhormon *oder* von männlichem Geschlechtshormon zu beseitigen (KUHN und PECZENIK, SCHITTENHELM und BÜHLER, JASCHKIS und SCHWONER).

Einwirkung des Follikelhormons auf die Eizelle. Während wir bisher nur die Einwirkungen verfolgt haben, die das Oestron nach der einen Seite, nämlich auf die *somatischen* Zellen ausübt, soll noch kurz der Einfluß besprochen werden, den der Stoff nach der anderen Seite, nämlich auf die *Eizellen* hat (vgl. Abb. 109, S. 306).

Wie jede andere Zelle braucht auch die Eizelle eine bestimmte Menge und Art von Nähr- und Wirkstoffen (s. Abb. 46a und b). Aber die Eizelle (ebenso die männliche Gamete) benötigt zu ihrer Entwicklung und Reifung noch *besonderer* Stoffe. Um diese bereitzustellen, hat die Natur bei den Säugern eigens den verwickelt gebauten Follikelapparat mit seinen cellulären und humoralen Einrichtungen geschaffen. Der wichtigste dieser besonderen Stoffe ist sicher das Follikelhormon (für die männliche Keimzelle das Andro- und Testosteron), das in den Theca-Granulosazellen gebildet und durch den Liquor an die Eizelle gebracht wird.

Durch glänzende Untersuchungen, die jüngst an der Kaiser-Wilhelm-Akademie in Berlin und Heidelberg (MOEWUS[1]) vorgenommen wurden, sind die bisher dunkeln chemisch-physikalischen Vorgänge, die bei der *Gametenreifung* stattfinden, unserem Verständnis näher gerückt.

Man wußte schon seit längerer Zeit, daß die weiblichen und männlichen Geschlechtszellen der Grünalge Chamydomonas eugametos nur durch Einwirkung des Lichtes kopulationsfähig werden. Im Dunklen gehalten zeigen sie keine Geißeln; werden sie aber Licht von bestimmter Wellenlänge (blau und violett) ausgesetzt, dann bilden sowohl die weiblichen als auch die männlichen Gameten Geißeln. Die Bildung der Geißeln erfolgt durch den „Beweglichkeitsstoff", der als der Safranfarbstoff Crocin erkannt ist und in besonders reichlicher Menge in der Narbe von Crocus sativus vorkommt. Dieser Stoff ist biologisch in einer Verdünnung noch wirksam, wie sie bisher noch nicht beobachtet werden konnte. Es benötigt *eine* Zelle nicht mehr als ein Molekül des Farbstoffes, um beweglich zu werden. Das Mischungsverhältnis ist 1 : 250 Billionen.

Die Geschlechtszellen sind aber auch nach der Bildung der Geißeln noch nicht kopulationsfähig. Das Licht muß noch länger auf sie einwirken. Unter seinem Einfluß wandelt sich das Crocin in die Esterform um. Es bilden sich dabei zwei Stoffe: Die labile Vorstufe (cis-Crocetindimethylester) und später die stabile Endstufe (das trans-Crocetindimethylester). Ist das Mischungsverhältnis der Vorstufe zur Endstufe wie 3 : 1, so wird die weibliche Keimzelle kopulationsfähig; überwiegt die Endstufe, so bekommt die männliche Gamete die Kopulationsfähigkeit. Die Befruchtungsfähigkeit der männlichen Geschlechtszelle wird also erst später erreicht.

Die Feststellung an einer niederen Pflanze ist auch für die *Ausreifung der Keimzellen der Tiere* nach verschiedenen Richtungen von Bedeutung.

1. Es läßt sich bei der Ausreifung deutlich ein *Einfluß des Lichtes* nachweisen, der auch bei der Ausreifung der Keimzellen bei den Tieren in der Zeit der Geschlechtsperiode eine außerordentlich große Rolle spielt (s. S. 251).

2. Das Crocin gehört zu der Gruppe der *Carotinoide* und steht dem *Carotin* und seinem Abkömmling, dem *Vitamin A* chemisch nahe. Vitamin A wirkt beim Säuger wachstumsfördernd und steuert nach den neuesten Forschungen wahrscheinlich die phototropische Krümmung höherer Pflanzen.

3. Es ist grundsätzlich wichtig, daß ein Verwandter des Stoffes (Vitamin A) der bei höheren Pflanzen und höheren Tieren wachstumsfördernd wirkt, auch die Gameten bei der Grünalge zur Ausreifung bringt. Mit anderen Worten: Für die Grünalge (Chamydomonas eugametos) ist der Safranfarbstoff *Crocin* ein *Wachstums-* (Geißelbildung) *und Geschlechtsstoff* (Reifung der Gameten) *zugleich*. Bei den *höheren* Tieren und, wie es scheint, auch bei höheren Pflanzen wirkt er dagegen nurmehr als *Wachstumsstoff*. Eine ähnliche Doppelrolle spielt auch das *Follikelhormon*, nur liegen hier die Verhältnisse umgekehrt. Der Stoff regt bei Pflanzen und *niederen* tierischen Lebewesen im allgemeinen das *Wachstum* an, dagegen ist er bei den *höheren* Tieren in erster Linie als *Geschlechtshormon* wirksam.

Vegetative und generative Funktion des Ovars. R. SCHRÖDER faßt das, was ich im vorausgehenden im größeren Zusammenhange als Wachstums- und

---

[1] MOEWUS: Forschgn u. Fortschr. **15**, Nr 3.

Differenzierungserscheinungen unter Einwirkung der Hormone bezeichnet habe, unter dem Begriffe *vegetativ* zusammen. Unter *generativer* Funktion versteht SCHRÖDER die Reifung des Follikels, Follikelsprung, Corpus luteum-Bildung, also alles das, was zu einem vollkommenen Zyklus und damit zur *Ermöglichung* einer Schwangerschaft gehört.

Generativ ist, wenn man das Wort nimmt, was es besagt, alles, was mit den *Generationsvorgängen* zusammenhängt. Auch schon die Anlagen der Keimdrüsen, der Primärfollikel, sein Heranwachsen zum GRAAFschen Follikel usw. gehören in diesem Sinne zu den generativen Vorgängen, es tritt keine scharfe Grenze bei den 5 mm großen Follikeln auf.

Wenn man also die von SCHRÖDER eingeführte, sonst sehr gute Bezeichnung beibehalten will, so muß man sich nur klar sein, daß auch reifender Follikel und Corpus luteum vegetative Funktionen ausüben und daß der Ausdruck generativ im Sinne von SCHRÖDER nur eine besonders wichtige Phase des Fortpflanzungsvorganges betont, nämlich die *Realisierungsmöglichkeit* der Fortpflanzung, die nur im *vollkommenen* Zyklus mit Follikelsprung und Gelbkörperbildung gegeben ist.

Altern und Altsein des Ovars. In diesem Sinne *altert* das Ovar häufig sehr früh, nicht selten schon in den 30er Jahren, also schon vor dem eigentlichen Klimakterium, in allen Fällen, wo es zu einer Persistenz des Follikels kommt, oder auch nur ein unvollständiger Zyklus ohne Follikelsprung vorhanden ist. Dieses Ausbleiben des Follikelsprunges ist wohl überhaupt der Grund, warum die *Fruchtbarkeit* in der *zweiten Hälfte der 30er Jahre* und zu Beginn der *40er*, trotz scheinbar regelmäßigen Zyklus, *erheblich geringer* ist als in jüngeren Jahren.

Anders ist es mit den *vegetativen* Funktionen. Diese hören *nicht* vollständig mit dem *Klimakterium* und auch *noch nicht* mit der *ersten Zeit der Menopause* auf. Das kann durch anatomische Feststellung als erwiesen angesehen werden. Es sind wiederholt an den Eierstöcken von Frauen, die längst in der Menopause waren, kleinere und größere Follikel, auch Corpora lutea nachgewiesen worden (WALDEYER[1], BUSCHBECK[2], WALLART[3]). Nur durch das Fortbestehen solcher Eianlagen läßt sich ferner die von WESTMANN[4] gemachte Beobachtung erklären, daß durch Übertragung von Schwangerenblut bei Frauen in der Menopause wieder Follikelreifung und Corpus luteum-Bildung ausgelöst werden konnte.

Aber nicht nur Follikel- und Corpus luteum-Hormon werden gelegentlich bei alten Frauen gefunden, sondern, was für die vegetativen Funktionen des Eierstockes wohl ebenso wichtig ist, die *Thecazellen* zeigen Anzeichen von Tätigkeit und Leben. WALLART und SCHEIDEGGER[5] haben in schönen Untersuchungen gezeigt, daß die *fibrösen Körper* noch kräftig entwickelt sein können und reichlich Zellen und Protoplasma-Ausläufer sowie blutgefüllte erweiterte Capillaren zeigen. Sie fanden außerdem *deciduaähnliche* Zellen in der Rinde wie bei schwangeren Frauen und eine sehr gute Ausbildung der Zellen des Rete ovari. WALLART schließt daraus, daß die hormonale Tätigkeit des Eierstockes mit dem Alter nicht völlig erlischt und daß das hormonale und neurale Wechselspiel zwischen

---

[1] WALDEYER: Zbl. Gynäk. **1934**, Nr 49, 2882.
[2] BUSCHBECK: Klin. Wschr. **1936** II, 1624.
[3] WALLART: Arch. Gynäk. **163**, 50 (1936).   [4] WESTMANN: Zbl. Gynäk. **1934**, Nr 19.
[5] WALLART u. SCHEIDEGGER: Arch. Gynäk. **165**, 188 (1938).

Eierstock, Brustdrüse und Hypophyse in der gleichen Weise, wenn auch den Verhältnissen entsprechend in veränderter Ausdrucksform weiter besteht.

In der *Mehrzahl* der Fälle jedoch finden sich an den Ovarien *alter* Frauen *keine* Anzeichen von Funktion mehr, das Parenchym ist, wie ROMEIS sagt, so vollständig zurückgebildet wie in keinem anderen Organ.

Dieses Fortbestehen der *vegetativen Funktionen* ist also sicherlich *individuell sehr verschieden.* Die Befunde sind auch deshalb von Bedeutung, weil sie uns zum Teil erklären, weshalb die „*klimakterischen Beschwerden*" in so verschiedener Stärke und zu verschiedenen Zeitterminen sich äußern.

Abhängigkeit des Uterus vom Ovar und des uterinen Zyklus vom ovariellen Zyklus. Wenn wir bei einer erwachsenen Frau oder bei erwachsenen Säugetieren beide Eierstöcke entfernen, so sehen wir zwei Erscheinungen: Der Uterus wird kleiner, schrumpft, wird atrophisch, und die zyklische Vergrößerung des Uterus und die zyklischen Umwandlungen seiner Schleimhaut hören auf.

Man hat früher diesen Einfluß des Ovars auf den Uterus durch die Tatsache zu erklären versucht, daß in der Zeit des Wachstums und im Zyklus eine *vermehrte Blutzufuhr zum Uterus* stattfindet. Wie dieser erhöhte Blutzufluß zustande kam, darüber machte man sich entweder überhaupt keine Gedanken, oder man überließ die Sorge dem autonomen Spiele der *Vasomotoren* und seinem Zentrum in der Medulla oblongata.

Heute wissen wir, daß die erhöhte Blutzufuhr wohl die *Voraussetzung* für die Ausbildung der Veränderung ist, daß er aber *nicht das Wesen* des Vorganges erfaßt, sondern erst etwas Sekundäres darstellt, das primäre Geschehen aber in *hormonalen Vorgängen* zu suchen ist.

Auch bei der Entfernung der Eierstöcke beim *jugendlichen* Tier bleibt die Gebärmutter auf dem Stadium stehen, in dem sie sich zur Zeit des Eingriffes befunden hat oder zeigt leichte Rückbildung. Bei Tieren, die sich der Geschlechtsreife nähern, ist die Schrumpfung ausgesprochen.

Wenn A. MAYER[1] bei der Entfernung der Eierstöcke bei jungen Hunden die Gebärmutterhörner ungefähr gleich groß wie bei den Kontrolltieren gefunden hat, so erklärt sich diese auf den ersten Blick so auffällige Erscheinung dadurch, daß die Entfernung der Eierstöcke gerade in *dem* Kindesalter stattfand, in dem auch unter normalen Verhältnissen fast gar kein Wachstum des Uterus erfolgt.

Wenn demnach feststeht, daß der Uterus in seinem Wachstum und in seiner Funktion *völlig abhängig* von der Tätigkeit des Eierstockes (und dem gesamten hormonalen Geschlechtssystems) ist, so ist die Einwirkung doch nicht so *einseitig*, wie es auf den ersten Blick erscheint.

Wie überall im Körper finden wir auch hier eine gewisse *Wechselwirkung der Kräfte. Entfernt man nämlich den Uterus,* so bleibt der Eingriff *keineswegs ganz ohne Rückwirkung auf das Ovar.* Das müßte der Fall sein, wenn eine uneingeschränkte Abhängigkeit der Gebärmutter vom Eierstock bestünde. Bereits klinische Erfahrungen haben gelehrt, daß nach der Entfernung des Uterus bei Erhaltung der Ovarien gar nicht selten nach einiger Zeit gewisse Erscheinungen auftreten, wie Wallungen, Hitze, die wir auf eine verminderte oder völlig aufgehobene Tätigkeit des Eierstocks zurückführen müssen. Die Erscheinungen sind fraglos geringer als bei der Kastration, aber ihr Auftreten läßt sich nicht ganz in Abrede stellen, darauf haben HENKEL, PANKOW u. a. ausdrücklich hingewiesen. Als Ursache für dieses Auftreten der Ausfallserscheinungen ließ sich ein nachträgliches Schrumpfen oder eine zystische Entartung der Eierstöcke feststellen.

---

[1] MAYER, A.: Z. Geburtsh. **77**, 279.

Auch im Tierexperiment treten häufig nach der Entfernung des Uterus degenerative Erscheinungen im Eierstocke auf (HENKEL, ZIMMERMANN [1], FREKSA, HAUPTSTEIN und BÜHLER [2]).

Man muß aus diesen Feststellungen schließen, daß auch der *Uterus eine gewisse Rückwirkung auf das Ovar ausübt.* Es kann kaum ein Zweifel sein, daß es sich hier ebenfalls um hormonale Einflüsse handelt. Es bilden sich im Uterusmuskel oder in der Schleimhaut offenbar Stoffe, die zur hinreichenden Ernährung und normalen Funktion des Eierstocks nicht ganz entbehrlich sind. Im gewissen Sinne gehören *diese Stoffe auch zum hormonalen Geschlechtssystem.* Da wir aber noch nichts Näheres über die Substanzen wissen und da ihre Wirkung doch nur innerhalb gewisser Grenzen erforderlich ist, habe ich es unterlassen, sie bei der Erörterung des hormonalen Geschlechtssystems besonders zu besprechen.

Der Franzose LIMON hat bei Kaninchen eine besondere glande myometriale interstitielle beschrieben; beim Menschen und bei anderen Tieren konnte sie nicht gefunden werden (L. FRÄNKEL). Bei der großen Mannigfaltigkeit, die man gerade an den Geschlechtsorganen der verschiedenen Tiere feststellt, fällt das Fehlen der Drüse an sich nicht auf. Jedenfalls ist es nicht berechtigt, die Annahme LIMONS deshalb abzulehnen, weil die Gebilde bindegeweblichen Ursprungs sind. Es ist heute keine Frage mehr, daß die alten Anschauungen von der grundsätzlichen Verschiedenheit von Epithelien und Bindegewebszellen für innersekretorische Vorgänge im allgemeinen und für die Geschlechtsorgane im besonderen nicht mehr gültig sind.

FREKSA und SPIEGEL [3] haben die Rückwirkung nach der *Entfernung des Uterus* beim *Meerschweinchen* besonders studiert und fanden, daß bei dieser Tierart das *Corpus luteum* nach diesem Eingriff *bestehen bleibt,* daß also der *Zyklus eine Störung* in der Form erfährt, daß *nicht mehr ein regelmäßiger Wechsel zwischen Eireife und Corpus luteum-Bildung* stattfindet. FREKSA konnte die Persistenz des Corpus luteum bis zu 5 Jahren verfolgen. Es wird also beim Meerschweinchen durch Wegnahme des Uterus das Wechselspiel zwischen Follikel und Corpus luteum unterbrochen [4]. Bei anderen Tieren ist das nicht der Fall. So bleibt die Persistenz des Corpus luteum bei der Ratte, bei der Maus und im allgemeinen auch bei dem Kaninchen aus. Bei dem letzteren aber nicht regelmäßig. Bei dem Kaninchen tritt bekanntlich die Ovulation ein paar Stunden im Anschluß an die Kohabitation auf. Wenn der Follikelsprung durch den Deckakt erfolgt, so verläuft bei dem hysterektomierten Kaninchen der Zyklus im Ovar ungestört. Es kommt aber auch beim Kaninchen gelegentlich einmal eine spontane Ovulation vor. In diesem Falle bleibt das Corpus luteum bestehen, der Zyklus erfährt dann eine Unterbrechung. ZIMMERMANN konnte bei hysterektomierten Kaninchen mit spontaner Ovulation eine vollständige Luteinisierung der zurückgebliebenen Eierstöcke feststellen. Auch das ist wieder ein Beispiel dafür, daß wir uns hüten müssen, von der einen Tierart auf die andere Rückschlüsse zu machen und zu verallgemeinern [5].

---

[1] ZIMMERMANN: Arch. Gynäk. **134**, 328 (1928).

[2] HAUPTSTEIN u. BÜHLER: Arch. Gynäk. **162**, H. 1 (1936).

[3] FREKSA u. SPIEGEL: Zool. Anz. **102**, 283 (1935).

[4] Die Verf. ziehen den Schluß, daß beim Meerschweinchen durch die Hysterektomie „ein im normalen Zyklus für die Rückbildung des Corpus luteum notwendiger und mit dem Uterus zusammenhängender Faktor ausgeschaltet wird" (früher auch bereits von L. LOEB festgestellt [Amer. J. Physiol. **83**, 302 (1928)]).

[5] Von Bedeutung in dieser Beziehung sind ferner Versuche von GRUMBRECHT und A. LOESER [Arch. Gynäk. **167**, 199 (1938)], die feststellten, daß bei ihren Versuchstieren die Veränderungen, die sich nach Kastration an der *Schilddrüse* einstellen (Vergrößerung der Follikel, Abflachung des Follikelepithels, reichliches eosinophiles Kolloid) *nur dann* durch Einspritzungen von Follikelhormon zum Rückgang gebracht werden können, wenn der *Uterus zurückgeblieben* ist, daß sie dagegen trotz Einspritzung genügender Mengen von Follikelhormon bestehen bleiben, wenn der Uterus mitentfernt worden ist. Die Untersucher schließen daraus, daß das Follikelhormon bei der Passage des Uterus eine gewisse chemische Änderung erfahre oder daß das Hormon im Uterus die Bildung eines Wirkstoffes anregt, der nun wieder auf die Schilddrüse verändernd wirkt.

Beim *Menschen* kann sich die Entfernung des Uterus auf das Ovar in bezug auf das zyklische Spiel nach zwei Richtungen auswirken:

1. Es kann zu einer *Persistenz des Follikels* oder zur *kleincystischen Entartung des Eierstocks* kommen. Wenn man hysterektomierte Frauen in größeren Zwischenräumen regelmäßig kontrolliert, so kann man gelegentlich an dem zurückgelassenen Ovar eine von Zeit zu Zeit, nicht aber zusammenfallend mit dem früheren Zyklus, sondern vielfach viele Wochen und Monate andauernde Vergrößerung bis Hühnerei- und Faustgröße feststellen, die nach Ablauf einer gewissen Zeit wieder einem annähernd normal großen Organ Platz macht. Nach Zurücklassen beider Eierstöcke kann man den Befund gelegentlich abwechselnd, bald rechts, bald links erheben. Werden solche Kranke aus irgendwelchen anderen Gründen operiert — denn die Geschwulst macht keinen Eingriff erforderlich — so finden sich größere Cysten des Ovars, die nach der Entstehung und dem mikroskopischen Befund sich nicht anders als *persistierende Follikel* deuten lassen, oder, da es sich meist um mehrere Cystchen handelt, um eine *cystische Degeneration* der Follikel. Für diese Veränderung paßt der Name kleincystische Degeneration, die R. Schröder nur für Eibläschen von Erbsengröße gelten läßt, nicht mehr. Man muß von einer *großcystischen Degeneration* der Follikel sprechen.

2. In der Zeit, in der ich die nachträgliche Veränderung des Eierstocks noch nicht gekannt habe, habe ich einmal eine solche Cyste entfernt und in der Cystenwand einen deutlichen Luteinsaum gefunden. Es scheint also, als ob auch eine Persistenz des Corpus luteum und Bildung von Corpus luteum-Cysten nach Entfernung des Uterus bei der Frau eintreten kann.

Zusammenfassung. Es besteht fraglos eine völlige Abhängigkeit des Uterus vom Ovar in seinem Wachstum und in seinem Zyklus. Aber es gehen *auch gewisse Einflüsse vom Uterus zum Ovar.* Sie sind immerhin so groß, daß sie bei gewissen Tierarten und vielleicht auch beim Menschen das regelmäßige zyklische Geschehen im Ovar ungünstig beeinflussen. Die Störung kann sowohl bei der Eireifung als bei Corpus luteum-Bildung in der Form der Persistenz des Follikels oder des Corpus luteum sich zeigen. Auch treten gelegentlich geringe Ausfallserscheinungen nach der Entfernung des Uterus auf. Immerhin darf man gegenüber dem übermächtigen Einfluß der ovariellen Hormone die Gegenwirkung des Uterus nicht überschätzen. Das *Ovar bleibt nach wie vor das führende übergeordnete Organ der Geschlechtsteile.* Es ist daher bei Entfernung des Uterus stets zu erhalten, wenn keine wichtigen Gegengründe vorliegen[1].

b) Progesteron, Schwangerschaftshormon, Gelbkörperhormon
$$(C_{21}H_{30}O_2)\,[2].$$

Das Progesteron ist ein Hormon, das, soweit wir jetzt sehen, *nur* bei den *Säugern* vorkommt. Diese bedürfen des Wirkstoffes, um die Fortpflanzungsvorgänge durchzuführen. Die Nichtsäuger vermögen die Fortpflanzung auch ohne diesen Stoff zu steuern.

Die Natur hat bei den Säugern zwei Organe eigens zu dem Zwecke geschaffen, diese Stoffe zu bilden, das ist der *Gelbkörper* und die *Placenta.*

Man muß die beiden Organe in einem Atemzuge nennen, denn sie gehören bei der Fortpflanzung funktionell zusammen. Das eine folgt auf das andere.

---

[1] Siehe auch Siedentopf: Mschr. Geburtsh. **90**, 198 (1932).

[2] Schrifttum s. auch Fels: Das Hormon des Corpus luteum. Leipzig 1937.

Beide bilden das gleiche Hormon. Wir unterscheiden im täglichen Leben scharf zwischen Zyklus und Schwangerschaft. Praktisch und anthropozentrisch gesehen, ist diese Unterscheidung ganz gerechtfertigt; aber von dem großen Naturgeschehen aus betrachtet, ist sie nebensächlich und unwichtig, denn die Natur erstrebt jedesmal das gleiche, Empfängnis und Erhaltung der Art. Bei den wild lebenden Tieren folgen die beiden Bildungen fast regelmäßig aufeinander. Es ist daher ein Verdienst von SELLHEIM durch Prägung des Ausdruckes „Unfruchtbarer Funktionsgang" (Zyklus) und „fruchtbarer Funktionsgang" (Schwangerschaft) uns die natürlichen Zusammenhänge wieder lebhaft in das Gedächtnis zurückgerufen zu haben.

Die Natur hat also das Progesteron *eigens* und *ausschließlich* für die *Verwirklichung der Schwangerschaft* geschaffen. Es ist daher richtig, diese Aufgabe auch in der Namensbildung hervorzuheben, und den Stoff kurzweg als Schwangerschaftshormon oder, was dem Sinne nach auf das gleiche hinauskommt, als Progesteron zu bezeichnen.

Das Progesteron zeichnet sich vor dem Follikelhormon durch folgende drei Eigenschaften aus:

1. Das *Follikelhormon* ist im allgemeinen ein *Wachstumshormon*, das *Progesteron* dagegen in der Hauptsache *Differenzierungsstoff*, oder, wie CLAUBERG sich ausdrückt, es bewirkt an den dafür empfänglichen Zellen Transformationen.

Die Deciduazellen sind differenzierte Stromazellen des Endometriums, die sekretorische Phase des Zyklus ist das Resultat der differenzierenden Wirkung des Progesterons. Da aber Follikelhormon und Progesteron vielfach im Körper zusammen vorkommen und zusammen arbeiten, verwischen sich die Wirkungen beider und es ist nicht immer leicht, zu entscheiden, wieviel auf Rechnung des einen oder des anderen Wirkstoffes kommt, z. B. bei der Entwicklung der Brustdrüse, auch bei der Weiterstellung der Symphyse in der Schwangerschaft, bei der nach der Ansicht der Mehrzahl der Forscher beide Wirkstoffe zusammenarbeiten, dagegen nach HASELHOFER und TAPFER das Follikelhormon allein die Veränderungen auslöst.

2. Das Progesteron wird ausschließlich im *weiblichen* Körper gebildet, während das Follikelhormon auch bei dem männlichen Geschlecht in kleinerer Menge vorhanden ist.

Die Behauptung fordert eine Einschränkung in dem Sinne, daß auch die *männlichen* Säuger *stammesgeschichtlich* die *Anlage* zur Bildung eines Gelbkörpers in sich tragen, genau wie die Anlage zur Milchdrüse, Uterus und Placenta. Diese Organe haben *Art*charakter. Diese potentielle Fähigkeit kommt beim männlichen Geschlecht nur nicht zur Verwirklichung. Rudimente dürfen wir wohl in den LEYDIGschen Zellen des Hodens (gelbe Färbung, Lipoide usw.) erblicken (s. auch Abschnitt chromophobe Zellen des Vorderlappens [S. 226] und Nebennierenrindenzellen [S. 263]).

3. Bei dem Progesteron tritt die *geschlechtsspezifische Eigenschaft* noch schärfer hervor als bei dem Follikelhormon, doch finden sich auch bei ihm einige unspezifische Wirkungen.

α) Bildungsstätte des Progesterons.

Es erscheint auf den ersten Blick unnötig, nach dem Orte der Bildung des Corpus luteum-Hormon zu fragen; denn jedermann weiß, daß es im gelben Körper gebildet wird.

Die neueren Untersuchungen haben aber gezeigt, daß es nicht nur in den Zellen des gelben Körpers gebildet wird, sondern daß auch die *Chorionepithelien der Placenta* imstande sind, es in eigener Zelltätigkeit aufzubauen. Es haben bereits frühere Untersucher diese Behauptung aufgestellt (ADLER, FREMAERY, TAUSK), aber erst EHRHARDT und seinen Mitarbeitern an meiner Klinik gelang es, in einwandfreier Weise das Progesteron aus der Placenta durch geeignete Behandlung darzustellen.

Nach den neueren Untersuchungen muß man auch an die Rinde der Nebenniere als Bildungsstätte des Progesterons denken (s. Abschnitt: Nebenniere).

Bei der Bildung des Corpus luteum nach dem Follikelsprung können wir einen Vorgang beobachten, der eine allgemeine biologische Bedeutung hat. Die Granulosa- und Thecazellen des Reiffollikels verwandeln sich nach dem Follikelsprung *innerhalb 2—3 Tagen* in ganz anders aussehende und anders arbeitende Zellen, die Corpus luteum-Zellen. Sie produzieren einen chemischen Stoff, der sich in chemischer Zusammensetzung und besonders in der biologischen Wirkung von dem Follikelhormon unterscheidet. Es hat also auch der Körper des Erwachsenen noch die Fähigkeit, innerhalb *ganz kurzer* Zeit *seine Zellen auf Bildung ganz anderer Wirkstoffe* umzustellen.

Die Eigenart des morphologischen Vorganges hat ASCHOFF durch die Bezeichnung des Gebildes als *Corpus follikulare* sehr gut und scharf gekennzeichnet.

β) Menge des Corpus luteum-Hormons.

Wenn auch genaue *quantitative* Untersuchungen über den Gehalt des Corpus luteum an Progesteron noch nicht vorliegen, so läßt sich doch auf Grund der

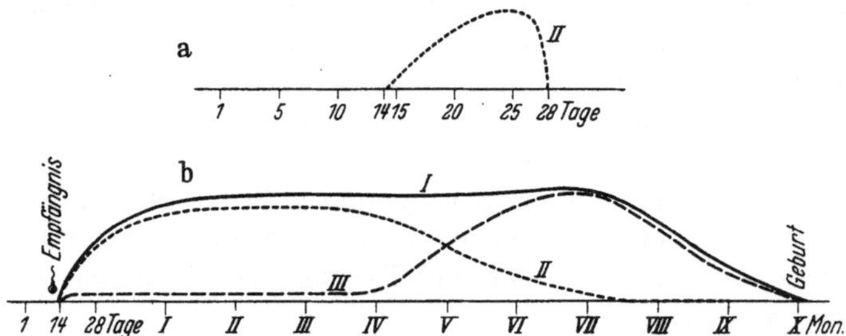

Abb. 83a und b. a Zyklus. Starker Anstieg von der Mitte des Intervalls und rasches Absinken zur Zeit der Menstruation. b Schwangerschaft. Vermutlicher Progesterongehalt des Blutes während der Schwangerschaft. Ausgezogene Linie Gesamtmenge des Progesterons während der Schwangerschaft. Punktierte Linie. Das im Corpus luteum in den ersten 4 Monaten gebildete Progesteron. Starkes Absinken in der 2. Hälfte der Schwangerschaft. Das in der Placenta gebildete Progesteron bis zum 4. Monat wenig, dann starker Anstieg, am stärksten um den 7. Monat, von da ab langsames Absinken.

Größe des Organs und seines histologischen Gefüges mit Sicherheit so viel sagen, daß die Menge des Wirkstoffes mit dem Eintritt einer Schwangerschaft noch zunimmt und wohl Ende des 4. Monats den Höhepunkt erreicht; da von diesem Zeitpunkte ab die Entartung des Gelbkörpers beginnt und rasch fortschreitet, ist es berechtigt, anzunehmen, daß auch die Menge des Progesterons rasch absinkt.

Mit der zunehmenden Schwangerschaft tritt an die Stelle des Gelbkörpers als Bildner des Progesterons mehr und mehr die *Placenta*. Diese Schlußfolgerung müssen wir aus den sehr ausgedehnten und sorgfältigen Untersuchungen von EHRHARDT[1] und Mitarbeiter an meiner Klinik ziehen. Nach diesen Untersuchungen ist der Gehalt der Placenta an Progesteron in den ersten 3 Monaten sehr gering oder völlig negativ, dann steigt die Menge an und erreicht um den

---

[1] EHRHARDT: Zbl. Gynäk. **1936**, Nr 14, 788. — Med. Klin. **1936**, 50.

6.—8. Monat den Höhepunkt. Der Gehalt der reifen Placenta ist inkonstant und verhältnismäßig gering. Dagegen konnte EHRHARDT bei übertragenen Kindern in der Placenta ungewöhnlich hohe Progesteronwerte feststellen. Die Untersuchungen EHRHARDTs über den vermehrten Hormongehalt übertragener Plazenten haben durch ROSENKRANZ[1] eine Bestätigung gefunden (s. auch Abschnitt: Ursache des Geburtseintritts).

Die beigefügte Kurve zeigt den Progesteronspiegel des Blutes, wie er sich auf Grund der bisherigen Beobachtungen und Überlegungen annähernd ergibt (Abb. 83).

Es besteht Hoffnung, daß wir bald imstande sind, durch den nicht allzuschwierigen Nachweis eines *Wandlungsproduktes* des Progesteron, des *Pregnandiols* (BUTENANDT) (vielleicht auch des isomeren Allo-Pregnandiol) genauere Angaben über die Menge des im Organismus gebildeten Progesterons zu machen.

γ) Funktion des Corpus luteum-Hormons.

I. Spezifische Funktionen.

Das Corpus luteum-Hormon bewirkt die *sekretorische Phase* des Zyklus. Da die prägravid umgewandelte Schleimhaut dieser Phase im Falle der Empfängnis unmittelbar in die *Decidua* übergeht, so ist es von vorneherein sehr wahrscheinlich, daß auch die Schwangerschaftsdecidua durch Einwirkung des gelben Körpers hervorgerufen wird.

1. Wir sind jetzt imstande, für diese Annahme einen *einwandfreien experimentellen Beweis* zu erbringen.

Es ist möglich, durch lang fortgesetzte Einspritzungen von Corpus luteum-Hormon bei dem Versuchstiere — am besten geeignet ist das Kaninchen — nicht nur die sekretorische Phase der Uterusschleimhaut herbeizuführen, sondern auch eine *echte Decidua* aufzubauen, so wie wir das in der Schwangerschaft beobachten (FELS[2], KEHL[3], CLAUBERG usw.).

Es gelingt aber beim Kaninchen nur, die Decidua etwa *16 Tage* lang zum Wachstum anzuregen — nach 8 Tagen ist bereits der Höhepunkt erreicht — und sie zu erhalten. Fährt man dann noch weiter mit den Einspritzungen fort, so *wächst die Decidua nicht mehr weiter*, sondern wird abgestoßen. Gleich lang und in gleicher Weise verhält sich die Decidua (unter dem Einfluß des Corpus luteum) bei der sog. *Scheinschwangerschaft* des Kaninchens, das heißt, wenn ein Weibchen durch einen Bock mit unterbundenem Samenausführungsgang belegt worden ist. Auch bei der Scheinschwangerschaft verfällt die Decidua nach 16 Tagen der Rückbildung.

Beim *Menschen* tritt dieses Stadium ungefähr um den *4. Monat* der Schwangerschaft ein. In dieser Zeit beginnt die Rückbildung des Corpus luteum und die Rückbildung der Decidua. Man sieht daraus, daß es mit der Zufuhr des *Hormons allein* nicht getan ist; wenn durch phylogenetische Entwicklung und durch biologische Notwendigkeit einem Vorgang eine Grenze gesetzt ist, so kann dieser trotz fortgesetzter Zufuhr des Hormons nicht weiter getrieben werden.

Als *zweite Funktion* ist die *Hemmung der Reifung von weiteren Follikeln* festzustellen.

---

[1] ROSENKRANZ: Zbl. Gynäk. 1937, Nr 45, 2603.
[2] FELS: Arch. Gynäk. 158, 364 (1934).
[3] KEHL: Contribut. a l'endocrine ovair de la grossesse. Algier 1934.

Für den *Zyklus* ist das Ausbleiben der Reifung von Follikeln über jeden Zweifel erhaben. Es ist noch nie vorgekommen, daß neben einem Corpus luteum, im Blütestadium ein reifender oder gar sprungreifer Follikel aufgefunden wurde.

Es läßt sich auch *experimentell* ein Beweis für diese klinische Erfahrungstatsache erbringen. Es gelingt bei Tieren durch länger durchgeführte Zufuhr von Corpus luteum-Extrakt eine weitere *Reifung von Follikeln zu verhüten* und auf diese Weise die Tiere *unfruchtbar* zu machen. Bei den Tieren bleibt die Brunst aus (PATEE, DAVANZO, ITOI, BIEDL). Nach Aussetzen der Corpus luteum-Hormonzufuhr tritt der Oestrus wieder ein (GLEY, MACHT, PARKES und BELLERBY).

HABERLANDT hat planmäßig im Tierversuch die *hormonale Sterilisierung durch Corpus luteum-Extrakt* studiert. Auch anderen Autoren, wie REIPRICH, CLAUBERG, gelang es, künstlich die Tiere durch längere Zufuhr von Corpus luteum-Hormon zu sterilisieren. Es ist wohl keine Frage, daß es möglich ist, durch entsprechend gewählte Corpus luteum-Hormongaben auch Frauen vorübergehend unfruchtbar zu machen; doch liegen bisher auf diesem Gebiet keine größeren Erfahrungen vor.

Die bisherigen Untersuchungen haben übereinstimmend ergeben, daß in der *Schwangerschaft* keine Follikelreifung mehr stattfindet (L. SEITZ, SIEBKE usw.). Sollte es zu Anfang der Schwangerschaft oder gegen Ende doch einmal zur vollen Ausreifung eines Follikels kommen, so muß das beim Menschen als eine Ausnahme angesehen werden.

Wir werden nicht fehl gehen, wenn wir das Ausbleiben der Follikelreifung in der *Schwangerschaft* in der gleichen Weise wie während des Zyklus auf die *Einwirkung des Corpus luteum-Hormons zurückführen.*

In der letzten Zeit ist noch eine *dritte Funktion* des Corpus luteum festgestellt worden. KNAUS[1], ebenso COURRIER haben am Kaninchen zeigen können, daß der Uterus dieses Tieres in der *ersten Hälfte des Oestrus lebhaft auf Hinterlappenhormon* mit Zusammenziehungen antwortet, während er in der *zweiten Hälfte* des Oestrus gegen Einspritzungen von Oxykotin (Pitruitin) *ganz oder fast ganz unempfindlich* ist (ebenso wie der senile Uterus oder das Organ des kastrierten Tieres).

Auch beim *Menschen* konnte KNAUS durch eine besondere intrauterine Registriervorrichtung den Nachweis erbringen, daß die Gebärmutter in der ersten Hälfte des Zyklus auf Hinterlappenhormon gut anspricht, nicht mehr dagegen in der zweiten Hälfte, wenn das Corpus luteum bereits gebildet ist.

Dieselbe Unempfindlichkeit der Gebärmutter gegen die wehenerregende Wirkung des Hinterlappenhormons fand KNAUS auch bei der *Scheinschwangerschaft* des Kaninchens. Erst nach Beginn des letzten Drittels der Trächtigkeit antwortet beim Kaninchen der Uterus lebhaft auf Hypophysin.

KNAUS zieht aus diesen Versuchen und Beobachtungen den Schluß, daß das Corpus luteum einen Stoff absondert, der *hemmend auf die Uterusmuskulatur* einwirkt. Gegen die Beweiskraft der Untersuchungen von KNAUS sind Bedenken erhoben worden. Doch haben seine sehr sorgfältig durchgeführten Untersuchungen [2] von verschiedenen Seiten eine Bestätigung gefunden.

---

[1] KNAUS: Zbl. Gynäk. **1929**, Nr 35. — Arch. Gynäk. **146**, 343 (1931). — Med. Klin. **1934**, 1649.

[2] Bestätigt durch ROBSON und ILLINGWORTH [J. of exper. Physiol. **21**, 93 (1931)] und REYNOLDS und ALLAN [Amer. J. Physiol. **102**, 39 (1932) und Amer. J. Obstetr. **30**, 309 (1935)]. WINKLER [Mschr. Geburtsh. **99**, 152 (1935)] konnte an meiner Klinik auch eine Änderung in der Erregbarkeit des *Dickdarms* unter dem Einfluß der Geschlechtshormone (in der ersten Hälfte des Zyklus erhöhte, in der zweiten verminderte Ansprechbarkeit auf Orasthin) feststellen.

WESTMAN hat noch eine vierte spezifische Funktion des Corpus luteum festgestellt. Er hat beim Kaninchen gezeigt, daß der Gelbkörper für die *Erhaltung des Eies in der Tube* notwendig ist. Das Ei wird bei der Durchwanderung durch den Eileiter von dessen Epithelien mit einer *Eiweißhülle* umgeben. Nach Herausnehmen des Gelbkörpers unterbleibt diese Einhüllung und das Ei geht zugrunde.

Wenn wir noch einmal zusammenfassend die drei Funktionen des Gelbkörpers betrachten, so beruht die *deciduale Umwandlung der Endometriumzellen* auf einer differenzierenden und morphokinetischen Tätigkeit des Hormons. Diese Funktion ist bei der Frau zeitlich auf die vier ersten Monate begrenzt. Nach dieser Zeit verfällt bekanntlich die Decidua der Rückbildung und ist am Ende der Zeit nurmehr als ein dünnes nekrotisches Häutchen nachzuweisen. Die volle Funktionstüchtigkeit und die Lebensdauer der *Corpus luteum-Zellen* und der *Deciduazellen* währen also *gleichlang*, wie das bei der innersekretorischen Drüse und ihren Erfolgsorganen nicht anders zu erwarten ist. Das Attribut „hinfällig", das wir der umgewandelten Gebärmutterschleimhaut („Decidua") beilegen, könnte man mit gleichem Recht auch auf das Corpus luteum anwenden („die hinfällige innersekretorische Drüse").

Die zwei anderen Funktionen des Gelbkörpers erscheinen uns in ihrem Effekt als *reine Hemmungen:* Hemmung der Follikelreifung, Herabsetzung der Erregbar-. keit des Uterus gegenüber dem Hinterlappenhormon. Die *Hemmung der Follikelreifung* ist im Sinne des Sparsamkeitsprinzips gut zu verstehen. Der Körper ist nicht imstande, die Vorbereitungen für die Ansiedlung des Eies zu treffen und im Falle der Empfängnis, das angesiedelte Ei zu ernähren, und zugleich auch noch weitere Follikel zur Reifung zu bringen.

Die *Herabsetzung der Erregbarkeit des Uterusmuskels* auf das Hinterlappenhormon wirkt sich im Sinne der Erhaltung der Schwangerschaft aus; denn wenn die Frucht bis zur Reife getragen werden soll, so ist es nicht nur notwendig, daß das Ei ein wohlvorbereitetes Gewebe vorfindet, in dem es sich ansiedeln und aus dem es die entsprechende Nahrung sich holen kann, sondern es müssen auch stärkere *Zusammenziehungen der Uterusmuskeln ausgeschaltet* werden. Diese würden sonst, wenn sie zu stark sind, die Placenta von der Unterlage ablösen und die Frucht ausstoßen.

Es muß also die Erregbarkeit des Uterusmuskels namentlich in der ersten Zeit der Schwangerschaft, in der erfahrungsgemäß das Ei noch am wenigsten fest festhaftet, möglichst gering sein und darf erst allmählich mit der Dauer der Schwangerschaft anwachsen und sich am Ende zur Ausstoßungshöhe steigern (s. Abschnitt: Geburtseintritt).

Man könnte denken, daß die drei Funktionen, die wir vom Corpus luteum kennen, durch drei verschiedene chemische Stoffe ausgelöst werden; aber es ist, soweit wir bisher sehen, *ein und derselbe Wirkstoff*, das *Progesteron*, das, wie wir das bei Hormonen öfters sehen, auf *mehrere Erfolgsorgane* und auf jedes wieder in verschiedener Form wirkt, nämlich auf die Granulosa- und Thekazellen des Follikels hemmend und die Erregbarkeit des Uterusmuskels herabsetzend, dagegen auf die Zellen des Endometriums umgestaltend und differenzierend.

Eine besondere Besprechung erfordert noch die *Entfernung des gelben Körpers in der Schwangerschaft*. Die Resultate der Entfernung bei verschiedenen Tieren und beim Menschen stehen auf den ersten Blick in einem gewissen Gegensatz zu den eben besprochenen Funktionen des Corpus luteum.

L. FRÄNKEL, der durch die Entfernung der Gelbkörper beim Kaninchen die BORNsche Lehre von der innersekretorischen Natur des Organs untermauert hat, fand, daß regelmäßig die Früchte ausgestoßen werden oder die Eiblasen aufgesaugt werden, wenn die Entfernung des Gelbkörpers in der *ersten Hälfte* der Schwangerschaft erfolgt.

Diese Untersuchungen fanden beim *Menschen* keine Bestätigung. Es sind eine Reihe von Fällen bekannt geworden, in denen bereits am Ende des ersten Monats (ESSEN-MÖLLER) oder in den ersten Monaten beide Eierstöcke entfernt werden mußten, ohne daß es zu einer Unterbrechung der Schwangerschaft gekommen wäre.

Es wäre falsch, aus diesen Erfahrungen den Schluß zu ziehen, daß das Corpus luteum nicht die Aufgabe hat, bei der Frau die Schwangerschaft zu erhalten. Bei den Fortpflanzungsvorgängen kommen alle möglichen *Varianten* vor. Man muß sich daher hüten, auf diesem Gebiet zu schematisch und zu starr zu denken.

So sehen wir, daß das *Corpus luteum* bei den verschiedenen Spezies, soweit wir das aus dem morphologischen Verhalten zu beurteilen vermögen, sehr *verschieden lange Zeit* funktionstüchtig sich erhält.

Beim Menschen beginnt die Entartung des Gelbkörpers am Ende des 4. Monats, beim Kaninchen um die Mitte der Trächtigkeit. Dagegen bleiben die Gelbkörper bei der Ratte und bei der Maus länger erhalten. Bei der Maus zeigen sie bis kurz vor dem Ende noch auffallend gute Gefäßversorgung; die Granulosazellen sind groß und gut entwickelt.

Wir dürfen ferner nicht vergessen, daß wir *nicht* imstande sind, aus dem *morphologischen Aussehen einen zuverlässigen Rückschluß* auf die *Funktion* einer innersekretorischen Drüse zu ziehen. Ferner ist hervorzuheben, daß bereits eine *geringere Menge von Corpus luteum-Hormon* als die Natur für gewöhnlich zur Verfügung stellt *genügt*, um die *Schwangerschaft zu erhalten.* CORNER und ALLEN, ferner CLAUBERG wiesen beim Kaninchen nach, daß, wenn man von den zahlreichen gelben Körpern mindestens zwei erhält, die Schwangerschaft keine Unterbrechung erfährt. Endlich muß noch hervorgehoben werden, daß auch die *Chorionepithelien* bei der Frau öfters bereits in früher Zeit Corpus luteum-Hormon zu bereiten vermögen (EHRHARDT[1]). Es hat also die *Natur noch andere Mittel und Wege*, um bei einem Versagen des Corpus luteum das wertvolle Hormon zu produzieren. Gerade diese Einrichtung zeigt uns, wie unendlich erfinderisch die Natur ist, wenn es sich darum handelt, die Art zu erhalten und daß sie, wenn eine Einrichtung versagt, eine zweite Sicherung bereit hält.

Man könnte annehmen, daß das Progesteron in der Placenta nur *gespeichert* ist. Dieser Schluß ist deshalb nicht zulässig, weil der Wirkstoff um den 7. Monat, d. h. zu einer Zeit, wo das Corpus luteum seine Funktionen ganz oder fast ganz eingestellt hat, am reichlichsten vorhanden ist.

Ob bei den Säugetieren ebenfalls eine Bildung von Luteohormon in der Placenta vorkommt, oder ob das ein Vorrecht des Menschen ist, steht noch nicht fest. Vielleicht hängt es mit der möglichen Bildung von Corpus luteum-Hormon in der Placenta des Menschen zusammen, daß man, im Gegensatz zu den Säugern, schon am Ende des 1. Monats das Corpus luteum aus dem Körper der Schwangeren ungestraft entfernen kann.

Trotz dieser doppelten Sicherung kommt es beim Menschen doch gelegentlich zu einem Versagen der Einrichtung. Darüber noch später.

Wir erkennen also, daß auch in der *Schwangerschaft* das *Corpus luteum-Hormon die gleiche Funktion wie im Zyklus beibehält*, daß aber die *drei Funktionen zeitlich verschieden lange bestehen* bleiben. Wir sehen zugleich, daß die *Führung* bei den Vorgängen *nicht bei den Hormonen* gelegen ist, sondern daß sie nur Hilfsmittel im *Dienste eines höheren phylontogenetischen Geschehens* sind, das die Fortpflanzungsvorgänge steuert, daß es ferner nicht nur auf Anwesenheit und Menge des *Wirkstoffes* ankommt, sondern daß *die Zellen* ebenso wichtig sind, die auf ihn abgestimmt sind (s. auch S. 299).

---

[1] EHRHARDT: Münch. med. Wschr. **1934 II**, 1838. — Endocrinology **16**, 51 (1935).

II. Unspezifische Funktionen des Corpus luteum.

Außer den geschlechtsspezifischen Wirkungen kennen wir beim Corpus luteum auch noch unspezifische, das heißt auf die rein somatischen Zellen gerichtete Funktionen.

Unspezifische Wirkungen sind nach Anselmino und Hoffmann[1] folgende:

1. Das Corpus luteum hemmt die Wirkung der antidiuretischen Komponente des Hinterlappenhormons.

2. Das Corpus luteum hebt die Wirkung des Nebenschilddrüsenhormons auf und senkt den Calciumblutspiegel.

Botella-Llusia[2], de Amilibia und Mendizabel haben Senkung des Blutzuckerspiegels durch Einspritzung von Corpus luteum-Extrakt beim Kaninchen gesehen, die sie auf Hemmung der Schilddrüsenfunktion zurückführen, da diese Wirkung beim thyreoektomierten Tiere ausbleibt.

3. Hemmung der Insulin-Blutzuckerwirkung.

4. Aufhebung der Wirkung des Fettstoffwechselhormons aus dem Hypophysenvorderlappen-Hormon.

Ein Teil dieser Wirkung ist sicher auf das Corpus luteum-Hormon (Isomeren α- und β-Progesteron) zurückzuführen.

Da aber aus dem Corpus luteum noch ein bei 190° schmelzender Stoff (Luteosteron A, Butenandt und Winterstein und Allen) und eine krystallische Substanz mit dem Schmelzpunkt bei 74° (Compound D) isoliert werden konnte, denen eine geschlechtsspezifische Wirkung abgeht, so ist es möglich, daß ein Teil dieser unspezifischen Wirkungen auf diese Stoffe zurückzuführen ist.

Das Corpus luteum enthält auch Provitamine und Vitamine (Carotin, Vitamin A), doch davon noch Näheres bei der Besprechung der Funktion der Nebennierenrinde.

c) Hormonale Steuerung des Wachstums und der Funktion der Brustdrüse.

Die Brust- oder Milchdrüse, eine *außersekretorische Drüse* — die innere Sekretion des Organs (Mammin?) ist fraglich und gegenüber der äußeren weniger bedeutungsvoll — ist für unsere ganze Fragestellung deshalb so interessant, weil sich bei keinem anderen Organ *phylogenetisch-chromosomale Anlage* und *hormonal bedingte Weiterentwicklung*, Determinations- und Realisationsfaktoren im Sinne von Roux so deutlich verfolgen lassen als bei ihr.

Stammesgeschichtlich ist die Brustdrüse ein Vorrecht der Säuger[3], zu denen in diesem Sinne auch der Mensch gehört. Das Organ ist, trotzdem es nur bei dem weiblichen Geschlecht zur vollen Entwicklung kommt, so markant, daß es als Einteilungsgrundlage für eine große Gruppe von Tieren gewählt wurde, eben den *Säugetieren oder Mammalia*. Bei dieser Tiergruppe bildet sich noch ein zweites kennzeichnendes Organ aus, das ist die *Placenta*, weshalb sie als Placentalier von allen anderen Tieren als Nichtplacentaliern sich abgrenzen (s. Näheres Brutpflege S. 111).

Brustdrüse und Placenta stehen ausschließlich im Dienst der Art und der Fortpflanzung. Auf der hohen Entwicklungsstufe, auf der die Säuger stehen, und bei der straffen Arbeitsteilung, die bei ihnen eingetreten ist, vermochte die Natur

---

[1] Anselmino u. Hoffmann: Arch. Gynäk. **162**, 363 (1936).

[2] Botella-Llusia: Arch. Gynäk. **159**, 461 (1935).

[3] In den Beuteltieren (Morsupialier) haben die Säuger Vorläufer.

ihre wichtigste Aufgabe, die Erhaltung der Art, nur mehr dadurch zu lösen, daß sie zwei neue Organe schuf. Sie stattete *phylogenetisch-chromosomal sämtliche* Vertreter der Gruppe mit diesen *Anlagen* und *Potenzen* aus; sie hat aber *nur bei der Hälfte* dieser Vertreter, dem *weiblichen* Anteil, die Potenzen durch hormonale Einflüsse verwirklicht und die Anlagen so zur vollen Entwicklung gebracht. Bei dem *männlichen* Geschlecht bleibt die Brust normalerweise zeitlebens ein *rudimentäres kümmerliches Organ.*

Man kommt in Verlegenheit, wenn man die Frage entscheiden soll, ob die Brustdrüse zu den *primären oder sekundären* Geschlechtsteilen gehört. Sie verhält sich ganz wie ein *sekundäres* Geschlechtsmerkmal, ihre Entwicklung erfolgt unter dem nämlichen hormonalen Antrieb (Follikel- + Corpus luteum-Hormon) wie bei allen anderen sekundären Geschlechtsmerkmalen. Und doch ist die Brustdrüse von dem höheren Standpunkt und nach dem Bauplan der Natur zu den *primären* Geschlechtsorganen, wie es wohl auch meist geschieht, zu rechnen, weil sie ebenso unmittelbar zur Fortpflanzung bei den Säugern dient, wie die Geschlechtsorgane im engeren Sinne und weil ohne ihre Mitwirkung bei dieser Tiergruppe eine Erhaltung der Jungen unter gewöhnlichen Verhältnissen unmöglich ist.

Hormonal bedingte Weiterentwicklung der Brustdrüse.

Daß die *Weiterentwicklung* der Brustdrüse *ausschließlich hormonal* bedingt ist, zeigt sich schon deutlich beim *Fetus* der *letzten zwei Schwangerschaftsmonate.* Die große Menge Follikelhormon, die um diese Zeit im mütterlich-kindlichen Blute kreist, regt die Brustdrüse — genau so wie den Uterus — zu stärkerem Wachstum an. Es zeigen sich *gleichmäßig* bei *beiden* Geschlechtern proliferative Vorgänge an Milchgängen und Alveolen und eine geringe Größenzunahme des Organs, die einige Zeit nach der Geburt mit dem Versiegen der Follikelhormonquelle von selbst sich wieder zurückbildet. Manchmal kommt es zu einer *stärkeren Schwellung* nach der Geburt und zum *Austritt von Colostrum* (Hexenmilch).

Es ist durch eine große Reihe von Tierversuchen sichergestellt, daß der Wirkstoff, der in erster Linie die Vergrößerung der Brustdrüse auslöst, das *Follikelhormon* (weibliches Sexualhormon) ist. Es gelingt *auch bei Männchen* die Vergrößerung *künstlich* durch Einspritzung von Follikelhormon herbeizuführen, wenn vorher die Tiere *kastriert* sind. Ist der Hoden noch vorhanden, so geht von ihm eine Gegenwirkung (männliches Geschlechtshormon) aus, die die Vergrößerung verhindert. Auch bei *kindlichen* Tieren ist es möglich, die Brustdrüse zur Vergrößerung zu bringen, aber das Organ ist noch *weniger reaktionsfähig* und es bedarf noch einer viel größeren Menge des Wirkstoffes als bei dem geschlechtsreifen Tiere.

Die geringere Reaktionsfähigkeit des kindlichen Brustdrüsengewebes tritt auch bereits deutlich in den letzten zwei Schangerschaftsmonaten beim Fetus zutage. Die Konzentration des Follikelhormons ist nämlich im fetalen Blut nach den Untersuchungen von NAITO genau so hoch wie im mütterlichen Blut (nämlich 1—3 ME.), und nach den Feststellungen von WINTER [1] scheidet das Neugeborene in den ersten 3 Tagen ziemlich reichliche Mengen des Wirkstoffes im Harn aus.

Das Follikelhormon wird in seinen Aufbaubestrebungen *unterstützt* durch das *Corpus luteum-Hormon.* ANSELMINO und HOFFMANN verteilen die Rollen, die die beiden Wirkstoffe bei der Vergrößerung der Brustdrüse spielen, auf Grund ihrer Untersuchungen folgendermaßen: Das *Follikelhormon* bewirkt hauptsächlich eine *Vergrößerung und Erweiterung der Milchgänge,* das *Gelbkörperhormon*

---

[1] WINTER: Arch. Gynäk. **151.** — Med. Klin. **1934,** 11.

regt die *Vergrößerung der Alveolen* an. Ob wirklich eine so scharfe Arbeitsteilung eintritt, erscheint nach den Untersuchungen von KOCH [1], FAUVET [2] u. a. fraglich (vgl. Erweiterung der Symphyse, S. 190).

FAUVET z. B. weist darauf hin, daß beim Kaninchen die Alveolaranlage bereits beim virginellen Tiere vorhanden ist und daß die Ausbildung der Alveolen zeitlich nicht parallel mit der Funktion des Gelbkörpers verlaufe; bei Kaninchen sei die Milchdrüse bereits am 18. Tage, d. h. 12 Tage vor dem Wurfe fertig und funktionsfähig. Fraglos bestehen starke Verschiedenheiten in der *zeitlichen* Ausbildung der Drüse bei den einzelnen Arten. Beim Menschen nimmt die Drüse bis zum Ende der Schwangerschaft an Größe fortschreitend zu, bei der Stute dagegen tritt ein paar Tage vor dem Wurf plötzlich eine auffallende Vergrößerung ein.

Die *Menge* des Follikelhormons, das in den noch kleinen GRAAFschen und atresierenden Follikeln des Kindes gebildet wird, ist noch klein und reicht eben aus, um die ersten Antriebe zu einem ganz geringen Wachstum zu liefern, die die Brust des kleinen Mädchens vor der des Knaben unterscheidet. Ein stärkerer Anstoß kommt mit der *Entwicklungszeit*, in der eine *größere* Menge von *Follikelhormon* und — nach dem ersten Follikelsprung — auch *Gelbkörperhormon* gebildet wird.

Die *Schwankungen und Veränderungen im Gehalt des Blutes* an den *beiden Geschlechtshormonen* machen sich während des *Zyklus und Oestrus* deutlich an der Brust bemerkbar. Wir können sehr häufig im prämenstruellen Stadium und im Prooestrus eine *leichte Schwellung der Brustdrüse* und bei der mikroskopischen Untersuchung sowohl bei der Frau (ROSENBERG u. a.) als auch beim Tier eine *deutliche Vergrößerung der Gänge und Alveolen* feststellen. Als Folgezustände dieser Veränderungen kann man klinisch häufig ein *Prallerwerden der Brust*, erhöhtes Spannungsgefühl, das sich bis zu erheblichen Schmerzen steigern kann, beobachten.

Vielfach führt man die Entstehung der *Mastopathia cystica* oder Cystadenoms der Brustdrüse auf eine Überproduktion von Follikelhormon zurück. HEROLD und EFFKE-MANN [3] gelang es, bei nicht kastrierten Weibchen im kurzfristigen Versuch durch Follikelhormoneinspritzung Bildung von Milchgangcysten und Acinuscysten, bei kastrierten weiblichen und männlichen Tieren im langdauernden Versuch Milchgangcysten zu erzeugen [4]. Wenn auch heute die Frage der Entstehung der Mastopathia cystica noch nicht restlos geklärt ist, so ist doch soviel sicher, daß hormonale Einflüsse besonders von Seiten des Ovars eine wichtige, vielleicht die wichtigste Rolle spielen.

In der *Schwangerschaft*, in der die stärkste Hypertrophie der Brustdrüse einsetzt, steigt die *Menge des Follikelhormons* bis zum Eintritt der Geburt beständig an und Progesteron wird in Gelbkörper und Placenta gebildet.

Zusammenfassend können wir sagen, daß die *ganze weitere Entwicklung der Brustdrüse*, die wir beim Weibe im Gegensatz zum Manne beobachten, durch die Einwirkung der *Geschlechtshormone, besonders des Follikelhormons* zustande kommt.

---

[1] KOCH: Mschr. Gebursh. **1937** (Preisschrift der Med. Fakultät München).
[2] FAUVET: Arch. Gynäk. **168**, 127 (1939).
[3] HEROLD u. EFFKEMANN: Arch. Gynäk. **163**, 93 (1936).
[4] Neuerdings teilen die gleichen Autoren [Arch. Gynäk. **163**, 673 (1937)] mit, daß es ihnen gelungen ist, die im Tierexperiment künstlich durch gesteigerte Zufuhr von Follikelhormon erzeugte Mastopathia cystica durch Zufuhr von Corpus luteum-Hormon wieder rückgängig zu machen; auch konnten sie die Entstehung der Fibrosis mammae cystica verhindern, wenn gleichzeitig mit gesteigerten Follikelhormonmengen Corpus luteum-Hormon zugeführt wurde.

Scheinbar in Widerspruch mit dieser Erkenntnis stehen die Feststellungen, die man in früheren Tierversuchen mit der *Einspritzung von Embryonalbrei, Placentaextrakten, Eiweißkörpern* gemacht hat. Es stellte sich nämlich ebenfalls eine deutliche *Vergrößerung der Brust*, teilweise mit *Absonderung von Milch* ein. Wir sind heute imstande, den Ausfall der Versuche restlos zu erklären. Die Wirkung der verabreichten Stoffe ist keine unmittelbare, sondern kommt erst mittelbar auf dem *Umwege über die Hypophyse* zustande. Diese Proteinkörper rufen nämlich im Vorderlappen eine *Vergrößerung und Vermehrung der Zellen* hervor, die große Ähnlichkeit mit den Schwangerschaftsveränderungen haben. Es kommt dadurch offenbar auch zu *vermehrter Bildung* von *gonadotropem Hormon*; dieses wirkt wiederum auf den Eierstock zurück und führt zu einer erhöhten Bildung von Follikel- und Corpus luteum-Hormon (s. auch Abschnitt: Gonadotropes Hormon).

Lactationshormon.

Solange *Schwangerschaft* besteht, tritt trotz Hypertrophie bekanntlich *keine Milchbildung* ein. Diese tritt erst dann ein, wenn Kind und Placenta ausgestoßen sind; der Nachdruck ist dabei auf die *Placenta* zu legen. Mit ihrer Entfernung wird ein *Sperrmechanismus* (HALBAN 1905) beseitigt. Wir sind heute in der Lage, uns eine ganz bestimmte Vorstellung über die *Art* des Sperrmechanismus zu machen. Es handelt sich um eine chemisch-hormonale Hemmung, die von dem *Follikelhormon* ausgeht, das bis zum Augenblick der Geburt in großer Menge im mütterlichen Blute strömt. Nach der Ausstoßung der Placenta sinkt der Hormonspiegel innerhalb von 4—5 Tagen zur Norm ab. Damit fällt die bisher bestandene Hemmung weg, die Bahn wird frei für die Wirkung des Lactationshormons.

Daß wirklich das Follikelhormon, vielleicht noch das Corpus luteum-Hormon und nicht etwa andere Wirkstoffe die Hemmung bewirken, geht auch daraus klar hervor, daß *auch von dem Ovar* eine gewisse, wenn auch entsprechend der von ihm produzierten Menge nur *geringe Hemmung* ausgeht. Deshalb entfernen Tierzüchter bisweilen Kühen die Keimdrüse, um die Milchbildung möglichst ergiebig und möglichst lang zu erhalten. Follikelhormon — nach ANSELMINO, HEROLD und HOFFMANN auch Corpus luteum-Hormon — bewirkt eingespritzt eine Verminderung oder Aufhören der Milchsekretion im Tierversuche (s. auch WIEGAND[1]).

Das Lactationshormon wird in den *Vorderlappen* der Hypophyse gebildet (RIDDLE, ANSELMINO und HOFFMANN, EHRHARDT, HEROLD u. a.). Als Testobjekt hat sich der *Taubenkropf*, dessen Funktion ein gewisses Homologon zur Brustdrüse bildet, bewährt.

Das Hormon wird nicht nur in der Schwangerschaft oder nach der Geburt gebildet, wie man a priori annehmen könnte, es läßt sich in *jedem Gehirnanhang* eine gewisse Menge nachweisen. EHRHARDT und LESSMANN haben in meiner Klinik planmäßige Untersuchungen vorgenommen und gefunden, daß der Reizstoff sowohl beim weiblichen als auch männlichen Kind, bei der erwachsenen Frau und beim erwachsenen Mann bis zum 60. Lebensjahr sich nachweisen läßt. Trotz Vorhandenseins vermissen wir normalerweise eine Auswirkung auf die Brustdrüse. Ursache: Anwesenheit des Follikelhormons und beim Manne des männlichen Geschlechtshormons.

---

[1] WIEGAND: Zbl. Gynäk. **41**, 2390 (1937). Nach den Untersuchungen von WIEGAND sinkt die Menge des in der Hypophyse lactierender Ratten vorhandenen Lactationshormons beträchtlich ab, wenn sie mit Follikelhormon gespritzt werden.

Diese Hemmungswirkung ist bei den Fällen von *spontaner* Milchbildung (ohne bestehende Schwangerschaft), wie sie manchmal bei *Eierstocksgeschülsten, innersekretorischen Störungen* usw. vorkommt, in Wegfall gekommen. Hier sind es offenbar ganz allgemeine Gleichgewichtsstörungen im chemisch-physikalischen Zustand der Zellen und der Säfte, die die abnorme Bildung der Milch auslösen.

Die *Menge* des Lactationshormons steigt nach der Geburt an, das haben sorgfältige Untersuchungen von Anselmino und Hoffmann ergeben. Diese Erscheinung könnte allein durch den *Wegfall des hemmenden Follikelhormons* zustande kommen. Es ist aber viel wahrscheinlicher, daß sie tatsächlich mit einer *gesteigerten Produktion* des Wirkstoffes zusammenhängt[1].

Durch *künstliche Zufuhr von Lactationshormon* (Prolactin) ist es wiederholt gelungen, die *Menge der abgesonderten Milch zu erhöhen* (Ehrhardt, Anselmino und Hoffmann, Effkemann[2] u. a.). Es ist die Wirkung nicht so prompt, wie nach den theoretischen Erwägungen hätte erwartet werden können. Es kommen neben dem spezifischen Hormon zum Ingangbringen und Aufrechterhaltung der Milchsekretion noch verschiedene unspezifische Faktoren in Betracht, die wir im einzelnen nur schwer oder gar nicht übersehen können. So wissen wir, daß z. B. die Schilddrüse einen gewissen Einfluß hat (Küstner, Siegert), ferner das in der Nebennierenrinde gebildete Cortilactin. Die Milchbereitung zeigt uns besonders anschaulich, daß *außer der hormonalen Steuerung* als dem Hauptfaktor noch *andere Einflüsse* wirksam sind, z. B. *nervöse*[3]: Durch den *Saugreiz* werden die Nerven der Warze erregt, die Erregung springt auf Zwischenhirn und Hypophyse über und löst wohl dadurch eine vermehrte Bildung von Lactationshormon aus. Wir wissen ferner aus zahlreichen Erfahrungen, daß *seelische Erregungen* einen ungünstigen Einfluß auf die Milchbereitung haben (hormoneurale Bindungen). Ferner sind beim Stillakte mechanische Momente von Bedeutung: dadurch, daß das Kind saugt, bilden sich *kleine physikalische Vacua*, in die hinein die zerfallenden Zelltrümmer abgestoßen werden.

Gerade die Lactation lehrt, daß es falsch ist, die Vorgänge *nur* hormonal, so berechtigt diese Betrachtungsweise auch ist, zu deuten, es wirken noch eine ganze Reihe anderer neuraler und chemisch-physikalischer Reize mit.

Das Lactationshormon wirkt auch auf die *vegetativen und cerebralen Zentren,* ähnlich wie die Geschlechtshormone. Es kann der *Mutterinstinkt* durch Einspritzung des Hormons hervorgerufen werden: Jungfräuliche Ratten bauen ein Nest und betreuen zugesetzte Junge, Rhesusaffen adoptieren zugesetzte Meerschweinchen und legen sie wie zum Säugen an (Ehrhardt) (s. Abb. 84). Bei Vögeln wird der Brutinstinkt geweckt, die Tiere beginnen am 5. Tage nach der Behandlung zu nesten, zu glucken und zu brüten.

Die *fertige* Milch unterscheidet sich von der Vormilch (Colostrum) im wesentlichen durch ihren Gehalt an *Casein.* Casein kommt sonst nirgends im Körper vor. Nur die Zellen der Brustalveolen vermögen aus den Aminosäuren des Blutes diesen eigenartigen Eiweißkörper aufzubauen. Zu diesem Aufbauwerke sind jedoch nicht die Alveolenzellen der Frauenbrust

---

[1] Nach den Untersuchungen von Brownell, Lockwod und Hartmann bildet die Rinde der Nebenniere einen Wirkstoff, Cortilactin genannt, der die Tätigkeit des Lactationshormons unterstützt. [Auch Gomez u. Turner, Effkemann: Zbl. Gynäk. **46**, 2689 (1937).]

[2] Effkemann: Zbl. Gynäk. **47**, 2686 (1937).

[3] Nach den Untersuchungen von Herold [Arch. Gynäk. **168**, 531 (1939)] wird das Ingangkommen der Milchsekretion rein hormonal, dagegen das Erhaltenbleiben nervös gesteuert. Nach Durchtrennung des Stiels der Hypophyse setzt nämlich Milchsekretion regelmäßig ein, aber sie versiegt sehr rasch, auch wenn die Jungen an den Zitzen saugen.

schlechthin, auch nicht der hypertrophischen Schwangerenbrust, sondern erst die Brust der *Wöchnerin* nach Ausstoßung der Frucht befähigt. Erst dann zeigt die Zelle der Alveole das molekulare Gefüge, an dem das *Lactationshormon* anzugreifen vermag. Die Alveolenzellen der Nichtwöchnerin sind gegen Lactationshormon ebenso unempfindlich wie die des Mannes.

Diese Tatsache läßt doch daran denken, daß das *Lactationshormon* bei dem *Aufbau der Aminosäuren zum Casein* eine Rolle spielt. Wenn diese Ansicht zutrifft, dann wäre in diesem Falle die formweckende und aufbauende Tätigkeit des Hormons, das wir gerade bei den Wachstums- und Fortpflanzungsvorgängen so deutlich beobachten können, auf einen ganz *bestimmten chemischen Aufbauprozeß* gerichtet, eben die Bildung des Caseins aus den Aminosäuren. Weitere Forschungen werden lehren, ob die Wirkung des Lactationshormons tatsächlich sich in dieser Richtung äußert.

Ähnlich wie die Keimdrüse wird also auch die Brustdrüse in ihrem *Wachstum* und in ihrer *Funktion* von den Hormonen des *Vorderlappens der Hypophyse* gesteuert und zwar nach zweierlei Richtungen hin:

1. *Mittelbar* dadurch, daß das von ihm gebildete gonadotrope Hormon das Wachstum der Brustdrüse auf dem Umweg über die Geschlechtsorgane anregt.

Abb. 84. Der mit Lactationshormon behandelte Rhesusaffe drückt, solange er unter der Einwirkung des Wirkstoffes steht, das Meerschweinchen zärtlich an sich. (Nach EHRHARDT.)

2. *Unmittelbar* dadurch, daß in ihm das Lactationshormon gebildet wird, das im Wochenbett die Milchbildung auslöst. Man kann den Einfluß des

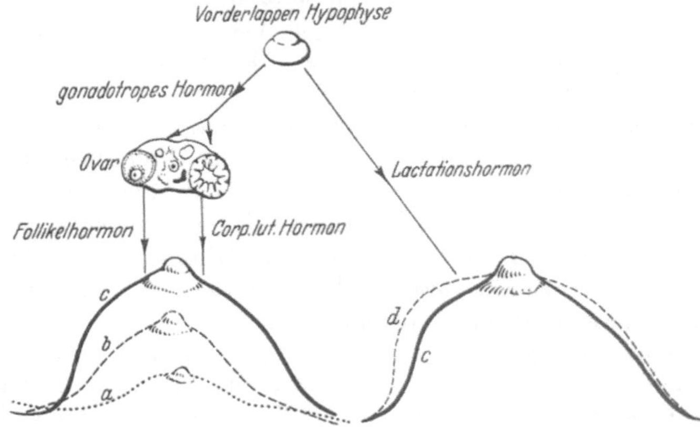

Abb. 85. Mittelbarer und unmittelbarer Einfluß des Hypophysenvorderlappens auf Wachstum und Funktion der Brustdrüse. Auf die Keimdrüse wirkt der Vorderlappen durch das gonadotrope Hormon (links), regt die Follikel- und Corpus luteum-Hormonbildung an und entwickelt die kindliche Brustdrüse (*a*) in der Pubertät zu der jungfräulichen (*b*), in der Schwangerschaft zur Schwangerschaftsbrustdrüse (*c*). Der Vorderlappen wirkt unmittelbar auf die Brustdrüse durch das Lactationshormon (rechte Seite). Die durch Follikel- und Corpus luteum-Hormon in der Schwangerschaft vorbereitete Brustdrüse (*c*) sondert unter dem Einfluß des Lactationshormons und weiterer Zunahme des Umfanges (*d*) Milch ab.

Vorderlappens der Hypophyse auf das Wachstum der Brustdrüse und die Milchbildung schematisch in folgender Weise darstellen (Abb. 85):

Das Lactationshormon findet sich auch in der *Placenta*. Nach dem, was wir von dem Follikelhormon und dem gonadotropen Hormon festgestellt haben, dürfen wir annehmen, daß die Wirkstoffe in der Placenta nicht nur gespeichert, sondern von den Chorionepithelien selbst synthetisiert werden. Es arbeiten also *Hypophysenvorderlappen und Placenta* zu einem *gemeinschaftlichen Zwecke zusammen* in der Weise, wie wir das auch bei der Besprechung der hormonalen Tätigkeit der Placenta für andere Hormone sehen werden.

Da die Lactation eine unentbehrliche Einrichtung des Fortpflanzungsgeschehens bei den Säugern ist, muß man auch das *Lactationshormon* als einen wichtigen *Bestandteil des hormonalen geschlechtlichen Systems* ansehen. Dieser Stoff tritt aber, wie viele andere nur zu einer bestimmten Zeit, nämlich im *Wochenbett* und in der darauffolgenden Zeit in Tätigkeit. Auch darin richtet sich die Natur mit ihren hormonalen Einrichtungen ganz nach den Anforderungen, die die Lebensgesetze der Art vorschreiben.

B. Hilfs- (gonadotrope) Hormone der Keimdrüse mit Einschluß der anderen wichtigen in den betreffenden Drüsen gebildeten Wirkstoffe.

Wirkstoffe, die nähere Beziehungen zur Keimdrüse haben (gonadotrope Hormone) werden außer in Zirbeldrüse, Thymus wie bereits besprochen, hauptsächlich in dem Vorderlappen der Hypophyse und in der Rinde der Nebennieren synthetisiert. Da aber in diesen Organen auch Wachstumshormone und wichtige Stoffwechselhormone entstehen und da eine zusammenfassende Betrachtung des uns beschäftigenden Problems ohne Berücksichtigung der letzteren nicht durchzuführen ist, so ist es notwendig, wenigstens in den Grundzügen sämtliche Funktionen der Organe zu besprechen.

Hormone der Hypophyse, besonders des Vorderlappens.

a) Hormone der Hypophyse.

α) Hypophysenhormone im allgemeinen.

Im Gegensatz zu den Geschlechtshormonen kennen wir die *chemische Zusammensetzung* der Hypophysenhormone noch nicht. Wir können heute nur soviel sagen, daß wohl alle Hypophysenhormone *Eiweißabkömmlinge* (Proteohormone) sind und den Eiweißkörpern noch mehr oder minder nahe stehen. Verschiedene Forscher nehmen an, daß das Wachstumshormon, das gonadotrope, das thyreotrope Hormon noch *Antigen*-Charakter tragen und deshalb Antikörper im Sinne der Immunität zu bilden vermögen[1].

Wir sind bei der Erforschung der Hypophysenhormone im wesentlichen auf die Verwendung von Extrakten, Einpflanzen von Stücken des Organs, mit anderen Worten *einzig und allein* auf das *biologische Testobjekt* angewiesen. Das ist mißlich und erschwert eine einwandfreie Erforschung der Wirkung der einzelnen Hormone

---

[1] Die neuesten Untersuchungen von S. WERNER [Endocrinology **22**, 291 (1938)], der mit verschieden gewonnenen Extrakten arbeitete, sprechen dafür, daß das refraktäre Verhalten, das nach längerer Zufuhr von *thyreotropem* Hormon eintritt, durch Eiweißkörper, die mit dem Hormon eingespritzt werden, verursacht wird, also eine echte Immunitätserscheinung darstellt.

außerordentlich. Möchte doch bald ein Großer kommen, der, wie WINDAUS den Cholesterinkomplex gelockert hat, uns lehrt, diese wichtigen Stoffe chemisch schärfer zu erfassen!

Während die übrigen Hormone einschließlich der Proteohormone (Insulin, Thyroxin) art-, gattungs- und meist auch klassen-*unspezifisch* sind, zeigt das gonadotrope Hormon des *Vorderlappens* sicher Klassen-, zum Teil auch Art*spezifität*[1]. Das Hormon der Säuger wirkt nur anregend auf die Keimdrüse des Säugers, nicht dagegen auf die Geschlechtsdrüse von Amphibien (Frosch), und wirkt bei den Vögeln (Hühner, Tauben) nur auf die männliche, nicht mehr auf die weibliche Keimdrüse. Dagegen wirkt die Hypophyse des Frosches durch das gonadotrope Hormon prompt auf die Keimdrüse eines anderen Amphibiums.

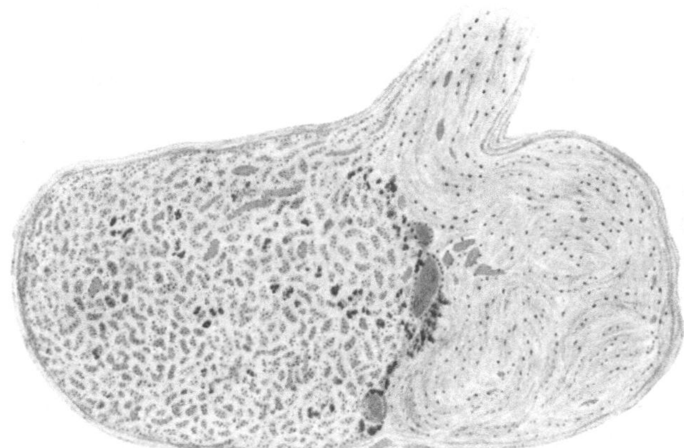

Abb. 86. Medianschnitt durch die menschliche Hypophyse. (Nach SCHUMACHER.)

Auch spielt bei der Stärke der Wirkung das Lebensalter des Tieres, von dem die Drüse stammt, eine wichtige Rolle. Ja, nach den Untersuchungen von PARKES (London) scheint es, daß die Extrakte der Hypophysen von Tieren *anderer Art,* bei erwachsenen Tieren eingespritzt, nicht nur nicht die gewöhnliche hormonale Wirkung zeigen, sondern daß sie bei diesen Tieren das *eigene Vorderlappenhormon unwirksam* machen. Das Vorderlappenhormon trägt also weit mehr als alle anderen Wirkstoffe noch einen artspezifischen Charakter (s. auch Antihormone, S. 35).

In der Hypophyse (Abb. 86) werden bekanntlich eine *sehr große* Anzahl von *Wirkstoffen* gebildet (Abb. 87). Man rechnet mit mindestens 15. Es gibt kein anderes Organ des Körpers, in dem bisher eine so große Anzahl von Wirkstoffen gefunden wurde. Schon aus dieser Eigenschaft erklärt sich die überragende Bedeutung, die die Hypophyse unter allen endokrinen Drüsen und damit im gesamten biologischen Geschehen der höheren Tiere und des Menschen einnimmt.

Was die Bildungsstätte der Stoffe innerhalb der Gesamthypophyse anlangt, so weiß man, daß die *Mehrzahl der Hormone* im *Vorderlappen*, dem eigentlichen drüsigen Anteil (Adenohypophyse) als fertige Produkte gebildet wird, z. B. Wachstumshormon, gonadotropes, thyreotropes Hormon. Von den aus dem Hinterlappen gewonnenen Stoffen z. B. dem wichtigen Pituitrin nehmen viele an, daß im Vorderlappen das Vorprodukt und erst von den Zellen des Hinterlappens der endgültige Stoff bereitet wird[2].

---

[1] Die Hormone des Vorderlappens sind offenbar noch verhältnismäßig hochmolekulare Eiweißabkömmlinge.

[2] Die Hormone des Vorderlappens werden auf dem Blutweg an die Erfolgszellen gebracht, die Wirkstoffe des Hinterlappens können durch den Trichter auch direkt in den dritten Ventrikel gelangen und dort ihre Wirkung entfalten.

Der Mittellappen, der bei vielen Tieren stark ausgebildet ist, spielt beim Menschen keine nennenswerte Rolle.

Ich gebe zunächst eine Übersicht darüber, wann und von wem die einzelnen Hormone entdeckt worden sind.

Vorderlappen:
1. Wachstumshormon . . . . LONG und EVANS 1922
2. Gonadotropes Hormon
   a) weibliche Keimdrüse, Follikelreifungs- und Luteinisierungshormon (Prolan A und B) . . . . ASCHHEIM und ZONDEK 1926
   b) männliche Keimdrüse . . . . SMITH 1930
3. Adenotropes Hormon . . . . SMITH 1920
4. Thyreotropes . . . . LOEB 1926
5. Pankreotropes Hormon . . . . ANSELMINO und HOFFMANN 1933
6. Parathyreotropes Hormon . . . . . . ANSELMINO und HOFFMANN 1934
7. Corticotropes Hormon . . . . HOGBEN 1922
8. Lactationshormon (Prolactin) . . . . RIDDLE 1931, ANSELMINO und HOFFMANN
9. Spezielle Stoffwechselhormone
   a) Lipoitrin . . . . RAAB 1926
   b) Fettstoffwechselhormon . . . . . . ANSELMINO und HOFFMANN 1931
   c) Kontrainsulares Hormon (diabetogenes) . . . . HOUSSAY 1932

Zwischenlappen:
Intermedin . . . . ZONDEK 1932

Hinterlappen:
1. Erregung der glatten Muskulatur
   a) Uterus (Oxytocin, Orasthin) . . . . DALE 1906
   b) Gefäße, (Vasopressin-Pitressin, Tonephin) . . . . OLIVER und SCHÄFFER 1894
   c) Darm, Gallenblase . . . .
2. Antidiuresehormon . . . . v. D. VELDEN 1913
3. Melanophorenhormon . . . .

Ohne Rücksicht darauf, in welchem Lappen die einzelnen Wirkstoffe gebildet werden, kann man die Hormone der Hypophyse je nach der Wirkung in *drei* Gruppen einteilen:

1. Die Hormone, die den *Stoffwechsel* und alles, was dazu gehört, wie die Gefäßinnervation beeinflussen, 2. die die *Wachstumsvorgänge* steuern und 3. die eine Wirkung auf die *Geschlechtstätigkeit* ausüben, *gonadotrope* Stoffe.

Diese dreifache Wirkung auf Wachstum, Geschlechtstätigkeit und Stoffwechsel ließ sich bereits deutlich aus den Ergebnissen der ersten experimentellen Entfernungen der Hypophyse durch CUSHING, FICHERA, ASCHNER u. a. erkennen: Die Versuchstiere blieben im Wachstum zurück, die Geschlechtsteile verfielen der Rückbildung, die Tiere zeigten erhöhten Fettansatz.

Die Stoffwechselhormone werde ich im folgenden nur soweit berücksichtigen, als sie für unsere Fragestellung von Bedeutung sind. Das Wachstumshormon ist an anderer Stelle S. 146 ausführlich besprochen, das Hauptgewicht werde ich auf die gonadotropen Hormone legen.

Die meisten Hormone, die im tierischen Körper gebildet werden, sind dadurch wirksam, daß der Stoff vom Blute aus an die Erfolgszellen gebracht und an diesen *unmittelbar* auf das Protoplasma der empfänglichen Zellen einwirkt, z. B. das Adrenalin, Thyroxin, Follikelhormon. Auch bei einem Teil der in der Hypophyse gebildeten Stoffe ist das der Fall. Ich nenne das Wachstumshormon, das Oxytocin, das Vasopressin (Abb. 87 unten, *R* und *L*).

Die Mehrzahl der in der Hypophyse, namentlich im Vorderlappen bereiteten Hormone wirken jedoch zunächst auf *andere endokrine Drüsen* ein — daher *adenotrope Hormone* genannt (Abb. 70, oben) — regen die Drüsenzellen zu einer erhöhten Tätigkeit an und wirken so auf einem Umweg *mittelbar* auf die endgültigen Erfolgszellen ein. Man kann bei ihnen also zwei Arten von *Erfolgszellen* unterscheiden:

1. Vorläufige oder erster Ordnung, das sind die endokrinen Zellen der andern innersekretorischen Drüsen und 2. endgültige oder zweiter Ordnung, das sind die übrigen Körperzellen, die auf das entsprechende Hormon reagieren.

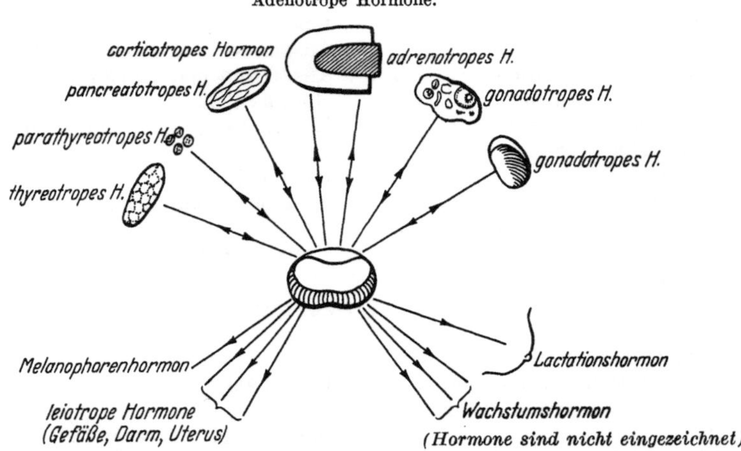

Abb. 87. Schema der Hormone der Hypophyse, ohne Unterscheidung, ob sie im Vorder- oder Hinterlappen entstehen. Sie sind geordnet nach der Art ihrer Wirkung. Oben die adenotropen Hormone, die auf andere Drüsen mit innerer Sekretion und erst sekundär durch diese auf die eigentlichen Erfolgszellen einwirken. Unten die unmittelbar auf die Erfolgszelle einwirkenden Stoffe, links die leiotropen Hormone, die auf die glatte Muskulatur einwirken und das Melanophorenhormon, rechts das Wachstum- und das Lactationshormon. (Die übrigen in der „Übersicht" aufgezählten Hormone sind nicht eingezeichnet.)

Adenotrope Wirkstoffe sind das thyreotrope, parathyreotrope, pankreotrope, corticotrope, adrenotrope und gonadotrope Hormon (in der Zeichnung Abb. 70, oben), d. h. der Vorderlappen wirkt also unmittelbar auf alle endokrinen Drüsen ein.

Wir sehen, daß das *Wachstumshormon* zu den *unmittelbar,* das *gonadotrope* Hormon dagegen zu den *mittelbar* wirkenden Stoffen gehört. Es ergeben sich daraus besonders bedeutsame Wechselbeziehungen zwischen diesen beiden Stoffen, auf die wir später noch genauer eingehen werden.

Daß enge Beziehungen zwischen dem Vorderlappen und den genannten endokrinen Drüsen bestehen, läßt sich aus den histologischen Änderungen erschließen, die an diesen Organen eintreten, wenn die Hypophyse entfernt wird. Wir sehen solche an der Schilddrüse, an der Nebenniere, im geringeren Maße auch bei den übrigen endokrinen Organen, besonders ausgesprochen an der Keimdrüse, auftreten.

Es wäre falsch, zu glauben, daß die Wirkung nur einseitig von der Hypophyse auf die übrigen endokrinen Drüsen erfolgt. Es findet auch eine Einwirkung in der *umgekehrten Richtung* von den *endokrinen Drüsen auf den Vorderlappenzellen* statt (in der Abbildung durch die Pfeile in zweierlei Richtung angegeben). Diese Schlußfolgerung kann man aus den *histologischen Veränderungen* ziehen, die sich an dem *Vorderlappen* einstellen, wenn eine dieser Drüsen,

z. B. Schilddrüse, Nebenniere und besonders ausgesprochen, wenn die Keimdrüse entfernt wird, oder wenn deren Hormone eingespritzt werden. Auf die wichtige Rückwirkung der Keimdrüsenentfernung ist noch ausführlich zurückzukommen.

Wir stellen also fest, es bestehen innige *Wechselbeziehungen* zwischen den Vorderlappenzellen und den übrigen endokrinen Drüsen. Es handelt sich um *Wirkung und Gegenwirkung* und *nicht*, wie man vielfach geglaubt hat, um *ausschließliche Wirkung* von seiten der *Vorderlappenzellen*.

Eine besondere Würdigung erfordern noch die *adenotropen* Hormone, da sie für die *Arbeitsweise* der Vorderlappenzellen von der größten Bedeutung sind.

Im *Blute* der Wirbeltiere und speziell der Säuger findet sich *kein* Wirkstoff, der imstande wäre, Schilddrüse, Epithelkörperchen, Inselapparat, Mark und Rinde der Nebenniere, Keimdrüse zur Tätigkeit anzuregen. Das vermag für gewöhnlich auch nicht das Nervensystem; dieses ist nur Hilfsorgan und wird nur zu besonderen Zwecken, z. B. bei der sympathico-adrenalen Notfallsreaktion gebraucht. Es ist die *Aufgabe der Hypophysenvorderlappen*zellen, die im Blute befindlichen *Eiweißkörper* oder deren Bausteine in die *adenotropen Wirkstoffe*, die bekanntlich alle Eiweißabkömmlinge sind, *ab- und umzubauen*; die chromophoben Zellen synthetisieren das gonadotrope, die basophilen wohl die übrigen adenotropen Hormone. Erst diese Stoffe, an das Blut abgegeben, vermögen nun mehr *elektiv* auf die Zellen der vorher erwähnten endokrinen Drüsen einzuwirken. Durch die adenotropen Hormone wird der Hirnanhang zum *Kontrollzentrum* der inneren Sekretion.

Die *Rinde der Nebenniere* hat eine ähnliche adenotrope Fähigkeit; aber es besteht insofern ein wichtiger Unterschied, als ihre Zellen vorwiegend *Lipoide* verarbeiten.

Wie eben erwähnt, gibt es auch eine Rückwirkung der meisten endokrinen Drüsen durch die von ihnen gebildeten Hormone auf den Vorderlappen, man könnte von *hypophysotropen* Wirkstoffen sprechen, z. B. Follikel-Corpus luteum-Hormon usw. Es wirken also die gewöhnlichen Hormone der erwähnten endokrinen Drüsen wieder auf den Vorderlappen zurück, ihre Wirkung wird aber nur dann erkenntlich und offenbar, wenn ein *Zuviel* oder Zuwenig des Wirkstoffes gebildet wird, sonst tritt die Wirkung nicht in die Erscheinung. Normalerweise überwiegen die adenotropen Hormone der Hypophyse, sie geben den Ton an. Für die *Selbststeuerung* der Vorgänge ist jedoch die Gegenwirkung, die ,,hypophysotrope" Wirkung, von gleich großer Bedeutung.

Die chromophoben Zellen des Vorderlappens sind übrigens wahrscheinlich nicht aus eigener Kraft imstande, die *gonadotropen* Hormone zu bilden. Sie bedürfen zu dem Zwecke noch eines *Hilfsstoffes*, der von außen zugeführt wird, das *Vitamin E*, bei dessen Bildung wiederum der gelbe Pflanzenfarbstoff Xanthophyll eine Rolle spielt. Erst wenn dieser Wirkstoff im Blute vorhanden ist, vermögen die Zellen die gonadotropen Hormone aufzubauen. Werden nämlich Ratten Vitamin E-frei ernährt, so treten degenerative Veränderungen im Vorderlappen ein, es bildet sich kein Follikelreifungs- und kein Luteinisierungshormon, sekundär schrumpfen die Ovarien. Ob alle Säuger und auch der Mensch dieses Hilfsstoffes zur Bildung des gonadotropen Hormons so notwendig bedürfen wie die Ratte, ist nicht sicher, nicht einmal wahrscheinlich auf Grund der bisherigen Erfahrungen (s. S. 140).

Die für unsere Fragestellung wichtigsten Hormone, die gonadotropen Hormone, sollen ausführlich besprochen werden.

β) Die gonadotropen Hormone.

Wir können heute zwei Arten von gonadotropen Hormonen unterscheiden:

1. Die in der *Hypophyse* bereiteten Hormone, kurzweg das *gonadotrope* Hormon genannt.

2. Die in der *Placenta* gebildeten Wirkstoffe, *choriogene* Hormone oder Chorionhormone.

Die gonadotropen Hormone des Hypophysenvorderlappens.

Biologisches Testobjekt. Als biologisches *Testobjekt* gilt, besonders seit den Arbeiten von ASCHHEIM und ZONDEK, allgemein der *Eierstock des infantilen Nagetiers*.

Wenn man einem kindlichen Versuchstier (weiße Maus, Kaninchen, Ratte) ein Stück Hypophysenvorderlappen einpflanzt, so lassen sich an den Eierstöcken nach ASCHHEIM-ZONDEK drei Reaktionen feststellen:

1. Reifung der Follikel. Den Stoff, der diese Wirkung hervorbringt, nennen ASCHHEIM-ZONDEK das Follikelreifungshormon (oder Prolan A).

2. Bildung von Blutpunkten, als Ausdruck einer besonders starken Blutfülle der Organe (nur bei den Nagern auftretend).

3. Bildung von Corpora lutea. Den Wirkstoff nennen die beiden Untersucher Luteinisierungshormon (oder Prolan B).

Follikelreifung und Corpus luteum-Bildung sind Merkmale eines reifen funktionierenden Ovars, wie wir es unter natürlichen Verhältnissen am geschlechtsreifen Tiere finden. Durch die Einpflanzung des Hypophysenvorderlappens wird also das *Ovar des kindlichen Tieres reif* gemacht.

Diese künstliche Reife des Eierstocks bedeutet aber *nicht Reife des Gesamtkörpers*; denn die Tiere zeigen nach der Einpflanzung kein rascheres Wachstum und keine Entwicklung, die wesentlich von den Kontrolltieren abweicht.

Ja, im gewissen Sinne bedeutet es noch nicht einmal wirkliche geschlechtliche Frühreife; denn die Tiere haben wohl reifende Follikel und Corpus lutea, erfüllen aber die wichtigste Vorbedingung der Geschlechtsreife *nicht*, nämlich die *Fähigkeit der Empfängnis*. Die Tiere lehnen den Bock ab, ihre nervösen Zentren sind noch ungenügend ausgereift, um richtig anzusprechen. Es bleibt daher Trächtigkeit aus. Nur ZONDEK berichtet von einer Beobachtung bei einer Maus, bei der Empfängnis eingetreten ist. Wir dürfen nicht vergessen, daß wir im Tierexperiment ganz unnatürliche Verhältnisse schaffen.

Dieses Auseinanderhalten von Frühreife des Eierstocks und Geschlechtsreife des Körpers ist notwendig, weil wir nur so imstande sind, die Einflüsse der Geschlechtshormone und der Wachstumshormone voneinander zu trennen.

Einheit oder Zweiheit der Hormone? Gegen das Vorhandensein von *zwei* verschiedenen gonadotropen Wirkstoffen, wie ASCHHEIM und ZONDEK annehmen, ist von verschiedener Seite Einspruch erhoben worden. Die Gegner vertreten die Ansicht, daß es sich nur um *quantitative* Verhältnisse handelt und daß es durch genügend große Mengen des Wirkstoffes immer gelingt, auch die Corpus luteum-Bildung im infantilen Ovar auszulösen.

So gelang es LAQUER durch starke Konzentration des Urins von Carcinomkranken bei den Versuchstieren nicht nur Reaktion 1, sondern auch 2 und 3, also eine echte Schwangerschaftsreaktion auszulösen. SCHULTZE-RHONHOF[1], der bei einer 62jährigen Carcinomkranken zuerst nur die Reaktion 1 feststellen konnte, gelang es durch 10fache Konzentration des

---

[1] SCHULTZE-RHONHOF: Zbl. Gynäk. **30**, 578, 2954 (1933).

Urins Blutpunkte und durch 20fache Konzentration Corpus luteum-Bildung hervorzurufen. Auch Büttner[1], der 6—7 Tage lang infantile Mäuse mit Harn von Frauen mit weit fortgeschrittenen Carcinomen behandelte, fand immer Corpus luteum-Bildung.

Es sprechen, wie ich im folgenden zeigen möchte, gewichtige *phylogenetische und ontogenetische Gründe* für das Vorhandensein von zwei gonadotropen Stoffen.

Bei allen *Nichtsäugern* genügt zur Durchführung der Fortpflanzung das *Oestron*, das je nach der Tierart in verschieden gestalteten Zellen gebildet wird und das bekanntlich schon bei den Urtierchen vorkommt; es ist eben das Geschlechtshormon schlechthin.

Die *Säuger* brauchen zur Steuerung der Fortpflanzung neben dem Oesteron noch das *Progesteron*. Ohne Progesteron bei dem Säuger keine Schwangerschaft! Deshalb wandelt die Natur innerhalb kurzer Zeit die Theca-Granulosazellen in die Corpus luteum-Zellen um, die allein das Progesteron zu bilden vermögen. Es ist bisher nur bei den Säugetieren Progesteron gefunden worden und es konnte bisher noch in keinem anderen Organ als in dem Corpus luteum (wenn man von der Placenta und wahrscheinlich von der Nebennierenrinde absieht), Progesteron nachgewiesen werden. Das haben die sorgfältigen Durchprüfungen aller Gewebe verschiedener Tierarten an meiner Klinik durch Ehrhardt, Hagena und Fischer-Wasels jr. ergeben.

Die Fähigkeit, Theca-Granulosazellen in die Corpus luteum-Zellen umzustellen, hat sich stammesgeschichtlich bei den Säugern herausentwickelt, sie ist chromosomal verankert und damit Dauerbesitz geworden. Eine ähnliche Wandlungs- und Differenzierungsfähigkeit haben sich auch die *chromophoben* Zellen des Vorderlappens im *phylogenetischen Entwicklungsgang* erworben. Wenn wir eine so grundlegende Wandlung bei den Theca-Granulosazellen des Corpus folliculare täglich beobachten, warum sollten die chromophoben Zellen des Vorderlappens, die viel wandlungsfähigere Gebilde sind, nicht eine parallelgehende Umstellung durchmachen? Zellen, die so parallel verlaufende Funktionen aufweisen, wie Theca-Granulosazellen und chromophobe Zellen müssen auch eine parallel verlaufende gestaltliche Umstellung erfahren. Bei den Nichtsäugern sind wohl Stoffe gefunden, die gleich oder ähnlich dem Prolan A wirken, aber niemals Prolan B, das luteinisierende Eigenschaften zeigt.

Die *histologische* Prüfung der chromophoben Zellen in den verschiedenen Stadien des Zyklus und Oestrus ist heute noch nicht mit jener Sorgfalt durchgeführt, um auf diese Frage eine bestimmte Antwort geben zu können. Doch sprechen, wie bereits (S. 53 und 247) betont, die auffallend verschiedenen Befunde über das Aussehen der Zellen des Vorderlappens während des Oestrus bei verschiedenen Säugern mehr im positiven als im negativen Sinne.

Guyénot ist es neuestens durch Filtration, Ito durch verschiedene Lösungsverfahren gelungen, eine Trennung der beiden gonadotropen Hormone (A und B) vorzunehmen. Im Harne kastrierter Frauen fand Guyénot nur Prolan A.

Bildungsstätte. Bisher hat man die Bildungsstätte der gonadotropen Hormone in den basophilen (z. B. Kehrer) oder eosinophilen (z. B. Berblinger) Zellen angenommen. Das geschah auf Grund *pathologischer* Zustände. Bei einem Organ, das eine so große Variabilität seiner Zellen aufweist, erlauben krankhafte Befunde keinen zuverlässigen Schluß auf die physiologische Bildungsstätte von Hormonen. Hierzu eignen sich Untersuchungen, die an möglichst vielen Tierarten mit *ausgesprochenen Geschlechtsperioden* gemacht werden.

---

[1] Büttner: Klin. Wschr. **1931** II, 2120. — Arch. Gynäk. **144**, 488 (1931).

Spezielle Untersuchungen dieser Art an Säugern (COLLIN und FLORENTIN[1], CHADWICK[2], an Vögeln (PARHON und Mitarbeiter[3]), an Fröschen (ZAHL[4]), an Fischen (MATTHEWS SAMUEL[5]) und an Selachier (CARÉRE[6], RANZI[7]) ergeben übereinstimmend, daß zur Zeit der *Fortpflanzung und Trächtigkeit* die Zahl der *Chromophobenzellen*, zur Zeit der *Entwicklung* dagegen die Zahl der *Eosinophilen-zellen* überwiegt. Diese Feststellung, namentlich bei den niedrigen Wirbeltieren mit ihren primitiveren Verhältnissen lassen kaum mehr einen Zweifel darüber bestehen, daß das *gonadotrope Hormon* in den *Hauptzellen (oder chromophoben Zellen) des Vorderlappens gebildet* wird. Vergleiche ferner die typischen Veränderungen der Hauptzellen bei der *schwangeren* Frau! Auch auf Grund von Studien über den Einfluß des *Lichtes* auf die Bildung des gonadotropen Hypophysenvorderlappen-Hormons und der am Vorderlappen auftretenden histologischen Veränderungen (Zunahme der chromophoben Zellen) kommen verschiedene Untersucher, z. B. STUTINSKY[8], FLORENTIN[9] u. a. zu der Auffassung, daß das gonadotrope Hormon in den Hauptzellen gebildet werde.

Ich schließe mich der wohl begründeten Meinung an und werde deshalb im folgenden von den chromophoben Zellen als den Bildnern der gonadotropen Hormone sprechen.

Menge und Art. Es kann einmal die Menge des in den chromophoben Zellen gebildeten Hormons schwanken, es können aber auch Verschiedenheiten in der Art der erzeugten Hormone vorhanden sein, nämlich in dem Sinne, daß entweder *nur* Follikelreifungshormon (Stoff A), oder daß beide gonadotropen Hormone, Stoff A *und* B (Luteinisierungshormon), bereitet werden. Ob dieses oder jenes der Fall ist, dafür sind folgende Faktoren entscheidend:

1. Die ontogenetische Phase, in der sich das Individuum jeweils befindet, mit anderen Worten, das Alter.

2. Das Geschlecht des Individuums.

3. Die Anwesenheit oder Fehlen und Funktionslosigkeit der Keimdrüse.

Das Verhalten des Wirkstoffes in der Schwangerschaft und bei Erkrankungen, besonders bei Geschwülsten, soll in einem besonderen Abschnitte besprochen werden.

Einfluß des Alters. Es ist keine Frage, daß die Hypophyse eines *kindlichen* Individuums *geringere Mengen* Hypophysenvorderlappen-Hormon aussendet als die des gereiften. Das hat übereinstimmend die Probe mit dem ausgeschiedenen Harn kindlicher Personen als auch die Einpflanzung kindlicher Hypophysen bei infantilen Tieren gelehrt:

SCHÖRCHER[10] hat selbst mit Urinkonzentration bei 47 Kindern und Jugendlichen beiderlei Geschlechts kein gonatropes Hormon nachweisen können. PHILIPP fand bei sechs untersuchten Kindern 3mal, also in der Hälfte der Fälle eine positive Reaktion I. NEUMANN

---

[1] COLLIN u. FLORENTIN: C. r. Soc. Biol. Paris **120**, 143.

[2] CHADWICK: Amer. J. Anat. **60**, 129.

[3] PARHON u. Mitarbeiter: Bull. Sect. endocrin. Soc. roum. Neur.

[4] ZAHL: Proc. Soc. exper. Biol. a. Med. **33**, 56.

[5] MATTHWES SAMUEL: Anat. Rec. **65**, 357.

[6] CARÈRE: Atti Accad. Fisiocritici Siena **11**, Nr 1, 4 u. 5.

[7] RANZI: Atti Accad. naz. Lincei VI. s., **23**, 365.

[8] STUTINSKY: C. r. Soc. Biol. Paris **123**, 421.

[9] FLORENTIN: C. r. Soc. Biol. Paris **122**, 674.

[10] SCHÖRCHER. Klin. Wschr. **1931 II**, 2221.

und PETER[1] haben in der Hypophyse von drei Kindern eine geringe Menge von gonadotropem Hormon festgestellt. SOCKEN[2] fand gonadotropes Hormon positiv bei Kindern, jedoch anscheinend nur bei älteren. WIRZ fand nur Reaktion I, nie Reaktion II positiv.

Auch ist die *Reaktionsfähigkeit der Erfolgszellen*, der Theca-Granulosazellen des Eierstocks *geringer*. PEISSACHOWITSCH und KAPLUN[3] haben nachgewiesen, daß geschlechtsreife Tiere gegen gonadotropes Hormon empfindlicher sind als infantile.

In der *Kindheit* fällt stets nur die *Reaktion I positiv* aus. Es findet sich *nur* Follikelreifungs-, nicht Luteinisierungshormon. Das hat die Einpflanzung von Hypophysen kindlicher Tiere durch WIRZ[4], OESTREICHER u. a. gezeigt (s. auch Abb. 119).

Größer ist die Menge bei der *geschlechtsreifen Frau*. Sie erreicht im Intermenstruum und während der Blutung den Höhepunkt. Sie beträgt nach ZONDEK 3—4 ME. (Stoff A und B, nach anderen Autoren und bei Anwendung verschiedener Technik bis zu 6—10 RE. bzw. 25—40 ME.

Bei der geschlechtsreifen Frau findet sich nicht nur Stoff A, sondern auf *Stoff B*. Es haben also die chromophoben Zellen der geschlechtsreifen Frau die Fähigkeit erworben, auch *Luteinisierungshormon* zu produzieren.

Bei weiblichen und männlichen Individuen. Nach den Untersuchungen von SCHOECKAERT und SIEBKE[5] finden sich in der Hypophyse von *Mann und Frau* ungefähr *gleiche Mengen* von *gonadotropem* Vorderlappenhormon.

bei der Frau	bis 4000 ME.	Stoff	A
	„ 1500 ME.	„	B
bei dem Manne	„ 3000 ME.	„	A
	„ 1000 ME.	„	B

Wir können aus diesen Feststellungen schließen:

1. Daß die Hypophyse *geschlechtsunspezifisch* und bei beiden Geschlechtern in der gleichen Weise anregend auf die Keimdrüsentätigkeit einwirkt. Ein ganz unumstößlicher Beweis für die Unspezifität des Hormons ist durch den Versuch von EVANS erbracht, dem es gelang, durch Einpflanzung der Hypophyse eines kastrierten *männlichen* Tieres Frühreife der Eierstöcke zu erzielen. Bei dem Weibchen löst der Stoff Follikelreifung und Corpus luteum-Bildung, beim Männchen Vergrößerung der Samenblase, der Prostata usw. aus.

Ist es unter diesen Umständen berechtigt, die gonadotropen Hormone des Vorderlappens als Geschlechtshormone zu bezeichnen? Das Geschlecht ist entweder weiblich *oder* männlich, das gonadotrope Hormon hat sowohl beim Manne als auch beim Weibe Wirkung. Ebenso die von den Nebennierenrindenzellen und von den Schilddrüsenzellen gebildeten Wirkstoffe. Ich halte es daher, wie bereits betont, für richtiger, die *gonadotropen* Hormone *nur* als die *Hilfshormone der Keimdrüse* zu bezeichnen.

2. Die Feststellung, daß auch das *männliche* Individuum *Stoff B* (Luteinisierungshormon) zu bilden vermag, wirkt überraschend. Wozu das, wenn das männliche Tier gar kein Organ hat, das auf das Luteinisierungshormon anzusprechen vermag? Um diese Erscheinung zu verstehen, muß man bedenken, daß die chromophoben Zellen des Vorderlappens durch chromosomal zygotische Einflüsse genau so ihren sexuellen Stempel mit auf den Weg bekommen, wie

---

[1] NEUMANN u. PETER: Z. Kinderheilk. **52**, 24 (1931).

[2] SOCKEN: Z. Kinderheilk. **53**, 339 (1932).

[3] PFISSACHOWITSCH u. KAPLUN: Zbl. Gynäk. **21**, 1223 (1935).

[4] WIRZ: Z. Geburtsh. **104**, 293 (1933).

[5] SCHOECKAERT und SIEBKE: Zbl. Gynäk. **1933**, Nr 47.

alle anderen Somazellen. Es erfolgt auch eine gewisse weitere sexuelle Differenzierung, aber nur in geringem Grade, angedeutet, nicht so weit wie bei den Keimzellen und der Keimdrüse, bei denen die sexuelle Differenzierung am stärksten durchgeführt wird. Ein Beispiel dafür ist die Brustdrüse, die bekanntlich bei beiden Geschlechter angelegt ist, also Artcharakter trägt, die aber nur beim weiblichen Geschlecht und nur in der geschlechtsreifen Zeit, volle Ausbildung erfährt. Auch der Einfluß der chromophoben Zellen auf die Keimdrüse ist Arteigenschaft. Es fällt beim männlichen Geschlecht nur die Ausbildung eines besonderen Organs, des Corpus luteum weg. Aber etwas Analoges und Homologes ist auch beim männlichen Geschlecht in rudimentärer Form nach-

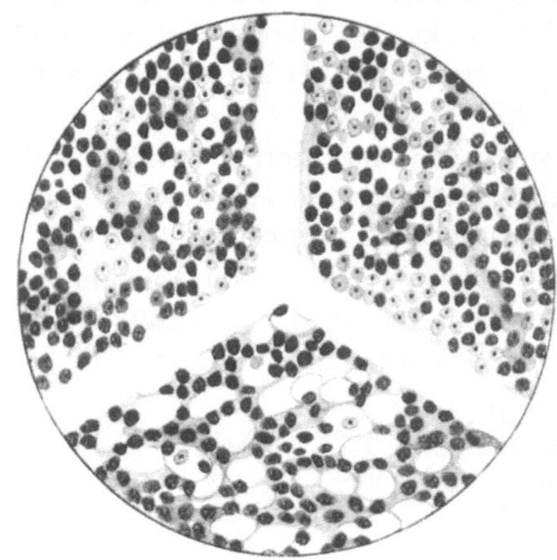

Abb. 88. Zellen aus dem Vorderlappen von Rattenhypophysen. Links: normales Tier; unten: kastriertes Tier; rechts: kastriertes und dann mit Follikelhormon behandeltes Tier. (Nach HOHLWEG und DOHRN.)

zuweisen; das sind die LEYDIGschen Zellen des Hodens, die schon durch ihren gelblichen Farbton, auch in gewissen feinstrukturellen Merkmalen an den Gelbkörper erinnern.

Bei Kastration, im Klimakterium und in der Menopause. Mit einer seltenen Übereinstimmung haben die Untersuchungen bei kastrierten und bei senilen Individuen und zwar sowohl bei weiblichen als bei männlichen Vertretern ergeben, daß die *Menge* des mit dem Harn ausgeschiedenen und des in der Hypophyse selbst nachweisbaren gonadotropen Hormons *erheblich vermehrt* ist [1] (s. auch Abb. 120). Wegen Fehlens der Erfolgszellen wird das Hormon nicht mehr verwendet und deshalb mit dem Harn ausgeschieden. Die nach Kastration aus dem Vorderlappen auftretenden histologischen Veränderungen bilden sich nach Follikelhormoneinspritzungen wieder zurück (Abb. 88).

Wenn scheinbar kastrierte und alte Tiere sich in dieser Beziehung gleich verhalten, so lassen sich doch deutlich Unterschiede in der *Art* des ausgeschiedenen gonadotropen Hormons feststellen. Kastrierte Frauen und Tiere, die naturgemäß sich noch im geschlechtsreifen Alter befinden, scheiden sowohl Follikelreifungshormon als auch Luteinisierungshormon aus, bei klimakterischen, d. h. Frauen in der Übergangszeit, findet man auch noch Luteinisierungshormon, dagegen wird bei der postklimakterischen senilen Frau fast immer nur Follikelreifungshormon ausgeschieden (ÖSTERREICHER[2], ENGELHART[3] usw.).

Die weiter dauernde Absonderung von gonadotropem Hormon nach Kastration und in der Menopause erscheint unserem rationalem Denken als eine durchaus *unzweckmäßige Einrichtung* (Dysteleologie im Sinns von HAECKEL); denn die Aufgabe des gonadotropen Hormons besteht erwiesenermaßen darin, die Keimdrüse zur Tätigkeit anzuregen. Bei dem Wegfall des Betätigungs-

---

[1] Auch die Menge des thyreotropen Hormons ist vermehrt. [LOESER: Habil.schr. Freiburg i. Br. 1935. — GRUMBRECHT: Zbl. Gynäk. **1935**, Nr 23, 1331 u. a.]

[2] ÖSTERREICHER: Klin. Wschr. **1933** I, 896; **1935 II**, 1570.

[3] ENGELHART: Arch Gynäk. **163**, 643 (1937).

objektes sollte richtigerweise auch die Bildung des gonadotropen Hormons in den chromophoben Zellen aufhören. Das Überleben der chromophoben Zellen nach Ausschaltung der Theca-Granulosazellen des Follikels kann nur dadurch erklärt werden, daß es der Natur in erster Linie darauf ankommt, die *Fortpflanzung der Art zu sichern.* Um dies zu verwirklichen, wendet sie alle Mittel an. Dabei kommt es ihr nicht darauf an, Somazellen, die einmal zu diesem Zwecke gedient haben, weiter bestehen zu lassen. Wir sehen die gleiche Erscheinung auch bei den Zellen der Brustdrüse. Das Lactationshormon findet bei der nichtschwangeren Frau und beim Mann keine Wirkungsmöglichkeit; ebenso ist es bei den das Wachstum steuernden eosinophilen Zellen des Vorderlappens, die im späteren Alter kein Wachstum mehr auszulösen vermögen.

Der *Konstruktionsfehler*, den die Natur bei dieser Regelung der Dinge begangen hat, wird noch größer, wenn man annimmt, daß die so lästigen Ausfallserscheinungen bei der Frau nicht durch das Versiegen des Follikelhormons, sondern wie manche annehmen[1] durch die weiter dauernde Absonderung des gonadotropen Wirkstoffes zustande kommt[2].

Wenn wir die Ausscheidungskurve des gonadotropen Hormons in den verschiedenen Lebensaltern betrachten, so sehen wir, daß sie fast *parallel mit der Follikelhormonkurve* verläuft. *Nur im Greisenalter* und nach der *Entfernung der Keimdrüse* wird es anders. Das Follikelhormon verschwindet ganz, dagegen steigt die Menge des gonadotropen Hormons noch an.

Die Beziehungen der chromophoben Zellen und des gonadotropen Hormons zu Zyklus und Oestrus. Ich habe bereits in einem der vorausgehenden Kapitel auseinandergesetzt, daß alles dafür spricht, daß ähnlich wie die Theca-Granulosazellen des Follikels auch die chromophoben Zellen des Vorderlappens während des Zyklus eine Änderung in dem molekularstrukturellen Gefüge erfahren und dadurch erst in den Stand gesetzt werden, in der zweiten Phase des Zyklus ein ganz anders wirkendes Hormon als in der ersten zu bilden. Den Vorderlappenzellen mit ihrem proteusähnlichen Charakter darf man eine solche Wandlungsfähigkeit wohl zutrauen.

Die Beeinflussung des Zyklus durch die chromophoben Zellen läßt sich daher schematisch ungefähr folgendermaßen darstellen (Abb. 89).

In der ersten Hälfte des Zyklus (links) bilden die chromophoben Zellen das Follikelreifungshormon, in der zweiten (rechts) unter Änderung der Zellstruktur (angedeutet durch stärkere Punktierung) das Luteinisierungshormon. Dieses bringt den Follikel zur Reifung, jenes regt die Bildung des Corpus luteum an. (In der Zeichnung sind sowohl die Zellen des reifenden Follikels als auch die Corpus luteum-Zellen kurzweg im Gegensatz zu den chromophoben der Hypophysenvorderlappen als follikuläre Zellen des Ovars bezeichnet,

---

[1] In diesem Sinne spricht das Verschwinden der Harnausscheidung des Hypophysenvorderlappenhormons nach Gaben größerer Mengen von Follikelhormon bei der Frau (Büttner) und damit zugleich die Besserung der Ausfallserscheinungen. Man kann sich leicht vorstellen, daß das Hypophysenvorderlappenhormon als *Eiweißabkömmling*, wenn es nicht eine Bindung durch ein anderes Hormon oder einen andern chemischen Stoff findet, toxisch wirkt, d. h. Störungen im Ablauf gewisser Funktionen macht.

[2] Andere (Sehrt, Loeser, Grumbrecht l. c.) sehen die Ursache der Beschwerden in der vermehrten Bildung von Schilddrüseninkret (vermehrte Bildung von thyreotropem Hormon) fassen die Erscheinungen also als Basedowoid auf und wollen durch Gaben von Dijodtyroxin (Roche) gute Erfolge erzielt haben.

der Unterschied in der Molekularstruktur durch stärkere Strichführung gekennzeichnet.) Der reifende Follikel bereitet das Follikelhormon, das die proliferative
Phase an der Gebärmutterschleimhaut, das Corpus luteum produziert das Progesteron, das die sekretorische Phase auslöst (unten).

Im Grunde genommen handelt es sich bei den chromophoben und follikulären Zellen
nur um einen *Halbzyklus*, wie wir auch bei dem Individualzyklus (Anstieg, Höhepunkt,
Abstieg, S. 7) und bei den Somazellen sehen. Ein vollständiger *Zyklus*, d. h. ein geschlos·
sener Kreis entsteht erst dadurch, daß nach dem Zugrundegehen des alten Follikels ein

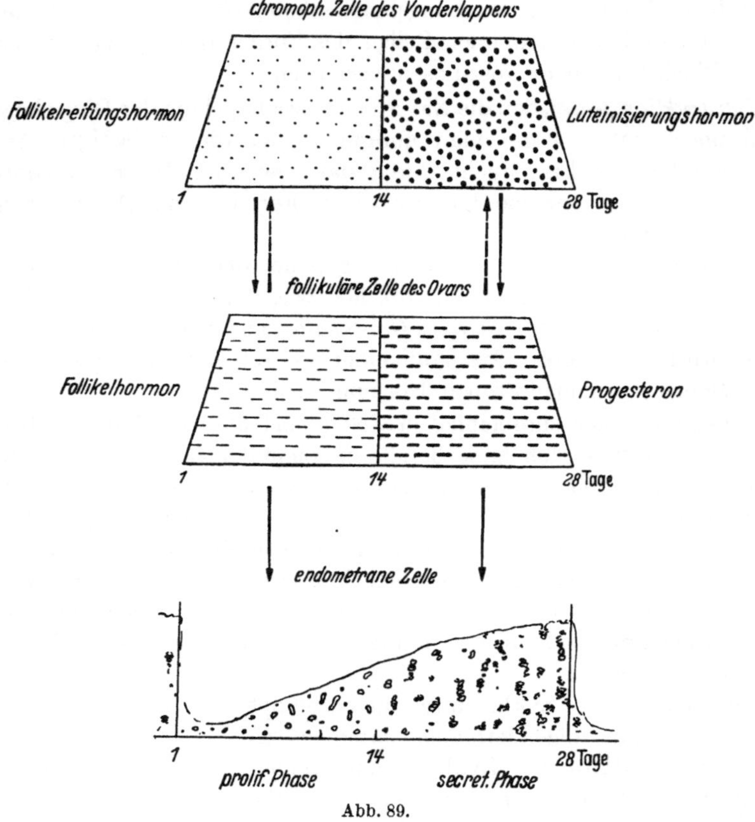

Abb. 89.

neuer an dessen Stelle tritt. Beim männlichen Geschlecht fehlt bekanntlich dieser geschlossene
Zyklus. Es handelt sich nur um einen Halbzyklus wie bei den gewöhnlichen Somazellen
(s. S. 7).

Aschheim und Zondek kennzeichnen diese Tätigkeit der chromophoben
Zellen mit den Worten: Die Hypophyse „kurbelt" das Ovar zur Tätigkeit an,
bildet den „Motor" für den Eierstock. Diese Ausdrücke kennzeichnen in der
Tat den Einfluß der chromophoben Zellen auf den Eierstock gut. Die Feststellung ist aber nur unter zwei Bedingungen richtig:

1. Daß es sich um ein geschlechtsreifes Individuum und 2. daß es sich um
normale Verhältnisse handelt.

ad 1. Es trifft die Annahme nicht zu in der Vorpubertät; hier hat nicht die
Hypophyse die Führung, sondern es beherrscht das hemmende von der Zirbeldrüse
abgesonderte gonadotrope Hormon die Entwicklung des Eierstocks. Im Greisen-

alter bleibt das von den chromophoben Zellen des Vorderlappens gebildete Hormon wirkungslos, weil die Erfolgszellen, nämlich die Theca-Granulosazellen des Eierstocks nicht mehr reaktionsfähig oder völlig aufgebraucht sind (Versuch am untauglichen Objekt).

ad 2. Es ist selbstverständlich, daß die *normalen* Verhältnisse zur Grundlage der Betrachtung gemacht werden. Aber bei den Hormonen und bei den hormonproduzierenden Zellen ist wie bei allem biologischen Geschehen der Begriff „normal" sehr schwer ganz scharf zu fassen, die Streuung an der mathematischen Kurve ist sehr groß. Deshalb ist es notwendig, den Begriff „normal" bei diesen Vorgängen genauer unter die Lupe zu nehmen. Wir werden sehen, daß die Hormone des Eierstocks den Ablauf des Zyklus ebenfalls grundlegend umzugestalten vermögen und daß die Hypophyse nicht die allgemein beherrschende Stellung einnimmt, wie man vielfach angenommen hat.

a) Zu große Mengen von gonadotropen und Geschlechtshormonen. Die Abweichungen erkennt man am deutlichsten an den *Extremen*. Extremzustände können wir 1. *künstlich im Versuch* erzeugen, oder 2. die *natürlich vorkommenden Fälle* zur Deutung der Vorgänge benützen.

ad 1. Wie bereits wiederholt betont, kommt bei der hormonalen Zusammenarbeit alles auf die richtige Menge der Hormone und den richtigen Zeitpunkt der Absonderung an. Was geschieht nun, wenn wir künstlich im Versuch zuviel von den Hormonen geben?

Wird *Chorionhormon* (Prolan) in *zu reichlicher Menge* oder zu *lange Zeit* eingespritzt, so bilden sich *zuviel reifende* Follikel und Corpora atretica auf einmal, das Ovar des Versuchstieres zeigt das Aussehen einer „Erdbeere" (Ascheim und Zondek), Aus der überstürzten Eireifung resultiert nicht etwa eine erhöhte Fruchtbarkeit, wie man erwarten könnte, sondern im Gegenteil, die *Tiere* werden *unfruchtbar*, wahrscheinlich schon deshalb, weil der Follikel gar nicht springt. Die Einspritzung zu großer Mengen von *gonadotropem Hypophysenvorderlappenextrakt* stört den für die Art typischen Rhythmus von Follikelreifung und Gelbkörperbildung, führt zu einer Übersteigerung der normalen Funktion und wahrscheinlich durch Störung des gesamten hormonalen Gleichgewichtszustandes ebenfalls zur Unfruchtbarkeit.

Eine übermäßig reichliche Bildung von Hypophysenvorderlappen-Hormon ist wiederholt auch beim *Menschen* bei *Erkrankungen der Hypophyse* beobachtet worden. G. A. Wagner[1] z. B. berichtet über einen Hypophysentumor bei einer nichtschwangeren Frau, bei der es zur Ausbildung *zahlreicher Luteincysten im Eierstock* gekommen war.

Um grundsätzlich den gleichen Vorgang (Bildung zahlreicher Luteincysten in den Eierstöcken) handelt es sich bei einem anderen *pathologischen* Zustand, nämlich bei *Blasenmole* und schwächer ausgebildet beim Chorionepitheliom. Stoeckel hat zuerst die merkwürdige Veränderung (Umwandlung der Eierstöcke in nierenförmige bis kindskopfgroße Gebilde) beschrieben. Es besteht nur insofern ein Unterschied gegenüber der Luteincystenbildung bei Hypophysentumoren als es sich hier um die Auswirkungen des *choriogenen* Hormons handelt.

Bei den Versuchen mit den *Geschlechtshormonen* sind folgende Beobachtungen für unsere Betrachtung wichtig:

Spritzt man einem infantilen Tiere längere Zeit hindurch *reichliche Mengen Follikelhormon* ein, so wachsen die vorher kleinen Follikel zu reifen Bläschen heran, es bilden sich Gelbkörper, das *Ovar wird geschlechtsreif*. Diese Feststellung,

---

[1] Wagner, G. A.: Zbl. Gynäk. 1 (1928).

die zuerst HOHLWEG und DOHRN gemacht haben, und die von anderer Seite wie CLAUBERG u. a. Bestätigung gefunden hat, ist sehr bedeutungsvoll [1]. Sie macht eine *Revision der früheren* Anschauung über die *beherrschende Funktion der Hypophyse* im zyklischen Geschehen notwendig. Das Ergebnis der Untersuchungen kann nicht anders gedeutet werden, als daß die überreichliche Menge des Oestrons die Tätigkeit der chromophoben Zellen des Vorderlappens beeinflußt und sie nicht nur zur Bildung von Prolan A, sondern auch Prolan B anregt. Es ist also nicht nur möglich, durch Verabreichung von Prolan den Eierstock des infantilen Tieres geschlechtsreif zu machen, sondern auch dadurch, daß wir *größere Mengen* von *Follikelhormon* längere Zeit einspritzen. Der Weg der Wirkung ist folgender: Das Follikelhormon greift an den chromophoben Zellen des Vorderlappens als den Erfolgszellen an, bewirkt Umstellung des feinstrukturellen Gefüges wie das normalerweise beim geschlechtsreifen Tier während des Oestrus erfolgt und führt der Reihe nach zur Bildung von Prolan A und B. Diese wirken wieder entsprechend auf das Ovar ein. Ein wunderbares Zusammenspiel! Nach der Aufklärung dieser Zusammenhänge ist die Annahme einer *absoluten Vorherrschaft der Hypophyse* bei dem *zyklischen Geschehen nicht mehr haltbar.* Es bleibt von ihrem Einfluß nur soviel übrig, daß die chromophobe Zelle *de norma* bei dem geschlechtsreifen Individuum den *Anstoß* zu der Abwicklung des Vorgangs gibt. Wie dieser Anstoß erfolgt, darauf soll später genauer eingegangen werden.

Die Aufklärung der Zusammenhänge ist aber auch in *praktischer Beziehung* von großer Bedeutung. Wir wissen jetzt bestimmt — was man auf Grund theoretischer Überlegungen und praktischer Erfahrungen schon längere Zeit vermuten konnte — daß es möglich ist, durch *Follikelhormon* einen *anregenden Einfluß auf die chromophoben Zellen der Hypophyse* zu gewinnen. Damit ist die therapeutische Anwendung des Follikelhormons, das wir in chemisch reiner Form in Händen haben und genau dosieren können, gegenüber dem Prolan mit seiner unbekannten chemischen Zusammensetzung ganz in den Vordergrund getreten.

Wenn die Meinung HOHLWEGs richtig ist, so muß es auch gelingen, durch Zufuhr *übermäßiger Mengen der Geschlechtshormone* künstlich eine *Unfruchtbarkeit* der Versuchstiere auf dem Umweg *über die Hypophyse* herbeizuführen. Das ist in der Tat möglich.

HABERLANDT hat bereits vor längerer Zeit, ehe die Zusammenhänge geklärt waren, durch Zufuhr von *Corpus luteum*-Extrakt und damit bewirkter Behinderung weiterer Follikelreifung künstlich die Versuchstiere unfruchtbar gemacht. Es lassen sich die chromophoben Zellen, wie wir noch des Näheren sehen werden, auch durch Progesteron zur Bildung von Luteinisierungshormon anregen.

Was mit dem Corpus luteum-Hormon schwerer gelingt, ist mit der Anwendung *großer Mengen von Follikelhormon* leichter zu erreichen. Gibt man beim erwachsenen Tiere große Mengen von Follikelhormon, so werden die Tiere *unfruchtbar.* Auch hier geht die Wirkung über die Hypophyse.

Auch ist es möglich, durch Zufuhr von zuviel Follikelhormon eine bestehende *Schwangerschaft* zu *unterbrechen.* CLAUBERG gibt an, daß es ihm bei einer angezeigten Schwangerschaftsunterbrechung gelungen ist, durch Verabreichung von 500 000 ME. Follikelhormon die Ausstoßung der Frucht herbeizuführen.

---

[1] Auch bei einer nichtschwangeren Frau gelang es EHRHARDT und STEUP (Diss. Frankfurt a. M. 1938) einmal durch große Dosen von Follikel- und Corpus luteum-Hormon einen positiven Ausfall von Reaktion B zu erzielen.

Wir stellen fest: Eine *hormonale Sterilisierung* kann theoretisch und potentiell auf drei Wegen erreicht werden: durch *zuviel gonadotropes* Hormon, *zuviel Follikelhormon, zuviel Progesteron*. Der Weg geht stets *über die Hypophyse*. Denn wir haben gesehen, daß durch Follikelhormon bei hypophysektomierten infantilen Tieren keine Vergrößerung des Eierstocks, keine Follikelreifung und keine Corpus luteum-Bildung stattfindet.

ad 2. Für die Deutung der tieferen Zusammenhänge sind namentlich *klinische Erfahrungen* und *pathologische Befunde*, die von Störungen der Geschlechtshormone — die wir ja am besten kennen — ausgehen, wertvoll.

Wirkung von zuviel Follikelhormon. 1. Es ist das Verdienst von R. SCHRÖDER und seiner Schüler, die Bedeutung der *Follikelpersistenz* in dieser Beziehung geklärt zu haben (Abb. 121). Wenn der Follikel nach Ablauf der ersten 14 Tage nicht platzt, sondern weiter bestehen bleibt, wird eine *abnorm große Menge Follikelhormon* gebildet und die Bereitung des Corpus luteum-Hormons bleibt völlig aus. Unter dem Einfluß des Follikelhormons kommt es zu einer *Übersteigerung der proliferativen Veränderungen*. Es bildet sich das Bild der *glandulär cystischen Hyperplasie* der Gebärmutterschleimhaut aus. Die sekretorische Phase tritt nicht ein, die übermäßig gewucherte Schleimhaut wird infolge des gestörten hormenzymatösen Gleichgewichtszustandes (s. S. 30) unter Blutabgängen abgestoßen.

Eine Follikelpersistenz ist ferner den Tierärzten bei der *Kuh* ein sehr bekanntes Krankheitsbild. Die Störung führt zu Dauerbrunst. Die Tiere sind unfruchtbar. Nach Zerdrücken des Follikels tritt meist wieder regelmäßiger Zyklus und Empfängnis ein.

2. Auch eine *Corpus luteum-Persistenz*, die gewöhnlich mit einer *Cystenbildung* verbunden ist, kommt beim Menschen vor. Wenn eine solche Corpus luteum-Cyste vorhanden ist, dann kommt es zu einer Rückwirkung auf die chromophoben Zellen des Vorderlappens. Sie verharren zulange in der zweiten Phase der Entwicklung, sie bilden zu *reichlich Luteinisierungshormon* (Abb. 122), das im Harn ausgeschieden wird. Es fällt daher die ASCHHEIM-ZONDEKsche *Schwangerschaftsreaktion positiv* aus, *ohne* daß eine *Schwangerschaft* besteht. Solche Fälle sind einwandfrei von EHRHARDT und KRAMANN[1], K. HEIM u. a. beobachtet worden. EHRHARDT und STEUP gelang es, bei einer *nichtschwangeren* Frau nach entsprechend vorherigen Gaben von Follikelhormon durch Zufuhr großer Mengen von Progesteron *künstlich* eine *positive Schwangerschaftsreaktion* auszulösen.

Es fällt auf, daß *Follikelhormon* im Versuch *für sich allein* und das *Progesteron* in der Regel erst dann, wenn *vorher Follikelhormon* gegeben wurde, die chromophoben Zellen des Vorderlappens in die zweite Phase ihrer Entwicklung zu bringen und zur Bildung von Luteinisierungshormon anzuregen vermögen. Diese Feststellung entspricht nur dem, was wir beim *natürlichen* Geschehen beobachten. Es wird bekanntlich im *Corpus luteum* nicht nur Progesteron gebildet, sondern es finden sich stets auch *kleine Mengen von Follikelhormon* vor, die fraglos dort entstanden sind. Das Oestron ist das Geschlechtshormon

---

[1] EHRHARDT und KRAMANN (Msch. Geburtsh. **1937**) haben aus meiner Klinik einen Fall beschrieben, bei dem Aschheim-Zondek positiv war, die Diagnose auf eine extrauterine Schwangerschaft gestellt und der Leibschnitt gemacht wurde. Dieser ergab, daß keine Tubenschwangerschaft bestand, daß aber auf der einen Seite das Corpus luteum persistiert war. Wir haben unterdessen zwei weitere gleichgelagerte Fälle beobachten können.

schlechthin und bildet die *Grundlage und den Wegbereiter für die Tätigkeit des Progesterons* [1].

Die *Persistenz des Corpus luteum* kommt auch beim *Rinde* vor. Es bleibt dann die Brunst aus, die Tiere sind unfruchtbar. Wenn die Cyste zerdrückt ist dann stellt sich wieder normale Brunst ein und kann Empfängnkis erfolgen.

Man kann die Persistenz des Follikels und des Corpus luteum nicht anders deuten, als daß der *Fehler* in diesen beiden *Organen selbst* gelegen ist, vielleicht in sklerotischen Veränderungen, Zirkulationsstörungen, entzündlichen Prozessen od. dgl. Ein Beweis für die Richtigkeit der Ansicht ist darin zu sehen, daß, wenn, wie bei der Kuh 1000fach nachgewiesen, der persistierende Follikel und die Corpus luteum-Cyste zerdrückt sind, wieder der normale Oestrus mit Trächtigkeit eintritt. Die Hemmung geht also in diesen Fällen *nicht* von den *chromophoben* Zellen aus, die *Ursache* der Störung liegt in der *Beschaffenheit des Follikelapparates*. Der Fehler kann aber auch primär und ist es wohl am häufigsten an den chromophoben Zellen des Vorderlappens (Hypophysentumor) gelegen sein, wie in der Beobachtung von G. A. WAGNER. Eine Schwäche in der Hypophysenfunktion ist auch bei folgender Beobachtung von EHRHARDT und STEUP [2] anzunehmen: Während sonst nach Transfusion von Schwangerenblut bei der nichtschwangeren Frau Prolan B nachzuweisen ist, fiel bei drei Frauen mit hypophysärer Kachexie die Probe negativ und nur in einem 4. Fall positiv aus.

Wenn auch bei der Regulation des Zyklus die hormonale Lenkung die führende Rolle spielt, so darf daneben der *nervöse* Anteil nicht ganz vergessen werden. Beim Kaninchen führt der letztere zur Auslösung der Ovulation. Es erfolgt bekanntlich beim Kaninchen der Follikelsprung während des Coitus. Ebenso läßt sich durch elektrische Reizung des Gehirns (MARSCHALL und VERNEY) und des Uterus Ovulation hervorrufen, die ausbleibt, wenn der Sympathicus vorher durchgeschnitten ist.

Bei der Leitung des Reizes vom *Ovar* zur *Hypophyse* ist sicher der Nervenweg *entbehrlich*; denn eingespritztes Oestron löst beim Versuchstiere, dem die Hypophyse an ganz anderer Stelle eingepflanzt ist (DECLIN und GREQOIR) oder bei dem alle zum Organ führenden Nerven durch Durchtrennung des Stiels ausgeschaltet sind (WESTMAN und JACOBSOHN, s. S. 69) die nämlichen Veränderungen an dem Organ aus als wenn alle Leitungsbahnen unversehrt wären.

Die Erregung, die von der *Hypophyse* zum *Ovar*, also umgekehrt, geht, scheint teils auf nervösem, teils auf hormonalem Wege zu erfolgen. Während nach der Durchschneidung des Stiels alle anderen Hormone fast unverändert abgesondert werden, bildet sich kein vollwertiges gonadotropes Hormon mehr, es läßt sich nur mehr der „synergistische Faktor" nachweisen (WESTMANN und JACOBSOHN, s. auch S. 69). Dagegen erfolgt die *Abgabe* des bereits im Hirnanhang vorher gebildeten Wirkstoffes nach der Stieldurchschneidung *ganz unbehindert*. Wenn es sich um einen rein nervösen Reiz handelte, müßte auch die *Abgabe* des Hormons nach der Durchtrennung der nervösen Verbindungen eine Behinderung erfahren.

---

[1] Damit im Einklang stehen viele andere Befunde z. B. die Beobachtung von C. KAUFMANN und STEINKAMM [Arch. Gynäk. **165**, 358 (1938)], die durch unphysiologische Mengen von Follikelhormon regelmäßig bei den Versuchstieren am Uterus Prosoplasien (Umwandlung des Zylinderepithels in Plattenepithel), ebenso durch Kombination von Follikelhormon und Progesteron erzeugen konnten. nie aber durch Progesteron allein.

[2] EHRHARDT u. STEUP: Diss. Frankfurt a. M. 1938.

Man darf daraus wohl schließen, daß auch beim Kaninchen die hormonale *Vorarbeit* des gonadotropen Wirkstoffes am Follikel der Hauptsache nach bereits in dem Zeitpunkt geleistet ist, in dem durch den Coitus der Follikelsprung ausgelöst wird. Die starke Blutzufuhr zum Follikel, auf die CLAUBERG so großen Wert legt und die wir uns in der Regel auf nervösem Wege entstanden denken, trägt zur Berstung des Bläschen sicher mit bei; ob aber dabei nicht auch ein im Nerv selbst gebildeter Stoff (Acethylcholin?) oder ein unter dem Nerveneinfluß entstandener besonderer Stoff von Bedeutung ist, ist sehr wahrscheinlich (s. auch S. 70).

Über den Einfluß *seelischer Erlebnisse* auf die Funktionsabläufe an Hypophyse und Ovar beim Menschen s. Hormon- und Nervensystem und Libido sexualis!

Bisher hat man allgemein angenommen, daß das gonadotrope Hormon nur dadurch zu wirken vermöge, daß es die Keimdrüse zur Bildung der Geschlechtshormone anregt und dadurch *mittelbar* wirksam wird. Neuere Untersuchungen machen es jedoch wahrscheinlich, daß das gonadotrope Hormon auch einen *unmittelbaren* Einfluß auf die geschlechts-spezifischen Wachstumsvorgänge ausübt. So beobachtete MAVROMATI[1] bei *kastrierten* weiblichen Ratten noch zyklische Veränderungen an den akzessorischen Geschlechtsorganen. Auch die Versuche von WITSCHI an Vögeln scheinen dafür zu sprechen, wenn sie freilich auch verschiedener Deutung fähig sind. Auch scheint es, daß *das* gonadotrope Hormon einen gewissen, die Erregbarkeit der Uterusmuskelfaser hemmenden Einfluß ausübt (VON ARVAY[2]).

b) **Zu wenig der gonadotropen und der Geschlechtshormone.** Die *Wirkung eines Zuviel der vier Stoffe ist im Schlußeffekt ganz gleich.* Es resultiert *Unfruchtbarkeit*, das heißt ein Zustand, den die Natur unter allen Umständen zu vermeiden sucht.

Fast noch verhängnisvoller als ein Zuviel ist ein *Zuwenig* dieser Wirkstoffe. Wenn nicht genügend gonadotropes Hormon gebildet wird, so unterbleibt Follikelreifung und Corpus luteum-Bildung. Wenn der Follikelapparat auf den Reiz des gonadotropen Hormons mit einer zu geringen Bildung von Follikelhormon antwortet, so platzt der Follikel nicht, die Empfängnis kann nicht stattfinden. Wenn die Granulosa- und Thecazellen infolge eines ungenügenden Antriebs durch das gonadotrope Hormon sich nicht in Corpus luteum-Zellen umwandeln, dann tritt die Schleimhaut nicht in die sekretorische Phase ein, dann kann auch keine Ansiedelung des Eies erfolgen. Der Uterusmuskel bleibt ferner übererregbar, da das Pituitrin seine Wirksamkeit auf Uterusmuskulatur ungehemmt entfalten kann, die Frucht wird rasch wieder ausgestoßen, die Absicht der Natur, Hervorbringung eines lebenden Kindes, wird wieder vereitelt.

Man sieht, es kommt alles darauf an, daß die *Hormone* in der *richtigen Menge* und in der *richtigen Reihenfolge* gebildet werden und das hängt in erster Linie von der *Beschaffenheit der die Hormone produzierenden Zellen* und der Reaktionsfähigkeit der Erfolgszellen ab, ist also im wesentlichen ein *genisches Problem*. Dabei spielt die Eizelle, falls sie erbmäßig lebenskräftig und gesund ist, sicher mit eine Rolle. Aber der Beitrag, den das kleine Gebilde dazu zu liefern vermag, ist im Vergleich zu den tausenden und abertausenden von Zellen, die die Hormone bereiten, nur gering. Die Eizelle ist eben doch auch nur ein Glied, wenn auch ein besonders wichtiges, in dem Zellstaat des Individuums und ebensogut die Resultante eines gemeinsamen Erbes wie die Somazellen.

---

[1] MAVROMATI: Bull. Sect. Endocrin. Soc. roum. neur. 1, 164.
[2] VON ARVAY: Zbl. Gynäk. 50 (1937).

c) **Schlußfolgerungen.** Wenn wir aus diesen Erkenntnissen die Schluß-folgerung für die Behandlung der Zyklusstörungen nur ganz allgemein und in großen Zügen ziehen, so stehen folgende Wege offen:

1. Der wichtigste und schwerste ist die Sorge für ein *gutes Erbgut*; nicht nur die Auto-, sondern auch die Geschlechtschromosome müssen vollwertig sein.

2. Durch die Schaffung *möglichst günstiger Umweltbedingungen* die richtige Entwicklung der hormonbildenden Zellen zu fördern. Allgemeine körperliche Ertüchtigung, richtige Ernährung namentlich auch genügend Vitaminzufuhr, vernünftige Lebensweise, Verhütung von Schäden, von Infektionen usw.

3. *Hormonzufuhr.* Von den drei wichtigsten bei der Steuerung des Zyklus beteiligten Hormonen hat bisher die Praxis von den *gonadotropen* Wirkstoffen der Hypophyse nur wenig Nutzen gehabt. Dieses Versagen könnte vielleicht nur daran gelegen sein, daß es zur Zeit noch nicht möglich ist, Präparate herzu-stellen, die die Wirkstoffe in genügender Menge und verwertbarer Form enthalten.

Anders steht es mit den eigentlichen *Geschlechtshormonen*, Oestron und Pro-gesteron. Das *Oestron* ist nach zwei Richtungen hin wirksam. Einmal als reiner *Ersatz* des von dem Körper nicht oder nicht genügend gebildeten Wirkstoffes.

Bei *allen anderen* Hormonen handelt es sich der Hauptsache nach nur um eine solche *Substitutionstherapie*, es erfolgt bei ihnen durch die künstliche Zufuhr fast nie eine Ertüchtigung und Leistungssteigerung der körpereigenen inner-sekretorischen Drüse; bei Diabetes glaubte man durch die Insulinanwendung in ungefähr 1 % eine solche Wirkung erzielt zu haben. Wohl aber ist das bei der Anwendung des Follikelhormons der Fall, besonders bei jugendlichen Personen (s. S. 189). Hier kann durch Oestrongaben die in das Stocken geratene und verzögerte *geschlechtliche Weiterdifferenzierung* nachgeholt werden. Wir sehen daher nicht selten eine lange Zeit anhaltende oder dauernde Heilung der klinischen Erscheinungen (C. KAUFMANN[1], HAMPE[2] u. a.).

Die Wirkung des Oestrons beim Zyklus kommt zum Teil auf dem Umwege über die Hypophyse zustande. Durch große Dosen Oestron vermögen wir die *chromophoben Zellen* zur Bildung von *Follikelreifungs- und Luteinisierungshormon* anzuregen und sekundär am Eierstock Follikelreifung und Gelbkörperbildung auszulösen. Wir können also *mittelbar* auf die sonst schwer zu beeinflussende Hypophyse zum Zwecke der Regelung des Zyklus eingreifen.

So leistungsfähig die Therapie mit den Geschlechtshormonen auch ist, so hat sie doch ihre *Grenzen*. Sie setzt einen Körper voraus, dessen *übrige Organe und Systeme einigermaßen normal* arbeiten. Am ungünstigsten in dieser Be-ziehung sind sicher ernstliche *Minderleistungen der Hypophyse und des Zwischen-hirns*. Wenn diese Organe und Zellkomplexe, chromosomal zygotisch bedingt, minderwertig sind, dann vermögen wir sie auch durch die Zufuhr von Follikel-hormon nicht zu einer besseren Tätigkeit anzuregen; daher die wenig befriedigen-den Erfolge bei allen klinischen Erkrankungen der Hypophyse (s. S. 338). Aber auch das übrige Endokrinium, besonders *Nebennierenrinde und Schilddrüse*, müssen normal ausgebildet sein. Es muß ferner die Erregbarkeit des *vegetativen Nervensystems*, der *Elektrolytzustand* usw. innerhalb normaler Grenzen sich bewegen, auch genügend *Vitamine* durch die Ernährung zugeführt und vom Körper richtig verwertet werden. (Es kommt eben nicht nur auf die richtige

---

[1] KAUFMANN, C.: Arch. Gynäk. **166**, 113 (1938).
[2] HAMPE: Geburtshilfe und Frauenheilkunde, Bd. 1, Nr 1. 1939.

Beschaffenheit und Arbeitsweise der endokrinen Zellen, sondern auch der Erfolgszellen an.)

Es ist uns vielfach nicht möglich, bei dem außerordentlich komplizierten Geschehen im Körper die verschiedenen einzelnen *schwachen Stellen herauszufinden*. Daher ist es nicht verwunderlich, daß unsere Hormontherapie noch in vielen Fällen, z. B. bei *primärer Amenorrhöe versagt*.

γ) Chorionhormon.

Bildungsstätte des Wirkstoffes. Aschheim und Zondek nehmen auch für den im Schwangerenharn befindlichen Wirkstoff die Bildung in der Hypophyse

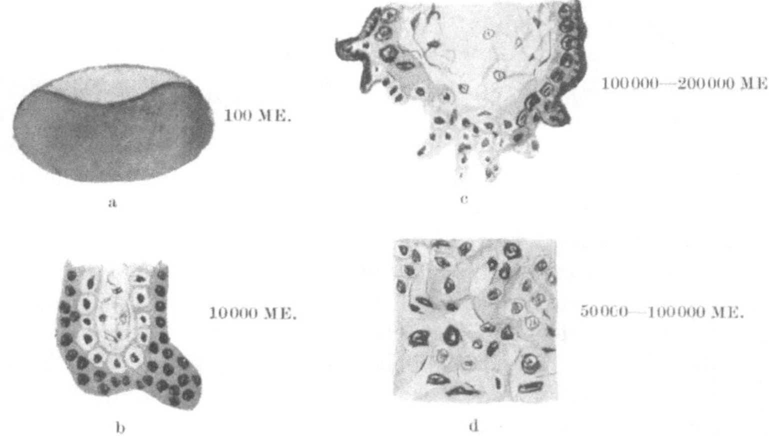

Abb. 90a—d. Menge des im Vorlappen (a) gebildeten gonadotropen Hormons und des in den Chorionepithelien der normalen Zotte (b), in den gewucherten Epithelien der Blasenmole (c) und des Chorionepithelioms (d) produzierten Chorionhormons.

als das wahrscheinlichste an. Diese Meinung wurde stark erschüttert, als Philipp größere Mengen des Wirkstoffes aus der Placenta gewann.

Heute kann als sicher festgestellt gelten, daß der Wirkstoff wenigstens der Hauptsache nach in der *Placenta* und zwar in dem aktiven Teil des Organs, in den *Chorionepithelien* gebildet wird.

Als Beweis seien außer den Untersuchungen von Philipp u. a. noch folgende Überlegungen angeführt:

1. Es lassen sich in dem Zeitpunkt, in dem die Schwangerschaftsreaktion zum ersten Male positiv ausfällt, an *keinem Gewebe* des Körpers, auch nicht an den Zellen des Hypophysenvorderlappens *strukturelle* Veränderungen nachweisen, die auf eine derartig massenhafte Bildung des Wirkstoffes hinweisen. Das *einzige Ereignis*, das zudem noch *einzigartig* in seiner Art ist, das in diesem Zeitpunkt erfolgt, ist die *Ansiedelung eines befruchteten* Eies.

2. Der Wirkstoff wird bekanntlich bei der *Blasenmole* und bei dem *Chorionepitheliom* in *vermehrter Menge* (Abb. 90), bei der Blasenmole 10—30mal soviel, im Harn ausgeschieden. Die wesentliche Veränderung der Blasenmole besteht in einer uuregelmäßigen Wucherung der Chorionepithelien. Das bedeutet eine Massenzunahme dieser Elemente und damit eine Vermehrung des von ihnen gebildeten Wirkstoffes. Da aber bei der Blasenmole auch die Stromazellen verändert und gequollen sind, könnte man auch an diese als die Bildnerinnen des Stoffes denken.

Diese Quelle können wir bei dem Chorionepitheliom ausschließen; denn bei ihm fehlt das bindegewebliche Element vollständig, es handelt sich um eine rein epitheliale Wucherung[1].

Ein weiterer Beweis für die Bildung des Wirkstoffes in den Chorionepithelien ist ferner die Feststellung, daß auch bei dem *Chorionepitheliom des Hodens* dieser Wirkstoff in vermehrter Menge im Urin ausgeschieden wird.

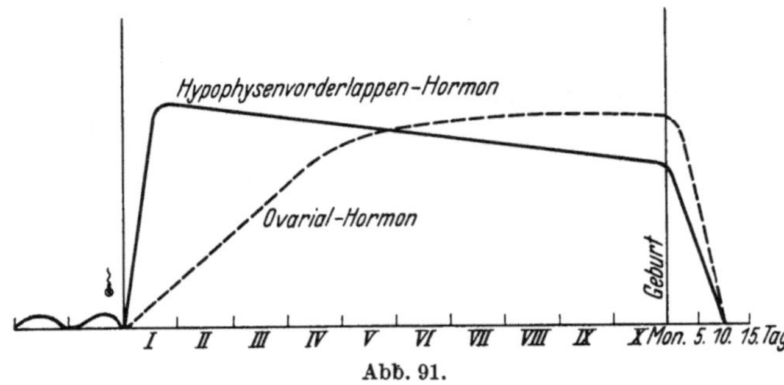

Abb. 91.

Menge des Wirkstoffes. Die Abb. 91 gibt die Menge des Chorionhormons (in der Abbildung fälschlich als Hypophysenvorderlappenhormon bezeichnet) nach den älteren Untersuchungen von ASCHHEIM und ZONDEK u. a. wieder; zum Vergleich ist daneben die Menge des Follikelhormons (gestrichelte Linie) angegeben.

Nach den neueren Untersuchungen von ENGLE u. a. ist bei der Frau und bei der Stute die höchste Ausscheidung in den ersten 70 Tagen der Schwangerschaft vorhanden, in der übrigen Zeit finden sich nur noch kleine Mengen Chorionhormon (Abb. 92).

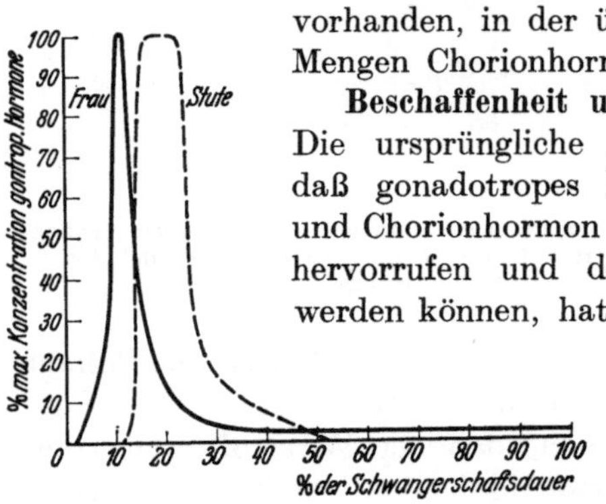

Abb. 92.

Beschaffenheit und Wirkungsweise des Chorionhormons. Die ursprüngliche Ansicht von ASCHHEIM und ZONDEK, daß gonadotropes Hormon des Hypophysenvorderlappens und Chorionhormon am Versuchstier die *gleichen* Reaktionen hervorrufen und deshalb als *identische* Stoffe angesehen werden können, hat sich auf die Dauer *nicht* halten lassen.

FELS hat bereits darauf hingewiesen, daß bei den Versuchstieren, die mit Schwangerenharn behandelt worden sind, keine echten Corpora lutea, sondern nur Corpora atretica entstehen, daß also die Merkmale der geschlechtlichen Frühreife des Ovars, Follikelsprung und Corpus luteum-Bildung, fehlen.

MAHNERT u. a. wiesen nach, daß die Wirkung des Schwangerenharnextraktes nur ungefähr $^1/_3$—$^1/_2$ der Wirksamkeit habe, wie ein eingepflanztes Hypophysenvorderlappenstück.

Den wichtigsten Beweis gegen die Gleichheit beider Stoffe haben wohl EVANS, ENGLE[2] und andere Amerikaner erbracht. EVANS konnte zeigen, daß der volle Effekt des Hypophysenvorderlappenhormons mit Schwangerenharnextrakt nur dann eintritt, wenn noch ein kleines Stückchen Hypophysenvorderlappen dem Versuchstier eingepflanzt wird, wenn also zu dem Chorionhormon noch etwas hinzukommt, das EVANS als „synergistischen Faktor"[3] bezeichnet (auch HILL und JARKAS, WIT und LEONARD, HINZ und MARK).

---

[1] Gelegentlich kann bei Chorionepitheliom die vermehrte Bildung fehlen. Die Erscheinung erklärt sich zum Teil durch bestehende Nekrosen- und Hämatombildungen in den Wucherungen (ASCHHEIM, PHILIPP u. a.), zum Teil hängt es wohl mit dem Mangel an Glykogen zusammen, das sonst in vermehrter Menge in den Geschwulstzellen vorhanden ist [RUST: Arch. Gynäk. **167**, 531 (1938)].   [2] ENGLE: Arch. Gynäk. **166**, 131 (1938).

[3] ZONDEK bezeichnet den Stoff als Symprolan, die Gesamtstoffe, die im Vorderlappen vorkommen, als Prosylan, das ist Prolan A + Prolan B + Symprolan. Ich wende die Ausdrücke nicht an, weil es mir, solange die Verhältnisse nicht besser geklärt sind als zur Zeit, nicht zweckmäßig erscheint, sich auf eine bestimmte Nomenklatur festzulegen.

Es hat sich weiter gezeigt, daß der Extrakt aus Schwangerenharn nur bei den *kleinen Nagern* die von ASCHHEIM und ZONDEK angegebenen Veränderungen am Eierstock hervorruft, daß dagegen die Wirkung auf den Eierstock des infantilen *Affen* und anderer Säuger *anders* ist. Man kann bei dem Affen nur eine starke Luteinisierung der Follikel feststellen, keinen Follikelsprung und keine Bildung von echtem Gelbkörper. Beim männlichen Tier kommt es zu einer Vergrößerung des Interstitiums, nicht zu einer Reifung der Spermatozoen; es fehlen also wie schon FELS betont hatte, die kennzeichnenden Merkmale der Frühreife des Eierstocks. Bei der durch Hypophysenvorderlappenhormon herbeigeführten Frühreife dagegen stehen die Follikelvergrößerung und nachträgliche Corpus luteum-Bildung im Vordergrund des morphologischen Befundes. Die Ovarien bei den mit Hypophysenvorderlappenhormon behandelten Tieren nehmen an Gewicht erheblich zu, ungefähr um das 2—3fache; bei der Behandlung mit Schwangerenharnextrakt steigt das Gewicht nur mäßig durch die Umbildung der Theca interna- in Theca-Lutein-Zellen und durch Vergrößerung des Interstitiums an.

Der gegenwärtige Stand unserer Kenntnis in dieser Frage läßt sich demnach folgendermaßen zusammenfassen:

Die Zufuhr des *gonadotropen* Hormons des *Hypophysenvorderlappens* eines geschlechtsreifen und erwachsenen Tieres — nicht des kindlichen Tieres — bewirkt eine *Frühreife* der Keimdrüse — nicht des ganzen Körpers —, die sich im *Wachstum der Follikel*, im *Follikelsprung* und *Corpus luteum-Bildung* und in einer *erheblichen Gewichtszunahme* des Organs ausdrückt. Diese Wirkung tritt bei allen bisher geprüften Säugern, nicht nur bei den kleinen Nagern, nach Einpflanzung eines Stückes Hypophyse oder nach Einverleibung von wirksamen Hypophysenvorderlappenextrakten ein.

Der im *Harn Schwangerer (Mensch) enthaltene Stoff* bewirkt nur eine beträchtliche *Vermehrung und Vergrößerung der Zellen der Theca interna* und externa. Die Theca interna-Zellen nehmen gelben Farbstoff an und wandeln sich in *Theca-Lutein-Zellen* um. Ein *Follikelsprung* und eine *echte Corpus luteum*-Bildung findet *nicht* statt, die entstandenen Corpora atretica gewinnen nur durch die Vergrößerung und Luteinisierung der Thecazellen eine gewisse äußere Ähnlichkeit mit einem echten Gelbkörper, das Gewicht des Eierstocks steigt nur wenig an.

Die *Hypophyse* des geschlechtsreifen (nicht schwangeren) Individuums enthält also zwei Stoffe:

1. Ein *Follikelreifungs- oder -stimulierungs-Hormon, Stoff A.*

2. Einen Stoff, der den gereiften Follikel zum *Platzen* bringt und die Granulosazellen mit den Thecazellen in die *Gelbkörperzellen* umwandelt, den *Luteinisierungsstoff, Stoff B.*

Die *Chorionzellen* dagegen produzieren *nur einen* Stoff, der die Thecazellen zur Vermehrung und Vergrößerung bringt und sie in Theca-Lutein-Zellen umwandelt, aber kein Wachstum des Follikels und keinen Follikelsprung und keine Wucherung der Granulosazellen auslöst *(nur Luteinisierungshormon, Stoff B).*

Mit diesen Feststellungen stimmen auch gut die *praktischen* Erfahrungen überein, die bei der Frau nach Verabreichung von aus dem Schwangerenharn gewonnenen Präparaten gemacht wurden. Bei der Betrachtung der Eierstöcke während der Laparatomie und nachträglicher mikroskopischer Untersuchung konnten keine Follikelreifung und keine Gelbkörperbildung festgestellt werden (HAMBLEN und ROSS[1], ANSELMINO und HOFFMANN[2]), nur BÜTTNER[3] fand bei

---

[1] HAMBLEN u. ROSS: Endocrinology **21**, 41 (1937).

[2] ANSELMINO u. HOFFMANN: Z. Geburtsh. **111** (1935).

[3] BÜTTNER: Arch. Gynäk. **163**, 487 (1937).

der vorgenommenen Ausschabung eine Umwandlung der proliferativen in die sekretorische Phase nach Verabreichung großer Dosen.

Es wäre falsch zu glauben, daß die ASCHHEIM-ZONDEKsche *Schwangerschaftsreaktion* durch diese Ausführungen irgend etwas von ihrer praktischen Bedeutung verloren hätte, sie gibt eine Sicherheit von 98—99%. Nur in der Deutung der histologischen Befunde ist insofern eine geringe Änderung eingetreten, als die Blutpunkte als das sicherste Zeichen der bestehenden Schwangerschaft angesehen werden (EVANS u. a.) und die Bedeutung der Reaktion II, das Auftreten der Corpora atretica, mehr in den Hintergrund getreten ist.

Wie haben wir uns das Verhältnis von gonadotropen Hypophysenvorderlappenhormon und Chorionhormon einerseits und den Geschlechtshormonen andererseits vorzustellen ?

Wir kommen am ehesten zu einer befriedigenden Erklärung, wenn wir von den Wirkstoffen, die im *Eierstock* der Nichtschwangeren gebildet werden, ausgehen, von *Follikelhormon* und *Gelbkörperhormon*. Die Bildung des Follikelhormons geht der Bildung des Progesterons voraus; aber auch das Corpus luteum enthält und bildet noch Follikelhormon; das steht außer jedem Zweifel. Wir sehen also in der zweiten Phase des Zyklus ein *gleichzeitiges* Auftreten *beider* Wirkstoffe, wenn auch ein Überwiegen des Progesteron. Aus dieser gleichzeitigen Anwesenheit darf man auch auf eine gemeinsame Tätigkeit, auf eine *gemeinschaftliche Aufgabe* schließen.

Daß dem tatsächlich so ist, ersehen wir klar an der Auswirkung des Follikel- und Corpus luteum-Hormons an der *Brustdrüse* (s. S. 209), an der beide Reizstoffe an dem Aufbau des schwangeren Organs zusammenarbeiten. Wahrscheinlich findet auch eine solche Zusammenarbeit bei anderen schwangerschaftsspezifischen Wachstumsvorgängen, wie Erweiterung der Symphyse usw., statt. Zu dem Follikelhormon gesellt sich also bei den Säugern, und *nur* bei diesen, noch das Gelbkörperhormon.

Wenn wir eine derartige Zusammenarbeit der beiden echten Geschlechtshormone zugeben, so ist es eigentlich nur eine logische Forderung anzunehmen, daß auch das *übergeordnete* Organ der Hypophysenvorderlappen und die in ihm bereiteten Hormone in der *nämlichen Reihenfolge* und in der gleichgerichteten Form zusammenarbeiten. Mit anderen Worten: Weder das Follikelreifungshormon in gewöhnlicher Menge *allein* noch auch das Luteinisierungshormon in gewöhnlicher Menge *allein* genügen, unter normalen Bedingungen den vollen Effekt an dem Eierstock herbeizuführen, nämlich echte geschlechtliche Frühreife; dazu sind *beide* Hypophysenhormone notwendig.

Der *Follikelsprung* läßt sich mit einer Explosion vergleichen. Die kinetische Energie, die notwendig ist, um die Hülle zu sprengen, bildet sich erst, wenn zum Follikelreifungshormon noch das Luteinisierungshormon (mit der sekundären Einwirkung auf den Eierstock) hinzutritt (s. Bed. des Follikelsprungs S. 326).

Wenn wir die Vorgänge auf diese Weise auffassen und aus dem natürlichen Geschehen heraus eine *Synthese* versuchen, so kommen wir zu folgender Schlußfolgerung:

Das Follikelreifungs- oder das Follikelstimulierungshormon ist nichts anderes als der synergistische Faktor EVANS' oder der Stoff A. FEVOLD und HISAW[1] sprachen diese Vermutung bereits aus.

Das Chorionhormon ist nichts anderes als das Luteinisierungshormon, Stoff B. Die phylogenetische nähere Begründung siehe nächster Abschnitt.

---

[1] FEVOLD, A. u. HISAW: Amer. J. Physiol. **108**, 331; **109** 655.

Anders liegen die Verhältnisse bei der *Stute* (ENGLE u. a.). Aus dem Serum der trächtigen Stute läßt sich ein Extrakt gewinnen, der im Tierversuch sowohl Follikelreifung als auch die Bildung von Corpus luteum auslöst, also geschlechtliche Frühreife zur Folge hat, wenn die Erscheinungen auch nicht so stark auftreten, wie nach Zufuhr von Hypophysenextrakt oder nach Einpflanzung eines Hypophysenstückes. Wir müssen also daraus schließen, daß die Chorionepithelien der Stute nicht nur *Luteinisierungshormon*, sondern *auch Follikelreifungshormon* in den ersten 70 Tagen zu bilden vermögen.

Ferner hat der aus dem *Harn* von *Kastrierten* oder von der Frau in der *Menopause* gewonnene Extrakt fast die *gleiche* Wirkung wie der *Hypophysenextrakt*. Es handelt sich um echtes im Körper nicht verbrauchtes gonadotropes Hypophysenvorderlappenhormon.

Es nimmt also der aus dem Serum einer trächtigen Stute gewonnene Wirkstoff eine *Mittelstellung* zwischen dem aus dem Harn einer Schwangeren und dem aus der Hypophyse oder aus dem Harn einer kastrierten oder in der Menopause befindlichen Frau ein. Während bei der Schwangeren nur Luteinisierungshormon produziert wird, ist im Harn der trächtigen Stute, der kastrierten und senilen Frau auch Follikelreifungshormon enthalten, also beide Hormone, wenn auch in verschiedenen großen Mengen. Für die Frage der Gewinnung therapeutisch wirksamer Präparate ist natürlich diese Feststellung von der größten Bedeutung.

Im Gegensatz zu Mensch, Affe und Pferdearten stehen nun *sämtliche anderen Säuger*. Nach ASCHHEIM und ZONDEK findet sich bei ihnen *keine nachweisbare Menge von Chorionhormonen* in der Schwangerschaft vor (s. Genaueres nächsten Abschnitt).

In der Schwangerschaft bildet sich beim *Menschen* und beim *Affen nur Luteinisierungshormon*, es nehmen also die beiden Spezies gegenüber den anderen Säugern eine Sonderstellung ein.

Im Serum der trächtigen *Stute* findet sich Follikelreifungs- *und* Luteinisierungshormon. Es nehmen also die Pferdearten gegenüber Mensch und Affe, aber auch gegenüber allen anderen Säugern eine Ausnahmestellung ein. Die Erscheinung ist nicht so auffällig, da wir bereits gesehen haben, daß bei den Pferdearten bei der Produktion männlicher und weiblicher Geschlechtshormone merkwürdige Abweichungen gegenüber den übrigen Säugern bestehen. Der Hengst bildet bekanntlich eine größere Menge von Follikelhormon als die Stute.

Im Harn der übrigen Säuger lassen sich mit den gewöhnlichen Methoden weder Follikelreifungshormon noch Luteinisierungshormon nachweisen. Wie dieses auffallende Verhalten bei den verschiedenen Arten der Säuger zu erklären ist, darüber Weiteres im nächsten Abschnitt.

Wegen der Schwierigkeit der Deutung der Vorgänge ist es erforderlich, noch etwas genauer auf das *Verhältnis von gonadotropen Hypophysenvorderlappenhormonen und Chorionhormonen* einzugehen.

Der *nicht*schwangere Mensch und das *nicht*trächtige Säugetier bedürfen zur Aufrechterhaltung ihrer Geschlechtsfunktionen der Mitwirkung der *gonadotropen Hormone des Hypophysenvorderlappens*. Dieser Satz gilt auch für das männliche Geschlecht. Beweis: Schrumpfung der Keimdrüse nach Entfernung der Hypophyse; selbstverständlich ist auch die *Keimdrüse* unumgänglich notwendig.

In der *Schwangerschaft* nun geschieht das Erstaunliche, daß das weibliche Individuum dieser Teilfunktion der chromophoben Zellen der *Hypophyse* und der von ihnen gebildeten gonadotropen Hormone und zum Teil auch des *Ovars* gar *nicht mehr bedarf.* Beweis: In der Hypophyse der Schwangeren läßt sich weder gonadotropes Hormon A noch B nachweisen, das Follikelhormon wird in gleicher Weise gebildet, auch wenn die Keimdrüse entfernt wird.

Es werden also *mit einem Schlag Einrichtungen ausgeschaltet,* die sich mit der höheren Organisation in Millionen Jahren dauernder Entwicklung herausgebildet haben und die für die geordnete Funktion der Geschlechtsorgane *außerhalb* der Schwangerschaft unentbehrlich sind. Kann eine Tatsache deutlicher die fundamentale Bedeutung der Fortpflanzung und der Schwangerschaft beleuchten ?

An Stelle der mütterlichen Organe als Bildner der Hormone tritt ein ganz *neues Individuum,* ontogenetisch noch primitiver Natur, nur aus einer geringen Anzahl noch wenig differenzierter Zellen bestehend. Teile dieses neuen Lebewesens, die *Zellen des Trophoblastes* produzieren *Follikelhormon* und *Chorionhormon.*

Es siegen also die *primitiven* Zellen des *kindlichen* Organismus durch die von ihnen erzeugten Hormone über *bestimmte höher differenzierte* Zellen des *mütterlichen* Körpers und unterdrücken deren Funktionen. Ja es kommt manchmal, wenn auch nur unter *krankhaften* Verhältnissen vor, daß diese primitiven Zellen des kindlichen Organismus über sämtliche höher differenzierten Zellen der Mutter den Sieg davontragen. Das ist bei dem *malignen* *Chorionepitheliom* der Fall. [Auch bei dem *blastomatösen Wachstum,* besonders bei dem krebsigen handelt es sich übrigens um einen Sieg der primitiven Zellen über die höher differenzierten Zellen des Körpers (s. Abschnitt XII.

So merkwürdig die Erscheinung auf den ersten Blick ist, können wir die Bildung des *Follikelhormons* dann gut verstehen, wenn wir die Frage *phylogenetisch* betrachten. Es hat sich gezeigt, daß schon die primitiven Lebewesen wie Bakterien, Protozoen usw. imstande sind, Follikelhormon zu bilden. Das Follikelhormon ist Ur-Wachstum- und Ur-Geschlechtshormon. Die Chorionepithelien des Trophoblasts sind dank der ihnen noch erhaltenen embryonalen Schöpferkraft aus eigenem Vermögen imstande, Follikelhormon zu bereiten. Die Zellen des noch primitiven Organismus bedürfen zu dieser chemischen Um- und Aufbauarbeit also keiner Hilfseinrichtungen, keines besonderen Follikelreifungshormons wie in den späteren Stadien der ontogenetischen Entwicklung und besonders bei dem geschlechtsreifen Menschen. Für das Oestron ist also die Sachlage vom phylogenetischen Standpunkt aus völlig klar und gilt wohl für alle Säuger in gleicher Weise.

Anders und verwickelter liegen die Verhältnisse bei dem *Chorionhormon* und beim *Corpus luteum-Hormon.* Auch hier kann nur eine stammesgeschichtliche Betrachtung Aufklärung bringen.

Im Gegensatz zum Eierstock und Follikelhormon ist *Corpus luteum und Progesteron Neuerwerb* und tritt erst bei den Säugetieren auf. Trotz der stammesgeschichtlichen Jugend ist nicht nur die Anlage zu der Bildung dieses Organs bei sämtlichen Säugern chromosomalzygotisch fest verankert, sondern auch in den chromophoben Zellen der Hypophyse ist die Fähigkeit, Luteinisierungshormon zu bilden, erblich. In dieser grundsätzlichen Frage — denn die Corpus luteum-Bildung ist für das Säugetier etwas Grundsätzliches — verhalten sich *alle* Säuger, einschließlich Mensch, Affen- und Pferdearten, gleich.

Im Gegensatz zu den chromophoben Zellen der Hypophyse und dem Follikelapparat bleibt das *Corpus luteum* beim Eintritt einer *Schwangerschaft zunächst in Funktion,* ja es wird bekanntlich *noch größer* und sondert *mehr Progesteron* ab (Umwandlung des Corpus luteum spurium in das verum oder graviditatis).

Woher kommt nun dieser *Antrieb*, der in der Schwangerschaft so wenig als außerhalb fehlen kann und der den Gelbkörper zum Wachstum und zur Mehrleistung anregt? Die chromophoben Zellen der Mutter scheiden als Produzenten des Luteinisierungshormons in der Schwangerschaft aus, wie eben bemerkt. Es bleibt also nur das *neu hinzugekommene befruchtete Ei* und sein Trophoblast übrig. Es sind also die *Chorionepithelien der jungen Placenta*, die an Stelle der chromophoben Zellen tretend das *Luteinisierungshormon* bilden und in der Schwangerschaft zunächst den Gelbkörper zum Wachstum und zur Bildung von mehr Progesteron anregen.

Es ist keine Frage, daß die Menge des gebildeten Luteinisierungshormons den *Bedarf* im Anfange (bei Mensch, Affe und Pferdearten) *sehr erheblich übersteigt*; wir können das aus der großen Menge des mit dem Harn als überflüssig ausgeschwemmten Wirkstoffs mit Sicherheit erschließen. Wozu, so frägt man sich, solch eine Verschwendung? Wenn es um die Erhaltung der Art geht, dann liebt die Natur vielfältige Sicherungen (vgl. Zahl der Spermatozoen usw.). Die Erhaltung des Gelbkörpers ist für die Säuger eine Vorbedingung zur Erhaltung der Art.

Die Ausscheidung der *übergroßen Menge von Chorionhormon* im Harn der Schwangeren und der hohe Gehalt des Serums der trächtigen Stuten an diesem Stoffe halten nach den neueren Untersuchungen besonders denen von ENGLE[1], nur *etwa* 70 *Tage* an, dann wird die Ausscheidung ganz gering. Diese Bildungsdauer entspricht genau der Zeit, in der das Corpus luteum in voller Blüte steht. Es fallen also *Blütestadium des Gelbkörpers* und *reichliche Ausscheidung von Luteinisierungshormon* im Urin, *zeitlich* miteinander zusammen. Bei den engen Beziehungen, die zwischen den zwei Vorgängen bestehen, darf man auch einen *ursächlichen* Zusammenhang annehmen in dem Sinne, daß das reichlich in den Chorionepithelien gebildete Luteinisierungshormon das Corpus luteum zur Mehrbildung von Progesteron anregt.

Die *reichliche Bildung und Ausschwemmung* des Chorionhormons im Harn findet nach den unwidersprochen gebliebenen Untersuchungen von ASCHHEIM und ZONDEK *nur* bei *Mensch, Affen- und Pferdearten* statt; es handelt sich demnach um eine *Eigenart* dieser Spezies.

Solche Sonderfälle finden sich bei den Fortpflanzungsvorgängen nicht selten. Aus uns noch nicht näher bekannten Gründen ist bei diesen Arten zur Wachstumsanregung des Gelbkörpers ein besonders kräftiger hormonaler Anstoß erforderlich. Ob der Stoff bei den übrigen Säugern völlig fehlt, wie man aus den negativen Harnuntersuchungen von ASCHHEIM und ZONDEK schließen könnte, ist fraglich. Der Stoff kann auch gleich von den empfänglichen Zellen in Beschlag genommen werden oder wird mit dem Harn in so kleinen Mengen ausgeschieden, daß er sich dem Nachweis entzieht; denn man muß annehmen, daß *alle* Säuger chromosomal-zygotisch bedingt, die *Fähigkeit* haben, *Chorionhormon* in den Zotten zu *bilden*, wenn auch das Bildungsvermögen je nach der Spezies *verschieden groß* ist.

Die Chorionepithelien haben die Fähigkeit, noch einen *zweiten* zum Luteosystem gehörigen Stoff zu bilden, das *Progesteron*. EHRHARDT u. a. haben die Bildung von Progesteron in der Placenta nachgewiesen. Die *größte Menge* des Wirkstoffes findet sich in der Placenta von 7 *Monaten*, gar *keines* oder nur in Spuren in der *sehr jungen* Placenta. Dieser große Unterschied in dem Gehalt der Placenta an Progesteron in den verschiedenen Monaten ist sehr auffällig und bedarf der Erklärung.

---

[1] ENGLE: Arch. Gynäk. **166**, 131 (1938). — Verh. dtsch. Ges. Berlin **1937**.

Die Chorionepithelien des *jungen* Trophoblasts unterscheiden sich bekanntlich von den Zellen der ältern Placenta dadurch, daß sie aus einer deutlichen *doppelten Schicht von Zellen*, Syncytium und LANGHANSschen Zellen, bestehen, die alle Zeichen einer starken Aktivität zeigen. Im *2.—3. Monat* tritt allmählich eine Umwandlung dieser Doppelschicht in eine *einfache Lage* sich immer mehr sich *abflachender Zellen* ein (s. Abb. 98 a und b).

Diese Wandlung der Zellen bedeutet für die Placenta eine *Differenzierung*, der naturnotwendig eine *Änderung der Funktion* entsprechen muß. Die *Doppelschicht* der ersten Zeit ist im wesentlichen nur imstande Chorionhormon *(Luteinisierungshormon)* zu bilden und dadurch das Corpus luteum zum Wachstum und Mehrproduktion von Progesteron anzuregen. Wenn aber einmal die *Differenzierung in die einschichtigen niedrigeren Epithelien* erfolgt ist — das ist ungefähr nach 70 Tagen —, dann sind die *Chorionepithelien selbständig, autonom* geworden und vermögen aus *eigener Kraft Progesteron* zu bilden. Sie bedürfen hierzu nicht mehr des Antriebes durch einen besonderen Wirkstoff wie das mütterliche Corpus luteum.

Dieselbe Erscheinung finden wir bei der Bildung des *Follikelhormons* in den Chorionepithelien des jungen Trophoblastes, nur mit dem Unterschied, daß, wie bereits erwähnt, die embryonalen Zellen — stammesgeschichtlich bedingt — hier gleich *von Anfang* an noch in *völlig undifferenziertem Zustande* schon die Fähigkeit zur Bildung des Oestrons haben. Die *phylogenetisch* späte Bildung des Gelbkörpers und des Progesteron (erst bei den Säugern) wirkt sich auch *ontogenetisch* in der erst später eintretenden Fähigkeit der Chorionepithelien zur Bildung des Progesterons aus.

Verdrängung der mütterlichen geschlechtsgerichteten Hormone durch die Fetalen.

Abb. 93a. Die chromophoben Zellen der Hypophyse sind beim Menschen als Bildner des gonadotropen Hormons, das Ovar als Produzent des Follikelhormons in den ersten 3—4 Monaten

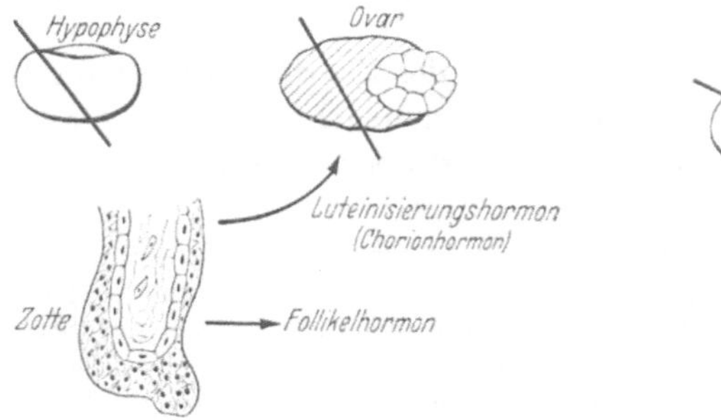

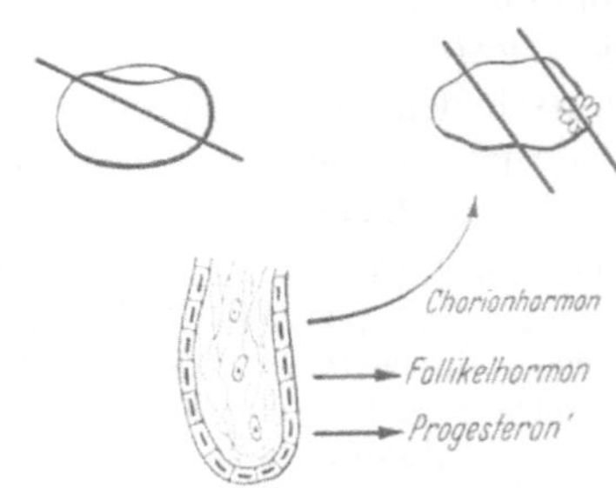

Abb. 93a. 3. Monat der Schwangerschaft.   Abb. 93b. 4.—10. Schwangerschaftsmonat.

der Schwangerschaft ganz ausgeschaltet (durch Streichung des Organs angedeutet). An ihre Stelle treten die Chorionepithelien des Trophoblastes (zwei Schichten), die dank ihrer embryonalen Bildungskraft, allein und selbständig Follikelhormon und sehr reichlich Chorionhormon (Luteinisierungshormon) zu synthetisieren vermögen. Das letztere regt die Umbildung des Corpus luteum spurium zum Corpus luteum verum an.

Abb. 93 b. Vom 4.—10. Schwangerschaftsmonat bleiben Hypophyse und jetzt das ganze Ovar ausgeschaltet. Die weiter differenzierten Chorionepithelien (einschichtig) bilden steigende Mengen Follikelhormon und vermögen nunmehr, dank ihres phylogenetischen Erbgutes, auch Progesteron aufzubauen. Daneben werden auch noch kleinere Mengen von Chorionhormon (Luteinisierungshormon) synthetisiert, das im Ovar die Luteinisierung der atretischen Follikel in verschieden hohem Maße auslöst.

Es ist also das Verhältnis ähnlich wie beim Corpus luteum mit der Produktion von Progesteron und Follikelhormon. Der Gelbkörper produziert neben dem Progesteron immer noch etwas Follikelhormon.

Die Menge des Luteinisierungshormons reicht aber vom 4. Monat ab nicht mehr aus, dem Gelbkörper genügend Wachstums- und Funktionsantriebe zuzuführen — es beginnt bekanntlich sich zurückzubilden — aber einen gewissen Reiz vermag der Stoff noch auf die atresierenden Follikel auszuüben. Wir können in der zweiten Hälfte der Schwangerschaft und besonders gegen Ende der Zeit an den atretischen Follikeln und zum Teil auch an den Stromazellen des Eierstocks

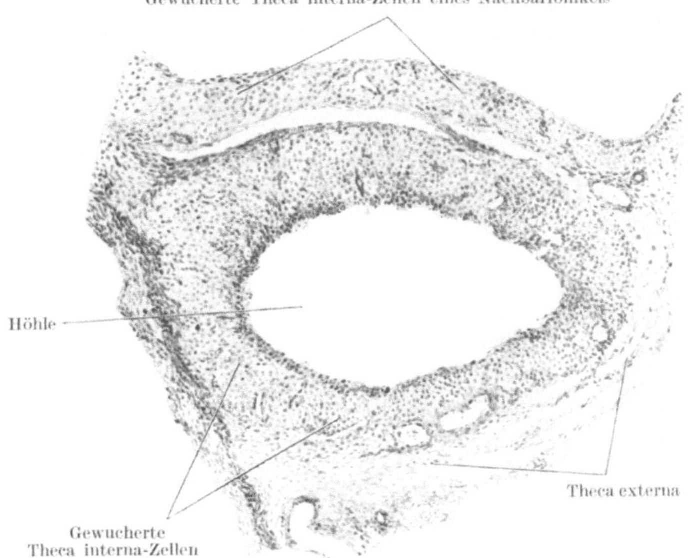

Abb. 94. Schnitt aus dem Eierstock einer Schwangeren am Ende der Zeit zeigt einen atretischen Follikel mit einem breiten Saum von „Theca lutein-Zellen", die aus den Theca interna-Zellen entstanden sind (interstitielle Drüse am Ende der Schwangerschaft). (Nach L. SEITZ.)

luteinisierende Erscheinungen feststellen. Wie WALLART und Verf. (Abb. 94) zuerst nachgewiesen haben, zeigen die Theca interna-Zellen *atretischer Follikel* eine *Vergrößerung und Vermehrung*, nehmen einen gelben Farbstoff auf und wandeln sich zu *Theca lutein-Zellen* — meines Wissens ist der Ausdruck zuerst von mir angewendet worden — um (Abb. 94); man kann auch von interstitieller Drüse sprechen. ROBERT MEYER hat später die starke Luteinisierung noch ausführlicher beschrieben. Manchmal ist die Veränderung so stark, daß man ein kleines Corpus luteum vor sich zu haben glaubt (Abb. 95).

Diese Bildungen scheinen zunächst völlig sinn- und zwecklos. Da aber nach meinen Untersuchungen am Menschen die Ausbildung in der *Stärke* bei den *verschiedenen Individuen* außerordentlich schwankt, da ferner das morphologische Gefüge der Zellen so stark an Corpus luteum-Zellen erinnert, so liegt die Vermutung nahe, daß es sich um eine *Ausgleichserscheinung* handelt, d. h., daß in den Fällen mit *starker Entwicklung der sog. interstitiellen Drüse* die Menge des in den Chorionepithelien bereiteten *Progesterons nicht ausreicht*, um die Auslösung vorzeitiger Wehen zu verhüten und die Erhaltung der Schwangerschaft zu sichern. Anpassungsfähig und elastisch wie die Natur bei allen Fortpflanzungsvorgängen ist, stellt sie durch stärkere Ausbildung der Theca-Lutein-Zellen atretischer Follikel einen Ersatz für das Minus an Progesteron her.

Ich glaube, auf diese Weise ist es möglich, die merkwürdigen morphologischen Veränderungen, die sich am Eierstock und an den Chorionzotten der Placenta finden und die eigenartigen hormonalen Erscheinungen, die wir in der Schwangerschaft beobachten, unter einem *einheitlichen* Gesichtspunkt, der aus der Gesamtkonstellation und aus der zu lösenden großen Aufgabe sich ergibt, zu erklären.

Wenn man sich frägt, durch welche *Chemismen* (nicht Mechanismen) in der Schwangerschaft die *Bildung des gonadotropen Hormons* in den *chromophoben*

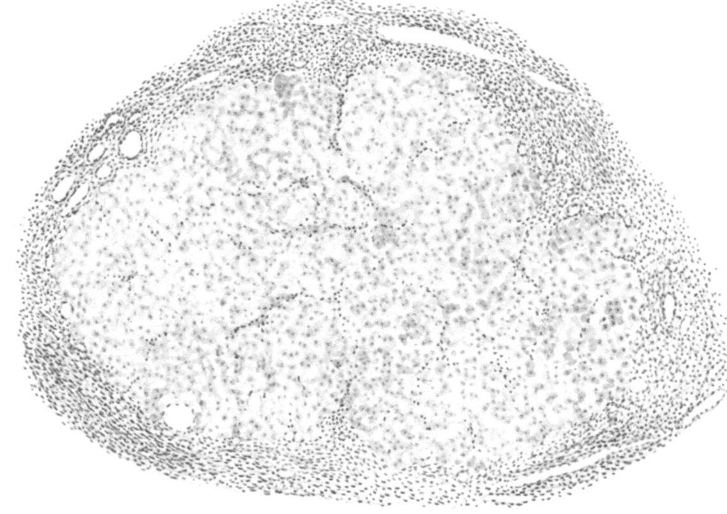

Abb. 95. Eigentümliches Corpus atreticum, ein Corpus luteum im kleinen darstellend, ohne jeden Zusammenhang mit dem Corpus luteum (Gravid. tubaria isthmic. 5. Monat). (Nach L. SEITZ.)

Zellen des Hypophysenvorderlappens ausgeschaltet wird, so muß man an den *Antagonismus* denken, der zwischen *Hormonen und Fermenten* besteht. Oestron und Progesteron sind typische Hormone, Follikelreifungs- und Luteinisierungshormon gleichen in ihrer Wirkung mehr Fermenten, was schon aus der Anwendung der Ausdrücke wie: Synergistischer Faktor, Aktivator für das Follikelreifungshormon hervorgeht. Der *normale Gleichgewichtszustand*, der zwischen dem Follikelreifungshormon und Oestron und dem Luteinisierungshormon und dem Progesteron besteht, erfährt in der *Schwangerschaft*, in der bekanntlich auch andere Fermentveränderungen vorkommen, eine *Störung:* Die übergroßen Mengen des in den Chorionepithelien gebildeten Oestrons hemmen die Bildung des Follikelreifungshormons in den chromophoben Zellen, die größere Menge des im Gelbkörper der Schwangeren und später in den Chorionepithelien gebildeten Progesteron verhindert die Bildung des Luteinisierungshormons. Sehen wir doch auch im *Zyklus* bei Überproduktion von Follikelhormon (Follikelpersistenz) und bei übermäßiger Bildung von Progesteron (Corpus luteum-Persistenz) Störungen in der Bildung des Follikelreifungs- und des Luteinisierungshormons und damit Unregelmäßigkeiten im Zyklusablauf (s. S. 332).

d) **Das Gestalt-Funktionsgesetz bei den Hypophysenvorderlappenzellen.**

Man muß noch Chaos in sich haben, um einen tanzenden Stern gebären zu können.
Ich aber sage Euch, Ihr habt noch Chaos in Euch.

(NIETZSCHE, ZARATHUSTRA.)

I. Gestaltliche Verhältnisse.

Der Vorderlappen besteht bekanntlich aus drei durch ihr Verhalten gegen Farbstoffe deutlich unterscheidbare Art von Zellen: Die Hauptzellen oder chromophoben Zellen, die keinen Farbstoff annehmen, dann die Zellen, die Farbstoffe aufnehmen (chromophile Zellen). Diese zerfallen wieder in die eosino- oder acidophilen und in die baso- oder zyanophilen.

Wenn diese Färberesultate auch nur wie bei jedem mikroskopischen Schnitt an dem künstlich erstarrten toten Material gewonnen sind, so dürfen wir doch annehmen, daß die Zellen sich auch im Leben so verhalten. Ob dieses verschiedene färberische Verhalten nur durch mehr oder weniger saure und alkalische Reaktion der Zellen verursacht wird oder ob physikalische Momente wie Adsorptionsfähigkeit eine Rolle spielen, bleibe hier unerörtert.

Es ist keine Frage, daß die *Haupt- oder chromophoben* Zellen die *Mutter- und Keimzellen* für die zwei Arten chromophiler Zellen sind: Darin stimmen wohl alle Untersucher überein. Sie sind auch schon am frühesten beim Embryo nachzuweisen, erst später bilden sich die eosinophilen aus und zuletzt die basophilen.

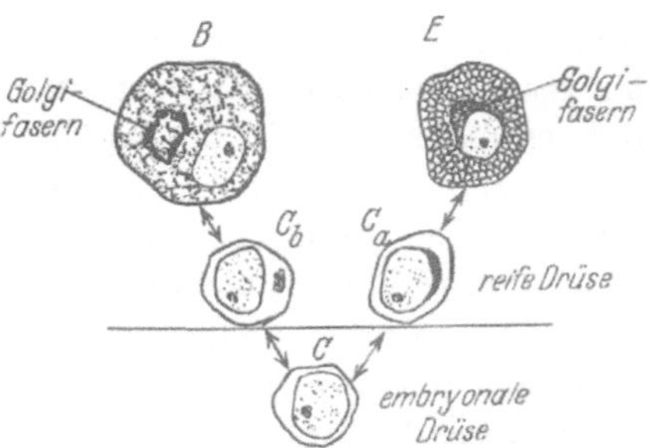

Abb. 96. *E* Eosinophile; *B* Basophile; *C* Chromophobe; *Ca Cb* eosinophile und basophile Chromophobe. (Nach SEVERINGHAUS.)

Man hat sich hauptsächlich darüber gestritten, ob die basophilen aus den eosinophilen oder umgekehrt die eosinophilen aus den basophilen hervorgehen. Wenn man annimmt, daß die Hauptzellen die Mutterzellen sind, so ist kein vernünftiger Grund einzusehen, warum die beiden gefärbten Zellen nicht auch im *späteren* Leben von diesen den Ausgang nehmen sollen. Es liegt in der *Bestimmung und der Natur der Hypophyse*, daß sie einen Zellbestand hat, der den *wechselnden Aufgaben*, die an sie während des Lebens gestellt werden, gewachsen ist. Das kann sie nur, wenn sie über Zellen verfügt, die *hinreichende Wandlungsfähigkeit* und *Regenerationskraft* sich bewahrt haben.

SEVERINGHAUS[1] nimmt ebenfalls an, daß die eosinophilen und basophilen sich aus den Hauptzellen entwickeln, glaubt aber, daß von vorneherein der eine Teil der Hauptzellen basophil, der andere eosinophil vorgebildet ist (s. Abb. 96). Ein Übergang von Eosinophilen in Basophile und umgekehrt kommt nicht vor.

Für die Zellen des *erwachsenen* Körpers ist diese hohe Regenerationsfähigkeit auf den ersten Blick eine auffällige Erscheinung, die aber doch verschiedene Analoga hat, von denen ich drei zum Vergleich heranziehen will.

1. Die Keimzellen der *Epidermis:* Sie bauen regelmäßig die verschiedenen Zellformen auf, aus denen unsere Haut besteht, von denen die obersten Schichten unaufhörlich wieder abgestoßen werden. Die Arbeit dieser Mutter- und Keimzellen wird durch äußere und

---

[1] SEVERINGHAUS: Proc. Anat. Rec. **57**, Nr 2 (1933) u. Assoc. Res. nerv. a. ment. Dis. Bd. 17 (Dez. 1936). SEVERINGHAUS betont in der Arbeit besonders das Verhalten des GOLGI-schen Apparates und der Mitochondrien, deren Veränderungen bei der Entstehung der „Schwangerschaftszellen" von großer Bedeutung sind.

innere Faktoren (Art der Ernährung, Luft- und Temperatureinflüsse, Kleidung usw.) beeinflußt. Man vergleiche nur die zarte Hand der verwöhnten Dame mit der schwieligen Hand des Schwerarbeiters.

2. Die *Gebärmutterschleimhaut* wird monatlich bis auf kleine Drüsenreste abgestoßen, aus denen sich wiederum die volle Schleimhaut aufbaut. Nach der Ansicht von De Snoo u. a. sollen sogar die Stromazellen noch die Fähigkeit zur Neubildung der Schleimhaut haben.

3. Die Umbildung der *Follikelepithelien* des gesprungenen Follikels in die Zellen des Corpus luteum mit ganz anderem morphologischen Aufbau und Produktion eines anderen Hormons.

II. Funktionsverhältnisse.

Wir sind heute imstande, von jeder der drei Zellarten wenigstens *eine* den Zellen zugehörige Funktion zu nennen. Die *chromophoben* Zellen liefern das *gonadotrope* Hormon und haben dadurch einen mächtigen Einfluß auf die Geschlechtsfunktionen. Das Anschwellen der Hauptzellen bei niederen Tieren in der Zeit der geschlechtlichen Tätigkeit, das Auftreten der Schwangerschaftszellen und anderes mehr sind als Beweis für diese Ansicht anzusehen (s. S. 221).

Die *eosinophilen* Zellen bilden das allgemeine *Körperwachstumshormon* (Evans) und sind die Hauptregulatoren der Wachstumsvorgänge im übrigen Körper. Auch diese Frage ist bereits an anderer Stelle ausführlich besprochen.

Es besteht ferner völlige Übereinstimmung, daß die *basophilen* Zellen in erster Linie den *Stoffwechsel* steuern. Es seien wenigstens einige Befunde zur Stütze dieser Ansicht angeführt.

Wichtig in dieser Beziehung sind die Feststellungen bei der Cushingschen Krankheit, die mit Hochdruck, Fettsucht, Hypercholesterinämie, Hautveränderungen, Osteoporose, Schwund der Geschlechtsorgane usw. einhergeht und bei der man eine *Wucherung der basophilen Zellen* findet, von Cushing daher als *pituitäre Basophilie* bezeichnet. Auch bei essentiellem Hochdruck, bei Schrumpfniere und bei einer Reihe anderer Störungen, wie Paralyse, Arthritis luica (Berblinger, E. F. Kraus), ferner häufig bei der Eklampsie wird eine Vermehrung der basophilen Zellen und ein Übergreifen der Zellen auf Hinterlappen und Stiel beobachtet. K. W. Schulze[1] findet bei *den* kastrierten Ratten, die fett wurden, einen erhöhten Gehalt an basophilen Zellen, der bei den nichtfetten Tieren fehlte.

Soviel können wir über die Bildungsstätte der verschiedenen Hormone in den Vorderlappenzellen aussagen. Das ist gewiß nicht viel, wenn man bedenkt, daß in der Gesamthypophyse mindestens 15 verschiedene Hormone gebildet werden und im Vorderlappen, wenn man die in ihm gebildeten Vorprodukte mitrechnet, mindestens 12.

Verteilt man rein rechnerisch die Wirkstoffe gleichmäßig auf die drei einzelnen Zellformen, so trifft auf jede Zellart die Bildung vier verschiedener Wirkstoffe. Wenn man annimmt, daß gonadotropes Hormon in den chromophoben und das Wachstumshormon in den eosinophilen gebildet wird, so entfallen auf die basophilen Zellen sogar zehn verschiedene Wirkstoffe.

Man hat Bedenken getragen, anzunehmen, daß *eine* Zellart *so viele biologisch verschieden wirkende* und deshalb wohl auch chemisch verschieden zusammengesetzte Wirkstoffe zu bilden vermöchte. Man ging dabei von der Vorstellung aus, die wir von den innersekretorischen Drüsen haben, nämlich daß nur eine Zelle von ganz *bestimmtem strukturellen Gefüge* ein *bestimmtes Hormon* zu bereiten vermöge, z. B. die Schilddrüsenzelle das Thyroxin, die chromaffine Zelle das Adrenalin usw.

---

[1] Schulze, F. K.: Arch. Gynäk. **158**, 454 (1934).

Für die hochdifferenzierten endokrinen Drüsen trifft diese Meinung im allgemeinen auch zu. Es gibt aber eine *Reihe von Zellen*, die *chemisch pluripotent* sind, d. h. die *mehrere* Wirkstoffe im eigenen Stoffwechsel zu bilden vermögen. Ich nenne nur die Zellen des Corpus follikulare, die Zellen der Nebennierenrinde, die Zellen der Leber usw. Diese Fähigkeit ist nun in den Zellen des Vorderlappens zweifellos in einem besonders hohen Grade erhalten.

Nach dem Gestaltfunktionsgesetz müßten wir eigentlich verlangen, daß Zellen, die verschiedene Wirkstoffe bilden, sich auch im strukturellen Gefüge voneinander unterscheiden lassen. Aber — wir können es bekanntlich auch den Chorionepithelien des Trophoblastes nicht ansehen, daß sie mindestens vier verschiedene Wirkstoffe bereiten, nämlich das choriogene Hormon, das Follikelhormon, das Corpus luteum-Hormon und wahrscheinlich auch das Melanophorenhormon — und das thyreotrope Hormon. Was früher über die „Meta"-Struktur der Eizelle gesagt wurde, gilt auch für diese chemisch pluripotente Zelle. *Strukturelle Veränderungen* sind wohl vorhanden, sind aber *nur molekular* und *so gering*, daß wir sie auch mit dem schärfst bewaffneten Auge *nicht zu erkennen* vermögen. Wir müssen uns mit der Feststellung der chemischen Pluripotenz der Vorderlappenzellen begnügen. Sie gleichen darin den *embryonalen Zellen* und den Zellen der *Protozoen* und *niedriger Metazoen*, bei denen ebenfalls eine Zelle mehrere Funktionen auszuüben und *verschiedene Wirkstoffe* zu bilden vermag[1].

Wie nun die eine Zelle es fertig bringt, vier verschiedene hochaktive Wirkstoffe in ihrem Innern zu bilden, darüber können wir nur Vermutungen anstellen. Man könnte an einen bestimmten *Arbeitsrhythmus* denken; die Zelle würde dann in dem einen Stadium ihrer Tätigkeit den einen, in einem anderen Stadium einen zweiten Wirkstoff usw. bereiten. Die Annahme hat aber wenig Wahrscheinlichkeit, da offenbar alle vier Wirkstoffe zu gleicher Zeit im Körper vorhanden sind. Wahrscheinlich scheint mir, daß innerhalb des Protoplasmas der Zelle sich durch *Änderung* des *Aggregatzustandes* (z. B. Gelbildung) gewisse *räumliche Bezirke* gegen die Umgebung abgrenzen und so eher die Möglichkeit zu einem isolierten und ungestörten Ablauf einer chemischen Reaktion gegeben ist. Man könnte denken, daß der Golgi-Apparat um und in der Nähe des Kernes oder die Mitochondrien dabei mit eine Rolle spielen. Irgend etwas sicheres wissen wir darüber nicht, wir können nur feststellen, daß die Zellen chemisch pluripotent sind.

III. Die Veränderungen der Vorderlappenzellen unter verschiedenen Einwirkungen und bei den Fortpflanzungsvorgängen.

Ich habe bereits in einem früheren Abschnitte (s. S. 53) ganz *allgemein* die große Beeinflußbarkeit und Veränderlichkeit der gestaltlichen Struktur *endokriner Drüsen* durch äußere und innere Faktoren, durch geschlechtliche Tätigkeit und Fortpflanzung, Alter, beschrieben.

Diese leichte Beeinflußbarkeit durch Umweltsfaktoren und die große Wandelbarkeit in dem feinstrukturellen Gefüge der endokrinen Drüse ist eine Erscheinung, die, wie ich glaube, in ihrer Bedeutung noch nicht genügend gewürdigt worden ist. Wenn Zellen, die durch ihre Funktion so stark in den Ablauf aller Körperfunktionen eingreifen, solche gestaltlichen Veränderungen zeigen, so bedeutet dies auch eine Wandlung ihrer Funktion, bedeutet es in der Gesamtwirkung eine maßgebende Beeinflussung der Betriebsleistungen des Körpers, seines chemisch-physikalischen Gefüges. Die endokrinen Zellen werden dadurch zu den wichtigsten Regulatoren der Lebensvorgänge überhaupt (Erhaltungsstoffwechsel, Wachstum, Fortpflanzung).

---

[1] Es ist für unsere Einsicht nicht viel gewonnen, wenn man statt der *chemischen Pluripotenz* eine unendlich *vielfältige Reaktionsfähigkeit* der Zellen auf Änderungen in der chemisch-physikalischen Beschaffenheit des Blutplasmas, also an Stelle der geheimnisvollen Tätigkeit als *endokrine* Zellen eine nicht minder rätselhafte als *Erfolgs*zellen annimmt.

Besonders ausgeprägt ist die *Wandlungsfähigkeit der Zellen des Hypophysen-vorderlappens* (und, wenn auch in anderer Form bei den Zellen der Nebennieren-rinde). Ich habe die Veränderungen der Zellen des Hypophysenvorderlappens bereits in einem früheren Abschnitt (s. S. 53) beschrieben, muß sie aber noch an dieser Stelle ergänzen und in ihrer besonderen Bedeutung würdigen.

Kastrationsveränderungen.

Nach der Entfernung der Keimdrüse treten im Vorderlappen so kennzeich-nende *strukturelle Veränderungen* auf, daß FICHERA von einer „Kastrationshypo-physe" gesprochen hat. Nach der übereinstimmenden Meinung aller Unter-sucher bestehen die Veränderungen im wesentlichen in einer starken *Vermehrung der Eosinophilen.*

Immerhin betonen zwei in der Morpho-Pathologie der Hypophyse so erfahrene Männer, wie RÖSSLE und BERBLINGER, daß neben den Veränderungen der Eosino-philen gelegentlich auch die übrigen Zellen gewisse Veränderungen aufweisen. Auch ist hervorzuheben, daß die Zeit, die zwischen der Kastration und der histologischen Untersuchung verflossen ist, einen Einfluß auf das Aussehen des Organs hat.

In dieser Beziehung sind besonders die Arbeiten von ELLISON und WOLFE[1] und von SCHENK[2] bemerkenswert. ELLISON und WOLFE fanden, daß bei der Ratte in der ersten Zeit nach der Kastration bis zum 30. Tage die Zahl der basophilen Zellen ansteigt, von da ab aber sich das Bild ändert, und dann die sog. Kastrationszellen vom Typus der eosinophilen vorherrschen. Die Forscher nehmen daher an, daß die Kastrationszellen nichts anderes, als veränderte basophile Zellen seien. Mitosen seien nur in der ersten Zeit und zwar aus-schließlich an den Hauptzellen zu beobachten, nur gelegentlich bei den eosinophilen, dagegen nie bei den basophilen. Nach den Beobachtungen von SCHENK zeigen sich die Kastrations-zellen schon früher. Es sind Zellen, die sich durch Eosin nur blaßrosa und an den Rändern etwas kräftiger färben, und die nach einiger Zeit durch Bildung von Vakuolen die Form eines Siegelringes annehmen. Die Vermehrung hält bis zum 10. Monate an, von da ab trete lang-sam wiederum eine Rückbildung ein. Nach 20 Monaten gleichen die histologischen Bilder der normalen Hypophyse.

Betreff der *Funktion* der Vorderlappenzellen nach der Kastration und in der Menopause haben wir bereits im vorigen Abschnitt festgestellt, daß stets eine *vermehrte Ausscheidung von gonadotropem Hormon* und zwar ausschließlich von *Wirkstoff I* stattfindet.

Diese Feststellung von der erhöhten Ausscheidung von gonadotropen Hypophysenvorderlappenhormons steht in einem *gewissen Gegensatz* zu der Annahme, daß die *chromophoben Zellen* die *Bildner* des *gonadotropen Hormons* seien. Man sollte a priori eine Vermehrung der chromophoben Zellen erwarten, während tatsächlich die *Eosinophilen gehäuft* auftreten. Die Erklärung für diese auffallende Erscheinung ist darin zu suchen, daß:

1. Nach der Kastration und in der Menopause die *Theca-Granulosazellen* des Follikels, die als *Erfolgszellen* den Stoff unter normalen Verhältnissen binden, *nicht mehr vorhanden* sind; der nicht verwertete Stoff wird deshalb in vermehrter Menge durch den Harn abgegeben. Es handelt sich demnach nur um eine *schein-bar* vermehrte *Bildung*, wahrscheinlich ist sogar, daß in Wirklichkeit *weniger gonadotropes* Hormon *gebildet* wird, als in den Zeiten, in denen das Ovar noch eine gewisse Reizwirkung auf die chromophoben Zellen ausgeübt hat.

---

[1] ELLISON u. WOLFE: Endocrinology **1934**, 556.
[2] SCHENK: Zbl. Gynäk. **1927**. — Mschr. Geburtsh. **82** (1929).

2. Die Vermehrung der eosinophilen Zellen erklärt sich aus dem *Wegfall des Follikelhormons* (bei dem Männchen des männlichen Geschlechtshormons), das wie wir noch sehen werden, eine *antagonistische Wirkung* auf die *eosinophilen Zellen* als die Bildnerinnen des *allgemeinen Wachstumshormons* ausübt.

Fortpflanzungsbedingte Veränderungen.

Oestrus. Amerikanische Untersucher haben beim Rattenweibchen Veränderungen am Vorderlappen während des Oestrus gefunden (CHARIPPER und HATERIUS[1], WOLFE und CLEVERLAND[2]). Die Befunde weichen nicht unerheblich voneinander ab. Die einen (CHARIPPER und HATERIUS) stellen mehr eine mengenmäßige Verschiebung der verschiedenen Zellarten fest und zwar im Oestrus ein Überwiegen der basophilen, im Dioestrus eine Vermehrung der eosinophilen Zellen, während dagegen WOLFE und CLEVERLAND auffallend morphologische Umbildungen der Zellen (Vergrößerung, veränderte Färbbarkeit) fanden. Aus den Untersuchungen läßt sich wenigstens soviel mit Sicherheit schließen, daß das histologische Bild durch den Oestrus stark beeinflußt und verändert wird.

Untersuchungen beim Menschen, die zu dem Zwecke gemacht worden sind, um die Veränderungen des Vorderlappens während des Zyklus zu studieren, liegen bisher meines Wissens überhaupt noch nicht vor. Bei der führenden Stellung, die der Vorderlappen in der Regelung des Zyklus einnimmt, ist bestimmt anzunehmen, daß sich bei hinreichend genauen Untersuchungen auch gewisse strukturelle Veränderungen in den Zellen nachweisen lassen.

Schwangerschaftsveränderungen. Die Hypophyse erfährt in der Schwangerschaft, wie S. 53 des Genaueren ausgeführt, eine *Verdoppelung ihres Gewichtes.* Die Vergrößerung entfällt ausschließlich auf den *Vorderlappen.* Der Hinterlappen bleibt gleich groß, auch lassen sich dort keine histologische Veränderungen feststellen. Die Vergrößerung des Vorderlappens kommt durch die *Vermehrung der Hauptzellen* zustande, die eine drei- bis vierfache Vermehrung des vorhandenen Bestandes aufweisen.

Die gleiche Veränderung wie beim Menschen fand sich auch bei den untersuchten Säugetieren, Kaninchen, Meerschweinchen, Maus, Hund, Katze usw., ferner bei der Henne (SCHÖNBERG und SAKAGUCKI). Bei diesen Tieren ist hauptsächlich der Mittellappen breiter, die Zellen sind intensiver basophil. WITTEK hat im Gegensatz zu den genannten Autoren Veränderungen bei der Henne vermißt.

Das ist eine *gewaltige Veränderung*, die man an einem Organ von der *biologischen Wichtigkeit* des Vorderlappens nicht nur, wie bisher geschehen, als Tatsache registrieren darf, sondern auch zu *deuten* versuchen muß.

Ehe ich dies in einer Zusammenfassung tun werde, möchte ich noch mit ein paar Worten auf die Bedeutung der *Verschiebung im Zahlenverhältnis der einzelnen Zellarten* eingehen. Das Verhältnis der drei Zellarten ist sonst so, daß normalerweise die eosinophilen am zahlreichsten sind, dann folgen die basophilen, am geringsten an Zahl sind die Hauptzellen. Am Ende der Schwangerschaft ist das Verhältnis gerade umgekehrt. Am zahlreichsten sind die Hauptzellen, bis zu 80%, dann kommen die basophilen und erst zuletzt die eosinophilen (ERDHEIM und STUMME u. a.).

Die *Hauptzellen* vermehren sich in der Schwangerschaft nicht nur an Zahl, sie nehmen auch an *Größe* zu und ändern ihre *Form*, haben eine vieleckige oder runde Gestalt mit hellem feinkörnigem Protoplasma, oft verwischte und untereinander verschwommene Zellgrenzen

---

[1] CHARIPPER u. HATERIUS: Anat. Rec. **15** (1932).
[2] WOLFE u. CIEVERLAND: Anat. Rec. **52** (1932).

und runde große Kerne mit zartem Chromatinnetz. Die Zellen, die sonst farblos sind, nehmen etwas Eosin an und zeigen daher eine leicht rötliche Tönung. Auch die Anordnung der Zellen ist anders geworden. Die Hauptzellen liegen nicht mehr einzeln zwischen den baso- und eosinophilen wie sonst, sondern durcheinander, zu Strängen angeordnet und zeigen *adenomähnliches* Gepräge.

Eine solche *Vermehrung* und adenomatöse Anordnung kennen wir auch von den *eosinophilen und basophilen Zellen*. Die adenomatöse Wucherung der eosinophilen Zellen führt beim Kinde zu *Riesenwuchs*, beim Erwachsenen zu *Akromegalie*, die Wucherung der basophilen zur CUSHINGschen Krankheit, die Adenombildung der Hauptzellen in der Schwangerschaft dagegen trägt zur Ausbildung der physiologischen Schwangerschaftsumstellungen des weiblichen Körpers mit bei.

Man beachte den Gegensatz: Die Wucherung der eosinophilen und basophilen Zellen bringen *pathologische* Zustände hervor, die Wucherung — wir dürfen dieses Wort ruhig gebrauchen — der Hauptzellen wirkt bei den *physiologischen* Schwangerschaftsumstellungen mit.

Die *eosinophilen und basophilen* Zellen sind gewöhnlich gut ausdifferenzierte und *voll ausgereifte* Zellen, die in diesem Stadium keiner wesentlichen morphologischen Umgestaltung und Änderung ihrer Funktionen mehr fähig sind, daher kommt es bei zu starker Vermehrung zur Ausbildung der typischen Krankheitsbilder.

Die *Hauptzellen* dagegen tragen noch „Chaos" und embryonale Schöpferkraft in sich, sie können nicht nur, wie gewöhnlich eosinophile und basophile Zellen bilden, sondern sind imstande, wenn es die Umstände wie in der Schwangerschaft erfordern, sich selbst hochgradig umzugestalten oder wie nach der Kastration vorwiegend eosinophile Zellen zu produzieren.

Es ist gut und lehrreich, sich vorzustellen, was geschehen würde, wenn das *Zahlenverhältnis* der drei Zellarten in der *Schwangerschaft so weiter bestehen bliebe*, wie es *sonst* ist und wenn nicht aus dem unerschöpflichen Jungbrunnen der Hauptzellen andersgeartete Zellen hervorgingen.

Würden z. B. die *eosinophilen* Zellen, die bekanntlich das allgemeine Wachstum steuern, nur in der nämlichen Zahl bestehen bleiben, oder sich gar noch vermehren, so hätte das bei der schwangeren Frau *akromegales Wachstum* zur Folge und würde eine schreckliche Entstellung des weiblichen Körpers in der Schwangerschaft herbeiführen. Mancher mag diese Ausführungen für rein theoretisch ansehen; daß aber so etwas wirklich vorkommt, wissen wir von den nicht seltenen Fällen von *Schwangerschaftsakromegalie* und können wir in angedeuteter Form bei vielen Schwangeren beobachten, bei denen eine deutliche *Vergrößerung der gipfelnden Teile*, auf die HALBAN zuerst hingewiesen hat, sich findet. Es ist bezeichnend für die akromegalen und akromegaloiden Bildungen, daß sie nach Ablauf der Schwangerschaft von selbst wieder verschwinden — Cessante causa cessat effectus — während man bei der gewöhnlichen Akromegalie wohl Stillstand, aber kaum je vollständige Heilung beobachtet.

Würden dagegen die *basophilen* Zellen in der Schwangerschaft erheblich an Zahl zunehmen, so hätte das eine *monströse Verunstaltung* des weiblichen Körpers, wie wir sie bei der CUSHINGschen Krankheit kennen, zur Folge. Wenn die Ansicht richtig ist, daß Präeklampsie und Eklampsie mit einer Wucherung der basophilen Zellen zusammenhängt, dann hätten wir ferner an diesen schweren Toxikosen die Auswirkung der über das gewöhnliche Maß hinaus gewucherten basophilen Zellen zu erblicken (s. auch S. 257 und Abschnitt XI).

Veränderungen bei bösartigen Geschwülsten, parenteraler Eiweißzufuhr
und innersekretorischen Störungen.

Bei *Carcinomen und Sarkomen* findet man *histologische Veränderungen* an den Vorderlappenzellen, die ganz verschieden von denen nach Kastration sind, die aber denen bei der *Schwangerschaft stark gleichen*, also hauptsächlich durch *Vermehrung der chromophoben* Zellen ausgezeichnet sind. Das haben CARLEFORS, besonders eingehend BERBLINGER und Mitarbeiter festgestellt.

Diesen strukturellen Verwandlungen entspricht auch eine *Änderung der Funktion.* Die Reaktion I fällt positiv aus, d. h. es wird *mehr Follikelreifungshormon* als normalerweise ausgeschieden. Dieser Befund ist von einer großen Anzahl von Untersuchern übereinstimmend erhoben worden (s. Abschnitt XII).

Für die Bedeutung der gestaltlichen und funktionellen Veränderungen bei den Geschwülsten sind Versuche, die BERBLINGER, BANIEKI, CARLEFORS angestellt haben, von größter Bedeutung. Spritzten sie ihrem Versuchstiere *parenteral Proteinkörper, Embryonalsaft, Placentarbrei* ein, so traten die nämlichen histologischen Veränderungen im Vorderlappen auf, wie sie sich bei den Neubildungen vorfinden. Die *parenterale Eiweißzufuhr* — denn um eine solche handelt es sich im wesentlichen bei diesen Versuchen —, bewirkt also — man beachte diese Tatsache — die *nämlichen strukturellen* Wandlungen im Vorderlappen, wie ein vorhandenes *Carcinom* und Veränderungen, die denen in der *Schwangerschaft* ganz ähnlich sind.

Einen positiven Ausfall der Reaktion 1 (nicht Reaktion 2) beobachten wir ferner bei *innersekretorischen Störungen*, Basedow, Diabetes, ferner bei Tuberkulose der Tuben. Ob bei diesen Erkrankungen auch die vorher erwähnten histologischen Veränderungen vorhanden sind, ist, soweit ich sehe, bisher noch nicht untersucht worden.

Lassen sich so verschiedene Zustände wie Schwangerschaft, Carcinom, Einspritzung von Eiweißkörpern, innersekretorische Störungen auf einen *gemeinschaftlichen Nenner* bringen ?

Gemeinsam ist allen Zuständen der *parenterale Eiweißabbau.* In der *Schwangerschaft* kommt er durch die *Verschleppung der Chorionepithelien*, das ist körperfremdes Eiweiß zustande (VEIT, WEICHHARDT). (Durch den Nachweis eines erhöhten Antithrypsin-Titers im Blute feststellt.) In noch feinerer Weise hat ABDERHALDEN durch Auffinden eines spezifischen Abbaufermentes den Eiweißzerfall nachgewiesen. Der Abbau findet auch beim *Carcinom*, bei dem stets Zellen zerfallen, statt, und tritt offenbar auch dann ein, wenn Gleichgewichtsstörungen in der innersekretorischen Tätigkeit vorhanden sind. Das lehren die eingehenden Untersuchungen von Poos, der bei seinen Versuchstieren verschiedene innersekretorische Drüsen, Schilddrüse, Epithelkörperchen, Pankreas, Nebenniere usw. entfernte, an dem Vorlappen schwangerschaftsähnliche Veränderungen feststellte und zu der Meinung kommt, daß die an den Vorderlappenzellen erhobenen Befunde nur durch Stoffwechselstörungen, d.h. nach meiner Meinung in erster Linie durch Unregelmäßigkeiten im Eiweißabbau, zustande kämen. Man bedenke ferner, daß auch die im Vorderlappen gebildeten Hormone samt und sonders, soweit wir heute sehen, Eiweißabkömmlinge (Proteohormone) sind.

Bei Schwangerschaft, Carcinom, Infektionen, innersekretorischen Störungen sind bekanntlich ferner eine Reihe feinster serologischer Reaktionen gleich, die mit einer Störung im Eiweißabbau zusammenhängen: so Verschiebung der Eiweißkörper nach links, leichte Ausfällbarkeit des Bluteiweißes, erhöhte Senkungsgeschwindigkeit der roten Blutkörperchen usw.

Wir stellen also fest, daß durch die *Änderung im Eiweißmilieu des Blutes* *gestaltliche* und in den meisten Fällen auch nachweisbare *funktionelle* Wandlungen der *Vorderlappenzellen* auftreten. Das führt uns zur Frage nach der Bedeutung der Blutbeschaffenheit für die gestaltlichen und funktionellen Zustände der Vorderlappenzellen überhaupt.

Wir können uns die jeweilige *Zusammensetzung des Blutplasmas* nicht kompliziert genug vorstellen. Das Plasma ist der Träger aller Substanzen, die die Körperzellen zu ihrem Aufbau und ihrer Ernährung brauchen. Es enthält die verschiedenen Bausteine der Eiweißkörper und der Fette, diese Körper selbst, verschiedene Vitamine und Hormone, zahlreiche Salze usw. Seine Zusammensetzung wird natürlich am stärksten durch die Nahrungsaufnahme beeinflußt.

Eine *Veränderung des Plasmamilieus* hat Einfluß auf *alle* Zellen, wirkt aber weit stärker auf alle *endokrinen* Zellen ein. Ich führe zum Beweis dessen nur die *Schilddrüse* an, die durch Nahrungszufuhr so stark in ihrem histologischen Aussehen beeinflußt wird, daß man nach dem Vorschlag von PALL übereingekommen ist, nur dann Rückschlüsse auf den Funktionszustand zu ziehen, wenn den Versuchstieren eine ganz bestimmte Kost gegeben wird. Die *größte* Empfindlichkeit gegen Änderung in

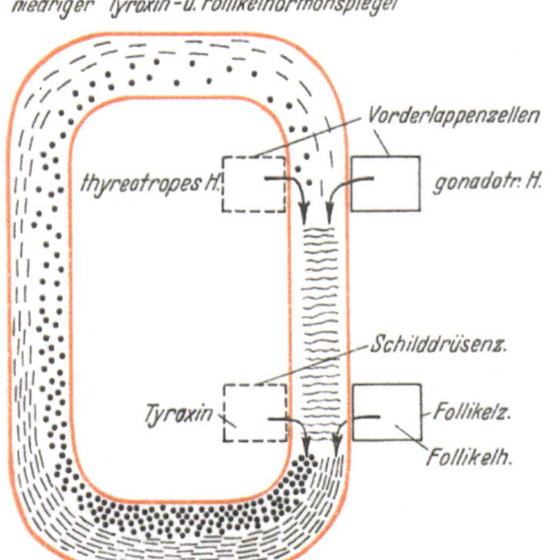

Abb. 97. Selbststeuerung der Tätigkeit der Zellen des Hypophysenvorderlappens, des Follikels und der Schilddrüse.

der Ernährung und Blutbeschaffenheit haben aber fraglos die *Vorderlappenzellen*. Wir müssen diese Schlußfolgerung aus dem wechselnden histologischen Aufbau und aus der Vielzahl ihrer Funktionen ziehen. Die Vorderlappenzellen haben ein ebenso fein ausgeprägtes Auslesevermögen wie der Dedektor eines Funkgerätes. Wie dieser auf eine bestimmte Welle reagiert, so antwortet das *Protoplasma* oder ein Teil des Protoplasmas der drei verschiedenen Zellarten elektiv nur auf *den* im Blute kreisenden Stoff, auf den es abgestimmt ist. Diese Eigenschaft des Protoplasmas können wir freilich so wenig begreifen wie die schöpferischen Kräfte, die der befruchteten Eizelle innewohnen.

Für unsere Fragestellung ist die ungewöhnlich *große Reaktionsfähigkeit* der Vorderlappenzellen auf *Schwankungen im Hormonspiegel* des Blutes wichtig. Als Beispiel wähle ich Vorderlappenzellen, die das thyreotrope und das gonadotrope (chromophoben) Hormon bilden. Schematisch lassen sich die Verhältnisse folgendermaßen darstellen (Abb. 97); das rotumränderte stellt die Blutbahn dar.

Wenn der Gehalt des Blutes an Thyroxin und Follikelhormon, d. h. der zwei Wirkstoffe, deren Bildung durch das thyreotrope und gonadotrope Hormon angeregt wird — gering ist, niedriger Thyroxin- und Follikelhormonspiegel, oben in der Zeichnung wenig Striche und Punkte —, dann werden die das thyreotrope und gonadotrope Hormon bildenden Vorderlappenzellen zu erhöhter Hormonbildung angeregt, der Blutspiegel der beiden Wirkstoffe steigt an (quer verlaufende Schraffierung) die Schilddrüsen und Follikelzellen bilden größere Mengen von Thyroxin (Punkte) und Follikelhormon (Striche), der Thyroxin- und Follikelhormonspiegel ist hoch (unten viele Punkte und Striche); die beiden Wirkstoffe werden von den Erfolgszellen in Beschlag genommen und zum großen Teil verbraucht, dadurch sinkt der Hormonspiegel des Blutes wieder ab (oben!); die das thyreo- und gonadotrope Hormon erzeugenden Vorderlappenzellen werden wieder zu stärkerer Tätigkeit angeregt, das Spiel beginnt von neuem usw.

Einfluß des Lichtes auf die Vorderlappenzellen.

Wenn wir den Dingen diese Deutung geben, so sind wir imstande, auch Versuche, die in der letzten Zeit gemacht wurden, zu erklären, die uns sonst ganz unverständlich sind. Das ist der *Einfluß des Lichtes auf die Funktionen der Vorderlappenzellen.*

Es ist eine unbestreitbare Tatsache, daß das Licht der Sonne auf die *Geschlechtstätigkeit der Tiere* einen großen Einfluß ausübt; beherrschen doch die jahreszeitlichen Einflüsse, d. h. Sonnenlicht und die dann bedingte andere Ernährung — die Geschlechtstätigkeit der wild lebenden Tiere fast völlig (s. S. 317). Auch auf die *Farbe der Haut* hat das Licht bei vielen Tieren einen ganz auffallenden Einfluß.

Man hat bisher die Wirkung des Lichtes auf die geschlechtliche Tätigkeit und die Farbe der Haut ausschließlich auf *nervösem* Wege zu erklären versucht. Genaue Untersuchungen lehren uns jedoch, daß die Wirkung im wesentlichen *hormonal* und zwar *über die Hypophyse* zustande kommt.

BISSONETTE[1] und Mitarbeiter konnten bei Staren, Krähen, Kanarienvögeln, BENOIT[2] bei Enten *künstlich* die für die Brunstzeit kennzeichnende *Vergrößerung der Keimdrüse* herbeiführen, wenn sie die Käfige von 5 Uhr nachmittags dem Lichte aussetzten. Am stärksten wirkt das weiße Licht. Auch bei Säugetieren (Feldmäusen, Frettchen) ließen sich die nämlichen Wirkungen des Lichtes auf die Geschlechtstätigkeit nachweisen. In Übereinstimmung damit stehen die Untersuchungen von KIRCHHOFF[3], der an weißen Mäusen fand, daß die *unvollkommenen Zyklen* bei Tieren in Dunkelheit und bei Rotlicht bedeutend häufiger, fast doppelt so oft auftreten als bei Ultraviolett- und Tageslichtmäusen. Es kann demnach keinem Zweifel unterliegen, daß das Licht einen anregenden Einfluß auf die Tätigkeit der Keimdrüse ausübt.

Da wir wissen, daß die Funktion der Keimdrüse durch das gonadotrope Hormon des Vorderlappens gesteuert wird, so liegt es nahe, anzunehmen, daß unter dem Einflusse des Lichtes größere Mengen von gonadotropem Hormon gebildet werden. In der Tat konnten BENOIT u. a. zeigen, daß in der Hypophyse solcher *lichtbestrahlter* Tiere *größere Mengen von gonadotropem Hormon* vorhanden waren als sonst[4]. Schon diese Feststellungen zeigen deutlich, daß der Weg der *Wirkung des Lichtes auf die Keimdrüse über die Hypophyse* geht. Der letzte und endgültige Beweis für diese Annahme wurde dadurch erbracht, daß die Bestrahlung der Tiere *wirkungslos* bleibt, wenn ihnen vorher die *Hypophyse entfernt* wurde (BENOIT bei Enten, HILL und PARKES[5] bei Frettchen).

In dem nämlichen Sinne sprechen auch die Erfahrungen an Menschen, die in der Jugend oder erst später erblindet sind. Ihre Potenz und Zeugungsfähigkeit ist in keiner Weise vermindert, manchmal sogar erhöht.

---

[1] BISSONETTE: Proc. roy. Soc. Lond. **110**, 322 (1932). — Physiol. Zool. **5** (1932).

[2] BENOIT: C. r. Soc. Biol. Paris **118**, 669 (1935a—h).

[3] KIRCHHOFF: Arch. Gynäk. **163**, 141 (1936).

[4] Bei der Fledermaus läßt sich experimentell der klimatische Einfluß auf die geschlechtlichen Funktionen durch künstliche Prolanzufuhr nachahmen (ZONDEK).

[5] HILL u. PARKES: Proc. roy. soc. Lond. **113**, 537 u. 541 (1933).

Man wird bei der Wirkung des Lichtes auf die Hypophyse in erster Linie an den *Sehnerv* und die *Netzhaut* denken. Von BENOIT u. a. ist jedoch festgestellt, daß der Lichtreiz in gleicher Weise sich auswirkt, wenn der Sehnerv vorher durchschnitten oder das ganze Auge entfernt ist.

Der Weg kann daher nur über die *Haut* gehen. Durch die sorgfältigen Untersuchungen von H. GUTHMANN[1] an meiner Klinik wissen wir, daß die Lichtstrahlen nur wenige Millimeter tief in die Haut einzudringen vermögen. Dieses Eindringen genügt aber, um in den Hautzellen und in dem in den Hauthaargefäßen strömenden Blut *photochemische Veränderungen* herbeizuführen. Sehr gut bekannt ist uns der Vorgang der Umwandlung des Ergosterins in dem Unterhautfettgewebe in das Vitamin D unter dem Einfluß des Ultraviolettlichtes.

In unserem Falle handelt es sich um einen *eiweißähnlichen* Körper, der unter dem Einfluß des Lichtes entsteht und der nun mit dem Blut an die chromophoben Zellen getragen, von diesen in gonadotropes Hormon, bekanntlich ebenfalls ein Eiweißabkömmling umgewandelt wird. Wir wissen zudem aus zahlreichen Erfahrungen, daß es bei starker Sonnenbestrahlung zur Bildung einer größeren Anzahl von Eiweißzerfallprodukten kommt, die toxisch wirken können.

Besonders deutlich läßt sich der Einfluß des *Lichtes* auf die *Hypophyse* bei der Entstehung und Wirkung der *Farbwechselhormone (Melanophorenhormon, Pigmenthormon)* nachweisen.

Fische (Elritze), Amphibien (Frosch), Reptilien (Chamäleon) haben die Fähigkeit, unter dem Einfluß des Lichtes die Farbe (bei der Elritze die Farbe der Brust- und Bauchflossen, rot, Erythrophoren) zu wechseln. Setzt man einen Frosch auf einen weißen Grund, so nimmt er eine hellere Hautfarbe an, bringt man ihn auf einen dunklen Grund, so wird auch seine Haut dunkler. Das Heller- oder Dunklerwerden der Haut kommt dadurch zustande, daß die Farbkörnchen der Melanophoren sich auf *eine* Stelle konzentrieren oder über die ganze Zelle sich ausbreiten.

Der *Farbwechsel unterbleibt*, wenn die *Hypophyse entfernt* ist, oder wenn, wie BAYER von einem weißen Frosch beobachten konnte, der Zwischenlappen durch einen Parasiten zerstört ist. Wir müssen daraus schließen, daß der Wirkstoff in der *Hypophyse gebildet* wird, nach ZONDEK im Zwischenlappen (daher das Hormon von ihm auch Intermedin genannt), nach EHRHARDT findet sich das Melanophorenhormon in allen Teilen der Hypophyse und im Zwischenhirn. Es wird auch durch den Harn ausgeschieden. EHRHARDT konnte das Melanophorenhormon in keinem anderen tierischen oder menschlichen Gewebe nachweisen, nur in der Placenta fand er eine nicht unbeträchtliche Menge und manchmal im Blut und im Liquor Eklamptischer. JORES hat im Auge das Pigmenthormon gefunden.

Daß tatsächlich das Melanophorenhormon den Farbwechsel hervorruft, geht eindeutig daraus hervor, daß ein *heller* Frosch sofort *dunkel* wird, wenn man ihm das *Hormon* unter die *Haut spritzt* (SWINGLE, EHRHARDT usw.).

Die Wirkung ist also beim Frosch *rein hormonal* (GIERSBERG u. a.), bei der Rotfärbung der Flossen der Elritze scheint der nervöse Reiz eine größere Rolle zu spielen.

Das Licht ist auch für die *Bildung* des Melanophorenhormons von Bedeutung. Für gewöhnlich geht der Reiz des Lichtes zur Bildung des Stoffes in der Hypophyse wohl über Sehnerv und Netzhaut; denn entfernt man das Auge oder

---

[1] GUTHMANN, H.: Strahlenther. Sonder-Bd. 4.

bedeckt es mit einem undurchsichtigen Stoff, so bleibt der Frosch hell (SIESKE[1], RODEWALD[2]). Die Wirkung ist aber nicht von Dauer, langsam erfolgt doch wiederum eine Anpassung der Haut an die Umgebung. Dunkelgefärbte blinde Frösche färben sich manchesmal hell, wenn man sie auf lebende Pflanzen setzt (SIESKE).

Das unter dem Einfluß des Lichtes gebildete Melanophorenhormon wird in der Hypophyse *gespeichert*; denn die Hypophyse der dem Lichte ausgesetzten Tiere enthält reichlichen Farbstoff (KOLLER[3]). Der Stoff wird von der Hypophyse an das Blut abgegeben, wenn das Tier wieder auf dunklen Grund gesetzt wird und der Lichtreiz wegfällt. Wir müssen also zwischen der *Bildung* des Wirkstoffes in der Hypophyse unter dem Einfluß des Lichtes (hormonaler Weg) und der Abgabe, der *Mobilisierung* des Wirkstoffes (nervöser Weg) unterscheiden. Häufig scheinen beide nebeneinander vorzukommen.

Bei den *Säugern* und beim *Menschen* ist das Melanophorenhormon für die Färbung der Haut ohne Bedeutung. SWINGLE u. a. nehmen an, daß der Stoff bei der Bildung des Sehpurpurs mitwirkt und die Anpassung des Auges für das Dunkelsehen steuert. Doch bedürfen diese Fragen noch weiterer Klärung. Ebenso die Beziehungen des Melanophorenhormons zum Oxytokin usw. [4].

Soviel läßt sich jedoch sowohl für das *gonadotrope* Hormon als auch für das *Melanophorenhormon* mit Sicherheit sagen, daß ihre *Bildung* in der Hypophyse auch durch das *Licht angeregt* wird. Die Lichtstrahlen, deren Lichtintensität (Helligkeit und nicht Wellenlänge), wie experimentell festgestellt, maßgebend ist, wobei aber violettes Licht doch weit wirksamer ist als rotes (RODEWALD), bewirken in den *Eiweißkörpern* der *Hautzellen* oder des *Blutes*, vielleicht auch in der Substanz des Sehnerven — *photochemische Umsetzungen* — bilden Stoffe, die den Hypophysenvorderlappenzellen zugeführt, von diesen als Vorprodukte zur Bildung des fertigen gonadotropen und Pigmenthormons verwendet werden.

Gerade die Feststellung der lichtchemischen Umsetzungen in den für die Strahlen erreichbaren Zellen und im Blut ist für die Deutung der *Arbeitsweise der Vorderlappenzellen*, ihrer Abhängigkeit von der Zusammensetzung des *Blutplasmas* und seinem Gehalt an geeigneten Stoffen wichtig.

Wir können ferner mit Sicherheit sagen, daß es sich dabei um die *Verarbeitung von Eiweißstoffen* und deren *Abkömmlingen* handelt; denn sämtliche Wirkstoffe, die bisher aus der Hypophyse gewonnen wurden, tragen Eiweißgepräge *(Proteohormone)*. Die Hauptaufgabe der Hypophyse besteht offenbar darin, bei der *Umwandlung der Eiweißkörper* und deren *Derivate* in *Proteohormone mit spezifischen Eigenschaften maßgebend und führend* mitzuarbeiten.

Die Fähigkeit, Eiweißkörper und deren Abkömmlinge zu Proteohormon zu verarbeiten, ist nicht allein eine Eigenschaft der Hypophyse, auch die Zellen des *Inselapparates* und die *Schilddrüse* sind imstande, Proteohormone zu bereiten. Es ist also die Hypophyse auch auf ihrem ureigensten Gebiete nicht die Alleinherrscherin, wie man vielfach gemeint hat, sie spielt bei der Eiweißverarbeitung durch innersekretorische Drüsen nur die erste Geige.

---

[1] SIESKE: Z. vergl. Physiol. **17**, 606 (1932).

[2] RODEWALD: Z. vergl. Physiol. **21**, 767 (1925).

[3] KOLLER: Pflügers Arch. **232**, 627 (1932).

[4] JORES fand, daß der Gehalt der Hypophyse an Pigmenthormon in der *Nacht* größer ist als am Tage; er will aus dieser Feststellung die Tatsache erklären, daß *Geburten* häufiger in der Nacht als bei Tage erfolgen. Die Voraussetzung für die Richtigkeit der Annahme ist, daß entweder Pigmenthormon und Hypophysenhinterlappen-Hormon identische Stoffe sind — was nach den Untersuchungen von EHRHARDT u. a. für das Melanophorenhormon nicht wahrscheinlich ist — oder daß sich das letztere aus dem ersteren bildet.

Im Gegensatz zu den großen Wandlungen der Vorderlappenzellen (und der Nebennierenrindenzellen) fehlen histologische Veränderungen bei den Zellen des *Hinterlappens* (und des Nebennieren*marks*) vollständig oder sind nur angedeutet.

Das ist nicht auffällig, da die Gebilde *nervösen* Ursprungs sind und aus Gewebe bestehen, das sich morphologisch im Vergleich zu den übrigen labilen endokrinen Zellen durch besondere *Stabilität* gegenüber den Einflüssen des Blutmilieus auszeichnet.

Wir dürfen aus dem Fehlen nennenswerter histologischer Veränderungen bei Hinterlappen und Mark der Nebenniere schließen, daß die *Hauptaufbauarbeit* der *chemischen Wirkstoffe*, die wir aus Hinterlappen und Mark gewinnen können, in den Zellen des *Vorderlappens* und der Rinde erfolgt und daß in den ersteren nur noch die letzten Reaktionen vor sich gehen, die das weitgeförderte Vorprodukt in den fertigen Stoff umwandeln. Die gleiche Ansicht vertreten BERBLINGER, LAQUEUR, JORES u. a.

Es handelt sich bei dem Vorgang um eine durchaus zweckmäßige Einrichtung; denn die Wirkstoffe, die in ihnen bereitet werden, sind zum Teil, wie das Vasopressin und das Adrenalin zur Aufrechterhaltung der Blutversorgung unumgänglich notwendig, und dürfen unter keinen Umständen ausfallen, wenn nicht das Leben ernstlich gefährdet werden soll. Daher vermissen wir an ihnen sogar in der Schwangerschaft, in der alle anderen endokrinen Drüsen verändert sind, Wandlungen im histologischen Bild.

Der Körper ist *nicht fertig*, wenn seine *Organe*, die er zur Erhaltung der Lebensvorgänge braucht, *aufgebaut* sind, wie das z. B. beim Neugeborenen der Fall ist. Es müssen noch Zellen vorhanden sein, die etwas von der *Schöpferkraft embryonaler Zellen* in sich tragen, um die Aufbauvorgänge zu steuern, die *Wachstum und Fortpflanzung* erfordern. An dieser Aufgabe arbeiten alle *endokrinen Drüsen* mit; an erster Stelle aber steht der *Vorderlappen der Hypophyse*. Seine Zellen, besonders seine *Hauptzellen* haben noch die morphologische und chemische Schöpferkraft, die den embryonalen Zellen und den Zellen niederer Tiere eignen, am stärksten ausgebildet. Daraus resultiert ihr beherrschender Einfluß auf alle Wachstums-, Fortpflanzungs- und Stoffwechselvorgänge.

Es muß der Natur besonders daran gelegen sein, daß gerade dieser Überrest embryonaler Schöpferkraft gegen alle *schädlichen Einflüsse der Außenwelt* geschützt ist, daher hat sie die *geschützteste Stelle* für die Hypophyse ausgesucht, die es im Körper überhaupt gibt, das ist der Türkensattel. An dieser Stelle genießt sie nicht nur den Schutz des Schädeldaches, wie das Gehirn, sondern auch den zweiten Schutz, den der Knochenrahmen des Türkensattels gewährt. Wie schade, daß dieses wichtige Organ durch seine verborgene Lage so schwer zugänglich ist! Welch wichtige Rückschlüsse könnten wir aus seiner Betrachtung ziehen, wenn wir es wie den Augenhintergrund unmittelbar sehen, oder wie die morphologischen Elemente des Blutes unter dem Mikroskop auf ihr Verhalten prüfen könnten!

ε) Die Bedeutung der Schwangerschaftsveränderungen der Vorderlappenzellen und der „Schwangerschafts"zellen insbesondere.

Wie ich in dem Vorworte bereits erwähnt habe, gaben die großen und eigenartigen Veränderungen, die der Vorderlappen in der Schwangerschaft erfährt, den ersten Anstoß zu dieser Arbeit. Bei der zentralen Stellung, die die Hypophyse bei der Steuerung der wichtigsten Lebensfunktionen einnimmt, lockte es mich immer wieder, einen *Deutungsversuch* der merkwürdigen Befunde zu machen.

Alle bisherigen Untersuchungen haben übereinstimmend ergeben, daß in der Hypophyse während der Schwangerschaft weder gonadotropes Hormon A noch B gebildet wird. Selbst wenn man annimmt, daß kleine Mengen sich dem Nachweis entziehen sollten, so dürfen wir doch so viel mit Sicherheit sagen, daß die Tätigkeit der chromophoben Zellen in bezug auf die Bildung von gonadotropem Hormon in der Schwangerschaft so unbedeutend ist, daß sie völlig außer acht gelassen werden kann.

Wir haben gesehen, daß die Chorionepithelien des Trophoblastes aus eigener Kraft, ohne daß sie erst eines Antriebes von Seiten eines besonderen Follikelreifungshormons bedürften, Oestron in außerordentlich reicher Menge bilden, daß sie ferner in den ersten 70 Tagen Luteinisierungshormon, das den Gelbkörper zu Wachstums- und Funktionssteigerung anregt, produzieren (bei Mensch, Affe und Pferdearten in überschüssiger Menge) und nach entsprechender Differenzierung, ungefähr vom 3. Monat ab, selbständig Progesteron zu synthetisieren vermögen. An Stelle mütterlicher Zellen treten also zum großen Teil fetale Elemente. Der bei dem geschlechtsreifen Menschen gesetzmäßige Herrscher im hormonalen Geschlechtssystem (s. S. 305) wird mit einem Schlag durch eine jüngere, an Masse nur kleine, primitive ungebändigte Gewalt für längere Zeit (9 Monate) außer Gefecht gesetzt.

Es wird also die *geschlechtliche* Funktion der Haupt- oder chromophoben Zellen des Vorderlappen in und durch die Schwangerschaft ausgeschaltet. Diese Tätigkeit ist aber nur ein *Teil* der gesamten Funktionen, die den Hauptzellen obliegen.

Was ist mit den verschiedenen *anderen* Funktionen ? Bleiben sie unverändert bestehen oder erfahren auch sie eine Abwandlung ?

Um diese Frage beantworten zu können, müssen wir von den *morphologischen Veränderungen* ausgehen, die die Hauptzellen und damit der ganze Vorderlappen in der Schwangerschaft erfahren. Es kann kein Urteilsfähiger daran zweifeln, daß den so eindrucksvollen und hochgradigen, in früheren Abschnitten geschilderten strukturellen Umgestaltungen auch Änderungen in der *Funktion* entsprechen. Das verlangt das Gestalt-Funktionsgesetz.

Worin bestehen aber diese *Funktionsänderungen* ?

Wenn wir die Veränderungen, die mit der Schwangerschaft einsetzen, *rein hormonal* betrachten, also dabei den Ursprungsort der Hormone außer acht lassen und auch den Ausfall der Tätigkeit anderer Hormonfunktionen übergehen und nur das hormonale *Endresultat* berücksichtigen, so ist der neue Zustand durch folgendes gekennzeichnet: *Zunehmende Mehrbildung von Follikelhormon* ansteigend bis zum Ende und *Mehrbildung von Progesteron*; bei Mensch, Affe und Pferdearten kommt im Anfang noch die überschüssige Produktion von Luteinisierungshormon in Betracht; die letztere kann für den Augenblick für diese Betrachtung außer acht gelassen werden. Es bleibt also als neuartiges Endresultat der hormonalen Änderung im wesentlichen die *Vermehrung der eigentlichen Geschlechtshormone, Oestron und Progesteron.*

Jede *quantitative* Veränderung eines Hormons hat bei der innigen Zusammen- und Gegenarbeit der einzelnen Hormone eine *Änderung in dem gesamten hormonalen Gleichgewichtszustand* des Körpers zur Folge; man denke nur an das Zuviel oder Zuwenig von Schilddrüsenhormon, Adrenalin, Corticosteron. Hat nun auch die gewaltige *Vermehrung der Geschlechtshormone* eine Erschütterung des vorher bestehenden Gleichgewichtszustandes zur Folge ?

Wir sehen als Folge des erhöhten Gehaltes des Blutes an Geschlechtshormonen die *geschlechts- und schwangerschaftsspezifischen Wachstumsvorgänge*, wie sie in typischer Weise während der Schwangerschaft auftreten und wie wir sie bereits

S. 190 genauer geschildert haben. Wenn auch die Geschlechtshormone bei dem schwangerschaftsspezifischen Wachstum führend sind, so ist doch zur Erfüllung dieser Aufgabe die Beihilfe einer Reihe anderer Faktoren erforderlich: Hormone, Vitamine, Fermente, Salze, nicht zu vergessen Eiweißkörper, Fette, Kohlehydrate, kurz es muß der ganze *intermediäre Stoffwechsel* umgestellt werden.

In der Tat treten in der Schwangerschaft umwälzende Veränderungen auf allen diesen Gebieten ein.

Die wichtigste Veränderung zeigen die *anderen innersekretorischen* Drüsen. An allen endokrinen Organen lassen sich eindrucksvolle morphologische Veränderungen feststellen (s. S. 49), zum Teil ist es bereits gelungen, auch eine Änderung in der hormonalen Tätigkeit festzustellen.

Der Bedarf an *Vitaminen* ist verändert, z. B. höherer Bedarf an Vitamin A, Vitamin C, Vitamin B_1.

In Bezug auf die *Fermente* haben wir nicht nur eine Vermehrung von Thrypsin im Blut und Auftreten spezifischer tryptischer Abbaufermente (ABDERHALDEN) eine Verminderung der oxydativen Vorgänge kennen gelernt, sondern auch gesehen, daß manche Fermente, die sonst regelmäßig im Körper vorhanden sind, fehlen oder ungenügend wirksam sind, wie die Histidinase, das Ferment. das den Traubenzucker im Blute vergärt, Herabsetzung der antithyreoiden Schutzkraft des Blutes usw.

Die *Ionenkonzentration* des Blutes ist verändert, Verschiebungen des Kalium-Calcium-Quotienten, der Gehalt an Magnesium, an Eisen, Arsen usw. verändert.

Es macht dem Körper sichtlich Mühe, das *Säuren-Basengleichgewicht* aufrecht zu erhalten. Die Menge des *Wassers* im Blute und in den Geweben ist erheblich vermehrt.

Der Bedarf an *Kohlehydraten* ist erhöht, bei den *Eiweißkörpern* nehmen die Albumine ab und die grobdispersen Formen (Globulin und Fibrinogen) zu.

Eine Reihe *serologischer* Reaktionen fallen in der Schwangerschaft anders aus z. B. positive Kobra-Reaktion, bisweilen sogar ist die WASSERMANNsche Probe trotz Fehlen einer Lues positiv.

Die *Senkungsgeschwindigkeit* der roten Blutkörper ist erhöht. Das *weiße* Blutbild ist nach links verschoben. Diese letztere und verschiedene andere Erscheinungen finden sich in ähnlicher Weise bekanntlich bei *Infektionen und bei Carcinom*.

Es treten auch im *Stoffwechsel* nicht selten Schlacken auf, die wir sonst nicht beobachten, so bei geringer Kohlehydratzufuhr Aceton und Acetessigsäure im Urin, ferner vermehrte Harnsäure, vermehrte Mengen von Porphyrin (FIKENTSCHER), wahrscheinlich auch Indican und andere höhere Spaltprodukte des Eiweißabbaues.

Es mögen diese kurzen Andeutungen genügen um zu beweisen, daß tatsächlich in der Schwangerschaft eine weitgehende *Veränderung* in der *Zelltätigkeit,* im *Blutmilieu* und im *intermediären Stoffwechsel* eintritt.

Wer sich für Einzelheiten näher interessiert, den verweise ich betreff der innersekretorischen Veränderungen auf mein Referat auf der 15. Tagung der Dtsch. Ges. Gynäk. in Halle[1], betreff der Stoffwechselveränderung auf meinen ausführlichen Bericht auf der Leipziger Tagung[2] und auf den Abschnitt Schwangerschaftstoxikosen in HALBAN-SEITZ[3].

Da der *Vorderlappen* der Hypophyse durch seine *adenotropen* Hormone zu *fast allen* innersekretorischen Drüsen innige Wechselbeziehungen hat und auf dem Umweg über diese Organe den Stoffwechsel beherrscht, da wahrscheinlich auch die im Hinterlappen gebildeten Wirkstoffe durch Zellen des Vorderlappens als Vorprodukte aufgebaut werden, so ist es leicht verständlich, daß an den *Zellen des Vorderlappens* in der Schwangerschaft *besonders große Veränderungen* auftreten. Diese bestehen in einer starken Vermehrung der Hauptzellen mit

---

[1] SEITZ, L.: Verh. dtsch. Ges. Gynäk. **15**, Teil 1 (1913).
[2] SEITZ, L.: Arch. Gynäk. **137**, 323—635 (1929).
[3] HALBAN-SEITZ: Bd. 7, Teil 1, S. 647. 1927.

Strukturveränderungen und im Zurückdrängen der basophilen und besonders der eosinophilen Zellen.

Die histologischen Veränderungen des Vorderlappens in der Schwangerschaft sind *einzigartig*. Es kommen wohl ähnliche Veränderungen nach der parenteralen Verabreichung von Eiweiß, bei bösartigen Geschwülsten vor, auch findet sich dabei eine vermehrte Bildung von gonadotropem Vorderlappenhormon, freilich meist nur von Wirkstoff A. Aber eine Vergrößerung der Drüse auf das Doppelte und eine derartige Umgestaltung in dem feinen strukturellen Gefüge der Hauptzellen sind bisher *außerhalb der Schwangerschaft von keiner Seite* beobachtet worden. Und das ist auch durchaus begreiflich, denn die *Schwangerschaft* stellt ebenfalls etwas *Einzigartiges* dar. Es ist uns unmöglich die *Gesamtsituation* und die eigenartigen Stoffwechselveränderungen, die sich in der Schwangerschaft einstellen, durch Tierexperimente oder durch Zufuhr von Hormonen in ihrer Gesamtheit künstlich nachzuahmen. Die Schwangerschaft ist *nur als Ganzes* zu fassen, d. h. eben nur wieder durch die *Befruchtung* zu erzeugen.

Bei der Deutung dieser Befunde muß man sich daran erinnern, daß die *Hauptzellen die Mutter- und Keimzellen* sind und daß die basophilen und eosinophilen Zellen sich beim Erwachsenen noch durch Umwandlung aus den Hauptzellen zu bilden vermögen.

Am stärksten werden die *eosinophilen* Zellen zurückgedrängt. Sie sind bekanntlich die Produzenten des allgemeinen *Körperwachstumhormons*. In der Schwangerschaft findet zwar ebenfalls ausgedehntes Wachstum statt, aber es handelt sich um geschlechtspezifische Wachstumsvorgänge wie sie nur bei der schwangeren Frau vorkommen; sie werden durch die *Geschlechtshormone* gesteuert. Für das eosinophile Wachstumshormon ist unter diesen Verhältnissen kein Feld der Betätigung mehr vorhanden. Die *eosinophilen* Zellen werden in der Schwangerschaft durch den Einfluß der *Chorionepithelien*, die bekanntlich sehr große Mengen von *Follikelhormon* produzieren, zurückgedrängt. Es handelt sich im Grunde genommen um den nämlichen Vorgang, den wir bei der Kastration nach Einspritzung von Follikelhormon beobachten. Die Wucherungen eosinophiler Zellen, die nach der Kastration auftreten, bilden sich regelmäßig wieder zurück, wenn Follikelhormon gegeben wird. Es stehen der *Anstieg der Menge des Follikelhormons und die Abnahme der Zahl der eosinophilen Zellen* in der Schwangerschaft in einem *reziproken Verhältnis* zueinander.

Verhältnismäßig gering ist die Verminderung der *basophilen Zellen.* Wir bringen sie in erster Linie mit der Regelung der *Stoffwechselvorgänge* in Verbindung. Offensichtlich ist die *verminderte* Zahl der basophilen Zellen in der Schwangerschaft *nicht* imstande den veränderten Stoffwechsel zu steuern.

Hier greifen nun die *Hauptzellen helfend ein.* Sie nehmen nicht nur an Zahl und Größe zu, sondern erfahren auch in der Anordnung, in der Struktur ihres Protoplasmas eine erhebliche Veränderung (rötliche Tönung der Zellen). *Diese Formveränderung* verleiht ihnen die Fähigkeit die veränderten Stoffwechselvorgänge in der Schwangerschaft zu *steuern.*

Wir dürfen uns aber den Vorgang *nicht zu einseitig* vorstellen, etwa in dem Sinne, daß die Schwangerschaftszellen zusammen mit den Resten der anderen Zellarten *allein* den Ton angeben. Wir haben gesehen, daß auch schon außerhalb der Schwangerschaft bei der Steuerung des *Zyklus* die Hauptzellen nicht ausschließlich herrschen, sondern daß sie durch die *Geschlechtshormone* weitgehend in ihrer Funktion beeinflußt werden. Nur dadurch, daß normalerweise die von den chromophoben Zellen gebildeten Wirkstoffmengen etwas über die anderen Hormone überwiegen, kommt die Steuerung des Zyklus zustande.

Mehr noch ist das in der *Schwangerschaft* der Fall. Hier beherrschen, wie das bei der höchsten Fortpflanzungsleistung ohne weiteres verständlich ist, die *Geschlechtshormone* (von der Placenta gebildet) die Situation. Sie geben, zusammen mit den im Blute der Schwangeren kreisenden *Eiweiß-Spaltprodukten* den *Antrieb* zur *Umformung der Hauptzellen.* Aber auch *umgekehrt* gehen von den *übrigen innersekretorischen Zellen* Impulse nach den *Hauptzellen.* Wie sich das im einzelnen auswirkt, läßt sich bei der Kompliziertheit des Geschehens nicht bestimmt sagen. In die Offensive, die die chorialen Zellen mit der Ansiedlung eines befruchteten Eies durch die vermehrten Geschlechtshormone gegen die geschlechtsgerichteten Funktionen der chromophoben Zellen eröffnen, werden auch die übrigen zelligen Elemente des Hirnanhangs, sekundär fast alle innersekretorischen Drüsen und tertiär der ganze Stoffwechsel hineingezogen; letztere Veränderungen wirken wiederum auf den Vorderlappen zurück. Es bildet der *schwangere* Körper ein *anderes hormonales* und *allgemein biologisches Reaktionssystem* als der nichtschwangere.

Das ist die *Deutung,* die ich auf Grund des gegenwärtigen Standes unserer hormonalen Kenntnisse und auf Grund eigener Studien den so eigenartigen „*Schwangerschaftszellen"* gebe.

Rückbildung der Schwangerschaftszellen im Wochenbett.

Was in der Schwangerschaft aufgebaut wird, muß nach der Geburt im *Wochenbett* wieder *abgebaut* werden. Auch der Abbau wird hormvitenzymatös gesteuert. Durch Versiegen des Follikelhormonstromes aus der Placenta fällt der Anreiz, den dieser Wirkstoff auf den Uterus ausgeübt hat, weg. Die abbauenden Fermente (s. S. 28) gewinnen an den Geweben das Übergewicht über die aufbauenden Hormone und führen die Rückbildung des Uterus und der übrigen vergrößerten Teile herbei. Die chromophoben Zellen bilden sich zurück, die Zahl der eosinophilen und basophilen steigt langsam wieder an. Nach einiger Zeit ist das vor der Schwangerschaft bestehende Zellverhältnis im allgemeinen wieder erreicht. Ein gewisser Restbestand von Hauptzellen bleibt zurück. Es ist ähnlich wie beim Uterus, der einmal ein Kind beherbergt hat oder bei den Brüsten, die einmal eine Lactation durchgemacht haben.

So grundverschieden Aufgabe und Funktion des *Vorderlappens* auch sein mögen, so haben seine Mutterzellen doch *eine* Eigenschaft mit den Zellen des *Endometriums* und der *Brustdrüse gemeinschaftlich:* Sie sind, wenn es die Erhaltung der Art erfordert, noch beim Erwachsenen imstande, sich weitgehend umzugestalten und je nach der Phase des Fortpflanzungsgeschehens Aufbau und Abbauvorgänge zu produzieren.

Aber nicht alles ist im Wochenbett auf Rückbildung eingestellt; ein zu den Geschlechtsteilen gehörendes Organ erreicht erst nach der Geburt den *Höhepunkt seiner Entwicklung* und das *Endziel seiner Aufgabe,* die ihr die Natur gestellt hat, das ist die *Brustdrüse.* In der Schwangerschaft erfolgt unter dem Einfluß der Geschlechtshormone (Oestron und Progesteron) nur ein gewaltiges Anwachsen, erst nach der Ausstoßung von Frucht und Placenta vermag das bereits vorher in der Hypophyse gebildete *Lactationshormon* an den Alveolen der Brustdrüse anzugreifen und die Bildung der Milch auszulösen.

Es ist wahrscheinlich, daß das Lactationshormon als zu den Geschlechtsfunktionen gehörig in den chromophoben Zellen gebildet wird. Doch ist darüber noch nichts Sicheres bekannt. Auch sind noch keine hinreichenden histologischen Untersuchungen über das Verhalten der chromophoben Zellen im Wochenbett vorhanden.

Nur ein weiblicher *Körper*, der in seinem ganzen *Endokrinium* und *besonders* in seinem *hormonalen Geschlechtssystem* wohl *ausgerüstet* und *gefestigt* ist, ist imstande, die 9 Monate dauernden Aufbauvorgänge und die 2—3 Monate währenden Abbaugeschehnisse richtig zu steuern.

Noch wichtiger jedoch ist die Tätigkeit der *fetalen Chorionepithelien*. Nur in der *harmonischen Zusammenarbeit* der *mütterlichen* und *kindlichen hormonalen Faktoren* ist die großartige Umstellung des weiblichen Körpers und das große Aufbauwerk eines neuen Lebewesens möglich.

Wenn aber eine *Minderwertigkeit* bei den *beiden* Faktoren besteht, namentlich wenn die *chromophoben* Zellen der Aufgabe nicht ganz gewachsen sind, dann können Schwächezustände, die vorher verdeckt waren, *schon in der Schwangerschaft* offenkundig werden (s. Schwangerschaftstoxikosen). Nicht selten tritt die Minderwertigkeit der mütterlichen Zellen erst bei den *Abbauvorgängen* im Wochenbett zutage. Dabei spielen Vorderlappen und Nebennierenrinde eine hervorragende Rolle (s. Kapitel nachschwangerschaftliche hypophysäre Störungen).

ζ) Einpflanzungen von Hypophysen zu Heilzwecken.

Es liegt nahe, bei den von der Hypophyse ausgehenden Störungen die Drüse zu verfüttern oder Auszüge des Organs dem kranken Körper zuzuführen. Die bisherigen Erfolge sind nicht sehr groß. Mehr kann man sich von einer *Einpflanzung* des ganzen Organs erwarten.

Wir haben solche Überpflanzungen seit 1928 an unserer Klinik bei *hypophysärer Magersucht* und *Fettsucht* (besonders im Anschluß an die Geburt) und bei SIMMONDscher *Kachexie* gemacht; EHRHARDT hat darüber in verschiedenen Veröffentlichungen berichtet (s. auch v. BERGMANN - SAUERBRUCH, KYLIN, CURSCHMANN usw.). Es war uns neben der Beeinflussung des Stoffwechsels namentlich darum zu tun, bei diesen Frauen die mit der Erkrankung einsetzende *Amenorrhöe und Unfruchtbarkeit* zu beseitigen. Es ist uns wiederholt bei der *Magersucht* und bei der SIMMONDschen Kachexie gelungen, einen *Gewichtszuwachs* bis zu 30—40 Pfund zu erzielen und bei übermäßiger *Fettsucht* starke *Gewichtsabnahme* herbeizuführen, und einen mehr oder minder *regelmäßigen Ablauf der Periode* für kürzere oder längere Zeit zu bewirken. Einmal ist auch nach der Einpflanzung die bisher ausgebliebene *Schwangerschaft eingetreten* und ein lebendes Kind geboren worden. Die Schwangerschaft hat sich noch zweimal wiederholt.

Wir machen die Einpflanzung von 3—4 zuletzt bis 8 klein zerschnittenen Kalbhypophysen, steril den Tieren entnommen, an drei verschiedenen Stellen, unter der Fascie des Oberschenkels, präperitoneal oberhalb der Symphyse, einige Male in das Netz, wie es auch von KYLIN, v. BERGMANN, SAUERBRUCH empfohlen worden ist. Wir hatten den Eindruck, daß die präperitoneale Einpflanzung die geringsten Erscheinungen macht und am besten wirkt.

Wenn man einen Fascienquerschnitt ausführt, so lassen sich die kleinen Stückchen sehr gut rechts und links in die zwischen Peritoneum und Muskel gebildeten Taschen einlegen. Näht man dann das Peritoneum in der Mittellinie des Muskels an, so entstehen zwei voneinander getrennte kleinere Taschen, in denen die eingepflanzten Stückchen fester gegen das Bauchfell und den Muskel gedrückt und damit besser ernährt werden. Immerhin kommt auch bei diesem Verfahren nicht selten ein Teil zur Abstoßung. Geringer ist die Abstoßung, wenn man artgleiches Hypophysengewebe nimmt, wie wir das einige Male von frischtoden Neugeborenen verwendet haben. E. KYLIN[1], der bei 28 kranken Menschen, bei 19 mit gutem Erfolge, die Überpflanzung gemacht hat, berichtet auch über *histologische* Unter-

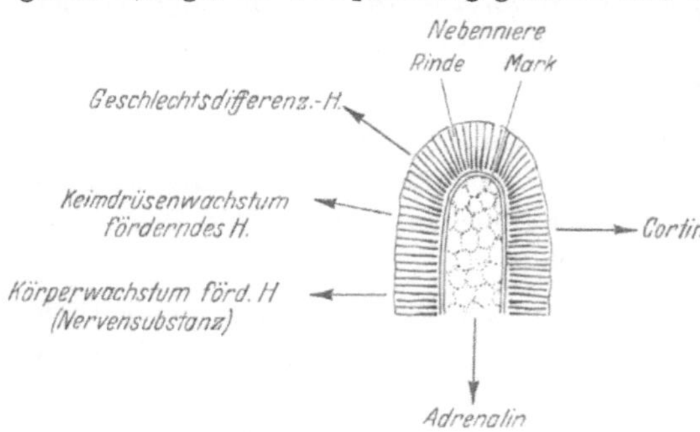

Abb. 98. Wirkstoffe der Nebenniere. (Das Corticolactin, das Desoxycorticosteron usw. sind nicht eingezeichnet.)

suchungen von bei Kaninchen eingepflanzten Drüsen ($1^{1}/_{2}$—3 Monate später). Er fand, daß, wenn man die Drüse in recht kleine Stückchen schneidet, Gefäße einwachsen und *sämtliche drei Zelltypen erhalten* bleiben. Unsere Erfahrungen mit der Dauereinheilung und Erhaltenbleiben der Funktion sind nicht so günstig. Nach 5 Monaten fand EHRHARDT bei Verteilung kleinster Stückchen im Netz oder präperitoneal beim Affen und beim Kaninchen nichts mehr von unversehrtem und funktionstüchtigem Gewebe.

C. Die Hormone der Nebenniere besonders der Rinde.

Wie bei der Hypophyse ist bei der Nebenniere zwischen den neurogenen und den adenogenen Wirkstoffen zu unterscheiden (Abb. 98).

1. Stoffwechselhormone.

a) Der Wirkstoff des Markes.

Der Wirkstoff des Markes, das Adrenalin, ist von allen Hormonen zuerst isoliert und synthetisiert worden. Der Stoff bildet sich nicht nur im Mark, sondern auch in den an verschiedenen Stellen des Körpers zerstreuten chromaffinen Zellen. Auch die Endfaser des Sympathicus produziert Adrenalin (daher der Sympathicus als adrenergischer, der Parasymphathicus als cholinergischer Nerv bezeichnet).

Die physiologischen Wirkungen des Adrenalins sind sehr eingehend studiert, sie sollen in dieser Arbeit nur insoferne Berücksichtigung finden, als Beziehungen zu Wachstums- und Fortpflanzungsvorgängen bestehen. Daß die letzteren nur gering sind, geht schon daraus hervor, daß das Mark (ebenso wie die Neurohypophyse) im Gegensatz zu Rinde und Vorderlappen in den Fortpflanzungsperioden keine oder keine nennenswerten histologischen Veränderungen zeigt.

b) Die Wirkstoffe der Rinde (Interrenalsystem).

Die *Rinde* ist das *blutreichste Organ* des Körpers, es strömt ungefähr eine 5mal so große Blutmenge in der Zeiteinheit hindurch als durch die anderen Organe.

Unsere Kenntnisse über die in der Rinde gebildeten Wirkstoffe haben in den letzten Jahren durch das Auffinden des *Corticosterons* höchst erfreuliche Fortschritte gemacht; es wird auch als „Überlebenshormon" bezeichnet, weil es eingespritzt nebennierenlose Tiere, die sonst in kürzester Zeit zugrunde

----

[1] KYLIN, E.: Med. Klin. **1936 II**; **1937 II**. — Acta med. scand. (Stockh.) **91**, 429 (1937). — Arch. klin. Med. **1937**.

gehen, am Leben erhält. Die chemische Konstitution ($C_{21}H_{30}O_4$) wurde ziemlich gleichzeitig von REICHSTEIN, von WINTERSTEINER und PFIFFNER und v. KENDALL aufgefunden. Auch die synthetische Herstellung des Wirkstoffes ist bereits geglückt.

Wegen der Wichtigkeit des Hormons und seiner Beziehungen zu den Wachstums- und Erhaltungsvorgängen sollen wenigstens schlagwortmäßig die wichtigsten Wirkungen angeführt werden.

Das *Corticosteron* hat einen entscheidenden Einfluß auf die Regelung des *Kohlehydratstoffwechsels*. Bei nebennierenlosen Tieren sinkt der Blutzucker ab und schwindet das Glykogen aus Leber und Muskeln. Die Menge der Milchsäure steigt an (THADDEA). Durch Verabreichung des Rindenhormons können die Störungen ausgeglichen werden.

Nebennierenlose Ratten sind nicht mehr fähig, das *Fett* aus dem Darm zu resorbieren und die in die Darmzotten gelangten Fettsäuren zu Neutralfett zu synthetisieren. Durch Gaben von Rindenhormon kann wieder eine *Resorption und Synthese der Fettsäuren* erzielt werden (VERZÀR und Mitarbeiter). Auch die *Fettmobilisierung* d. h. die Fettwanderung von den Fettdepots in die Leber findet bei nebennierenlosen Tieren nicht mehr statt. In *fast gleicher* Weise wie das Rindenhormon wirkt das *Vitamin B_2*, die Lactoflavin-Phosphorsäure, die das Co-Ferment des gelben Atmungsferments darstellt. Man nimmt an, daß die Bildung der Lactoflavin-Phosphorsäure durch die Nebenniere herbeigeführt wird (Provitamin B_2 ist unwirksam).

Bei nebennierenlosen Tieren findet ferner eine Ausschwemmung des *Cholesterins* aus dem Körper (Leber —Muskel) statt. Durch Zufuhr von Rindenhormon vermag das Gewebe wieder Cholesterin zu fixieren (THADDEA und FASSHAUER). Nach den gleichen Autoren sinken *Hämoglobingehalt* und *Erythrocyten* bei nebennierenlosen Tieren ab und treten Störungen im *Wasserhaushalt* und in der Verteilung des Wassers in den Organen auf. Auch auf den *Mineralstoffwechsel* hat das Rindenhormon einen gewissen Einfluß. Die schweren Mineralstoffwechselstörungen, die bei nebennierenlosen Hunden eintreten, können durch überreichliche Zufuhr von Kochsalz und Natrium, aber Einschränkung von Kalium ausgeglichen werden (ALLERS und CRANDALL). Besonders interessant für unsere Fragestellung ist die Feststellung von SWINGLE, dem es gelang, bei nebennierenlosen Tieren durch künstliche Erzeugung eines *Oestrus* mittels gonadotrop wirkenden Urinextrakten einen Ausgleich der Störungen herbeizuführen.

Man sieht, die Art der Wirkung des Rindenhormons unterscheidet sich von der Wirkung der Vorderlappenhormone sehr wesentlich. Während die Hormone des *Vorderlappens mittelbar* durch die *adenotropen Hormone* auf andere innersekretorische Drüsen und damit den Stoffwechsel einwirken, wirkt das *Rindenhormon unmittelbar* auf die *Zellen*, die die Fettresorption, Fettsynthese und Fettmobilisierung, die Glykogenfixierung, Cholesterinfixierung, den Wasserhaushalt, die Bildung der roten Blutkörperchen steuern.

Ein Teil der Wirkung des Corticosterons läßt sich durch *Cystein* ersetzen.

Es ist nicht zu verwundern, daß die Aufmerksamkeit wie anfänglich nach der Entdeckung des wirksamen Wirkstoffes des Markes, des Adrenalins, nunmehr auch nach der genaueren Erforschung des Corticosterons und seiner vielseitigen Einwirkung auf den Stoffwechsel in erster Linie auf dieses Hormon gelenkt worden ist. Es sind darüber zwei andere Wirkungen, die uns bei unserer Fragestellung besonders interessieren, fast ganz vergessen worden. Das ist der Einfluß, den die Nebennierenrinde auf die *Wachstumsvorgänge* und ganz besonders auf die *Geschlechtsfunktionen* und auf die *Fortpflanzung* ausübt:

2. Einfluß der Rinde auf die Wachstumsvorgänge.

Eine Anregung des Wachstums konnte bei Kaulquappen durch Verfütterung von Nebennierenrinde erzielt werden, die Tiere wachsen rascher. Jugendliche Tiere mit Nebenniereninsuffizienz oder nach Entfernung einer Nebenniere zeigen vermindertes Wachstum, solche mit vergrößerter Rinde gesteigertes Wachstum. Bei Kindern mit Rindenhyperplasie oder Hypernephrom sah man wiederholt außer geschlechtlicher iso- oder heterologer Frühreife beschleunigtes Körperwachstum (interrenale Macrogenitosomia praecox PELLICI).

CASTALDI[1] fand, daß mit geeigneter Dosierung und sorgfältiger Technik die Nebennierenrindenextrakte auf die ontogenetische Differenzierung des künstlich befruchteten Seeigeleies eine beschleunigende Wirkung ausüben (während dagegen die Marksubstanz eine Verzögerung der Ontogenese bewirkt)[2].

Auch hat man einige Male bei Hyperplasie der Rinde eine verfrühte seelische und geistige Entwicklung („Wunderkinder") gesehen (Praecocitas mentalis).

Der Einfluß, den die Rinde auf das Körperwachstum ausübt, ist *sehr verwickelter* Natur. Sicher trägt das Corticosteron durch seine Wirkung auf den Kohlehydrat- und Fettstoffwechsel und seine andern Eigenschaften zum Zellwachstum bei. Da die Rinde ungewöhnlich reichlich Carotin, das Provitamin des das Wachstum anregenden Vitamin A und die beiden hydrierenden und dehydrierenden Stoffe, Vitamin C und Cystein speichert, ist sie neben anderen Organen an dem erhöhten Zellstoffwechsel, einer Vorbedingung für Wachstumsvorgänge, beteiligt.

Der Einfluß der Rinde ist also nicht so spezifisch auf das mesodermale Grund- und Stützgewebe und damit auf das Längen- und Breitenwachstum des Körpers gerichtet, wie der Wirkstoff, der von den eosinophilen Zellen des Vorderlappens abgesondert wird. Es handelt sich um einen *unspezifischen* und wohl *mittelbaren* Einfluß, so wie wir ihn auch bei der Schilddrüse beobachten.

Diese Behauptung erfordert vielleicht nach einer Richtung eine Einschränkung; das ist der Einfluß der Rinde auf die Entwicklung und Ausbildung des *Gehirns*. In dem Sinne sprechen die immer wieder gemachten Feststellungen, daß bei Feten, bei denen die Rinde ganz fehlt oder unterentwickelt ist, in mehr als der Hälfte der Fälle auch eine Hemmung in der Entwicklung des Gehirns in der Form einer An- oder Hemicephalie vorhanden ist. Die Genschädigung, die der Mißbildung zugrunde liegt, kann entweder *beide* Organanlagen betreffen — was bei dem häufigen Zusammentreffen der Unregelmäßigkeiten von vornherein unwahrscheinlich ist — oder es versagen die Realisationsfaktoren, die bei der Hirnentwicklung in Tätigkeit treten. Es spricht vieles dafür, z. B. die ungewöhnlich mächtige Ausbildung der Rinde in der ersten embryonalen Zeit (s. S. 50), daß in der Rinde der primäre Faktor zu suchen ist und die Unterentwicklung des Gehirns ein sekundärer Vorgang ist.

---

[1] CASTALDI: Münch. med. Wschr. **1937 I**, 362.
[2] Schrifttum bei s. G. BAYER: Handbuch der inneren Sekretion, Bd. II, Teil 1, S. 467. 1929.

a) Die Beziehungen der Rinde zu den geschlechtlichen und Fortpflanzungsvorgängen und die geschlechtlichen Rindenhormone.

Da die Bildung besonderer geschlechtlicher Rindenhormone noch stark umstritten ist, ist es erforderlich, die Frage auf breiterer Grundlage zu erörtern. Zur Stütze der Annahme, daß in der Rinde tatsächlich gonadotrope Hilfshormone oder echte Geschlechtshormone gebildet werden, dienen 1. die *morphologischen Befunde* und *Veränderungen*, die sich in der Rinde in den *Zeiten geschlechtlicher Tätigkeit* und im Tierversuch finden, 2. die bisherigen *Resultate*, die die *chemisch-physiologischen Untersuchungen* ergaben und 3. als besonders wichtig die Veränderungen, die bei der *geschlechtlichen Frühreife* und bei der *Geschlechtsumkehr* eintreten; denn hier handelt es sich um Experimente, die die Natur selbst macht.

α) Die histologischen Veränderungen der Rinde bei den natürlichen geschlechtlichen Funktionen und im Tierversuche, die Bedeutung der Lipoide.

Daß enge Beziehungen zwischen *Nebenniere* und *Geschlechtsorganen* bestehen, ersieht man schon aus der *Phylo- und Ontogenese* der beiden Systeme. Sie werden in der *nämlichen Gegend des Cöloms* angelegt und zeigen in einem großen Teil der Entwicklung paralleles Verhalten *(Urogenital-System)*. Wenn Mißbildungen der Nebenniere und Rinde vorhanden sind, finden sich auch recht häufig Mißbildungen an den Geschlechtsorganen. Wir können ferner auch im späteren Leben noch Spuren dieses gemeinschaftlichen Ursprungs feststellen. Es finden sich besonders häufig beim Kind *kleine Nester von Rindengewebe* im Ligamentum latum und an anderen Stellen der Umgebung der Geschlechtsorgane.

Es fällt ferner immer wieder die *ungewöhnliche Größe* der *Nebenniere* in der *ersten embryonalen Zeit* auf. Das Organ ist um den 3. Monat das *größte Organ*, das sich in der *Bauchhöhle* findet (Abb. 50). Die Größe erscheint noch viel gewaltiger, wenn man das spätere Organ damit vergleicht, das im Gesamtkörper des Erwachsenen recht klein ist. (Bei Neugeborenen wiegt es 8 g, beim Erwachsenen 12 g, s. auch Gewichtskurve von WEHEFRITZ S. 50.) Das Organ besteht in dieser frühen Zeit fast *nur aus Rindensubstanz*. Diese zeigt bereits den nämlichen *Reichtum an Cholesterin* und anderen *Lipoiden*, wie in späteren Entwicklungsphasen. Eine derartig mächtige Ausbildung eines so wichtigen Organs macht die Natur nicht zwecklos. Die Drüse hat die Aufgabe, die in ihr enthaltenen Lipoide zu Wirkstoffen umzuarbeiten, die bei der geschlechtlichen Differenzierung und Geschlechtsentwicklung (und bei der Entwicklung des Hirns?) wichtige Hilfsdienste leisten.

Das Gewicht der Rinde in der embryonalen Zeit und später erinnert an die Verhältnisse von *Fetus und Placenta*. Der Trophoblast der ersten Zeit ist um ein vielfaches größer als die embryonale Anlage, am Ende der Schwangerschaft ist das Verhältnis umgekehrt, das Kind hat ein $4\frac{1}{2}$—5mal so großes Gewicht als die Placenta. Gerade der Vergleich mit der Placenta als Ernährungsorgan des Fetus weist deutlich daraufhin, daß auch in dieser Richtung die Bedeutung der Rinde gelegen sein muß.

Die *Differenzierung* der *beiden Geschlechter* erfolgt bekanntlich *sehr frühzeitig*; schon am Ende des zweiten Fetalmonats ist man mit dem bloßen Auge imstande, männliche und weibliche Feten voneinander zu unterscheiden. Die *Wirkstoffe*,

die bei der Differenzierung dem chromosomal festgelegten Geschlecht Hilfsdienste leisten, müssen daher *sehr frühzeitig bereit gestellt* werden (dasselbe gilt
auch für die Nervenanlagen).

Wenn einmal die geschlechtliche Differenzierung in weibliche und männliche
Organe stattgefunden hat, so ist zur *Weiterführung und Vollendung der Differenzierung weit weniger Wirkstoff* als im Beginn notwendig. Daher die Erscheinung, daß die Rinde in der ersten embryonalen Zeit die mächtigste Entwicklung
aufweist.

Bei beiden Geschlechtern bewirkt die *Entfernung der Keimdrüse* eine *erhebliche Vergrößerung* des Organs, die hauptsächlich durch Verbreiterung der *Fascicularis* zustande kommt.

Ein deutlicher Unterschied in dem *Aufbau* der Rinde bei dem *weiblichen* und *männlichen*
Tiere besteht im allgemeinen nicht, soweit man auf Grund der bisherigen wohl noch nicht
genügend ausgedehnten Untersuchungen einen Rückschluß ziehen kann. Nur bei der Maus
und *Ratte* finden sich deutliche Unterschiede. Diese Erscheinung ist doch sehr auffällig
und läßt daran denken, daß bei planmäßiger Durchforschung auch Unterschiede bei anderen
Tieren gefunden werden können.

Deutlich treten Veränderungen in dem Höhepunkt der sexuellen Tätigkeit
beim *weiblichen* Geschlechte zutage (s. S. 51). Das ist im *Oestrus*, im *Zyklus* und
besonders ausgesprochen in der *Schwangerschaft.* An dieser Tatsache ist nicht
mehr zu zweifeln. Wenn man aber frägt, welche der *drei Schichten* sich im
Zyklus und in der Schwangerschaft verändern und vergrößern, so gehen die
Meinungen in diesem Punkt weit auseinander.

Nur drei Beispiele: ASCHOFF nimmt an, daß im Zyklus und in der Schwangerschaft
hauptsächlich Veränderungen in der *Glomerulosa* auftreten, andere und wohl die Mehrzahl
finden eine Vergrößerung der *Fascicularis* mit einer geringeren Beteiligung der Glomerulosa,
GUTHMANN und VÖLKER konnten bei der Maus hauptsächlich eine Vergrößerung der *Reticularis* feststellen. Wir finden bei der Rinde die nämlichen Meinungsverschiedenheiten,
die wir bei der Beeinflussung der Zellen des Vorderlappens durch Zyklus, Kastration, Schwangerschaft, innersekretorische Störungen, Geschwülste beobachtet haben. Das kann bei der
Rinde ebensowenig wie bei den Vorderlappenzellen an den Untersuchern oder an dem
untersuchten Material (verschiedene Tierarten, verschiedene Konservierung und Färbung
usw.) gelegen sein. Die Rinde zeigt ebenso wie der Vorderlappen eine *ungewöhnlich leichte
Beeinflußbarkeit in ihrem strukturellen Aufbau* durch alle möglichen inneren und äußeren
Faktoren. Es wurde im allgemeinen Teil, S. 50, bereits darauf hingewiesen, daß die Rinde
bei Veränderung in der Ernährungsweise, bei Hunger — Zunahme, während alle anderen
Organe an Gewicht abnehmen —, bei Vergiftungen, bei innersekretorischen Störungen,
anders beschaffen ist, daß also das feinstrukturelle Gefüge stark von der chemisch physikalischen Beschaffenheit und Zusammensetzung des Blutes abhängt.

Daß es sich um aktive Vorgänge, um *Vermehrung von Zellen* handelt, geht einwandfrei
aus dem Nachweis zahlreicher *Mitosen*, die sich namentlich in der Fascicularis finden, hervor.

Eine voll befriedigende Beschreibung der *Histogenese* und der *jeweiligen
Struktur der Rinde* unter verschiedenen Bedingungen besonders während der
Fortpflanzungsvorgänge liegt bis jetzt noch nicht vor. Was wir bisher wissen,
läßt sich ungefähr folgendermaßen zusammenfassen:

Die *Mutterzellen* liegen in der nach außen gelegenen Schicht, der *Glomerulosa*, die aus
körnchenähnlichen Zellen besteht. Von ihr aus bilden sich die zwei anderen Schichten,
Fascicularis und Reticularis. Die stärkste Vermehrung der Zellen findet wohl in der mittleren Schicht der Fascicularis statt; denn in ihr finden wir am häufigsten Mitosen; auch
enthält sie die meisten Lipoide. Man darf wohl annehmen, daß sie den aktivsten Teil der
Rinde darstellt. In der ersten embryonalen Zeit zeigt die Rinde nur zwei Schichten, auch
in den späteren Lebensabschnitten weisen die einzelnen Schichten, wie bereits erwähnt,
starke Schwankungen in der Stärke ihrer Ausbildung auf.

Außer den bereits erwähnten Veränderungen im Oestrus und in der Schwangerschaft weisen noch die folgenden tierexperimentellen Untersuchungen auf ganz innige *Wechselbeziehungen* zwischen *Keimdrüse und Nebennierenrinde* hin. Man kann die Versuche in zwei Gruppen einteilen, in die, in denen zuwenig Rindenhormon vorhanden ist und in solche, in denen zuviel zugeführt oder gebildet wird.

Zuwenig sexuelles Rindenhormon.

Schon ältere Untersuchungen von LEUPOLD ergaben, daß nach Herausnahme der Nebenniere manchmal die Ausbildung der sekundären Geschlechtsmerkmale beeinträchtigt wird und daß die Spermatogenese unterbleibt. HOSKINS (1916) gelang es durch langdauernde Verfütterung von Nebennieren bei Ratten die Hoden zur Vergrößerung zu bringen. Neuere Untersuchungen ergaben übereinstimmend, daß bei weiblichen nebennierenlosen Ratten Oestrus und Trächtigkeit ausbleiben (MARTIN, COREY), bei trächtigen Katzen und Ratten meist der Fruchttod erfolgt und die Milchbildung ausbleibt (BRETTON).

Daß die Erscheinungen wirklich mit der Entfernung der Nebenniere zusammenhängen, geht daraus hervor, daß es durch Zufuhr von Nierenrindenextrakten gelingt, die eingetretenen Funktionsstörungen wieder zu beheben. Es stellt sich Oestrus und Trächtigkeit wieder ein.

Umgekehrt besteht auch eine Rückwirkung von der *Keimdrüse* auf die *Nebennierenrinde*. Es tritt nach *Entfernung der Keimdrüse* bei beiden Geschlechtern eine *Hypertrophie der Rinde* mit *Zunahme der Lipoide* ein (SCHENK 1910, MATSUI 1926).

Nach WINTER soll ein deutlicher Unterschied zwischen männlichen und weiblichen Ratten bestehen. Bei männlichen Tieren tritt Hypertrophie, bei weiblichen dagegen Atrophie der Nebenniere ein. Die verschiedene Wirkung ist in ihrer Entstehung noch nicht klar zu ersehen. Jedenfalls weist aber die Verschiedenheit der Reaktionsweise auf große Unterschiede in der Rinde männlicher und weiblicher Individuen hin, wie bereits auch bei dem histologischen Bild betont wurde.

Zuviel sexuelles Rindenhormon.

Durch *Einpflanzung* von Nebennieren bei jungen Hähnen gelang es LESPINASE (1924) *Geschlechtsfrühreife* zu erzielen. Bei Frauen mit *Virilismus* ist die Menge des *männlichen* Geschlechtshormons stark *vermehrt* (DINGEMANSE). KALOW fand im Harn eines *Mädchens mit Nebennierengeschwulst* große Mengen von *Transhydro-androsteron*. Alle diese Feststellungen stimmen mit den Erscheinungen bei Hyperplasie und Geschwulstbildungen der Nebennieren gut überein, wie wir noch sehen werden.

Im gleichen Sinne sind die sonst so schwer zu erklärenden Beobachtungen von HODLER zu deuten. Er konnte durch Verabreichung von Extrakten von *Ochsennebennieren* (also kastrierten männlichen Tieren, bei denen die Rinde vergrößert und deshalb mehr männlich gerichtetes Rindenhormon gebildet wird) bei nichtkastrierten *weiblichen* Meerschweinchen *Vergrößerungen der Klitoris*, also gewisse Vermännlichungserscheinungen, beobachten. Umgekehrt bewirkt — nach der hier entwickelten Auffassung leicht begreiflich — eine Zufuhr von Ochsennebennieren bei *männlichen Kastraten* nicht nur Erhaltung, sondern sogar *stärkere Ausbildung* der homologen Geschlechtsmerkmale.

Umgekehrt bleiben die Zustände, in denen eine *erhöhte sexuelle Tätigkeit* herrscht, nicht ohne Rückwirkung auf Aussehen und Funktion der *Rinde*. Während der Brunst ist bei den verschiedenen weiblichen Tieren (Ratten, Kaninchen, aber auch Vögel, Tauben und Amphibien) die Rinde vergrößert, ebenso bei Trächtigkeit und während der Lactation.

Auch die *Zufuhr von Follikelhormon* bewirkt bei Ratten eine Gewichtszunahme der Nebennierenrinde und Verbreiterung der Zona fasciculata. Es handelt sich aber um keine unmittelbare Wirkung, sondern die Wirkung geht *über* die *Hypophyse* wie bei der Keimdrüse; denn die Vergrößerung bleibt aus, wenn die Hypophyse vorher entfernt ist (ELLISON 1936). Das gonadotrope Hormon der Rinde spielt aber dabei nicht nur eine passive Rolle; denn die Menge des Prolans, das sonst bei der infantilen weiblichen Ratte typische Follikelreifung und Gelbkörperbildung auslöst, bewirkt bei den *nebennierenlosen* Tieren kaum eine Luteinisierung (WINTER 1924). Man muß daraus schließen, daß die Zufuhr von Rindenextrakten die Tätigkeit der chromophoben Zellen des Vorderlappens und somit mittelbar die Wirkung auf die Keimdrüse verstärkt, also die Bildung von Geschlechtshormonen fördert (FREUD 1933, HOFFMANN 1937).

Im Sinne einer gewissen *Zusammenarbeit* von *Rinde* und *Geschlechtsdrüsen* und innerhalb gewisser Grenzen auch von *Rinde* und *Nervensubstanz* sprechen die Erfahrungen beim *Hungerzustand.* Beim Hunger werden in der Rinde trotz des Verbrauches aller Fettdepots noch Lipoide gespeichert. Wenn man annimmt, daß aus diesen Körpern Wirkstoffe gebildet werden, die die Tätigkeit der Keimdrüse und die normale Funktion der Nervensubstanz gewährleisten, so kann man auch die seltsame Erscheinung erklären, daß beim Hungerzustand *Keimdrüse* und *Nervensubstanz* von allen Organen am wenigsten angegriffen werden und meist noch voll in Funktion bleiben. Es ist bekannt, daß die Menstruation bei stark unterernährten kachektischen Frauen häufig unverändert fortbesteht. Auch sind Fälle mitgeteilt, in denen halbverhungerte Männer (z. B. der Grubenarbeiter in ZOLAs Roman Germinal) oder Tuberkulöse im Endstadium der Krankheit noch geschlechtlichen Verkehr ausgeübt und Kinder gezeugt haben.

Wir dürfen auch aus der Erhaltung der Geschlechtsfunktion im *Hungerzustand* durch *Vermittlung der Rinde* den Ausdruck dafür erblicken, daß die Natur mit allen zur Verfügung stehenden Mitteln in erster Linie danach strebt, die *Art zu erhalten.*

Die Lipoide der Rinde und ihre Beziehungen zur Hormonbildung im allgemeinen und zu den Geschlechtshormonen im besonderen.

Schon von jeher ist der *große Reichtum der Rinde an Lipoiden* aufgefallen. Man war lange Zeit geneigt, darin nur eine *Speicherungserscheinung* zu sehen. Wenn im Tierversuch z. B. mehr Cholesterin zugeführt wird, so läßt sich in der Tat in der Rinde eine größere Menge des Stoffes nachweisen. Allein schon die Tatsache, daß die Rinde im *Hungerzustand* besonders reichlich Lipoide aufweist und dadurch eine Gewichtsvermehrung erfährt, während alle anderen Körperorgane an Gewicht abnehmen, weist daraufhin, daß den Lipoiden eine *besondere Funktion* zukommt. Wenn die Stoffe nur einfaches Brennmaterial wären, so würden sie, ebenso wie die übrigen Fette im Hungerzustand eingeschmolzen werden.

Die Rinde gleicht in ihrem histologischen Aufbau, der Anordnung der Gefäße und besonders in dem Gehalt an Lipoiden außerordentlich stark dem *Corpus luteum.* Von diesem wissen wir, daß in seinen Zellen das *Progesteron*, ein Cholesterinabkömmling, bereitet wird. Die Ähnlichkeit im strukturellen Gefüge läßt auf eine Ähnlichkeit der Funktion schließen. Auch die Thecazellen des reifenden Follikels und die interstitielle Drüse, in geringerem Maße auch die LEYDIG-schen Zellen des Hodens zeichnen sich durch ein ähnliches histologisches Gefüge und durch Reichtum an Lipoiden aus.

Auch diese Feststellung läßt vermuten, daß in der Rinde ähnliche Stoffe wie in den Geschlechtsorganen gebildet werden oder daß die *Rinde* bei der *Bildung der Geschlechtshormone Hilfsdienste* irgendeiner Art leistet.

Das zweitwichtigste Lipoid, das in der Nebenniere ebenso in Ov. Corpus luteum und Placenta sich findet, ist das *Lecithin*. Über seine Bedeutung für die Funktion der Rinde war bisher nichts Näheres bekannt. Neuerdings hat VERZÁR gezeigt, daß Phosphatide bei der Umwandlung des Lactoflavins in Vitamin B_2 (Flavin-Eiweiß-Phosphorsäureverbindung) eine wichtige Rolle spielen.

LEUPOLD hat dem Lecithin bei der Differenzierung des Geschlechtes eine ausschlaggebende Bedeutung zugeschrieben. Er fand bei Kaninchen, daß nur dann eine weibliche Differenzierung des befruchteten Eies eintritt, wenn Lecithin im Blutserum in genügender Menge vorhanden ist, daß dagegen bei relativer Lecithinarmut des Serums männliche Differenzierung erfolgt. Ob dem Lecithin und seinen Verbindungen wirklich eine solche maßgebende geschlechtsdifferenzierende Wirkung zukommt, darüber kann man heute noch keine sichere Auskunft geben.

β) Der Stand der chemischen Erforschung der geschlechtlichen Rindenhormone.

Auch in der Erforschung der Chemie der geschlechtlichen Rindenhormone sind in den letzten Jahren beachtliche Fortschritte gemacht worden.

Wenn schon der große Reichtum der Rinde an Lipoiden mit aller Deutlichkeit darauf hinweist, daß die Rinde eine *Verarbeitungsstätte der Lipoide* darstellt, so läßt sich diese Meinung nunmehr einwandfrei beweisen.

Das Corticosteron ist ein Sterin, seine chemische Formel: $C_{21}H_{30}O_4$. Auch die gewöhnlichen Geschlechtshormone gehören in die Gruppe der Sterine. Die chemische Konstitutionsformel für das Follikelhormon ist: $C_{18}H_{22}O_2$; für das Progesteron: $C_{21}H_{30}O_2$; für das Testhormon: $C_{19}H_{28}O_2$; für das Androsteron: $C_{19}H_{30}O_2$.

Wie aus den Formeln ersichtlich, stehen sich Corticosteron und Progesteron chemisch besonders nahe. Das Corticosteron unterscheidet sich von dem Gelbkörperhormon nur dadurch, daß ihm noch 2 OH-Gruppen angelagert sind. Trotz dieser nahen chemischen Verwandtschaft ist die biologische Wirkung beider Stoffe ganz verschieden. Es gelingt an dem Versuchstier nicht, durch Einspritzung von Progesteron die Wirkung des Corticosterons auszulösen und umgekehrt ist es nicht möglich, durch Gaben von Corticosteron an den Geschlechtsorganen nennenswerte Veränderungen hervorzurufen.

Wohl aber kann man mit dem Desoxy-Corticosteron, das REICHSTEIN und STEIGER aus der Rinde gewonnen haben, solche Erscheinungen auslösen. Der Stoff hat die chemische Formel $C_{21}H_{30}O_3$. Er unterscheidet sich also von dem Progesteron nur durch 1 Hydroxylgruppe. F. HOFMANN [1] gelang es durch Einspritzung des synthetischen Desoxy-Corticosterons beim Kaninchen die für

---

[1] HOFMANN, F.: Z. Gynäk. **1938**, Nr 49, 2689.

den Oestrus typischen Umwandlungen an der Gebärmutter zu verursachen. Will man den gleichen Erfolg mit den Geschlechtshormonen erzielen, so ist es bekanntlich notwendig, *beide* Geschlechtshormone, zuerst Follikelhormon und dann Progesteron einzuspritzen. Das Desoxy-Corticosteron vereinigt demnach die Wirkung beider ovarieller Wirkstoffe in sich.

Ehe wir an die Deutung dieser Befunde gehen, soll zuerst über Untersuchungen berichtet werden, die ENGELHART [1], ferner CALLOW und PARKES [2] mit Alkohol-Ätherextrakten der Nebennierenrinde gemacht haben. ENGELHART konnte bei kastrierten Tieren sowohl die proliferative als auch die sekretorische Phase auslösen. Da nach der Kastration die Eierstöcke als Produzenten der Hormone nicht mehr in Frage kommen, so nimmt er an, daß sowohl das Follikelhormon als auch das Corpus luteum-Hormon in der Rinde gebildet wird. CALLOW und PARKES fanden bei Anwendung der Extrakte typische Gelbkörperwirkung.

Auf der anderen Seite ist es keine Frage, daß die Rindenextrakte auch eine Wirkung auf den *Eierstock selbst* haben. COREY und BRITTON, MAGLIAVACCA, H. HOFMANN fanden nach Behandlung mit Rindenextrakten, daß bei infantilen Ratten Follikelreifung eintrat. H. HOFMANN [3] konnte ferner zeigen, daß es sich um ein Hormon handelt, das verschieden von dem Corticosteron ist; denn die Wirkung fehlt bei der Verabreichung des Überlebendhormons.

Es kann demnach als sicher angesehen werden, daß in der Rinde *gonadotrope Stoffe* bereitet werden. Zweifelhaft ist nur, ob es sich um Follikelhormon- und Gelbkörperwirkstoffe selbst handelt, wie ENGELHART für beide und wie CALLOW und PARKES für das Corpus luteum-Hormon, oder ob eine Umwandlung des in der Rinde gebildeten Desoxy-Corticosteron in Progesteron stattfindet, wie H. HOFMANN meint. Als Umwandlungsstätte kommt nach ausgeführter Kastration der Eierstock nicht mehr in Betracht. Auch die Hypophyse ist ausgeschlossen, da die chromophoben Zellen außerstande sind, selbst Oestron und Progesteron zu bilden; sie vermögen bekanntlich nur die Produktion der beiden Wirkstoffe im Eierstock anzuregen. Es müßte also die Umwandlung des Desoxy-Corticosteron in anderen, bisher noch nicht näher bekannten Zellen erfolgen. Man kann daher nur ENGELHART und CALLOW und PARKES zustimmen, wenn sie annehmen, daß die Rinde die Fähigkeit hat, selbständig und unmittelbar in ihren Zellen echte Geschlechtshormone zu bilden.

In diesem Sinne spricht auch der Nachweis eines dem männlichen Keimdrüsenhormon chemisch nahe verwandten Stoffes, des Andrenosterons durch REICHSTEIN [4] in der Nebenniere. Dieser Stoff ruft am Hahnenkammtest die Wirkung des männlichen Keimdrüsenhormons hervor.

In der Rinde (wie im Vorderlappen) wird noch ein Hormon gebildet, das die *Laction* anregt (das *Cortilactin*). Entfernt man die Nebenniere bei Kaninchen oder Ratten während der Trächtigkeit oder nach der Geburt, so unterbleibt die Milchbildung oder, wenn sie bereits eingetreten ist, hört sie wieder auf (FIROR

---

[1] ENGELHART: Klin. Wschr. **1930** II, 2114; **1935** II, 1068. — Arch. Gynäk. **149**, 688 (1932). — Z. Gynäk. **1937**, 1098.
[2] CALLOW u. PARKES: Proc. Soc. Physiol. **1936**. — J. of Physiol. **87** (1936).
[3] HOFMANN, H.: Klin. Wschr. **1937** I, 76. — Z. Geburtsh. **115**, 416 (1937).
[4] REICHSTEIN: Helvet. chim. Acta **1936**, 12, 29, 223, 401.

1933, BROWNELL, LOCKWOOD, HARTMANN 1933). Durch Zufuhr von Rindenextrakten kann man die Lactation wieder in Gang bringen, sogar bei infantilen Tieren (LOCKWOOD).

Wir kommen also zum Schluß:

Die Rinde kann *selbsttätig und unabhängig von dem Ovar echte Geschlechtshormone* bereiten. Ob diese Bildung regelmäßig erfolgt oder nur als Notstandsaktion, wenn der Eierstock entfernt ist, stattfindet, müssen erst weitere Forschungen lehren.

Es kann aber kein Zweifel bestehen, daß auch noch Stoffe in der Rinde synthetisiert werden, die eine Einwirkung auf die Tätigkeit des Eierstocks haben, also *gonadotrope* Stoffe ähnlich denen des Vorderlappens und der Zirbeldrüse. Das lehren die oben angeführten Untersuchungen von COREY und BRITTON usw. Es ergibt sich dabei wieder die Frage, ob die Wirkung unmittelbar von der Rinde auf die Keimdrüse geht oder ob auch die chromophoben Zellen des Hypophysenvorderlappens dabei noch mit eine Rolle spielen. Es liegen Beobachtungen vor, die beide Möglichkeiten offen lassen. Die Veränderungen, die am Vorderlappen nach der Entfernung der Nebenniere auftreten und umgekehrt die Veränderungen, die wir an der Rinde nach der Entfernung der Hypophyse beobachten, sprechen in diesem Sinne. Wie aber im einzelnen die Wechselwirkungen sind, entzieht sich vorläufig noch unserer Kenntnis.

Bei diesem Stand der Dinge ist es daher dringend notwendig, noch die *Experimente, die die Natur selbst* macht, zur Deutung mit heranzuziehen. Mit der Chemie allein kann man diese biologischen Probleme nicht vollständig lösen. Die geschlechtlichen Vorgänge zeigen nicht nur bei den verschiedenen Arten ein verschiedenes Gepräge, auch im ontogenetischen Entwicklungsgange des Individuums spielen wichtige andere Faktoren, die nicht zu vernachlässigen sind, bei dem Zustandekommen des Endresultates mit hinein.

γ) Die Experimente der Natur.

Diese erlauben uns vielfach einen tieferen Einblick in die inneren Zusammenhänge als chemische Forschung und Versuch. Es sind hauptsächlich *hormonproduzierende Geschwülste der Rinde*, die uns bestimmte Schlußfolgerungen ermöglichen.

Nicht alle Geschwülste der Rinde z. B. nicht die Grawitztumoren haben solche Veränderungen der Geschlechtstätigkeit zur Folge; es sind verhältnismäßig wenige, die Mehrzahl der Geschwülste ist ohne Einwirkung auf das Verhalten der Keimdrüsen.

Ehe es möglich ist, zu einer Deutung der Rolle, die die Rinde bei der Geschlechtstätigkeit und bei der Geschlechtsdifferenzierung spielt, auf Grund der Verwertung pathologischer Zustände besonders der Geschwulstbildung zu kommen, ist es notwendig, auf den Begriff der geschlechtlichen Frühreife schlechthin (oder die isosexuelle Geschlechtsreife) und auf den Begriff der heterosexuellen Frühreife und der Geschlechtsumkehr näher einzugehen.

Zwischen der *geschlechtlichen Frühreife*, gleichgültig ob iso- oder heterosexueller Art, und zwischen der *Geschlechtsumkehr* besteht ein grundsätzlicher Unterschied. Erstere spielt sich bei *jugendlichen* Individuen ab, letztere tritt erst bei dem *erwachsenen und geschlechtsreifen* Individuum auf. Es ist also die jeweilige Phase des ontogenetischen Entwicklungsganges, in dem sich gerade das Individuum befindet, für den Wirkungseffekt der Störung maßgebend.

b) Die geschlechtliche Frühreife schlechthin, gleichgeschlechtliche (isosexuelle) Frühreife.

Die isosexuelle Frühreife äußert sich in einer vorzeitigen Reifung der Ovarien, Vergrößerung des Uterus, übermäßig starker Entwicklung der Brustdrüsen, der Scham- und Achselhaare nach weiblicher Art. Es stellt sich frühzeitig die Menstruation ein (Pubertas und Menstruatio praecox). Häufig ist mit dieser verfrühten sexuellen Ausreifung auch ein beschleunigtes Körperwachstum, rascherer Verschluß der Knochenepiphysen und Beschleunigung der Zahnbildung verbunden. Man spricht dann auch von einer allgemeinen körperlichen und geschlechtlichen Frühreife (Makrogenitosomia praecox). Das hervorstechendste Symptom bei der Störung ist aber fraglos die vorzeitige Pubertät und Menstruation.

Die geschlechtliche Frühreife läßt sich bei Störungen und Geschwulstbildungen von folgenden vier endokrinen Organen beobachten:

α) Geschlechtliche Frühreife durch Granulosazellengeschwülste und Thecazellenfibrome des Eierstocks.

Die Granulosazellengeschwülste (ROBERT MEYER und H. O. NEUMANN) gehen von den *Granulosazellen* aus, die im *Eierstock* in *embryonaler* Zeit liegen geblieben sind, ohne *zunächst* sich *weiter zu entwickeln*, gehen also von *noch undifferenzierten* Zellen aus (M. WALTHARD). Die Granulosazellen, die in dem *normal* gebildeten Follikel gelegen sind und bereits *weiter differenziert* sind, vermögen solche *Geschwülste nicht* mehr zu bilden. Dagegen haben sowohl die Granulosazellen des normalen Follikels als die gewucherten Granulosazellen der Geschwulst die Fähigkeit, *Follikelhormon zu bilden*.

Die Fähigkeit, Follikelhormon zu bilden, hat noch eine andere Geschwulstform des Eierstocks, nämlich das *Thecazellenfibrom*. In diesem Sinne sprechen die Beobachtungen von LÖFFLER und PRIESEL[1]. Das Auffinden von Follikelhormon bei Granulosazellentumor und Thecazellenfibrom sind eine Bestätigung für die Ansicht, daß das Follikelhormon normaler Weise sowohl in den *Granulosazellen* als auch in den *Thecazellen* des reifenden Follikels gebildet wird (s. S. 178). Bei allen anderen von dem Eierstock ausgehenden Geschwülsten, wie Kruckenberg-Brenner-Tumoren, Disgerminomen, — die Arrhenoblastome werden später besonders erwähnt — finden wir keine Anzeichen für eine hormonale Tätigkeit.

Wenn es richtig ist, daß die Zellen der genannten Geschwülste die Fähigkeit haben, Follikelhormon zu bilden, so müssen sie die nämlichen Wirkungen hervorbringen, die wir nach künstlicher Zufuhr *großer Mengen von Follikelhormon* beobachten.

Das ist in der Tat der Fall. Bei den seltenen Fällen von Granulosazellengeschwulstbildung im *kindlichen Alter* stellt sich frühzeitig verstärktes Wachstum der Brüste, der Achsel- und Schamhaare, des Uterus mit Monatsblutungen ein *(Pubertas und Menstruatio praecox)* zugleich ein vorzeitiges Wachstum des ganzen Körpers (Makrogenitosomia praecox).

Bei Frauen mit Granulosazellengeschwülsten im *geschlechsreifen Alter* lassen sich als Zeichen erhöhter Follikelhormonbildung Vergrößerung des Uterus cystisch glanduläre Hyperplasie des Endometriums, Vergrößerung der Brüste usw. nachweisen. Bei längerem Bestehen der Tumoren kommt es infolge Erschöpfung des Eierstocks zu Störungen in der Monatsblutung, Amenorrhöe abwechselnd mit unregelmäßigen oder verstärkten Monatsblutungen.

Auch bei der *Frau in der Menopause* bleibt der anregende Einfluß der Geschwulstzellen auf Uterus und Brüste und andere sekundäre Geschlechtsmerkmale nicht aus. Man spricht daher in diesem Falle auch von einem verjüngenden und verweiblichenden Einfluß der Granulosazellentumoren bei älteren Frauen.

---

[1] LÖFFLER u. PRIESEL: Beitr. path. Anat. **90**, 199 (1932); **91**, 4 (1933).

Daß tatsächlich eine *Mehrbildung von Follikelhormon* stattfindet, ist durch den *Nachweis größerer Mengen* des Wirkstoffes im Blut und Harn nachgewiesen. Nach Entfernung der Geschwülste verschwanden sowohl die vermehrte Follikelausscheidung im Harn als auch alle klinische Erscheinungen. In den Fällen von FAUVET und E. F. KRAUS scheinen die Granulosazellen der Geschwulst auch noch die Fähigkeit gehabt zu haben, *Progesteron* zu bilden. Es liegt nahe, das Auftreten der Luteincysten im Eierstock auf den Einfluß der Geschwulstzellen zurückzuführen.

Wir haben in dem Abschnitt Geschlechtshormone gesehen, daß *normalerweise* die Geschlechtsreife durch zunehmende Mengen des produzierten Follikelhormons und durch Hinzutritt von Gelbkörperhormon ausgelöst wird. Das Geschlecht ist zwar chromosomal determiniert, wird aber durch die Geschlechtshormone realisiert. Die Beobachtungen bei Granulosazellengeschwülsten und bei den Thecazellenfibromen sind eine weitere Bestätigung dieser Auffassung.

Die geschlechtliche Frühreife, die wir bei den beiden Geschwulstarten durch blastomatöses Wachstum der hormonproduzierenden Zellen beobachten, stellt sich nicht allzuselten ohne Geschwulstbildung ein und ist dann als eine Begleiterscheinung einer *allgemein rascheren Körperentwicklung* anzusehen, die wieder durch Rasse, klimatische Faktoren usw. bedingt ist. Die Menarche unterliegt bekanntlich starken Schwankungen nach oben und unten.

β) Geschlechtliche Frühreife durch Geschwülste der Zirbeldrüse.

Wenn im *jugendlichen* Alter durch eine *Geschwulstbildung* (Teratom, Gliom, Carcinom, Melanom, Pinealom, Gummata, s. näheres KEHRER) das funktionierende und hormonspendende Gewebe der Zirbeldrüse zerstört wird, so tritt ein *frühzeitiges Wachstum der Geschlechtsorgane*, meist auch eine frühzeitige Körperentwicklung ein (Makrogenitosomia praecox). Solche Geschwülste finden sich nach BERBLINGER viel häufiger bei Knaben als bei Mädchen. Bei *älteren* Mädchen, bei denen die Zirbeldrüse bereits ihre Funktion eingestellt hat, hat eine in ihr auftretende Geschwulst keine Wirkung mehr auf den Ablauf der Geschlechtsfunktion.

Man hat aus dem Auftreten der geschlechtlichen Frühreife bei Vorhandensein einer Zirbeldrüsengeschwulst mit Recht den Schluß gezogen, daß die Zirbeldrüse einen die Entwicklung der *Geschlechtsorgane* hemmenden Wirkstoff (gonadotropes Hormon) absondert. Wird das Gewebe durch die Geschwulst zerstört, so fällt der hemmende Faktor weg, es tritt *hormonalbedingt* geschlechtliche Frühreife ein.

Mit diesen klinischen Erscheinungen stimmen die Ergebnisse der experimentellen Untersuchungen überein. FOA hat bei jungen Hühnern nach Entfernung der Zirbeldrüse eine beschleunigte Ausbildung der sekundären Geschlechtsmerkmale gesehen. W. FLEISCHMANN und HELENE GOLDHAMMER haben durch Einpflanzung von Zirbeldrüse junger Ratten auf geschlechtsreife weiße Mäuse den normalen Oestrus zu hemmen vermocht. P. ENGEL hat durch Einspritzung von menschlichen Zirbeldrüsenextrakten bei jungen weißen Mäusen und Ratten die durch Vorderlappensubstanz ausgelöste Frühreife verhindert.

γ) Geschlechtliche Frühreife durch Bildung von zuviel gonadotropem Hormon des Hypophysenvorderlappens.

Unsere Kenntnisse über die von dem *Hypophysenvorderlappen* ausgelöste geschlechtliche Frühreife verdanken wir nicht wie bei der Nebennierenrinde und bei der Zirbeldrüse dem kritischen Studium von Geschwülsten, sondern einzig und allein der *experimentellen Forschung*. Diese Tatsache ist sehr auffällig; denn von sämtlichen drei Zellarten, die den Vorderlappen zusammensetzen, gehen nicht allzuselten Geschwülste aus. Nur bei der Hyperplasie und Adenombildung der eosinophilen Zellen haben wir ein eindeutiges Krankheitsbild und eine reine Linie, nämlich Riesenwuchs bei Jugendlichen und Akromegalie bei Erwachsenen oder Kombination der beiden Formen. Bei den basophilen und Hauptzellen-Adenomen und Hyperplasien kann man von einer reinen Form nicht sprechen. Es finden sich stets noch eine große Reihe von anderen Unregelmäßigkeiten, namentlich Stoffwechselstörungen. Wenn man bedenkt, daß alle Zellarten des Vorderlappens und ganz besonders die beiden letzten mehrere Hormone (chemische Pluripotenz) bilden, so ist dieser Erscheinung nicht auffällig.

Die durch das *gonadotrope Hypophysenvorderlappenhormon* experimentell erzeugte geschlechtliche Frühreife zeichnet sich vor allen anderen Formen der Frühreife dadurch aus, daß Wachstum und Reifung sich *nur auf Ovar und Geschlechtsteile beschränken*, der übrige Körper gar keine oder nur angedeutet Wachstums- und Reifungserscheinungen zeigt. Vielfach tritt nicht einmal die Empfängnismöglichkeit ein (s. S. 220). Die Erscheinung ist nicht auffällig, weil das gonadotrope Hypophysenvorderlappenhormon unmittelbar nur auf den Follikelapparat und durch diesen sekundär auf die Geschlechtshormone abgestimmten Zellen einwirkt.

Während bei den Granulosazellengeschwülsten und Thecazellenfibromen des Eierstocks die Wirkung der von den gewucherten Zellen gebildeten Hormone *unmittelbar* auf die *somatischen Erfolgszellen* geht, handelt es sich dagegen bei der geschlechtlichen Frühreife, die bei Zirbelgeschwülsten und bei vermehrter Zufuhr von gonadotropem Hypophysenvorderlappenhormon sich einstellt, um eine *mittelbare* Wirkung. Die beiden Stoffe wirken unmittelbar nur auf die Keimdrüse ein, sind gonadotrop, beseitigen bei der Zirbeldrüsengeschwulst den hemmenden Einfluß, die erhöhte Zufuhr von gonadotropem Hypophysenvorderlappenhormon wirkt wachstumsfördernd auf die Keimdrüse. Erst mittelbar durch Anregung zur Bildung von mehr Follikelhormon und Gelbkörperhormon wird die geschlechtliche Frühreife ausgelöst.

δ) Die durch hormonal wirksame Rindengeschwülste ausgelöste geschlechtliche Frühreife.

Wenn sich im jugendlichen Alter eine starke *Hyperplasie* der *Rinde* oder eine *Geschwulst* entwickelt, die hormonale Eigenschaften aufweist, so kommt es häufig zu *geschlechtlicher Frühreife schlechthin* (isosexuelle Frühreife). (Auf die heterosexuelle Frühreife bei Rindengeschwülsten soll noch in einem besonderen Abschnitt eingegangen werden.)

Es kann kein Zweifel bestehen, daß die geschlechtliche Frühreife in der Kindheit in diesen Fällen von der Rindengeschwulst ausgelöst wird. Wir müssen daraus schließen, daß in den Geschwulstzellen ein Stoff gebildet wird, der die beschleunigte Reifung der Keimdrüsen herbeiführt. Näheres s. S. 283.

Mit dieser Annahme stehen die Erfahrungen, die man mit der ADDISONschen Krankheit, die mit einer Zerstörung der Rinde zusammenhängt, gemacht hat, überein. Schon bei den leichteren Fällen sieht man häufig eine Abschwächung oder Aufhören der Monatsblutung und Ausbleiben der Empfängnis. Bei den schweren Formen kommt es zu einer *Rückbildung der Geschlechtsorgane*. Auch Atrophie des Hodens wird beobachtet.

In scheinbarem Widerspruch zu der Annahme stehen die Feststellungen, daß bei hormonal wirksamen Rindengeschwülsten der *geschlechtsreifen* Frau fast regelmäßig alle Zeichen einer *Unterfunktion* des Eierstocks, Amenorrhöe, kleiner Uterus, vorhanden sind (E. Kehrer). Die Erscheinung erklärt sich hinreichend durch Eintritt von Gleichgewichtsstörungen im hormonalen Geschlechtssystem; denn nur bei harmonischer Zusammenarbeit aller einschlägigen Faktoren kommt es zur vollen Reifung des Eies und zum Ausreifen des Follikels (s. auch zuviel Follikelhormon, Gelbkörperhormon, Hypophysenvorderlappenhormon).

Über die besondere Stellung des gonadotropen Rindenhormons soll erst im Anschluß an den nächsten Abschnitt berichtet werden.

c) Die heterosexuelle Frühreife.

Schwerer als die geschlechtliche Frühreife schlechthin ist bei Vorhandensein von Hyperplasien und Geschwulstbildungen der Rinde *die* Form der sexuellen Frühreife zu erklären, die mit Hervortreten von *andersgeschlechtlichen* Körpermerkmalen hauptsächlich mit *Vermännlichungserscheinungen* einhergeht *(heterosexuelle Frühreife)*. Hier greifen die von der Rinde gelieferten Wirkstoffe auch in die *Differenzierung des Geschlechtes* ein. Es findet sich diese Vereinigung von geschlechtlicher Frühreife und Hervortreten von andersgeschlechtlichen Merkmalen bei Rindengeschwülsten nach E. Kehrer fast zweimal so häufig als die geschlechtliche Frühreife an sich.

Aus dem Vorhandensein dieser *Kombination* von geschlechtlicher Frühreife mit Vermännlichungserscheinungen müssen wir auf die Anwesenheit von *zwei verschiedenen* Wirkstoffen schließen: 1. Den bereits besprochenen, der die geschlechtlich *eindeutig determinierten* Geschlechtsorgane *verfrüht* zur *Reife bringt* und 2. einen Stoff, der eine *geschlechtliche Umstellung* macht.

Ehe wir an die Deutung der Vermännlichungserscheinung bei jugendlichen Personen gehen, wollen wir aber doch noch die sog. *Geschlechtsumkehr* beim *Erwachsenen* besprechen. Dadurch ist es möglich, einen besseren Einblick in die Entstehung der jugendlichen Formen der Geschlechtsumstellung zu bekommen. Es lassen sich beim *Erwachsenen chromosomale* und *hormonale* Einflüsse schärfer auseinanderhalten.

Die Geschlechtsumkehr beim Erwachsenen.

Die Geschlechtsumkehr des Erwachsenen trägt einen anderen Charakter, als wenn beim Kinde heterosexuelle Merkmale infolge einer Rindengeschwulst auftreten. Der kindliche Organismus ist noch in der Differenzierung seiner Geschlechtlichkeit begriffen, beim Erwachsenen ist die geschlechtliche Differenzierung abgeschlossen. Die Geschlechtsorgane, die einmal fertig ausgebildet sind, seien sie männlich oder weiblich, bleiben bestehen, schwinden nicht wieder vollständig, wenn sie auch gewisse Rückbildung zeigen können. So wissen wir aus tausenden von Erfahrungen, daß ein weibliches Individuum nach der Entfernung der Keimdrüse das weibliche, der Mann das männliche Gepräge seines Körpers durchaus beibehält.

Bei der sog. Geschlechtsumkehr handelt es sich also *nicht* um eine *echte* Geschlechtswandlung, d. h. mit Neuschaffung der heterologen Geschlechtsdrüsen und Geschlechtszellen, sondern nur um Änderungen *der* Teile und Gewebe, die wir unter den Begriff der *sekundären Geschlechtsmerkmale* zusammenfassen. Hierher gehören außer dem Genitalschlauch auch noch die Teile, die ursprünglich bei beiden Geschlechtern angelegt sind, die aber je nach der Art der

Differenzierung, ob männlich oder weiblich sich zurückbilden oder weiter entwickeln z. B. Milchdrüse, Clitoris, Penisanlage usw., also die der *Art* (Spezies) zugehörigen Geschlechtsmerkmale[1].

Bei der Geschlechtsumkehr handelt es sich fast ausschließlich um eine *Vermännlichung von weiblichen Personen.* Es ist zwar auch schon Verweiblichung von Männern beobachtet worden — nach KEHRER liegen im Schrifttum im ganzen 5 Fälle vor — sie sind aber im Vergleich zu der Häufigkeit der Vermännlichung große Seltenheiten. Ich möchte daher im folgenden nur genauer auf die Vermännlichung (Maskulinisierung) von Frauen eingehen.

Bei solchen *Frauen* mittleren und höheren Alters sehen wir, daß die ursprünglich vorhandenen sekundären homologen Geschlechtscharaktere sich zurückbilden und an ihrer Stelle *heterologe Merkmale* auftreten. Es bildet sich eine tiefe Stimme aus, der Kehlkopf tritt deutlich hervor, das Fettpolster nimmt ab, die Muskulatur wird straffer, die Körperbehaarung nimmt ein männliches Gepräge an. Es tritt eine starke Behaarung der Unterschenkel und Oberschenkel und des Stammes ein, die Schamhaare schneiden nicht mehr waagrecht ab, sondern setzen sich, wie beim Manne, in der Mittellinie ausstrahlend nach oben fort. Im Gesicht tritt Bartbildung auf, die Haupthaare bleiben in ihrem Wachstum zurück (Abb. 99a und b).

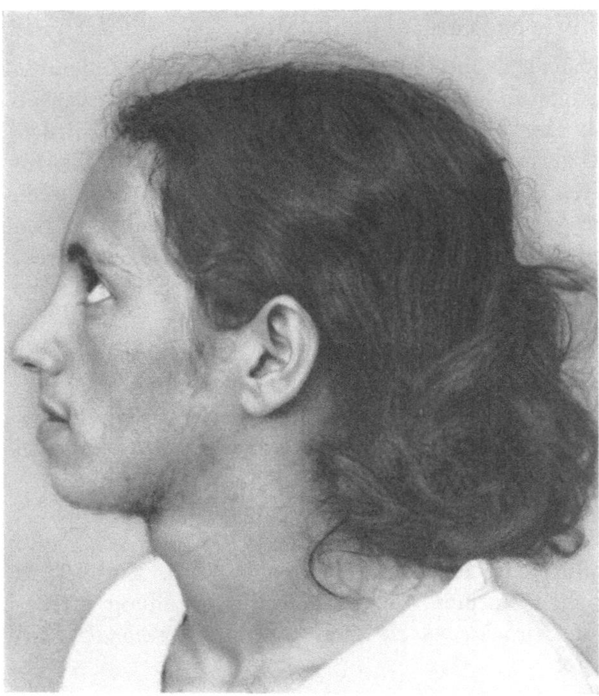

Abb. 99a. 17jähriges Mädchen mit Vermännlichung durch Ovarialtumor (Barthaare, Adamsapfel, männliche Stimme usw.), vor der Operation.

Auch an den *artgemeinschaftlichen* Geschlechtsmerkmalen stellt sich eine Veränderung ein. Die Brüste fangen an zu schrumpfen, dagegen zeigt die Clitoris deutliches Wachstum und nimmt nicht selten die Gestalt eines kleinen aber natürlich von der Harnröhre nicht durchbohrten Penis an. Rein *äußerlich* betrachtet, machen solche Individuen den Eindruck eines Mannes und man versteht es daher, wenn man kurzweg von Vermännlichung spricht. In Wirklichkeit fehlt aber bei ihnen das *Entscheidende*, nämlich die *heterologen und funktionierenden Keimdrüsen und Keimzellen.*

---

[1] Bei dem Hirsch ist z. B. das Geweih ein Geschlechts-, beim Renntier ein Artmerkmal, auch das weibliche Renntier hat ein Geweih.

Mit diesen Ausführungen steht scheinbar in Widerspruch, daß Rindengeschwülste, die den nämlichen histologischen Bau haben wie die, die bei Kindern geschlechtliche Frühreife hervorrufen, bei der *erwachsenen* Frau nach E. KEHRER mit wenig Ausnahmen *Unterfunktion* des Eierstocks, Rückbildung des Uterus, Amenorrhöe und Unfruchtbarkeit zur Folge haben. Die Erscheinung erklärt sich ungezwungen aus dem gestörten Gleichgewichtszustand (s. auch Abschnitt hormonale Sterilisierung).

Während wir die isosexuelle Frühreife bei Hyperplasien und Geschwülsten von *vier* innersekretorischen Drüsen auftreten sehen (Ovar, Zirbeldrüse, Vorderlappen und Rinde), ist bisher Geschlechtsumkehr beim Erwachsenen nur bei gewissen Geschwülsten von *zwei* endokrinen Drüsen, *Ovar und Rinde*, beobachtet worden. Auch die *heterosexuelle Frühreife*, die im Wesen als gleichartig mit der *Geschlechtsumkehr* und nur durch die Zeit ihres Auftretens ein eigenartiges Gepräge bekommt, wurde bisher nur bei Rinden- und Eierstocksgeschwülsten beobachtet. Das Vorkommen von Geschlechtsumkehr bei Geschwülsten der Zirbeldrüse ist sehr zweifelhaft.

Das sind allgemein wichtige Feststellungen. *Keimdrüse* und *Nebennierenrinde* nehmen — diesen Schluß müssen wir daraus ziehen — gegenüber den anderen endokrinen Drüsen bei der *Geschlechtsdifferenzierung* und *Entwicklung* eine *Sonderstellung* ein.

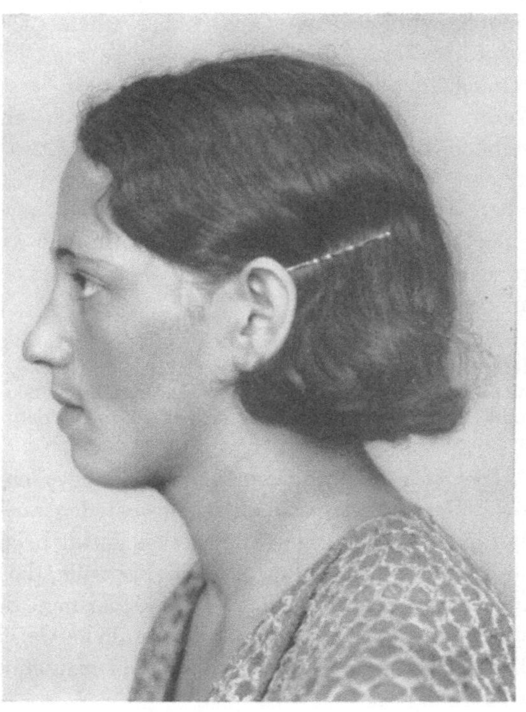

Abb. 99b. Dasselbe Mädchen ¹/₂ Jahr nach Entfernung der Geschwulst. (Nach SCHILLER.)

Bei der *Keimdrüse* versteht sich ja das von selbst. Die *Rinde* zeigt eine besonders nahe Verwandtschaft mit der Keimdrüse. In diesem Sinne sind die bereits erwähnte parallele Entwicklung von Keimdrüse und Rinde, ferner die morphologischen Veränderungen in den verschiedenen geschlechtlichen Phasen zu werten.

Wodurch unterscheidet sich nun die Stellung der Rinde zur Keimdrüse von der Stellung der übrigen endokrinen Drüsen, besonders der Hypophyse und der Zirbeldrüse ?

Um die Wechselbeziehungen richtig zu verstehen, muß man zwei Umstände berücksichtigen, einmal die *geschlechtliche Differenzierung der Organe überhaupt* und zum zweiten, daß die Rinde, je nachdem sie in einem männlichen *oder* weiblich *determinierten* Individuum sich befindet, die Fähigkeit hat, zwei verschiedene Wirkstoffe, die auf die Entwicklung der Geschlechtsdrüse einwirken, zu bilden.

18*

Die *Differenzierung des Geschlechts* wird, wie bereits ausführlich besprochen, *chromosomal* durch die Geschlechtschromosome determiniert. Zur Verwirklichung der in den Genen ruhenden geschlechtlichen Entwicklungstendenzen und zur vollen Ausbildung der geschlechtseigenen Organe und des geschlechtlichen Typus sind *Hormone* (im weiteren Sinne Hormvitenzyme) notwendig. Am deutlichsten wirkt sich der chromosomal-hormonale Antrieb auf die geschlechtliche Differenzierung naturgemäß an den *Trägern* der *Keimzellen*, den *Keimdrüsen* und den *Geschlechtsorganen*, die unmittelbar im Dienste der Fortpflanzung stehen, aus. Aber auch die *Somazellen* tragen ein *chromosomal geschlechtlich determiniertes Gepräge*, sie sind *entweder* männlich *oder* weiblich gerichtet. Dieser Satz gilt in erster Linie von den *Erfolgszellen*. Wenn die Erfolgszellen nicht ein durch chromosomale Einflüsse entweder weiblich oder männlich determiniertes Etwas, was wir nicht näher erfassen können, mit auf den Weg bekämen, so wäre es unmöglich, daß sie beim weiblichen Individuum auf weibliche und beim männlichen auf männliche Geschlechtshormone mit ganz bestimmten kennzeichnenden Reaktionen ansprechen würden, dagegen auf das andersgeschlechtliche Hormon gar nicht antworten.

Nur so erklärt sich die auf den ersten Blick verblüffende bekannte Feststellung, daß der Hengst ungeheure Mengen von weiblichem Geschlechtshormon in seinem Blute hat und trotzdem nicht das geringste von seinen männlichen Geschlechtsmerkmalen verliert. Der Follikelhormonstrom fließt mit dem Blute an den männlich determinierten Somazellen wirkungslos vorbei.

Die *geschlechtliche Determinierung* der verschiedenen *Somazellen* ist *verschieden groß*. Ganz ausgesprochen ist sie bei den zu den Geschlechtsorganen (Uterus, Mamma usw.) gehörigen Somazellen, gering bei den übrigen Somazellen, aber auch die Knochen — die Muskel — die Fettzelle, die Zellbestandteile der Haut tragen Anzeichen geschlechtlicher Differenzierung, denn sie antworten bei der Frau auf weibliche, beim Manne auf männliche Geschlechtshormone. Die Reaktionen führen in ihrer Gesamtheit schließlich zur Ausbildung der sekundären Geschlechtsmerkmale.

Wieder anders als die Erfolgszellen verhalten sich die *endokrinen Zellen*. Hier gibt es *nur zwei endokrine Drüsen*, die *ausgesprochenen Geschlechtscharakter* tragen und was noch wichtiger ist, deren *Hormone geschlechtsspezifisch* sind. Das ist natürlich die *Keimdrüse* und dann die *Nebennierenrinde*.

Über die *Geschlechtsspezifität der Geschlechtshormone* brauche ich nicht viel zu sagen, an ihr müssen wir als einer naturgegebenen Tatsache festhalten. Wenn wir *gelegentlich* sehen, daß die Wirkung der Geschlechtshormone *nicht so ausgesprochen* geschlechtsspezifisch ist, wie es nach ihrem Einfluß auf die sexuelle Entwicklung angenommen werden muß, so erklärt sich die Erscheinung aus verschiedenen Gründen: Einmal aus der Tatsache, daß das *Follikelhormon* ursprünglich *Wachstumshormon* ist und erst bei der Ausbildung der verschiedenen Formen der Geschlechtsdifferenzierung geschlechtsspezifisches Wachstum bewirkt, dann daß die Geschlechtshormone neben den spezifischen Wirkungen auch verschiedene *unspezifische Einflüsse* auszuüben vermögen, die wir im Tierexperiment nicht oder nur schwer nachweisen können, und daß häufig die geschlechtliche *Differenzierung* der Individuen *nicht* 100%*ig*, sondern viel schwächer durchgeführt ist.

Wie in den Geschlechtsdrüsen zwei verschiedene Hormone vorkommen, das Oestron in der weiblichen und das Androsteron in der männlichen Keimdrüse, so bilden sich auch in der *Rinde* der Nebenniere *zwei geschlechtsverschiedene* Wirkstoffe. Nicht alle Rindenzellen haben diese Fähigkeit, z. B. nicht die, die das Corticosteron bereiten. Es sind wohl *nur bestimmte Zellen*, die wir heute freilich histologisch noch nicht zu erfassen vermögen, aber die Erfahrungen bei der iso- und heterosexuellen Frühreife und bei der Geschlechtsumkehr zwingen zu zu dieser Annahme.

In diesem Sinne sprechen auch die Feststellungen, daß die Rinde einer männlichen Ratte und männlichen Maus sich deutlich von der weiblichen unterscheiden (beim Männchen Mark und Rinden ganz scharf getrennt, beim Weibchen an dieser Stelle eine Reticularis vorhanden). Bei Einspritzung weiblichen Keimdrüsenhormons kommt es beim Männchen zur Bildung einer Reticularis. Ich bin überzeugt, daß planmäßige Untersuchungen noch Unterschiede in der Struktur auch bei anderen Säugern und bei Menschen nachweisen werden.

Die Rinde bildet also *geschlechtsspezifische* Stoffe, im Gegensatz zum gonadotropen Hormon der Zirbeldrüse und des Vorderlappens der Hypophyse, die bekanntlich geschlechtsunspezifisch sind und bei männlichen und weiblichen Vertretern grundsätzlich die gleichgerichteten Wirkungen haben.

Wir haben in *bestimmten Rindenzellen* genau so wie bei der Keimdrüse von *vorneherein*, d. h. chromosomal bedingt und genisch determiniert mit einer geschlechtlichen *Differenzierung* in *männlich und weiblich gerichtete* Zellen zu rechnen. Anfänglich sind sie, ebenso wie die Geschlechtszellen, noch nicht differenziert, sind neutral; alsbald differenzieren sie sich in männliche und weibliche Zellen. Die Differenzierung muß naturgemäß sehr frühzeitig einsetzen. Das scheint mir mit ein Grund zu sein, warum die Rinde schon in sehr früher embryonaler Zeit eine so mächtige Entwicklung aufweist. Die männlich differenzierten Zellen bereiten ein im männlichen Sinne wirksames Hormon, die weiblichen ein im weiblichen Sinne wirksames, unterstützen die Keimdrüse in ihrer Arbeit und leisten bei der Durchführung der geschlechtlichen Differenzierung wichtige Hilfsdienste.

Man hat bisher die Tätigkeit der Rinde vielfach als einen *gegen das andere Geschlecht gerichteten* kontrasexuellen Einfluß gedeutet; die Rinde übe in sexueller Beziehung eine Art von „Minderheitsschutz" aus (VENZEMER u. a.). Ich zweifle, ob ein solcher Minderheitenschutz in der Natur, die nur Kampf kennt, überhaupt vorkommt. Jedenfalls braucht man zur Erklärung der geschlechtsdifferenzierenden Wirkung nicht zu einer solchen gewagten Hypothese seine Zuflucht zu nehmen Sie erklärt sich viel einfacher durch die primär geschlechtliche Differenzierung der Rinde.

Ebenso wie die geschlechtliche Differenzierung meist nicht 100%ig durchgeführt wird und ein kleiner *Überrest* der *andersgeschlechtlichen Keimdrüsenanlage*, der Zustand der bisexuellen Potentialität, bestehen bleibt, so bleibt häufig auch bei der geschlechtlichen Differenzierung der *Rindenzellen* ein mehr oder minder großer *Rest* zurück.

Der Überrest der ursprünglich andersgeschlechtlichen Anlage in den *Keimdrüsen* und in der *Rinde* kann nun der *Ausgangspunkt der heterosexuellen Frühreife* bei *jugendlichen* Personen oder der *Geschlechtsumkehr* bei *Erwachsenen* werden. Dieser Anstoß erfolgt durch *Hyperplasie* oder *geschwulstmäßiges* Wachstum der einschlägigen Zellen.

I. Die Geschlechtsumkehr durch vermännlichende (entweiblichende) Geschwülste des Eierstocks (Arrhenoblastome[1] oder Androioblastome[2]).

Es kann heute als sichergestellt angesehen werden, daß nur solche Geschwülste des Eierstocks eine geschlechtliche Umwandlung herbeizuführen vermögen, die von *Resten der andersgeschlechtlichen Keimzellenanlage im Eierstock* (oder im Hoden) ihren Ursprung nehmen. Es handelt sich bei der *Frau* um *rudimentäres (testoides) Hodengewebe*, das jahrelang im Ruhezustand verharrt, dann aber aus uns nicht näher erkennbaren Gründen zu wuchern anfängt und richtige Geschwülste zu bilden vermag. Es besteht also bei diesen Fällen ein *Zustand verdeckten Zwittertums*, der, solange die Überreste der andersgeschlechtlichen Anlage unverändert daliegen, keine Erscheinung macht, bei *blastomatöser Wucherung* unter erheblicher *Vermehrung des hormonbildenden Gewebes* aber *Geschlechtsumkehr* zur Folge hat. Die Geschwülste, die R. MEYER als vermännlichende Geschwülste *(Arrhenoblastome)* bezeichnet, sind bisher nur im geschlechtsreifen Alter beobachtet worden, noch niemals bei dem Kinde.

Sie sind meist nur in der Einzahl und in *einem* Ovar vorhanden. Nach E. KEHRER ist bisher im Schrifttum über 58 Fälle ausführlich berichtet. Um ihre histologische und genetische Erforschung haben sich PICK, R. MEYER, H. O. NEUMANN, verdient gemacht. G. A. WAGNER hat einen wertvollen Beitrag zum klinischen Symptomenbild geliefert.

Die geschlechtsumstimmende Wirkung der Arrhenoblastome ist leicht verständlich. Durch das geschwulstmäßige Wachstum des andersgeschlechtlichen Keimdrüsengewebes werden *große Mengen von männlichem Geschlechtshormon* gebildet und die Bildung des homologen Wirkstoffes durch Raumbeengung in dem befallenen Eierstock behindert. Dadurch erlangt das männliche Geschlechtshormon das Übergewicht über den weiblichen Wirkstoff. Beide Stoffe stehen wie bereits S. 96 genauer erwähnt, in einem gewissen Widerstreit zueinander. Die *homologen Geschlechtsmerkmale* werden *unterdrückt*, der Uterus verkleinert sich, die Periode bleibt aus — KEHRER hat in 90% der Fälle Amenorrhöe festgestellt —, die Brüste werden kleiner usw. Die *heterologen* Geschlechtsmerkmale kommen, wie bereits oben erwähnt, zur *starken Ausbildung.*

Daß die geschlechtliche Umstimmung tatsächlich durch die Wirkung des in überreichlicher Menge gebildeten heterologen Geschlechtshormons in der Geschwulst zustande kommt, zeigt sich ganz deutlich *nach der Entfernung der Geschwulst.* Die *Vermännlichungserscheinungen* gehen nämlich alle *zurück*, die *homologen* Geschlechtsmerkmale *bilden sich wieder aus*, die Periode tritt wieder ein, wiederholt ist auch Schwangerschaft beobachtet worden, so z. B. in einem von H. O. NEUMANN beschriebenen Falle sogar 4mal.

Bei einigen Geschwülsten, die den nämlichen histologischen Bau wie die Arrhenoblastome aufweisen, blieb die Vermännlichung aus. Man muß in diesen Fällen annehmen, daß trotz des Rückbleibens eines Restes der heterologen Geschlechtsanlage im Eierstock die chromosomal zygotische geschlechtliche Determinierung und damit auch die homologe sexuelle Differenzierung der Somazellen so fest und sicher war, daß auch die große Menge des andersgeschlechtlichen Sexualhormons nicht ausreichte, die Geschlechtsumwandlung herbeizuführen, ebensowenig wie beim Hengste durch die große Menge des weiblichen Geschlechtshormons. Auch bei einigen *Mischtumoren des Eierstocks* sind Vermännlichungserscheinungen beobachtet worden. Es kann wohl kaum einem Zweifel unterliegen, daß auch in diesen Fällen unter den verschiedenen Bestandteilen, aus denen sich die Geschwulst zusammensetzte, *testoides* Gewebe sich befunden hat.

---

[1] Von $\dot{\alpha}\varrho\varrho\varepsilon\nu\acute{o}\omega$ = männlich machen.   [2] $\dot{\alpha}\nu\delta\varrho\varepsilon\tilde{\iota}o\varsigma$ = männlich.

II. Geschlechtsumkehr durch vermännlichende (entweiblichende) Geschwülste der Rinde.

Die Rindengeschwülste, die zu Vermännlichung führen, sind nach E. KEHRER in der Regel bösartig, machen Metastasen, und führen mit oder ohne Operation meist zum Tode. Doch sind auch wiederholt gutartige Hyperplasien beobachtet worden. Die vermännlichenden Geschwülste können ihren Ausgang auch von einem *versprengten Rindenadenom* im Ovar, im Mutterband, im retroperitonalen Raum nehmen und die Rinde dabei selbst frei sein. Gerade diese von versprengten Rindenkeimen ausgehenden Geschwülste sind ein Beweis dafür, daß die Vermännlichung durch die Rindenzellen und zwar auf hormonalem Wege zustande kommt.

Ein sicherer Beweis für den ursächlichen Zusammenhang zwischen Rindengeschwulst und Vermännlichung ist dadurch erbracht, daß *nach der Entfernung der Rindengeschwulst* die *Vermännlichungserscheinungen* sich *zurückbilden*.

Beobachtungen von COLLET beim Kinde; ferner GORDON HOLMES: Nach der Operation wiederum anschwellende Brüste, Schrumpfen der Klitoris, Wiedererwachen der Libido, während vorher Abneigung gegen den Mann und homosexuelle Neigung bestanden hatte, KEMEDY und LISTER, INGEBRIGSTEN, NEUMANN (Rückkehr der Menstruation, teilweise Ausfall der Haare bereits nach einigen Monaten Schwangerschaft und Spontangeburt).

Auch eine *Verweiblichung von Männern* unter dem Einfluß einer interrenalen Geschwulst ist einige Male beobachtet worden. Nach KEHRER finden sich im Schrifttum sechs solche Fälle. Sie gingen mit Schwund der allgemeinen Körperbehaarung, weiblicher Art der Genitalbehaarung und der Fettverteilung, Weichheit der Gesichtszüge, dunkle Verfärbung der Mittellinie und der Brustwarze, Anschwellung der Brustdrüse, Rückbildung der äußeren Geschlechtsteile und Verschwinden des Geschlechtstriebes einher. In einem von HOLL mitgeteilten Falle (44jähriger Mann) gingen alle diese Erscheinungen nach Entfernung der Geschwulst zurück.

Auf die *Keimdrüse* haben die hyperplastischen und geschwulstmäßigen Vergrößerungen der Rinde stets einen *hemmenden Einfluß*. Es tritt nach E. KEHRER, von wenigen Ausnahmen abgesehen, stets eine sekundäre *Unterentwicklung der Geschlechtsorgane* mit *Amenorrhöe* und Unfruchtbarkeit ein. Nach Entfernung der Geschwulst ist es wiederholt gelungen, die Rückbildung der Geschlechtsorgane zu beseitigen, die Menstruation herbeizuführen und eine Empfängnis eintreten zu lassen. Die Erscheinung erklärt sich zwanglos aus dem Wegfall des andersgeschlechtlichen Wirkstoffes.

III. Vermännlichungszeichen bei alternden weiblichen Tieren und bei der alten Frau.

Es ist eine bekannte Erscheinung, daß bei weiblichen Tieren mit der Rückbildung der Geschlechtsdrüsen nicht selten *Merkmale* auftreten, die dem *anderen Geschlecht eigen* sind. Am häufigsten beobachtet und beschrieben ist dieses Ereignis bei *Vögeln*, speziell bei der Henne. Alte Hennen nehmen häufig ein Federkleid an und zeigen Kammentwicklung, wie wir das sonst nur bei männlichen Tieren zu sehen gewohnt sind. Auch bei *alten Frauen* beobachtet man nicht selten gewisse Anzeichen von Vermännlichung, Bartbildung, tiefe Stimme usw.

Die Erscheinung hängt mit der ursprünglichen Zweigeschlechtlichkeit und dem *Erhaltenbleiben kleinster Reste der anderen Geschlechtsanlage* oder der andersgeschlechtlichen Rindenzellen zusammen. Auffallend ist dabei nur, daß *immer nur Anzeichen von Vermännlichung eines weiblichen Individuums* und *fast nie*

Verweiblichung einer männlichen Person auftritt. Dies erklärt sich aus den *Lebensgesetzen*, die die Geschlechtstätigkeit bei Mann und Frau bestimmen. Die Keimdrüsen des Mannes bleiben durchschnittlich 15—20 Jahre länger in voller Funktion als die bei der Frau. Bei der Frau sind mit rund 50 Jahren sämtliche Eianlagen aus dem Eierstock verschwunden. Sind in einem solchen Ovar noch *Überreste männlicher Keimanlagen* vorhanden, so leben diese gemäß dem den männlichen Keimdrüsen innewohnenden Gesetze noch weiter und erlangen schon allein durch ihr Erhaltenbleiben ein Übergewicht über die weiblichen Keimanlagen, die um diese Zeit bereits restlos verschwunden sind.

Wenn diese Überreste männlicher Keimanlagen nach Wegfall eines raumbeschränkenden Faktors und des natürlichen Antagonismus, der zwischen männlicher und weiblicher Keimdrüse vorhanden ist (s. S. 96), bestehen bleiben oder gar wachsen, dann bilden sich *männliche* Geschlechtshormone in etwas größerer Menge. Bei dazu disponierten Individuen d. h. bei solchen, die sexuell wenig in weiblicher Richtung stabilisiert sind und deren Somazellen daher auch auf männliche Geschlechtshormone anzusprechen vermögen, treten *heterologe* Geschlechtsmerkmale hervor.

Ich führe als Beweis und als anatomische Grundlage für diese Auffassung die *weibliche Ratte* an, über die von ROMEIS eingehende Untersuchungen vorliegen. Nach ROMEIS findet man bei den geschlechtsreifen Tieren, wenn man sehr genau untersucht, fast regelmäßig Überreste männlicher Keimanlagen im Eierstock („testoides" Gewebe). Im *Alter*, wenn der Follikelapparat ganz verschwunden ist, tritt dieses *testoide Gewebe sehr deutlich hervor* und wird auch bei oberflächlicher Betrachtung sofort wahrgenommen. Man darf annehmen, daß dieses Gewebe noch männliche Hormone bereitet, wenn der Follikelapparat längst völlig verschwunden ist.

Ganz regelmäßig finden sich solche Überreste bei den niedrigen Wirbeltieren, Fröschen, Kröten (BIDDERsches Organ), Vögeln usw.

IV. Schema der geschlechtlichen Differenzierung und der Geschlechtsumkehr.

Schematisch lassen sich die Vorgänge folgendermaßen darstellen:

Abb. 100. *Normale geschlechtliche Differenzierung*, annähernd 100%ig, Ovar ist rein weiblich, nur ein letzter kleiner Überrest der ursprünglich männlichen

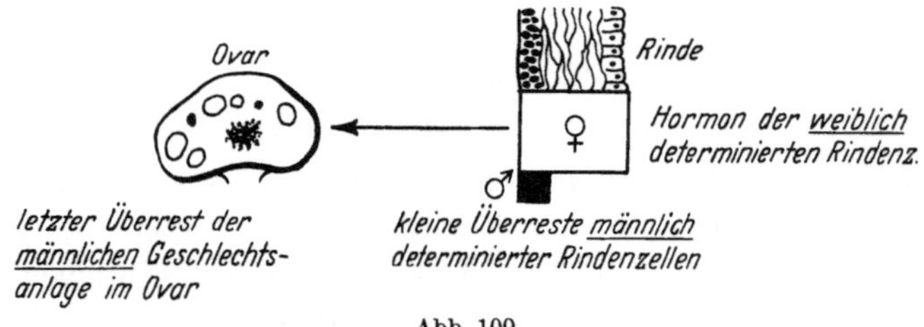

Abb. 100.

Geschlechtsanlage ist erhalten geblieben. Auch die Zellen der Rinde sind fast 100%ig weiblich determiniert (großes weißes Quadrat) nur ein kleiner Überrest männlich determinierter Rindenzellen hat sich erhalten (kleines schwarzes Quadrat). Die Überreste bleiben ohne Auswirkung, das Individuum zeigt zeitlebens ausgesprochen weibliche Züge.

Abb. 101. Es ist mehr männlich determiniertes (testoides) Gewebe im Ovar zurückgeblieben. Auch in der Rinde sind die Überreste der männlich determinierten Zellen größer. Es kann, da die Keimdrüse vorwiegend durch die Geschlechtschromosomen, die Rinde aber sicher mit durch die Autosomen bestimmt wird, auch ein Überrest nur in dem Ovar oder nur in der Rinde erhalten bleiben.

Bei Bestehenbleiben von größeren Überresten männlich determinierter Rindenzellen können im *Alter* mit dem Nachlassen der weiblichen Geschlechtsfunktion *Ver*

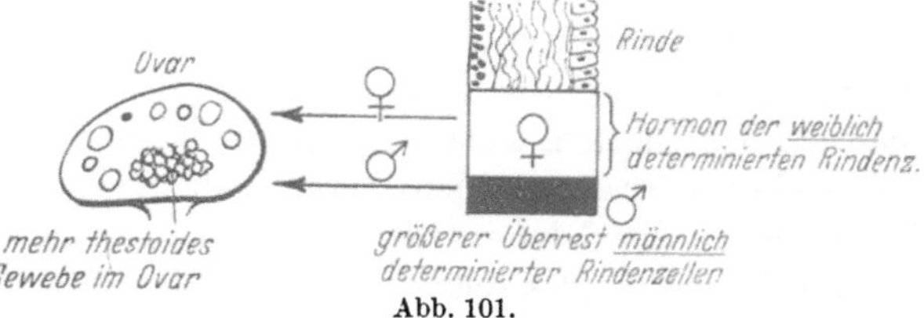

Abb. 101.

männlichungserscheinungen eintreten. Auch kann es bei stärkerer Entwicklung des *Rindenanteiles* zu *Hirsutismus* und *Hypertrichosis* kommen.

Abb. 102. Im Ovar hat sich eine aus dem testoiden Überrest hervorgegangene Geschwulst, ein *Arrhenoblastom* gebildet, das große Mengen von Androsteron, produziert und die geschlechtlich stigmatisierten Somazellen noch im späteren Alter im vermännlichenden Sinne zu beeinflussen vermag. Die Rindenzellen können dabei ganz unbeteiligt sein. Die Vermännlichung geschieht nur durch die übermäßig große Menge des männlichen Geschlechthormons. Vor

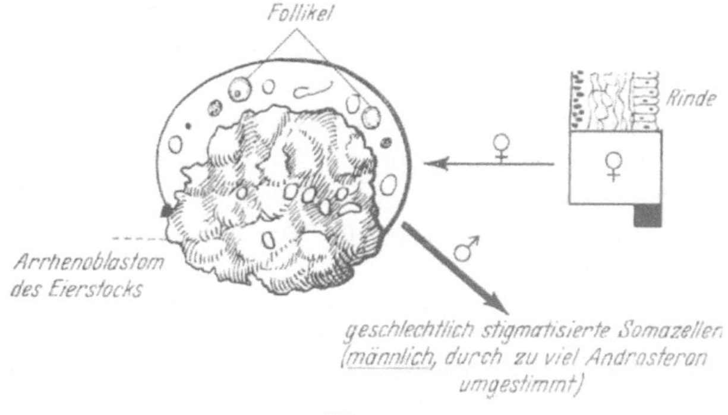

Abb. 102.

aussetzung für den Eintritt der Vermännlichung ist, daß die geschlechtliche Determinierung der Somazellen nur labil und schwach ausgeprägt ist; denn bei stärkerer Ausbildung der Determinierung antworten die Somazellen auf das anders geschlechtliche Hormon nicht, wie wir das beim Hengst mit reichlicher Follikelhormonbildung beobachten können.

Abb. 103. Es hat sich aus dem Überrest der männlich determinierten Rindenzellen eine *Geschwulst an der Nebenniere* gebildet. Hier kommt es zur Bildung *großer Mengen* von männlich differenzierendem *Rin*

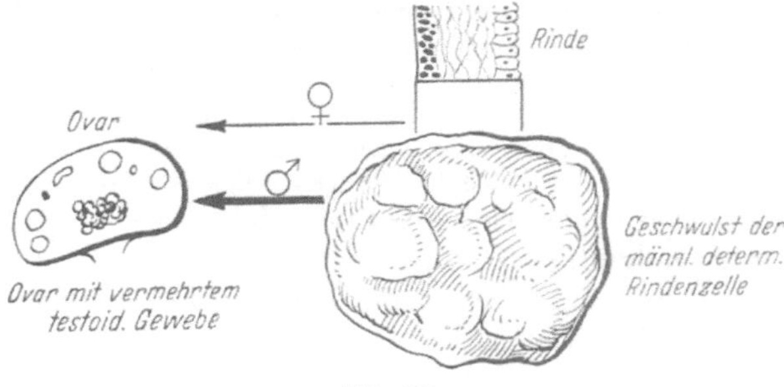

Abb. 103.

denhormon. Dieses wirkt nun auf die kleineren oder größeren *Überreste des im Ovar* zurückgebliebenen *testoiden Gewebes* ein, regt sie als Erfolgszellen zur Bildung von überreichlichem Androsteron an, dieses wiederum regt mittelbar die labil sexuell determinierten Somazellen zu Wachstumsvorgängen im vermännlichenden Sinne an (Vermännlichung durch Rindengeschwulst). Ob eine unmittelbare Einwirkung des Rindenhormons auf die sexuell abgestimmten Somazellen erfolgt, müssen erst weitere Beobachtungen ergeben.

Man hat demnach den Eindruck, als ob die Rindenzellen die gleichen Wirkstoffe bilden wie die Keimdrüse. Ich glaube aber, diese Frage läßt sich heute noch nicht endgültig beantworten. Zu dieser Schlußfolgerung komme ich auch deshalb, weil doch gewisse Unterschiede in dem Symptomenkomplex der Intersexualität, das ist dem Zustand, der durch eine ungenügende Differenzierung der Geschlechtsdrüse und dem Interrenalismus[1], der durch eine ungenügende Differenzierung der Rindenzellen zustande kommt, besteht. Die Krankheitsbilder ähneln sich fraglos sehr stark. In beiden Fällen tritt Vermännlichung auf, die sich besonders deutlich in dem Verhalten des Haarkleides ausdrückt. Der Hirsutismus (und die Hypertrichosis) findet sich in beiden Störungen. Man kann sich aber des Eindrucks nicht erwehren, daß der Hirsutismus doch mehr durch interrenale hormonale Einflüsse ausgelöst wird als durch rein geschlechtliche. Mit dieser Auffassung steht auch die Tatsache im Einklang, daß bei Fällen von Hypertrichosis und Hirsutismus der übrige Körper der Frau ganz ausgesprochen weibliche Merkmale aufweist, daß auch die Psyche wesentlich weiblichen Typus zeigt, daß häufig die Menstruation regelmäßig ist und solche Frauen imstande sind, zu empfangen und Kinder zu gebären. Freilich gibt es auch Fälle, in denen Störungen der Menstruation und Unfruchtbarkeit bestehen. Es handelt sich hier wohl schon um Mischfälle, solche kommen durch Miterkrankung anderer Systeme z. B. des Zwischenhirnhypophysensystems nicht selten vor, der fettleibige, der muskulöse Typ.

Man muß dann *Verschiedenheiten* in der Stärke der *geschlechtlichen Differenzierung* von *Keimdrüse* und *Rindenzellen* annehmen und zwar sind zwei Möglichkeiten vorhanden: Die Differenzierung der *Keimdrüse* ist *unvollkommen*. Es besteht mehr oder minder ausgesprochene Zwittrigkeit. Dagegen ist die geschlechtliche Differenzierung der *Rinde gut*. Es werden daher die durch die Tätigkeit des Rindenhormons II hervorgerufenen homologen Geschlechtsmerkmale gut entwickelt sein und die heterologen nur angedeutet auftreten, etwa in Form einer leichten Hypertrichosis.

Oder die geschlechtliche Differenzierung der Keimdrüse ist vollkommen, äußere und innere Geschlechtsteile ganz im homologen Sinne ausgebildet, Menstruation regelmäßig, Schwangerschaft kann eintreten. Dagegen ist die geschlechtliche Differenzierung der Rinde schwach, es finden sich trotz guter Ausbildung und Funktion der Geschlechtsorgane Befunde, die durch eine männlich determinierte Rinde zustande kommen, also ausgesprochener Hirsutismus. Diese Abweichungen finden sich nach meinen Erfahrungen besonders häufig bei Frauen jüdischer Abkunft.

Es gibt zwischen den einzelnen Formen fraglos verschiedene Übergänge und Zwischenstufen, nicht nur bei den Intersexuellen, sondern auch bei den interrenalen Störungen. Auch kommen Kombinationen beider Unregelmäßigkeiten vor. Man könnte von einer *interrenalen Intersexualität* oder einem *intersexuellen Interrenalismus* sprechen.

Eine endgültige Klärung der Frage wird wohl auch hier die physiologische Chemie, vielleicht auch die genaueren Durchforschungen pathologischer Zustände erbringen.

Zusammenfassung.

Wenn wir alles, was wir im vorausgehenden über die Beziehungen der Rinde zu der Differenzierung der Geschlechter und Geschlechtsfunktionen gesagt haben, nochmals zusammenfassend und prüfend überblicken, so zeigt sich mit aller Deutlichkeit, daß wir es mit zwei biologisch sehr verschiedenwertigen

---

[1] Der Ausdruck: Interrenalismus stammt von E. MATHIES (1921), interrenales-genitales Syndrom von EMIL SCHWARZ (1928).

Vorgängen zu tun haben. Einmal mit normalen, die der erblichen Reaktionsnorm entsprechen und dann mit ausgesprochen krankhaften Vorgängen, denen ein Erbreaktionsfehler zugrunde liegt.

1. *Normale Verhältnisse.* Die Rinde trägt chromosomalzygotisch bedingt wie die Keimdrüse einen ausgeprägt geschlechtlichen Charakter und ist von vorneherein entweder männlich oder weiblich determiniert. Die von ihr gebildeten Hormone wirken normalerweise durch die genisch festgelegte Geschlechtlichkeit auf die Entwicklung und das Wachstum der gleichen geschlechtlichen Keimdrüse fördernd ein, und zwar schon in ganz früher Zeit. Daher die mächtige Entwicklung der Rinde in frühembryonalem Zustand. Dieses gonadotrope Hormon trägt also einen *spezifisch geschlechtlichen* Charakter (im Gegensatz zu dem gonadotropem Hormon des Hypophysenvorderlappens). Der Stoff unterstützt in der Frühzeit die geschlechtliche Differenzierung der Geschlechter, indem er der Keimdrüsenanlage *gleichgerichtete* Antriebe zuleitet und auch noch im späteren Alter sie in diesem Zustand erhält. Die Stoffe sind Sterine und chemisch nahe verwandt mit den Geschlechtshormonen, wahrscheinlich sogar völlig identisch, also Follikelhormon und Progesteron (das letztere sicher nachgewiesen), beim Manne die männlichen Geschlechtshormone.

Man kann die Rinde wegen dieser Eigenschaften mit vollem Recht als *akzessorische Keimdrüse* bezeichnen. Die Fähigkeit ist wahrscheinlich nur an bestimmte für unser Auge noch nicht erfaßbare Zellen der Rinde gebunden.

Dieser Ausbau von Keimdrüse und Rinde entspricht der *erblichen Reaktionsnorm*. Es stimmen in diesem Falle Keimdrüse und Rindenzellen in ihrer geschlechtlichen Determinierung völlig miteinander überein.

Das ist aber nicht immer der Fall. Es können Störungen in der erblichen Reaktionsnorm sowohl von seiten der Keimdrüse als auch von seiten der Rinde ausgehen.

2. Die *krankhaften geschlechtlichen Funktionsformen.* Da es bei der Ausbildung des Geschlechtes in letzter Linie auf das chromosome Gut ankommt, das die Entwicklung von Keimdrüse und Rinde steuert, sind folgende Möglichkeiten vorhanden:

a) Bei der Entwicklung von dem Neutral- und bisexuellem Stadium ist es bei der *Keimdrüse* zu einer *eindeutigen* geschlechtlichen Differenzierung, entweder weiblich oder männlich, gekommen. Dagegen *überwiegt* bei der *Rinde* der *andersgeschlechtliche* Anteil. Es entwickeln sich dann die Zustände des *Interrenalismus*, oder es kommt, wenn durch geschwulstmäßiges Wachstum des andersgeschlechtlichen Anteils eine zu große Menge des andersgeschlechtlichen Wirkstoffes gebildet wird, im späteren Leben zur *geschlechtlichen Umkehr* (Geschlechtsumkehr durch Rindengeschwülste im weiblichen oder männlichen Sinne).

Es scheint, als ob auch noch ein geschlechtlich *unspezifischer Einfluß* von der Rinde auf die Keimdrüse stattfindet. Der Anstoß zur Bildung des unspezifischen Wirkstoffes, auf beide Geschlechtsdrüsen im gleichen Sinne fördernd wirkend, geht von dem Hypophysenvorderlappen und dem dort bereiteten corticotropem Hormon aus. Ich habe es vorläufig und in den Abbildungen als geschlecht'iches Rindenhormon I bezeichnet. Vielleicht handelt es sich dabei gar nicht um eine ausgesprochen geschlechtliche, sondern um eine mehr allgemein fördernde Einwirkung etwa in dem Sinne, wie es bei der Wachstumswirkung der Rinde ausgeführt ist. Sein Vorkommen ist also zur Zeit noch fraglich.

b) Da Keimdrüse und Rinde wohl nicht von den nämlichen Genen determiniert werden, kann auch das Umgekehrte eintreten. Die Zellen der *Rinde* sind chromosomal zygotisch *eindeutig* weiblich oder männlich determiniert, bei den *Keimdrüsen* bleibt noch ein zu großer *andersgeschlechtlicher* Überrest zurück. Es kommt daher zur Bildung von mehr oder weniger ausgesprochenen *intersexuellen Zwischenstufen.* Wenn bei Geschwulstbildung in den testoiden Herden zu viel männliches Geschlechtshormon gebildet wird, kann es auch noch im späteren Leben zu einer *Geschlechtsumkehr* kommen (Vermännlichung durch Arrhenoblastome, seltener Verweiblichung durch Geschwülste, die weibliches Geschlechtshormon in Überfülle produzieren.

3. Vergleich der Funktionen der Hypophyse und der Nebenniere.

Die Stellung der Hypophyse und Nebenniere bei der Regelung der Lebensvorgänge, soweit dabei Hormone beteiligt sind, ist so eigenartig und wichtig, daß es sich der Mühe lohnt, sie vergleichend und zusammenfassend zu betrachten.

Beide Drüsen sind an der Steuerung der drei wichtigsten Lebensvorgänge: Wachstum, Fortpflanzung, Stoffwechsel, maßgebend beteiligt. Diese umfassende Tätigkeit ist nur dadurch möglich, daß die Drüsen eine ungewöhnlich *große Anzahl von Wirkstoffen* zu bilden vermögen. Die Zellen sind chemisch pluripotent. Ohne die Mitwirkung dieser Zellen und ihrer Funktionen kann das Leben überhaupt nicht bestehen. Bekanntlich führt die Entfernung der Rinde der Nebenniere zum Tode des Versuchstieres, nach Entfernung des Vorderlappens treten mehr oder weniger schwere Störungen ein.

Der Satz von der Lebensnotwendigkeit der Rinde ist fraglos im allgemeinen richtig und doch scheint es möglich, durch eine besonders raffinierte Auswahl in der *Zufuhr von Salzen* den Ausfall der Rinde soweit auszugleichen, daß das Leben weiter erhalten wird. ALLERS und CRANDALL berichten, daß es ihnen gelang, nebennierenlose Hunde durch richtige Mineralzufuhr am Leben zu erhalten, ohne daß Hormone zugeführt wurden. Die Nahrung muß ungewöhnlich reich an Kochsalz und Natriumcitrat und arm an Kalium sein.

Der Weg, durch entsprechende Auswahl der Nährstoffe und der Mineralsalze die Tätigkeit der endokrinen Zellen und Drüsen auszugleichen und ersetzen zu können, ist wohl von den Ärzten aller Zeiten in der Behandlung schon versucht worden. Ich erinnere nur an die bis ins feinste durchgearbeitete diätetische Behandlung der *Zuckerruhr*, die BLUMsche Schutzkost bei schilddrüsenlosen Hunden, die Calciumzufuhr nach Entfernung der Epithelkörperchen. Im gewissen Sinne kann man auch die VOLHARDsche Nierentherapie, die Behandlung der Tuberkulose mit Mineralsalzen, die Behandlung verschiedener Störungen mit Zufuhr von Metallsalzen (Eisen, Arsen usw.) hierherrechnen. Aber es ist bezeichnend für alle diese Versuche, daß sie nur bis zu einer *gewissen Grenze* gelingen. Die Funktionen der Zellen, die die Natur bei den höherorganisierten Lebewesen mit der Wahrung bestimmter chemischer Funktionen beauftragt und ihnen zu diesem Zwecke ein ganz bestimmtes molekular-strukturelles Gefüge verliehen hat, läßt sich in den meisten Fällen nicht völlig ersetzen. Die innersekretorischen Zellen sind Form gewordene lebende organismische Kräfte, die eigens diesem Zwecke dienen.

Am klarsten erkennen wir dieses Verhältnis an den Zellen der Hypophyse und der Nebenniere. Ihre Aufgabe in der *Verarbeitung des Ausgangsmaterials* ist durchaus verschieden. Die Zellen der *Hypophyse* verarbeiten *Eiweißkörper*, die *Nebennierenrindenzellen Lipoide* zu Hormonen. Es ist eine Arbeitsteilung in bezug auf die Verarbeitung der beiden wichtigsten Körpersubstanzen eingetreten. Diese Spezialarbeit kann nur von ganz bestimmt gebauten Spezialzellen geleistet werden, wie ein chemisches Laboratorium bestimmter Einrichtungen bedarf, um diesen oder jenen Stoffe herzustellen.

Die Vorderlappenzellen entnehmen die Rohstoffe (Eiweiß oder deren Abkömmlinge) wohl unmittelbar dem Blut. Auch den Rindenzellen werden die Rohstoffe durch das Blut zugeführt, aber die Rindenzellen müssen sozusagen eine Art von Vorratspolitik treiben, um stets das nötige Material zur Verarbeitung gegenwärtig zu haben, sie speichern deshalb die Lipoide. Wir können einen solchen Schluß aus der Anreicherung der Lipoide im Hungerzustand (mit Gewichtszunahme des Organs) ziehen. Bei den Vorderlappenzellen finden wir die Gewichtszunahme sowie Speicherung im Hungerzustand nur angedeutet. Dagegen ändert sich bei parenteraler Eiweißzufuhr das Aussehen der Hypophyse sehr erheblich.

Es ist leicht verständlich, daß Hormone so verschiedener Abstammung und so verschiedener chemischer Zusammensetzung auch ganz verschiedene Wirkung auf die Erfolgszellen haben. Die Rindenzellen wirken durch das Corticosteron, wie wir gesehen haben, unmittelbar auf den Kohlehydratstoffwechsel, auf Resorption, Synthese und Mobilisierung des Fettes, auf Wasser und Mineralhaushalt usw., beherrschen dadurch hauptsächlich den Stoffwechsel. Bei Fehlen der Stoffe stellt sich als wichtigstes Symptom Adynamie ein.

Die Mehrzahl der Vorderlappenzellen wirken über andere Drüsen mit innerer Sekretion durch die adenotropen Stoffe, beeinflussen also den Stoffwechsel *nur mittelbar*. Aber dadurch, daß der Vorderlappen etwa zehn adenotrope Hormone zu bilden vermag, gewinnt das kleine Organ einen beherrschenden Einfluß sowohl auf den gesamten Stoffwechsel als auch auf die Geschlechtstätigkeit. (Das Wachstumshormon dagegen greift ebenso wie das Corticosteron unmittelbar an den Erfolgszellen an.)

Die verschiedene Wirkungsart der Vorderlappen- und Rindenhormone kann man besonders deutlich bei der *Keimdrüse* beobachten. Die chromophoben Zellen des Vorderlappens schicken dem Eierstock die Wirkstoffe, die den Follikel zu erhöhtem Wachstum und veränderter chemischer Tätigkeit anregen.

Ganz anders bei den geschlechtsspezifischen Hormonen der Rinde; sie unterstützen in der ersten embryonalen Zeit die Differenzierung der Keimdrüse, in der späteren Zeit fördern sie die Bildung der Geschlechtshormone, weibliche und männliche, dadurch, daß sie erst durch ihre Anwesenheit den Ablauf notwendiger chemischer Reaktionen ermöglichen. Ja, nach den neueren Untersuchungen hat es sogar den Anschein, als ob die Zellen selbst imstande sind, diese Stoffe zu bilden. Sie sind Bundesgenossen der Keimdrüse, während dagegen die gonadotropen Hormone der Hypophyse bei der geschlechtsreifen Frau die Führung und Herrschaft über die Keimdrüsen haben.

Beide Hormonarten sind aber gleich unentbehrlich; wenn die Organe, die sie liefern, entfernt werden, dann stellt die Keimdrüse ihre Funktionen ein und schrumpft. Nur durch das Zusammenarbeiten von beiden Wirkstoffen ist eine regelmäßige Entwicklung und Funktion möglich.

Wenn also die Hormone des Vorderlappens und der Rinde sowohl in ihrer chemischen Zusammensetzung als auch in der biologischen Wirkung recht verschieden sind und an verschiedenen Erfolgszellen angreifen, so ist es mit den Wirkstoffen, die von den neurogenen Anteilen der Neurohypophyse und dem Mark ausgehen, ganz anders. Sie sind natürlich auch in ihrer chemischen Zusammensetzung verschieden, aber sie sind alle auf das *gleiche Ziel* gerichtet, sie haben die *gleichen Erfolgszellen*, nämlich die glatte Muskulatur der Eingeweide und Gefäße (leiotrope Hormone). Die *Neurohypophyse* bildet das Hinterlappenhormon, das nach dem gegenwärtigen Stand unseres Wissens aus zwei Bestandteilen besteht, dem Vasopressin (Tonephin), das auf den glatten Muskel der Gefäße kontrahierend wirkt und Oxytoxin oder Orasthin, das hauptsächlich die Muskeln der Gebärmutter erregt. Wenn die Ansicht von JORES richtig ist, daß auch das Melanophorenhormon mit der Bildung der genannten Wirkstoffe etwas zu tun hat, so würde auch dieses Hormon zu dieser Gruppe gehören. Das *Mark der Nebenniere*, sowie die übrigen, im Körper liegenden chromaffinen Gewebe bilden bekanntlich das Adrenalin. Die beiden wichtigen Wirkstoffe, Hinterlappenhormon und Adrenalin wirken also speziell auf die glatte Muskulatur ein, gleichzeitig blutdruckerhöhend, wenn auch in ihrer Stärke verschieden. Das Hinterlappenhormon weniger stark, aber länger, das Adrenalin stark und kurz dauernd.

Diese zwei Organe gehören fraglos zu den wichtigsten Produzenten der Gefäßhormone (neben anderen Wirkstoffen, die in den Geweben bereitet werden wie Histamin „Spätgift" des Blutes, Renin usw.).

Gefäßwirksame Stoffe vermögen bekanntlich bereits sehr primitive Lebewesen zu bilden, sogar bei den Protozoen (Paramaecien) hat man Adrenalin nachweisen können. Die Fähigkeit, die primitive Zellen haben, ist in den chromaffinen Zellen des Markes und in den anderen Adrenalin bildenden Zellen nur spezialisiert und potenziert.

Nun ist es durch die Untersuchungen von TRENDELENBURG, DIXON, besonders auch durch SCHARRER sehr wahrscheinlich gemacht, daß auch in der Substanz des Zwischenhirns Hinterlappenhormon gebildet wird. Dieser Befund ist deshalb von Bedeutung, weil er unser Verständnis für die merkwürdige Zusammenkoppelung neuraler und endokriner Elemente erleichtert.

Hypophyse und Nebenniere[1] bestehen bekanntlich aus einem neuralen und einem Drüsenanteil. Dadurch unterscheiden sich die beiden Organe von allen andern innersekretorischen Drüsen. Die neuralen Anteile sind bei beiden wieder mit dem Nervensystem verbunden. Das Mark mit dem sympathischen System, die Neurohypophyse mit dem Zwischenhirn, bei der letzteren ist die Verbindung unmittelbar durch den Stiel. Mit dieser Verkoppelung neuralen und hormonalen Gewebes ist das Ziel erreicht, das sich die Natur gestellt hat, bei allen höher organisierten Lebewesen, möglichst schnell und sicher den Ablauf der lebenssichernden Reaktionen zu erreichen. Dieses Ziel kann nur durch Einschalten von nervösen Elementen, die die Erregung etwa 5—600mal rascher als das Blut fortleiten, also nur auf dem Nervenweg, erreicht werden.

---

[1] Bei den niedrigen Fischen sind Rinde (interrenales Gewebe) und Mark (Adrenalgewebe) der Nebenniere noch räumlich getrennt. Ihre Zusammenkopplung zu einem einheitlichen anatomischen Organ bei den höheren Wirbeltieren dient zur Erleichterung des Betriebes (Sparsamkeitsprinzip der Natur) und kann als morphologischer Ausdruck, als Symbol der Intensivierung der neurohormonalen Zusammenarbeit bei der Höherentwicklung der Arten angesehen werden.

Wie verschiedenartig die Funktionen des Vorderlappens und der Rinde auch immer sind, in bezug auf Hinterlappen und Mark [1] ist das Ziel gemeinschaftlich; hormonale Steuerung des Gefäßkonstraktionszustandes, der durch eine innige Verbindung mit nervösen Elementen in den Dienst des Ganzen eingefügt wird. Dies scheint mir der tiefere Sinn der Zusammenkoppelung der neuralen und hormonalen Gewebe zu einem Organ in der Hypophyse und der Nebenniere, zu einem System bezüglich Hypophysenzwischenhirn und bezüglich Mark-sympathicus zu sein.

Nur durch so komplizierte Einrichtung ist es bei den höher organisierten Wesen möglich, die erste Vorbedingung des Lebens, die Zufuhr der Nährstoffe zu den Zellen durch das Blut zu gewährleisten.

Wenn man bedenkt, wie tief jedes der beiden endokrinen Organe in das Gesamtgetriebe einwirkt, wenn man erwägt, daß die von ihnen gelieferten Hormone zum Teil sich ergänzen, zum Teil sich aufheben, so wird man verstehen, daß es bei Störungen, die im Körper auftreten, häufig ganz unmöglich ist zu sagen, wo die primäre Ursache der Unregelmäßigkeiten gelegen ist. Zum Beispiel bei der CUSHINGschen Krankheit, bei der sowohl Störungen des Vorderlappens als auch der Rinde vorhanden sind und häufig auch anatomisch nachgewiesen werden können. Tatsächlich wird es sich wohl bei den meisten endokrinen Störungen um Minderwertigkeiten und Erkrankungen von mehreren endokrinen Drüsen handeln (pluriglanduläre Störung); denn es ist verhältnismäßig selten, daß die chromosomal bedingte Minderwertigkeit nur eine einzige Zellart einer bestimmten endokrinen Drüse ergriffen hat, wie das z. B. bei Akromegalie mit der Vermehrung der eosinophilen Zellen des Vorderlappens der Fall ist. E. KEHRER hat die mannigfaltigen Störungen, die von der Nebenniere und der Hypophyse ausgehen, nach der klinischen und anatomischen Seite hin ausgezeichnet beleuchtet.

VI. Die Placenta als aktives Vermittlungsorgan zwischen Mutter und Kind und als innersekretorische Drüse.

1. Verhältnis von Follikelapparat und Placenta und Verhältnis der im nichtschwangeren und im schwangeren Organismus gebildeten geschlechtsgerichteten Hormone.

Follikelapparat und *Placenta* weisen manche *parallele* Züge auf:

1. Beide sind Vermittlungsorgane; der Follikelapparat (akzidenteller Teil der Keimdrüse) stellt die Verbindung zwischen der *Eizelle* (essentieller Teil der Keimdrüse) und den *Somazellen* dar. Die Placenta vermittelt zwischen den Zellen der Mutter und den Zellen des neu entstandenen Organismus, des Fetus.

2. Beide dienen zur Ernährung: Der Follikelapparat zur Ernährung der Eizelle, die Placenta zur Ernährung des befruchteten und wachsenden Eies.

3. Beiden *schützen* die Eizelle vor der Einwirkung der *Somazellen,* die Follikelzellen das unbefruchtete Ei durch cellulär-humorale Schutzeinrichtungen, die Placenta das befruchtete Ei und den Fetus durch Aufrechterhaltung der cytomorphologischen und chemisch kolloidalen Individualität.

---

[1] Hinterlappen und Mark erfahren im Gegensatz zu Vorderlappen und Rinde durch Geschlechts- und Fortpflanzungsvorgänge keine nennenswerten histologischen Veränderungen.

4. Beide Organe sind *innersekretorische Drüsen* und liefern ihre Hormone nach beiden Richtungen. Der Follikelapparat gibt das Follikelhormon an die Eizelle nach der einen Richtung und an die Somazellen nach der anderen Richtung, die Placenta liefert ihre verschiedenen Wirkstoffe hauptsächlich an die mütterlichen Zellen, aber auch nach der kindlichen Seite hin.

Der *Follikelapparat* dient also dem *unbefruchteten Ei* und bereitet die Schwangerschaft vor, die *Placenta* dient der *befruchteten Eizelle* und ermöglicht seine Weiterentwicklung. Beide arbeiten an der *gleichen* Aufgabe, der *Fortpflanzung* und der Erhaltung der Art. Der Natur ist es bei den Säugern nicht möglich, gewissermaßen in *einem* Zuge die Fortpflanzung, wie bei vielen niederen Tieren durchzuführen, sie macht das in *zwei Etappen* und bedarf dazu *zwei verschiedener endokriner Organe*.

Auch bei den höchstentwickelten Wirbellosen, den Insekten, vermag die Natur die Fortpflanzung nur in Abstufungen, den sog. Metamorphosen (Larve, Puppe geschlechtsreifes Tier oder Imago) zu vollenden.

Die Hormone, die in der Schwangerschaft wirksam sind, sind, wie wir gesehen haben, die *nämlichen* wie während des Zyklus. Das schwangerschaftsspezifische Wachstum ist nichts anderes als potenziertes geschlechtsspezifisches Wachstum. Die Hormone, die bei den beiden Zuständen in Tätigkeit sind, sind *Follikelhormon* und *Gelbkörperhormon*, qualitativ identisch, nur in der Menge verschieden, in der Schwangerschaft erheblich gesteigert. Dagegen läßt sich von den beiden *gonadotropen Hormonen des Vorderlappens* nur das Luteinisierungshormon in der Schwangerschaft nachweisen (s. Näheres S. 233).

Man sollte a priori erwarten, daß die Natur die nämlichen Quellen, aus denen sonst die Hormone stammen, d. h. die mütterlichen endokrinen Drüsen benützt, und zu verstärkter Tätigkeit heranzieht. Ein Chemiker oder ein Ingenieur, den man vor eine solche Aufgabe stellte, würde bestimmt diesen Weg einschlagen; denn er entspricht unserem rationalistischen Denken. Die Natur geht ihn aber nur bei *einer einzigen Drüse* und einem Hormon, dem *Corpus luteum*. Es nimmt mit Eintritt der Schwangerschaft an Größe zu (bis 4 Monate) und produziert dementsprechend mehr Hormon.

Es reißt also im Beginn der Schwangerschaft der *Gelbkörper* durch die größere Menge des in ihm gebildeten Progesterons die Herrschaft in dem System: Chromophobe Zellen des Hypophysenvorderlappens und der follikulären Zellen des Eierstocks an sich. Denn das Progesteron hemmt de Heranreifung von weiteren Follikeln und die Bildung von gonadotropem Hormon in den chromophoben Zellen des Hypophysenvorderlappens. Der Gleichgewichtszustand, der bisher zwischen den 3 Organen (Hypophysenvorderlappen, Reiffollikel und Gelbkörper) bestand, wird dadurch gestört ähnlich wie bei der Persistenz des Corpus luteum (s. S. 333). In der Schwangerschaft ist der monatliche Zyklus bekanntlich aufgehoben oder vorsichtiger und wohl auch richtiger ausgedrückt er verläuft verborgen; denn es spricht viel dafür, daß auch noch während der Schwangerschaft ein gewisser Kreislauf angedeutet und verdeckt weiter besteht z. B. das ein- bis zweimalige Auftreten einer rudimentären Regelblutung nach Eintritt der Empfängnis, die erhöhte Neigung zum Abgang zur Zeit der fälligen Periode usw. Wir müssen in der Bildung *größerer Mengen von Progesteron* im Corpus luteum graviditatis also die *Ursache* für die Ausschaltung der übrigen mütterlichen geschlechtsgerichteten Hormone erblicken.

Während es bei der *Corpus luteum-Persistenz*, die einen *krankhaften* Zustand darstellt, durch die Rückbildung des Gelbkörper allmählich spontan oder durch künstliche Ausschaltung (z. B. bei der Kuh durch Zerdrückung des Gelbkörpers) unter Überwindung der bestehenden Hemmungen wieder ein normaler Zyklus einsetzt, kommt bei dem Eintritt einer *Schwangerschaft* etwas ganz *Neues* und Eigenartiges hinzu, das befruchtete Ei mit den *Chorionepithelien*. Die letzteren produzieren gleich nach der Aussprossung des Trophoblastes reichlich Follikelhormon und Luteinisierungshormon (bei den Primaten und Pferdearten in überschüssiger Menge). Es unterliegt also die hormonproduzierende Tätigkeit der Chorionepithelien nicht dem hemmenden Einfluß des Progesterons. Das ist leicht erklärlich; denn die Chorionepithelien gehören einem anderen Individuum an, zeigen nicht nur molekular-strukturell, sondern auch grob-histologisch ein anderes Gefüge als die follikulären Zellen des Eierstocks und die chromophoben Zellen des Hypophysenvorderlappens. Sie schalten sich an Stelle der beiden genannten mütterlichen Zellarten in das Räderwerk der Maschine als neuer „Gang“ ein. Sie beherrschen, um bei dem für unser Denken leichter faßbaren mechanischen Vergleich zu bleiben, von nun an die geschlechtspezifische Arbeit der Doppelmaschine Mutter — Kind. Durch die beständig ansteigende Menge des Follikelhormons steuern sie die schwangerschaftsspezifischen Wachstumsvorgänge und die übrigen Schwangerschaftsumstellungen; sie bestimmen auch das Wachstum und die Funktion des Corpus luteum, denn der ganz junge Trophoblast vermag selbst noch kein Corpus luteum-Hormon zu synthetisieren, wohl aber ist er, wie bereits S. 233 gezeigt, imstande, das Luteinisierungshormon an Stelle der chromophoben Zellen des Hypophysenvorderlappens zu bilden. Es wächst also der Gelbkörper nicht autonom in der Schwangerschaft weiter, sondern er erhält, genau so wie außerhalb der Schwangerschaft, den Antrieb zu Wachstum und vermehrter Einsonderung erst durch das Luteinisierungshormon, das sich statt im Hypophysenvorderlappen nunmehr in den Chorionepithelien bildet. Erst mit zunehmender Reife der Placenta und der weiteren Differenzierung der Chorionepithelien, zeitlich gegen Ende des 4. Monats, sind die letzteren im Stande, selbständig, wie nunmehr sicher festgestellt ist, Progesteron zu bilden.

Mit der Ansiedelung eines *befruchteten* Eies kommt es also zur *Mehrbildung von drei Hormonen*, Corpus luteum-Hormon, Follikelhormon und einer plötzlichen Überschwemmung des Blutes mit choriogenem Hormon. Dadurch wird das *hormonale Gleichgewicht*, das vorher im Körper bestand, *verändert*. Klinische Erscheinungen und Beschwerden können völlig fehlen, wenn die Mengen nicht zu groß sind und wenn der Körper über eine starke Anpassungsfähigkeit verfügt. Wenn das aber nicht zutrifft, dann kommt es durch den veränderten Hormongehalt des Blutes und die dadurch bewirkten Veränderungen im Salz- und Ionenmilieu *zur andersgearteten Erregung der vegetativen Zentren* im Zwischenhirn, zu den *bekannten Störungen* im Appetit, zu Übelkeit, Erbrechen, Gefäßinnervationsunregelmäßigkeiten oder zu *Reizungen der höheren Zentren* mit Verstimmung, Reizbarkeit, wie wir es so häufig in der *ersten Zeit der Schwangerschaft* beobachten. Allmählich, mit Beginn des 4. Monats, verschwinden die Erscheinungen, das hormonale Gleichgewicht ist wieder hergestellt, die Funktion der nervösen Zentralorgane ist wieder regelmäßig, die Schwangeren befinden sich wohl.

Erst in den letzten 2—3 Monaten treten nicht selten wieder neue hormonal bedingte Störungen auf, die sich mehr auf dem Stoffwechselgebiet äußern und in das Gebiet der *Eklampsie und deren Vorstufen* gehören. Doch darüber Näheres bei den Schwangerschaftstoxikosen.

Will man die Schwankungen, die in der Hormonproduktion der Placenta im Verlaufe der Schwangerschaft zu beobachten sind, verstehen, ist es notwendig, die Funktionen der Placenta als Vermittlerorgan zwischen Mutter und Kind und den ontogenetischen Werdegang des Organs zu betrachten.

2. Die Placenta als Vermittlerorgan zwischen Mutter und Kind in der ersten und zweiten Hälfte der Schwangerschaft.

Das Gesetz von der *Abgeschlossenheit und dem Isoliertsein des Individuum* in sich wird in der *Schwangerschaft durchbrochen;* bei ihr sind *zwei* Individuen, ein ausgewachsener und ein werdender Organismus, in einer längere Zeit dauernden (beim Menschen 9 Monate) Lebensgemeinschaft auf das innigste und untrennbar verbunden. Jedes der beiden Lebewesen ist tatsächlich und ganz wörtlich genommen ein Individuum, ein „Unteilbares", das seine eigenen Lebensgesetze in sich trägt, seine eigenen Kolloide, Zellen und Organe, sein eigenes endokrines System, seinen eigenen Stoffwechsel hat; das Kind ist nicht dasselbe wie die Mutter, so nahe sie auch miteinander verwandt sind. Das Kind ist die Verkörperung der Erbmasse, die gleichmäßig von mütterlicher und väterlicher Seite herrührt und mütterlicherseits über das individuelle Dasein der Mutter weit hinaus in frühere Generationen greift.

Man hat die Wechselbeziehungen zwischen Mutter und Keimling häufig als *Schmarotzertum* oder sachgemäßer und weniger verletzend als *Symbiose* bezeichnet. Beide Zustände unterscheiden sich grundsätzlich von dem Leben des Fetus im Mutterleib dadurch, daß der Parasit und der Symbiotiker stets bei einer *anderen* Tierart zu Gaste ist. Der Parasit lebt auf Kosten und zum Schaden seines Wirtstieres, das Beisammensein bei der Symbiose beruht zwar auf einem gegenseitigen Nehmen und Geben, wobei jeder der beiden Teilnehmer auf seine Rechnung kommt. In der Schwangerschaft aber handelt es sich wohl auch um ein symbiotisches Verhältnis, aber zwischen Individuen nicht nur der *nämlichen* Art, sondern meist auch der *nämlichen Rasse;* das *bedeutet* einen grundlegenden Unterschied. Es handelt sich bei der Schwangerschaft also um einen *einzigartigen* Zustand, dem kein gleichwertiger gegenübergestellt werden kann. Am besten paßt noch der Ausdruck *Commensual.*

Diese beiden Individuen sind voneinander nur durch eine *dünne Membran* getrennt. Zwischen ihren beiden Blutkreisläufen liegt beim Menschen, der eine Placenta haemochorialis hat, nur eine Schicht von Chorionepithelien und Endothelien der fetalen Haargefäße. So verschiedenartig auch der Aufbau und die äußere Gestalt der Placenta bei den verschiedenen Tierarten sein mögen, im Grunde genommen und in ihrem Wesen kommt es immer wieder auf die Zwischenschaltung einer dünnen Membran zwischen die beiderseitigen Blutkreisläufe an. Dieses Häutchen spielt die nämliche Rolle wie die *Grenzmembran* der Zelle, die das Protoplasma von der Umwelt abgrenzt und dessen Beziehungen mit ihr regelt.

Da also die Blutkreisläufe von Mutter und Kind durch die Chorionepithelien getrennt sind, da ferner die Placenta während der ganzen Zeit ihrer Funktion ein primitives embryonales Organ ohne Nerven, sicher ohne ausgebildetes Nervensystem bleibt, so werden die Wechselbeziehungen zwischen Mutter und Kind, genau so wie die Beziehungen zwischen zwei primitiven embryonalen Zellen (solange kein Gefäß- und Nervensystem vorhanden ist) oder zwischen einer Körperzelle und dem Blut durch diese Grenzmembran geregelt. Auf deren mikrostrukturelle Beschaffenheit und richtige Funktion kommt fast alles an.

Durch Vermittlung des Gefäßsystems können also sowohl Mutter als Fetus in bezug auf ihr Verhältnis zur Placenta *funktionell* als eine einzige, freilich recht verwickelt gebaute Zelle angesehen werden, die durch eine Grenzmembran getrennt ist. Die Grenzmembran ist in der Frühzeit (doppelschichtiges Epithel) anders beschaffen als in der späteren Zeit (einfache Lage von Epithel) (s. Abb.104).

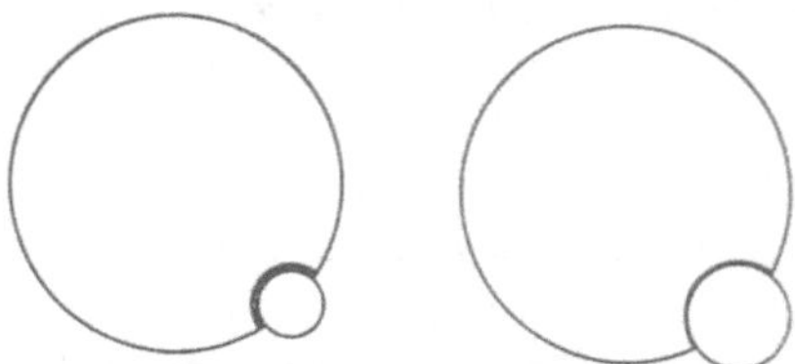

Abb. 104. Wechselbeziehungen zwischen Mutter und Kind in der beschriebenen vereinfachten Form. Links: Frühzeit. Grenzmembran dicker gezeichnet, hochaktiv. Rechts: Spätzeit. Grenzmembran dünner, weniger aktiv.

Die junge Placenta ein hochaktives Organ, die ältere Placenta im wesentlichen Durchtrittsmembran.

Da Fetus und Placenta zu einer biologischen Einheit verbunden sind, nimmt man als selbstverständlich an, daß der Entwicklungsgang der beiden völlig parallel verläuft. Bei genauerem Zusehen jedoch kann man feststellen, daß

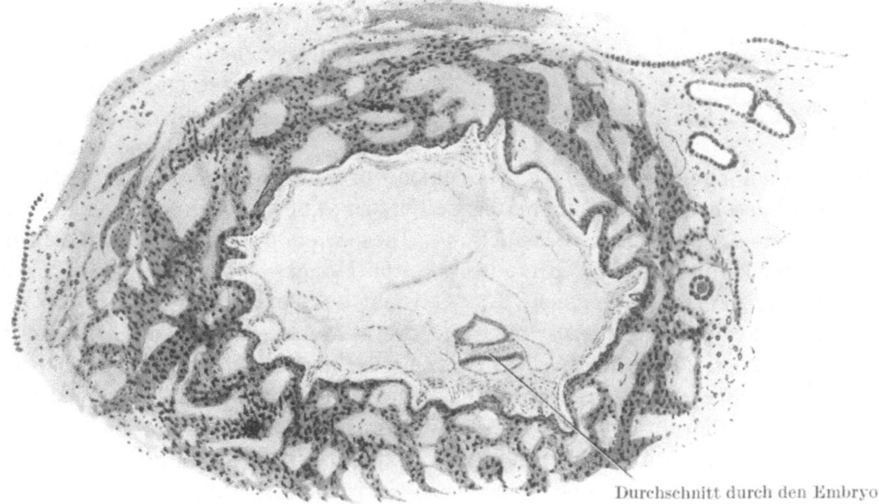

Abb. 105. PETERSsches Ei, Trophoblast außerordentlich groß im Vergleich zu dem winzigen Embryo.

die *Entwicklungslinien von Fetus und Placenta nicht immer miteinander parallel verlaufen*. Die Abweichung läßt sich am deutlichsten an dem *Gewicht* und an den gegenseitigen Gewichtsverhältnissen feststellen. Wir sind gewohnt, anzunehmen, daß das Gewicht von Fetus und Placenta in einem ganz bestimmten Verhältnis, etwa 4,5—5:1 stehe. Diese Proportion trifft für die zweite Hälfte der Schwangerschaft auch tatsächlich zu. Die Gewichtskurven von Fetus und Placenta verlaufen um diese Zeit parallel. Ganz anders aber ist es in der Frühzeit.

In der *ersten Zeit der Schwangerschaft* ist noch die ganze Oberfläche des Eies mit Chorionzotten bedeckt (Chorion frondosum). Die Masse der Zotten ist unverhältnismäßig groß und wiegt weit mehr als der kleine Embryo (etwa 5—10mal soviel). Man ersieht das Verhältnis von Embryo und Trophoblast sehr deutlich an dem PETERSschen Ei (Abb. 105). Erst allmählich bildet sich das obengenannte Gewichtsverhältnis zwischen Fetus und Placenta aus, nämlich dann, wenn einmal die Zotten sich auf einem großen Teil der Oberfläche zurückgebildet haben (Chorion laeve), wenn die Decidua capsularis mit der Decidua vera verklebt und die ganze Eihöhle geschlossen ist, kurz wenn die *Placenta fertig gebildet* ist. Das ist ungefähr *Ende des 4. Monats* der Fall, d. h. um jene Zeit, in der auch das Corpus luteum, das bekanntlich die Bildung der Decidua steuert, seine ersten Rückbildungserscheinungen zeigt. Während die placentare Scheidewand in der ersten Zeit kugelförmig geformt ist, hat sie nunmehr ihre endgültige kuchenförmige Gestalt angenommen.

Ich stelle die Gewichtsverhältnisse von placentarer Scheidewand und Embryo der ersten Zeit kurvenmäßig dar. Die Abb. 106 ist nicht das Produkt einer planmäßigen Gewichtsfeststellung zahlreicher junger Eier, wie man das für einen ganz einwandfreien Beweis verlangen müßte, sondern verdankt ihre Entstehung nur einigen gemachten Beobachtungen. Sie sind aber alle so eindeutig ausgefallen, daß an der Richtigkeit der Kurve nicht gezweifelt werden kann.

Wenn man die *Gewichtskurve des Embryo und des Fetus* betrachtet, so steigt sie von Anfang bis zum Ende ganz *gleichmäßig und beständig* an und setzt ihren

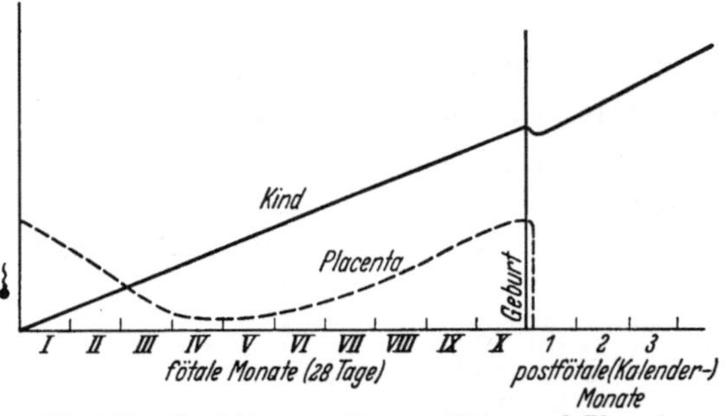

Abb. 106. Gewichtsproportion von Fetus und Placenta.
———— Kind; — — — — Placenta.

Aufstieg auch nach der Geburt, von einer vorübergehenden nachgeburtlichen Senkung abgesehen, ganz gleichmäßig weiter fort (Abb. 106). Anders verläuft die *Gewichtskurve der placentaren Scheidewand.* Diese wiegt anfänglich etwa 5—10mal mehr als der kleine Embryo; Ende des zweiten Monats nähern sich die Kurven einander und überschneiden sich. Das Gewicht des Fetus ist größer als das Gewicht der Placenta geworden, vom Ende des 4. Monats an verlaufen die beiden Kurven parallel zueinander. Die Gewichtsverhältnisse zwischen Fetus und Placenta verhalten sich, wie bereits erwähnt, ungefähr wie $4^{1}/_{2}$—5:1. Mit der Geburt ist die Placenta funktionslos geworden und wird ausgestoßen, während dagegen das Kind durch Übergang zur extrauterinen Ernährung in seinem Gewichte weiter ansteigt und sein Wachstum bis etwa zum 20. Lebensjahre noch fortsetzt.

Man erkennt beim vergleichenden Studium der beiden Gewichtskurven, daß die *placentare Scheidewand anfänglich außerordentlich starke, der Embryo dagegen geringe Wachstumstendenzen hat.* Es müssen zuerst die Vorbedingungen für eine regelmäßige und genügende Ernährung, also ein leistungsfähiges Ernährungsorgan geschaffen sein, ehe ein starkes Wachstum des Embryo selbst einzusetzen vermag.

Es sind aber im Anfang nicht nur die Gewichtsverhältnisse von Embryo und placentarer Scheidewand im Verhältnis zur späteren Zeit ganz verschieden, auch in dem *histologischen Aufbau* der Placenta sind erhebliche Unterschiede festzustellen.

Die *Chorionzotten der jungen Placenta* sind von einer *Doppelreihe* von Epithelien besetzt, Syncytium und LANGHANSsche Zellen (Abb. 113a, S. 314).

Schon um den *3. Monat* ungefähr tritt an Stelle der Doppelbesetzung eine *einfache* Lage von Zellen. Gegen Ende der Zeit werden diese Zellen *flach und niedrig* (Abb. 113b, S. 314).

Solche Verschiedenheiten im histologischen Bau müssen *auch funktionelle* Änderungen in der Funktion zur Folge haben. Die Chorionepithelien der *jungen* Placenta haben bekanntlich eine *starke Angriffskraft*. Der eine Teil bohrt sich als Haftzotten in die Balken der Decidua ein, der größere Teil bricht mit Hilfe eines abgesonderten proteolytischen Fermentes in das mütterliche Gewebe ein und eröffnet Gefäße. Die Angriffslust ist in der ersten Zeit am größten, läßt langsam nach und ist nach vollständiger Bildung der Placenta ungefähr um den 4. Monat verschwunden.

Man hat sich bei der Erörterung der *Funktion der Placenta* im wesentlichen darum gestritten, ob die *Stoffe*, die von der Mutter auf das Kind übertreten, nach rein *physikalischen Gesetzen* hinübergehen, oder ob bei ihrem Übertritt *vitale Kräfte* wirksam sind. Die Untersuchungen kranken samt und sonders daran, daß sie fast alle nur an *älteren* Früchten, oder solchen, die kurz vor der Geburt standen, vorgenommen wurden. Es kann nach den Untersuchungen von H. SCHLOSSMANN[1], ANSELMINO[2], BICKENBACH[3] und RUPP usw. kaum ein Zweifel bestehen, daß beim *Fetus der letzten Zeit* die Stoffe im wesentlichen nach *physikalischen Gesetzen* durch die placentare Scheidewand hindurchtreten. Es ist also um *diese Zeit* die Placenta funktionell im wesentlichen nur noch *passive Durchtrittsmembran*. Dagegen ist die placentare Scheidewand der *ersten Zeit* ein durchaus *aktives* Gebilde, in dem sich die Assimilation und Dissimilationsvorgänge abspielen — in bezug auf diesen Zeitpunkt muß man HOFBAUER[4] durchaus zustimmen.

Ein gewisser Beweis für die aktive Tätigkeit der Placenta ist die Bildung von *Glykogen* in dem Organ. Die Placenta der ersten 4 Monate enthält große Mengen von Glykogen, wie SZENDI[5] an der tierischen, EUFINGER an der menschlichen Placenta (zum Teil auch GUTHMANN) nachgewiesen haben. Die Placenta vertritt um diese Zeit die *Leber*, die erst in später fetaler Zeit die Fähigkeit der Glykogensynthese sich erwirbt. Nach dem 4. Monat nimmt der Gehalt der Placenta an Glykogen rasch ab.

Ohne vitale Tätigkeit der Zellen ist ferner die *Bildung von Hormonen* in der Placenta undenkbar. Diese werden, wie wir noch sehen werden, in besonders reichem Maße in der *jugendlichen* Placenta gebildet. Die alternde Placenta vermag nur verhältnismäßig geringe Mengen dieser Wirkstoffe zu erzeugen.

Wenn man also die Tätigkeit der Placenta richtig beurteilen will, so muß man *jeweils das Alter des Organs* entsprechend berücksichtigen. Die *junge noch in der Ausbildung begriffene Placenta ist ein hochaktives Organ*, das aus eigener Kraft chemische Auf- und Abbauvorgänge in seinen Zellen vornimmt, die *Placenta der späteren Zeit* spielt im wesentlichen nur mehr eine *passive Rolle*, ist eine *einfache Durchtrittsmembran*. Die Aufgabe, die die Placenta zu lösen hat, ist je nach der Zeit der Schwangerschaft also recht verschieden. Der junge Embryo stellt an

---

[1] SCHLOSSMANN: Erg. Physiol. **34**, 742 (1932). — Der Stoffaustausch zwischen Mutter und Kind. München: J. F. Bergmann 1933.

[2] ANSELMINO: Arch. Gynäk. **138**, 710 (1929).

[3] BICKENBACH u. RUPP: Z. Geburtsh. **103**, 171 (1932).

[4] HOFBAUER: Grundzüge einer Biologie der menschlichen Placenta. Wien u. Leipzig: Wilhelm Braumüller **1905**.

[5] SZENDI: Arch. Gynäk. **158**, 409 (1934).

sie ganz andere Anforderungen als der Fetus der späteren Zeit. Die Placenta leistet also zu jeder Zeit gerade das, was sie zur Erhaltung des Fetus jeweils leisten muß.

Diese veränderte Tätigkeit erfordert eine Wandlung des Organs. Als *Ernährungsorgan* für den Fetus betrachtet, bleibt die Placenta während der ganzen Zeit ihrer Tätigkeit gleich leistungsfähig, man kann sagen, gleich jung. Wenn wir aber die *chemischen Vorgänge*, die sich in der Placenta vollziehen, betrachten, und besonders wenn wir das Organ als die Erzeugungsstelle von Hormonen bewerten, dann hat die Placenta eine Jugendzeit mit höchster Leistungsfähigkeit und eine Altersperiode, in der die vitalen Kräfte geringer sind. Im Sinne der *chemischen Aktivität* und im Sinne der *hormonalen Produktionsfähigkeit* zeigt die *Placenta der späteren Monate ausgesprochene Alterserscheinungen.* Als ein deutliches Zeichen für diese Abnahme der Lebenskraft können wir auch die *Kalkeinlagerungen* ansehen, die immer nur dann eintreten, wenn ein Körpergewebe Ermüdung und Alterserscheinungen zeigt.

3. Die Placenta als innersekretorisches Organ.

HALBAN[1] hat zuerst erkannt, daß die Placenta ein innersekretorisches Organ ist. Ich[2] habe mich in mehreren Arbeiten bemüht, zu zeigen, welche Auswirkungen die mit dem Eintritt der Schwangerschaft neu in den weiblichen Körper eingeschaltete endokrine Drüse der Placenta auf die inneren und äußeren Schwangerschaftsumstellungen hat. Die Lehre von der inneren Sekretion der Placenta hat aber bis heute noch keine allgemeine Anerkennung gefunden. So schreibt z. B. LAHM[3] im Handbuch der inneren Sekretion von MAX HIRSCH noch 1930 den Satz: „Ein selbständiges innersekretorisches Organ ist die Placenta nach den heutigen Ergebnissen der Forschung nicht."

a) Die Placenta als geschlechtlich indifferentes und als bisexuelles Organ.

Da die geschlechtliche Differenzierung chromosomalzygotisch bei Säugern und Menschen syngam mit der Zeugung erfolgt und da in diesem Augenblick auch sämtliche Somazellen einen männlichen oder weiblichen Stempel aufgedrückt bekommen, so könnte man bei flüchtiger Betrachtung erwarten, daß auch *Trophoblast* und *Placenta* als Abkömmling des befruchteten Eies entweder ein ausgesprochenes männliches oder weibliches Gepräge tragen.

Wenn man aber den Entwicklungsgang der Placenta genauer betrachtet, so wird einem bald klar, daß sie bei der geschlechtlichen Differenzierung einen Weg geht, der von dem der fetalen Körperzellen, wenigstens in seinem letzten und entscheidenden Teil abweicht.

Da fraglos der Trophoblast ebenso Abkömmling und Teil des befruchteten Eies wie der Embryo ist, so folgt er zunächst bei der geschlechtlichen Differenzierung den nämlichen Gesetzen wie dieser, d. h. zunächst fehlt jede geschlechtliche Anlage wie bei den Tieren mit ungeschlechtlicher Fortpflanzung, dann kommt ein indifferentes Stadium, indem sich männliche und weibliche Geschlechtsanlage noch nicht voneinander unterscheiden lassen, dann folgt die kurz dauernde bisexuelle Phase, die allmählich unter Rückbildung der andersgeschlechtlichen Anlage zur endgültigen Geschlechtsprägung führt. Trophoblast und Placenta machen diesen Differenzierungsvorgang nur bis zum bisexuellen Stadium mit, zu einer weiteren Differenzierung und Arbeitsteilung sind sie nicht mehr fähig; diese Arbeit übernimmt der fetale Körper mit der Ausbildung der Geschlechtsdrüsen.

---

[1] HALBAN: Arch. Gynäk. **75**, 353 (1905).

[2] SEITZ, L.: Med. Klin. **1927 II.** — Arch. Gynäk. **137**, 322 (1929). — Mschr. Geburtsh. 88 (1931). — Münch. med. Wschr. **1931 I.**

[3] LAHM in HIRSCHs Handbuch der inneren Sekretion, Bd. II, S. 421 (im Original gesperrt gedruckt).

Daß die Placenta tatsächlich die Fähigkeit hat, *beide* Geschlechtshormone, männliche und weibliche, zu bilden, beweisen die nachstehenden Befunde:

SIEBKE hat bereits gezeigt, daß sich im Harn der Schwangeren größere Mengen von *männlichem* Geschlechtshormon nachweisen lassen als bei der Nichtschwangeren. GOECKE[1] hat, wie ich glaube, in einwandfreien Untersuchungen nachgewiesen, daß die Placenta tatsächlich männliches Geschlechtshormon (Androkinin) produziert. Er fand auf den ersten Augenblick etwas auffällig, daß in der *weiblichen* Placenta *männliches* Geschlechtshormon enthalten ist, in der männlichen dagegen der Wirkstoff nicht gefunden werden kann. Er zieht aus dieser Feststellung mit Recht den Schluß, daß auch in der männlichen Placenta Androkinin gebildet wird, daß aber der Wirkstoff beim männlichen Geschlecht zum Aufbau verwendet wird und deshalb sich dem Nachweis entzieht, während der weibliche Organismus damit nichts anzufangen weiß, und als unnötiger Ballaststoff wieder ausgeschieden wird.

Die Erklärung für das abweichende Verhalten von Abkömmlingen aus dem gleichen befruchteten Ei ist in dem *Tempo* und in der *Art* des Entwicklungsganges zu suchen, den Trophoblast einerseits und Embryo anderseits gehen. Der Trophoblast entwickelt sich gleich in der allerersten Zeit und muß sich so frühzeitig ausbilden, weil er ja beim Säuger die Voraussetzung für die Ernährung des Embryos ist. Ich habe die Frage im vorigen Abschnitt durch Anführung der Größen- und Gewichtsverhältnisse bereits genauer beleuchtet. Auch die merkwürdige Doppelreihe der Chorionepithelien, Syncytium und LANGHANSsche Schicht sind nur in der ersten Zeit vorhanden. Der Trophoblast ist gleich am Anfang verhältnismäßig am mächtigsten und durch seine Chorionepithelien am aktivsten, d. h. zu einer Zeit, in der der Embryo überhaupt noch keine Geschlechtsanlage hat oder sich höchstens im indifferenten oder bisexuellen Stadium befindet.

Aber, wird man sagen, in diesem ungeschlechtlichen und indifferenten Stadium bildet sich doch schon Follikelhormon; denn wir sehen den Wirkstoff schon gleich nach der Ansiedlung des befruchteten Eies in vermehrter Menge auftreten. Ganz richtig, aber das Follikelhormon wirkt in diesem ontogenetischen Entwicklungsstadium der Säuger ebensowenig geschlechtsspezifisch, wie bei den Protozoen und anderen niederen Tieren mit ungeschlechtlicher Fortpflanzung, es ist auf dieser onto- und phylogenetischen Stufe noch allgemeines Wachstumshormon. Diese Fähigkeit der Chorionepithelien, Follikelhormon zu produzieren, bleibt während der ganzen Schwangerschaft erhalten, wenn auch ihr Bildungsvermögen, wie wir noch sehen werden, merklich kleiner wird. Durch Ausbleiben einer weiteren geschlechtlichen oder andersartigen Differenzierung erhält sich diese primitive Fähigkeit in den Chorionepithelien.

Eine Differenzierung über das bisexuelle Stadium hinaus erfolgt in der Placenta nicht mehr; sie wäre auch sinnlos, da die geschlechtliche Differenzierung an den fetalen Geschlechtsanlagen weiter geht.

b) Die Placenta als Bildnerin des Follikelhormons.

Die Bildung des Follikelhormons ist die wichtigste hormonale Leistung der Placenta. Die Reaktion, die die frühembryonalen Zellen und die dafür empfänglichen Zellen der Mutter auf den Wirkstoff zeigen, ist grundverschieden, bei den ersteren wirkt das Hormon im wesentlichen als Wachstumsstoff, bei der

---

[1] GOECKE: Arch. Gynäk. **61**, 259 (1936). — Ferner GOECKE, WIRZ u. DANERS: Arch. Gynäk. **153**, 233 (1933).

Mutter löst es geschlechtsspezifische Wachstumserscheinungen aus, wieder ein Beweis für die Behauptung, daß die Wirkungsweise eines Hormons sehr wesentlich von der jeweiligen Reaktionsfähigkeit der Erfolgszellen abhängt.

Wenn man die Ausscheidungskurve des Follikelhormons in der Schwangerschaft (Abb. 81, S. 186) betrachtet und sieht, wie die Menge von Anfang an bis zum Ende beständig ansteigt, so könnte man leicht des Glaubens sein, daß das Bildungsvermögen der Chorionepithelien entgegen dem vorher Gesagten mit der Dauer der Schwangerschaft wächst. Das ist eine Täuschung, die Bildungsfähigkeit nimmt ab; denn wenn man annimmt, daß die Chorionepithelien in der gleichen Stärke wie im Anfang Follikelhormon zu bilden vermögen, so müßte die Kurve, da das Gewicht der Placenta mindestens 20mal größer ist als im ersten Monat, noch viel stärker ansteigen, als in Wirklichkeit der Fall ist. Die Bildungskraft der fertigen und alternden Placenta nimmt wahrscheinlich noch mehr ab als sich aus dem vergleichenden Studium der Kurve ergibt. Denn wir müssen annehmen, daß in der 2. Hälfte der Schwangerschaft und besonders in den letzten Wochen auch wieder im Eierstock größere Mengen des Wirkstoffes als in der 1. Hälfte gebildet werden. Es wird nämlich mit der Rückbildung des Gelbkörper die Menge des Progesterons geringer, sein hemmender Einfluß auf Follikelwachstum sinkt ab, es kommt zur Heranbildung von größeren Follikeln, die mehr Hormon bereiten und wie Verfasser und WALLART unabhängig voneinander nachweisen konnten, im Anschluß an die Follikelatresie zur Entwicklung der interstitiellen Drüse, die namentlich im letzten Monat ungewöhnlich starke Ausbildung zeigt, führen. Diesen Bildungen muß man auf Grund ihres histologischen Aufbaues eine innersekretorische Tätigkeit trotz mancher entgegenstehender Meinungen zutrauen und die Untersuchungen von ASCHHEIM und ZONDEK konnten in der Tat einen einwandfreien Beweis für die Bildung des Wirkstoffes in ihnen erbringen. Es liefert also um diese Zeit das mütterliche endokrine Organ bereits wieder einen Beitrag zu der Beschaffung des Follikelhormons. Zugleich dient diese Mitarbeit des Eierstocks auch einem anderen Zwecke, nämlich das Organ wieder auf seine Tätigkeit im nichtschwangeren Zustande langsam vorzubereiten, denn alle Entwicklung verläuft organisch und die Natur macht im allgemeinen keine Sprünge.

Gegen die Meinung, daß der *Eierstock* am Ende der Schwangerschaft wieder gewisse Mengen Follikelhormon bildet, spricht auf den ersten Blick ganz und gar die öfters gemachte Feststellung (WALDSTEIN, AMATI), daß nach *Entfernung beider Eierstöcke die Follikelhormonausscheidung* in annähernd gleicher Stärke *fortbestand* und die Schwangerschaft erhaltengeblieben ist. Die Feststellung beweist jedoch nur so viel, daß der *Eierstock* zur Bildung von Follikelhormon *nicht unumgänglich* notwendig und daß die Placenta im Notfall, wenn der Eierstock fehlt, allein den Wirkstoff in genügender Menge zu bilden vermag. Seitdem wir aber wissen, daß auch bei der Nichtschwangeren extragonodal Follikelhormon und zwar höchstwahrscheinlich in der *Rinde der Nebenniere* gebildet wird, müssen wir uns hüten, bei Fehlen des Eierstocks die Placenta allein als die Quelle und Bildungsstätte des Follikelhormons anzusprechen.

Wir nehmen stillschweigend an, für die Natur gebe es nur ein „Entweder-Oder“. Wenn es sich um eine so wichtige Frage wie die *Fortpflanzung* handelt, dann handelt die Natur vielmehr nach dem Grundsatz „sowohl als auch“. Wenn der eine Weg nicht gangbar ist, so wählt sie eben einen anderen. Sie verläßt sich *bei der Fortpflanzung selten auf einen Weg allein.* Sie stellt wie ein vorsichtiger Feldherr Reserven bereit, die im Falle der Not eingesetzt werden können. Sie ist in Fortpflanzungsfragen nicht so starr und schwer beweglich, wie wir uns das nach unseren Erfahrungen an den vollausgereiften und differenzierten Zellen, wie Knochen-, Darm-, Leberzellen usw. denken. Die innersekretorischen Zellen, die mit den Fortpflanzungsvorgängen zu tun haben, haben sich eine besonders große Wandlungsfähigkeit und funktionelle Anpassungsfähigkeit erhalten, und müssen sie haben, wenn das Leben fortbestehen soll.

Trägt eine Frau ein *Mädchen,* so wird in der späteren Zeit der Schwangerschaft in allen geschlechtshormonproduzierenden Organen (Placenta, kindliches und mütterliches Ovar) im wesentlichen nur Follikelhormon gebildet. Es herrscht eingeschlechtliche Harmonie. Wenn die Frau dagegen einen *Knaben* trägt, so bilden sich etwa von der Mitte der Schwangerschaft ab im Hoden des Kindes kleine Mengen männlichen Geschlechtshormons. Zwischen männlichem und weiblichem Geschlechtshormon besteht wie bereits gezeigt (s. S. 96) ein gewisser Widerstreit. In den letzten 6—8 Wochen können wir auch die Folgen des Antagonismus an der Entwicklung des Hodens feststellen. Der Hoden ist in den letzten 2 Monaten kleiner als im 7. Monat (REIPRICH), erst nach der Geburt, wenn der hemmende Einfluß des Follikelhormons wegfällt, nimmt er wieder an Gewicht zu (s. auch ZWICKE S. 97).

Dagegen hat die bisexuelle Natur der Chorionepithelien, derer im vorigen Abschnitt gedacht wurde, keinen ungünstigen Einfluß auf die Entwicklung des Geschlechts des Kindes. Das Androkinin, das GOECKE in der Placenta von Mädchen nachweist, beeinflußt die Entwicklung der Ovarien nicht und auch die schon erheblich größeren Mengen von Follikelhormon, die sich im Blute jeder Schwangeren finden, hinterlassen an den Hoden vor Beginn des 8. Monats keine Spuren. Erst nach dieser Zeit wirkt sich das anders geschlechtliche Hormon auf den Hoden wachstums- und entwicklungshemmend aus. Bei den Mädchen erklärt sich das Ausbleiben einer ungünstigen Einwirkung des Androsterons auf seine Geschlechtsorgane dadurch, daß die Menge des in der Placenta gebildeten Wirkstoffes recht klein und daher unwirksam sein kann. Dagegen müssen wir bei Knaben gegenüber den außerordentlich großen Mengen Follikelhormon, die ständig im Blute kreisen, eine geringe oder völlig mangelnde Reaktionsfähigkeit der Zellen gegen den Wirkstoff annehmen. Die embryonalen und frühfetalen Zellen haben noch keine haptophore Zone für weibliches und männliches Geschlechtshormon, sie sind für die Hormone noch keine „Erfolgszellen". Durch dieses Fehlen der Reaktionsfähigkeit schützt die Natur die männlichen Früchte vor einer ungünstigen Einwirkung des weiblichen Geschlechtshormons.

Zum Schlusse noch eine Bemerkung über die *Geschlechtsbestimmung des Kindes im Mutterleib* aus dem Harn oder Blute. Die Untersuchungen werden in der Regel vorgenommen in einem Zeitpunkte, indem die Geschlechtsorgane des Fetus bereits arbeiten und die homologen Hormone bereiten. Das von ABDERHALDEN ausgearbeitete Dialysier- und Polarisationsverfahren und die Modifikation von LÜTTGE gründen sich auf den Nachweis eines spezifisch auf Hoden oder Ovar eingestellten Fermentes und dessen Abbautätigkeit. GOECKE hat das Androkinin als solches nachgewiesen und fand eine Wahrscheinlichkeit von 80% Knabengeburten, wenn in 3 Liter Harn Testikelhormon in einer Menge von einer Hahnenkammeinheit oder mehr ausgeschieden wird.

c) Das choriogene gonadotrope Hormon.

Weit mehr als bei der Follikelhormonbildung nimmt die Fähigkeit der Chorionepithelien der Placenta, das gonadotrope Hormon aufzubauen, ab. Das zeigt schon die ältere Kurve (S. 234), die ein deutliches Absinken des Hormongehalts vom 4.—5. Monat ab erkennen läßt und das lehren in noch ausgesprochenerer Form die neueren sehr eingehenden Bestimmungen des Amerikaners ENGLE, der nur vom 8.—70. Tage große Hormonmengen nachweisen konnte (ähnlich bei der Stute).

Betreff der Bildungsstätte des Hormons, der Unterschiede zwischen choriogenen und gonadotropen Hypophysenwirkstoffen verweise ich auf die Kapitel: Geschlechtshormone und Hypophyse.

d) Die übrigen in der Placenta gebildeten Hormone.

Das *Corpus luteum-Hormon* wird in den ersten 4 Monaten in dem von der Natur eigens zu diesem Zwecke geschaffenen Gelbkörper gebildet. EHRHARDT konnte jedoch ganz geringe Progesteronmengen schon in der Placenta der Frühzeit nachweisen. Eine größere Menge des Wirkstoffes wird in den Chorionepithelien produziert, wenn der Gelbkörper zu entarten anfängt. Um den 7. Monat fand EHRHARDT die größte Menge in der Placenta vor. Gegen Ende der Schwangerschaft finden sich gar keine, oder nur noch Spuren Progesteron, dagegen lassen sich bei übertragenen Früchten wieder größere Mengen nachweisen (Bedeutung des Progesteron für den Geburtseintritt, S. 302).

Mit diesen Feststellungen stehen in guter Übereinstimmung die Befunde, die man mit dem Nachweis der *Abbauprodukte des Progesterons* im Harn gemacht hat. BUTENANDT[1] konnte bei schwangeren Frauen verhältnismäßig große Mengen des inaktiven *Pregnandiols*, MARKER, KAMM und MARC GREY[2] konnten große Mengen eines anderen inaktiven Abbauproduktes, das *Pregnamolon*, in der 2. Hälfte der Schwangerschaft nachweisen.

Die Bildung des Progesterons in der Placenta zeigt einen anderen Typ als die Bildung des Follikelhormons in diesem Organ. Seine Menge steigt erst beträchtlicher an, wenn das mütterliche Gelbkörperorgan versagt, das Follikelhormon nimmt von Anfang an bis zum Schluß der Schwangerschaft zu. Beim Progesteron sind es mütterliche endokrine Zellen, die die Hauptarbeit leisten, die Chorionepithelien springen erst dann mit der Produktion des Hormons ein, wenn die mütterlichen Zellen mit dem Einsetzen der Entartung des Gelbkörpers ihren Dienst versagen. Umgekehrt beim Follikelhormon leisten die Chorionepithelien von vorneherein die Hauptarbeit und erst zum Schluß wirken die endokrinen Teile des mütterlichen Eierstocks wieder aktiv mit. Wir sehen ein harmonisches Zusammenwirken mütterlicher und fetaler endokriner Gewebe und ein hilfreiches Einspringen des einen Teils, wenn die Kräfte des anderen erlahmen, eine Ordnung, die unsere höchste Bewunderung hervorruft.

In der Placenta ist ferner thyreotropes Hormon, Lactationshormon, corticotropes Hormon, wahrscheinlich von der Mutter übergetreten, gefunden worden.

Auch Vitamin A, Vitamin C und Carotin wurden, wohl als Speicherungsprodukte, in der Placenta gefunden.

---

[1] BUTENANDT: Naturwiss. **1936**, H. 34/35.
[2] MARKER, KAMM and MARC GREY: J. amer. chem. Soc. **1937**, 616.

VII. Die hormonale Steuerung des Geburtseintritts.

Der Uterus, der in der Schwangerschaft der „Fruchthalter" ist, wird unter der Geburt zum „Fruchtbeweger" (GUGGISBERG).

1. Uterus als Fruchthalter.

Wenn die Aufgabe als Fruchthalter gelöst werden soll, so muß 1. eine *Vergrößerung des Organs* eintreten, die der Frucht genügend Raum gewährt und 2. muß das Organ von derartigen *Zusammenziehungen geschützt* bleiben, die zu einer *vorzeitigen* Ausstoßung der Frucht führen.

Zu 1. *Die Vergrößerung der Gebärmutter* wird, wie ich bereits an anderer Stelle des Genaueren gezeigt habe (S. 190) bis zum Ende des 4. Monats durch die Einwirkung des *Follikelhormons* herbeigeführt. Die Menge des Wirkstoffes steigt nach Eintritt der Empfängnis erheblich an, die steigende Menge löst durch seine starke formweckende Wirkung auf die Wandbestandteile Wachstumsvorgänge aus, die Wände werden erheblich dicker, es handelt sich also um einen *aktiven* Vorgang.

Im *2. Teile* der Schwangerschaft findet *kein aktives Wachstum* mehr statt, die Wände werden nur noch *passiv* gedehnt, einmal durch den Druck des wachsenden Kindes und dann durch den erhöhten Innendruck, der durch die Schwangerschaftzusammenziehungen entsteht. Das Gewebe des Halses wird dabei stärker gedehnt als das des Körpers (Bildung des unteren Uterinsegmentes).

Warum, wird man fragen, übt das Follikelhormon, dessen Menge vom 4. Monat an noch beständig weiter ansteigt, von dieser Zeit ab keinen aktiven Wachstumsreiz mehr auf die Muskelfaser aus? Wir müssen annehmen, daß in der *Substanz der Muskelfaser*, im Myoplasma *molekularstrukturelle*, für uns nicht faßbare Veränderungen vorgehen, die zur Folge haben, daß die Muskelzelle auf das Follikelhormon nicht mehr anspricht *(molekulare Veränderung der Erfolgszelle)*. Wir beobachten den nämlichen Vorgang bei dem Progesteron. Trotz der Weiterbildung dieses Wirkstoffes verfällt die Decidua, die bisher unter seinem Einfluß gewachsen war, vom Ende des 4. Monats ab der Schrumpfung. Dagegen hält die Erregbarkeit dämpfende Wirkung des Progesterons noch weiter an. Die letzte Ursache der Vorgänge ist in dem für die Art geltenden *obersten Lebensgesetze* zu suchen.

Zu 2. Eine *völlige Ruhigstellung* ist bei einem Organ, das hauptsächlich aus Muskelfasern besteht, *unmöglich;* denn es liegt im *Wesen des Muskels*, daß er sich von Zeit zu Zeit zusammenzieht; wenn das nicht geschieht, so erfolgt bekanntlich Schrumpfung. Wir können in der Frühzeit Konsistenzwechsel, später deutliche Zusammenziehungen regelmäßig feststellen. Der Muskel muß also in einem *mittleren Erregungszustand* in der Schwangerschaft erhalten werden. Bei der Steuerung dieses Vorgangs sind drei Hormone beteiligt.

1. Follikelhormon. Wenn auch der Wirkstoff Ende des 4. Monats seine wachstums anregende Wirkung auf die Muskelfaser verloren hat, so behält er doch weiterhin die Fähigkeit, die *Erregbarkeit des Muskels zu steigern. Die* molekularstrukturelle Eigenschaft, die die Auslösung einer Erregbarkeitssteigerung durch Follikelhormon ermöglicht, bleibt also bestehen. (Man sieht, es kommt gerade bei den Wachstums- und Fortpflanzungsvorgängen mehr auf die Beschaffenheit der Erfolgszellen als auf das Hormon selbst an.)

2. Das Progesteron. Es kann keinem Zweifel mehr unterliegen, daß das Gelbkörperhormon die *Erregbarkeit des Uterusmuskels dämpft* (KNAUS, CORNER, ALLEN, REYNOLDS, NICLOS, MANDELSTAMM und TSCHAIKOWSKA, TSCHERNE[1], F. BERNHART[2] u. a.). Da die Menge des Wirkstoffes gegen Ende der Schwangerschaft abnimmt, überwiegt um diese Zeit die erregbarkeitssteigende Wirkung des Follikelhormons, die Uteruskontraktionen treten stärker und häufiger auf[3].

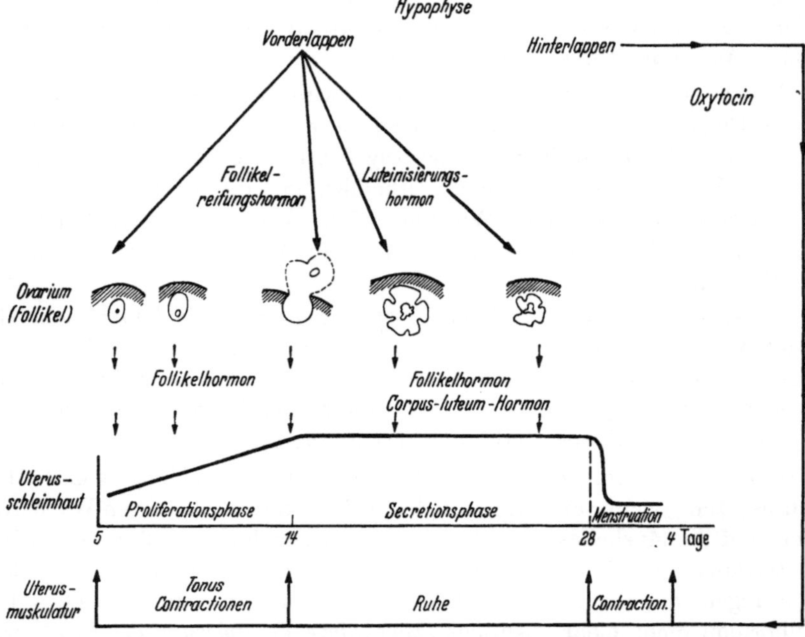

Abb. 107. Schema der Einwirkung von Vorderlappen- und Eierstockshormonen einerseits und des Oxytokins andererseits auf den Tonus der Uterusmuskulatur (unten). (Aus AMMON und DIRSCHERL.)

3. Orasthin oder Oxytokin, bekanntlich neben dem auf die Gefäßwand wirkenden Tonephin oder Vasopressin das wichtigste Produkt des Hypophysenhinterlappens. Während das Follikelhormon den Muskel in einen Zustand vermehrter, das Progesteron in einen Zustand verminderter Kontraktionsbereitschaft versetzt, löst das Orasthin an der *Muskelfaser die Zusammenziehung selbst aus.* Die

---

[1] TSCHERNE: Zbl. Gynäk. **1938**, Nr 21, 1122.

[2] BERNHART, F. u. a.: Zbl. Gynäk. **1938**, Nr 47, 2999.

[3] ARVAY, v. [Zbl. Gynäk. **51**, 2900 (1937)] glaubt auf Grund experimenteller Untersuchungen an Kaninchen, die hemmende Wirkung des Progesterons in Abrede stellen zu müssen und sieht in dem eingespritzten gonadotropen Hypophysenvorderlappenhormon den Stoff, der eine Verlängerung der Schwangerschaft und Absterben der Früchte zur Folge hat. Indes handelt es sich letzten Endes doch um eine Progesteronwirkung (aber indirekt), indem das gonadotrope Hypophysenvorderlappenhormon auf das Ovar wirkt und dort Gelbkörperbildung anregt. Bei dem regelmäßigen Absterben der Früchte in den Versuchen muß man auch an eine Giftwirkung des gonadotropen Hypophysenvorderlappenhormons (Eiweißspaltprodukt) denken, das nach ASCHHEIM-ZONDEK nur bei den Primaten und im geringen Maße bei den Pferdearten normalerweise in größerer Menge während der Schwangerschaft im Harn sich findet.

ersteren zwei Stoffe wirken auf das Myoplasma formweckend, bewirken eine molekularstrukturelle Wandlung und bedingen dadurch eine Änderung in der Erregbarkeit (eine *hormonal myogene* Wirkung); das Orasthin löst an der Muskelsubstanz die Kontraktion aus auf rein hormonalem oder, was wahrscheinlicher ist, über die Nervenfaser, also auf *neurohormonalem* Wege. *Potentiell* hat der Wirkstoff *die Fähigkeit stets*, aber erst der *jeweilige molekularstrukturelle Zustand des Myoplasmas* entscheidet darüber, ob die Einwirkung des Orasthins *keinen, einen kleineren oder größeren Erfolg* hat. So wissen wir durch die Untersuchungen von KNAUS, daß in der ersten Phase des Zyklus die Muskelsubstanz unter der Einwirkung des Follikelhormons stark, in der zweiten Phase durch den Einfluß des Progesterons gering erregbar ist (Abb. 107).

Es ist bei der Einwirkung des Follikel- und Gelbkörperhormons auf die Uterusfaser ähnlich wie bei der Einwirkung des Lactationshormons auf die Zellen der *Brustdrüse*. Wie das Lactationshormon nur an den durch die beiden Wirkstoffe erfolgten schwangerschafts-veränderten Zellen anzugreifen vermag, so kann das Orasthin erst an dem schwangerschafts-vergrößerten Uterus mit der zur Ausstoßung nötigen Energie einsetzen.

Die *Menge* des Orasthins scheint *in der normalen Schwangerschaft keine Vermehrung* zu erfahren. Es ist bisher nie gelungen, eine erhöhte Menge nachzuweisen. Mit dieser Annahme stimmt auch überein, daß am Hinterlappen, im Gegensatz zum Vorderlappen, in der Schwangerschaft keine Veränderungen im strukturellen Gefüge zu beobachten sind.

2. Uterus als Fruchtbeweger, Geburtseintritt.

Aus den eben gemachten Ausführungen geht klar hervor, daß der *ausschlaggebende Faktor* für den Eintritt der Wehentätigkeit die *molekularstrukturelle Beschaffenheit* des Myoplasmas ist[1], die auf der einen Seite im wesentlichen durch das *Follikelhormon*, auf der anderen Seite von dem *Progesteron* bestimmt wird. Erst wenn die Muskelfaser die *richtige chemisch-physikalische*, für uns nicht erkennbare *Zusammensetzung* hat, wird sie zum „tauglichen Objekt" für den Angriff des Oxytokins.

Bei der Auslösung der Wehen ist also nicht nur die Mutter, wie man bisher gemeint hat, sondern *fast noch mehr das Kind* beteiligt, letzteres durch Lieferung von Follikelhormon und Progesteron, erstere durch die Bildung des Oxytokins. Wenn die beiden, die Molekularstruktur des Myoplasmas beeinflussenden Hormone *nicht in der richtigen Menge* im Blute vorhanden sind, so kommt es zur *vorzeitigen Ausstoßung* der Frucht. Eine große Anzahl von Aborten, besonders sog. habituelle Abgänge, beruhen auf einer ungenügenden Entwicklung der Gelbkörper und einer *unzureichenden Produktion des Progesterons*. Die klinischen Erfahrungen haben gelehrt, daß wir durch entsprechende Zufuhr von Progesteron in diesen Fällen meist in der Lage sind, den Eintritt des Abortes zu verhindern. Ist eine zu große Menge Progesteron im Blut, kann es zum *Übertragen*, ja nach *vorübergehender schwacher Wehentätigkeit* zum *Absterben* und *Zurückhaltung*

---

[1] Zu der molekularstrukturellen Beschaffenheit des Myoplasmas gehört auch die *primäre* Ausbildung der Muskelfaser, ob kräftig oder schwach. Die Kombination der beiden Faktoren einschließlich der Innervation entscheidet darüber, ob ein *überempfindlicher* Uterus, der schon auf den geringsten Reiz, wie Erschütterung, seelische Erregung, Medikamente mit Eintritt starker Kontraktionen antwortet, oder ein *torpides* Organ vorhanden ist, bei dem auch die stärksten Reize völlig unwirksam bleiben oder nur vorübergehend wirksam sind.

der Frucht (missed labour) kommen. EHRHARDT u. a. haben bei übertragener Schwangerschaft Progesteron in einer für diese Zeit ungewöhnlich großen Menge nachweisen können. NELSON, PFIFFNER und HATERIUS, MICLOS haben bei Ratten durch Progesteron eine Verlängerung der Trächtigkeit erzielt.

Umgekehrt stellt *eine zu große Menge Follikelhormon* das Myoplasma molekular so um, „sensibilisiert", wie wir zu sagen pflegen, die Faser, so stark, daß der *Muskel* auf den *Reiz des Oxytokins* zu stark anspricht und vorzeitige Ausstoßung der Frucht eintritt. CLAUBERG gelang es durch Einspritzung von 100000 ME. Follikelhormon bei einer angezeigten Schwangerschaftsunterbrechung den Abgang herbeizuführen. DRUCKREY konnte durch intravenöse Follikelhormoneinspritzungen die Wehen verbessern und bei Tieren gelegentlich die Geburt in Gang bringen, gleiches berichtete NAGEL und BACHMANN [1] von der schwangeren und kreißenden Frau.

ROSENKRANZ [2] hat Placenten von Frauen mit regelmäßiger Schwangerschaftsdauer und übertragenen Placenten auf ihren Gehalt an Follikelhormon und Progesteron und ihr gegenseitiges Verhältnis untersucht; bei der übertragenen Placenta fand er (in Übereinstimmung mit EHRHARDT) eine Vermehrung des Gelbkörperhormons und eine Verminderung des Follikelhormons. Die Verhältniszahlen lauten:

Normale Placenten (verschiedene Autoren) 1 K.E. Progesteron
                                          5000 ME. Follikelhormon.
Übertragene Placenten (ROSENKRANZ)   2—6 KE. Progesteron,
                                          200 ME. Follikelhormon.

Daß das *Oxytokin allein* die Geburt nicht in Gang zu bringen vermag, ersehen wir aus den Erfolgen und Mißerfolgen bei den Versuchen, die Wehen künstlich durch Geben dieses Wirkstoffes, z. B. bei der STEINschen oder HENKELschen Kur, herbeizuführen. Die Kur gelingt nur dann, wenn die *Vorbereitung des Myoplasmas genügend weit gediehen ist*, wenn die „Zeit nahe" ist; in diesem Falle reicht die Einwirkung des Orasthins gerade aus, um das Rad ins Rollen zu bringen, sonst nicht. Wenn einmal die Geburt im Gange ist, ist bekanntlich das Orasthin das beste Wehenmittel.

Nach dem Gesagten kann es keinem Zweifel mehr unterliegen, daß bei dem Geburtseintritt die drei Hormone: *Follikelhormon, Progesteron und Oxytokin* die *Führung* haben. Die beiden ersteren sind dadurch wirksam, daß sie dank ihrer formwirkenden Fähigkeiten in erster Linie das Myoplasma der Uterusfaser molekular- und „meta"strukturell so umgestalten, daß das Oxytokin die zur Ausstoßung der Frucht hinreichend starken Zusammenziehungen, typische Wehen, hervorzurufen vermag. Das Follikelhormon beeinflußt die Muskelfaser dabei im fördernden, das Progesteron im hemmenden Sinne. Ein sehr fein ausbalanciertes Kräftespiel! Wer wundert sich, daß hierbei Störungen wie verfrühte und verspätete Ausstoßung, ungenügende und zu starke Wehen usw. häufig auftreten.

Sind damit nun wirklich alle hormonalen Einflüsse erfaßt, die bei der Auslösung der Wehentätigkeit wirksam sind? Die Antwort lautet nein. Es gibt noch *andere Wirkstoffe*, die die Uterusfaser im hemmenden oder fördernden Sinne beeinflussen.

---

[1] NAGEL u. BACHMANN: Zbl. Gynäk. **1939**, Nr 11, 598.
[2] ROSENKRANZ: Arch. Gynäk. **168**, 51 (1939).

Die Uterusfaser verhält sich dabei wie die *glatten Muskeln der Gefäße.* Auf den Kontraktionszustand der Gefäßwand haben unter normalen Verhältnissen fraglos Adrenalin und Vasopressin, zwei Hormone die der Hauptsache nach in besonderen Organen bereitet werden (Mark der Nebenniere und Neurohypophyse) den größten Einfluß. Für die Erschlaffung der Gefäßwand ist vor allem das Acethylcholin (Darmschleimhaut) verantwortlich zu machen. Es gibt aber, wie wir gesehen haben, noch eine Reihe anderer chemischer Stoffe, die wie die beiden Hormone in förderndem oder hemmendem Sinne den Kontraktionszustand der Gefäßmuskulatur beeinflussen. Unter krankhaften Bedingungen scheint der Einfluß dieser Wirkstoffe sogar das Übergewicht zu gewinnen, z. B. das „Spätgift" bei gesteigertem Blutdruck.

Hemmende Stoffe. TAPFER [1] fand Hemmstoffe im Serum von Schwangeren und Kreißenden und im mütterlichen Lebergewebe. Er konnte ferner nachweisen, daß solche Stoffe in der fetalen Leber und im Thymus gebildet werden, dagegen konnten sie in den Muskeln, in Fett und in der Milz des Kindes nicht aufgefunden werden. Die Wirkstoffe scheinen also vorwiegend im Fetus gebildet zu werden, auf jeden Fall trägt der kindliche Organismus durch die Bildung dieser Hemmstoffe dazu bei, daß keine vorzeitige Ausstoßung stattfindet.

Die von verschiedenen Untersuchern wie v. ARVAY usw. gefundene, die Erregbarkeit herabsetzende Wirkung des Hormons des Hypophysenvorderlappens kommt wohl erst mittelbar zustande, und zwar dadurch, daß durch den Wirkstoff die erhöhte Bildung von Progesteron stattfindet, wie auch SCHNYDER und TSCHERNE annehmen.

Fördernde Stoffe. GUGGISBERG und LUDWIG haben in der Placenta *wehenerregende* Stoffe gefunden. Vielleicht spielt auch das *Adrenalin* bei der Wehenauslösung mit eine Rolle; jedenfalls ist es auffällig, daß die chromaffinen Zellen des Ganglion cervicale uteri in der Schwangerschaft eine erhebliche Vermehrung erfahren, während das übrige chromaffine Gewebe des Körpers keine Änderung in dem Zellbestande zeigt (BLOTEVOGEL). NAVRATIL [2] hat durch seine Untersuchungen wahrscheinlich gemacht, daß unter der Geburt die Cholinesterase vermindert und dadurch der Gehalt des Blutes an *Acetylcholin erhöht* ist. Die Verminderung des Cholins übt eine anregende Wirkung auf den Uterusmuskel aus (cholinergische Wirkung).

. Damit sind aber die *Faktoren,* die die Erregbarkeit des Uterusmuskels und damit den Eintritt und die Stärke der Wehentätigkeit beeinflussen, noch nicht völlig aufgezählt. Auch die *übrigen Drüsen* mit innerer Sekretion, ferner *Vitamine* und *Fermente* beeinflussen die Ansprechbarkeit der Uterusfaser. Besonders wichtig ist fraglos die *Ionenkonzentration des Blutes;* alle Faktoren, die den Gehalt des Blutes an Calcium (Epithelkörperchen), an Magnesium, an Kalium usw. verändern, wandeln auch die Reaktionsfähigkeit und können unter Umständen auch die Ansprechbarkeit der Uterusfaser beeinflussen.

WINKLER und HEBELER [3] sahen bei trächtigen Meerschweinchen und Kaninchen bei Zusatz von Milchsäure zu RINGERscher Lösung, ebenso bei hoher Acetonkonzentration einen hemmenden Einfluß auf die Wehentätigkeit und sprechen die Meinung aus, daß die vermehrte Ansammlung von Milchsäure und Aceton, die unter der Geburt häufig zu finden ist, auch bei den Gebärenden einen ungünstigen Einfluß auf die Wehentätigkeit ausübt.

Deshalb ist es möglich, manchmal durch Änderung des *Ionenmilieus* (z. B. Zufuhr von Calcium), durch Dämpfung der Nervenerregbarkeit (Morphium), durch Zufuhr von Brennstoff (intravenöse Traubenzuckerlösung), durch mechanische Reize, durch Wärmeanwendungen usw. die Wehentätigkeit zu beeinflussen.

---

[1] TAPFER: Arch. Gynäk. **164**, 435 (1937); **168**, 169 (1939).
[2] NAVRATIL: Arch Gynäk. **168**, 178 (1939).
[3] WINKLER u. HEBELER: Arch. Gynäk. **168**, 64 (1939).

Wenn man das alles bedenkt, so wird man verstehen, daß es unmöglich ist, den *Tag der Geburt* vorher *genau zu berechnen.* Wir wissen zwar aus Erfahrung, wie lange bei den verschiedenen Spezies die Schwangerschaft ungefähr dauert, beim Menschen im Mittel 273 Tage. Aber wenn man eine hinreichend große Anzahl von Schwangerschaften auf ihre Dauer berechnet, wie das GUTHMANN und Frl. BIENHÜLS an 10000 Geburten der Frankfurter Klinik getan haben, so ergibt

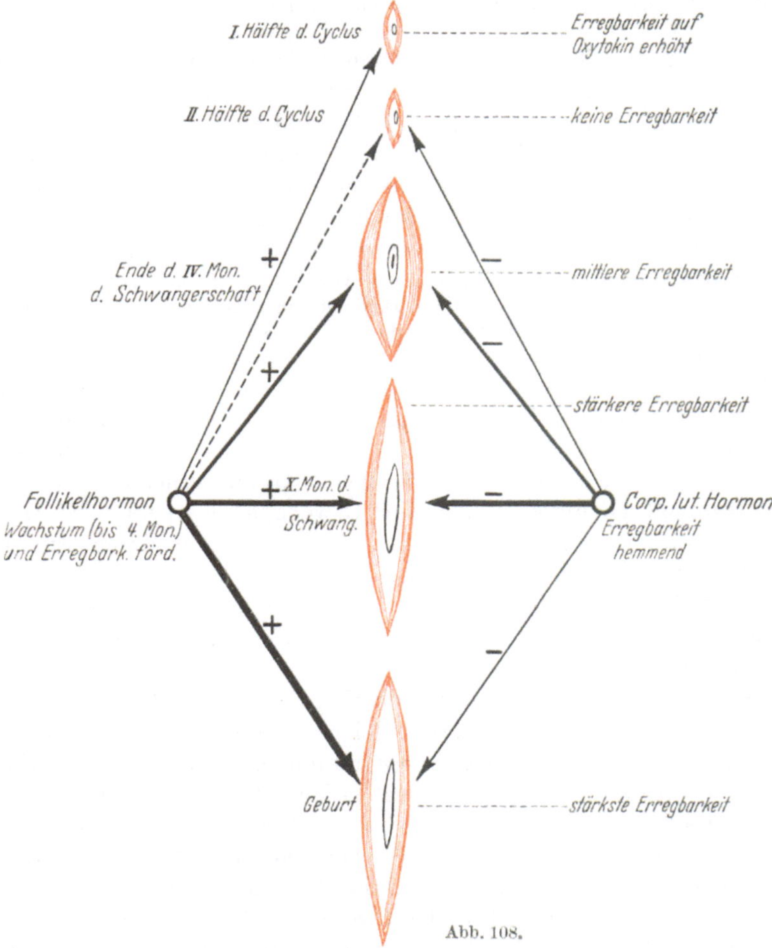

Abb. 108.

sich eine Kurve, die eine schmale Spitze und nach links und rechts eine starke Streuung hat, die GAUSSsche Wahrscheinlichkeitskurve, wie sie bei allem biologischen Geschehen festzustellen ist (s. auch S. 65). Dann versteht man auch, daß so außerordentlich große Schwankungen und Variationen in der Wehentätigkeit bei verschiedenen Personen auftreten, ja daß gelegentlich sogar bei ein und demselben Individuum bei verschiedenen Schwangerschaften und Geburten starke Unterschiede festzustellen sind.

Das beifolgende Schema veranschaulicht bildlich die Steuerung des Geburtseintritts durch die *führenden* Hormone; die andern Kräfte sind in der Abbildung nicht berücksichtigt.

3. Schema der hormonalen Steuerung des Geburtseintritts.
(Abb. 108).

Man sieht in der Mitte die Muskelfaser des Uterus in der ersten und zweiten Hälfte des Zyklus (rot), sie erfährt in den ersten 4 Monaten der Schwangerschaft unter dem Einfluß des Follikelhormons (linke Seite) eine sehr erhebliche Vergrößerung und Vermehrung. Von da ab mehr passive Dehnung durch das wachsende Kind. Die Erregbarkeit der Muskelfaser steigt mit der in der Schwangerschaft beständig ansteigenden Menge des Follikelhormons bis zur Geburt immer mehr an (Erregung fördernd +). Entgegengesetzt wirkt das Corpus luteum-Hormon (rechte Seite). Dieses dämpft die Erregbarkeit stark in der zweiten Hälfte des Zyklus, noch stärker in den ersten 4 Monaten der Schwangerschaft, bis dann fast ausschließlich vom Corpus luteum stammend. Von dieser Zeit an nimmt die Menge des Gelbkörperhormons ab (zum Teil jetzt in der Placenta gebildet). Die Erregbarkeit des Muskels steigt daher weiter bis zum 10. Monat an. Im Beginn der Geburt ist nur ganz wenig oder gar kein Corpus luteum mehr vorhanden. Die Erregbarkeit des Muskels ist am größten. Nunmehr kann das Oxytokin, das vielleicht durch Adrenalin und durch in der Placenta gebildete andere Wehenstoffe unterstützt wird, die Muskelfaser maximal erregen (Auftreten von Wehen). In der Abbildung sind nur die führenden Hormone eingezeichnet.

VIII. Keimdrüse und hormonales Geschlechtssystem.
1. Die anatomischen, biologisch-hormonalen und gedanklichen Grundlagen.

Nach der Besprechung der Geschlechtshormone und der gonadotropen Hormone kehren wir noch einmal zu dem Problem Soma-Geschlechtszellen zurück.

In dem Abschnitt (S. 160) habe ich bereits die cellulären Einrichtungen am Follikelapparat näher besprochen, die zur Ernährung und zum Schutze der Geschlechtszellen gegenüber den Somazellen dienen. Jetzt sollen noch die *humoral-hormonalen Einrichtungen*, die diesem Zwecke dienen, abgehandelt werden. Der *Zweck*, den die Natur mit all diesen Einrichtungen verfolgt, ist völlig klar: Die *Vorbedingungen* herzustellen, die es ermöglichen, die *Geschlechtszellen* trotz des gegnerischen Einflusses der Somazellen in der richtigen Weise und zu dem richtigen Zeitpunkt zur *Entwicklung, Reifung und Befruchtungsfähigkeit* zu bringen.

Wenn zwei Zellarten, schon auf Grund ihrer natürlichen Bestimmung, einander feindlich gegenüberstehen, so muß, wenn es nicht zu einem Zurückdrängen der einen oder anderen Zellart wie bei den niederen Tieren in der Geschlechtsperiode kommen soll, zwischen beiden gegnerischen Gruppen ein Gewebe eingeschaltet sein, das einen *Ausgleich* herbeiführt und so Erhaltung des Individuums und Erhaltung der Art in gleicher Weise gewährleistet. Dieses *Verbindungs- und Vermittlungsstück* ist bei den Wirbeltieren, besonders bei Säugern und Menschen *der* Teil der Keimdrüse, den ich im Gegensatz zu den Geschlechtszellen, (dem essentiellen Bestandteil) den *akzidentellen* Bestandteil der Keimdrüse genannt habe, also der Hauptsache nach der *Follikelapparat*. Wenn ich im folgenden von der Keimdrüse in hormonaler Beziehung spreche, so meine ich stets nur den akzidentellen Teil des Organs.

Dieser *akzidentelle* Anteil entfaltet nach *zwei* Richtungen hin hormonale Wirkungen (Abb. 109).

Einmal nach der *Eizelle* zu: Sein Produkt, das Follikelhormon, das sich schon bei den Protozoen und niedrigen Vielzellern findet, ist für die Entwicklung der Eizelle unentbehrlich. Wie der Wirkstoff, dessen stark formweckende Tätigkeit wir kennengelernt haben, sich auswirkt, darüber sind wir noch völlig im unklaren, wie wir auch über die „Meta"struktur der Eizelle nichts genaueres wissen. Er bildet wohl einen Teil jener spezifischen Nähr- und Wirkstoffe, die die Eizelle zu ihrer Entwicklung braucht, vergleichbar mit der „königlichen" Nahrung, die aus der einfachen Arbeitsbienenlarve das vollwertige Geschlechtstier, die Königin, macht.

Daß ein solcher Einfluß des Follikelhormons auf die Eizelle vorhanden ist, können wir mit der größten Wahrscheinlichkeit aus einem pathologischen Vorkommnis erschließen, nämlich aus der *Frühreife*, die eintritt, wenn eine *Granulosazellengeschwulst* im Eierstock eines Kindes sich entwickelt. Diese Zellen sondern große Mengen Follikelhormon ab. Unter dem Einfluß dieses Wirkstoffes tritt nicht nur eine frühzeitige Ausbildung der somatischen Geschlechtsmerkmale, sondern auch eine vollständige Ausbildung des Follikels und Ausreifung der Eizelle ein.

Auch das *Corpus luteum*-Hormon ist mittelbar an der Erhaltung der Eizelle beteiligt; denn wenn der Gelbkörper entfernt wird, sondern die Tubenepithelien

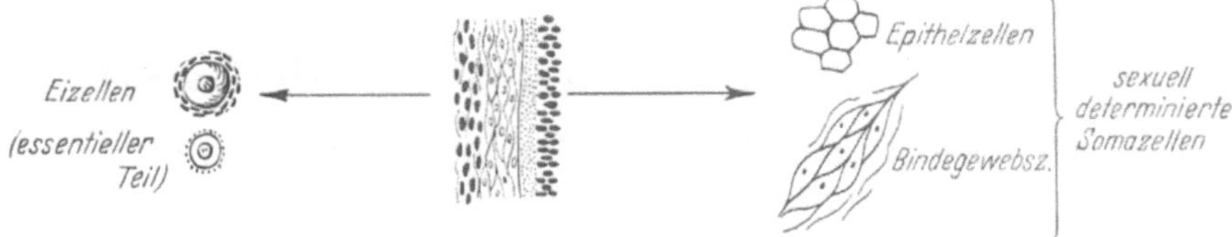

Abb. 109. Follikelapparat oder akzidenteller Teil der Keimdrüse (in der Mitte Granulosa- und Gelbkörperzellen angedeutet) wirkt durch seine Sendboten nach zwei Richtungen hin, einmal auf die Eizellen (links) und dann auf die sexuell determinierten Somazellen (rechts als Epithel- und Bindegewebszellen angedeutet).

nicht mehr die *Eiweißsubstanz* ab, die einen schützenden Mantel um die Eizelle legt, das *Ei stirbt* ab (WESTMAN). Dagegen hat das gonadotrope Hypophysenvorderlappenhormon keinen Einfluß auf die Eizelle. Auch bei hypophysektomierten Tieren zeigt die Eizelle regelmäßige Reifung und Segmentierung (ZONDEK).

Nach der andern Seite hin entfaltet Follikelhormon (ebenso Corpus luteum-Hormon) seine Wirkung auf die darauf *abgestimmten Somazellen* und löst die Ausbildung der *primären und sekundären Geschlechtsmerkmale* aus.

Das ist die *hormonale* Auswirkung des akzidentellen Bestandteiles der Keimdrüse auf die Geschlechtszellen einerseits und auf die Somazellen anderseits.

Nun besteht der *akzidentelle* Anteil der Keimdrüse aus *Somazellen*, die naturgemäß wieder in inniger Verbindung mit dem *übrigen* Körper und seinen Organen stehen; speziell treten die akzidentellen Anteile als endokrine Elemente in *Wechselwirkung mit den übrigen innersekretorischen Drüsen*.

Unter diesem Gesichtspunkt betrachtet, zerfällt das *gesamte Inkretsystem* in *zwei* große Untergruppen: Ein somatisches, das ausschließlich im Dienste der Somazellen, und ein geschlechtliches Hormonsystem, das für die Entwicklung und Reifung der Geschlechtszellen vorhanden ist.

Bisher hat man das *Inkretsystem* entweder nach *Organen* oder nach *Hormonen* eingeteilt. Diese Einteilung genügt unseren erweiterten Kenntnissen nicht mehr, sie ist jedenfalls für unsere Zwecke nicht brauchbar; denn die einzelnen endokrinen Drüsen bilden nicht nur *ein*, sondern vielfach eine große Anzahl von Hormonen, z. B. Hypophyse, Keimdrüse usw. Auch werden dieselben Hormone in verschiedenen Organen gebildet, z. B. das Follikelhormon im Eierstock und in der Placenta. Dann kommt es nicht nur auf das Hormon, sondern noch vielmehr darauf an, daß *Zellen* vorhanden sind, die auf das *Hormon ansprechen*. Diese Frage spielt besonders bei dem Geschlechts- und Wachstumshormon eine bedeutsame Rolle.

Wenn wir daher die Vorgänge an der Wurzel erfassen wollen, müssen wir
von den einzelnen endokrinen *Zellen* — nicht von dem ganzen Organ — ausgehen und z. B. sagen: Die chromophoben Zellen des Vorderlappens bilden das
gonadotrope, die eosinophilen Zellen desselben Organs das Wachstums-, die
Theca-Granulosazellen das Follikelhormon, die Corpus luteum-Zellen das Progesteron usw.

Dabei muß man sich klar sein, daß wir nicht imstande sind, für alle Hormone jeweils
eine bestimmte Zelle als Bildungsstätte genau zu bezeichnen. Es ist wahrscheinlich, daß ein
und dieselbe Zelle mehrere Hormone zu bilden vermag, wie wir das für die Zellen des
Vorderlappens der Hypophyse annehmen müssen.

Auf die Zellen des *akzidentellen* Anteils der Keimdrüse oder wie wir meist
kurz sagen, auf die Keimdrüse wirken, nun eine Reihe von endokrinen Zellen durch
ihre *Hormone* ein. Wir können hierbei wieder *allgemein trophische* Einwirkungen
und mehr *spezifische* Einflüsse unterscheiden.

Im Sinne der *allgemeinen* Einflüsse wirken Schilddrüse (s. S. 148), Epithelkörperchen, Inselapparat usw., ferner die Vitamine (s. S. 139). Wir wissen, daß
bei völligem Fehlen dieser Hormone und Vitamine auch Störungen in der Entwicklung der Keimdrüse sich einstellen. Aber diese Einwirkungen sind in Parallele
mit den Einflüssen zu setzen, die wir ähnlich auch bei Änderungen des Ionenmilieus, Temperaturveränderungen usw. beobachten können, sie sind weitgehend
unspezifisch.

Spezifische Einwirkungen haben das gonadotrope Hormon des Vorderlappens, der Zirbeldrüse und der Nebennierenrinde (und auch noch gewisse
Vitamine, wie ich noch am Schlusse dieses Abschnittes als Anhang — denn
sie kommen von außen — erwähnen möchte). Nur die spezifischen Wirkstoffe
sollen im folgenden berücksichtigt werden.

Wir haben im vorausgehenden (s. S. 218) gesehen, daß verschiedene endokrine Drüsen erst durch *adenotrope* Hormone des Hypophysenvorderlappens
zu ihrer spezifischen Tätigkeit angeregt werden. Während aber bei allen übrigen
endokrinen Organen (Schilddrüse, Nebenschilddrüse, Bauchspeicheldrüse, Mark
und Rinde der Nebenniere), das jeweilige adenotrope Hormon des Hypophysenvorderlappens *allein* genügt, um die Tätigkeit der Drüse in Gang zu bringen,
sind bei der Keimdrüse die gonadotropen Hormone *dreier* verschiedener innersekretorischer Organe notwendig: Im embryonalen Leben das Hormon der
Nebennierenrinde, das geschlechtsdifferenzierend, im Kindesalter das Hormon
der Zirbeldrüse, das hemmend, und in der Geschlechtsreife die Wirkstoffe des
Hypophysenvorderlappens, die fördernd auf Entwicklung und Funktion der
Keimdrüse wirken. Mit anderen Worten: Es ist weder die *Eizelle* noch der
Follikelapparat, weder der essentielle noch der akzidentelle Bestandteil der
Keimdrüse imstande, die Stoffe, die jeweils entsprechend dem ontogenetischen
Entwicklungsgange zur Erhaltung und Funktion erforderlich sind, *unmittelbar* und
selbständig in *eigener Zelltätigkeit zu erzeugen,* sie bedürfen in sämtlichen Phasen
der *Beihilfe* der von *anderen* innersekretorischen Drüsen stammenden Wirkstoffe,
sie sind außerstande, unmittelbar die Stoffe aus dem Blute zu entnehmen.

Wenn man bedenkt, was für verwickelte Verhältnisse durch die *Einschaltung
des Verbindungs- und Vermittlungsgewebes* zwischen *Soma-* und *Geschlechtszellen*
entstehen, so versteht man, daß die gegenseitigen Beziehungen nicht durch
eine einfache Gegenüberstellung von *ganzen* Organen oder Gegeneinanderhalten

von den einzelnen Wirkstoffen gekennzeichnet sind, sondern besser zu einem „System" zusammengefaßt werden.

Alle cellulär-hormonalen Einrichtungen, die der Körper zur Ernährung, zum Schutze und zur Ausreifung der *Geschlechtszellen* besitzt, fasse ich als *hormonales Geschlechtssystem* zusammen (hormonal als Eigenschaftswort, um die chemischen Kräfte damit zu erfassen, System als Hauptwort, um darzutun, daß eine ganze Reihe endokriner Zellen daran beteiligt sind).

Das hormonale Geschlechtssystem baut sich außer seinen anatomischen Realitäten auch auf einem Denkvorgang, oder wenn man will, auf einer *teleologischen* Betrachtung, die bis zum Ende durchgedachte Trennung in Soma- und Geschlechtszellen, auf. Eine Parallele bildet das *reticulo-endotheliale System* (ASCHOFF). In ihm sind alle in den verschiedenen Organen sitzenden und verschieden gebauten Zellen (Leber, Milz, Lymphdrüsen, Gefäßwand usw.) zu einer biologischen Einheit zusammengefaßt, die einem gemeinschaftlich übergeordneten Zwecke, der Abwehr der in das Blut eingedrungenen Schädlichkeiten dienen („Uferzellen"). Auch die endokrinen Zellen, die zum hormonalen Geschlechtssystem gehören, stehen in einem Gemeinschaftsdienst für die große Aufgabe der Fortpflanzung.

Den *Mittel- und Angelpunkt* des hormonalen Geschlechtssystems bildet als *Organ* die *Keimdrüse*. Diese Feststellung hat eine prinzipielle Bedeutung; denn bisher nahm man mehr ein *Nebeneinander* der einzelnen Inkretdrüsen an, bei Keimdrüse, Vorderhypophyse und Rinde der Nebenniere etwa in der Form eines Dreiecks. Das Verhältnis von Geschlechts- und Somazellen läßt sich nur durch einen *Kreis*, dessen Mittelpunkt die Keimdrüse bildet, darstellen.

Das hormonale Geschlechtssystem hat nicht immer die *gleiche* Zusammensetzung, es ist einem starken zeitlichen Wechsel unterworfen. Die Zusammensetzung schwankt einmal je nach der *ontogenetischen Entwicklungsphase* des Individuums und dann ist es natürlich auch verschieden nach dem *Geschlecht*.

Alle anderen Inkrete, die irgendwie eine Einwirkung auf den Ablauf des geschlechtlichen Geschehens haben, sind nur *Nebenfiguren*, die im Dienste der Keimdrüse als des sexuellen Souveräns stehen.

Die Rolle, die diese Nebenfiguren in der Entwicklung und in der Funktion der Keimdrüse spielen, ist sehr verschieden, je nach dem Stadium, in dem sich das Individuum in seinem ontogenetischen Werdegang befindet. Ihre Bedeutung ist, trotzdem sie nur Nebenfiguren in dem Gesamtgeschehen sind, doch so groß, daß ohne ihre Mitwirkung die Keimdrüse nicht funktionsfähig wäre. Es ist wie in einem Staate: Der König ist machtlos, wenn nicht sein Volk, seine Berater, seine Beamten und Krieger usw. hinter ihm stehen. Daß diese Nebenfiguren eine solche Wichtigkeit erlangt haben, hängt mit der Höhe der Organisation zusammen. Je verwickelter der Körperbau ist, desto komplizierter und zahlreicher müssen auch die Einrichtungen sein, die das Betätigungsfeld der Geschlechtszellen gegenüber den Somazellen abgrenzen.

Von der Keimdrüse sagt man, daß sie eine *innere* und *äußere* Sekretion hat, ähnlich wie andere endokrine Organe, z. B. die Bauchspeicheldrüse. Gegen die *innere* Sekretion ist nichts einzuwenden, sie ist ganz in Parallele zu jeder anderen inkretorischen Tätigkeit zu setzen. Der Ausdruck: *Äußere* Sekretion ist zwar formal-morphologisch ebenfalls richtig, *verkennt* aber doch das *Wesen* und die *überragende Bedeutung des Vorgangs* beim Weibe völlig, indem er die Ausstoßung eines einfachen Sekretes der Beherbergung und Ernährung einer Leibesfrucht gleichsetzt und von dem Leben erhaltenden Geschehen nur den Schlußakt, die Ausstoßung der Frucht, erfaßt. Bei der Nichtbefruchtung der Eizelle — ein an sich unnatürlicher Vorgang — wird die Eizelle nicht durch den Ausführungsgang ausgestoßen, sondern innerhalb des Körpers aufgesaugt. Viel eher kann man beim Manne von einer äußeren Sekretion seiner Keimdrüse sprechen.

2. Das hormonale Geschlechtssystem in den verschiedenen ontogenetischen Entwicklungsphasen und verschiedenen Funktionszuständen bei der Frau.

Wir können fünf verschiedene Entwicklungs- und Funktionsstufen unterscheiden, die durch ganz verschiedene hormonale Einflüsse gesteuert werden: a) Die Zeit der ersten embryonalen Entwicklung etwa bis zum 4. Fetalmonat. b) Die Zeit vom 4. Fetalmonat bis zur Pubertät. c) Die Geschlechtsreife. d) Das Alter. e) Die Schwangerschaft.

a) Die erste embryonale Zeit etwa bis 4. Fetalmonat.

Die erste Entwicklung der Keimdrüse ist chromosomal zygotisch bedingt. Wir kennen die dabei wirksamen chemisch physikalischen Kräfte noch nicht. Wir können nur soviel sagen, daß das Wachstum und die geschlechtliche Differenzierung der Keimdrüse stark durch die *Rinde der Nebenniere* beeinflußt wird. Dieser Einfluß setzt frühzeitig ein; denn schon in früher embryonaler Zeit zeigt die Rinde eine ungewöhnlich starke Entwicklung und weist alle kennzeichnenden Merkmale auf, die ihr im späteren Leben eignen: Reichtum an Lipoiden, Mitosen, Granulabildung usw.

Ich habe in einem der vorhergehenden Abschnitte des genauen auseinandergesetzt, daß auf Grund vergleichender experimenteller histologischer und genetischer Betrachtungen und besonders auf Grund der Auswirkungen von Geschwulstbildungen zwei Hormone in der Rinde gebildet werden, die einen Einfluß auf die Entwicklung der Keimdrüse haben, ein geschlechtsunspezifischer Stoff, bei beiden Geschlechtern gleich wirksam, der die Keimdrüse zum Wachstum anregt und dann ein geschlechtsspezifisches Hormon, das die chromosomal zygotisch festgelegte geschlechtliche Differenzierung fördert.

Wir dürfen aus den Beobachtungen und Überlegungen heraus den Schluß ziehen, daß in der embryonalen und ersten fetalen Zeit, bis die anderen hormonalen Kräfte eingreifen, die Hormone der Rinde, die Entwicklung und Differenzierung der Gonade am stärksten beeinflussen. Dieser Einfluß verschwindet auch im späteren Alter nicht vollständig, tritt aber gegenüber anderen Faktoren mehr in den Hintergrund.

b) Zeit vom 4. Fetalmonat bis zur Pubertät.

Von dem 4.—7. Monat bilden sich die *Drüsen mit innerer Sekretion* mehr und mehr aus und sind mit dem 7. Monat *völlig ausgebildet*, sie nehmen, wie durch eine Reihe von Untersuchungen festgestellt ist (Schilddrüse, Pankreas, zum Teil Keimdrüse usw.) *ihre Funktion* auf. Das Kind ist um diese Zeit soweit in seinen Organen und speziell in seinem endokrinen System entwickelt, daß es den Bedingungen, die es außerhalb des Mutterleibes findet, gewachsen ist und extrauterin selbständig weiter zu leben vermag. Insbesondere sind die endokrinen Drüsen und *die* Hormone in voller Tätigkeit, die den *Stoffwechsel* steuern.

Im Gegensatz zum hormonalen Stoffwechselsystem, das um diese Zeit zu einem gewissen Abschluß gelangt ist, befindet sich das *hormonale Geschlechtssystem erst noch in der Entwicklung*. Die Entwicklung der Keimdrüse und der Geschlechtszellen darf nicht parallel der Entwicklung der übrigen Organe verlaufen. Ein solcher Vorgang widerspräche den Lebensgesetzen. Ihre Entwicklung muß so lange zurückgehalten werden, bis die somatischen Organe sich voll oder fast voll ausgebildet haben und der Körper imstande ist, neben der Erhaltung des Individuums auch noch die Aufgabe der Fortpflanzung zu leisten. Das ist erst bei dem annähernd ausgewachsenen Organismus der Fall.

Den *Entwicklungsgang der Keimdrüse und der Keimzellen* zu *verlangsamen und zu hemmen*, dazu hat die Natur die *Zirbeldrüse* und ihr *gonadotropes Hormon* geschaffen. Einen solchen Schluß dürfen wir aus dem Einfluß ziehen, den in der Zirbeldrüse sitzende Geschwülste ausüben. Sie bewirken durch Zerstörung des gonadotropen Gewebes geschlechtliche Frühreife. Es fällt dadurch der hemmende Faktor, der von der Epiphyse ausgeht, weg, der anregende Einfluß des gonadotropen Hypophysenvorderlappenhormons gewinnt das Übergewicht, es tritt, wie wir das auch durch Zufuhr von reichlich gonadotropen Vorderlappenhormon

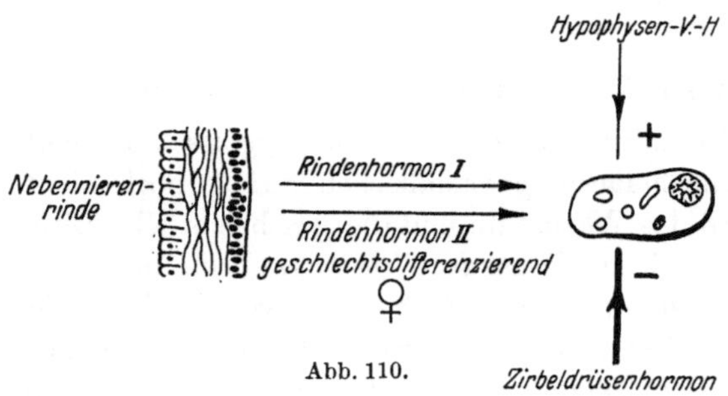

Abb. 110.

künstlich zu tun vermögen, *geschlechtliche Frühreife* ein.

Man kann das hormonale Geschlechtssystem, wie es in der Zeit vom 7. Fetalmonat bis zur Pubertät besteht, folgendermaßen schematisch darstellen.

Kind (Abb. 110). Die Nebenniere sendet zu den Geschlechtsorganen zwei Hormone. Ein Ernährungshormon (Rindenhormon 1) und ein geschlechtsdifferenzierendes Hormon (Rindenhormon 2, in unserem Falle weiblich gerichtetes Hormon). Der Vorderlappen der Hypophyse bildet noch wenig das Wachstum der Keimdrüse anregendes gonadotropes Hormon (dünner Pfeil), dagegen produziert die Zirbeldrüse sehr viel das Wachstum der Geschlechtsorgane hemmendes Hormon (angedeutet durch den starken Pfeil). Der hemmende Einfluß des Thymus ist in dem Schema nicht berücksichtigt.

c) Zeit der Geschlechtsreife.

Diese Zeit ist gekennzeichnet durch die *volle Ausbildung* der *Keimzellen*, bei der Frau ungefähr mit 15, beim Manne mit 17—18 Jahren, d. h. die Keimzellen brauchen zur vollen Ausreifung und Aufnahme ihrer eigenen Funktion $1^{1}/_{2}$ Jahrzehnte länger als die Somazellen.

Das Ovar enthält einen reifen Follikel und bildet ein Corpus luteum (beim Manne reife Spermatozoen). Der Follikelapparat produziert das Follikelhormon in großer Menge und bereitet das Corpus luteum-Hormon, der Hoden beim Manne das Androsteron und Testosteron. Diese Geschlechtshormone bewirken die volle Entfaltung der primären und sekundären Geschlechtsmerkmale.

Von den gonadotropen Hormonen ist der Wirkstoff der Zirbeldrüse mit seiner hemmenden Wirkung auf die Keimdrüse in Wegfall gekommen, seine Gegenwirkung auf die Zellen des Hypophysenvorderlappens, die das gonadotrope Hormon bilden, hat aufgehört. Das *gonadotrope Hormon des Vorderlappens* wird in reichlicher Menge gebildet, es *beherrscht nunmehr das hormonale Geschlechtssystem*. Wir können bei der geschlechtsreifen Frau — aber nur bei dieser, nicht in der Zeit vor der Pubertät und nicht im Senium — von ihm als *Motor* der Geschlechtsfunktion (ZONDEK) sprechen. Das gonadotrope geschlechtsunspezifische Hormon der *Nebennierenrinde* wirkt sich ebenfalls *fördernd* auf die Keimdrüse aus, es arbeiten also gonadotropes Hormon des Vorderlappens und der Rinde auf das gleiche Ziel hin.

Wie bereits des näheren ausgeführt, handelt es sich in der geschlechtsreifen Zeit um *Wirkung und Gegenwirkung* der verschiedenen in Betracht kommenden

Hormone. Nur dadurch, daß um diese Zeit das gonadotrope Hormon des Hypophysenvorderlappens in großer Menge abgesondert wird und die Zellen des Follikelapparates besonders stark darauf ansprechen, vermag das Hypophysenvorderlappenhormon die führende Rolle zu spielen, die es in dieser Zeit tatsächlich spielt.

Schematisch läßt sich das hormonale Geschlechtssystem bei der geschlechtsreifen Frau folgendermaßen darstellen.

Die geschlechtsreife Frau (Abb. 111). Die Bildung des hemmenden Zirbeldrüsenhormons hat aufgehört. Es werden nunmehr größere Mengen des das Wachstum und die Reifung der Keimdrüsen anregenden gonadotropen Vorderlappenhormons eingesondert (starker Pfeil).

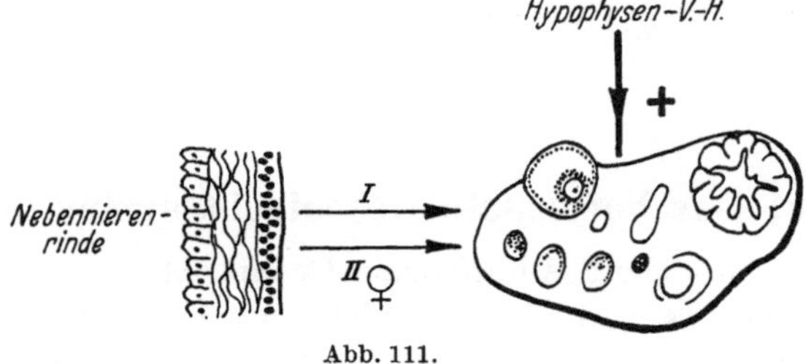

Abb. 111.

d) Alter.

In der länger dauernden Übergangszeit von der Geschlechtsreife zum Senium bestehen im Eierstock vielfach noch *Teilfunktionen* weiter (s. S. 199). Erst mit dem richtigen *Greisenalter* sind im allgemeinen — auch darin gibt es Ausnahmen — *sämtliche Follikelzellen* und *sämtliches Thecagewebe* verschwunden. Das Organ ist klein und atrophisch geworden.

Im Gegensatz zum Aufhören aller Funktionen im Eierstock wird das *gonadotrope Hormon* des *Hypophysenvorderlappens* und soweit wir sehen, das gonadotrope Hormon der *Rinde* weiter gebildet. Ja das gonadotrope Hormon des Vorderlappens kann sogar in größerer Menge in Harn und Blut nachgewiesen werden als bei der geschlechtsreifen Frau. Der Grund für die merkwürdige Erscheinung ist darin zu sehen, daß nunmehr das gonadotrope Hormon nicht mehr von den Zellen des Follikelapparates „gebunden" oder verbraucht wird. Die Theca-Granulosazellen sind im Alter gemäß dem Gesetz, das Art und Individuum beherrscht, außer Funktion, die Tätigkeit der chromophoben Vorderlappenzellen hält wie bei allen Organen, die einmal voll entwickelt sind, weiter an, es fehlen aber dem von ihnen gebildeten gonadotropen Hormon die Erfolgszellen.

Daß der Ausfall der Keimdrüsenfunktion — und nicht das Verhalten der chromophoben Zellen — maßgebend ist, ersieht man ganz deutlich aus dem *unterschiedlichen Verhalten*, das *Mann* und *Frau* in bezug auf das *Senium* zeigen. Bei der Frau erlischt die volle Geschlechtstätigkeit und Empfängnisfähigkeit gewöhnlich mit dem 45.—48. Lebensjahre, der Mann ist im Durchschnitt 15—20 weitere Jahre noch zeugungsfähig. Das gonadotrope Hormon des Vorderlappens wirkt auf die *Keimdrüse beider Geschlechter* in *gleicher* Weise; und doch welch ein Unterschied in der Funktion der beiden Geschlechtsdrüsen: Bei der Frau ein frühzeitiger Stillstand, beim Manne noch viele Jahre dauernde unverminderte Tätigkeit.

Die Natur hat das Los für Mann und Frau in dieser Beziehung so verschieden gestaltet, nicht aus Willkür, sondern aus innerer Notwendigkeit heraus. Bei beiden Geschlechtern vermag der Körper die Aufgabe der Fortpflanzung erst dann zu lösen, wenn er nahezu ausgewachsen ist. Die viel größere und schwerere Aufgabe, die jedoch der Frau bei der Erhaltung der Art zugefallen ist, kann nur in der Jugend und bei voller Frische geleistet werden; daher hat die Natur die Frau mit einer „protrahierten Jugendlichkeit" wie SELLHEIM sich ausdrückt, ausgestattet. Der Mann vermag befruchtungsfähige Spermatozoen bis in das hohe Alter zu produzieren.

Schematisch läßt sich das hormonale Geschlechtssystem im Senium folgendermaßen darstellen.

Greisin (Abb. 112). Die geschlechtsgerichtete Tätigkeit der Nebenniere hat nachgelassen, insbesondere die Menge des geschlechtsspezifischen Rindenhormons; daher gelegentlich das Hervortreten von männ-
lich sekundären Geschlechtsmerkmalen.
Das Hypophysenvorderlappenhormon
wird wohl noch abgesondert, aber
das Ovar, das durch Nebennierenhor-
mon und andere Einflüsse zu wenig
Antrieb mehr erhält und dessen Le-
benszeit nach dem obersten Gesetz
der Art abgelaufen ist, verfällt der
Schrumpfung.

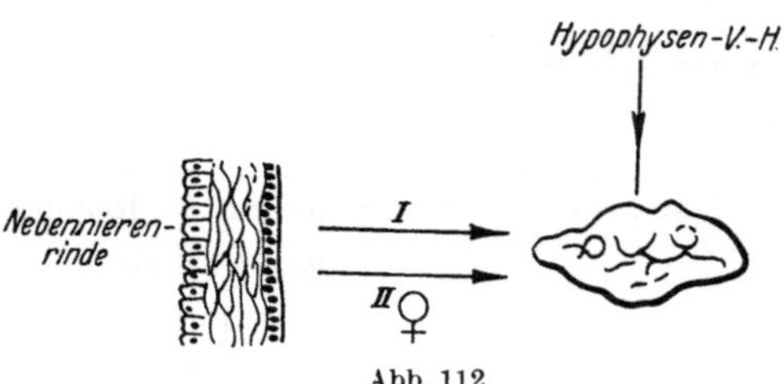

e) Das hormonale Geschlechtssystem in der Schwangerschaft.

Ich stelle das hormonale Geschlechtssystem in der Schwangerschaft an das
Ende dieses Abschnittes, nicht, wie es die chronologische Reihenfolge und der
natürliche Ablauf der Vorgänge erforderte, zu dem hormonalen Geschlechtssystem der geschlechtsreifen Frau, einmal weil es ganz *einzigartig* ist und dann
weil es ein *überindividuelles* Gepräge zeigt.

Während die bisher besprochenen Formen des hormonalen Geschlechtssystems alle von den körpereigenen *mütterlichen* endokrinen Drüsen und Hormonen
gebildet werden, ist das bei dem schwangerschaftlichen hormonalen Geschlechtssystem anders. Hier kommen zu den körper*eigenen* Zellen noch körper- und
individualitäts*fremde* Zellen, zu den *mütterlichen* noch *fetale* endokrine Zellen
hinzu. *Zwei* verschiedene Individuen und *zwei* verschiedene Arten von endokrinen Zellen bilden *ein gemeinschaftliches* hormonales Geschlechtssystem. Ein
einzigartiger Zustand, der nur dadurch möglich ist, daß die von den Zellen
gelieferten Hormone art- und individualitäts-unspezifisch sind, während natürlich die mütterlichen und fetalen Zellen einen streng spezifischen und individuellen
Charakter tragen.

Die beiden Lebewesen, *Mutter und Kind*, bilden zwar eine *biologische Einheit*,
aber diese Einheit ist *anderer Natur* als die des schwangerschaftlichen hormonalen Geschlechtssystems. Die biologische Einheit der beiden Individuen wird
durch die *placentare Scheidewand* aufrecht erhalten. Diese Schranke können
körperfremde Eiweißstoffe und körperfremde Lipoide nicht ohne weiteres
passieren. Dagegen vermögen die Hormone, die ja niedermolekulare Substanzen
sind, durch die Scheidewand hindurchzutreten und zwar nach beiden Richtungen,
von der Mutter auf das Kind und umgekehrt. Sind einmal beim Fetus die
eigenen endokrinen Organe ausgebildet, das ist von der Mitte der Schwangerschaft an, dann können auch *fetale Hormone* auf die *Mutter* übertreten. So wissen
wir, daß fetales Schilddrüsenhormon (G. DÖDERLEIN), fetales Insulin (VON NOOR-
DEN, HOLZBACH) die Scheidewand passieren und bei ungenügender Bildungsfähigkeit der mütterlichen Organe innerhalb gewisser Grenzen auch auf die Mutter
zu wirken vermögen. Im allgemeinen aber spielt der Übergang von Hormonen,
die in den typischen endokrinen Drüsen des Fetus entstanden sind, für die
Mutter eine *untergeordnete* Rolle. Dieser Satz gilt auch für die Hormone der
kindlichen Geschlechtsdrüse.

Ganz anders ist die Sachlage bei dem *hormonalen Geschlechtssystem in der Schwangerschaft.* Die fetalen Hormone, die hierbei wirksam sind, entstehen nicht in den fetalen endokrinen Drüsen, sondern in den *Chorionepithelien des Trophoblast* und der *Placenta.*

Bei den Tieren mit *Placenta haemochorialis* (GROSSER), zu denen auch der Mensch gehört, treten die von den Chorionepithelien abgesonderten Hormone *unmittelbar* in das *mütterliche Blut* über; die Chorionepithelien sind in einer Oberflächenausdehnung von etwa 6 qm von dem Blute der mütterlichen intervillösen Bluträume umspült. (Bei den Tieren, die keine Placenta haemochorialis haben, müssen die Stoffe noch durch die Membran der dazwischenliegenden Zellschichten hindurchtreten.) Dieser *Anschluß von fetalen hormonproduzierenden Zellen* an den *mütterlichen Blutkreislauf*, dieses Einströmen von Hormonen *mütterlichen* und *fetalen* Ursprungs zugleich in *ein und dasselbe* Blut ist ein Ereignis von *weittragender Bedeutung.* In dem Übertritt dieser Wirkstoffe, zugleich aber auch in dem Übertritt körperfremden Eiweißes (Abschilferung von Chorionepithelien) ist die *Ursache* für die in der Schwangerschaft eintretenden gestaltlichen und funktionellen *Umstellungen* und für die *Schwangerschaftstoxikosen* zu sehen. Doch davon in einem besonderen Abschnitte.

Die Hormone, die in den Chorionepithelien gebildet werden, sind, soweit wir jetzt sehen, fast ausschließlich *echte Geschlechtshormone* oder *gonadotrope* Hormone, also auf die Steuerung der *Fortpflanzungsvorgänge gerichtete Wirkstoffe.* Da aber an keiner Stelle des endokrinen Systems eine größere Veränderung vor sich gehen kann, ohne daß *Rückwirkungen* auf die Tätigkeit der anderen Hormondrüsen erfolgen, so wirkt sich die Überschwemmung des mütterlichen Organismus mit großen Mengen fetaler geschlechtsgerichteter Stoffe auch auf die *übrigen* endokrinen Drüsen und auf den *Stoffwechsel* aus. (Siehe Abschnitt der endokrinen Drüsen und Abschnitt Stoffwechselstörungen.)

Nichts kann mehr als die grundlegende Veränderung, die zuerst an den geschlechtsgerichteten und dann an den Stoffwechsel beeinflussenden Hormonorganen in der Schwangerschaft eintritt, die Notwendigkeit beweisen, den Begriff des hormonalen Geschlechtssystems aufzustellen.

Zu den bisher genannten Hormonen kommt im Frühwochenbett noch das *Lactationshormon* des Vorderlappens der Hypophyse (zum Teil vielleicht auch in der Placenta gebildet). Das Hormon wird zwar zu jeder Zeit und bei beiden Geschlechtern im Vorderlappen gebildet; aber erst unter dem Einfluß der erhöhten Menge des Follikelhormons und Corpus luteum-Wirkstoffs in der Schwangerschaft werden die Brustdrüsenzellen so umgestellt, daß sie auf den Reiz des Lactationshormons *Milch* zu bereiten vermögen.

Wir müssen in bezug auf das schwangerschaftliche hormonale Geschlechtssystem zwei Abschnitte unterscheiden: 1. die *erste Hälfte* der Schwangerschaft, in der *fast ausschließlich* die *fetalen* hormonbildenden Zellen den Bedarf an Geschlechts- und gonadotropen Hormonen bestreiten. 2. die *zweite Hälfte* der Schwangerschaft, in der das Produktionsvermögen der Chorionepithelien bereits wesentlich nachgelassen hat und in der die indessen umgebildeten *mütterlichen* endokrinen Zellen mit der Lieferung der Hormone *unterstützend* eingreifen.

Schematisch lassen sich die Verhältnisse folgendermaßen darstellen (Abb. 113a und b). Nur Zotte und Ovar sind bildlich dargestellt, Hypophyse und Nebenniere nur durch Schrift kenntlich gemacht.

Abb. 113a. In der *ersten Hälfte der Schwangerschaft*. Hauptproduzent des geschlechtsgerichteten Hormons ist der Trophoblast mit der Doppelreihe der Chorionepithelien, also der fetale Organismus. In der Vorderhypophyse der *Mutter* wird kein oder nur ganz wenig gonadotropes Hormon (ebenso in der Rinde der Nebenniere) und im Ovar sehr wenig Follikelhormon (nur in den kleinen Follikeln) gebildet, dagegen steht das Corpus luteum in Blüte, auch in der Placenta wird Gelbkörperhormon bereitet.

Abb. 113 b. *Zweite Hälfte der Schwangerschaft.* Die Hauptmenge der geschlechtsgerichteten Hormone wird immer noch in der Placenta gebildet. Aber ihr Bildungsvermögen, besonders für das gonadotrope Vorderlappenhormon hat quantitativ stark abgenommen. Das Heranwachsen von größeren Follikeln und die gut ausgebildeten interstitiellen Drüsen weisen auf vermehrte Bildung von Follikelhormon und letztere wahrscheinlich auch von Corpus luteum-Hormon hin. Die Placenta vermag bis zum 7. Monat noch Corpus luteum-Hormon zu bilden, von da ab starke Abnahme der Fähigkeit.

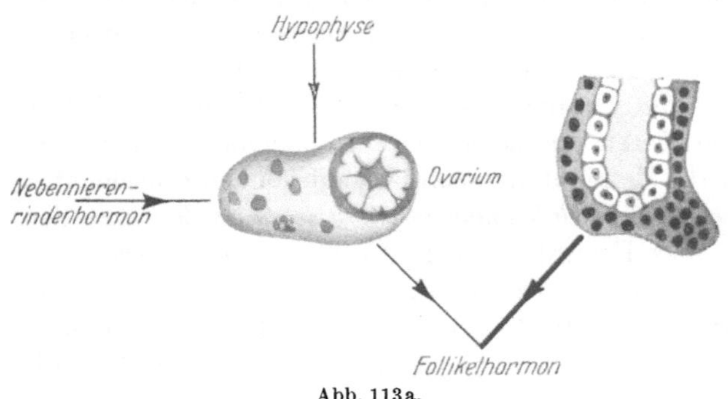

Abb. 113a.

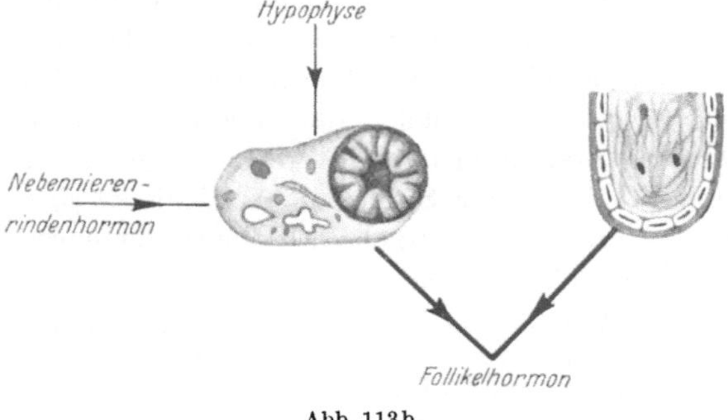

Abb. 113b.

Ich habe bisher das hormonale Geschlechtssystem so behandelt, als ob es im Körper ganz selbständig und eigengesetzlich wäre und nur durch chemisch hormonale Kräfte gesteuert würde. Tatsächlich ist es bei den höher organisierten Tieren, besonders bei den Säugern und beim Menschen mit dem *Nervensystem* zu einer *untrennbaren funktionellen Einheit verschmolzen.* Ich habe diese *neuro-hormonalen* Beziehungen in dem Abschnitt Hormonsystem und Nervensystem, ferner in dem Kapitel Geschlechtssinn und Geschlechtstrieb S. 128 bereits ausführlich erörtert und verweise darauf.

Wir müssen uns aber doch bewußt bleiben, daß bei den *Fortpflanzungsvorgängen*, namentlich bei dem Schwangerschaftsgeschehen die *Nerven im Vergleich zu den Hormonen nur eine untergeordnete* Rolle spielen. Die erste Entwicklung des Embryo geht vor sich, ohne daß Nerven vorhanden sind; bei den niedrigen Tierformen vollziehen sich sogar alle Lebensvorgänge ohne Mithilfe von Nerven. Auch das Organ, das die Verbindung zwischen Mutter und Frucht darstellt und die Entwicklung des Kindes bis zur Geburt vermittelt, die Placenta, ist völlig nervenlos; es ist noch nie gelungen, Nerven in ihr nachzuweisen und trotzdem greift sie durch die verschiedenen in ihr gebildeten Hormone mächtig nicht nur in die Entwicklung des Fetus, sondern auch in die Körpergestaltung der Mutter ein.

3. Das hormonale Geschlechtssystem beim Manne.

Mann und Frau stehen *phylogenetisch* auf der gleichen Entwicklungsstufe. Diese selbstverständliche und unbestreitbare Tatsache beleuchtet klarer als die längste Beweisführung auch bei den Fortpflanzungsvorgängen die chromosomal-zygotische Priorität des Erbgutes.

Wir bezeichnen *die* Bestandteile der Geschlechtsorgane, die, weil phylogenetisch bedingt, bei beiden Geschlechtern angelegt und der Spezies eigen sind, als *Art*-Merkmale, diejenigen aber, die, wenn auch chromosomal-zygotisch determiniert, doch erst durch *hormonale* Einflüsse zur vollen Entwicklung gebracht werden, als *Geschlechts*-Merkmale. Die letzteren werden durch das *hormonale Geschlechtssystem* gesteuert.

Bei diesen *geschlechtsgerichteten* Hormonen gibt es nun zwei Arten: 1. Solche, die *geschlechtsunspezifisch* sind, die bei *beiden* Geschlechtern meist in gleich großer Menge vorhanden sind und in gleicher Weise fördernd oder hemmend wirken; hierher gehören sämtliche *gonadotrope* Hormone. 2. Die *geschlechtsspezifischen* Hormone, die von der *Keimdrüse* selbst oder der Rinde der Nebenniere abgesondert werden; es sind, soweit wir sehen, bei der weiblichen Keimdrüse das Follikel- und Corpus luteum-Hormon und der geschlechtsspezifische weibliche Wirkstoff der Nebennierenrinde (Rindenhormon II), beim Manne

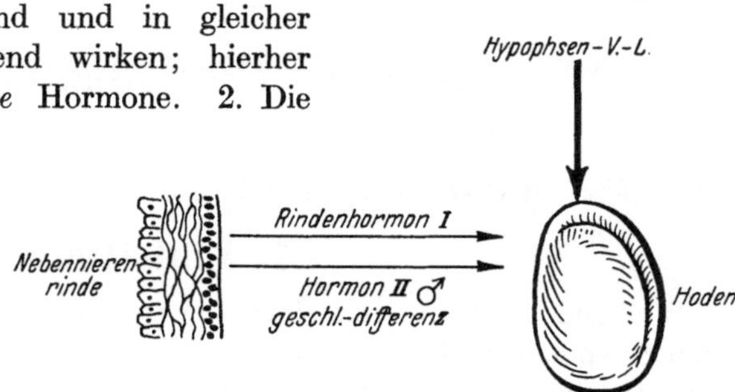

Abb. 114. Hormonales Geschlechtssystem des Mannes (geschlechtsreif) unterscheidet sich von dem weiblichen hormonalen Geschlechtssystem nur durch die spezifischen Hormone des Hodens und das männlich differenzierende Rindenhormon (*II*).

das Androsteron und das Testosteron und das geschlechtsspezifische männliche Rindenhormon II (Abb. 114).

Die *geschlechtsunspezifischen Hormone* (gonadotrope Hormone einschließlich des Lactationshormons) sind also bei *Mann und Frau* die *gleichen*. Das *hormonale Geschlechtssystem* setzt sich in bezug auf die unspezifischen gonadotropen Hormone bei beiden Geschlechtern *gleichmäßig* zusammen, es besteht kein Unterschied zwischen beiden Geschlechtern.

Anders ist es in bezug auf die *geschlechtsspezifischen* Stoffe, die *Geschlechtshormone* im engeren Sinne. Nicht allein die Organe (Eierstock und Hoden, im geringeren Grade und zeitweise Rinde der Nebenniere) haben einen verschieden *morphologischen* Aufbau, auch die *biologische* Wirkung der in ihnen bereiteten Hormone ist *grundverschieden*. Die *weiblichen* Geschlechtshormone *bringen* die chromosomal *weiblich determinierten Somazellen* und Organe zur vollen *Entwicklung* (Ausbildung der weiblichen primären und sekundären Geschlechtsmerkmale) und *hemmen* mittelbar auch die männlichen *Art*merkmale, z. B. Clitoris an der Weiterentwicklung und umgekehrt die männlichen Geschlechtshormone bewirken die volle Entfaltung der männlichen primären und sekundären Geschlechtsmerkmale und hemmen die andersgeschlechtlichen am Weiterwachsen. Uterus masculinus und Brüste bleiben beim Manne zeitlebens rudimentäre Organe.

Das hormonale Geschlechtssystem des *Mannes* zeigt also in bezug auf die *geschlechtsspezifischen* Hormone (eigentliche Geschlechtshormone) eine ganz *andere* Zusammensetzung als beim Weibe.

So verschieden nun das sexualspezifische hormonale Geschlechtssystem bei Mann und Frau ist und so groß die Unterschiede in bezug auf die gestaltliche Struktur der Keimdrüsen und die biologische Wirkung der Geschlechtshormone sind, so verhältnismäßig *gering* sind die *Unterschiede* in der *chemischen Zusammensetzung* der in beiden Drüsen bereiteten Wirkstoffe. Männliche und weibliche Geschlechtshormone gehen von der nämlichen Grundsubstanz (Cholesterin) aus und zeigen in ihrer chemischen Konstitution *nur kleine Unterschiede*, sie lassen sich am raschesten in der Konstitutionsformel (S. 177 und 267) erkennen. Es ist wahrscheinlich, daß auch die Zellen der Nebennierenrinde die gleichen Wirkstoffe zu bilden vermögen.

IX. Rhythmus (Periodizität) und Zyklus im geschlechtlichen Geschehen unter normalen und krankhaften Bedingungen.

1. Einleitung.

Wir sind gewöhnt, von einem geschlechtlichen *Zyklus* (Kreislauf) bei der Frau zu sprechen. Wir tun das mit vollem Recht, wenn wir dabei den *uterinen* Zyklus meinen. Hier besteht ein richtiger Kreislauf. Aus den Resten der nach einer Menstruation verbliebenen Gebärmutterschleimhaut (Basalis) bildet sich eine *neue* Schleimhaut, die innerhalb 4 Wochen die bekannten Wandlungen durchmacht, bei der Blutung größtenteils wieder abgestoßen wird und sich dann wieder erneuert. Das Endometrium hat die Fähigkeit der *Regeneration*, die den meisten anderen Zellen und Geweben verloren gegangen ist, beibehalten.

Das Vorbild eines Zyklus ist der Kreislauf der Erde um die Sonne. Ihr Umlauf bedingt die Wiederkehr der Jahreszeiten in ihrem ewigen Wechsel. Der Umlauf erfolgt nach dem für die Himmelskörper geltenden physikalischen Gesetze der Schwere; den Kreislauf des Endometriums steuern die Hormone (hormonales Geschlechtssystem).

Es bleiben also die Objekte im wesentlichen die *gleichen*. Die Schleimhaut bleibt erhalten, wenn auch nur in Restbeständen, sie behält jedoch die entscheidende Fähigkeit sich wieder zu bilden.

Bei dem *Eierstock* ist das ganz anders. Hier handelt es sich nicht jedesmal um denselben Follikel und das nämliche Ei, nicht um eine Regeneration aus verbliebenen Resten, sondern jedesmal um ein *anderes* Objekt, um einen *neuen Follikel* und ein *neues Ei*. Es kommt also zu gar keinem Kreislauf, zu keinem Ring, es besteht nur eine Periodizität, wie sie der Rhythmus bei der Uhr, der Sekunden, Minuten, Stunden anzeigt.

Wollen wir das Geschehen im Eierstock graphisch darstellen, so ergibt sich eine gerade Linie (z. B Abb. 113, oberer Teil), ein Follikel folgt in den verschiedenen Entwicklungsstadien dem andern. Wenn wir aber das Geschehen am Endometrium in der gleichen Weise schematisch wiedergeben, so ergibt sich ein Kreis (Zyklus), wie er z. B. in Abb. 118 zu sehen ist.

Die Unterscheidung in Rhythmus und Zyklus ist grundsätzlich wichtig, da sie sich auf das *Wesen* des Vorgangs, ob *Regeneration* eines teilweise verlorengegangenen alten oder nur *Weiterbildung* eines bereits in der Entwicklung befindlichen andern Gewebes bezieht. Der volkstümliche Ausdruck „Regel,

Periode" bezeichnet daher auch den Vorgang am Ovar richtiger als das Wort Zyklus. Da sich aber auch die Bezeichnung Zyklus bei den ovariellen Vorgängen einmal eingebürgert hat, werden wir auch weiter von ovariellem Zyklus sprechen, er ist aber eben nur im Sinne von Rhythmus zu verstehen.

Vom praktischen Standpunkt aus ist es auch völlig berechtigt von dem *sekundären Geschehen* auszugehen, nämlich von dem *uterinen* Zyklus; denn er allein tritt *äußerlich* in der Form der Blutausscheidung bei den Primaten und in der Form der Brunst (Oestrus) bei den andern Tierarten in die Erscheinung, während dagegen sich die Vorgänge am Ovar tief innen im Körper, unsern Augen verborgen, abspielen. Nachdem die Zusammenhänge von uterinem und ovariellem Zyklus erkannt sind, sind wir imstande, aus dem mikroskopischen Bild, das eine ausgeschabte Schleimhaut bietet, Rückschlüsse auf den Funktionszustand des Eierstocks zu ziehen. Um die klinische Auswertung dieser Befunde haben sich besonders R. Schröder und seine Schule verdient gemacht.

Wenn wir aber die tieferen Zusammenhänge erfassen wollen, so müssen wir natürlich von den *primären* Vorgängen sprechen, d. h. von den bewegenden hormonalen Kräften und den lebenden endokrinen Zellen, die diese Hormone bilden und müssen sehen, wie die Hormone auf *die* Zellen wirken, die auf den hormonalen Reiz reagieren, auf die *Erfolgszellen.*

Dabei zeigt sich, daß das rhythmische Geschehen, das wir am Eierstock bei der Follikelreifung und Gelbkörperbildung beobachten, von richtigen zyklischen Vorgängen, d. h. von solchen, die von Zellen mit Regenerationskraft gesteuert werden, abhängt. Dieses *Regenerationsvermögen* liegt in den *chromophoben Zellen des Vorderlappens* der Hypophyse. Doch ehe wir auf diese Frage näher eingehen, sollen noch die allgemeinen rhythmisch-periodischen Vorgänge, die wir bei der geschlechtlichen Tätigkeit in der Tierwelt und speziell bei den weiblichen Tieren beobachten, besprochen werden.

2. Allgemein rhythmisch-periodische Vorgänge bei dem Geschlechts- und Fortpflanzungsgeschehen.

Fortpflanzung erfordert gesteigerte Zelltätigkeit, erfordert Zellneubildung, bedeutet Wachstum. Die Aufbauvorgänge sind nur möglich, wenn genügende und passende Nahrung, wenn hinreichend Wärme vorhanden ist. Diese Bedingungen sind für die Mehrzahl der Lebewesen nur in der warmen Jahreszeit gegeben; daher beobachten wir bei den meisten Tieren, besonders bei den niederen Formen und bei denen, die noch stark von den unmittelbaren Umwelteinflüssen abhängig sind, einen ausgesprochen *einjährigen* Fortpflanzungsrhythmus. Sie verhalten sich in dieser Beziehung wie die Pflanzen, deren Vegetations- und Fortpflanzungsperiode ganz von jahreszeitlichen Einflüssen abhängig ist.

Auch bei den niederen *Wirbeltieren* (Fischen, Amphibien, Reptilien, Vögeln) richtet sich der genitale Rhythmus stark nach jahreszeitlichen und Ernährungsverhältnissen. Wenn die Frühjahrssonne kommt, wenn genügend Nahrung zur Verfügung steht, dann wachsen die vorher kleinen Gonaden und die dazu gehörenden Hilfsorgane und schwellen zu Gebilden an, die ein Vielfaches der früheren Größe aufweisen (vgl. die Geschlechtsorgane des Feuersalamanders

Abb. 115); es stellt sich der Annäherungstrieb der beiden Geschlechter ein und bilden sich die sekundären Geschlechtsmerkmale, z. B. das Hochzeitskleid bestimmter Fische, die Schwielen an den Fingern des Frosches aus. Unter dem Antrieb der Hormone entwickeln sich die Brunsterscheinungen, die je nach der Gattung kürzere oder längere Zeit anhalten. Die Periodizität ist also im wesentlichen ebenfalls durch Jahreszeit und Nahrung bedingt. Sie treten im Jahr nur einmal auf. Die niedern Wirbeltiere gehören zu den einbrünstigen Tieren.

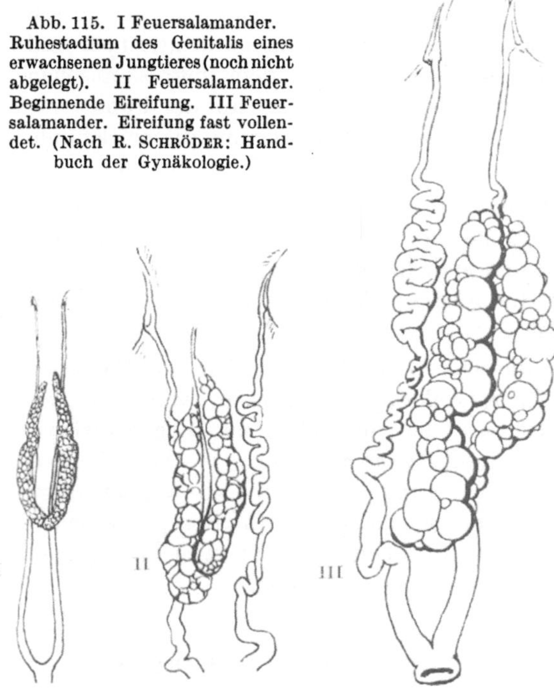

Abb. 115. I Feuersalamander. Ruhestadium des Genitalis eines erwachsenen Jungtieres (noch nicht abgelegt). II Feuersalamander. Beginnende Eireifung. III Feuersalamander. Eireifung fast vollendet. (Nach R. SCHRÖDER: Handbuch der Gynäkologie.)

a) Die Säugetiere (mit Ausnahme der Primaten).

Die Säugetiere haben sich im Verlaufe der phylogenetischen Entwicklung mit mehr oder weniger großem Erfolg von diesen jahreszeitlichen Ernährungs- und klimatischen Einflüssen zu emanzipieren versucht, ganz gelungen ist der Versuch aber nur den Primaten.

Am deutlichsten zeigen den *einbrünstigen* Typus noch die Vorläufer der Säugetiere, die Beuteltiere (Marsupialier). Bei ihnen tritt nur einmal im Jahre die Brunst auf, auch wenn *keine Befruchtung* erfolgt. Nur einmal brünstig werden ferner viele wild lebende Tiere, so das wilde Schaf, das Wildschwein, die wilden Fleischfresser. Anders dagegen verhalten sich die *zahmen* Tiere. Sie sind dem Einfluß der Jahreszeiten, der Ernährung, des Klimas usw. weitgehend entzogen. Die Einbrünstigkeit weicht einer *Mehr- oder Vielbrünstigkeit*. So tritt beim Haushund, der im wilden Zustand nur einmal brünstig wird, zweimal im Jahre die Brunst ein (März und September). Bei den zahmen Huftieren alle 3 Wochen. Andere Tiere jedoch, wie die meisten Nager, sind auch als wild lebende Tiere vielbrünstig, wie Hase, Maus, Ratte. Immerhin äußert sich auch bei den mehr- und vielbrünstigen Tieren noch deutlich der Einfluß der Umweltsfaktoren. In den Herbst- und Wintermonaten sistiert auch bei ihnen die Geschlechtstätigkeit.

Um die Verhältnisse beim Menschen zum Vergleich heranziehen zu können, verlohnt es sich, zu zeigen, innerhalb welcher *Fristen* sich bei den Haustieren der *ovarielle Zyklus* und damit die *Brunst* wieder einstellt (s. Tabelle S. 319).

Wir sehen also, daß unter grundlegender Änderung der Umwelteinflüsse, wie sie die *Domestikation* mit sich bringt, auch eine Änderung des Zyklus auftritt. Die Eigenschaft ist aber noch nicht stammesgeschichtlich verankert, ist noch nicht vererbbar. Der Zeitraum, seit dem die Tiere unter der Domestikation leben, ist für eine solche Umstellung noch viel zu kurz. Daß dem so ist, kann man daraus ersehen, daß Haustiere, die in Freiheit gesetzt werden und draußen wild leben, wieder zu dem einbrünstigen Typus zurückkehren.

	Intervall	Dauer der Brunst
Schaf	21 Tage	2—3 Tage
Rind	21 Tage	1—2 Tage
Pferd	3—4 Wochen	8 Tage
Meerschweinchen .	16 Tage	
Kaninchen. . . .	15—30 Tage	
	(es kommen auch unvollständige Zyklen vor)	
Katze	14 Tage	4 Tage

b) Bei den Primaten.

Der Affe hat einen mittleren Zyklus von ungefähr 27 Tagen, der Mensch einen solchen von durchschnittlich 28 Tagen. Daß es sich dabei um *keine Domestikationserscheinung* handelt, wie man beim Menschen annehmen könnte, ersieht man klar daraus, daß der wild lebende Affe denselben Zyklus aufweist, wie der in Gefangenschaft lebende Artgenosse. Es kann sich also nicht um Umwelteinflüsse handeln. Die Fähigkeit ist *chromosomal zygotisch* festgelegt; sie ist arteigen, sie ist *Dauerbesitz* und *vererbbar* geworden. Bei der Frau und bei dem weiblichen Affen treten im Laufe des Jahres 13—14 Zyklen auf.

Mit diesen Verhältnissen hängt es zusammen, daß die Eskimofrau genau so die Periode hat wie die Südseeinsulanerin oder die Äffin, die in Zentralafrika auf Bäumen lebt. Es ist Zyklus und Menstruation Erbgut, wie beim Menschen der aufrechte Gang, die starke Ausbildung unseres Gehirns und die Umwandlung der vorderen Extremitäten in ein Greiforgan.

Mit dieser grundlegenden Änderung des Zyklus hat sich bei den Primaten auch ein *verändertes Verhalten gegenüber dem anderen Geschlecht* eingestellt. Sämtliche anderen weiblichen Säugetiere lassen das Männchen nur in der Zeit der Brunst zu, in der übrigen Zeit weisen sie seine Werbungen in der bestimmtesten Form zurück. Bei Affe und Mensch ist jederzeit ein geschlechtlicher Verkehr möglich. Auch die Menstruation bei Ausbleiben der Empfängnis ist ein Vorrecht der Primaten (s. Bedeutung dieser Einrichtung bei Abschnitt: Geschlechtstrieb, S. 132).

Man hat geglaubt, die Ursache des zyklischen Geschehens bei der Frau hänge von *kosmischen* Einflüssen ab. ARRHENIUS hat gezeigt, daß die Luftelektrizität und andere elektrische Erscheinungen in der Atmosphäre eine ausgesprochene Periodizität von 27,32 oder eine zweite von 25,929 Tagen haben. Auch hat man bei der Entstehung des Zyklus an den Einfluß des Mondes[1] und der Gestirne gedacht. Solche physikalischen Faktoren sind sicher nicht bedeutungslos, können aber unmöglich für die Entstehung des Zyklus *maßgebend* sein.

Physikalische Gesetze verlaufen mit einer unabänderlichen Folgerichtigkeit. Auf Ebbe folgt nach einer bestimmten Stundenzahl unweigerlich die Flut. Wenn ein physikalischer Einfluß *entscheidend* wäre, so müßten alle Frauen gleichzeitig die Menses haben und bei

---

[1] GUTHMANN u. OSWALD [Mschr. Geburtsh. **103** (1936)] konnten tatsächlich insofern einen gewissen Einfluß des Mondes feststellen, als bei 10000 Frauen in der Zeit des Vollmondes und des Neumondes ausgeprägte Spitzen in der Häufigkeitskurve des Eintritts der Menses vorhanden sind. Von GUNN (Zbl. Gynäk. **1938**, Nr 28, 1527) nicht bestätigt. Siehe Ausführliches bei KIRCHHOFF: Umweltsfaktoren und Genitalfunktion [Geburtsh. u. Frauenheilk. **1**, H. 6 (1939)].

Mensch und Tierarten müßten die Zyklen gleich lang sein, wie wir das von den Gezeiten des Meeres her kennen.

Der stärkste Einfluß auf die Ausbildung eines Zyklus im geschlechtlichen Geschehen geht fraglos von der *Sonne*, ihrem jeweiligen Stande (und damit Bereitstellung der Nährstoffe usw.) aus. Dieser Einfluß ist von jeher, solange es Lebewesen auf der Erde gibt, wirksam gewesen, und ist auch in der Gegenwart noch wirksam. Aber je höher im allgemeinen die Tiere auf der Entwicklungsstufe und in der Ausdifferenzierung ihrer Organe stehen — der Satz gilt auch für die hochentwickelten Wirbellosen, die Insekten und ihre Metamorphosen —, desto mehr werden die Tiere von den jahreszeitlichen Einflüssen unabhängig, bei den Primaten ist fast völlige Unabhängigkeit eingetreten.

Letzte Überreste dieser jahreszeitlichen Faktoren können wir auch bei Primaten noch nachweisen, z. B. die unvollkommenen, mit Unfruchtbarkeit einhergehenden Zyklen der Affen im Sommer und die fruchtbaren Winterzyklen, das Liebessehnen des Menschen im Frühjahr und das deutliche Ansteigen der Geburtenziffer in den 9 Monate später gelegenen Zeiten.

Da *beide* Geschlechter den nämlichen Lebensgesetzen gehorchen und den nämlichen jahreszeitlichen Einflüssen unterworfen sind, so verhalten sich männliche und weibliche Vertreter in bezug auf diese Formen der Periodizität natürlich vollständig gleich. Aber die Fortpflanzungsfunktionen der beiden Geschlechter sind bei den Säugern so grundverschieden, daß dieser Unterschied nicht ohne Rückwirkung auf den Ablauf der geschlechtlichen Vorgänge bleibt. Nur beim *weiblichen* Geschlecht tritt der Zyklus deutlich zutage.

3. Ausgeprägter Zyklus nur beim weiblichen Geschlecht (Säuger und Primaten).

Schon die Ausbildung (s. S. 91) und besonders die Zahl der *weiblichen* Gameten im Vergleich zu den männlichen Keimzellen ist grundverschieden, erfordert andere und besondere körperliche Einrichtungen und bedingt einen anderen Rhythmus.

Die *Zahl der weiblichen Gameten* ist von *vorneherein beschränkt* und entspricht der *Anzahl der angelegten Ovogonien.* Bereits vor der Geburt ist die Zahl der weiblichen Ovogonien und damit der weiblichen Gameten festgelegt und ihre Bildung abgeschlossen. Es ist *noch nie* beobachtet worden, daß im späteren Leben eine *Neubildung von Eizellen* stattfindet.

Bei dem *Manne* ist zwar die Zahl der *Spermagonien* ebenfalls *beschränkt,* aber sie *behalten* bis in das Greisenalter hinein die *Fähigkeit, reife Gameten zu bilden.* Die Zahl der während des Lebens gebildeten reifen Samenzellen ist daher unendlich groß und berechnet sich in die *Billionen.* Sobald eine genügende Anzahl reifer Samenzellen sich gebildet hat, werden Millionen durch eine einzige Ejakulation nach außen entleert, die Bildung einer neuen Generation folgt auf dem Fuße. Die Fähigkeit der Spermagonien, immer wieder *neue Spermatozoen* zu bilden, ist *fast unbegrenzt.* Kein anderes Körperorgan verfügt bis in das Greisenalter hinein über eine derartige Produktions- und Regenerationskraft, wie das Hodengewebe.

Bei dem Manne findet also beständig eine Neubildung und Neureifung von Spermatozoen nur in kurzen wenige Tage zählenden Zwischenräumen statt. Rhythmus und Periodiziät verschwinden fast völlig. Es findet sich nur noch eine Andeutung insofern, als nach Zeiten längerer Enthaltsamkeit und stärkerer Anhäufung von Spermatozoen die Geschlechtshormone die Nervensubstanz sexuell stärker anregen und der Drang nach einer Abgabe der Samenfäden sich stärker äußert.

Grundsätzlich anders ist es bei der *Frau*; bei ihr kann die Natur die wichtige Aufgabe nur durch *Einschaltung eines Zyklus* bewältigen. Um diese Vorgänge verständlicher zu machen, müssen wir näher auf das Problem eingehen.

Das *neugeborene Mädchen* hat 300000 *Eianlagen* in seinen beiden Eierstöcken. Die Zahl wird von anderen niedriger angegeben, so berichtet WALDEYER von 75000. Bei unserer Betrachtung kommt es aber nicht so sehr auf eine genaue Zahl, als darauf an, daß die Zahl überhaupt begrenzt ist. Ich nehme die bisher größte Zahl von 300000 Einanlage zum Ausgangspunkt.

Von diesen 300000 Eianlagen ist am Ende der geschlechtsfähigen Zeit keine einzige Eizelle mehr vorhanden, sie werden also innerhalb von *45 bis 50 Jahren sämtlich aufgebraucht.*

Wir wissen, daß während der geschlechtsreifen Zeit ungefähr 300 Follikel = 1:1000 zur vollen Reife kommen, alle anderen, d. h. 299700 gehen vorzeitig im Verlaufe des Lebens atretisch zugrunde, ohne ihr Ziel, die Befruchtungsfähigkeit, erreicht zu haben.

Es kostet dem Frauenkörper Mühe genug — davon wissen viele Frauen zu erzählen, aber auch mancher Ehemann weiß davon ein Klageliedlein zu singen —, während des Lebens 300 Eizellen zur vollen Reife zu bringen. Welche Anstrengungen müßte der Körper erst machen, wenn er 300000, also 1000mal mehr, zur Reife brächte! Er würde alle seine Kräfte im Dienste der Fortpflanzung verzehren, eine höhere Organisation wäre ganz unmöglich, er wäre auf einer Entwicklungsstufe stehengeblieben, die etwa der entspricht, die wir in Kap. „Kampf" usw. (S. 156) näher beschrieben haben.

Die Natur bietet also einer Frau während ihres ganzen Lebens ungefähr 300mal die Möglichkeit, zu *empfangen*. Das ist schon ein erhebliches Überangebot; denn in Wirklichkeit ist eine Frau imstande, höchstens 30 Kinder auszutragen und zu gebären. Es können also von den 300000 Eizellen des Neugeborenen bestenfalls 30, d. h. 1 von 10000 Eizellen, zur Erfüllung ihrer Aufgabe, nämlich zur Bildung eines neuen Menschen führen.

Diese geringe Ausnutzung erscheint unserem rationalistischen Denken eine sinn- und zwecklose Verschwendung. Wir können aus diesem Überfluß nur so viel schließen, daß der Natur alles darauf ankommt, die Art zu erhalten. Noch viel größer ist bekanntlich die „Verschwendung" bei den Spermatozoen.

Wenn man annimmt, daß die bei neugeborenen Mädchen vorhandenen 300000 Eianlagen in den 50 Jahren, in denen die Eizellen im weiblichen Körper überhaupt vorhanden sind, in *gleichmäßiger* Weise verbraucht würden, so würde das täglich 16 Eianlagen und in einem Mondsmonat 450 ausmachen. Ein solcher gleichmäßiger Verbrauch der Eizellen findet tatsächlich nicht statt, er widerspräche den Entwicklungsgesetzen, die wir an dem Eierstocke beobachten.

Es wäre wichtig, zu wissen, *wieviel Eianlagen primär* bei jeder Frau vorhanden sind. Es gibt *parenchymreiche* und *parenchymarme* Eierstöcke. Da zwischen der Zahl der Parenchymzellen und der Leistungsfähigkeit eines Organs fraglos ceteris paribus eine bestimmte Korrelation besteht, wäre man imstande, durch die Zahl der Eianlagen wenigstens auf die *quantitative Leistungsfähigkeit der Keimdrüse* einen Rückschluß zu machen. Die bisherigen, ganz vereinzelt gemachten Bestimmungen reichen nicht einmal zur allgemeinen Orientierung, geschweige denn zu einer individuellen Beurteilung der geschlechtlichen

Leistungsfähigkeit aus. Durch die Zahl der Eianlagen in den jeweiligen Lebensaltern würde, glaube ich, sowohl die hormonale als auch die generative Tätigkeit des Ovars besser und in einem wesentlichen Punkte erfaßt werden können.

Es wäre ferner von Bedeutung, zu erfahren, wieviel von den Eianlagen in den *einzelnen Lebensabschnitten* zugrunde gehen, mit anderen Worten, wieviel Eizellen mit 10, 20, 30, 40, 50 Jahren noch vorhanden sind.

Bisher liegen nur folgende Angaben vom Menschen und von der Kuh (nach KÄPPELI) vor:

Frau (V. HANSEMANN-WALDEYER)		Kuh	
2 Jahre . . . 46174 Eier		3monatliche Kälber	75000 Eianlagen
8 „ . . . 25665 „		junge Kühe. . . .	21000 „
10 „ . . . 20862 „		10 Jahre alte Kühe	2500 „
14 „ . . . 16390 „			
17 „ . . . 17500 „			

Die Keimzellen, besonders die weiblichen, zeigen einen grundlegenden *Unterschied* gegenüber den *Somazellen.* Die Somazellen, die ein Organ zusammensetzen, z. B. die Leber, erfahren zwar auch einen Verbrauch und Ersatz, aber die Zahl bleibt während des ganzen Lebens ungefähr gleich. Bei den Somazellen vermissen wir einen Rhythmus; denn den Ersatz zugrunde gegangener durch neue kann man nicht als rhythmisches Geschehen betrachten. Wenn für die Keimzellen die nämlichen Lebensgesetze wie für die Somazellen gelten würden, so müßte die Keimdrüse und damit die 300000 Eianlagen des neugeborenen Mädchens das nämliche Wachstum zeigen wie die Körperorgane und die Somazellen, d. h. sie wüchsen von den embryonalen Formen mit den Jahren in ganz gleichmäßigem Tempo und in *gleicher Zahl* wie die somatischen Organe des Erwachsenen heran (s. Abb. 56).

Es würde mit den Keindrüsen dann das geschehen, was wir tatsächlich bei den *niederen* Tieren feststellen können. Die Geschlechtsdrüse würde in der Zeit der Geschlechtstätigkeit sich so ausbreiten, daß sie einen großen Teil des Körpers einnehmen würde. Das ist bei den höheren Tieren unmöglich. Beim Säugetier und beim Menschen steht nur der beschränkte Raum des Ovars zur Verfügung, das bei der erwachsenen Frau kaum größer als eine Mandel ist.

Das Gewebe des Eierstocks genügt beim *Neugeborenen* gerade noch, um die *300000 kleinen Primärfollikel* zu beherbergen und zu ernähren. Sobald die Follikel jedoch zu *wachsen* anfangen, ihre Epithelien höher und mehrschichtiger werden, wird der *Nahrungsraum zu klein.* Es nimmt der *Kampf ums Dasein* schärfere Formen an. Ein Teil der schwachen und weniger widerstandsfähigen Follikel wird unterdrückt und geht atretisch zugrunde.

In einer Fichtenpflanzung gedeihen die kleinen Pflänzchen, in je einem Meter Abstand voneinander eingesetzt, anfänglich alle bis zu einer gewissen Größe mehr oder weniger gleich gut. Nach einigen Jahren aber beginnt ein Stadium, in dem der zur Verfügung stehende Boden zu schmal und das Licht zu gering wird. Wir sehen, daß die genotypisch oder durch Umwelteinflüsse kräftigeren Pflanzen in die Breite wachsen und in die Höhe streben, die schwächeren aber werden unterdrückt und verdorren. Je höher der Wald wird, eine um so größere Anzahl fällt in der Gegenwehr dem jeweils stärksten zum Opfer. Die Folge eines solchen Kampfes ums Dasein ist, daß jeweils stets fast nur *gleichaltrige* und *gleichstarke* Bäume vorhanden sind.

Ganz anders ist es im Eierstock; hier finden sich in der Kindheit neben Primärfollikeln *wachsende* Follikel, in der geschlechtsreifen Zeit neben diesen zwei Formen noch *reifende* Follikel oder *Gelbkörper.* Diese Erscheinung ist durch den Kampf ums Dasein allein nicht zu erklären. Hier müssen noch *Kräfte am Werke sein, die von außerhalb regelnd eingreifen*, die von dem *obersten Lebensgesetz der Art* gesteuert werden und die im *hormonalen Geschlechtssystem* in Erscheinung treten.

Wir können auf Grund unserer heutigen Kenntnisse von der Follikelatresie soviel mit Sicherheit sagen, daß die *Hauptmenge der Follikel* bereits in der *Vorpubertätszeit* zugrunde geht. Es erhebt sich die Frage:

a) Auf welcher Entwicklungsstufe gehen die Follikel zugrunde, schon als Primärfollikel oder erst in einem gewissen Stadium des Heranwachsens,

b) zu welchem Zwecke verwendet die Natur die zugrunde gehenden Follikel,

c) ist auch ein Rhythmus bereits in der Vorpubertätszeit festzustellen?

a) Auf welcher Entwicklungsstufe gehen Eizelle und Follikel zugrunde?

Man nimmt allgemein an, daß es hauptsächlich die *Primärfollikel* sind, die im Kampfe ums Dasein zuerst erliegen.

Wenn einzelne Follikel zu größeren Bläschen auswachsen und mehr Raum beanspruchen, so wird, glaubt man, eine große Anzahl der Primärfollikel einfach „erdrückt". Das mag wohl zutreffen, aber uneingeschränkt richtig kann die Meinung unmöglich sein; denn erstens erhält sich immer noch eine größere Anzahl Primärfollikel bis in die Zeit des Klimakteriums hinein. Das könnte nicht der Fall sein, wenn sie durch den Druck der wachsenden und reifenden Follikel und des Corpus luteum so leicht zugrunde gingen. Dann ist keine Frage, daß von allen Entwicklungszuständen der Eibläschen der *Primärfollikel* am *widerstandsfähigsten* ist.   Er hat den geringsten Stoffwechsel, erhält sich am längsten gegen Schädigungen, z. B. durch Röntgenstrahlen. Der *wachsende* Follikel mit seinen Zellteilungen und seinem erhöhten Stoffwechsel ist *viel empfindlicher*. Es ist daher viel wahrscheinlicher, daß nicht die Primordialfollikel in erster Linie zugrunde gehen, sondern die Bläschen, die bereits über dieses Stadium hinweg und im Wachstum begriffen sind; denn sie sind gegen Nahrungsbeschränkung und -entzug fraglos empfindlicher als die Primärfollikel, die wir im gewissen Sinne mit dem Samenkorn vergleichen können. Dieses ist gegen Umwelteinflüsse viel widerstandsfähiger als der junge Keimling. Die Primärfollikel sind die Ruhe- und Beharrungsformen der Follikel; deshalb können sie sich bis zu 50 Jahren im Eierstock der Frau unverändert erhalten.

Es ist wie beim Hochwald: die jungen Pflanzen werden rücksichtslos unterdrückt, dagegen bleibt das Samenkorn, an einer trockenen Stelle gelegen, jahrelang im Ruhezustand und sproßt erst dann auf, wenn nach Abschlagen des Hochwaldes günstigere Keim- und Lebensbedingungen eingetreten sind.

b) Zu welchem Zwecke verwendet die Natur die atretischen Follikel?

Es scheint mir kein Zweifel zu sein, daß die Natur mit der Atresie noch einen *besonderen Zweck* verfolgt. Sind bei einem solchen Follikel Eizelle und Granulosazellen abgestorben, so tritt, wie S. 180 u. 241 bereits gezeigt worden ist, in der Vorpubertätszeit, ferner besonders in der Schwangerschaft eine *Wucherung der Theca interna-Zellen* auf, es kommt (bei der verschiedenen Arten in verschiedener Stärke) zur Bildung der *interstitiellen Drüse*.

Man hat diese Bildungen für *einfache Narben* erklärt, genau so, wie man früher das Corpus luteum gedeutet hat. Wenn es sich um eine einfache Narbe handeln würde, warum, muß man fragen, bedient sich die Natur zur Deckung des Substanzverlustes nicht der gleichen Mittel wie sonst, nämlich der einfachen Bindegewebszellen, und warum tritt eine Wucherung der Thecazellen auf? Warum baut die Natur, ehe es zu einer wirklichen Vernarbung kommt, noch ein so eigenartiges Gebilde auf, das in seinem Aussehen und in seinem Aufbau lebhaft an das Corpus luteum erinnert? Solche Gebilde baut die Natur niemals zwecklos auf. Wenn wir mit unseren bisherigen Hilfsmitteln eine Funktion noch nicht nachzuweisen vermögen, so dürfen wir nicht ohne weiteres das Vorhandensein einer solchen ableugnen. Man denke an das Schicksal des Corpus luteum, das vor 40 Jahren noch allgemein als funktionsloses und für den Körper gleichgültiges Narbengewebe angesprochen wurde. Die Natur arbeitet im allgemeinen nach dem Sparsamkeitsprinzip. Warum sollte sie, die alles, was im Körper zerfällt, noch ausnützt, nicht auch noch die dem Tode geweihten Theca interna-Zellen vor dem endgültigen Zugrundegehen für einen bestimmten Zweck gebrauchen?

Bei der Entstehung der *interstitiellen* Drüse aus dem wachsenden Follikel, bei der morphologischen Ähnlichkeit ihrer Zellen mit denen des Corpus luteum, liegt es nahe, anzunehmen, daß die interstitielle Drüse eine *ähnliche* Funktion wie das *Corpus luteum* hat. Von ASCHHEIM und ZONDEK wurde in der interstitiellen Drüse mit Sicherheit *Follikelhormon* nachgewiesen. Es ist berechtigt anzunehmen, daß es dort auch produziert wird. Corpus luteum-Hormon konnte bisher noch nicht gefunden werden. Bei der Schwierigkeit des Nachweises kleiner Mengen dieses Wirkstoffes ist es nicht auffällig, daß ein positiver Nachweis noch nicht gelang. Wir dürfen daraus keineswegs schließen, daß bei der Ähnlichkeit in der histologischen Struktur ein ähnlicher Stoff wie das Luteohormon nicht gebildet wird. Ist es nicht berechtigt, anzunehmen, daß das, was bei der geschlechtsreifen Frau im großen sich abspielt, im kindlichen Eierstock im kleinen vor sich geht? Die Ähnlichkeit der histologischen Gebilde und die Gleichheit der Entstehung weisen mit aller Bestimmtheit auf eine ähnliche Funktion hin. Was der *geschlechtsreife Körper vollendet*, das *versucht* der *kindliche*, er vermag es aber noch nicht zu Ende zu führen. Es ist eine Art *Vorbereitung und Vorübung*, die wohl notwendig ist, um das Ziel, nämlich die Reifung des Follikels und die Bildung des Corpus luteum, und damit erst die Möglichkeit der Fortpflanzung zu schaffen. In diesem Sinne aufgefaßt, gewinnt die Follikelatresie und Bildung der interstitiellen Drüse Zweck und Inhalt. Damit kommen wir zur Beantwortung der dritten Frage:

c) Ist auch bereits in der Vorpubertätszeit ein gewisser Rhythmus in der Eierstockstätigkeit festzustellen?

Wir müssen diese Frage mit Bestimmtheit *bejahen*. Es handelt sich aber um einen *verborgenen* Rhythmus. Seine Wellen sind so schwach und gering, daß sie weder am Uterus noch an der Oberfläche des Körpers festzustellen sind. Es ist der erste Versuch zu einem zyklischen Geschehen. Es treten fördernde Kräfte (Follikelhormon) und hemmende Kräfte (Zirbeldrüsenhormon) in Tätigkeit. Der Versuch bleibt aber stets im ersten Anfang stecken; denn Körper und hormonales Geschlechtssystem sind in dieser Lebensperiode noch nicht reif für die Ausbildung eines vollständigen Zyklus.

Aber mit den Jahren werden die Wellen, die von den atresierenden Follikeln und von der interstitiellen Drüse ausgehen, immer kräftiger. Wir wissen, daß die Follikel mit zunehmendem Alter an Größe beträchtlich zunehmen.

Es gibt Beobachtungen, die uns erlauben, mit aller Bestimmtheit auf das Vorhandensein eines Zyklus in der *Vorpubertätszeit* zu schließen. Kurze Zeit, ehe sich der vollständige Zyklus mit Follikelsprung und Corpus luteum ausbildet, kommt nämlich ein *unvollständiger Zyklus* vor, bei dem der Follikel nur bis zu einer gewissen Größe heranreift, dagegen der *Follikelsprung und die Corpus luteum-Bildung ausbleibt.*

Es sind in der letzten Zeit von einer Reihe von ausländischen Forschern beim Menschen und beim Affen Beobachtungen gemacht worden, die das Vorkommen einer zyklischen Blutausscheidung bei unvollständigem Zyklus beweisen. C. HARTMANN (Amerika), KATHARINA MAYO (Indien), MAUDIERE (Chochin-China) berichten, daß in diesen Ländern bei ganz jungen Mädchen, die bereits die Periode haben und regelmäßig geschlechtlichen Verkehr ausüben, meist 3—4 Jahre vergehen, bis eine Empfängnis eintritt. Die Autoren schließen mit Recht aus dem Ausbleiben der Empfängnis trotz Vorhandenseins der Periode, daß der Follikelsprung unterbleibt und kein Corpus luteum sich bildet. CORNER spricht von einer „non ovulating bleeding". Neuerdings hat v. MIKULICZ-RADECKI[1] auch bei deutschen Mädchen ein solches Ausbleiben der Ovulation mit scheinbar regelmäßiger Periode nachgewiesen.

Aus diesen und ähnlichen Beobachtungen läßt sich kein anderer Schluß ziehen, als daß es auch *ohne Follikelsprung und ohne Corpus luteum-Bildung* bereits *zyklische Vorgänge im Ovar* und im *Uterus* gibt. Es unterscheiden sich diese Vorgänge von dem Zyklus der geschlechtsreifen Frau nur dadurch, daß er eben unvollkommen ist.

STIEVE berichtet über einen Fall von einer 32jährigen Frau, bei der er einen *ungeplatzten* großen Follikel fand, dessen Granulosa in ausgesprochener Schichtung und beginnender Vascularisierung wie bei einem sich bildenden Corpus luteum war, im Lumen dagegen war eine Eizelle von $123\,\mu$ Durchmesser, kranzartig von Follikelzellen umgeben, in der ersten Reifeteilung begriffen, die Uterus mucosa im prägraviden Stadium, also eine Vermengung eines unvollkommenen und vollkommenen Zyklus.

Auch bei *Tieren* sind wiederholt unvollkommene Zyklen, d. h. solche ohne Follikelsprung und ohne Corpus luteum-Bildung beobachtet worden. Beim Menschen sieht man den unvollkommenen Zyklus öfters nach Röntgenbestrahlungen, wenn der Eierstock durch die Bestrahlung in seiner Vitalität geschädigt ist.

R. SCHRÖDER, TIETZE u. a.[2] sprechen von „unterschwelligem" Zyklus und „einphasigem" Zyklus in der Vorpubertätszeit als normaler Erscheinung; sie betonen mit Recht, daß auch in der Vorpubertätszeit bereits ein Rhythmus vorhanden ist. Da wir aber beim Zyklus der Frau in der Praxis stets von dem *klinischen* Symptom, der *Monatsblutung* ausgehen, die für die diagnostische Tätigkeit des Arztes wichtige Erscheinung in der Vorpubertätszeit aber fehlt, handelt es sich nur um einen *verdeckten* Zyklus, bei dem wir besser nur von einem *rhythmischen oder periodischen Wachstum der Follikel* sprechen. Für die bereits in die Geschlechtsreife eingetretene Frau dagegen, paßt beim Ausbleiben von Follikelsprung und Gelbkörperbildung der Ausdruck: „unterschwelliger" Zyklus oder „einphasiger" Zyklus sehr gut. Er kennzeichnet gut die Schwäche des hormonalen Geschlechtssystems und das Unvermögen, entgegen dem gewöhnlichen Gange der Dinge, einen vollkommenen, zweiphasigen Zyklus zu steuern.

4. Der Regler des zyklischen Geschehens ist das hormonale Geschlechtssystem.

Durch den Kampf um den Nahrungsraum allein kann, wie wir gesehen haben, der Zyklus nicht erklärt werden. Wenn er allein wirksam wäre, so müßte *gleichzeitig* ein Heranwachsen *aller* Follikel, die überhaupt den Wettstreit siegreich mitzumachen vermögen, festzustellen sein. Der Zyklus wird durch Kräfte

---

[1] v. MIKULICZ-RADECKI: Zbl. Gynäk. **1935.**
[2] SCHRÖDER, R., TIETZE: Zbl. Gynäk. **1933,** Nr 48, 2834.

geregelt, die von außen an den Zellen des Eierstocks angreifen und die wiederum von den im Eierstock gebildeten Wirkstoffen beeinflußt werden. Die Gesamtheit dieser Einflüsse fasse ich unter dem Begriff des hormonalen Geschlechtssystems zusammen.

Es müssen also Kräfte vorhanden sein, die ein *vorzeitiges Ausreifen* der Follikel und der Eizellen *verhindern*. Wäre eine solche Hemmung nicht vorhanden, so würde die Ausreifung und Ausdifferenzierung der Geschlechtszellen genau so in früherer Zeit stattfinden, wie wir das bei den Somazellen beobachten. Diese *Hemmungsstoffe* werden von der *Zirbeldrüse* und dem Thymus geliefert. Sie sind es, die die Primärfollikel, die im Kampfe ums Dasein vor den übrigen einen Vorsprung gewonnen haben, nur bis zu einer gewissen Größe kommen lassen, dann aber die Weiterentwicklung zum Stillstand bringen. Über Einzelheiten s. Hormonales Geschlechtssystem, S. 305.

5. Bedeutung des Follikel„sprungs".

Einen Follikel„sprung" im Sinne eines plötzlichen Aufbrechens gibt es nur bei den Säugern, bei den übrigen Tieren gibt es nur ein allmähliches Herausgleiten aus der umgebenden Hülle. Der Follikel„sprung" ist anatomisch und funktionell ein *einzigartiges* Ereignis. — *Anatomisch:* Unter *pathologischen* Verhältnissen beobachten wir sehr häufig plötzliches Zerreißen von Gewebe durch Gewalteinwirkungen, aber ein Auseinanderweichen eines *normalen* Gewebes mit Eintritt einer nicht ganz unerheblichen Blutung gibt es sonst nirgends. Wir müssen daher fragen, durch welche Kräfte dieser merkwürdige Vorgang ausgelöst wird.

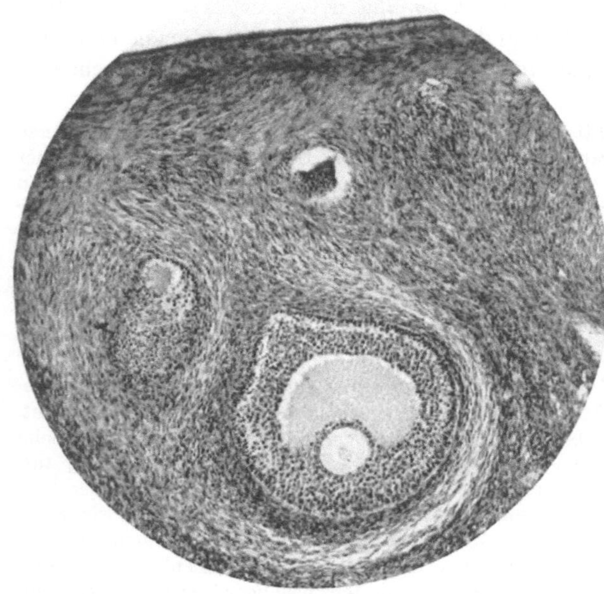

Abb. 116. Theca interna- und Granulosa-Keil eines mittelgroßen Follikels aus dem Eierstock des Rindes. (Nach E. V. MÖLLENDORFF.)

In den letzten Jahren hat E. STRASSMANN[1] (1934) eine histologische Feststellung gemacht, die mit aller Deutlichkeit an der Wachstumsrichtung eines Teiles der Theca- und Granulosazellen das Mittel erkennen läßt, mit dem die Natur die Sprengung des Bläschens vorbereitet. STRASSMANN konnte zeigen, daß beim wachsenden Follikel erst die Theca- und dann die Granulosazellen *buckelartig nach der Stelle der Oberfläche* vorwachsen, an der später der Follikelsprung erfolgt (s. Abb. 116); dadurch wird das der Ausdehnung des reifenden Follikels entgegenstehende Gewebe auseinandergedrängt. Die Untersuchungen, die STRASSMANN bei der Frau und bei der Katze angestellt hat, wurden durch ERIKA VON MÖLLENDORFF[2] bei Pferd, Rind, Schwein und Kaninchen in jeder Hinsicht bestätigt. Die wuchernden Theca- und Granulosazellen bilden gewissermaßen den Sturmbock, der die Bresche in die Mauer legt.

[1] STRASSMANN, E.: Arch. Gynäk. **158**, 628 (1934).
[2] MÖLLENDORFF, ERIKA VON: Arch. Gynäk. **160**, 278 (1935).

Wichtiger ist noch ein zweiter Vorgang, die *Erhöhung des intrafollikulären Druckes* durch die zunehmende Menge des Follikelliquors, dadurch Erweiterung der Follikelhöhle und Verschmälerung der Follikelwand.

Die zur Erweiterung und Sprengung des Follikels erforderliche Energie ist nicht unbeträchtlich. Man nimmt an — und NÜRNBERGER[1] konnte neuerdings in sorgfältigen histologischen Untersuchungen zeigen, daß die Follikelepithelien Zeichen der Auflösung zeigen und zerfallen —, daß der Liquor durch Auflösung der Granulosazellen entsteht[2].

Den erhöhten intrafollikulären Druck, der zur Sprengung der Wand notwendig ist, vermögen noch nicht die Granulosa-Thecazellen des jugendlichen Körpers, auch vielfach noch nicht die der ersten Pubertätszeit und nicht mehr die Zellen alternder Frauen zu erzeugen. Gelegentlich versagt sogar der Organismus der geschlechtsreifen Frau in der Blüte. Um eine solche Sprengarbeit leisten zu können, muß der ganze Körper und besonders sein hormonales Geschlechtssystem voll auf der Höhe sein. Der Eintritt oder das Ausbleiben des Follikelsprungs entscheidet die Frage, auf die es in der Natur in erster Linie ankommt: Ist Empfängnis und Fortpflanzung möglich oder nicht?

6. Der mit klinischen Erscheinungen einhergehende Follikelsprung (Mittelschmerz und Dysovulie).

Meist verläuft der Follikelsprung ohne Beschwerden, die Frauen merken nichts von dem Vorgang, der sich in der Tiefe des Beckens abspielt. Das ist auch der Grund, warum sich der Ovulationstermin so schwer mit Sicherheit bestimmen läßt.

Aber es gibt auch Ausnahmen. Der Follikelsprung kann mit erheblichen Beschwerden einhergehen. Es ist dabei merkwürdig, daß diese schmerzhafte Ovulation — *Dysovulie* hat sie STRATZ genannt — besonders häufig gegen Ende der Geschlechtstätigkeit zu beobachten ist, genau so wie der unvollkommene ovarielle Zyklus. Die Erscheinungen sind Schmerzen im Unterleib, manchmal auch etwas mehr Ausfluß und Abgang von etwas Blut, die 1—2 Tage anhalten. Man spricht auch von *Mittelschmerz* und *Mittelblutung*. Aber auch im Anfang der Geschlechtstätigkeit kommt ein schmerzhafter Follikelsprung nicht allzu selten vor. Schon manches junge Mädchen wurde irrtümlicherweise wegen einer Blinddarmentzündung operiert, tatsächlich handelte es sich um nichts anderes als um den ersten Follikelsprung. Bei jungen Mädchen löst offenbar die starke Spannung, unter der das Gewebe in der Umgebung des reifenden Follikels steht, vielleicht auch erst der Bluterguß, der beim Follikelsprung sich in den Beckenraum ergießt, die Schmerzen aus. Bei der alternden Frau vollzieht sich der Follikelsprung in dem härter werdenden Gewebe an sich schwerer und löst daher Unbehagen aus. Auch bedarf es zur Sprengung eines höheren intrafollikulären Druckes, der nur durch Bildung einer größeren Menge von

---

[1] NÜRNBERGER: Arch. Gynäk. **163**, 316 (1936).

[2] CLAUBERG (Dtsch. Ges. f. Gynäk. 1937, Berlin) mißt beim Follikelsprung der *Hyperämie* eine ausschlaggebende Bedeutung zu. Doch ist die erhöhte Blutzufuhr nur eine Voraussetzung; die Sprengung tritt durch Energien ein, die bei dem Ablauf chemischer Reaktionen entstehen. Schon das befruchtete Ei vermag — ohne Blut und Blutgefäßsysteme — die dicke Glashaut, das 8—10tägige befruchtete Ei bei extrauteriner Schwangerschaft den Isthmus der Tube, das Samenkorn seine Hülle zu sprengen und das letztere die umgebende Erde aus eigenen Kräften wegzuschieben.

Follikelhormon zu erzeugen ist. Unter der Mehrbildung dieses Wirkstoffes kommt es zu einer vermehrten Proliferation der Schleimhaut, dadurch zu einer vermehrten Absonderung und oberflächlichen Desquammation der Schleimhaut.

Daß tatsächlich der intraovarielle Druck und die dabei entstehende Nervenreizung eine Rolle spielt, das hat vor vielen Jahren P. STRASSMANN durch Einspritzungen von physiologischer Kochsalzlösung in den Eierstock von Kaninchen gezeigt.

Während es sich bei dem unvollkommenen ovariellen Zyklus um ein völliges Versagen in bezug auf das Endziel, der Empfängnismöglichkeit, handelt, ist bei der Dysovulie zwar dieses Zeil erreichbar, aber nur mit Mühe und Not und unter Auslösung der genannten Erscheinungen.

Der alternde Organismus kann die Aufbauvorgänge, die sich am Follikelapparat abspielen, nicht mehr in jener Vollkommenheit und Eleganz lösen wie der Körper auf der Höhe seiner Kraft.

Bei der Mittelblutung könnte man an ein Analogon und Homologon zur Brunst gewisser Säuger, z. B. Hund, und an eine Art von *atavistischen* Vorgang denken; doch handelt es sich zweifellos um einen *krankhaften* Zustand.

7. Hormonale Steuerung
des normalen und gestörten Zyklus.

Wenn bei den Vorgängen am Ovar ein Zyklus im richtigen Sinne des Wortes fehlt und es sich nur um einen Rhythmus handelt, so spielen sich doch innerhalb dieses rhythmischen Geschehens typische Zyklen ab. Darüber wird man sich am raschesten klar, wenn man nicht von dem Hormon selbst, sondern von den *lebenden Elementen* ausgeht, die den Wirkstoff bereiten (endokrine Zelle), und auf die er einwirkt (Erfolgszelle) und das beifolgende Schema, Abb. 117 a und b, betrachtet.

Abb. 117a. In der ersten Phase des Zyklus befindet sich die chromophobe Zelle in ihrer Eigenschaft als endokrine Zelle in der *ersten* Phase ihrer Tätigkeit (schraffierter Kreis),

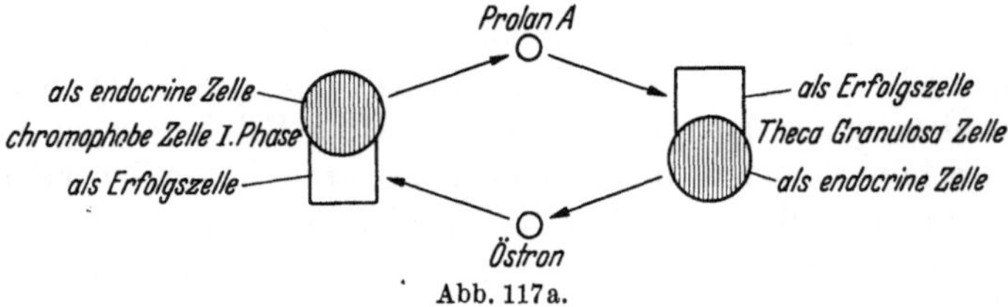

Abb. 117a.

bildet Prolan A, das auf die Theca-Granulosazelle als Erfolgszelle (helles Quadrat) wirkt. Durch den Reiz des Prolans A wird die Theca-Granulosazelle zur Bildung von größeren Mengen von Oestron angeregt, wird damit zur endokrinen Zelle (schraffierter Kreis) und wirkt nun ihrerseits durch die größere Menge Oestron auf die chromophobe Zelle als Erfolgszelle (helles Quadrat) ein.

Abb. 117b. Unterdessen, wahrscheinlich unter der Einwirkung der größeren Oestronmengen, tritt die chromophobe Zelle in ihre *zweite* Phase als endokrine Zelle (durch längs- und querschraffierten Kreis angedeutet) ein, bildet, weil molekularstrukturell anders geworden, nicht mehr Prolan A, sondern Prolan B. Dieses regt die Umwandlung der Theca-Granulosazelle in die Corpus luteum-Zelle als Erfolgszelle an (punktiertes Quadrat), die Gelbkörperzelle wird nunmehr selbst wieder endokrine Zelle, sondert das Progesteron ab, das hemmend auf die zweite Phase der Chromophobenzellen als Erfolgszelle wirkt.

Es verlaufen sowohl in der ersten als in der zweiten Phase des Zyklus zwei Vorgänge nebeneinander her. Der Vorgang, der sich an der *chromophoben Zelle* abspielt, ist *primär* und ist ausgesprochen *zyklisch*; denn die chromophoben Zellen gehen dabei nicht zugrunde, sondern nehmen beim nächsten Zyklus die gleiche Tätigkeit wieder auf. Der Vorgang, der sich an den *follikulären* und *Gelbkörperzellen* vor sich geht, ist *sekundär* und nur rhythmisch; denn das nächste Mal tritt ein anderer, ein neuer Follikel an dessen Stelle. Auf Grund

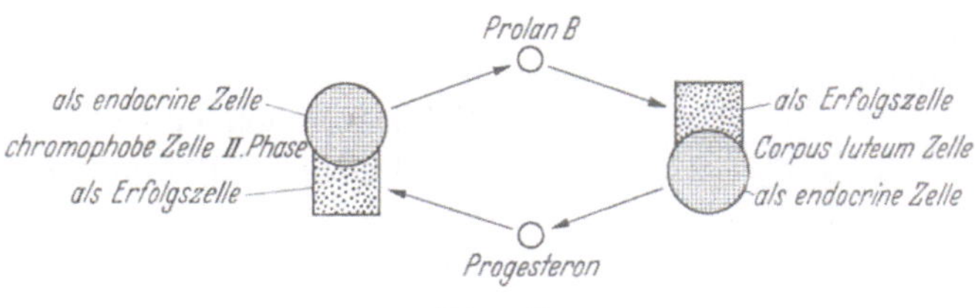

Abb. 117b.

der Untersuchung von Hohlweg wirkt Oestron und Progesteron auf die Tätigkeit der chromophoben Zellen zurück. Auf diese Weise erfolgt die verwickelte hormonale *Selbststeuerung*.

Von diesen Voraussetzungen muß man ausgehen, wenn man die hormonale Steuerung des Zyklus unter normalen und krankhaften Bedingungen verstehen will. Bei dieser Deutung reichen die bisherigen Schemata nicht mehr aus. Man muß den *Hormonspiegel des Blutes in den Mittelpunkt* stellen; denn von dem Gehalt des Blutes an den einzelnen Hormonen hängt die jeweilige *Tätigkeit* der *endokrinen Zellen* und die *Reaktion der Erfolgszellen* ab. Ich habe versucht, die Verhältnisse in einem Schema zu veranschaulichen, in dem der mittlere rote Kreis die Blutbahn darstellt, innen sind die Hormone, die an die Blutbahn abgegeben werden, gezeichnet, am äußeren Kreis die Auswirkung der Hormone auf die Erfolgszellen (Endometrium) zu erkennen (Abb. 118).

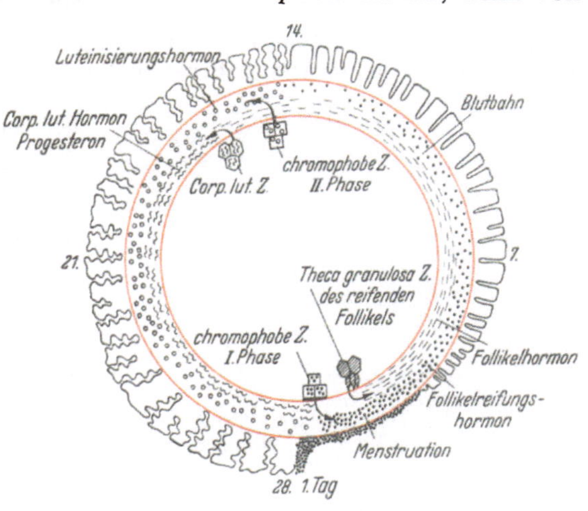

Abb. 118. Normaler Zyklus.

Außen: Endometrium, zyklische Wandlung, 1.—14. Tag proliferative Phase, 15.—28. Tag sekretorische Phase, Menstruation. *Mitte:* Blutbahn (rot) mit Follikelreifungshormon (schwarze Punkte, außen) und Follikelhormon, Oestron (schwarze Striche), innen, bis zum 14. Tag reichlich, dann abnehmend; von da ab Luteinisierungshormon (kleine Kreise, außen) und Corpus luteum-Hormon (Progesteron) (Wellenlinien innen). *Innen:* Inkretorische Zellen, ihre Hormone in die Blutbahn entleerend (Pfeil); in der 1. Hälfte des Zyklus: chromophobe Zellen des Hypophysenvorderlappens 1. Phase und Theca-Granulosazellen des reifenden Follikels, in der 2. Hälfte: Chromophobe Zellen des Hypophysenvorderlappens 2. Phase und Corpus luteum-Zellen.

In der proliferativen Phase des Zyklus halten sich Follikelreifungshormon und Oestron, in der sekretorischen Phase Luteinisierungs- und Corpus luteum-Hormon das Gleichgewicht.

Der Zyklus verläuft normal, weil alle den Zyklus steuernden Hormone in der richtigen Menge und in der richtigen Zeit abgesondert werden.

Jede Veränderung der Menge eines der drei Hormone, Follikel-, Gelbkörper-, gonadotropes Hypophysenvorderlappenhormon hat auch eine Änderung in der Menge eines anderen oder die Neubildung eines anderen zur Folge. Ich gebe folgende Beispiele:

b) der Eierstock eines *infantilen* Tieres enthält nur kleinere Follikel und bildet nur kleinere Mengen von Follikelhormon. Spritzt man einem solchen Tier Follikelhormon ein, so tritt dadurch eine Reizung der chromophoben Zellen ein, so daß sie nunmehr neben Follikelreifungs- noch Luteinisierungshormon produzieren. Unter dem Einfluß der beiden gonadotropen Hormone kommt es nunmehr im Eierstock zur Follikelreifung, Follikelsprung und Gelbkörperbildung, kurz Frühreife des Ovars, also Wirkung der vermehrten Follikelhormonmenge auf dem Umweg über die chromophoben Zellen auf die follikulären Zellen des Eierstocks. Schematisch dargestellt in Abb. 119.

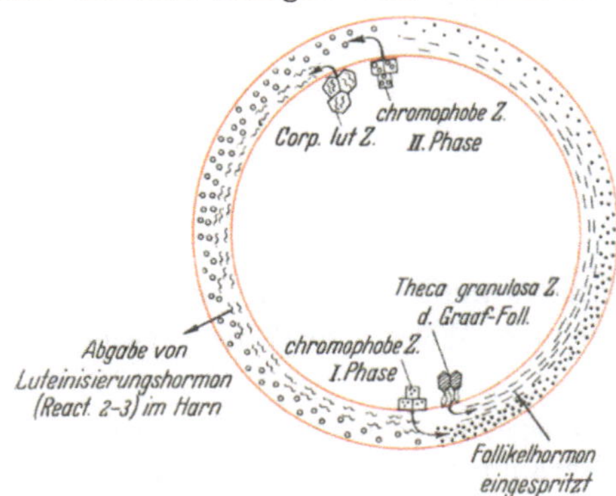

Abb. 119 Infantiles Tier, Follikelhormon eingespritzt.

Wird beim infantilen Tiere Follikelhormon in größerer Menge eingespritzt, so läßt sich Luteinisierungshormon im Harne (Reaktion 2 und 3) und Corpus luteum-Bildung im Ovar nachweisen (HOHLWEG). Es wird also an den chromophoben Zellen des Hypophysenvorderlappens Phase II ausgelöst und die Theca-Granulosazellen werden nach dem Follikelsprung zu Corpus luteum-Zellen umgebildet. Den Anstoß zu dieser Frühreife des Ovars gibt also das Follikelhormon.

Luteinisierungshormon tritt auch im Harn auf, wenn nach vorausgehender Follikelhormonzufuhr Corpus luteum-Hormon eingespritzt wird.

c) Bei *Wegfall der Keimdrüse*, also dem Fehlen von Follikel- und Gelbkörperhormon, arbeiten die chromophoben Zellen noch weiter; aber da der Reiz, der sonst von den beiden

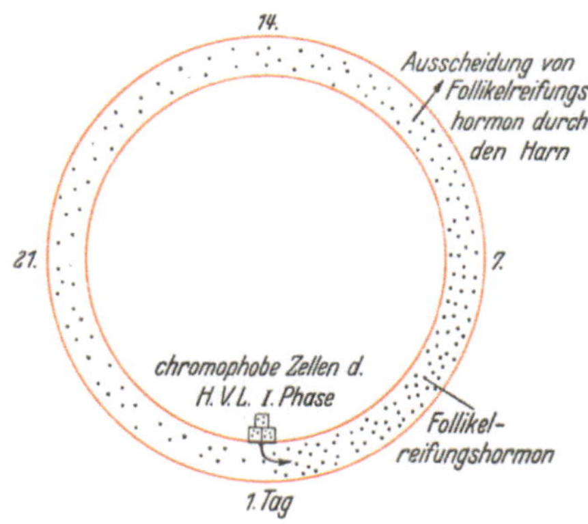

Abb. 120. Kastration und Menopause.

Geschlechtshormonen ausgeht, fehlt, nur mehr einphasig, es bildet sich nur mehr Follikelreifungshormon. Da der Körper wegen des Fehlens der Keimdrüse keine Verwendung für den Wirkstoff mehr hat, wird Follikelreifungshormon im Harn ausgeschieden (Abb. 120).

Nur chromophobe Zellen des Hypophysenvorderlappens (I. Phase) vorhanden, Phase II der Chromophoben bildet sich infolge des fehlenden Anreizes vom Ovar nicht aus; daher kein Luteinisierungshormon, nur Follikelreifungshormon, das, weil nicht verwertet, in größerer Menge mit dem Harn ausgeschieden wird (Pfeil nach außen). Reaktion I ist positiv.

d) *Persistenz des Follikels (erstphasige Störung).* Bei der Persistenz bleibt der Follikelsprung, das wichtigste Ereignis am Follikel, aus; die Ursache kann an den chromophoben Zellen liegen, sie sind nicht fähig, von der ersten Phase in die zweite Phase sich zu transformieren, oder aber an den Theca-Granulosazellen, die weder die Kraft aufbringen, einen zur Sprengung des Follikels hinreichenden Innendruck zu entwickeln, noch die Fähigkeit haben, sich in Corpus luteum-Zellen umzugestalten. Man findet die Unregelmäßigkeit am häufigsten bei sehr jugendlichen Frauen oder im präklimakterischen Alter. Im ersteren Fall ist der Körper *noch nicht*, im letzteren *nicht mehr* kräftig genug, die nötigen Umstellungen an den chromophoben und follikulären Zellen vorzunehmen.

Die Folge dieses Zustandes ist, daß zu viel und meist auch zu lange Follikelhormon gebildet wird, es kommt infolgedessen zu einer Übersteigerung der proliferativen Phase, zur Ausbildung der glandulärcystischen Hyperplasie des Endometrium (R. SCHRÖDER). Da sekretorische Phase und Bildung von Progesteron ausbleiben, ist der normale hormonale Chemismus gestört, die tryptischen Fermente gewinnen im Kampf der Hormone und Enzyme die Oberhand, die oberflächlichen Schleimhautschichten werden unter manchmal recht lang anhaltenden Blutausscheidungen abgestoßen.

Die Persistenz des Follikels wird auch bei *Tieren* beobachtet und ist namentlich bei der *Kuh* sehr genau studiert (FREI)[1]. Bei der Kuh hält durch die Follikelpersistenz und unter dem Einfluß des vermehrten Follikelhormons die Brunst ungewöhnlich lange an. Man bezeichnet den Zustand als *Nymphomanie*. Es geht dabei schleimiges Sekret aus den Geschlechtsorganen ab. Erst wenn man den Follikel vom Darm aus zerdrückt, oder wenn Ei- und Follikelzellen abgestorben sind, verschwinden die Erscheinungen. Wenn in mehreren aufeinanderfolgenden Oestren der Follikelsprung unterbleibt oder gleichzeitig mehrere Follikel heranwachsen und persistieren, so kommt es zur Ausbildung einer *kleincystischen Degeneration* in der gleichen Weise wie beim Menschen.

K. TIETZE[2] stellte fest, daß auch bei Meerschweinchen und Katzen Follikelpersistenz und dadurch Zyklusverschiebungen vorkommen.

Die Follikelpersistenz, die eben beschrieben und im Schema dargestellt wurde, äußert sich im klinischen Bild einmal durch Änderung im Tempo des Eintritts der Monatsblutung, sie tritt meist stark verspätet ein, und dann in einer längeren Dauer und meist auch in einer erheblichen Verstärkung der Blutung.

Es gibt nun aber auch Fälle, bei denen *alle klinischen Erscheinungen fehlen*. Der Zyklus ist 28tägig, die Blutung annähernd von normaler Stärke und Dauer. Äußerlich ist also alles in Ordnung. In Wirklichkeit aber ist der Follikel in der ersten Phase seiner Entwicklung steckengeblieben, der Follikel springt nicht, es bildet sich kein Gelbkörper und kein Progesteron, keine sekretorische Phase im Endometrium. Der *Zyklus ist nur einphasig*, er ist *unvollständig, unvollkommen*, im Gegensatz zum vollkommenen und vollständigen Zyklus. Wenn man diesem Tatbestand auch in der Bezeichnung der Menstruation Ausdruck geben will, so handelt es sich um keine echte Menstruation, sondern nur um eine *Schein-* oder *Pseudomenstruation*. Wir finden den einphasigen unvollständigen Zyklus und die Scheinmenstruation auch hauptsächlich, wie schon erwähnt, bei Jugendlichen und Präklimakterischen.

Der unvollkommene Zyklus ist ein Fehlschlag, ein Stehenbleiben auf halbem Wege, ein Versagen; denn der Zustand macht eine Empfängnis unmöglich und vereitelt die Absicht der Natur, die mit jedem Zyklus eine Schwangerschaft

---

[1] FREI: Arch. Gynäk. **147**, 826 (1931).
[2] TIETZE, K.: Arch. Gynäk. **167**, 253 (1938).

anstrebt. Beim wildlebenden Tiere folgen Brunst und Trächtigkeit fast regelmäßig aufeinander.

Abb. 121 veranschaulicht schematisch die Verhältnisse.

Bei den chromophoben Zellen des Hypophysenvorderlappens bildet sich nur die erste Phase aus, sie produzieren nur Follikelreifungshormon, am Follikel nur die Theca-Granulosazellen keine Corpus luteum-Zellen, der Follikel persistiert, es bildet sich nur Follikelhormon, kein Progesteron, daher überlange und überstarke Proliferation des Endometriums (glandulärcystische Hyperplasie), vom etwa 35. Tag ab läßt die Menge des gebildeten Oestron infolge beginnender Degeneration der Zellen nach, es überwiegen die Abbaufermente, es beginnt die Abstoßung mit Blutausscheidung.

e) *Persistenz des Corpus luteum* (zweitphasige Störung). Bei dieser Störung des Zyklus verläuft die erste Phase an chromophoben, follikulären und endometranen Zellen ganz regelmäßig, zunächst auch die zweite Phase; aber der Gelbkörper bildet sich nach etwa 14 Tagen nicht zurück, wie es die Norm verlangt, sondern bleibt bestehen. Dieses Bestehen des Gelbkörpers führt zu länger dauernder und wahrscheinlich auch vermehrter Bildung von Progesteron. Die Schleimhaut wird vor der Einwirkung des tryptischen Fermentes geschützt; sie zerfällt unter Eintritt einer Blutung erst, wenn alle Progesteron bildenden Gelbkörperzellen zugrunde gegangen sind und aus der Lutein- oder Corpus luteum-Cyste eine einfache Follikelcyste geworden ist. Dieser Rückbildungsvorgang kann manchmal mehrere Wochen anhalten. Die Ursache kann sowohl an den chromophoben Zellen der zweiten Phase als auch an den Corpus luteum-Zellen gelegen sein (zweitphasige Störung); denn die beiden Zellarten beeinflussen sich gegenseitig durch ihre Hormone. Sicher ist, daß die chromophoben Zellen der zweiten Phase mitbeteiligt sind; denn es fällt, wie EHRHARDT und KRAMANN nachgewiesen haben, die ASCHHEIM-ZONDEKsche Schwangerschaftsreaktion positiv aus, es kreist also Luteinisierungshormon im Blut.

Bei der *Kuh* wird die Persistenz des Corpus luteum sehr häufig beobachtet. FREI teilt mit, daß in der Schweiz ein gut Teil der tierärztlichen Tätigkeit auf die Behandlung dieser Unregelmäßigkeit entfällt. Wenn ein Corpus luteum bestehenbleibt, so bleibt auch die sonst regelmäßig alle 23 Tage wiederkehrende *Brunst bei der Kuh* aus. Die Tiere sind infolgedessen unfruchtbar. Wird die Cyste vom Darm aus zerdrückt, so kann wieder Empfängnis eintreten.

Bei den Meerschweinchen (nicht aber bei den übrigen gewöhnlichen Versuchstieren) tritt nach *Entfernung des Uterus* regelmäßig Persistenz des Corpus luteum und damit auch Unterbrechung des Zyklus ein (S. 201), es handelt sich um eine Spezieseigentümlichkeit.

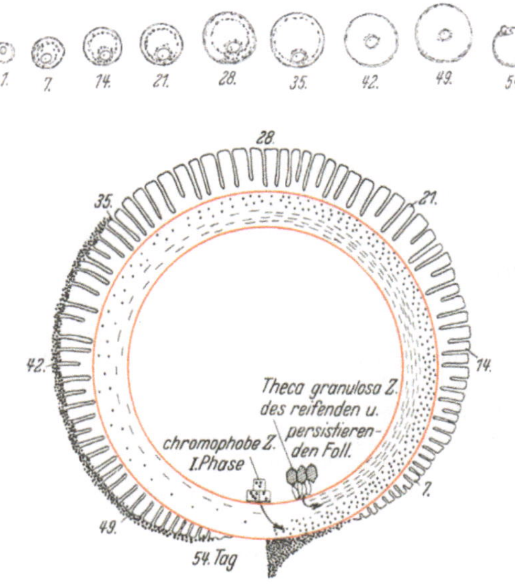

Abb. 121. Follikelpersistenz.

Abb. 122 gibt die Verhältnisse bei der Corpus luteum-Persistenz schematisch wieder.

Der Zyklus verläuft bis zum 28. Tage regelmäßig wie in Abb. 118, aber es bleibt, primär bedingt, das Corpus luteum bestehen, es bildet sich weiterhin Progesteron, auch die chromophoben Zellen des Hypophysenvorderlappens sondern weiter Luteinisierungshormon ab, im Harn läßt sich Luteinisierungshormon nachweisen (positive Schwangerschaftsreaktion).

Ich habe im vorausgehenden diese zwei Extreme, die Erfahrungen mit der Kastration und mit Einspritzungen von Follikelhormonen bei infantilen Tieren angeführt — man könnte die Belege noch erheblich vermehren —, um zu veranschaulichen, wie die hormonale Steuerung des normalen Zyklus zustande kommt.

Jetzt sind wir in der Lage, zwei Fragen, die sich weiter ergeben, zu beantworten:

1. *Welche Einflüsse* sind es, die den *normalen Gleichgewichtszustand des hormonalen Geschlechtssystems erschüttern* oder vollständig zerstören?

2. Wie wirken sich die Einflüsse auf das aus, was in der Fom der blutigen Ausscheidungen aus den Geschlechtsorganen, an dem *Ablauf der Menstruation*, erkennbar wird?

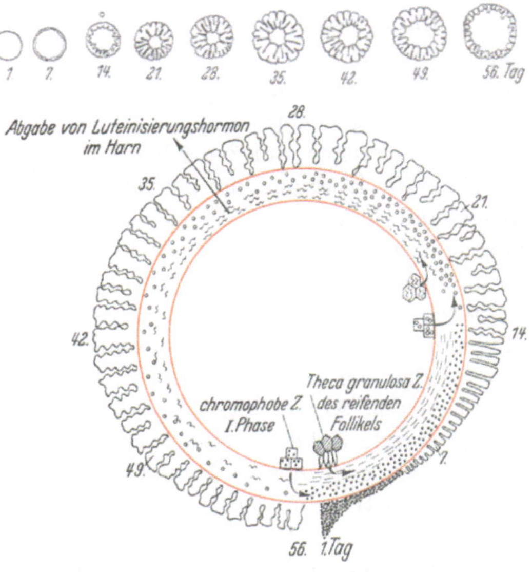

Abb. 122. Corpus luteum-Persistenz (Cyste).

a) Schwäche und Labilität des hormonalen Geschlechtssystems und der Gesamtkonstitution.

Wie bei allem Geschehen im tierisch-menschlichen Körper ist auch bei der Beschaffenheit des hormonalen Geschlechtssystems das *chromosomalzygotische Erbgut maßgebend*. Die Umweltsfaktoren kommen erst in zweiter Linie in Betracht[1].

Nun sind wir selten, wie das bei der Follikel- und Corpus luteum-Persistenz oder bei der Blasenmole in der Schwangerschaft (s. S. 233) der Fall ist, in der Lage, die Schwankungen der Menge der einzelnen Hormone und ihre Auswirkungen so schön nachzuweisen. Solange wir das bei *weniger ausgeprägten* und weniger typischen hormonalen Störungen nicht können, ist es erlaubt und

---

[1] Meist handelt es sich um *pluriglanduläre* Störungen; dadurch wird die klare Deutung der Verhältnisse besonders erschwert. Als Beispiel von vielen führe ich nur eine lehrreiche Beobachtung von RÖSSLE (Schweiz. med. Wschr. **1938**, Nr 29) bei einem Säugling an, bei dem besonders eindrucksvoll die genisch bedingte Minderwertigkeit und Fehlbildung einer *größeren Anzahl* von endokrinen Drüsen zutage tritt: Bei einem 10 Wochen alten Kinde fehlten die Epithelkörperchen vollständig, es bestanden eine mäßige Hypoplasie des Thymus, ein versprengter Halsthymuskeim und mehrere isolierte Schilddrüsenkeime am oberen Rande des rechten Schilddrüsenlappens, also eine Reihe branchiogener Störungen, ferner ein unvollkommener Descensus, Mißbildung der Ohrmuscheln, Hörfähigkeit beiderseits herabgesetzt.

erforderlich, von der *Typenbildung* auszugehen. Die Typenlehre hat auf dem Gebiet der Konstitution (bei der Frau besonders von MATHES, A. MAYER; auf psychischem Gebiet von KRETSCHMER, JAENTSCH u. a. bearbeitet) für unsere Erkenntnismöglichkeiten recht Gutes geleistet[1].

Ich möchte in bezug auf den Zyklus drei Typen unterscheiden.

α) Die erbmäßig in ihrem hormonalen Geschlechtssystem gefestigte Frau (zyklisch stabile Frau).

Es gibt Frauen, die in ihrem Zyklus vollständig stabil sind; gar nichts vermag den regelmäßigen Ablauf des Zyklus zu beeinflussen und zu ändern. Die Menstruation tritt auf Tag und Stunde genau ein, der Organismus arbeitet mit der Präzision einer Uhr. Es sind Frauen, bei denen alle Organe, die den Zyklus beherrschen, anatomisch wohl ausgebildet und funktionell gefestigt sind, bei denen die Hormone, die die einzelnen Teilfunktionen lenken, in der richtigen Menge und in richtiger Zeitfolge gebildet werden, bei denen sich der ganze Körper und besonders das hormonale Geschlechtssystem durch ungewöhnliche Beständigkeit auszeichnet. Kein Einfluß vermag das Gleichgewicht der Kräfte zu stören, weder Hunger noch Durst, weder Änderung in der Nahrung noch Veränderungen in der Lebens- und Arbeitsweise, weder Kälte noch Wärme, weder Leben im Hochland oder im Tiefland. Auch seelische Erschütterungen vermögen den Ablauf nicht zu beeinflussen.

Der stabile Zyklus braucht nicht immer 28 Tage zu betragen. Differenzen von 2 Tagen nach oben oder unten sind recht häufig. Das hängt von der gesamten Konstitution der Persönlichkeit, von dem *Lebenstempo*, das ihr eigen ist, ab, ebenso wie die eine eine raschere, die andere eine langsamere Entwicklung, Nervenleitung usw. zeigt. Die Pubertät setzt bei ihnen meist frühzeitig oder rechtzeitig ein und die Blutung besteht bis in das höhere Lebensalter fort. Die Ovarien dieser Frauen haben einen großen Vorrat von Eianlagen, sind parenchymreich. Nur im Beginn und gegen Ende der Geschlechtstätigkeit treten manchmal gewisse Unsicherheiten im zyklischen Verlaufe auf. Die zyklisch stabilen Frauen, die meist auch körperlich und geistig vollwertig sind, zeichnen sich in der Regel durch eine gesunde und natürliche Lebensauffassung und gute Instinkte aus, sie sind Mütter einer hinreichend großen Anzahl von Kindern und Frauen im besten Sinne des Wortes.

β) Die Frau, deren hormonales Geschlechtssystem Umwelteinflüssen stark zugängig ist (die zyklisch labile Frau).

Bei ihr kann der Zyklus durch Einflüsse verschiedenster Art aus dem Gleichgewicht gebracht werden. Bald sind es Veränderungen in der Ernährung und Lebensweise, bald ist es nur ein Luftwechsel oder eine andere Beschäftigung, bald ist es ein seelisches, freudiges oder schreckhaftes Erlebnis usw. Alle diese Einwirkungen können eine Verschiebung im *Tempo* veranlassen, seltener auch in der *Stärke* der Monatsblutung, die ja bekanntlich noch mehr als durch

---

[1] Hormonales Geschlechtssystem und allgemeine Konstitution brauchen nicht immer miteinander übereinstimmen. So kann z. B. eine athletische Person ein durchaus ungenügend fungierendes hormonales Geschlechtssystem haben, und deshalb unfruchtbar bleiben, während bei mancher zarten Frau mit asthenischer Konstitution das hormonale Geschlechtssystem ausgezeichnet arbeitet.

hormonale Einflüsse, durch andere Faktoren, wie Stauungen, Weite der Gefäße, Stärke der Uteruszusammenziehungen usw. abhängt. Es handelt sich um Frauen, die auf Umwelteinflüsse besonders lebhaft und stark antworten, die in ihrem hormonalen Geschlechtssystem labil eingestellt sind, bei denen aber auch die übrige Zelltätigkeit, der Stoffwechsel, größeren Schwankungen unterworfen ist. Wir wissen, daß das hormonale Geschlechtssystem auch durch Änderung in der Vitaminzufuhr, im Elektrolytzustand, in der Erregbarkeit der vegetativen Nerven, stark in seiner Funktion beeinflußt wird. Diese Frauen sind von der Natur und durch chromosomal zygotisches Erbe in ihrem hormonalen Geschlechtssystem ungenügend ausgerüstet. Die Geschlechtsorgane sind dabei in der Regel gut entwickelt.

γ) Die erbmäßig in ihrem hormonalen Geschlechtssystem minderwertige Frau (die zyklisch debile Frau).

Auch bei diesen Frauen liegen Fehler im Erbgut vor. Die Minderwertigkeit äußert sich bei ihnen in einer zu schwachen Ausbildung der Geschlechtsorgane, in einer Hypoplasie. Die Ovarien sind entweder zu klein oder infolge zu reichlichen Bindegewebes übergroß [1]. Bei ihnen ist der Bestand von Follikeln von vorneherein gering *(parenchymarme Ovarien)*. Aber nicht nur die Geschlechtsorgane, auch andere Bestandteile des hormonalen Geschlechtssystems sind minderwertig eingerichtet. Es besteht vielfach ein „unterschwelliger" Zyklus oder die Periode tritt das erstemal spät auf und hört vielfach schon vorzeitig wieder auf. Die Blutung dauert meist nur kurz und ist schwach und versiegt schließlich vollständig, ohne daß man imstande ist, einen äußeren Einfluß für ihr Versiegen festzustellen. Vielfach zieht sich die schwache Monatsblutung über viele Tage und in unregelmäßiger Form hin, ehe sie ganz sistiert.

Ich habe bereits an anderer Stelle betont, daß bei den amenorrhoischen Frauen vielfach verschiedene Zeichen von *Minderwertigkeit in den Zell- und Organleistungen* vorliegen. Es sind häufig Frauen, die das darstellen, was die alte französische Schule (BOUCHARDAT) als Bradytrophie des Körpers bezeichnet, d. h. einem Zustand, in dem die oxydativen und fermentativen Vorgänge schwerfällig und langsam ablaufen und auch die Drüsen mit innerer Sekretion ungenügend funktionieren. Es handelt sich also um eine chromosomal bedingte und erblich ungenügende Ausstattung des Körpers. Unter diesen Umständen ist es verständlich, daß wir mit einer Behandlung, die sich nur auf die Zufuhr von Geschlechtshormonen beschränkt, keine besonders guten Resultate erzielen können. Es muß bei diesen Individuen neben der Zufuhr der fehlenden Hormone die *allgemeine Behandlung* in den Vordergrund gestellt werden, wie sie GROTE [2] so meisterhaft geschildert hat. Sie besteht in der Entfernung der im Mesenchym gelagerten Stoffwechselschlacken durch Regelung der Diät, zeitweiliges Fasten, physikalische Behandlung, Hebung der Herztätigkeit, Psychotherapie, klimatische Behandlung usw.

Auch ist zu bedenken, daß erst ein reichlicher Gehalt an Vitaminen der Hormontherapie die Angriffsmöglichkeit [3] eröffnet, dementsprechend eine vitaminreiche Kost, namentlich Rohkost.

Das hormonale Erbgut, die hormonale Konstitution ist beim Zyklus wie bei allen Fortpflanzungsvorgängen am wichtigsten. Mit der hormonalen Komponente ist aber die *Gesamt*konstitution eines Individuums noch nicht

---

[1] Siehe auch FAUVET: Arch. Gynäk. **168**, 414 (1939).

[2] GROTE: Verh. dtsch. Ges. Gynäk. Berlin **1937**. Ferner Neue deutsche Klinik, 4. Ergänzungsband 1936, S. 695—716.

[3] Vgl. W. KOLLATH: Normale und krankhafte Steuerung im menschlichen Organismus, S. 267. Jena 1937.

erschöpft. Wir müssen noch die *Teil*konstitutionen, die nervöse, die Frage, wie sich der Körper gegenüber den Mineralsalzen verhält usw. berücksichtigen. OTTOW hat in einem Schema, das ich hier wiedergebe (Abb. 123), die einzelnen Bestandteile der Gesamtkonstitution, soweit sie auf den Ablauf und die Stärke der Monatsblutung Einfluß haben, übersichtlich dargestellt.

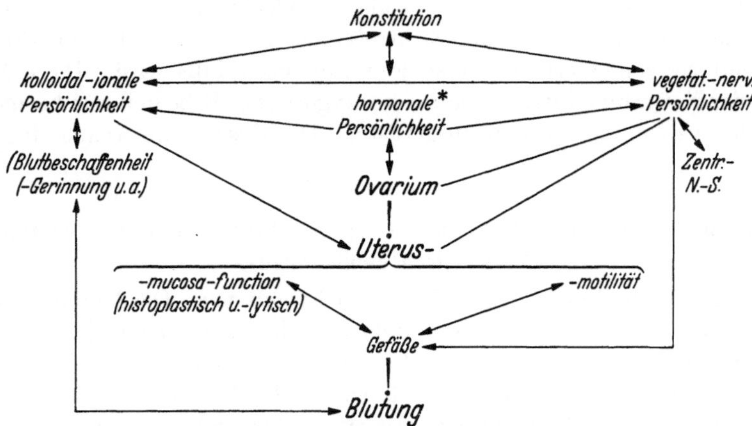

Abb. 123. Die Gesamtkonstitution und die verschiedenen Teilkonstitutionen in ihren Beziehungen zur Monatsblutung. (Nach OTTOW.)

b) Auswirkung der Schwäche des hormonalen Geschlechtssystems und der Gesamtkonstitution auf den Ablauf der Monatsblutung.

α) Die zu schwache und fehlende Blutung (Oligo- und Amenorrhoe).

Am deutlichsten können wir die Auswirkung der Schwäche des hormonalen Geschlechtssystems nach der *negativen* Seite hin, in der zu schwachen und kurzen Monatsblutung (Oligomenorrhoe [1]) oder ihrem völligen Ausbleiben (Amenorrhoe) beurteilen.

Die zu schwache und die fehlende Monatsblutung ist für den Arzt deshalb so wichtig, weil er aus dem Vorhandensein der beiden Unregelmäßigkeiten auf eine gewisse *Minderwertigkeit des hormonalen Systems* schließen kann; denn die Natur hat es beim Menschen (ebenso bei den Affen) als erbliche Reaktionsnorm nun einmal so eingerichtet, daß die Funktionalis bei Ausbleiben der Empfängnis abgestoßen wird und dabei und darum eine 4—5tägige Blutung eintritt.

Für die ärztliche Diagnosenstellung ist diese Einrichtung in mancherlei Hinsicht, z. B. Schwangerschaftserkennung, von unschätzbarem Wert. Phylogenetisch betrachtet, bedeutet sie eher eine Minusvariante. Bei allen Nichtprimaten unterbleibt die Abstoßung der Schleimhaut und damit die Blutung; sie sind imstande, aus eigener Kraft die für die Einnistung des Eies auf- und

---

* Richtiger hormoitenzymatöse.

[1] ὀλίγος heißt, zu wenig der Menge nach, Oligomenorrhoe bedeutet also einen zu geringen Blutverlust, nicht wie vielfach gebraucht, eine zu seltene Periode; πολύς heißt viel der Menge nach, nicht zu häufig, Polymenorrhoe bedeutet also eine zu starke, keine verfrühte Monatsblutung. Richtig gebraucht, scheinen mit Oligo- und Polymenorrhoe, soweit sie überhaupt zur internationalen Verständigung nötig sind, besser als Hypo- und Hypermenorrhoe, schon wegen der leichten Verwechslungsfähigkeit der zwei ähnlichen Wörter (s. meine Arbeit Zbl. Gynäk. **1922**, Nr 2).

umgebaute Schleimhaut wieder in das gewöhnliche Endometrium um- und zurückzuwandeln. Bei manchen Tieren, z. B. dem Kaninchen, geht dieses Vermögen sogar so weit, daß auch noch Früchte in der Mitte der Trächtigkeit restlos wieder aufgesaugt werden können, ohne daß nach außen etwas ausgeschieden wird. Mitteilungen von POLANO u. a. weisen darauf hin, daß ausnahmsweise auch einmal bei der Frau, allerdings nur in den ersten 1—2 Monaten, eine vollständige Aufsaugung der Frucht stattfinden kann.

Die Abstoßung der Schleimhaut und der Eintritt einer Blutung hängt mit dem anatomischen Bau des Uterus zusammen. DE SNOO[1] sieht die Ursache im Speziellen darin, daß die Primaten (ebenso phylogenetisch bedingt das Gürteltier) einen Uterus simplex ohne Peristaltik haben, während alle anderen Tiere eine doppelte Gebärmutter (Utt bicornis), die ausgesprochen peristaltische Bewegungen zeigt, besitzen.

Bei der Oligo- und Amenorrhoe wird die Gebärmutterschleimhaut zyklisch im proliferativem und sekretorischem Stadium ungenügend auf- und umgebaut, die Abstoßung des Gewebes erfolgt nur ganz oberflächlich (mit geringer Blutung) oder unterbleibt völlig. Die Absicht der Natur, die sie sonst mit der Umgestaltung des Endometriums, hat, nämlich die Empfängnis zu ermöglichen, wird dadurch vereitelt. In einer so ungenügend vorbereiteten Schleimhaut vermag auch ein lebenskräftiges Ei — häufig hat bei solchen Frauen auch die Eizelle nicht die genügende Lebenskraft — nicht Fuß zu fassen, die Frauen sind fast immer unfruchtbar. Das ist die *primäre* Oligo- und Amenorrhoe, es sind Frauen mit debilem Zyklus, mit primär minderwertigem hormonalem Geschlechtssystem.

Es gibt aber auch Frauen, die anfänglich die Monatsblutung annähernd richtig haben, die aber durch die Einwirkung äußerer Faktoren (Nahrung, Beschäftigung, Aufregungen, Klima, Krankheiten) aus dem Gleichgewicht kommen (zyklisch labile Frauen). Wir sprechen dann von einer *sekundären* Oligo- und Amenorrhoe[2].

Da die *chromophoben Zellen des Vorderlappens* allen Einflüssen der Außenwelt auf dem Wege über das Blut (s. Abschnitt: Hypophyse, S. 225) stark zugänglich sind, so ist anzunehmen, daß sowohl bei den debilen als auch bei den labilen Formen der A- und Oligomenorrhoe die *Schwäche an diesen Elementen* gelegen ist. Auf die Richtigkeit dieser Annahme weisen vor allem auch die Erfahrungen hin, daß neben der Amenorrhoe auch noch *andere klinische Symptome* vorhanden sind, die ebenfalls mit Störungen in der Tätigkeit der *Hypophysenvorderlappenzellen*, und da die beiden Gewebe zu einer funktionellen Einheit verbunden sind, des *Zwischenhirnhypophysensystems* zusammenhängen.

β) Amenorrhoen, die mit anderen endokrinen Störungen kombiniert sind.

Es fällt immer wieder auf, daß bei Frauen, die an sekundärer Amenorrhoe leiden, fast regelmäßig ein *erheblicher Fettansatz* erfolgt, und daß die Fettsucht gerade im Anschluß an die Fortpflanzungstätigkeit, besonders *nach einer Schwangerschaft*, auftritt. Wir müssen in diesen Fällen annehmen, daß nicht nur die chromophoben, sondern auch die *basophilen* Zellen, denen man mit Recht die Regelung der Stoffwechselvorgänge zuschreibt, beteiligt sind, daß bei beiden Zellen primär eine erblich bedingte Minderwertigkeit und ungenügende Anpassungsfähigkeit vorliegt; sie war bisher nur verdeckt geblieben, wurde aber

---

[1] DE SNOO: Zbl. Gynäk. **1936**, Nr 1, 294.
[2] Bei ihr findet sich nach LAX [Geburtsh. u. Frauenheilk. 1, H. 6 (1939)] meist (unter 20 Fällen 17mal) Proliferations- und Sekretionsphase gut ausgebildet.

durch die größere und anders geartete Anforderung, die an diese Zellen während der Schwängerschaft gestellt wurde, offenkundig. Diese Feststellungen zeigen, daß die Minderwertigkeit sich nicht nur auf *die* Zellen erstreckt, die am hormonalen Geschlechtssystem unmittelbar beteiligt sind, sondern sich auf die Elemente des Vorderlappens und des Zwischenhirns ausdehnt, die an der Steuerung von *Stoffwechselabläufen* sich beteiligen. Es sind eben häufig chromosomal-zygotisch bedingt mehrere hormonal-neurale Zentren minderwertig ausgestattet[1].

Während in den meisten Fällen die Stoffwechselstörungen in einem erhöhten Fettansatz, in einer „lipomatösen Tendenz" wie G. v. Bergmann sich ausdrückt, sich kund geben, gibt es, wenn auch seltener, Fälle, in denen gerade das Umgekehrte eintritt: die Kranken haben kein Verlangen nach Nahrung und vermögen zudem noch mit der aufgenommenen Nahrung nicht richtig zu wirtschaften, es tritt eine mehr oder minder *hochgradige Abmagerung* ein, die sich bis zur *hypophysären Simmondschen Kachexie* steigern kann. Man könnte in Anlehnung an die Bergmannsche Namensgebung von einer allgemeinen cellulären Schwindsuchtstendenz sprechen, wobei sicher stärker der Eiweißstoffwechsel, der ebenfalls zentral durch das Hypophysen-Zwischenhirnsystem gesteuert wird — vergleiche auch die Eiweißnatur aller Hypophysenhormone — in Mitleidenschaft gezogen wird. Auch bei diesen Krankheiten tritt regelmäßig Amenorrhoe und Unfruchtbarkeit ein.

Da die Störungen in engen Beziehungen zu unserm Problem stehen, so soll noch ein kurzes Wort über das klinische Bild gesagt werden.

I. Die nachschwangerschaftliche[2] hypophysäre Fettsucht (Reye).

Die Frau ist von Natur aus mit einem reichlicheren Fettpolster versehen als der Mann, auch hat sie fraglos größere *Neigung zur Fettleibigkeit*, die besonders in der Zeit des Klimakteriums zutage tritt. Nach der Geburt während der Lactation ist ein vermehrter Fettansatz noch als physiologisch anzusehen. Alle diese Tatsachen weisen auf eine *Geschlechtseigentümlichkeit*, auf eine mit der *Hypophysen-Zwischenhirnfunktion* zusammenhängende Besonderheit hin. In extremer Form tritt bisweilen diese „lipomatöse Tendenz" der Frau angedeutet schon in der Schwangerschaft, in voller Blüte erst im Wochenbett auf, dabei bleibt regelmäßig die Periode aus. Ich kenne eine 45jährige Frau, die nach ihrer ersten und einzigen Geburt im 22. Lebensjahr von 120 auf 200 Pfund Körpergewicht zunahm und trotz aller diätetischen Bemühungen auf diesem Gewicht blieb. Gelegentlich treten bei den Befallenen nervöse und seelische Veränderungen auf (Nürnberger).

II. Die nachschwangerschaftliche hypophysäre Magersucht und Simmondsche Kachexie.

Die Krankheit kommt im Anschluß an Schwangerschaft und Geburt in zwei Formen vor, einmal in der leichten Form als *hypophysäre Magerkeit und Magersucht*, die mit Verminderung der Periode oder völligem Verschwinden

---

[1] Siehe A. Schneider: Sellabrücke und Constitution (Leipzig: Georg Thieme 1939), der auf die verschiedensten getarnten hypophysären Störungen hinweist. („Sellabrückensyndrome", „Hypophysenzwischenhirnschwächlinge".)

[2] Ich spreche von einer „nachschwangerschaftlichen" Fettsucht usw., um zu betonen, daß die Störung durch den Einfluß der Frucht zustande kommt.

einhergeht. (Zuerst von Reye, H. Curschmann, Leschke beschrieben, letzterer spricht von Zwischenhirnmagersucht.) Sie befällt meist junge Frauen mit asthenischem Körper und im Anschluß an die erste oder zweite Geburt. Außer der Magersucht und Amenorrhoe lassen sich auch noch andere Symptome, die auf eine Mitbeteiligung der Schilddrüse hinweisen, feststellen, wie beschleunigter Puls, Entkräftung usw.

Die zweite schwere Form ist die *nachschwangerschaftliche hypophysäre Kachexie* (Simmonds), die in den meisten Fällen zum Tode führt. Da die Krankheit stets mit einem völligen Darniederliegen der Geschlechtsfunktionen (Amenorrhoe) und Verkleinerung der Geschlechtsorgane einhergeht, kann man mit Sicherheit sagen, daß die *Zellen*, die das *gonadotrope Hormon* bilden, infolge der *Schwangerschaft geschädigt* und *nicht mehr* ihre *alte Leistungsfähigkeit* wieder erlangt haben. Welcher Art die Schädigung ist, die im Gegensatz zu der erstgenannten Form zu dem erhöhten Grundumsatz und zur Abnahme des Körpergewichts führt, kann man heute noch nicht sagen. Man wird auch an *die* Zellen des Vorderlappens denken müssen, die das thyreotrope Hormon bereiten.

Ich kann für diese hier vertretenen Ansichten keine histologischen Unterlagen erbringen, wahrscheinlich sind sie überhaupt nicht möglich; denn wir können einer chemisch pluripotenten Zelle nach dem strukturellen Gefüge nicht ansehen, ob sie von den verschiedenen in ihr gebildeten Hormonen eines davon nicht mehr oder nicht mehr in genügender Menge zu produzieren vermag [1].

Eine weitere hormonal bedingte Störung, die zu einer Schrumpfung des Uterus mit Amenorrhoe führt, kommt während der Stillperiode vor. Es ist die zuerst von Thorn beschriebene.

III. Lactationsatrophie des Uterus.

Wenn Frauen lange stillen, so sehen wir nicht selten, eine so *hochgradige Schrumpfung des Uterus*, daß das Organ an Befunde bei der Matrone erinnert und häufig nur noch Daumendicke aufweist (Thorn). Die *Lactationsatrophie* des Uterus verschwindet fast regelmäßig einige Zeit, nachdem das Stillen aufgegeben wurde, sie ist also reversibel. Wir dürfen annehmen, daß die zu *lange dauernde* und zu *starke Produktion* des *Lactationshormons* im Vorderlappen (vielleicht im Verein mit dem Cortilactin der Nebennierenrinde) die Bildung genügender Mengen von gonadotropem Hormon in derselben Drüse hemmt und damit natürlich auch der notwendige Anreiz auf den Eierstock und die Bildung hinreichender Follikelhormonmengen wegfallen. Es ist ein ähnlicher Wettstreit zweier hormonproduzierender Zellen im Vorderlappen wie wir ihn bereits bei den das eosinophile Wachstumshormon und das gonadotrope Hormon bildenden Zellen kennengelernt haben (s. Abb. 171).

E. Kehrer hat in seinem Buch mit einer nicht zu übertreffenden Gründlichkeit die weiteren Amenorrhoen besprochen, die von Veränderungen im Zwischenhirn ausgehen. Seinen klinischen und pathologisch-anatomischen Ausführungen exaktere chemisch-hormonale Zusammenhänge, die fraglos bestehen, anzufügen, ist heute noch unmöglich.

---

[1] Auch Hauptstein (Klin. Wschr. **1935 II**, 1103) kommt auf Grund klinischer Erfahrungen zu der Meinung, daß die Follikelhormonbehandlung zur Beseitigung hormonal bedingter Zyklusstörungen nur dann Aussicht auf Erfolg hat, „wenn aus dem klinischen Bild eine irreparable Störung des Hypophysenvorderlappens nicht anzunehmen ist".

γ) Die durch Störung des hormonalen Geschlechtssystems hervorgerufene zu starke Monatsblutung (Polymenorrhoe).

Von den zu starken Monatsblutungen ist nur ein Teil hormonal bedingt. Bei der Entstehung der Polymenorrhoe spielen andere Faktoren, wie weite Gefäße, Stauungen, Geschwülste usw., eine wichtige Rolle (s. Schema Abb. 88 von Ottow).

Ganz bestimmt können wir eine hormonale Ursache bei den zu starken Monatsblutungen annehmen, die bei *Follikelpersistenz* auftreten. Hier löst das zu reichliche und lange Zeit gebildete *Follikelhormon* die glandulär-cystische Hyperoplasie des Endometriums und die zu starke Blutung aus.

Subinvolutio uteri. Die zu reichliche Bildung des nämlichen Hormons ist auch die Ursache für die zu *lange bestehenden Blutungen*, die wir im *Wochenbett* häufig beobachten. Es sind Zottenreste im Uterus zurückgeblieben, deren Chorionepithelien bilden noch gonadotropes *choriogenes* Hormon, das das Ovar zur vermehrten Follikelhormonbildung anregt. Die Menge des Follikelhormons ist auch für das Wochenbett zu reichlich, behindert durch den von ihm ausgehenden Wachstumsreiz die Rückbildung des Organs, der Uterus bleibt groß *(Subinvolutio uteri)*, die Gefäße schließen sich nicht genügend, die Blutung bleibt bestehen. Entfernt man durch Ausschabung die Chorionreste, so steht die Blutung prompt, die Rückbildung erfolgt rasch. Cessante causa cessat effectus.

Manchmal bleibt der Uterus groß und die Blutung hält an, *ohne* daß wir bei der Ausschabung *Zottenreste* nachzuweisen vermögen. In diesen Fällen ist wohl *auch* die Ursache in einer zu reichlichen Follikelhormonmenge zu suchen, sie stammt davon, daß die chromophoben Zellen des *Vorderlappens* zu früh und zu reichlich gonadotropes Hormon bilden und so die Mehrbildung von Follikelhormon im Eierstock anregen. Eine verzögerte Rückbildung und eine verlangsamte Regeneration der Schleimhaut kommt wie nach Geburt und Abort auch im Zyklus vor, auch hier hat die Störung meist verlängerte und verstärkte Blutung zur Folge.

Es ist wahrscheinlich, daß auch ein Teil der Polymenorrhoen, die wir bei *Myomen* beobachten, durch Überproduktion von Follikelhormon verursacht werden. In diesem Sinne spricht das häufige Vorkommen von kleincystischer Degeneration. Amerikanische Forscher, ferner Dietel, haben objektiv vermehrte Mengen Follikelhormon nachgewiesen (s. Abschnitt XII).

Daß die zu starken Monatsblutungen vielfach mit einer zu reichlichen Bildung von Follikelhormon zusammenhängen, können wir auch *ex juvantibus* erschließen. Mit Progesteron, bekanntlich der Hemmer einer stärkeren Follikelhormonbildung, lassen sich bei sehr vielen Polymenorrhoen sehr gute Erfolge erzielen.

Schon diese wenigen angeführten Dinge genügen, um zu zeigen, daß bei der Entstehung der zu starken Monatsblutungen *Störungen im hormonalen Geschlechtssystem* vorliegen können und daß hauptsächlich eine zu *reichliche Bildung von Follikelhormon* blutungsverstärkend wirkt.

Wenn wir zum Schlusse die Ursache, die auf der einen Seite eine zu schwache, auf der andern Seite eine zu starke Monatsblutung auslöst, *vergleichend* betrachten, so läßt sich sagen, daß bei beiden Störungen *Fehler in der Zusammen-*

arbeit der verschiedenen Bestandteile des hormonalen Geschlechtssystems bestehen, daß aber bei den ersteren ein *Zuwenig*, bei den letzteren ein *Zuviel* an *Follikelhormon* vorhanden ist. Man ersieht gerade auch aus den krankhaften Abläufen die überragende Bedeutung, die das Follikelhormon für die gesamten geschlecht-lichen Vorgänge bei der Frau (beim Manne entsprechend das männliche Geschlechtshormon) hat.

δ) Tempoverschiebungen der Menstruation.

Auch bei dem *zu frühen* (Proiomenorrhoe [1]) oder *zu späten* (Opsomenorrhoe) Eintreten der Monatsblutung müssen wir von den S. 228 u. 329 beschriebenen *Extremen* und angeführten *Versuchen* ausgehen. Sowohl bei der Persistenz des Follikels als auch besonders bei der des Gelbkörpers tritt eine Verschiebung im Sinne einer *Verspätung ein*.

Auch Einspritzung von Follikelhormon oder Einpflanzung eines Hypophysenstückes bei infantilen Tieren wirkt im gleichen Sinne tempoverändernd, hat ein *verfrühtes* Auftreten der Brunst zur Folge; denn diese wäre bei dem natürlichen Geschehen erst in einem viel späteren Zeitpunkt aufgetreten.

Der verspätete und verfrühte Eintritt der Menstruation bzw. der Brunst hängt demnach fraglos ebenso wie die termingerechte Blutung, von der Einwirkung der einzelnen Stoffe des hormonalen Geschlechtssystems ab. Ein Unterschied besteht nur insofern, als bei dem normalen Eintritt Menge und zeitliches Aufeinanderfolgen der einzelnen Wirkstoffe ordnungsgemäß ist, bei den genannten Unregelmäßigkeiten *zu große* Mengen oder die normalen Mengen *zur Unzeit* im Blute wirksam sind.

Die Beschaffenheit, Arbeitsweise und Arbeitstempo der die geschlechts-gerichteten Hormone erzeugenden Zellen sind ebenso wie bei dem normalem termingerechtem Verlaufe des Zyklus im wesentlichen durch das *Erbgut* bedingt, doch greifen auch hier *Umwelteinflüsse* stark ein.

Man hat zunächst den Eindruck, daß der *Gelbkörper* von allen endokrinen Organen, die den Ablauf des Zyklus bestimmen, am stärksten regelnd eingreift, den „Takt" angibt, etwa wie die Hemmung bei der Uhr. Die Voraussetzung für diese Annahme ist, daß der *Gelbkörper*, gleichgültig, ob das Intervall kürzer oder länger ist, *stets* die *gleich lange Lebens- und Funktionsdauer* hat.

Zu dieser Ansicht kommen auf Grund ihrer Untersuchungen KNAUS [2] (15 Tage), OGINO [3] (12—16 Tage Lebensdauer).

OGINO schlägt aus diesem Grund auch vor, bei der Bestimmung des Ovulationstermins und der Berechnung des Schwangerschaftseintritts nicht wie bisher von der letzten dagewesenen Periode auszugehen, sondern von ihr 14 Tage zurückzurechnen.

R. SCHRÖDER [4], TIETZE u. a. kommen jedoch auf Grund der mikroskopischen Untersuchung des Endometriums und des Auftretens der sekretorischen Phase zu dem Ergebnis, daß bei verkürztem Intervall auch der Gelbkörper eine verkürzte Lebensdauer aufweist, während die Zeit der Follikelreifung nicht wesentlich verkürzt sei. Zu ähnlichen Resultaten kommt H. ALBRECHT [5].

---

[1] πρῷος früh, zu früh. ὄψε spät, zu spät.

[2] KNAUS: Die periodische Fruchtbarkeit und Unfruchtbarkeit des Weibes, 2. Aufl. Wien: Meudrich 1935 u. Münch. med. Wschr. **1938**, Nr 48, 1851.

[3] OGINO: Zbl. Gynäk. **1930**, Nr 8, 494; **1932**, Nr 12.

[4] SCHRÖDER, R.: Handbuch von VEIT-STOECKEL.

[5] ALBRECHT, H.: Verh. dtsch. Ges. Gynäk., München **1935**; — Arch. Gynäk. **161**, 23 (1936).

Daß tatsächlich ein längeres Bestehenbleiben des Corpus luteums und damit ein längeres Einströmen von Progesteron in das Blut eine Hinausverschiebung des Menstruationszeitpunktes bewirkt, ersehen wir bei der Corpus luteumpersistenz. Es kommt aber die gleiche Verlängerung des Intervalls bei Persistenz des Follikels, also zu reichlicher Absonderung von Follikelhormon vor. Noch größeren Einfluß haben die chromophoben Zellen des Hypophysenvorderlappens und das von ihnen gebildete gonadotrope Hormon; denn die Zufuhr von diesem Hormon bewirkt beim infantilen Tier (ebenso die Follikelhormonzufuhr, diese mittelbar durch Einwirkung auf die chromophoben Zellen) eine verfrühte geschlechtliche Reife und frühzeitige Ovulation und Gelbkörperbildung.

Wir müssen daher annehmen, daß die *chromophoben* Zellen auch bei der Regelung des *Tempos* der Menstruation einen *weit größeren Anteil* als die follikulären Zellen des Eierstocks haben. Die Tempoverschiebung, die wir bei der Follikel- und Corpus luteum-Persistenz beobachten, hängt zum Teil wohl mit rein *örtlichen* Umständen (Entzündung, Sklerose usw.) zusammen. Auch spielen fraglos *neurale*, von dem Zwischenhirn ausgehende Einflüsse mit eine Rolle. Sehr ausgesprochen ist das beim Kaninchen der Fall, bei dem nach Coitus mit einem vasektomierten Bock Corpus luteum statt 8 Tage 16 Tage bestehen bleibt (Scheinschwangerschaft).

Wir müssen daraus schließen, daß der Gelbkörper nicht so „der ruhende Pol in der Erscheinung Flucht" ist, wie es nach der Corpus luteum-Persistenz und nach den Beobachtungen von KNAUS und OGINO scheinen könnte. Das hormonale Geschlechtssystem ist eben eine biologische Einheit, von der man kein Glied herausnehmen kann, ohne die Funktion des andern zu ändern und wie in unserem Falle, Tempoverschiebungen auszulösen. Wir sind bei den kleineren Tempoverschiebungen im Sinne einer Verkürzung oder Verlängerung des Intervalls nicht imstande, so einwandfrei wie es bei der Follikel- und Corpus luteum-Persistenz möglich ist, die hormonale Komponente herauszufinden. So viel aber können wir ganz allgemein sagen: Die Verschiebung bedeutet eine *Schwäche* in den *steuernden Zellen* des hormonalen Geschlechtssystems. In diesem System muß jedes Glied richtig arbeiten, wenn das normale Tempo, annähernd 4 Wochen, zustande kommen soll. Daß es sich tatsächlich um eine Schwäche handelt, ersehen wir daraus, daß *Tempoverschiebungen* fast immer auch mit Veränderungen in der *Stärke* der Blutung einhergehen. Bei den zur Fettsucht neigenden Frauen z. B. können wir neben einem verspäteten Eintritt regelmäßig auch eine Abschwächung der Blutung und schließlich ein völliges Ausbleiben feststellen. Hier ist der primäre, hypophysäre Einfluß und die sekundäre Verminderung der Produktion des Follikelhormons sehr deutlich zu erkennen. Bei den Polymenorrhoen junger Mädchen und klimakterischer Frauen, die bekanntlich mit einer vermehrten Bildung von Follikelhormon zusammenhängen, finden sich auch Tempoverschiebungen, die Blutung tritt häufig zu früh ein.

Nicht nur die *zu schwache* und *verspätete* Periode, sondern auch die *zu starke* und *verfrühte* Monatsblutung ebenso wie auch die *anderen Variationen*, die wir in bezug auf Tempo und Stärke der Blutung beobachten, weisen auf eine *Schwäche* in der Funktion des *hormonalen Systems* hin (die nämliche Ansicht vertritt auch R. SCHRÖDER, wenn er sich auch anders ausdrückt.)

Diese Schwäche wirkt sich um so verhängisvoller aus, als sie ein *Versagen* in der Erfüllung der wichtigsten Aufgabe bedeutet, die die Natur diesem System zugewiesen hat, nämlich die *Vorbedingungen zum Eintritt einer Empfängnis* zu schaffen. Die Zustände haben nämlich bei stärkerer Ausbildung fast immer *Unfruchtbarkeit* zur Folge.

Bei diesem Zusammenhang der Dinge verstehen wir, daß es für den Arzt häufig schwierig ist, in der *Auswahl* und in der *Dosis* der *Hormone* das Richtige zu finden. Ein Versagen der Behandlung wird besonders leicht in den Fällen eintreten, in denen wie so häufig, die *primären* Fehler in der Beschaffenheit und Funktion der *chromophoben Zellen* und des *Zwischenhirnsystems* sitzen.

Die Störungen der *monatlichen Regelblutung* sind zunächst hauptsächlich von *persönlichem* Interesse für die davon befallene Frau, deren Wohlbefinden und Arbeitsfähigkeit darunter leidet oder leiden kann. Aber die Frage hat auch noch eine *überpersönliche*, nationale und volkswirtschaftliche Bedeutung insofern, als durch die Unregelmäßigkeit die Fruchtbarkeit der Frau beeinträchtigt wird.

Das ist der Fall bei der Unfruchtbarkeit, die ich zur schärferen Abgrenzung gegen andere Arten als *essentielle Unfruchtbarkeit* bezeichnen möchte.

X. Essentielle Unfruchtbarkeit.

Unter essentieller Unfruchtbarkeit verstehe ich *die* Form der Sterilität, die durch ein *Versagen der Gameten* und des *hormonalen Geschlechtssystems* zustande kommt. Es ist berechtigt, diese Art Unfruchtbarkeit von den übrigen zu unterscheiden, weil bei diesen *akzidentelle* Momente, wie Entzündung, Geschwülste, Verengungen, Mißbildungen, Störungen der Peristaltik, allgemeine Erkrankungen und besonders bewußte Verhütung der Empfängnis die Ursachen der Unfruchtbarkeit sind. Die essentielle Unfruchtbarkeit rührt dagegen an das *Wesen* (essentia) und an die *Wurzel* der Fortpflanzung, beruht auf einem *Versagen der ersten Vorbedingungen* für die Fortpflanzung, während bei den übrigen Formen die primären Dinge, Keimzellen und hormonales Geschlechtssystem, in Ordnung sind und der Fehler in sekundären Vorgängen zu suchen ist *(akzidentelle Unfruchtbarkeit)*.

Essentielle und akzidentelle Unfruchtbarkeit sind jedoch nicht identisch mit primärer und sekundärer Sterilität. Die letzteren Ausdrücke erfassen mehr das *zeitliche* Moment und lassen unentschieden, ob die Unfruchtbarkeit an Gameten und hormonalem Geschlechtssystem oder an Fehlern der Ausführungsgänge, Entzündungen usw. gelegen ist, z. B. sekundäre, durch Gonorrhöe erzeugte Unfruchtbarkeit. Eine solche Frau wäre essentiell sehr wohl imstande, ein Kind zu bekommen, wenn nicht akzidentell durch die gonorrhoische Entzündung ein Tubenverschluß eingetreten wäre.

Man hat der essentiellen Form der Unfruchtbarkeit bisher *wenig Aufmerksamkeit geschenkt*. Sie beansprucht unser Interesse, weil sie an den Grundbedingungen jeder Fortpflanzung angreift und weil sie die Frage aufwirft, ob bei der *heutigen Menschheit* und speziell bei *unserm Volke* nicht auch in dieser Richtung *ein gewisses Versagen* vorliegt.

Es ist keine Frage, daß der *Geburtenrückgang*, den wir seit der Jahrhundertwende fast bei allen Kulturnationen feststellen können und der in Deutschland besonders stark in der Nachkriegszeit sich verhängnisvoll ausgewirkt hat, mit einem verminderten *Willen* zur Zeugung zusammenhängt.

Nur eine durchgreifende Änderung in der geistigen Einstellung, Rückkehr zu einfacheren Sitten und natürlicher Lebensweise, eine volksbewußte und volksverbundene Denkungsart und ein religionsähnliches Empfinden über die Größe und Bedeutung der Fortpflanzung vermögen hier Wandel zu schaffen. Es sind verschiedene Anzeichen da, daß eine solche Wandlung auf Grund der nationalsozialistischen Weltanschauung sich gegenwärtig in unserem Volke vollzieht, das Ansteigen der Geburtenziffern weist darauf hin.

Dem Wesen nach gleichzusetzen ist das *vorzeitige Absterben und die vorzeitige Ausstoßung* der Frucht, die mit Fehlern des *Erbgutes* oder Schwäche des *hormonalen Geschlechtssystems* zusammenhängt. (Essentielles vorzeitiges Absterben; bei wiederholtem Auftreten sprechen wir gewöhnlich von *habituellem Abort*.)

Die essentielle Unfruchtbarkeit zerfällt grundsätzlich in zwei Formen:

1. Die Ursache liegt in der Minderwertigkeit der Keimzellen und des Erbgutes.

2. Die Unfruchtbarkeit ist auf ein Versagen des hormonalen Geschlechtssystems zurückzuführen.

1. Unfruchtbarkeit infolge Unzulänglichkeit und Befruchtungsunfähigkeit der Keimzellen.

Die *männlichen* Gameten, die in Millionen mit einer Ejaculation entleert werden und leicht der Untersuchung zugängig sind, zeigen sowohl in ihrer morphologischen Struktur als auch in ihren Lebensäußerungen (Beweglichkeit usw.) große Unterschiede. Durch eingehendes Studium (WILLIAMS und SAVAGE, JOH. RICHTER[1] bei Tieren; MÖNCH[2], ROHLEDER, GENERALES jr.[3] beim Menschen) ist es möglich, nach dem Verhalten der Spermatozoen unter dem Mikroskope und nach ihrem anatomischen Bau — GENERALES weist besonders auf die räumliche Bestimmung der Nuclearsubstanz hin — ungefähr ein Urteil darüber abzugeben, ob es sich um ein normales, vollwertiges Individuum handelt, das die Befruchtung des Eies auszuführen vermag oder um ein minderwertiges Spermatozoon. Doch soll hier auf diese wichtige Frage nicht weiter eingegangen werden.

Sehr viel schwieriger ist die Prüfung der *weiblichen* Keimzellen auf ihre Befruchtungsfähigkeit. Sie entwickeln sich in einem Organ, das im Innern des Leibes sitzt und nur gelegentlich von Eingriffen unserm Auge sichtbar wird. Es reift ferner allmonatlich nur eine einzige Eizelle, die aus dem Follikel ausgestoßen, regelmäßig der Beobachtung entgeht. Es liegen sehr sorgfältige histologische Studien über die Feinstruktur der Eizelle vor, die uns manches gelehrt und in die Lage versetzt haben, degenerative Veränderungen der Eizelle und damit die Unfähigkeit befruchtet zu werden, zu erkennen. Über die

---

[1] RICHTER, JOH.: Arch. Gynäk. **161**, 51 (1936).

[2] MÖNCH: Mikropathologie des Samens und Studien zur Fertilität. Stuttgart: Ferdinand Enke 1931. — Arch. Gynäk. **161**, 64 (1936).

[3] GENERALES, jr.: Neue biometrische Untersuchungen von Spermien und Fertilität. Stuttgart: Ferdinand Enke 1938.

„Metastruktur" und über die in der Eizelle enthaltenen Erbwerte jedoch vermögen uns die morphologischen Befunde naturgemäß nicht aufzuklären.

Wir sind, trotzdem wir nur selten die Eizelle zu Gesicht bekommen, doch meist in der Lage, durch *andere Umstände* gewisse Rückschlüsse auf den Zustand der Eizelle, nämlich aus dem *Verlaufe* und der *Art des Zyklus*, zu ziehen. Der Zyklus hängt von der Beschaffenheit des hormonalen Geschlechtssystems und besonders der Tätigkeit des Corpus folliculare und dessen Wirkstoffen, Follikel- und Gelbkörperhormon, ab. Die Granulosa- und Thecazellen des Follikels sind aber auch Ernährer und Beschützer der Eizelle; die letztere ist auf ihre Anwesenheit genau so angewiesen, wie das befruchtete Ei auf die Gebärmutter. Follikelapparat und Fruchthalter haben in dem Fortpflanzungsgeschehen nur phasenmäßig eine verschiedene Aufgabe.

Wir können daraus schließen, daß eine Frau, die einen gefestigten Zyklus hat und ein vollwertiges hormonales Geschlechtssystem, auch bei jedem Zyklus ein befruchtungsfähiges Ei bildet. Die Zykluslabile liefert ein vollwertiges befruchtungsfähiges Ei nur in den Zeiten, in denen sowohl der ovarielle als auch der uterine Zyklus vollkommen ist. Der zyklisch debilen Frau gelingt es nur selten und unter besonders günstigen Umständen, ein vollausgereiftes und befruchtungsfähiges Ei zu prodzuieren. Wir wissen, daß der Follikelapparat solcher Frauen nicht die Kraft aufbringt, die Hülle des Follikels zu sprengen — das ist besonders in der ersten Zeit der geschlechtlichen Reife und im Präklimakterium und Klimakterium der Fall. Das Ausbleiben des Follikelsprungs bedingt natürlich an sich schon eine Unmöglichkeit der Empfängnis; aber davon ganz abgesehen, ist es wahrscheinlich, daß einer solchen Zelle die Befruchtungsfähigkeit fehlt.

2. Essentielles vorzeitiges Absterben der Frucht (habitueller Abort) infolge Minderwertigkeit der Gameten und des Erbgutes.

Die Kräfte, die in Ei und Samenzelle schlummern, reichen in diesem Fall zur Befruchtung und für die erste Entwicklung aus, sie genügen aber nicht, um das große Aufbauwerk zu vollenden, die Frucht stirbt vorzeitig ab. Die Ursache liegt in einer *Minderwertigkeit* des *elterlichen Erbgutes*. Wir sprechen von *Letalfaktoren*; häufiger als Mädchen werden Knaben von diesem Schicksal betroffen (geschlechtsgebundene Einflüsse). Man darf ein essentielles Absterben der Frucht durch Keimschwäche nur annehmen, wenn alle anderen Ursachen, besonders von Seiten der Mutter, wie akute und chronische Infektionen (Syphilis, Nephritis, Herzfehler, Geschwülste, Verlagerung des Uterus, vitaminarme Ernährung usw.) ausgeschlossen sind.

Eine *Schwäche des elterlichen Erbgutes* kann sich aber auch noch in einer anderen Richtung hin äußern. Es ist, wie wir gesehen haben, der Hauptsache nach die Frucht, die in ihren *Chorionepithelien* die *geschlechtsgerichteten Hormone* bereitet und so im mütterlichen Körper die Schwangerschaftsumstellungen bewirkt. Wenn in den Chorionepithelien *nicht genügend Follikelhormon* gebildet wird, so kommt es nicht zu der erforderlichen Vergrößerung und vermehrten Blutversorgung des Uterus, die Ernährung der Frucht wird ungenügend, sie stirbt ab. Oder sie wird, wenn nicht das *nötige Gleichgewicht* sich einstellt, durch vorzeitige Erregung durch Wehen ausgestoßen (s. Abschnitt „Geburtseintritt").

Einen Maßstab für die *Lebenskraft des Keimlings* gibt uns die *Angriffslust seiner Zotten* gegen das mütterliche Gewebe und damit die Stärke seiner Verankerung. Normalerweise wird die Gebärmutterschleimhaut durch das Progesteron decidual umgewandelt und zur Einbettung des Eies bereitgestellt. Wenn nun Teile des Endometriums infolge Erkrankung usw. fehlen und durch Narben ersetzt sind, wenn das befruchtete Ei sich an Stellen ansiedelt, wo die Zellen keiner richtigen oder gar keiner decidualen Umwandlung fähig sind (Tube, Bauchhöhle), so erfordert das Einwachsen in einen solchen ungeeigneten Boden weit mehr Energie als das Einsinken in das weiche Bett der Decidua. Es ist der nämliche Vorgang wie mit dem Samenkorn: Das mit großen Spannkräften ausgerüstete Samenkorn wird auch auf steinigem Boden sich fortentwickeln, auf dem das schwächere bereits zugrunde geht.

3. Unfruchtbarkeit infolge Versagens des hormonalen Geschlechtssystems im Zyklus.

Bei dieser Form der essentiellen Unfruchtbarkeit versagen die hormonalen Einrichtungen, die sonst den vollkommenen Zyklus steuern, der Fehler liegt also im *Körper selbst*, in *seinen Organen*. Die Einflüsse, die von außen her auf die Tätigkeit der Drüsen einwirken, z. B. Vitamine, scheiden für diese Betrachtung, da eben nicht essentieller, sondern akzidenteller Natur, aus.

a) Follikelhormon.

Bei *zuwenig* Follikelhormon bleibt der Uterus hypoplastisch; war das Organ vorher gut entwickelt, so tritt bei ungenügender Bildung von Follikelhormon Verkleinerung des Organs und zu schwache Entwicklung der proliferativen Phase des Zyklus ein. Folge: Unfruchtbarkeit.

Zuviel Follikelhormon: Mit zu lange Zeit zugeführten größerern Mengen von Follikelhormon kann man Tiere künstlich unfruchtbar machen. Die Follikelpersistenz (und die kleincystische Degeneration), die mit vermehrter Bildung von Follikelhormon einhergeht, führt zum unvollkommenen Zyklus mit fehlendem Follikelsprung. Der ungünstige Einfluß der Follikelpersistenz und der kleincystischen Entartung des Eierstocks auf die Empfängnis tritt besonders deutlich bei der Kuh zutage. Wenn diese Unregelmäßigkeiten bei ihr vorhanden sind, so besteht Dauerbrunst und Unfruchtbarkeit; nach Zerdrücken der Follikelcyste tritt prompt wieder normale Brunst und Trächtigkeit ein.

b) Gelbkörperhormon.

Ein *Zuwenig* an Progesteron äußert sich in einer schwachen Ausbildung der sekretorischen Phase und der Decidua. Die Ansiedlung des Eies ist erschwert, es haftet angesiedelt nur mangelhaft. Gleichzeitig fällt der dämpfende Einfluß des Gelbkörperhormons auf die Erregbarkeit der Muskelfaser des Uterus weg oder ist zu gering, das Hinterlappenhormon führt zu einer zu starken Zusammenziehung des Uterus, es unterbleibt die Ansiedlung des Eies oder es wird angesiedelt rasch wieder von der Unterlage abgelöst. Mancher in den ersten

Wochen erfolgte Abgang, der äußerlich nur den Eindruck einer verstärkten Periode macht, und die meisten habituellen Aborte werden durch ein Zuwenig von Progesteron hervorgerufen.

Durch *Zuviel* von Gelbkörperhormon kann man Tiere künstlich unfruchtbar machen (HABERLAND). Persistenz des Corpus luteum bewirken Amenorrhoe und Sterilität. Auch hier läßt sich bei der Kuh der ursächliche Zusammenhang zwischen dem Weiterbestehen des Gelbkörpers und der Unfruchtbarkeit einwandfrei beweisen. So lange die Corpus luteum-Cyste vorhanden ist, bleibt die Brunst weg, das Tier nimmt nicht auf, wird die Cyste zerdrückt, kehrt der Oestrus wieder und es tritt Trächtigkeit ein.

c) Gonadotropes Hypophysenvorderlappenhormon.

Das Fehlen des Hypophysenvorderlappenhormons (nach Entfernung der Hypophyse) oder seine *zu geringe* Bildung bei den verschiedenen hypophysären Störungen führt zu Oligo- und Amenorrhoe, zur Schrumpfung der Geschlechtsorgane und damit zur Unfruchtbarkeit.

Zuviel gonadotropes Hypophysenvorderlappenhormon führt im Tierversuch zu einer überstürzten Follikelreifung, zur übereichlichen Bildung von Corpora lutea, zu starken Blutaustritten in das Eierstockgewebe („Erdbeerovarium" nach ASCHHEIM und ZONDEK), zu Dauerbrunst und fast immer zur Sterilität.

Alle diese Erfahrungen lehren eindeutig: nur dann, wenn im *hormonalen Geschlechtssystem Gleichgewichtszustand* herrscht, sind die *Vorbedingungen* für den *Eintritt* und die *Erhaltung der Schwangerschaft* gegeben.

Man ersieht ferner, daß mit allgemeinen Ausdrücken, wie hypo- und hyperhormonal, für Theorie und Praxis wenig gewonnen ist. Wir müssen uns jedesmal fragen, von welchem *bestimmten* Hormon oder Hormonen zu viel oder zu wenig gebildet wird. Hierzu kommt noch die größere Schwierigkeit; die Erkennung und Bestimmung der gesamten *individuellen* endokrinen Eigenart der zu behandelnden Person und speziell der erbmäßigen Beschaffenheit des individuellen hormonalen Geschlechtssystems. Wundert es uns noch, wenn wir neben manchen glänzenden Erfolgen häufig völlige Versager beobachten?

4. Beeinflussung, Verhütung und Beseitigung der essentiellen Unfruchtbarkeit.

Wir können die essentielle Unfruchtbarkeit auf dreierlei Weise zu beeinflussen und zu beseitigen versuchen. 1. Das Wichtigste ist die Beeinflussung durch das Erbgut. 2. Wir können mittelbar eine Einwirkung ausüben durch Faktoren der Außenwelt. 3. Durch hormonale Stoffe.

a) Durch die Erbfaktoren.

Wollen wir in den Dingen eine grundlegende Änderung erreichen, so müssen wir nicht ab ovo, sondern von den beiden Trägern der Keimzelle und von deren Vorfahren ausgehen. Auf deren Ergbut kommt es in *erster* Linie an. Ist dieses gut und vollwertig, dann wird aus der Vereinigung der beiden Gameten nicht nur ein geistiges und körperlich gesundes Individuum, sondern auch eine Persönlichkeit mit vollwertigem hormonalen Geschlechtssystem hervorgehen, die wieder in der Lage ist, ihr Erbgut künftigen Geschlechtern weiterzureichen. Die nationalsozialistische Bewegung hat die Tragweite dieses Gedankens erfaßt und das Gesetz zur Verhütung erbkranken Nachwuchses erlassen und bemüht sich fortgesetzt, durch Wort und Tat das Verantwortungsgefühl des Einzelnen für die Wertigkeit seiner Nachkommen zu schärfen und klar zu machen, daß nur ein gesunder und vollwertiger Mensch heiraten soll.

Sehr drastisch hat diesen grundlegenden Gedanken NIETZSCHE in den Worten Ausdruck gegeben: „Die Erde soll sich in Kämpfen wälzen, wenn ein Heiliger und eine Gans sich paaren."

b) Mittelbar durch Umwelteinflüsse.

Wir alle sind durch Domestikation und Zivilisation von dem Boden der ursprünglichen und natürlichen Lebensweise abgedrängt worden. So viel Vorteile eine solche Entwicklung auch haben mag, so wird man ihre Schattenseiten nicht übersehen dürfen. Sie wirkt sich nicht nur in der schlechteren Ausbildung all der Dinge aus, die mit dem hormonalen Geschlechtssystem zusammenhängen, sondern sie schwächt namentlich auch den *Willen* zur Fortpflanzung, das ist das Schlimmste. Es hat der Ruf von ROUSSEAU „zurück zur Natur" theoretisch zwar seine volle Berechtigung, praktisch jedoch scheitert seine Durchführung an dem Widerstand der Gegebenheiten. Aber wir müssen wenigstens versuchen, die gröbsten Schädigungen, die besonders durch Verstädterung und Industrialisierung eingetreten sind, zu vermeiden.

Wir müssen zu einer möglichst naturgemäßen Lebensweise zurückkehren. Wir müssen wieder lernen, die große Zahl der Muskeln, die uns der Schöpfer gegeben hat, zu dem zu gebrauchen, wozu sie geschaffen sind, zur Tätigkeit und Bewegung, statt sie durch dauernde Ruhe und Wohlleben zur Verfettung zu bringen. Wir müssen Licht und Luft voll auf unsern Körper einwirken lassen. Wir müssen uns in der Ernährung vor jedem Übermaß hüten und in der Auswahl unserer Nahrung uns bemühen, die richtige Zusammensetzung, namentlich den richtigen Gehalt an Vitaminen zu erzielen.

Je früher mit diesen Maßnahmen angefangen wird, desto besser. Hier bleibt dem Arzt ein weites und lohnendes Feld seiner Bestätigung. Bei uns hat eine weitblickende Staatsführung durch Ausbau der Schwangernfürsorge, durch die Organisation „Mutter und Kind", durch Sorge für eine bessere Ernährung der minderbemittelten Volksgenossen (Winterhilfswerk), durch Heroisierung des Lebensstiles usw. mit Maßnahmen eingegriffen, die auch auf diesem Gebiete Gutes zeitigen werden. Auf Einzelheiten, Einfluß von Krankheiten, Schädigung durch Gifte, besonders Genußgifte, unzweckmäßige und ungenügende Ernährung, z. B. durch die Kriegsblockade[1], kann nicht näher eingegangen werden.

c) Durch Zufuhr von Hormonen speziell der Geschlechtshormone.

Wenn das Erbgut vollwertig ist und Ernährung, Lebensweise und Erziehung in der richtigen Form durchgeführt werden, dann kommt es auch ganz von selbst zur richtigen vollwertigen Entwicklung des hormonalen Geschlechtssystems, bei der geschlechtsreifen Frau zur Ausbildung des vollkommenen Zyklus und damit der Vorbedingung für den Eintritt einer Empfängnis.

Wenn demnach die Aufgabe des Arztes in diesen zwei Punkten deutlich gekennzeichnet ist, so ist seine Tätigkeit noch sehr stark umstritten, soweit es sich um *hormonale* Beeinflussung der Fortpflanzungsvorgänge handelt.

---

[1] Vgl. SOMMER: Med. Klin. **1938 II**, 1315.

Beachtenswerte Erfolge kann man gelegentlich bei Unterentwicklung des Uterus, Amenorrhoe und Unfruchtbarkeit infolge *Hypothyreose (Myxödem)* durch planmäßige Zufuhr von Schilddrüsenhormon erzielen.

Recht wenige Erfahrungen haben wir noch mit den typischen Bestandteilen des hormonalen Geschlechtssystems, mit den *gonadotropen Wirkstoffen* der *Zirbeldrüse,* der *Nebennierenrinde;* sogar bei dem gonadotropen Hormon des *Hypophysenvorderlappens* sind wir über tastende Versuche noch nicht hinausgekommen.

Als wirksam haben sich bisher nur die eigentlichen *Geschlechtshormone, Follikelhormone* und *Gelbkörperwirkstoffe* erwiesen; die letzteren wurden bereits in ihrer Bedeutung für. Zyklus und Schwangerschaft in früheren Abschnitten gewürdigt. Ich brauche daher nur noch auf das Follikelhormon einzugehen.

Wie wir gesehen haben, bewirkt das *Follikelhormon* das *geschlechtsspezifische Wachstum* in der Kindheit und in der Vorpubertätszeit —. in der geschlechtsreifen Zeit und in der Schwangerschaft gesellt sich zu ihm noch das Gelbkörperhormon. Wenn wir also beobachten, daß bei einem *jungen Mädchen* die Geschlechtsorgane und besonders die sekundären Geschlechtsmerkmale nicht recht zur Entwicklung kommen, so kann man versuchen, die verzögerte oder versäumte Ausbildung durch planmäßige Zufuhr des geschlechtsspezifischen Wirkstoffes, des Follikelhormons, zu beschleunigen oder nachträglich auszulösen.

Bei der sog. *sekundären* Hypoplasie und Amenorrhoe gelingt es meist, Uterus und Geschlechtsorgane zur besseren Entwicklung zu bringen und eine echte Menstruation, manchmal auch Schwangerschaft herbeizuführen[1]. Bei der *primären* Unterentwicklung und Amenorrhoe sind die Erfolge noch sehr wenig erfreulich. Diese Erscheinung braucht uns nicht zu wundern, da es sich hierbei meist um Individuen handelt, bei denen auch das übrige hormonale Geschlechtssystem, vielfach das ganze Inkretsystem und andere Einrichtungen unzulänglich sind. Die Reaktionsfähigkeit der geschlechts-hormon-empfindlichen Zellen ist nicht nur nach Alter und der ontogenetischen Entwicklungsphase, sondern auch nach der gesamten Konstitution und nach der jeweiligen Konstellation verschieden.

Wenn wir bei einem jungen Mädchen durch Follikelhormongaben die in der Entwicklung zurückgebliebenen primären Geschlechtsorgane und sekundären Geschlechtsmerkmale zur besseren Ausbildung bringen, so leisten wir das nämliche, was die Natur unter normalen Verhältnissen leistet, was sie zu vollbringen aber in dem betreffenden Fall versäumt hat. Wir bewirken Veränderungen im anatomischen Aufbau und den Funktionen und erzielen auf diese Weise vielfach dauernde Erfolge.

Das sind Ergebnisse, die sich mit anderen Hormonen in gleicher Weise nicht erreichen lassen. Bei ihnen handelt es sich fast stets nur um eine *Substitution,* eine dauernde Heilung kommt gar nicht oder nur selten vor. Beim

---

[1] Ich verweise z. B. auf die Mitteilungen von BECKMANN [Arch. Gynäk. **162,** 21 (1936)], von BUSCHBECK [Mschr. Geburtsh. **98,** 344 (1935)], CLAUBERG [Z. Geburtsh. **107** (1934)], H. O. NEUMANN (Med. Klin. **1936** I), die bei sekundärer Oligo- und Amenorrhoe wiederholt Schwangerschaft nach einer Follikelhormonkur sahen. Hierher gehört auch die Beobachtung von EHRHARDT, der bei einer Amenorrhoischen nach Hypophyseneinpflanzung zweimalige Schwangerschaft beobachtete.

Insulin soll immerhin in 1% bei längerer Behandlung schließlich eine vermehrte Leistungsfähigkeit des Inselapparates resultieren. Bei der Genitalhypoplasie junger Mädchen ist die Aussicht auf eine Dauerheilung ungleich größer, GROTE schätzt sie, wohl zu optimistisch, sogar auf 50%[1]. Dieser große Unterschied erklärt sich aus der bereits ausführlich besprochenen Tatsache, daß das geschlechtsspezifische Wachstum erst um das 12.—15. Lebensjahr voll einsetzt, während die somatischen Organe von Anfang an ein gleichmäßiges Wachstum zeigen. Wir werden daher um so mehr Aussicht auf Erfolg haben, *je früher* wir mit einer planmäßigen Behandlung einsetzen.

Bei der *geschlechtsreifen Frau* muß man bei der Geschlechtshormonbehandlung zwei Arten unterscheiden: 1. Frauen, die durch Kastration, Erkrankung, Alter die *Funktion ihrer Eierstöcke verloren* haben, die aber sonst in ihrem *hormonalen Geschlechtssystem vollwertig* und in ihrem Zyklus früher gut gefestigt (zyklisch stabile) waren (zu ihnen gehört sicher der bekannte Fall von C. KAUFMANN und andere mit gleichem Erfolg behandelte Kranke). Bei diesen gelingt es, durch etwa 250000 ME. Follikelhormon und 35 KE. Gelbkörperhormon (C. KAUFMANN) einen echten uterinen Zyklus und eine echte Menstruation auszulösen, die Ausbildung der sekundären Geschlechtsmerkmale zu fördern und Ernährungsstörungen, die durch den Ausfall des Follikelhormons entstanden sind, z. B. Pruritus, Ekzem usw., zum Verschwinden zu bringen.

2. Frauen, bei denen das *ganze hormonale Geschlechtssystem* einschließlich der Keimdrüse *anlagemäßig unzulänglich* ist (zyklisch labile und debile Frauen). Bei ihnen gelingt es erst mit einer viel größeren Dosis, das nämliche Ergebnis zu erzielen, oder aber — und das sind hauptsächlich die debilen Formen — es ist überhaupt nicht möglich, eine echte Menstruation auszulösen, geschweige denn den Eintritt einer Schwangerschaft herbeizuführen.

Eine *schwache Seite der Therapie* bei erwachsenen Frauen ist ferner, daß man die Hormongaben *immer wieder* in bestimmten Zwischenräumen geben muß, während die körpereigenen Drüsen ihre Hormone eben minütlich und sekundlich, bei Tag und Nacht, produzieren.

Eine wirklich rationelle Therapie einer hormonalen Insuffizienz wäre nur dann gegeben, wenn wir imstande wären, die *Inkretorgane*, die die Natur nicht geschaffen oder die durch eine Krankheit zerstört worden sind, *durch Einpflanzung eines anderen Organs* vollwertig zu ersetzen. Gewiß sind bereits beachtenswerte Erfolge mit solchen Einpflanzungen erzielt worden, so mit der *Hypophyseneinpflanzung* bei Amenorrhoe, bei Magersucht (s. S. 259). Auch ist es manchmal schon gelungen, durch Einpflanzung von *Eierstocksubstanz* die darniederliegende Funktion dieses Organs zu verbessern. Aber die Erfolge sind doch nur vorübergehender Natur. Die eingepflanzten Stücke werden nach kürzerer oder längerer Zeit aufgesaugt, die alten Beschwerden kehren wieder. Der Körper ist eifersüchtig bestrebt, die individuelle Unversehrtheit seines Zellbestandes und seiner Eiweißkörper aufrecht zu erhalten.

Frägt man sich, ob es denn überhaupt vom allgemeinen *eugenischen Standpunkt* aus *berechtigt* ist, bei Frauen mit hypoplastischen Geschlechtsorganen und unzulänglichem hormonalen Geschlechtssystem den Eintritt einer

---

[1] Siehe auch C. KAUFMANN: Arch. Gynäk. **166**, 113 (1938). — HAMPE: Geburtshilfe und Frauenheilkunde, Bd. 1, S. 64. 1939.

Schwangerschaft anzustreben, so muß man die Frage *bejahen*. Es handelt sich wohl meist um nicht ganz vollwertige Frauen, die aber sonst doch wertvolles Erbgut in sich tragen können. Dann darf man bei der Beurteilung der Frage vor allem nicht vergessen, daß die andere Seite des Erbgutes väterlichen Ursprungs ist und durch dessen Güte kleinere Schwächen ausgeglichen oder wenigstens verdeckt werden können. So glaube ich, daß wir keine Bedenken zu haben brauchen, bei solchen hypoplastischen und amenorrhoischen Frauen den Versuch zu machen, ihnen das Glück der Mutterschaft zu verschaffen. Es liegen bereits Beobachtungen vor, bei denen die Bemühungen von Erfolg begleitet waren.

XI. Hormonale Schwangerschaftsumstellungen und die Schwangerschaftsvergiftungen.

1. Allgemeines.

Um das besonders verwickelte hormonale Verhalten in der Schwangerschaft und bei Schwangerschaftstoxikosen verständlicher zu machen, fasse ich noch einmal zusammen:

Wie der tierische und menschliche Körper aus zwei Arten von Zellen, Soma- und Geschlechtszellen, besteht, so setzt sich das hormonale System aus zwei Bestandteilen zusammen, das hormonale *somatische* System und das hormonale *Geschlechtssystem*. Dem ersteren obliegt die Versorgung der ausschließlich somatischen Zellen, das letztere steuert die Entwicklung der Geschlechtszellen. Beide Systeme sind in ein und demselben Körper vereinigt und beeinflussen sich gegenseitig. Beide Systeme erfahren im Verlaufe des ontogenetischen Daseins Veränderungen. Die Wandlungen des hormonalen *Geschlechtssystems* treten begreiflicherweise besonders deutlich in der Zeit der vollen *geschlechtlichen* und *Fortpflanzungstätigkeit* zutage.

Die *Schwangerschaft* der Säugetiere und des Menschen ist dadurch gekennzeichnet, daß *zwei* Lebewesen, Mutter und Kind, in *einem* Körper zusammengekoppelt sind. Beide sind Individuen mit eigenen Eiweißkörpern, eigenem Stoffwechsel usw. Beide Lebewesen halten *ihre* morphologische, kolloidale und celluläre Individualität strengstens aufrecht. *Jedes* der beiden Lebewesen hat auch ein *eigenes hormonales System*.

Da aber alle Hormone so weit abgebaute Körper sind, daß sie die placentare Scheidewand ungehindert passieren können, haben die *beiden* Lebewesen *nur ein gemeinschaftliches Gesamthormonsystem*. Diese Tatsache verträgt sich mit der sonst so streng gehüteten cellulären und kolloiden Individualität sehr wohl, denn die Hormone sind im Gegensatz zu den Eiweißkörpern und Lipoiden nicht individualitäts-, nicht art-, meist nicht einmal klassenspezifisch. Das menschliche Follikelhormon und Thyroxin unterscheidet sich von dem Wirkstoff der Säuger, z. B. des Schafes, in keiner Weise.

Mutter und Kind, sonst zwei Individuen, haben also *ein gemeinschaftliches* Gesamthormonsystem. Alles, was hormonal bei der Mutter vorgeht, wirkt auch auf das Kind, und was hormonal von der Frucht ausgeht, auf die Mutter. An dieser grundlegenden Tatsache müssen wir festhalten, wenn wir die Entstehung der Schwangerschaftsumstellungen und Schwangerschaftstoxikosen verstehen wollen.

An diesem gemeinschaftlichen *Gesamt*hormonsystem von Mutter und Kind unterscheiden wir gemäß unserer Trennung der Zellen in Soma- und Geschlechtszellen wieder zwischen dem *somatischen* und *geschlechtlichen* Hormonsystem. Das beifolgende Schema (Abb. 124) gibt am raschesten einen Überblick über die verwickelten Verhältnisse.

Abb. 124 zeigt oben links (1) das mütterliche, rechts (2) das fetale somatische Hormonsystem. Unten links (3) das geschlechtliche Hormonsystem der Mutter, rechts (4) das geschlechtliche Hormonsystem des Fetus, das jedoch erst in der Mitte der Schwangerschaft eine nennenswerte innersekretorische Tätigkeit aufweist, und (5) das geschlechtliche Hormonsystem der Placenta. Dieses liefert eine besonders große Menge geschlechtsgerichteter Hormone und beherrscht dadurch die geschlechtsspezifischen Vorgänge während der Schwangerschaft (angedeutet durch dicken Strich). Die spindelförmigen, runden und eckigen Zellen stellen die verschiedenen Arten der Erfolgszellen dar.

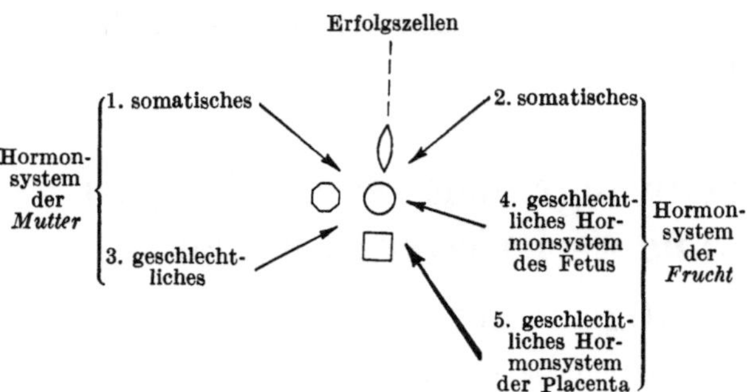

Abb. 124. Schema des gemeinschaftlichen Gesamthormonsystems und seiner Unterabteilungen in der Schwangerschaft.

Die Trennung in somatisches und geschlechtliches Hormonsystem von Mutter und Frucht hat nur gedankliche und theoretische Bedeutung; denn in Wirklichkeit gibt es nur *ein* Gesamthormonsystem, das wegen der Durchgängigkeit der placentaren Scheidewand für Hormone beiden Lebewesen gemeinsam ist. Alle von den fünf Systemen gebildeten Hormone wirken sich an den jeweils empfänglichen Erfolgszellen aus (in der Abbildung in der Mitte). Aber um zu erkennen, wo bei einer Störung der Fehler sitzt, müssen wir *analytisch* vorgehen und die einzelnen Systeme auseinanderhalten.

Da das somatische und das geschlechtliche Hormonsystem des *Fetus* bei der Ausbildung der Schwangerschaftsumstellungen und -vergiftungen von keiner nennenswerten Bedeutung ist, können wir diese beiden Systeme kurz abmachen.

2. Somatisches Hormonsystem des Fetus.

So weit wir sehen, erfolgt der *Stoffwechsel* im Körper des Fetus genau in der gleichen Weise wie bei dem geborenen Menschen. Seine Organe bilden die nämlichen Endprodukte im Stoffwechsel: CO_2, Harnstoff, Harnsäure usw. Irgendwelche giftig wirkende Stoffe sind beim Fetus, dessen Stoffwechsel mangels größeren Wärmeverlustes gering ist, und dessen Darm — sonst eine wichtige Vergiftungsquelle — noch bakterienfrei und sonst unbelastet ist, noch nie gefunden worden. Die Endprodukte werden durch die placentare Scheidewand an das mütterliche Blut abgegeben. Wir können uns nicht vorstellen, daß die kleinen Mengen der Endspaltprodukte des Stoffwechsels die mütterlichen Ausscheidungsorgane ernstlich belasten. Die mütterlichen Lungen sind fähig, viel größere Mengen von CO_2, z. B. bei großen körperlichen Anstrengungen, ohne jede Schwierigkeit auszuscheiden und große Mengen von Harnstoff, künstlich zugeführt, geben die Nieren anstandslos wieder ab. Die *Abgabe der fetalen Schlacken* führt *nicht zu einem Versagen der mütterlichen Ausscheidungs-*

organe und nicht zu einer *Vergiftung*. Eine Ausnahme bilden nur schwere Nieren-, Herz- und Lungenschädigungen.

Die fetalen Stoffwechsel*hormone* spielen in der ersten Zeit des fetalen Daseins kaum eine Rolle; erst wenn die endokrinen Organe ausgebildet sind, etwa um den 5. Monat, und regelmäßiger zu funktionieren anfangen, was ungefähr im 7. Monat der Fall ist, kann eine *Rückwirkung* auf den mütterlichen Organismus erfolgen. Am deutlichsten treten die Einwirkungen bei *pathologischen Zuständen* in die Erscheinung. So wurde wiederholt festgestellt, daß der Diabetes der Mutter in den letzten 2 Monaten der Schwangerschaft besser wird, weil das von der Bauchspeicheldrüse der Frucht gebildete Insulin auf die Mutter übertritt (v. NOORDEN, HOLZBACH). Auch bei dem Myxödem der Mutter kann durch Übertritt des kindlichen Thyroxins eine Besserung des Zustandes eintreten. Anderseits aber kann bei der Hyperthyreose des Basedow eine Verschlechterung erfolgen (G. DÖDERLEIN, GUGGISBERG). Sehr bedeutungsvoll ist aber der Übertritt der kindlichen nichtgeschlechtlichen Hormone auf die Mutter im allgemeinen *nicht*; dazu sind die Mengen der in den noch kleinen Organen bereiteten Wirkstoffe zu gering.

3. Körpereigenes geschlechtliches Hormonsystem des Fetus.

Dieses System kommt erst, wenn die fetalen Geschlechtsorgane entwickelt und Hormone in einem geringen Umfang zu bilden vermögen, also erst in der zweiten Hälfte der Schwangerschaft in Betracht. Die Auswirkung, die eintreten kann, wenn die Mutter einen *Knaben* trägt, habe ich bereits bei der *Rivalität der Geschlechtshormone* und bei dem Placenta-Abschnitt besprochen. Auch für die Ausbildung einer Schwangerschaftstoxikose ist wohl das männliche Geschlechtshormon, das von einem Knaben auf die Mutter übergeht, vielleicht zusammen mit noch nicht faßbaren andern Faktoren, nicht ganz bedeutungslos; denn GUTHMANN und HILDEGARD HILDEBRANDT[1] konnten an einem großen Geburtengut der Frankfurter Klinik nachweisen, daß sich das normale Geschlechtsverhältnis von 106 Knaben zu 100 Mädchen bei den unsichern Toxikosen auf 109, bei den wahrscheinlichen auf 130, bei den sicheren (Eklampsie und Präeklampsie) auf 126:100 verschoben hatte.

Von der Auswirkung, die von der Gesamtfrucht auf die Mutter in hormonaler Beziehung erfolgt, entfällt aber doch so gut wie alles auf das *geschlechtliche Hormonsystem der Placenta*.

Doch ehe wir auf diese wichtige Frage näher eingehen, soll noch die Bedeutung, die das somatische und geschlechtliche Hormonsystem der *Mutter* für die Entstehung von Schwangerschaftsumstellungen und -störungen haben, besprochen werden.

4. Störungen im somatischen Hormonsystem der Mutter.

Diese werden eintreten, wenn das mütterliche *somatische* System (Stoffwechseldrüsen) *nicht ganz vollwertig* und nicht genügend anpassungsfähig ist.

Da die *geschlechtsspezifischen Hormone* das Geschehen während der Schwangerschaft ganz beherrschen, müssen die innersekretorischen Drüsen, die ausschließlich

---

[1] GUTHMANN u. HILDEGARD HILDEBRANDT: Mschr. Gynäk. **101**, 264 (1936).

somatische Funktion haben, sich umstellen. Es treten reaktive Veränderungen in den verschiedenen innersekretorischen Drüsen auf, die sich in morphologischen Veränderungen kundgeben (s. S. 50—57). Wenn auf den Reiz des geschlechtsspezifischen Hormons nicht die richtige morphologische und funktionelle Umstellung erfolgt, so treten Störungen auf, die ein Gepräge tragen, das wir von den *klinischen Symptomenbildern der Nichtschwangeren* her kennen; denn die Ursache liegt an den somatischen endokrinen Organen der Mutter. Die Tätigkeit der fetalen Hormonorgane ist in Ordnung. Die Schwäche der mütterlichen endokrinen Drüsen kann *vorher verdeckt* gewesen sein und tritt erst durch die Mehr- und *Anders*belastung in der Schwangerschaft zutage oder aber sie war bereits vor Eintritt der Empfängnis festzustellen, erfährt aber durch die Schwangerschaft eine *Verschlimmerung*, bisweilen auch eine *Besserung*. Hierher gehören nach meiner Auffassung[1]:

a) Die akromegaloiden Zustände

in der Schwangerschaft und die *Schwangerschaftsakromegalie*. HALBAN hat zuerst auf das häufige Vorkommen akromegaloider Verdickungen in Gesicht, Händen und Füßen während der Schwangerschaft aufmerksam gemacht, die nach der Geburt regelmäßig sich wieder zurückbilden. Auch einige Fälle echter Akromegalie sind beschrieben. Nach den Kenntnissen, die wir von der Entstehung der Akromegalie haben, kann es keinem Zweifel unterliegen, daß in diesen Fällen die *eosinophilen Zellen* des Vorderlappens *zu viel Wachstumshormon* absondern, das nach Abschluß des Wachstums zu den akromegalen Veränderungen führt.

b) Die galvanische Übererregbarkeit in der Schwangerschaft und die Schwangerschaftstetanie.

Die erstere können wir nach meinen[2] Untersuchungen und denen meiner Schüler (SPIEGLER und SCHOL[3]) bei 80% aller Schwangeren am Ende der Zeit nachweisen. Auch subtetanische und tetanische Zustände finden sich sehr häufig in Schwangerschaft und Wochenbett (E. KEHRER). Da die *Epithelkörperchen* den Kalkgehalt des Blutes steuern, da in der Schwangerschaft durch die Anforderungen des Fetus der Verbrauch an Kalk erhöht ist, da die Epithelkörperchen, wie ich in früheren Untersuchungen[4] nachweisen konnte, regelmäßige histologische Veränderungen aufweisen, so darf man bestimmt annehmen, daß die erhöhte galvanische Erregbarkeit und das gehäufte Auftreten von Schwangerschaftstetanie mit einer *verminderten Leistungsfähigkeit der Epithelkörperchen* infolge der durch die Schwangerschaftsumstellungen eingetretenen Störungen im hormonalen Gleichgewicht entstehen[5].

c) Schwangerschaftsosteomalacie.

Auf eine gewisse verminderte Leistungsfähigkeit der Epithelkörperchenfunktion und des Kalkstoffwechsels weist auch das Vorkommen von *osteo-*

---

[1] SEITZ: Mschr. Geburtsh. 88 (1931).   [2] SEITZ: Münch. med. Wschr. 1913 I.
[3] SPIEGLER u. SCHOL: Arch. Gynäk. 135 (1929).
[4] SEITZ: Arch. Gynäk. 89, 1 (1909). — HARF: Dissertation. München 1909.
[5] Ratten, denen ein großer Teil der Epithelkörperchen (2—3) entfernt sind und die im nichtträchtigen Zustande symptomlos sind, erkranken nach Eintritt einer Schwangerschaft regelmäßig an tetanischen Krämpfen.

malacieähnlichen Beschwerden und echter *Schwangerschaftsosteomalacie* hin. Wenn auch der Mangel an Vitamin D, ungünstige äußere Verhältnisse, schlechte Wohnung, ungenügende Nahrung usw. bei der Entstehung der Krankheit eine wichtige Rolle spielen, so ist doch anzunehmen, daß trotz dieser widrigen Umstände die Knochenerweichung ausgeblieben wäre, wenn nicht die *Epithelkörperchen* in ihrer Leistungsfähigkeit durch die Schwangerschaftsumstellungen in irgendeiner Weise geschwächt wären.

d) Basedowsche Erkrankung.

Nach einer von mir[1] 1913 durchgeführten Sammelstatistik von 122 Fällen konnte ich feststellen, daß die Hyperthyreose in der Schwangerschaft in rund 40% gleich blieb oder sogar günstig beeinflußt wurde, dagegen in 60% eine Verschlechterung im Befinden eintrat.

e) Nachschwangerschaftliche hypophysäre Fett- und Magersucht.

Hierher gehört die bereits besprochene *nachschwangerschaftliche hypophysäre Fettsucht, Magersucht und Kachexie* mit Einstellung der ovariellen Funktion. Außerdem *die übermäßige und verzögerte Rückbildung des Uterus* (Lactationsatrophie und Subinvolutio uteri). Hierher gehört wohl auch die *Myosthenia gravidarum*, die vermutlich durch verminderte Bildung von Corticosteron oder herabgesetzter Ansprechbarkeit der Erfolgszellen auf das Hormon während der Schwangerschaft entsteht[2], ferner der Schwangerschafts-Diabetes insipidus. Zu erwähnen ist auch noch die *erbliche* Disposition zur Ausbildung von Gestosen[3]; an ihrer Entstehung sind hormonale Faktoren sicher mitbeteiligt.

5. Störungen von Seiten des geschlechtlichen Hormonsystems der Mutter.

Das mütterliche geschlechtliche Hormonsystem spielt sowohl in der ersten als auch in der zweiten Hälfte der Schwangerschaft gegenüber den *Wirkstoffen*, die von der *Frucht* gebildet werden, eine *untergeordnete* Rolle.

In der *ersten* Hälfte der Schwangerschaft kommt nur das *Corpus luteum* in Frage. Nicht jeder weibliche Körper vermag dieses für die Erhaltung der Schwangerschaft so wichtige Organ in der Weise auf- und umzubauen, als es zur Bildung genügender Mengen von Progesteron notwendig ist. Die Schwäche findet sich hauptsächlich bei Frauen mit debilem und zum Teil auch labilem Zyklus. Eine zu geringe Menge von Progesteron hat, wie bereits betont, vorzeitige Ausstoßung der Frucht zur Folge. Aber auch noch in anderer Richtung macht sich ein Zuwenig an Progesteron bemerkbar. Von französischer Seite wird besonders betont, daß die Hyperemesis mit einer ungenügenden Funktion der Gelbkörper zusammenhinge (s. auch Abschnitt: Unspezifische Wirkung des Progesterons).

In der *zweiten* Hälfte der Schwangerschaft deutet das Größerwerden der Follikel und die deutliche Ausbildung der interstitiellen Drüse auf eine *Wiederaufnahme der ovariellen Funktion innerhalb gewisser Grenzen* hin, und zwar kommt

---

[1] Seitz: Verh. dtsch. Ges. Gynäk. **15** (1913).
[2] Fekete, v.: Zbl. Gynäk. **1939**, Nr 12, 657.
[3] Bickenbach u. Kröning: Z. menschl. Vererbgslehre **23**, 113 (1939).

sowohl Bildung von Follikelhormon als wahrscheinlich auch von Gelbkörperhormon in Betracht. Nach den bisherigen Erfahrungen, die man mit der Entfernung der Ovarien gemacht hat — die Bildung des Follikelhormons ging ungestört weiter —, scheint es, als ob die *Placenta allein* imstande ist, *genügend Follikelhormon aufzubauen.* Wir müssen freilich uns hüten, aus den paar beobachteten Fällen allgemein gültige Rückschlüsse zu ziehen. Es ist kein Zweifel, daß zwischen geschlechtshormonproduzierenden mütterlichen und kindlichen Zellen ein gewisses Gegenseitigkeitsverhältnis besteht, daß die *mütterlichen* Zellen einspringen, wenn die *kindlichen* versagen und umgekehrt. Bei der Fortpflanzung liebt die Natur die *Doppelsicherungen.*

Ganz deutlich tritt die gegenseitige Aushilfe bei dem für die Erhaltung der Schwangerschaft so wichtigen *Progesteron* in Erscheinung. Wenn die Bildungskraft des Corpus luteum zu erlahmen anfängt, etwas nach dem 4. Monat, bildet die *Placenta* das erforderliche Hormon. Vielleicht wirkt sogar, wie oben eben erwähnt, der mütterliche Eierstock durch Bildung der interstitiellen Drüse, die einem Gelbkörper im Kleinen so ähnlich sieht, und durch ungewöhnlich viel Luteinzellenbildung im Stroma, noch mit.

Ob es beim Ausbleiben dieser Veränderungen zu hormonalen Störungen kommt, können wir heute noch nicht sagen; es ist immerhin möglich; es fielen mir bei meinen Untersuchungen schwangerer Eierstöcke[1] die großen Unterschiede in der Ausbildung der interstitiellen Eierstockdrüse usw. auf; das muß irgendeine Bedeutung haben.

6. Das geschlechtliche Hormonsystem der Placenta.

In der Placenta werden an *geschlechtsgerichteten Wirkstoffen* gebildet: *choriogenes gonadotropes Hormon*, im Anfang der Schwangerschaft am reichlichsten, *Follikelhormon*, an Menge beständig steigend, *Corpus luteum-Hormon*, in größerer Menge um den 7. Monat.

Es sind, wie wir sehen, die *nämlichen* Hormone wie im *Zyklus.* Follikel- und Gelbkörperhormon sind auch chemisch als identisch nachgewiesen, das choriogene Hormon wirkt im Gegensatz zu dem in der Vorderhypophyse bereiteten Wirkstoff nicht follikelreifend, sondern nur luteinisierend auf den Eierstock des Versuchstieres; hat also wahrscheinlich auch eine andere chemische Zusammensetzung als das gonadotrope Hypophysenvorderlappenhormon.

Grundlegende Veränderungen treten jedoch nach vier Richtungen hin in der Schwangerschaft ein.

1. Die Hormone werden nicht mehr in den mütterlichen Organen gebildet, sondern in einem *anderen lebenden Organismus*, in der Placenta des Fetus. Die mütterlichen endokrinen Drüsen werden in der ersten Hälfte der Schwangerschaft ganz, in der zweiten Hälfte größtenteils ausgeschaltet.

2. In der *Quantität:* Die Menge der geschlechtsgerichteten Hormone steigt im allgemeinen in der Schwangerschaft beträchtlich an, die Abb. 81, S. 186, Abb. 91 u. 92, S. 234 veranschaulichen den Anstieg des Follikelhormons und des gonadotropen Hormons in der Schwangerschaft.

3. Die Menge des Hormons wechselt je nach dem *Zeitpunkt* der Schwangerschaft. In bezug auf Follikel-, gonadotropes und Corpus luteum-Hormon geben

---

[1] Seitz: Arch. Gynäk. **77**, 2 (1906).

ebenfalls die Abb. 81, S. 186, Abb. 91 u. 92, S. 234, Abb. 83a u. b, S. 204
Aufschluß.

4. Die *Ansprechbarkeit gewisser Somazellen* wird durch die in der Schwangerschaft eingetretene *veränderte Stoffwechsellage* ebenfalls verändert; so sehen wir,
daß in dem zweiten Teil der Schwangerschaft der Uterusmuskel nicht mehr
weiter auf den Reiz des Follikelhormons und die Deciduazellen nicht mehr weiter
auf das Gelbkörperhormon mit Wachstumsvorgängen antworten. Die veränderte Reaktionsfähigkeit, die wir bei diesen zwei Hormonen und deren Erfolgszellen so schön und exakt nachweisen können, wird vermutlich auch bei
anderen Erfolgszellen eintreten.

Man bedenke: Mit Eintritt einer Schwangerschaft werden *Wirkstoffe von
höchster Aktivität*, die schon in kleinster Menge wie das Follikelhormon in 1 mg
wirksam sind, in die *mütterliche Blutbahn geworfen*, das choriogene Hormon
plötzlich in größter Menge, das Follikelhormon in stets wachsender Quantität.
Das schöne *hormonale Gleichgewicht*, das *vorher* im Körper bestand, wird dadurch *mächtig erschüttert*.

Wir müssen uns darüber klar sein, daß Ausbildung des *Follikelapparates*
und besonders *Auftreten der Placenta, phylogenetisch* betrachtet, etwas *ganz Neues*
und ein *revolutionäres* Ereignis von grundlegender Bedeutung ist. Während
bei den meisten Tieren das Ei so viel Nähr- und Bildungsstoffe (Dotter) mit
auf den Weg bekommt, um aus dem Vorrat den Aufbau eines lebenden Wesens
gleicher Art vorzunehmen oder dem im Leib verbleibenden befruchteten Ei
die nötigen Nähr- und Bildungsstoffe von gar nicht oder nur wenig veränderten mütterlichen Zellen zugeführt werden, bildet sich bei den Säugern
ein *besonderes Organ* aus. Das primitive und anfänglich kleine Organ bildet
geschlechtsgerichtete Hormone in einer Menge, wie sie nicht einmal die höchst
differenzierten Zellen des erwachsenen und geschlechtsreifen Organismus zu
bereiten vermögen, und zwar in Zellen, denen kein Mensch nach ihrem
histologischen Gefüge eine solche Leistung ansehen kann. Diese anfänglich
noch *undifferenzierten Zellen* tragen noch „Chaos", noch *Schöpferkraft* in
sich, sind chemisch pluripotent; sie gleichen darin, phylogenetisch gesprochen, noch den Zellen der Protozoen und niederen Metazoen. Wir sehen
an den Chorionepithelien der Placenta die Erscheinung, die wir an anderen
noch wandlungs- und umbildungsfähigen Zellen, wie follikuläre Zellen des Eierstocks, chromophobe Zellen der Vorderhypophyse, gewisse Zellen der Nebennierenrinde beobachten, am ausgesprochensten. Überall wo es gilt, *Wachstums-
und Fortpflanzungsvorgänge zu steuern*, d. h. Neues zu schaffen, finden wir
solche *Überreste phylogenetischer primitiver und embryonaler Zellen mit großer
Schöpfer- und Regenerationskraft*, oder Ausbildung neuer, mehr oder minder
rasch vergänglicher Inkretorgane.

Die Perioden *erhöhten Wachstums und geschlechtlicher Entwicklung und
Änderung* sind daher meist *Krisenzeiten*, so die Neugeborenen- und Säuglings-
zeiten, die Kindheit mit erhöhter Anfälligkeit, die Pubertät mit ihren körperlichen Veränderungen und seelischen Um- und Verstimmungen, das Klimakterium usw.

Die Placenta bleibt aber keineswegs während ihres ganzen Daseins die gleiche, wie
man meist angenommen hat, sie ändert sich morphologisch in ihrer Funktion und ihrer

Fähigkeit Hormone zu bilden, sie zeigt eine gewisse Differenzierung in ihren Zellen und ein Altern. (Näheres: Abschnitt Placenta, S. 291).

Auch in der Bildung der *geschlechtsgerichteten Hormone* herrschen bei den *einzelnen Säugerarten* große *Unterschiede*. Die Bildung der großen Mengen *choriogenen* Hormons scheint nur bei Mensch, Affe und Pferdearten vorzukommen. Sogar das Follikelhormon, das bei der Schwangerschaft aller Säuger in der Placenta sich bildet, zeigt *Schwankungen in der Menge*, so ist z. B. die Produktion des Follikelhormons bei der Stute, nach der Ausscheidung im Harn zu schließen, im Vergleich zu den übrigen Säugern sehr viel beträchtlicher.

Trotz Verschiedenheiten in Menge und Art der geschlechtsgerichteten Hormone bei den verschiedenen Säugern ist doch keine Frage, daß *die vermehrten Mengen der eigentlichen Geschlechtshormone* (Follikelhormon und Gelbkörperhormon) letzten Endes die *normalen Schwangerschaftsumstellungen auslösen*. Diese Behauptung gilt sowohl für die *spezifischen Wachstumsvorgänge*, die wir am Körper der Schwangeren beobachten — wir haben die Frage bereits bei den Geschlechtshormonen (S. 190) behandelt —, als auch für die Veränderungen im schwangerschaftlichen *Stoffwechsel*; denn beide Hormone haben neben den *geschlechtsspezifischen* Wirkungen auch noch *unspezifische*, die hauptsächlich an den Stoffwechselorganen in Erscheinung treten. Es kann kein endokrines Organ, auch nicht die Keimdrüse, ihre Tätigkeit nach der Minus- oder Plusseite hin wesentlich verändern, ohne daß Rückwirkungen auch an anderen endokrinen Organen und damit im gesamten Stoffwechsel eintreten.

Die Bildung der größeren Menge der geschlechtsgerichteten Hormone ist ein *primärer* Vorgang, er wird durch ein *neuhinzugekommenes Ereignis*, die Ansiedlung eines befruchteten Eies, durch die Schwangerschaft, ausgelöst. Es ist daher durchaus folgerichtig, zu schließen, daß *alle Umstellungen und Veränderungen*, die im Laufe einer Schwangerschaft am weiblichen Körper auftreten, in *erster* Linie durch *das vermehrte Auftreten der geschlechtsgerichteten Wirkstoffe* und ihre umgestaltenden Kräfte verursacht werden.

Damit sind wir imstande, den *allgemeinen Begriff „Schwangerschaftsumstellung" größtenteils chemisch scharf zu unterbauen*; denn die zwei echten Geschlechtshormone sind uns in *ihrer Konstitution genau bekannte Körper*. Das bedeutet einen großen Fortschritt.

Durch das vermehrte Auftreten der geschlechtsgerichteten Hormone nach der Ansiedlung eines befruchteten Eies wird, wie erwähnt, der vorher im Körper bestehende *Gleichgewichtszustand gestört*. Aber wie alle Zellen des Körpers, so sind auch *die* Zellen, die auf diese Wirkstoffe ansprechen (Erfolgszellen), gleichgültig, ob es andere endokrine oder gewöhnliche Körperzellen sind, fähig, sich den veränderten Verhältnissen *anzupassen*.

Diese *Anpassungsfähigkeit* der Körperzellen — bei Krankheiten sprechen wir von „Heilkraft" (vis naturae medicatrix) — ist wieder *eine der wunderbaren Eigenschaften des Protoplasmas*, die wir zwar feststellen, aber nicht begreifen können. Eine solche Anpassungsfähigkeit der Zellen muß vorhanden sein; denn wenn sie fehlt oder schlecht ausgebildet ist, dann erliegt das betreffende Individuum bald den Einwirkungen der Schädigungen, denen jeder lebende Organismus ständig ausgesetzt ist.

Bei der *gesunden, leistungs- und anpassungsfähigen Frau* erfolgen diese primär durch vermehrte Mengen geschlechtsgerichteter Hormone ausgelösten

Umstellungen und Veränderungen im geschlechtsspezifischen Wachstum und im Stoffwechsel *ohne Störungen*, die Frauen fühlen sich wohl wie im nichtschwangeren Zustand. Aber das ist doch nur bei einer verhältnismäßig geringen Anzahl der Fall. Bei den *meisten* stellen sich doch *mehr oder minder starke Beschwerden* vorübergehender oder bleibender Natur ein, etliche bezahlen den Dienst an der Erhaltung der Art mit dem Leben. Es liegt in der Natur des Vorgangs, daß die Trennung zwischen Gesunden und Krankhaften bei keinem andern Zustand sich so schwer durchführen läßt wie in der Schwangerschaft, und daß es eine Menge fließender Übergänge vom Physiologischen zum Pathologischen gibt.

Alle die *Störungen im Stoffwechsel*, die durch die Schwangerschaft ausgelöst werden, bezeichnen wir als *Schwangerschaftsvergiftungen* (Toxikosen, Gestosen). Man hat gegen den Gebrauch des Wortes „Vergiftung" oft Widerspruch eingelegt, da der Beweis ausstünde, daß an dem Auftreten der Störungen ein Gift schuld sei. Man darf den Begriff „Gift" nicht zu eng auffassen. Jeder chemische Stoff, der die normale Tätigkeit gewisser Zellen erheblich reversibel oder gar irreversibel stört, ist dem Körper schädlich, ist als Gift anzusprechen. Das gilt auch für die im Körper selbst bereiteten Hormone, die, wie das Follikelhormon bereits in mg gewisse Wirkungen auslösen. Da sie normale Bestandteile des Körpers sind, kommt es also, wie wiederholt betont, nur auf die *Menge* an.

Da die normalen Schwangerschafts*umstellungen* sicher durch eine vermehrte Menge geschlechtsgerichteter Wirkstoffe ausgelöst werden, da wir, wie wir noch sehen werden, auch bei den *Gestosen* vielfach eine *weitere Vermehrung* der geschlechtsgerichteten und anderer Hormone feststellen können, so dürfen wir heute, wenn auch noch nicht alle Fragen gelöst sind, doch schon mit Fug und Recht von Schwangerschaftsvergiftungen sprechen.

7. Die Bedeutung der Verschleppung der Chorionepithelien bei der Entstehung der Gestosen.

Bei der Entstehung der Schwangerschaftsvergiftungen dürfen wir neben der Einwirkung vermehrter Mengen von geschlechtsgerichteten Hormonen jedoch nicht die *Verschleppung der Chorionepithelien* in die mütterliche Blutbahn, die Bildung von *spezifischen Abbaufermenten* und die Entstehung von *unregelmäßigen Eiweißzerfallprodukten* vergessen.

Der Mensch, aber auch verschiedene Tiere, wie Kaninchen, haben eine Placenta haemochorialis (GROSSER), d. h. das mütterliche Blut umspült unmittelbar die Chorionepithelien der Zotten, bei der reifen Placenta des Menschen in einer Ausdehnung von etwa 8 qm. Bei den meisten andern Tieren ist noch eine aus ein oder mehreren Zellagen bestehende Schicht dazwischen gelagert; dementsprechend unterscheidet GROSSER noch Placenta endothelo-epithelo-desmochorialis.

Bei der *Placenta haemochorialis* des Menschen werden während der ganzen Schwangerschaft Chorionepithelien in die mütterliche Blutbahn gerissen (Zottenverschleppung nach J. VEIT); diese aus körperfremdem Eiweiß bestehenden Gebilde werden, wie ABDERHALDEN durch Dialysier- und Polarisationsverfahren festgestellt hat, durch ein *spezifisches Ferment* abgebaut. Bei diesem Abbau der *Eiweißkörper* entstehen *unregelmäßige Spaltprodukte*, die, wie wir von jedem parenteralen Eiweißabbau wissen, gewisse Reizerscheinungen im Körper hervorrufen (WEICHHARDT)[1]. Wir können leider heute die Eiweißprodukte noch nicht einwandfrei erfassen; die tierexperimentellen Untersuchungen von SCHITTENHELM und WEICHHARDT u. a. weisen jedoch mit einer gewissen Wahrscheinlichkeit darauf hin, daß bei diesem Abbau Stoffe entstehen, die different und vielfach ausgesprochen giftig wirken.

Nun findet sich normalerweise in der Schwangerschaft beim Menschen ein *Eiweißabkömmling* im Blute außerordentlich vermehrt, das ist das *choriogene Hormon*. Dieser Stoff hat ebenso wie das gonadotrope Hormon des Hypophysenvorderlappens nach den Forschungen amerikanischer Forscher noch Antigencharakter; wenn dieser Behauptung auch vielfach widersprochen wird, so ist doch soviel klar, daß es sich noch um ein *höher molekulares Eiweißspaltprodukt* handelt.

Wir müssen also als Ausgangspunkt und als Grundlage der Schwangerschaftstoxikose 1. eine *vermehrte Menge der eigentlichen Geschlechtshormone*, 2. das Kreisen von *differenten Eiweißabkömmlingen (choriogenes Hormon und Spaltprodukte des parenteralen Eiweißzerfalls)* annehmen. Das sind wichtige Veränderungen im Chemismus des Blutes.

Dieser veränderte Chemismus des mütterlichen Blutes wird durch Auftreten neuer Zellen (placentare Zelle) und durch veränderte Zelltätigkeit mütterlicher Zellen in der Schwangerschaft hervorgerufen. Die Änderung in der *cellulären* Tätigkeit macht sich sowohl bei den *Hormonen* als auch bei den *Fermenten* (s. auch S. 29—31) geltend. Es tritt eine grundlegende Änderung der alle Lebensvorgänge steuernden *Biokatalysatoren* ein.

Ich will im folgenden versuchen, festzustellen, inwieweit es heute möglich ist, *bei den verschiedenen Formen der Schwangerschaftstoxikosen unmittelbar oder mittelbar* die Einwirkung veränderter *fermentativer und hormonaler Tätigkeit* aufzufinden. Nur betreff der Hormone ist dies in größerem Ausmaße möglich.

Bei den Schwangerschaftstoxikosen unterscheiden wir am besten zwischen den Störungen, die am Anfang der Schwangerschaft auftreten (Schwangerschafts*anfangs*toxikosen) und jenen, die erst gegen Ende sich entwickeln (Schwangerschafts*end*toxikosen) [2].

Bei den Schwangerschafts*anfangs*toxikosen wirken sich die hormonalen und fermentativen Änderungen in erster Linie am *vegetativen Nervensystem*, das die Verdauungsfunktionen, den Blutkreislauf usw. steuert, aus: Ich habe sie daher als *neurovegetative Störungen* bezeichnet. Sie bestehen in Störungen des Appetits, Übelkeit, Erbrechen, Wechsel der Gesichtsfarbe, Schwindel, Ohnmacht, Herzklopfen usw. Um den 3.—4. Monat hat der Körper einen neuen hormonalen Gleichgewichtszustand gewonnen, die Störungen verschwinden (meist von selbst) wieder.

Es ist uns bisher noch nicht möglich, bei diesen neuro-vegetativen Störungen die hormonal-fermentative Ursache herauszufinden. Sind es die Fermente, die bei dem Abbau der verschleppten Chorionepithelien entstehen, sind es die Eiweißabkömmlinge des choriogenen Hormons, die in so großer Menge in den mütterlichen Kreislauf geworfen werden, ist es das Versagen des Corpus luteum, das zu geringe oder zu große Mengen Progesteron bildet,

---

[1] Auch bei *Kohlehydratstoffwechsel* können giftig wirkende Stoffe, z. B. Glycerinaldehyd, entstehen. WALTER SEITZ (Hab.-Schr. Berlin 1939) hat gezeigt, daß das Adrenalin bei der Entgiftung dieses Stoffes mit eine Rolle spielt, indem es die Dehydrierung des Glycerinaldehyds beschleunigt.

[2] SEITZ, L.: Schwangerschaftstoxikosen im Handbuch HALBAN-SEITZ u. STOECKELS Lehrbuch der Geburtshilfe. 5. Aufl.

ist es die unspezifische Wirkung des Follikelhormons? Bei den Wechselbeziehungen, die zwischen Schilddrüsenfunktion und Vitamin C bestehen, denkt DICKER[1] an Überfunktion der Schilddrüse und gewissen Vitamin-C-Mangel, da Vitamin-C-Zufuhr das Schwangerschaftserbrechen angeblich günstig beeinflußt.

Bei den Schwangerschafts*end*toxikosen stehen die *Stoffwechselstörungen im Vordergrund*; es sind die mannigfaltigen Symptomenbilder der *Eklampsie und ihrer Vorstufen*, die von mir, um das in den Vordergrundstellen der Krampfanfälle zu vermeiden und die nicht minder wichtigen Befunde zu betonen, auch als ödemonephrotischer und eklamptischer Symptomenkomplex (abgekürzt Ödneklose) bezeichnet wurden. Diese erfordern eine ausführliche Besprechung.

Neben diesen beiden wichtigsten Formen der Gestosen habe ich noch eine *dritte* Form unterschieden, bei der bald an diesem, bald an jenem mütterlichen Organ und System eine Störung sich offenbart. Schwangerschafts-*Haemato-, Dermo-, Hepato-, Neuropathien* usw.). Es handelt sich bei diesen Formen im wesentlichen um *Minderwertigkeit der mütterlichen Organe*, die meist schon vorher verdeckt bestanden und nur durch die Mehr- und Andersbelastung durch die Schwangerschaft zum Vorschein kamen.

8. Die Schwangerschaftsendtoxikosen (Eklampsie und Vorstufen) und die Rolle, die die placentaren geschlechtsgerichteten Hormone bei ihrer Entstehung spielen.

Die *Mutter* bleibt bei jeder Schwangerschaft die *gleiche*, wenn man von konditionellen Veränderungen absieht, das *Kind* aber ist bei jeder Schwangerschaft ein *anderes*, auch in seiner Rückwirkung auf die Mutter; denn auch Geschwister sind erbverschieden. Was für das Individuum als Ganzes gilt, hat auch für seine *Teile* Gültigkeit. Das somatische und geschlechtliche Hormonsystem der Mutter verhält sich bei jeder Schwangerschaft im großen und ganzen gleich, das *somatische und geschlechtliche Hormonsystem des Fetus* ist jedesmal *erbmäßig ein anderes*. Das gilt natürlich auch für das *placentare* geschlechtliche Hormonsystem; denn auch dieses wird in seiner Beschaffenheit im wesentlichen durch erbliche Einflüsse bestimmt.

Die verschiedene Form und Größe der Placenta, die wechselnde Menge des Fruchtwassers, feste und brüchige Eihäute usw. sind neben Milieueinflüssen in erster Linie chromosomal-zygotisch bedingt.

Wir müssen daher auch annehmen, daß die *Menge* der in der Placenta gebildeten *geschlechtsgerichteten* Hormone bei jeder Schwangerschaft etwas *verschieden* ist. Da jedoch die bei allen biologischen Vorgängen zu beobachtende Schwankungsbreite (s. S. 64) auch für die placentaren geschlechtsgerichteten Hormone gilt, so ist es sehr schwer, bei normalem Verlauf der Schwangerschaft zu sagen, ob die Menge der nachgewiesenen Hormone noch innerhalb der *physiologischen Streuung* gelegen ist oder ob sie bereits pathologische Werte darstellt. Wir werden daher besser tun, von *krankhaften Zuständen* auszugehen und zu sehen, ob sich vielleicht dadurch für das physiologische Geschehen und weiterhin für die Entstehung der Schwangerschaftsendvergiftungen Anhaltspunkte gewinnen lassen.

Die Bedeutung des *Zuviel* oder *Zuwenig an Gelbkörperhormon* (Übertragen, Abort, Erbrechen) habe ich bereits an anderer Stelle besprochen. Von einem Einfluß auf die Entstehung der Eklampsie und Vorstufen wissen wir nichts. Weit bedeutungsvoller sind das choriogene und das Follikelhormon.

---

[1] DICKER: Schweiz. med. Wschr. **1937 I.**

a) Choriogenes gonadotropes Hormon.

Über die Funktionen, die das choriogene Hormon in der Schwangerschaft hat, ist nichts Näheres bekannt. Es wird, wie bereits wiederholt betont, nur bei Mensch, Affe und Pferdearten, nicht bei den übrigen Säugern in sehr reichlicher Menge gebildet.

Da also vorläufig von der physiologischen Grundlage aus nichts zu erreichen ist, verfolgen wir einmal die Mitwirkung des choriogenen Hormons bei krankhaften Zuständen! Hier kommt zunächst Blasenmole (und Chorionepitheliom) in Betracht.

α) Die Blasenmole als Bildungsstätte übermäßig großer Mengen von choriogenem Hormon.

Bei der Blasenmole wird nach dem übereinstimmenden Urteil aller Untersucher eine *10—100mal so große Menge des Wirkstoffes* im Harn ausgeschieden als bei einer normalen Schwangerschaft (ähnliches gilt auch vom Chorionepitheliom) (s. Abb. 90, S. 233). Der Befund ist so regelmäßig, daß er bekanntlich für die Diagnose der beiden Störungen benützt wird.

Warum kommt es bei der Blasenmole zu einer so außerordentlichen Vermehrung des choriogenen Hormons? Die Blasenmole ist histologisch außer einer hydropischen Quellung des Zottenstromes dadurch gekennzeichnet, daß die Chorionepithelien, Syncytium und LANGHANSsche Zellen gewuchert sind. Es ist also die *Masse des chorialen* Gewebes, das, wie wir wissen, das choriogene Hormon bildet, *gewaltig vermehrt* und man wird, wenn man die Größe einer Blasenmole mit dem Umfang eines gleichaltrigen gesunden Eies vergleicht, mit der Annahme einer 10—100fachen Vermehrung kaum fehlgehen.

Wenn wir sonst bei einem Gewebe eine solche gewaltige unregelmäßige Wucherung beobachten, wie wir bei der Blasenmole feststellen, dann tragen wir keinen Augenblick Bedenken, von einem *blastomatösen Wachstum* und von einer Geschwulst zu sprechen. Daß es sich tatsächlich um eine Neubildung handelt, wird bei dem Chorionepitheliom offenkundig, das bekanntlich sich häufig an eine vorausgegangene Blasenmole anschließt, und ist noch deutlicher bei der sog. destruierenden Blasenmole zu erkennen. Die Zellen der Blasenmole sind wie die bösartigen Geschwulstzellen, durch chromosomal-zygotische Einflüsse eine andere Zellrasse.

Es ist interessant, daß auch die Zellen der Blasenmole und des Chorionepithelioms wie die normalen Chorionepithelien die Fähigkeit haben, choriogenes Hormon zu bilden. Diese endokrine Eigenschaft können wir häufig auch bei Geschwülsten feststellen, die aus primitiv gebliebenen Geschlechtszellenlagen und mit diesen in funktioneller Beziehung stehenden Zellkomplexen entstehen, beobachten (bei Granulosazellengeschwülsten, bei Arrhenoblastomen, vermännlichenden Nebennierentumoren). Bei Geschwülsten, die auf weiterdifferenzierte Zellen zurückgehen, vermissen wir im allgemeinen diese Fähigkeit oder finden sie nur angedeutet (z. B. Carcinome) (s. Abschnitt XII).

β) Auswirkungen der übermäßigen Mengen von choriogenem Hormon bei Blasenmole auf den mütterlichen Körper.

I. Eierstock.

Die Zufuhr großer Mengen von *Chorionhormon* bewirkt beim Versuchstier eine allgemeine Luteinisierung der Follikel und Bildung von Corpora atretica.

Die Auswirkungen, die die überreichlichen Mengen von choriogenem Hormon der *Blasenmole* am Eierstock der Schwangeren auslösen, *gleichen völlig* denen, die wir bei den *Versuchstieren* beobachten. STOECKEL hat als erster die Luteincystenbildung der Eierstöcke bei Blasenmole beschrieben (Hühnerei bis faustgroß) aus zahlreichen Cysten mit Luteinsaum bestehende Gebilde. Wir können also im *Experiment künstlich* genau das erzeugen, was die *Natur* unter *krankhaften Bedingungen* bildet, eine seltene Möglichkeit!

II. Am ganzen Körper.

Die Auswirkungen, die die übergroßen Mengen von choriogenem Hormon bei der Blasenmole an den übrigen *endokrinen* Organen der Frau erzeugen, sind bisher weder morphologisch noch funktionell näher erfaßt worden. Wir müssen uns also damit begnügen, die *allgemeinen klinischen* Erscheinungen, die wir bei der Blasenmole am Frauenkörper beobachten, festzustellen.

1. Bei der Blasenmole treten die *neurovegetativen Störungen*, die wir im Anfang der Schwangerschaft beobachten, *viel häufiger und viel stärker* auf. Fast jede Molenträgerin leidet an mehr oder minder starkem *Schwangerschaftserbrechen*.

2. *Eklampsie, Schwangerschaftsnephropathie* und die anderen Vorstufen, die sonst regelmäßig erst in den letzten 1—3 Monaten auftreten, brechen bei Blasenmolenträgerinnen häufig *schon im 3. und 4. Monat* aus. Eine derartige zeitliche Verschiebung in dem Auftreten einer für die Schwangerschaft so typischen Störung kann kein bloßer Zufall sein, sondern muß *ursächlich mit der Blasenmole* und ihren hormonalen Auswirkungen zusammenhängen.

Wie haben wir uns die Zusammenhänge zu denken? Löst nur das *Übermaß des choriogenen Hormons* diese schweren Störungen aus oder spielen noch andere Faktoren mit herein?

Als ein solcher ist die *Verschleppung der Chorionepithelien, also körperfremden Eiweißes*, in das mütterliche Blut und die Bildung eines *spezifischen Abbaufermentes* anzusehen. Sieht man im mikroskopischen Bild die *haufen- und vorsprungartig gewucherten Chorionepithelien* bei Blasenmole an, so ist es berechtigt, anzunehmen, daß von diesen gewucherten Elementen *größere Mengen* in die mütterliche Blutbahn verschleppt werden als bei gesunden und normal geformten Zellen. Wir haben also neben der *Vermehrung des chorialen Hormons* noch eine *Vermehrung des spezifischen Abbauferments*. Bei Hormonen und bei Fermenten aber bedeutet *erhebliche Vermehrung* stets auch *Störung*. Bei dem Abbau des körperfremden Eiweißes entstehen unregelmäßige Eiweißzerfallsprodukte, ebenso ist das choriogene Hormon ein Eiweißabkömmling, wie bereits vorher erwähnt.

γ) Immunisierung des Körpers durch normale und toxische Schwangerschaft gegen die Schwangerschaftsendtoxikosen.

Im Zusammenhalt mit der *Eiweißnatur der eben besprochenen zwei Schwangerschaftsstoffe* erhebt sich die Frage: Wie erklärt sich die Erscheinung, daß die Eklampsie im allgemeinen eine Erkrankung der *Erstgebärenden* ist?

80—90% der Eklamptischen sind Erstgebärende. Die Krankheit kehrt nur in 2—3, höchstens 5% bei späteren Geburten wieder.

Man hat zur Erklärung der auffallenden Erscheinung angenommen, daß durch die erste Schwangerschaft und Geburt eine Art *Ertüchtigung* eintritt, ein Wort, das den nach chemisch-physikalischen Ursachen forschenden Biologen und Mediziner nicht recht befriedigt. Hinselmann sieht die Ursache in einer erhöhten Leistungsfähigkeit des Kreislaufsystems; aber auch diese Annahme gibt m. E. keine genügende Erklärung.

Wenn es sich um eine *Infektionskrankheit* handelte, trüge kein Mensch Bedenken, von einer *Immunität* zu sprechen. Warum scheuen wir uns, bei der Schwangerschaft eine solche anzunehmen? Gelangt doch bei ihr wie bei Infektionen körperfremdes Eiweiß in die Blutbahn (dort choriale Zellen, hier eiweißhaltige Bakterienleiber), bei *beiden* Zuständen erfolgt also *parenteraler Eiweißabbau.* Bei beiden Zuständen können wir eine *Reihe gleicher wichtiger Veränderungen im Blute und in den Reaktionsabläufen* nachweisen, wie erhöhte Senkungsgeschwindigkeit der roten Blutkörperchen, Linksverschiebung des weißen Blutbildes, Leukocytose, Verschiebung des Eiweißbildes nach der grobdispersen Seite — beim Fehlen einer Schwangerschaft wird bei diesen Befunden jeder Arzt das Bestehen einer infektiösen Erkrankung annehmen —, positive Kobrareaktion, erhöhte Klebrigkeit der Leukocyten usw. Im gleichen Sinne ist die Vermehrung der *Globuline* des Blutserums, die von allen Untersuchern bei der normalen und besonders bei der toxischen Schwangerschaft[1] gefunden wurde. Die Globuline gelten als die Träger der Immunisierungsvorgänge, sie sind bei ihnen nach Berger vermehrt.

Bei dieser Sachlage dürfen wir ruhig den Satz aufstellen: *Das seltene Auftreten einer Eklampsie bei den späteren Geburten* hängt mit einer *echten Immunisierung des Organismus* durch Bildung von Antikörpern zusammen. Die Art dieser Körper ist uns ebensowenig in ihrer chemischen Zusammensetzung genauer bekannt wie die bei Infektionskrankheiten entstehenden. Soweit wir sehen können, sind sie in *Spaltprodukten des parenteralen Eiweißabbaues und* in den *choriogenen Hormonen,* die wahrscheinlich auch noch Antigencharakter tragen, zu suchen.

Wenn sich die hier vertretene Ansicht in Zukunft als richtig erweist, so ist auch der Streit beseitigt, zwischen den Anhängern der *Eiweißintoxikationstheorie* und denen, die die Ursache in *hormonalen* Störungen suchen. Beidesmal handelt es um Eiweißabkömmlinge.

So viel steht bereits heute sicher, daß zu große Mengen von choriogenem Hormon und die durch Abbaufermente entstandenen Eiweißabbauprodukte toxische Wirkungen auf den Körper ausüben können. In diesen beiden Faktoren, *Störungen des hormonalen und fermentativen Gleichgewichts,* ist der *erste und wichtigste Anstoß* zur Entstehung der Schwangerschaftstoxikosen zu erblicken.

d) Vermehrte Mengen von choriogenem Hormon bei den Gestosen.

Diese Theorie erfuhr in der letzten Zeit dadurch eine weitere *Stütze,* daß bei den Schwangerschafts*end*vergiftungen zum Teil auch bei den Schwangerschafts*anfangs*toxikosen, *erheblich vermehrte Mengen von choriogenem Hormon* (Prolan) gefunden wurden.

G. v. Smith und Watkins Smith[2] fanden bei 42 untersuchten Frauen im *Blut* gesunder Schwangeren in je 100 ccm Serum 50 R.E., bei Präeklamptischen 250 R.E., bei Eklampsie 480 R.E., im *Harn* 3600 R.E. Auch in der Placenta Eklamptischer stellten

---

[1] Vgl. die neuesten Untersuchungen von H. Siedentopf: Arch. Gynäk. **167**, 1 (1938).
[2] Smith, G. v. u. Watkins Smith: Surg. etc. **61**, 27—35, 175—183 (1935).

sie mehr Prolan als in der Placenta Normaler fest. HEIM [1] konnte bei Hyperemesis, bei Mehrlingsschwangerschaft, bei Eklampsie und Eklampsismus (25 Fälle), bei vorzeitiger Lösung der Placenta und besonders bei uteroplacentaren Blutungen außerordentlich erhöhte Ausscheidungen von Chorion(hormon) im Harn finden, die 200000, 300000, sogar 500000 M.E. je 1 Liter Urin betrugen, also Werte wie bei Blasenmole und bei Chorionepitheliom. ANSELMINO, EHRHARDT kommen zu ähnlichen Ergebnissen [2].

Nach diesen Feststellungen kann als sicher angenommen werden, daß bei *Schwangerschaftsvergiftungen*, besonders bei Präeklampsie *und Eklampsie* weit über das *gewöhnliche Maß* hinausgehende Mengen von *Chorionhormon* gebildet werden.

Man könnte Bedenken tragen, die Chorionepithelien als die Quelle der übermäßigen Bildung von Prolan anzusprechen, da histologische Veränderungen der Zotten im Gegensatz zu der Blasenmole bei den Toxikosen bisher noch nicht nachgewiesen werden konnten.

Ich habe Zweifel daran, ob man bei genauer histologischer Untersuchung eklamptischer Placenten wirklich jegliche Formveränderung vermißt. Ich [3] konnte schon 1903 bei 2 Fällen vorzeitiger Lösung der Placenta infolge Eklampsie deutlich knospenförmige Proliferationen der Chorionepithelien nachweisen. HEIM spricht sich ebenfalls in dem Sinne aus, daß histologische Veränderungen nicht völlig fehlen.

Aber auch, wenn histologische Veränderungen wirklich nicht vorhanden wären, so dürfen wir daraus noch nicht den Schluß ziehen, daß keine vermehrte Bildung von Prolan stattgefunden hätte; denn wir wissen, daß bei den endokrinen Drüsen nicht selten funktionelle Mehrleistungen vorkommen, ohne daß wir an den Zellen morphologische Veränderungen feststellen können, und daß es längere Zeit dauert, bis sich die erhöhte funktionelle Tätigkeit in Hyperplasie und anderen Veränderungen auswirkt.

b) Follikelhormon.

G. v. SMITH und WATKINS SMITH fanden unter 26 prä- und eklamptischen Frauen 18mal subnormale Follikelhormonmengen im Blut. Bei den Untersuchungen von BICKENBACH und FROMME [4] lagen die Blutwerte normal oder an der oberen Grenze, unter 8 Placenten fanden sich zweimal um das 8—10fache erhöhte Werte. Im Gegensatz zu diesen unternormalen oder normalen Mengen von Follikelhormon bei Toxischen konnte HEIM erhöhte Werte feststellen. GENELL hat bei gesunden und eklamptischen Schwangeren die Werte, die sich im Blute finden, mit denen im Harn ausgeschiedenen verglichen und hat das Verhältnis bei der Gesunden 1:15, bei der Toxischen 1:4, also eine erhebliche Herabsetzung der Ausscheidung gefunden.

Es ergeben also die bisherigen Untersuchungen noch kein klares Bild über das *Verhalten des Follikelhormons* bei den Gestosen. Wenn es sich, wie es scheint, wirklich um eine Mehrbildung handeln sollte, dann kämen nicht die spezifischen, sondern nur die unspezifischen Einflüsse des Follikelhormons bei der Ausbildung der toxischen Erscheinungen in Betracht; freilich die Auswirkung eines solchen Follikelhormonüberschusses ist bei dem unendlich verwickelten hormonalen Getriebe und Stoffwechselgeschehen außerordentlich schwer voraus zu sagen.

Für eine Giftwirkung zu reichlicher Mengen von Follikelhormon bei Mutter und Kind spricht eine Beobachtung von TSCHERNE [5]: In einem Falle von Hydrops universalis foetus

---

[1] HEIM, K.: Klin. Welt **1934** II, 1614; **1935** I, 166. — Med. Welt **1936** Nr. 52. — Mschr. Geburtsh. **104** (1937).

[2] EHRHARDT fand im Liquor cerebrospinalis von Präeklamptischen und Eklamptischen eine positive A-Reaktion, während bei gesunden Schwangeren die Reaktion im allgemeinen negativ ausfällt. [3] SEITZ: Arch. Gynäk. **69**, 71 (1903).

[4] BICKENBACH u. FROMME: Klin. Wschr. **1935** I, 496. — FROMME: Dissertation. Göttingen 1935. [5] TSCHERNE: Arch. Gynäk. **167**, 489 (1938).

et placentae fand sich in der Placenta eine außerordentlich große Menge von Follikelhormon (130000 gegen durchschnittlich 5000 ME. im Organ). Tscherne führt die bei dieser Störung bekannten Schädigungen des kindlichen roten Blutbildes, die Ödembildung, die vorzeitige Ausstoßung, aber auch die Anämie der Mutter auf die übermäßigen Mengen des Wirkstoffes zurück.

9. Die sekundären hormonalen Veränderungen bei den Schwangerschaftsendtoxikosen.

Die Art und Menge der Wirkstoffe (choriogenes Hormon, Follikelhormon und teilweise auch Progesteron) sind kennzeichnend für jede Schwangerschaft; diese Hormone sind die aktiven Exponenten der Frucht, sie lösen *ursächlich* die typischen Schwangerschaftsveränderungen und in krankhafter Auswirkung *primär* auch die Gestosen aus.

Die primären hormonalen Veränderungen bleiben nicht ohne Rückwirkung auf die endokrinen Organe der Mutter, sie rufen an ihnen wie jede hormonale Gleichgewichtstörung, *sekundäre* Wandlungen hervor.

Histo-morphologisch können wir einen Teil dieser an den endokrinen mütterlichen Drüsen in der Schwangerschaft auftretenden Veränderungen *sehr gut erfassen*. Ich und meine Schüler (Engelhorn, Kolde, Guthmann, Eufinger, Rosenlöcher u. a.) haben uns um die Auffindung dieser Schwangerschaftsveränderungen der endokrinen Organe bei normaler und toxischer Schwangerschaft von jeher eifrig bemüht. Ich habe die wichtigsten in dem Abschnitt: Wandelbarkeit der endokrinen Drüsen, S. 50—57, bereits kurz erwähnt[1].

Als Folgen der *funktionellen* Veränderungen verschiedener innersekretorischer mütterlicher Drüsen konnten bei den Schwangerschaftstoxikosen bisher *quantitative* Verschiebungen bei folgenden Hormonen beobachtet werden.

a) Hypophysenhinterlappenhormon.

H. Küstner hatte bereits wahrscheinlich gemacht, daß sich im Blute Eklamptischer größere Mengen von Hypophysenhinterlappenhormon vorfinden. Durch die eingehenden Untersuchungen von Anselmino und Hoffmann[2] kann als sicher angenommen werden, daß der Wirkstoff bei Toxikosen in *vermehrter* Menge im Blute vorhanden ist. Der Stoff bewirkt bekanntlich eine Erhöhung des Blutdrucks und übt antidiuretische Wirkungen aus. Beide Wirkungen lassen sich häufig bei Eklampsie nachweisen: *erhöhter Blutdruck* und vermehrte Zurückhaltung von Wasser im Gewebe mit *Ödembildung*. Die beiden Forscher nehmen daher an, daß die geschilderten Symptome durch die vermehrte Bildung von Hypophysenhinterlappenhormon bei den Toxikosen zustande kommen.

Mit der Feststellung des vermehrten Hypophysenhinterlappenhormongehaltes des Blutes bei Toxikosen stünde auch die Tatsache im Einklang, daß bei Eklampsie die Wehentätigkeit gewöhnlich gut ist, und daß es fast nie zu einer atonischen Blutung in der Nachgeburtsperiode kommt.

Die von Anselmino und Hoffmann bei ihren untersuchten Toxikosen gefundene Erhöhung des Hypophysenvorderlappenhormons ist nicht immer vorhanden, soweit man aus dem Fehlen einer Blutdruckerhöhung und von Ödemen

---

[1] Siehe auch L. Seitz: Schwangerschaft und innere Sekretion. Verh. dtsch. Ges. Gynäk. **15**, (1913).

[2] Anselmino u. Hoffmann: Arch. Gynäk. **147**, 597, 604, 621, 652 (1931).

einen solchen Rückschluß ziehen darf; denn es gibt eine Reihe von schweren Vorstufen der Eklampsie und sogar Eklampsie selbst — das muß besonders VOLHARD u. a. gegenüber betont werden —, wobei die *Blutdrucksteigerung* entweder *gänzlich fehlt* oder erst nach Eintritt von Anfällen, die natürlich schwere Veränderungen im Schädelraum und im Cerebrospinalsystem setzen, auftritt. Auch *Ödeme* können vorher fehlen. Auch kommt es vor, daß die Blutdruckerhöhung *allein* vorhanden ist (essentieller Schwangerschaftshochdruck, L. SEITZ [1]), ohne daß Ödeme oder Störungen in der Nierenfunktion bestünden. Es scheint, daß die Mehrbildung des Hypophysenhinterlappenhormons weniger durch die veränderte Hormonlage, als vielmehr durch die andersgeartete chemische Zusammensetzung des Blutes, Ionengleichgewichtsstörung usw. (s. nächsten Abschnitt) bedingt ist.

b) Thyreoidin.

Da nunmehr sicher feststeht, daß von dem Vorderlappen der Hypophyse ein Wirkstoff, das *thyreotrope* Hormon, gebildet wird, das die *Schilddrüse* je nach der größeren oder kleineren Menge zur erhöhten oder verminderten Tätigkeit anregt, ist es berechtigt, anzunehmen, daß alle morphologischen und funktionellen Veränderungen, die wir in der Schwangerschaft an der Schilddrüse feststellen, in erster Linie mit einer quantitativ veränderten Bildung von thyreotropem Hormon zusammenhängen. Aus dieser Abhängigkeit der Schilddrüse von der Hypophyse erklärt sich auch, daß die Meinungen, ob bei dem Organ in der Schwangerschaft eine Unter- oder Überfunktion besteht, so geteilt sind. Wir wissen dagegen, daß das histologische Aussehen und der funktionelle Zustand nicht nur davon abhängen, ob reichliches Inkret gebildet, sondern auch, ob mehr oder minder große Mengen an das Blut abgegeben werden. Kreist viel thyreotropes Hormon im Blut, so finden wir, wie einwandfreie Tierversuche ergeben, höheres kubisches Epithel, wenig Kolloid, sehr reichlichen Gehalt an Jod. Geht ein geringer Reiz von der Hypophyse aus (wenig thyreotropes Hormon), so ist das Epithel niedrig, die Alveolen sind groß, enthalten viel Kolloid, aber wenig Jod. In der Schwangerschaft findet sich in 70—80% eine Vergrößerung der Schilddrüse, histologisch dabei eine Erweiterung der Bläschen und reichliches Kolloid. Dieser Befund deutet zunächst darauf hin, daß eine verminderte Menge von Schilddrüseninkret im Blut während der Schwangerschaft kreist. Aber die Schwangerschaft ist ein einzigartiger, mit nichts zu vergleichender Zustand. Wir sehen zudem bei den meisten Formen von Basedow ebenfalls erweiterte Alveolen und Ansammlung von Kolloid mit Vergrößerung der Schilddrüse. Wir müssen daher damit rechnen, daß trotz des scheinbar dagegen sprechenden histologischen Bildes in der Schwangerschaft eine Mehrbildung von Schilddrüseninkret stattfindet. In dem Sinne spricht einmal, daß eine *Steigerung des Grundumsatzes* während der Schwangerschaft bis zu 30% des normalen Wertes sich bei der größten Zahl der Schwangeren findet [2]. 2. Daß der *Jodgehalt* des Blutes in der Schwangerschaft erhöht ist (MAURER, EUFINGER und Mitarb.). 3. Daß der *Basedow* in der Mehrzahl der

---

[1] SEITZ, L.: Mschr. Geburtsh. **97** (1934).

[2] Einzelheiten und Literatur s. mein Bericht von der Tagung dtsch. Ges. Gynäk. in Leipzig. Arch. Gynäk. **137**, 322 (1929), Stoffwechselsteigerung, S. 407, Schilddrüsenveränderung, S. 410 u. 608.

Fälle, nach den von mir gemachten statistischen Zusammenstellungen in 60%
der Beobachtungen, in der Schwangerschaft wesentlich *verschlechtert* wird.

In diesem nämlichen Sinne spricht wohl auch der Ausfall der REID HUNTschen *Reaktion*.
Diese besteht bekanntlich darin, daß Mäuse von der tödlichen Einwirkung einer bestimmten
Menge von Acetonnitril durch Schilddrüsenhormon vor dem Tode bewahrt werden. Das
Blut der Schwangeren hat eine erhöhte Schutzkraft (EUFINGER und Mitarb.) ebenso wie
das Blut von Basedowikern (v. BERGMANN und seine Schule).

Bei der REID HUNTschen Probe, die eine Funktionsprüfung der *Leber* ist, und deren Beweiskraft von mancher Seite bestritten wird, handelt es sich wohl um verwickelte Kettenreaktionen, um ein kompliziertes *Zusammenspiel von Schilddrüse und Leber*, so wie es
zwischen den beiden Organen betreff des Carotin und Vitamin A festgestellt ist, und wie
ich es S. 35 schematisch dargestellt habe.

Was nun die *toxische* Schwangerschaft anlangt, ist es höchstwahrscheinlich,
daß eine *vermehrte* Bildung von *thyreotropem* Hormon und damit eine vermehrte Ausschüttung von Schilddrüseninkret stattfindet. Das zeigen die
Kaulquappenversuche von EUFINGER und Mitarb. — das Blut Toxischer hat
eine stärkere Wirkung auf das Wachstum als das Blut gesunder Schwangerer —
das lehrt ebenso die erhöhte Schutzkraft, die das Blut bei der REID HUNTschen
Probe zeigt. Beweisender aber noch sind die Untersuchungen, die BONILLA und
KRAMANN in meiner Klinik durchgeführt haben[1]. Sie konnten im Urin gesunder
Schwangerer kein thyreotropes Hormon nachweisen, dagegen ließ es sich bei
Hyperemesis und bei Eklampsie feststellen; auch zeigten die Versuchstiere,
denen der Urin toxischer Schwangerer eingespritzt wurde, die typischen histo-
logischen Bilder der Schilddrüse nach Zufuhr von thyreotropem Hormon.

Es ist leicht begreiflich, daß bei dem verwickelten Zusammen- und Gegenspiel der Ergone und Fermente und den unübersehbaren Veränderungen des Stoffwechsels in der Schwangerschaft, die Auswirkungen des erhöhten oder verminderten Thyroxingehaltes des Blutes in ihrer Gesamtheit durch die chemisch-
physikalischen und biologischen Untersuchungsverfahren sich nur sehr schwer
erfassen lassen. Es sind daher empirische Erfahrungen bei der Anwendung
von Schilddrüsenpräparaten auch in der Deutung der feineren Vorgänge in
den Zellen von Bedeutung. Es konnten EPPINGER, KERMAUNER, v. GRAFF,
H. KÜSTNER u. a. feststellen, daß es in vielen Fällen möglich ist, durch
Verabreichung von Schilddrüsenhormon vorhandene Ödeme bei toxischen
Schwangeren zum Verschwinden zu bringen.

10. Kolloid-Ionen-Stoffwechselveränderungen usw. als tertiäre Erscheinungen bei der Schwangerschaftsumstellung und bei den Schwangerschaftstoxikosen.

Die primären und sekundären in dem Hormonmilieu des Blutes in der Schwangerschaft eintretenden Veränderungen haben wie alle Wandlungen der Tätigkeit der innersekretorischen Drüsen auch Rückwirkungen auf Ionenmilieu und
Elektrolytzustand des Blutes, wie ROSSENBECK[2] einwandfrei für das Natrium-
Kaliumverhältnis bei normaler Schwangerschaft und bei Eklampsie, R. SPIEG-
LER[3] an der Zustandsform der Kalium-Calciumionen zeigen konnten, im Verhalten und Fällbarkeit der Kolloide (v. OETTINGEN, EUFINGER, L. SEITZ), der

---

[1] BONILLA u. KRAMANN: Mschr. Geburtsh. **105**, S. 8 (1937).

[2] ROSSENBECK: Arch. Gynäk. **145**, 331 (1931).

[3] SPIEGLER, R.: Arch. Gynäk. **145**, 423 (1931).

Reaktionslage des Blutes. Über diese Dinge, besonders auch über die Veränderungen im Stoffwechsel habe ich bereits einmal ausführlich auf der Leipziger Tagung der deutschen Ges. f. Gynäk. 1929 [1] und im Handbuch von HALBAN-SEITZ [2] berichtet (s. auch Abschnitt: Biokatalysatoren, S. 29—35). Ich brauche daher auf die Fragen nicht näher einzugehen. Als Resultat läßt sich feststellen, daß, wie ich mich ausgedrückt habe, bei den Schwangerschaftstoxikosen auch eine Dysionose, Dyscolloidose und Dysneurovegetose als sekundäre Folge eine Dyshormose sich häufig entwickelt. Ich habe diese sonst entbehrlichen Ausdrücke gebraucht, um die Auswirkungen des veränderten Hormonmilieus auf diese Zustände besonders zu betonen [3].

Wie kann es möglich sein, wird mancher fragen, daß ein *primäres Zuviel an choriogenem Hormon* im Verein mit *parenteralem Eiweißabbau*, vielleicht noch mit Unregelmäßigkeiten in der Follikelhormonmenge *derartig schwere Krankheitsbilder auszulösen vermag*? Es darf zur Beseitigung dieses Zweifels darauf hingewiesen werden, daß auch *ein primäres Minus an Insulin* bei Diabetes bei längerem Bestehen eine Reihe der schwersten Stoffwechselstörungen, Azidosis des Blutes und schließlich den Tod herbeiführt; ähnliche allgemeine Folgen sehen wir bei dem Fehlen des Corticosterons.

Es läßt sich noch eine *Parallele zwischen toxischer Schwangerschaft und Diabetes* ziehen. Lange Zeit, bevor die Menschheit eine Ahnung davon hatte, daß die Zuckerruhr durch eine Unterfunktion des Inselapparates der Bauchspeicheldrüse zustande kommt, haben die Ärzte die Krankheit durch eine entsprechende, bis in das feinste ausgearbeitete *Diät mit großem Erfolge behandelt* und auch heute noch, nach der Entdeckung des Insulins bleibt die diätetische Behandlung die Grundlage und bei den leichteren Fällen die einzige Form der Behandlung. Ähnlich liegen die Verhältnisse bei der *Verhütung* der Eklampsie. Wenn es auch nicht *regelmäßig* gelingt, die Entstehung der Vorstufen und den Ausbruch der *Eklampsie* durch *entsprechende Diät* zu vermeiden, so läßt sich doch durch Regelung der Ernährung (Einschränkung und völlige Entziehung von Eiweiß, Fett, Kochsalz [4], durch hinreichende Vitamine, Calciumzufuhr usw.) das Auftreten der Störungen *sehr beträchtlich vermindern*. Auch die Erfolge der *konservativen*, d. h. *rein symptomatischen Behandlung der ausgebrochenen Eklampsie* sind bekanntlich recht gute.

Alle diese Erfolge kommen durch eine *nichtkausale* Therapie zustande. Und das ist sehr erfreulich; denn mit der kausalen Behandlung hat es bei den Schwangerschaftstoxikosen seine großen Schwierigkeiten. Eine *Behandlung*, die die *Ursache* der Störung beseitigt, ist nur die *Schwangerschaftsunterbrechung* und diese kann nur bei lebensgefährlichen Zuständen in Betracht kommen.

---

[1] SEITZ, L.: Arch. Gynäk. **137**, 322 (1929).   [2] Bd. 7.
[3] SEITZ, L. u. EUFINGER: Mschr. Geburtsh. **79**, 175 (1928). — Med. Klin. **1927** Ur. 29. Zum Beweise, wie schwer es auch hochstehenden Ärzten bis vor kurzem war und zum Teil auch heute noch ist, die hier vertretenen hormonal-humoralen Gedankengänge sich zu eigen zu machen, darf ich folgende von mir gemachte Erfahrung anführen: Ich habe vor etwa 10 Jahren einer angesehenen Medizinischen Zeitschrift, die sonst meine Aufsätze sehr gerne annahm, eine Abhandlung über eine hormonal-humorale Frage, deren Richtigkeit heute kein Mensch mehr bezweifelt, mit der Bitte um Aufnahme gesandt. Die Arbeit wurde mir ohne nähere Angaben von Gründen wieder zurückgeschickt.
[4] DE SNOO legt besonders großen Wert auf die Entziehung des Kochsalzes (Geburtshilfe und Frauenheilkunde, Bd. 1, S. 301. 1939.

Aber auch dann, wenn wir die *einzelnen* kausalen *Teil*einflüsse, wie das im vorausgegangenen versucht wurde, erkannt haben, ist es *unmöglich*, die *Verschleppung von Chorionepithelien* in das mütterliche Blut zu verhindern; auch können wir z. B. nicht die *Bildung von zu großen Mengen des choriogenen Hormons oder Follikelhormons* in der Placenta unterdrücken. Erst durch Anwendung eines *Gegenmittels*, eines Gegenhormons, dessen Kenntnis uns aber noch mangelt, wäre für eine wirklich *kausale Prophylaxe* etwas zu hoffen. Eine kausale *Therapie* aber wird in allen Fällen versagen, bei denen bereits die *Organveränderungen* und *tiefer* gehende Stoffwechselstörungen, wie das bei ausgesprochener Eklampsie an den wichtigsten Organen (Leber, Niere, Gehirn usw.) stets der Fall ist, eingetreten sind.

11. Ist die Eklampsie eine Allergie?

JEGOROW u. a. erklären die Eklampsie als eine allergische Erkrankung.

Die Allergie ist ein erblicher oder erworbener Zustand, in dem die Zellen anders und vielfach in krankhafter Weise (Dys- und Pathergie RÖSSLE) auf bestimmte Reize antworten. Trifft der entsprechende Reiz die anfällige Zelle, so treten allergische Erscheinungen auf, z. B. Heuschnupfen, wenn der allergische Mensch die Pollen der Gräser einatmet. Das Wesentliche an der Allergie ist also, daß sie sich regelmäßig einstellt und wiederholt, sobald der spezifische Reiz die anfälligen Zellen trifft, sie trägt ausgesprochen *rezidivierenden* Charakter.

Wenn es sich also bei der *Eklampsie* um eine allergische Krankheit handelte, so müßte sie, wie der Heuschnupfen zur Zeit der Gräserblüte, *mit jeder neuen Schwangerschaft wiederkehren*. Das Gegenteil ist der Fall. Die Eklampsie ist im allgemeinen eine Erkrankung der Erstgebärenden und tritt nur selten und vielfach nur bei besonderer Belastung, z. B. bei Zwillingen, in einer späteren Schwangerschaft auf [1].

Eine allergische *Komponente* können wir nur bei den *rezidivierenden Formen der Gestosen* wie bei gewissen Formen der Nephropathie und Eklampsie, Hyperemesis, der Dermopathien usw. annehmen. Hier kann ein primär allergischer Reaktionszustand der mütterlichen Zellen vorliegen.

Bei der überwiegenden Mehrzahl der toxischen Zustände in der Schwangerschaft dagegen reagieren die mütterlichen Zellen primär auf den *größeren Reiz* der *größeren* Mengen von choriogenem oder Follikelhormon nur *stärker*, nicht anders, und lösen durch diese Änderung in der *Quantität* Gleichgewichtsstörungen in den empfänglichen Zellen und ihrer geheimnisvollen Tätigkeit aus. Es ist im Grunde genommen und im Wesen der nämliche Vorgang, den wir bei typischen innersekretorischen Erkrankungen schon längst kennen: ein Zuviel an Thyreoidin löst unter gewissen Bedingungen einen Basedow, ein Zuwenig Insulin einen Diabetes, ein Zuwenig an Follikelhormon eine Amenorrhoe usw. aus.

Sekundär werden nun auch andere, nicht auf die Hormone unmittelbar ansprechende Zellen in Mitleidenschaft gezogen, sie geraten in einen labilen Gleichgewichtszustand an Stelle des vorher stabilen — bei der Eklampsie sind es besonders die Leber-, Nieren- und Gehirnzellen. An diesem labilen System können nun auch äußere Faktoren, wie Witterungsumschläge, seelische Erregungen usw., angreifen und unter Umständen den Zustand verschlechtern und einen Anfall auslösen.

---

[1] Siehe auch Abschnitt „Erfolgszellen".

Sind einmal die mütterlichen Zellen durch die Milieuänderungen empfindlicher geworden, so kann eine *Zufuhr von Hormonen* diesen Zustand weiter steigern. In diesem Sinne sprechen die Beobachtungen, die man bei anaphylaktischen Tieren mit Zufuhr von Follikelhormon und Schilddrüsenhormon gemacht hat.

W. Schäfer [1] hat festgestellt, daß bei allergisch gemachten Kaninchen durch *Follikelhormongaben* die anaphylaktischen Reaktionsbereitschaft weiblicher Tiere gesteigert wird und die Sterblichkeit der Tiere um 24% höher ist als die der Kontrolltiere. Auch Hoesch und Karrenberg sahen bei Heufieberkranken, die sie wegen ovarieller Unterfunktion mit Progynon behandelten, asthmatische Anfälle auftreten, während vorher die Erscheinungen sich nur auf die Luftwege beschränkten. Auch nach *Schildrüsenzufuhr* kommt es bei sensibilisierten Meerschweinchen zu einer beträchtlichen Steigerung der anaphylaktischen Reaktion [2] (Blom).

XII. Die Beziehungen des Geschwulst- und Krebsproblems zu den Wachstums- und Fortpflanzungsvorgängen.

1. Allgemeines.

Ich unterscheide zunächst nicht zwischen gutartigen und bösartigen Geschwülsten. So wichtig und ausschlaggebend auch diese Unterscheidung in praktischer Hinsicht ist, so wenig Bedeutung kommt ihr in erkenntnistheoretischer Beziehung zu. Wir betrachten die Frage nur zu gern von einem allzu menschlichen und subjektiven Nützlichkeits- bzw. Schädlichkeitsstandpunkte aus. In beiden Fällen handelt es sich um grundsätzlich gleiche Vorgänge. Es kommt übrigens nicht selten vor, daß anfänglich gutartige Geschwülste bösartigen Charakter annehmen. Auch gehen nicht wenig Menschen an gutartigen Geschwülsten zugrunde. Es spielen dabei Sitz, Art, Größe und andere Umstände mit eine wichtige Rolle. Gut- und bösartig sind also relative Begriffe.

Das Geschwulstproblem ist ein *Wachstumsproblem.* Wie wir bei dem natürlichen Wachstum zwischen den erbmäßigen Einflüssen, den Determinationsfaktoren und zwischen den hormonalen oder richtiger den hormvitenzymatösen [3] Einflüssen, den Realisationsfaktoren, unterscheiden, so müssen wir diese Trennung auch bei dem geschwulstmäßigen Wachstum, den Neubildungen, „Gewächsen", wie der deutsche Ausdruck sehr bezeichnend sagt, vornehmen; denn das *geschwulstmäßige Wachstum* ist nur eine *Abart des natürlichen Wachstums,* ist *gestörtes pathologisches Wachstum.*

Determinationsfaktoren. Damit ist eigentlich schon gesagt, daß die *Anlage* zur Geschwulstbildung, gleichgültig, ob es sich um gutartige oder bösartige Gewächse handelt, schon im *Keimplasma,* in den *Genen,* gelegen ist. Wenn die später von einer Geschwulst befallenen Menschen die Anlage nicht schon im Augenblicke der Zeugung mit auf ihren Lebensweg bekommen hätten, so wären sie nie in die Gefahr gekommen, an einer Geschwulst zu erkranken. Ohne implicitum kein explicitum. Die Menschen, denen die Anlage fehlt, erkranken nie an einer Geschwulst, daher kommt es, daß auch nicht jeder Arbeiter, der z. B. mit Anilin jahrelang zu tun hat, an einem Anilinkrebs erkrankt.

---

[1] Schäfer, W.: Med. Klin. **1937**.
[2] Blom: Z. Immun.forschg **83**, 237 (1934).
[3] Hormone + Vitamine + Enzyme = Biokatalysatoren.

An dieser *erbmäßigen* Grundlage des geschwulstmäßigen Wachstums müssen wir festhalten. Die Einstellung schützt uns davor, das Problem zu einfach zu sehen und die Bekämpfung des Krebses uns zu leicht vorzustellen.

Manche zweifeln daran, daß die Geschwulst- und Krebsbildung letzten Endes mit einer ererbten Unzulänglichkeit des Keimplasmas zusammenhängt. In der Tat sind noch nicht alle wissenschaftlichen und statistischen Belege für diese Annahme erbracht; aber wenn man als Kliniker beobachtet, daß die Mutter ein Myom hat und sämtliche drei Töchter an der gleichen Geschwulstform erkranken, wenn man sieht, daß die nämliche, besonders bösartige Krebsform der Brust der Mutter und drei Töchtern in verhältnismäßig jungem Alter und in gleich kurzer Zeit zum Tode führt, so fällt es sehr schwer, an ausschließlich äußere Einflüsse zu denken. Ich möchte FISCHER-WASELS in seiner ausführlichen Begründung der ererbten Anlage zur Geschwulstbildung durchaus zustimmen.

Die Anlage zum geschwulstmäßigen Wachstum ist also erblich und anlagemäßig bedingt, aber die *Anlage*, und das ist praktisch das wichtigste, ist glücklicherweise bei der Mehrzahl der Geschwülste *selten* und *meist nur in geringer Stärke vorhanden.*

So erkranken z. B. verhältnismäßig nicht allzuviele Menschen — das Problem rein mathematisch gesehen — an Krebs. Auch der Mensch, der eine gewisse erbliche Anlage in sich trägt, kann gesund bleiben, wenn er sich nicht der Einwirkung *starker Realisationsfaktoren* aussetzt.

Gefährlich ist es fraglos, wenn zwei Menschen, die aus stark mit Krebs belasteten Familien stammen, sich heiraten; es laufen ihre Nachkommen besonders große Gefahr, an Krebs zu erkranken. Es ist wie bei den Krebsstämmen der Versuchstiere: nur bei disponierten Stämmen gelingt es leicht, experimentell Krebs zu erzeugen.

Die Ursache und das Wesen dieser *Gen-Mutation* kennen wir bis heute noch nicht, so wenig wie uns die ersten Anfänge des natürlichen Wachstums bekannt sind. Das Geheimnis verbirgt sich im Dunkel der Millionen Jahre, die vergangen sind, seit lebende Wesen auf der Erde entstanden und sich weiterentwickelt haben. Daß es Genschädigungen durch Umwelteinflüsse gibt, ist nach der großen Zahl der Versuche an Tieren und Pflanzen außer Frage. Wie weit der Kulturmensch und das domestizierte Tier, die so weit von der natürlichen Lebensweise sich entfernt haben, Schädigungen der Gene davontragen, ist schwer zu sagen und soll hier auch im einzelnen nicht erörtert werden. Diese Unkenntnis ist die Ursache, warum wir über diese Grundfrage häufig so rasch hinweggehen und uns meist nur mit den Realisationsfaktoren, die viel deutlicher in die Erscheinung treten, uns beschäftigen. Manchmal sind sie so ausgeprägt, daß sie allein maßgebend zu sein scheinen.

Realisationsfaktoren. Bei den Realisationsfaktoren haben wir zwischen *ektogenen* und *endogenen* Einflüssen zu unterscheiden.

Jede wissenschaftliche Forschung muß versuchen, die Lebensvorgänge auf chemisch-physikalische Vorgänge zurückzuführen. Bei den *ektogenen* Faktoren sind wir bei gewissen Geschwulstbildungen imstande, diese Forderung zu erfüllen; denn wenn z. B. nach einer unzweckmäßigen Röntgen- oder Radiumbehandlung ein Krebs sich bildet, so ist das auslösende Moment die Strahlung, also ein *physikalischer* Faktor. Bei dem Krebs der Schornsteinfeger, dem Blasenkrebs der Anilinarbeiter, dem Schneeberger Lungenkrebs, dem Teerpinselungskrebs der Versuchstiere kommt die Geschwulstbildung durch die Einwirkung *chemischer* Substanzen zustande.

BLOCH, KENNAWAY und COOK u. a. haben nun die Stoffe, die bei den experimentellen Krebsformen als Realisatoren wirksam sind, die sog. *carcinogenen* Stoffe, chemisch genauer untersucht und sind zu folgendem Resultat gekommen.

Es sind 4—5 Ringe enthaltende Stoffe vom Grundtyp des Anthracens, Phenantrens, des Pyrens und Chrysens; das Skelet der Körper zeigt die Abb. 125. Das *Follikelhormon* zeigt mit den genannten Stoffen chemisch eine gewisse Verwandtschaft und enthält ebenfalls ein kondensiertes Kohlenwaserstoff-Grundskelet von teilweise aromatischem Charakter. Ja, es ist möglich, Stoffe durch chemische Veränderungen am Molekül der carcinogenen Soffe zu gewinnen, die ausgesprochen oestrogen wirken und alle Eigenschaften des Follikelhormons im Tierversuchen zeigen. DODDS[1] konnte die *brunsterregende* Wirkung an Nagern nachweisen[2].

Trotz dieser chemischen Verwandtschaft bestehen zwischen dem Follikelhormon und den carcinogenen Stoffen, wie BUTENANDT betont, doch für ihre biologische Wirksamkeit sehr wichtige Unterschiede: die carcinogenen Stoffe sind

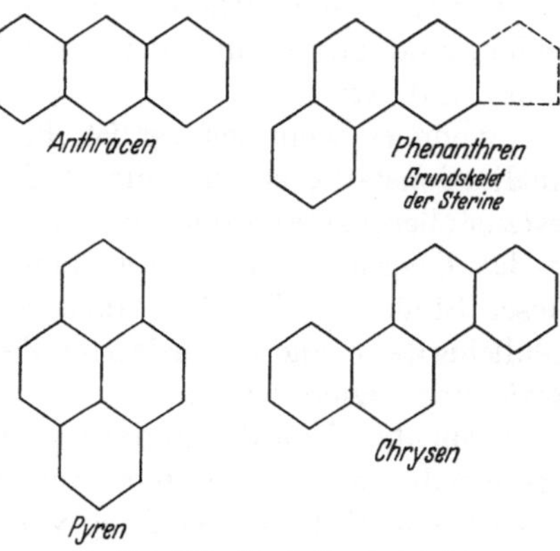

Abb. 125. (Nach DRUCKREY.)

schwer lösliche Fremdkörper für den Organismus mit hoher Depotfähigkeit, das Follikelhormon dagegen enthält Hydroxylgruppen, ist leicht löslich, leicht oxydierbar und leicht veresterbar, so daß es schnell aus dem Körper entfernt werden kann.

Auffällig ist meist die *lange Zeit*, die zwischen der Einwirkung der Schädigung und dem Auftreten der Geschwulst liegt, und die *lange Dauer der Einwirkung* der Schädigung, die notwendig ist, um Krebs hervorzurufen. Es vergehen nicht nur Monate, sondern viele Jahre, bis die erlittene Schädigung sich in blastomatösem Wachstum äußert *(lange Latenzzeit)*. FISCHER-WASELS hat besonders darauf hingewiesen, daß die *Regeneration*, die sich nach der Schädigung des Gewebes an den Zellen einstellt, vielfach einen unregelmäßigen Verlauf zeigt und damit zur Geschwulstbildung führen kann.

Damit sind wir von selbst zu der Frage der *endogenen* Realisationsfaktoren gekommen. Wird der *carcinomogene* oder ganz allgemein gesprochen der geschwulsterzeugende Stoff in den *Zellen des eigenen Körpers* selbst gebildet und wenn ja, unter welchen Bedingungen tritt eine solche verfehlte Tätigkeit der körpereigenen Zellen auf oder kommt die *Schädigung von außen*?

Ektogene und endogene Realisationsfaktoren sind nicht immer scharf voneinander zu trennen und wirken sich häufig im gleichen Sinne auf das Substrat aus. Es zeigt sich bei dem geschwulstmäßigen Wachstum die nämliche Erscheinung, die wir bei den natürlichen Wachstumsvorgängen festgestellt haben.

Zur Steuerung des natürlichen Wachstums bedarf es der Beihilfe verschiedener von außen kommender Faktoren: das sind sämtliche Nährstoffe, dann

---

[1] DODDS: Vers. internat. Kongr. f. Krebsbekämpfg. **2**, 181 (1933).

[2] Siehe auch Oestrogene Stoffe bei Geschlechtshormonen, S. 177.

Vitamine, Salze, physikalische Einwirkungen in Form von Wärme, Licht, Strahlung. Von den körpereigenen Zellen werden hautpsächlich Hormone und Fermente gebildet.

Wenn auch die von außen kommenden Faktoren, wie wir bei dem Anilinkrebs und Röntgencarcinom besonders deutlich sehen, für Krebsbildung bedeutungsvoll, ja in praktischer Hinsicht maßgebend sind — denn die Erkenntnis der auslösenden Faktoren ermöglicht uns meist die Verhütung —, so kann es doch kaum eine Frage sein, daß die Stoffe, die im *Körper selbst gebildet* werden, die größere Rolle spielen; denn die Zellen, die diese Substanzen bilden, sind nun einmal der ureigenste genisch immanente Besitz von Individuum und Art.

Wenn es schon schwer ist, bei dem natürlichen Wachstum die endogenen Realisationsfaktoren und die Rolle, die *Hormone* und *Fermente* dabei spielen, festzustellen, so wachsen die Schwierigkeiten bei dem blastomatösen Wachstum in das Unermeßliche; und trotzdem müssen wir immer wieder versuchen, an dieser Stelle das Problem anzugreifen, wenn wir weiter kommen wollen. Erfreulicherweise sind in der letzten Zeit auch beachtenswerte Fortschritte in dieser Beziehung erzielt worden.

Fermente. Von der Änderung, die in der fermentativen Tätigkeit der Zellen festgestellt wurde, sollen nur zwei wichtige Erkenntnisse hervorgehoben werden. Das ist einmal die Feststellung von WARBURG, daß die *Krebszelle* statt Kohlensäure *Milchsäure* bildet, und dann die Lehre von v. EULER, daß die Krebszelle eine *cytochrom defekte Zelle sei*.

Nach den Forschungen von WARBURG hält man bisher die Bildung von Milchsäure in den Krebszellen für einen spezifischen Vorgang. DRUCKREY u. a. haben jedoch gezeigt, daß nur die in der Mitte einer Krebsgeschwulst gelegenen, weniger gut ernährten Krebszellen Milchsäure bilden, daß dagegen die an der Peripherie der Neubildung gelegenen und gut ernährten Krebszellen genau so wie die normalen Körperzellen CO_2 zu produzieren vermögen. Die Milchsäurebildung ist also nur ein Zeichen einer *verminderten Vitalität* der Zellen. Sie findet sich in der gleichen Weise auch bei gewöhnlichen Körperzellen, sofern sie schlecht ernährt und in ihrer Vitalität geschädigt sind. Es treten dann an Stelle der vorwiegend oxydativen Vorgänge mehr die fermentativen, oder richtiger ausgedrückt, es tritt, da die Oxydation auch durch ein Ferment ausgelöst wird, eine Änderung in der Fermentbildung ein.

v. EULER [1] führt die in der Krebszelle gestörte Atemtätigkeit bzw. das abnormale Verhältnis von Atmung und Glykolyse darauf zurück, daß das „Enzymsystem, das zur schließlichen Oxydation führt und zur Veratmung der Zwischenprodukte notwendig ist, nämlich Diaphorase und das Cytochromsystem, in der Geschwulst mehr oder weniger vernichtet sind." Die Krebszelle ist nach ihm eine „cytochrom defekte Zelle".

Auch bei der Abstoßung der Uterusschleimhaut, bei der Menstruation, handelt es sich offenbar um eine Änderung der fermentativen Tätigkeit (Bildung des Verdauungsfermentes Trypsin), während die unter dem Einfluß des Follikel- und Corpus luteum-Hormons normal ernährte Schleimhaut eine andere, ihre „normale" Fermentbildung aufweist.

Seit wir die Zusammen- und Gegenarbeit von Hormonen, Vitaminen und Fermenten und die Zusammenkopplung von Vitaminen und Hormonen mit

---

[1] EULER, v.: Dtsch. med. Wschr. **1938 II**, 1712, 1758.

Eiweißträgern zu Fermenten kennen, kommt diesen Fragen besondere Wichtigkeit für das Geschwulstproblem zu (s. S. 24).

Durch den weiteren Ausbau der Lehre von den Fermenten werden bestimmt unsere Einsichten in das Wesen des geschwulst- und krebsmäßigen Wachstums sich erweitern und vertiefen. Es ist zu hoffen, daß es dann auch gelingen wird, die Entwicklung und weitere Ausbildung *falscher Enzymgemeinschaften* zu verhüten und bereits bestehende zu verbessern. Ob mehr chemische Faktoren wie Hormone und hormonähnliche Substanzen, Pharmaca, vorwiegend als Katalysatoren wirkende Metalle und andere Elemente, oder ob mehr physikalische Einflüsse oder eine Kombination beider bei der Bekämpfung wirksam sein werden, wird die Zukunft lehren. Beim Krebs hat sich bisher fraglos Licht von bestimmter Wellenlänge (Röntgen-, Radiumstrahlen) in einer gewissen Dosis — daher suchten WINTZ und ich [1] die Carcinomdosis, freilich eine individuell wechselnde Größe, festzustellen — als am wirksamsten (wohl durch Einwirkung auf die Enzymgemeinschaften) erwiesen.

Hormone. Bei den natürlichen Entwicklungs- und Wachstumsvorgängen haben die *Hormone die Führung.* Das allgemeine Körperwachstum wird von dem eosinophilen Hormon des Hypophysenvorderlappens, das geschlechtsspezifische Wachstum von dem Follikelhormon und männlichem Geschlechtshormon und mittelbar durch das gonadotrope Hypophysenvorderlappenhormon führend gesteuert. Da geschwulstmäßiges Wachstum abgeartetes Wachstum ist, so ist es nützlich, zu untersuchen, ob diese normalen Wirkstoffe auch bei dem geschwulstmäßigen Wachstum beteiligt sind und welche Rolle sie dabei spielen.

Bei dem genaueren Studium fällt immer wieder die Tatsache auf, daß Geschwulstbildung stark durch *geschlechtliche und Fortpflanzungsvorgänge* beeinflußt wird. Die Erscheinung ist auch nicht verwunderlich, daß, wie wir gesehen haben, bei den primitivsten Lebewesen Fortpflanzung und Wachstum fast noch identische Begriffe sind und die Geschlechtlichkeit im gewissen Sinne noch gar nicht sich ausgebildet hat. Diese Feststellung ist um so bedeutungsvoller, als die Geschwulstzellen, besonders die Krebszellen, meist noch primitive und wenig differenzierte Zellen darstellen.

Ehe wir daher auf die Bedeutung der Wachstumshormone für die Geschwulstentwicklung eingehen, soll noch festgestellt werden, wie weit *Geschlechtsdrüsen* und Geschlechtstätigkeit bei der Entstehung von Geschwülsten beteiligt sind und ferner versucht werden, die *Eigenart der Geschwulstzellen,* besonders der *Krebszelle,* kurz zu schildern.

2. Die besondere Geschwulst- und Krebsbereitschaft der weiblichen Geschlechtsorgane.

Es ist keine Frage, daß die weiblichen Geschlechtsorgane einschließlich der Brustdrüse besonders zur Geschwulstbildung gut- und bösartiger Natur disponiert sind. Daß eine größere Anzahl von Frauen als von Männern an Carcinom zugrunde gehen, hängt bekanntlich mit der großen Häufigkeit des Gebärmutter- und des Brustkrebses zusammen. Das Uterusmyom ist eine Geschwulstform, die man bereits bei jeder zehnten Frau in dem präklimakterischen Alter vorfindet. Es gibt ferner kein Organ des menschlichen Körpers, das so verschiedenartige Geschwülste zu produzieren vermag als das Ovar. Es kommen in ihm nicht nur Carcinome, Sarkome, Fibrome, die papillären und glandulären Cystome

---

[1] SEITZ u. WINTZ: Unsere Methode der Röntgentiefenbestrahlung. 5. Sonderband zur Strahlentherapie. Berlin u. Wien: Urban & Schwarzenberg 1920.

vor; der Eierstock vermag auch Geschwülste zu bilden, die mißglückten Organbildungen (Dermoide, Teratome) gleichen. Schließlich vermag jede der verschiedenen Zellen aus denen sich der Follikelapparat zusammensetzt, gelegentlich blastomatös zu wuchern. Ein Beweis sind die Granulosazellen — die Theca lutein-Zellen-Geschwülste, die Arrhenoblastome usw. Diese blastomatös gewucherten Gewebe behalten zum Teil noch ihre Fähigkeit, Hormone, die das normale Gewebe bilden, auch im gewucherten Zustand weiter zu produzieren.

Die verschiedene blastomatöse Gestaltungsfähigkeit ist bei dem *Eierstock* als dem Träger der Eizelle und seiner Hilfsorgane leicht verständlich. Auch die gesteigerte Carcinombereitschaft der *weiblichen Geschlechtsorgane* einschließlich der *Brustdrüse* erklärt sich aus der *natürlichen Aufgabe*, die diese Organe während des Lebens zu erfüllen haben. Sie sind auf eine weit spätere Entwicklung als die übrigen Organe eingestellt. Ihre Zellen behalten lange eine gewisse chemische und morphologische Pluripotenz bei, die andere Somazellen frühzeitig verlieren. Sie erfahren im Zyklus und in der Schwangerschaft regelmäßig einen Aufbau, dem ein Abbau und dann wieder eine Regeneration folgt. Die *Regenerationskraft* des Endometriums mit dem vierwöchentlichen völligen Wiederaufbau steht der Regenerationskraft niederer Tiere, z. B. des Nachwachsens des Eidechsenschwanzes kaum nach. Es ist begreiflich, daß bei diesem ständigen Auf und Ab leichter Entgleisungen im Wachstum der Zellen und in der Regeneration vorkommen, als wenn die Entwicklung gleichmäßig wie bei den meisten anderen Somazellen erfolgt.

Eine erhöhte Proliferation und Regenerationsbereitschaft und dadurch eine erhöhte Bereitschaft zu bösartiger Entgleisung ist auch beim *Hoden* nachzuweisen. Während sonst Traumen, die andere Stellen des Körpers treffen (z. B. bei Soldaten, also sonst gesunden Menschen), kaum je eine bösartige Geschwulst auslösen, treten dagegen nach Gewalteinwirkungen, die einen Hoden getroffen haben, verhältnismäßig häufig Hodengeschwülste, Sarkom und Chorionepitheliom, auf (SCHÜRMANN).

In dem Sinne sprechen auch die allgemeinen Tatsachen, daß der Krebs am häufigsten im höheren Alter, wenn die Tätigkeit der Keimdrüse bereits abgeklungen ist, auftritt. Es bedeutet aber ein zu einfaches Denken, zu glauben, daß die gelegentlichen Erfahrungen, die mit der Entfernung der Keimdrüse auf das Wachstum des Krebses gemacht worden sind, dabei ausschlaggebend wären.

Vielfach sah man eine gewisse Rückbildung des Mammacarcinoms nach Kastration bei Frauen oder auch eine spontane Heilung des Adenocarcinoms bei der weißen Maus. Es liegen freilich auch entgegengesetzte Berichte vor. Frl. KNAAKE [1] berichtet, daß unter 40 kastrierten Tieren und unter 20 kastrierten Parabiosetieren 7mal bösartige Geschwülste aufgetreten sind, während bei den Nichtkastrierten der gleichen Rasse sich viel seltener Geschwülste fanden.

3. Das Carcinom als Wachstumsvorgang.

Das Wachstum der Carcinomzelle unterscheidet sich in wesentlichen Punkten von den Wachstumsvorgängen, die wir an den normalen Somazellen beobachten.

Jedes Wachstum ist gekennzeichnet durch Vermehrung (Hyperplasie), Vergrößerung (Hypertrophie) und Differenzierung von Zellen. Diese drei Vorgänge treten bei dem natürlichen und bei dem geschwulstmäßigen Wachstum in verschiedener *Stärke* und in verschiedener *Reihenfolge* auf.

Bei der *befruchteten Eizelle* herrscht *zuerst* die *Vermehrung* vor. Um innerhalb des engen Raumes, der durch die Glashaut des Eies gezogen ist, eine Vermehrung zu ermöglichen, verkleinern sich die entstehenden Blastomeren. Erst wenn die Glashaut gesprengt

---

[1] KNAAKE: Berl. Ges. Gynäk. 13. Nov. 1936.

ist, treten, wenigstens für unser Auge wahrnehmbar, neben der Vermehrung *auch Vergrößerung und Differenzierung* der Zellen auf, anfänglich besonders ausgeprägt an den Zellen des Trophoblastes. In der späteren Zeit herrscht bei dem natürlichen Wachstum die Vergrößerung der Zellen vor. Besonders deutlich tritt das bei dem intensiven Wachstum der Entwicklungszeit in die Erscheinung, während Differenzierung und Vermehrung der Zellen mehr und mehr in den Hintergrund treten.

Anders bei dem *carcinomatösen Wachstum.* Die Zellen bleiben im wesentlichen auf dem *ersten Stadium vorwiegender Vermehrung* stehen. Vergrößerung und Differenzierung der Zellen ist zwar auch ein wenig vorhanden, aber es geht nie über ein gewisses Maß hinaus. Wir unterscheiden bekanntlich zwischen unreifen und ausgereiften Carcinomen. Bei den ersteren, die besonders bösartig sind, fehlt fast jede Differenzierung. Bei den letzteren sind Anfänge zu bestimmten Formbildungen, wie Verhornung, drüsenartige Anordnung usw., wahrzunehmen. Alle Theorien greifen auf die Zelle und ihren Entwicklungsgang zurück, sei es HANSEMANNs Anaplasie- oder WESTENHÖFERs Progonie- oder K. H. BAUERs Mutations- oder FISCHER-WASELs Regenerationslehre.

Wir können auch gewisse *morphologische* Verschiedenheiten in der Struktur und bei den Teilungsvorgängen der Carcinomzellen im Vergleich zu den normalen somatischen Zellen feststellen. Die Carcinomzellen haben häufig unregelmäßige Formen. Die Teilung der Kerne ist ungeordnet. Man sieht nur selten schöne Asterbildungen. Besonders deutlich treten diese Verschiedenheiten gegenüber der normalen Zelle in der Gewebskultur und im Laufbild zutage, z. B. in dem schönen Carcinomfilm von HUZELLA. Dort sieht man ein ganz anderes Verhalten dieser Zellen im Vergleich zu den normalen Zellen. Die Carcinomzelle ist eine andere Zellrasse, d. h. sie trägt, schon durch die chromosomalen Determinationsfaktoren bedingt, andere Entwicklungstendenzen in sich.

Die wichtigen Wechselbeziehungen zwischen geschwulstmäßigem Wachstum und den allgemeinen Wachstumsvorgängen kann man auch aus dem Einfluß, den Alter und die *jeweilige ontogenetische Entwicklungsphase* des Individuums haben, ersehen. Myome sind Geschwulstbildungen, die sich bei dem ersten Nachlassen der Geschlechtstätigkeit einstellen. Das Carcinom bevorzugt das Alter. Man weiß, daß Krebs bei jugendlichen Personen einen besonders bösartigen Charakter zeigt usw. Die *Ansprechbarkeit* der Zelle, die geschwulstmäßige Wachstumsanlage in sich tragen, ist also je nach dem Alter verschieden groß.

Auch die Reaktionsfähigkeit der Körperzelle gegenüber den Wirkstoffen ist bekanntlich je nach der ontogenetischen Entwicklungsphase und nach der Eigenart des Individuums sehr verschieden. Man denke an die andere Reaktionsweise der Zellen des Geschlechtsschlauches und der Brustdrüse auf Follikel-, Corpus luteum-, Lactationshormon, an die andere Reaktionsfähigkeit des Körpers des Säuglings (erhöhte Ödem-, Infektions-, Krampfbereitschaft), der Schwangeren (Ödembereitschaft, Nierenfunktionsänderungen), an die verschiedenen allergischen und dysergischen Zustände des Menschen.

Ein besonders lehrreiches Beispiel für die Rasseänderung der Zelle bei dem geschwulstmäßigen Wachstum liefert der fetale Zottenkrebs (Chorionepitheliom). Es soll daher auf diese Neubildung näher eingegangen werden.

4. Der fetale Zottenkrebs (Chorionepitheliom) im Vergleich zum Carcinom.

Der fetale Zottenkrebs zeichnet sich vor allen anderen Gewächsen, gutartigen oder bösartigen, dadurch aus, daß er aus *körperfremden* Zellen besteht, während alle anderen Geschwülste aus *körpereigenen* Zellen sich zusammensetzen. Bei dem Chorionepitheliom sind die körperfremden Zellen eines ganz anderen Lebewesens, des Fetus, in den mütterlichen Körper eingedrungen und dort gewuchert.

Dieser Vorgang hat eine Analogie in dem Eindringen von Schmarotzern und von Bakterien in das menschliche Gewebe. Der Unterschied besteht nur darin, daß bei diesen einzelne lebende *Individuen*, bei jenen dagegen nur *Teile* eines Individuums, *einzelne Zellen*, eindringen. Jene rufen Infektionen und andere pathologische Zustände hervor, diese dagegen geschwulstmäßiges Wachstum. Prinzipiell gleich wie beim Chorionepitheliom liegen die Verhältnisse bei der Übertragung des Krebses durch Einpflanzungen von bösartigem Zellmaterial auf andere Tiere der gleichen Gattung; doch gelingt die Übertragung nur bei bestimmten Krebsarten und bei dazu disponierten Tieren.

Bei dem fetalen Zottenkrebs sind wir in der Lage, den *Entwicklungsgang von der normalen Zelle zur Krebszelle* genau zu verfolgen.

Die *Chorionepithelien* bei *normaler* Schwangerschaft erfahren während ihrer neunmonatlichen Lebensdauer gewisse kleine Differenzierungen.

In der ersten Zeit bilden sie eine Doppelreihe, Syncytium und LANGHANSsche Zellen, in der späteren Zeit ist es nur eine flache Schicht von niedrigen Zellen. Chorionepithelien werden während der ganzen Schwangerschaft von der Oberfläche weggerissen und in den mütterlichen Kreislauf gebracht; sie werden durch Verdauungsfermente, die durch das ABDERHALDENsche Dialysier- und Polarisationsverfahren nachgewiesen werden können und durch Leukocytenfraß- und -einschluß — letzterer an den Einschlüssen in den Lungenalveolen zu sehen — unschädlich gemacht.

Bei der *Blasenmole* dagegen sind die Epithelien unregelmäßig gewuchert, zeigen Vakuolenbildung, das Stroma schwillt ödematös auf, die Ernährung des Embryos leidet, er stirbt ab und wird autolytisch aufgelöst. Man kann eine normale Zotte von einer blasig entarteten auf den ersten Blick unterscheiden.

Das sind die wichtigsten morphologischen und funktionellen Verschiedenheiten, die zwischen der normalen Zotte und der Blasenmolenzotte bestehen.

Die Blasenmole ist im allgemeinen eine Erkrankung der *ersten* Zeit; gewöhnlich geht die Mole schon im 3. oder 4. Monat ab. Es sind nur die noch *undifferenzierten* chorialen Zellen fähig, Wucherungen von der Art der Blasenmole hervorzubringen. Es trägt *der* Teil der Embryonalanlage, aus der sie hervorgegangen sind, einen Fehler an sich. Die Zellen sind daher eine *andere Zellrasse*.

Wir können für diese Annahme auch einen indirekten Beweis auf Grund eines *Vergleiches* zwischen Blasenmole und Chorionepitheliom erbringen. Ein Chorionepitheliom entwickelt sich fast stets nur auf der *Grundlage einer Blasenmole*.

Wenn man ein Chorionepitheliom nach scheinbar gewöhnlichem Abort beobachtet hat, so ist eine genaue mikroskopische Untersuchung meist unterlassen und deshalb eine teilweise oder beginnende Blasenbildung übersehen worden. Chorionepitheliome nach ausgetragener Schwangerschaft sind, wenn sie überhaupt von den Zotten ausgehen, äußerst selten, und es ist ebenfalls anzunehmen, daß bei der sonst wohlentwickelten Placenta einzelne Zotten molig entartet waren.

Eine bestimmte Form der Blasenmole hat schon alle kennzeichnenden Eigenschaften, die wir sonst bei dem Chorionepitheliom beobachten. Es ist das die sog. *destruierende Blasenmole*. Während sonst bei der Blasenmole die Zotten gar nicht oder nur wenig tiefer als normalerweise in das mütterliche Gewebe eindringen, durchwuchern sie bei der destruierenden Blasenmole die ganze Gebärmutterwand und brechen nicht selten bis in die Bauchhöhle durch. Wir wissen ferner, daß, wenn eine Frau eine Blasenmole gehabt hat, Gefahr besteht (etwa 10% Wahrscheinlichkeit), daß sie später an einem Chorionepitheliom erkrankt. In diesen Fällen sind einzelne Zotten oder auch nur Chorionepithelien im Gewebe des Uterus, oder durch Blut- und Lymphbahnen

an irgendeine andere Körperstelle verschleppt, zurückgeblieben, die nachträglich zu wuchern anfangen. Die Wucherungstendenz steckt also schon chromosomal in den Zellen, sie sind zu geschwulstmäßigem Wachstum determiniert;
denn die normalen verschleppten Chorionepithelien werden zerstört.

Bei dieser Deutung spielt die *Art und die Stärke der chromosomal bedingten
Zellentartung* die Hauptrolle bei der Entstehung der Blasenmole und des Chorionepithelioms und entscheidet bei dem letzteren die Frage, ob die Trägerin mit
dem Leben davonkommt oder erliegt.

Aber die Erfahrung lehrt, daß neben der Zellbeschaffenheit noch ein zweiter
Faktor für den Ausgang des Kampfes in Betracht kommt, das sind die *Abwehr-
kräfte des mütterlichen Körpers*. Wir können diesen Schluß, der sehr wichtig
für die allgemeine Kenntnis der bösartigen Geschwülste ist, ziehen, weil wiederholt Fälle beobachtet sind, in denen die Geschwulst bereits so weit ausgedehnt
war, daß eine Heilung unmöglich erschien und trotzdem *Selbstheilung* eintrat.
Ich habe selbst wiederholt Fälle erlebt, darunter einen genau von HÖRMANN [1]
beschriebene Beobachtung (Patientin mit ausgedehnter Wucherung, nicht mehr
operabel), ferner eine Zigeunerin mit weit vorgeschrittener Erkrankung, die
jede Therapie verweigerte; beide Fälle sind trotzdem wieder völlig genesen
und seit Jahren gesund.

Da wir leider weder ein histologisches noch ein humorales — auch die ASCHHEIM-
ZONDEKsche Reaktion versagt in diesen Fällen — Unterscheidungsmittel zwischen gutartigen und bösartigen Formen haben, so versteht man, daß der verantwortungsbewußte
Arzt lieber den Uterus entfernt oder die Kranke strahlenbehandelt, als sie der Ungewißheit
der Selbstheilung überläßt.

Es ist nun wichtig und interessant, festzustellen, was für *funktionelle* Unterschiede zwischen den *normalen* Chorionepithelien, den Epithelien der *Blasenmole* und des *Chorionepithelioms* bestehen. Sie sind im Vergleich zu den morphologischen Verschiedenheiten verhältnismäßig gering und im wesentlichen
quantitativer Natur.

Schon die normale Zotte dringt in das mütterliche Gewebe ein und eröffnet Gefäße.
Bei der Blasenmole und namentlich bei dem Chorionepitheliom sind diese Eigenschaften
nur stärker ausgeprägt.

Die normalen Chorionepithelien produzieren bekanntlich das *gonadotrope*
Hormon. Die Menge des Hormons ist bei der Blasenmole *vermehrt*, wahrscheinlich nur entsprechend der Massenzunahme der chorialen Elemente, ähnlich
beim Chorionepitheliom; es handelt sich also nur um eine *quantitative* Unterschiede, *qualitativ* ist das Hormon bei Chorionepitheliom und bei Blasenmole
genau *dasselbe* wie in der normalen Schwangerschaft; eine sehr wichtige Feststellung, der wohl allgemeine Bedeutung zukommt: die *Hormone bleiben
gleich, auch wenn die morphologische Struktur durch blastomatöse Wucherung
der Zellen sich ändert.*

Wir können das gleiche bei den normalen Chorionepithelien der ersten Monate und
denen der späteren Monate der Schwangerschaft feststellen. Es besteht eine histologische
Verschiedenheit im Aufbau der Chorionepithelien und in der Quantität des gebildeten Hormons, aber die *Qualität* des Hormons bleibt dieselbe.

Das in der *normalen Schwangerschaft* bei *Blasenmole* und bei *Chorionepitheliom*
gebildete gonadotrope Hormon gibt Reaktion 1, 2 und 3, ist also Prolan A *und* B.

---

[1] HÖRMANN: HEGARs Beitr. Geburtsh. 8, 418 (1904). — Z. Geburtsh. 54, 343 (1905).

Das gonadotrope Hormon, das wir bei den *bösartigen körpereigenen* Geschwülsten finden, ist fast stets *nur Follikelreifungshormon* (Prolan A), enthält aber kein Luteinisierungshormon (Prolan B).

Wir müssen aus diesem wichtigen Unterschied den Schluß ziehen, daß nur die Blastomeren, aus denen die Chorionzotten hervorgehen, nicht etwa die Blastomeren, aus denen sich die somatischen Zellen des Fetus bilden, chromosomal bedingt die Fähigkeit in sich tragen, das Luteinisierungshormon zu bilden. Mit anderen Worten, es besteht ein *Unterschied* in dem *weiteren Differenzierungsgang* der Zellen, aus denen der fetale Zottenkrebs, und den Zellen, aus denen sich der gewöhnliche Krebs entwickelt.

Die Fähigkeit, ein Chorionepitheliom und Luteinisierungshormon zu bilden, können ausnahmsweise auch einmal *körpereigene* Zellen haben, nicht nur die körperfremden Zellen der kindlichen Zotten. Es gibt auch ein *Chorionepitheliom* beim *Manne*. Hier ist es hauptsächlich der Hoden, von dem solche Gewächse ausgehen.

5. Einfluß der Hormone, besonders der Wachstumshormone auf das Geschwulstwachstum.

Da das Follikelhormon in erster Linie auf die Zellen, die irgend·etwas mit den Geschlechtsfunktionen zu tun haben, verändernd und formweckend einwirkt, so liegt es nahe, daß wir seine Einwirkungen bei den von den *Geschlechtsorganen* und von der *Brust* ausgehenden Neubildungen verfolgen oder durch Zufuhr des Wirkstoffes künstlich Proliferationen hervorrufen können:

a) Follikelhormon.
1. Gutartige Bildungen.
α) Myome und Adenomyosis (Endometriosis).

Ich[1] habe vor mehr als 25 Jahren in einem Aufsatze mit dem ketzerischen Titel: „Ovarialhormone als Wachstumsursachen der Myome" die Meinung vertreten, daß die bekannte Rückbildung der Myome, die nach Kastration und in der Menopause eintritt, nicht bloß, wie bisher allgemein angenommen, durch Nachlassen der Blutzufuhr zum Organ ausgelöst wird, sondern daß das Primäre in den Wirkstoffen des Ovars zu suchen sei; erst durch deren Einwirkung werde die reichliche Blutzufuhr erzeugt, die das Wachstum der Myome ermögliche. Im Sinne eines hormonalen Einflusses von Seiten des Eierstocks sprächen auch die Vergrößerung und besonders die kleincystische Degeneration, die sich an den Organen so häufig findet.

Ich habe bis vor wenigen Jahren entweder gar keine Beachtung oder Ablehnung der Auffassung erfahren. Eine von FLEISCHMANN[2] beschriebene Beobachtung — eine Frau, bei der 9 Monate nach Einpflanzung des Eierstocks einer Myomatösen die gleiche Geschwulst sich entwickelte — wurde als Zufall gedeutet. Erst als es möglich war, mit isolierten und reinen Wirkstoffen Tierversuche anzustellen und das Hormon bei den Myomkranken am biologischen Testobjekt nachzuweisen, wurde wohl der endgültige Beweis für die Richtigkeit der Theorie erbracht.

Die Ergebnisse, die mit den über längere Zeit durchgeführten Einspritzungen *größerer Mengen von Follikelhormon* bei den *Versuchstieren* (Meerschweinchen, Kaninchen, Ratten) von verschiedenen Forschern verschiedener Länder (MÖNCH[3],

---

[1] SEITZ, L.: Münch. med. Wschr. **1911** I. — Arch. Gynäk. **115**, 1 (1921).
[2] FLEISCHMANN: Zbl. Gynäk. **3**, 82 (1922).
[3] MÖNCH: Amer. J. Obstetr. **13**, 334 (1927). — Mschr. Geburtsh. **105**, 154 (1937).

WITHERSPOON [1], WITHERSPOON und BUTLER [2], DEAN, LEWIS und GESCHICHTER [3], W. O. NELSON, LACASSAGNE [4], MORICARD und CAUCHOIX [5], C. KAUFMANN und STEINKAMM [6] — letztere fanden bei kastrierten Ratten Fibrosis der Submucosa) stimmen in den wichtigsten Punkten überein. Es kam teils zu einer Wucherung des Bindegewebes *(Fibrosis)*, teils zu blastomatösen Wucherungen von Bindegewebe- und Muskelfasern *(Fibromyome)*, teils zur Wucherung der Schleimhautbestandteile des Uterus *(Adenosis oder Endometriosis)* oder zugleich mit der Vermehrung der glatten Muskelfasern zur Bildung von einer *Adenomyosis*.

Es konnte ferner der Beweis erbracht werden, daß *größere Mengen des Wirkstoffes* als sonst im *Urin von Myomträgerinnen* ausgeschieden wurden (LEWIS, MÖNCH, F. E. DIETEL [7]). DIETEL konnte ferner feststellen, daß neben dem Follikelhormon auch größere Mengen Hypophysenvorderlappenhormon im Harn sich nachweisen lassen, wie das bereits früher von ZONDEK, EHRHARDT, GOECKE u. a. gefunden wurde; bei der bekannten Abhängigkeit der Produktion des Follikelhormons von der Tätigkeit des Hypophysenvorderlappens ist diese Erscheinung nicht auffällig.

Myome und Endometriosis treten meist erst in der *30er Jahren,* d. h. in einem Alter, in dem auch die *Follikelpersistenz* mit *vermehrter Bildung von Follikelhormon* und kleincystischer Degeneration der Eierstöcke und damit zusammenhängend vermehrte Monatsblutungen häufiger vorkommen, auf.

In der *Schwangerschaft,* in der bekanntlich die Menge des Follikelhormons gewaltig vermehrt ist, zeigen Myome *erhöhtes Wachstum.* Vorher kaum fühlbare Knoten sind als hühnerei- und faustgroße Geschwülste an der Uterusoberfläche zu tasten. In beiden Fällen kreist also eine vermehrte Menge Follikelhormon im Blut und löst gesteigertes Wachstum der Myome aus.

Die *umgekehrte* Wirkung tritt ein, wenn der *Hormonspiegel abfällt* oder der Wirkstoff ganz aus dem Blut verschwindet. Mit dem raschen Absinken des erhöhten Hormonspiegels nach der Geburt bilden sich im Wochenbett *Myome fast regelmäßig wieder zurück.* Wenn die Blutzufuhr infolge der erheblich verminderten Hormonzufuhr zu stark gedrosselt wird, kommt es gelegentlich sogar zu einer Nekrotisierung der Myome. Treten Myom- und Endometriosisträgerinnen in die *Menopause* ein oder wird durch Operation oder Röntgenbestrahlung die Bildung des Follikelhormons künstlich ganz unterdrückt oder auf kleinste Mengen herabgesetzt, dann erfolgt bekanntlich ebenfalls fast regelmäßig eine Verkleinerung der Wucherungen und Geschwülste.

Der Stoff, dem wir bei allen diesen Bildungen immer wiederum begegnen, ist das *Follikelhormon.* Dieses ist ein Wachstums- und Differenzierungsstoff, hat ferner formweckende Einwirkung auf Bindegewebs- und Muskelfasern des Uterus und auf die Formelemente der Gebärmutterschleimhaut. Unter physiologischen Verhältnissen, d. h. in richtiger Menge und im richtigen Zeitpunkt abgesondert, bewirkt der Stoff die natürlichen geschlechtsspezifischen Wachstumsvorgänge am Uterus (und an den Brüsten), in der Schwangerschaft das geschlechtsspezifische Wachstum. In zu großer Menge und zur Unzeit bereitet, regt er unregelmäßiges, krankhaftes oder blastomastöses Wachstum der Zellelemente, die Uteruswand und Schleimhaut zusammensetzen, an: Die vermehrte

[1] WITHERSPOON: Endocrinology **17,** 703 (1933).
[2] WITHERSPOON and BUTZER: Surg. etc. **58,** 57 (1934).
[3] DEAN, LEWIS and GESCHICHTER: Amer. med. Assoc. **104,** 45 (1935).
[4] NELSON, W. O. et LACASSAGNE: C. r. Soc. Biol. Paris **120,** 685, 1156 (1935).
[5] MORICARD et CAUCHOIX: Bull. Gyn. et Obstetr. Paris **1938,** Nr. 4, 272.
[6] KAUFMANN, C. u. STEINKAMM: Arch. Gynäk. **165,** 358 (1938).
[7] DIETEL, F. E.: Internat. Gynäk. Tagg Amsterdam **1938,** 415.

Wucherung der Schleimhaut (Hyperplasia glandularis cystica) oder Polypenbildung, die Wucherung des Endometriums unter Eindringen in das umgebende
Gewebe, führt zur Endometriosis, die Wucherung der Bindegewebs- und Uterusmuskelfaser hat Bildung von Fibromyomen oder wenn sich die Drüsen des Endometriums stärker beteiligen, Adenomyombildung zur Folge.

Wenn man das Problem in diesem Lichte betrachtet, so erscheint das Follikelhormon als der *wichtigste Realisationsfaktor* bei der Entstehung der genannten Störungen. Es spielt in dem hormvitenzymatösen Gesamtgeschehen
fraglos die *führende* Rolle. Es ist von großer erkenntnistheoretischer und praktischer Bedeutung, daß nunmehr in dem Follikelhormon ein einheitlicher und
zugleich führender Realisationsfaktor erkannt ist.

Wir dürfen aber nicht vergessen: ob der Eierstock zu wenig oder zu viel
oder zur Unzeit das Follikelhormon bildet, ist in erster Linie determiniert, ist
chromosomalzygotisch bedingt, hängt ferner nicht allein von der Beschaffenheit des Eierstocks, sondern von dem ganzen hormonalen Geschlechtssystem
ab und wird auch in weiterer Folge von den Umweltfaktoren beeinflußt.

Wenn sich ein Myom oder eine Endometriosis bildet, so wird nach allem,
was wir wissen, Follikelhormon in zu reichlicher Menge gebildet. Wir kennen
also den Faktor, der die Voraussetzung für das Auftreten der Unregelmäßigkeiten ist, in seinem chemischen Aufbau ganz genau (Formel $C_{18}H_{22}O_2$). Bekannt sind uns zum Teil die Zellen, von deren Tätigkeit die Bildung des Wirkstoffes abhängt. Wir wissen auch, auf welche Zellen als *Erfolgszellen* sich die
zu großen Mengen Follikelhormon auswirken. Es sind die Bindegewebs- und
Muskelfasern des Uterus, die Zelle des Endometriums (und die Zellen der Brustdrüse, s. nächster Abschnitt). Eine ganz *unbekannte Größe* dagegen ist uns die
Meta- oder Molekularstruktur dieser Zellen; denn in dem einen Fall antwortet
die Bindegewebszelle, in einem anderen die Muskelzelle und in einem dritten
die endometrane Zelle auf die vermehrte Menge Follikelhormon. Wir müssen
annehmen, daß bei diesen Kranken die Erfolgszellen nicht die erbliche Reaktionsnorm in sich tragen, sondern schon in den Genen, aus denen sie hervorgehen,
von der Norm abweichende, fehlerhafte Entwicklungstendenzen haben. Das
sind uns freilich noch völlig geheimnisvolle Vorgänge.

β) Mastopathia cystica.

Ungefähr parallel mit dem Ansteigen der Menge des Follikelhormons im weiblichen
Körper wächst die Brustdrüse bei dem Mädchen. Bei dem stärkeren Wachstum in der
Pubertät und der sehr beträchtlichen in der Schwangerschaft ist neben dem Follikelhormon
auch noch das Gelbkörperhormon wirksam, doch ist keine Frage, daß auch bei diesen Zuständen das Follikelhormon die Führung hat (s. Näheres S. 209).

Wie durch zahlreiche Untersuchungen erwiesen, lassen sich durch längere
Zufuhr von Follikelhormon in der Brustdrüse Veränderungen herbeiführen, die
sehr stark an die *Mastopathia cystica* erinnern und für identisch mit ihr erklärt
werden. Wir wissen ferner, daß die Mastopathia cystica häufig in Carcinom
übergeht; auch ist oft beobachtet worden, daß ein Mammacarcinom langsamer
wächst, wenn die Eierstöcke entfernt sind; es ist daher die Kastration von
einigen Autoren als Mittel zur Bekämpfung und Heilung des Brustkrebses
empfohlen worden. Es mögen diese kurzen Andeutungen genügen, um auch
für die Brustdrüse die Wichtigkeit des Follikelhormons für blastomatöse Bildungen in diesem Organe zu zeigen.

γ) Künstlich hervorgerufene Zellproliferationen im Endometrium und an der Cervix.

Das Follikelhormon wirkt bekanntlich auf die *Gebärmutterschleimhaut* in der ersten Phase des Zyklus wachstumsanregend (proliferative Phase). R. SCHRÖDER hat ferner gezeigt, daß die Persistenz des Follikels, die eine stärkere und länger dauernde Bildung von Follikelhormon zur Folge hat, eine übermäßige Entwicklung der Schleimhaut, eine glandulär-cystische Hyperplasie, zur Folge hat. Dieser Zustand der Schleimhaut ist bereits *pathologisch gesteigertes Wachstum*, stellt aber noch keine blastomatöse Bildung dar.

Als ausgesprochen *blastomatöses* Wachstum, wenn auch noch durchaus gutartiger Natur, dagegen müssen wir bereits die Wucherungen auffassen, bei denen die Schleimhaut *polypenähnlich*, also gewächsähnlich gewuchert ist. BORST und PIERSON [1], BURROW [2] erzeugten künstlich durch Zufuhr von reichlichem *Follikelhormon* bei den Versuchstieren Wucherungen. Auch konnten bei Polypenbildung in der Gebärmutter wiederholt vermehrte Mengen von Follikelhormon im Urin der erkrankten Frauen nachgewiesen werden. Während es sich jedoch bei diesen Formen blastomatösen und vermehrten Wachstums um Bildungen handelt, die sich meist aus den nämlichen Zellen wie das gesunde Gewebe zusammensetzen, ist es auch möglich, durch lang fortgesetzte Zufuhr größerer Follikelhormonmengen *Metaplasien* der Zellen zu erzeugen, d. h. Bildungen, wie wir sie normalerweise nur im embryonalen Zustand und bei echten Geschwülsten beobachten. Die Umwandlung des normalen Epithels in ein *Platten*epithel gelang sowohl an der *Cervix* als auch an *Körperschleimhaut*, wenn auch bei letzterer schwerer und im geringeren Grade.

J. HOFBAUER [3] konnte durch massive Gaben von Geschlechtshormonen an der Cervix von Meerschweinchen, EDG. ALLEN und OBERHOLSER [4] an der Cervix von Macacus rhesus, F. ENGLE und PH. SMITH [5] bei kastrierten Tieren der nämlichen Affenart *Hyperplasien und Metaplasien* künstlich hervorrufen. Bei den bereits erwähnten Versuchen von BORST und PIERSON zeigten sich neben Hyperplasien deutliche Zellmetaplasien an den künstlich erzeugten Polypen der *Körper*schleimhaut. Wurden die Tiere längere Zeit noch mit Teer gepinselt, so erinnerten die histologischen Bilder an bösartige Geschwülste. In ausgedehnten Versuchen gelang es C. KAUFMANN [6], MIGLIAVACCA [7] u. a. durch längere Zeit fortgesetzte Follikelhormoneinspritzungen das kubische Epithel des Endometriums in Plattenepithel umzuwandeln. Während KAUFMANN glaubt, daß es sich dabei stets um scharf umschriebene Prosoplasien, wie sie ROBERT MEYER als harmlose Unregelmäßigkeiten beschrieben hat, handelt, vertritt MIGLIAVACCA die Meinung, daß in den Bildungen bereits die ersten Anfänge eines neoplastischen Wachstums zu erblicken seien.

EFFKEMANN und HEROLD [8] gelang es, die bei Ratten durch große Dosen von Follikelhormon gesetzten Metaplasien an Cervix und Uterus durch Zufuhr von Corpus luteum-Hormon rückgängig zu machen. Das Auftreten der Epithelmetaplasien unterbleibt, wenn gleichzeitig Follikel- und Corpus luteum-Hormon zugeführt werden. Diese Befunde konnten C. KAUFMANN und STEINKAMM [9] nicht bestätigen, nach ihnen ist Progesteron unwirksam, nur durch Follikelhormon lassen sich Metaplasien hervorrufen. (Vielleicht Verschiedenheiten der Dosierung?)

---

[1] BORST u. PIERSON: Wiss. Woche Frankfurt **2**, 1 (1934). — Krebsforschg **41**, Nr 12 (1934).

[2] BURROW: Amer. J. Canc. **23**, 490 (1935).

[3] HOFBAUER, J.: Zbl. Gynäk. **1930**, 2397; **1931**. Ferner EFFKEMANN u. HEROLD: Zbl. Gynäk. **1937**, Nr 27, 1155.

[4] ALLEN, EDG. u. OBERHOLSER: Surg. Teb. **1935**.

[5] ENGLE, F. u. PH. SMITH: Anat. Rec. **1935**, 25. März.

[6] KAUFMANN, C.: Arch. Gynäk. **162**, 553 (1936).

[7] MIGLIAVACCA: Arch. Gynäk. **162**, 594 (1936)

[8] EFFKEMANN u. HEROLD: Arch. Gynäk. **162**, 93 (1936); **163**, 673 (1937).

[9] KAUFMANN, C. u. STEINKAMM: Arch. Gynäk. **165**, 358 (1938).

Wir stellen also fest, durch Zufuhr entsprechender Mengen von Follikel-hormon gelingt es, *künstlich* an dem *Endometrium* und an der *Cervix* atypische Zellproliferationen in Form von *Hyperplasien* und *Polypenbildung* hervorzu-rufen und zugleich *Metaplasien* auszulösen.

Das grundsätzlich Wichtige der Versuche ist, daß es durch einen im *Körper normalerweise vorkommenden Wirkstoff*, das Follikelhormon, möglich ist, solche gestaltliche Umwandlungen mesodermaler Zellen herbeizuführen. Ob, und wenn ja, unter welchen Einflüssen, diese also umgewandelten Zellen wirk-lich regellos zu wuchern und besonders bösartige Formen zu zeigen anfangen, darüber noch Näheres im nächsten Abschnitt

2. Bösartige Geschwülste.

Zuerst die Feststellung, *wie häufig Follikelhormon* oder allgemeiner aus-gedrückt, östrogene Stoffe — denn es braucht nicht immer der Stoff mit der chemischen Formel $C_{18}H_{23}O_2$, es können auch andere chemisch nahestehende Substanzen sein — bei den bösartigen Geschwülsten gefunden worden ist.

LAQUEUR (1930) und seine Mitarbeiter fanden erhebliche Mengen von Follikelhormon im Harn carcinomkranker *Männer*. H. SIEBKE[1] und seine Mitarbeiter untersuchten 17 Frauen mit Uterus-, mit Vagina- und drei mit Eierstockkrebs (21 Frauen mit Carcinom der Geschlechtsteile) und konnten im Harn beträchtliche Mengen Follikelhormon fest-stellen. Die Menge des Hormons lag bei den unreifen und wenig differenzierten Krebsen etwas höher als bei den ausgereiften Geschwülsten. Die Reaktion wurde negativ, wenn das Carcinom durch Operation oder Röntgenbestrahlung geheilt war, sie wurde wieder positiv, wenn ein Rezidiv nachzuweisen war. Bei weit ausgedehntem Krebs und bei bestehender Kachexie fiel die Probe negativ aus. Neben Follikelhormon fand sich bei den erkrankten Frauen im Harn fast regelmäßig auch *männliches* Geschlechtshormon, auch fiel die Vorder-lappenreaktion (I.) positiv (Anwesenheit des *gonadotropen* Follikelreifungshormons). Auch BAUDLER[2] hat bei Krebsen verschiedenen Sitzes und verschiedener Art, auch bei Männern, Follikelhormon gefunden und Vorderlappenhormon (R. I.) nachweisen können.

Da sich Follikelhormon bei Carcinomen von *Männern* und Frauen ungefähr in der gleichen Menge vorfindet, so kann man aus dieser Feststellung den Schluß ziehen, daß der Wirkstoff nicht in dem Organ, in dem es normalerweise ge-bildet wird, sondern der Hauptsache nach außerhalb des Eierstockes produziert wird, daß also das *Follikelhormon in den Carcinomzellen selbst* entsteht. Die Erscheinung ist auch nicht auffällig, wenn wir bedenken, daß das Follikel-hormon schon von Einzellern und von embryonalem Gewebe — Chorion-epithelien — gebildet werden kann und daß die Carcinomzellen in bezug auf Differenzierung ungefähr auf dem Entwicklungsstadium embryonaler Zellen stehen.

Wir können ferner schließen, daß das Follikelhormon bei den Carcinomen *keine geschlechtsspezifische* Wirkung wie normalerweise ausübt, sondern daß seine Wirkung die gleiche ist, wie wir sie bei niedrigen Organismen und beim embryo-nalen Gewebe beobachten, nämlich daß es *Zellenwachstum* bewirkt.

Es erhebt sich nun die Frage, ob diese östrogenen Stoffe *zufällige* Begleiter des carcinomatösen Wachstums sind, oder ob sie als *Realisatoren* bei dem Wachstum der Krebszellen eine Rolle spielen.

---

[1] SIEBKE, H.: Zbl. Gynäk. **1930**, Nr 31. — Arch. Gynäk. **146**, H. 3, 70 (1931). — Z. Naturwiss. **1**, 70 (1935).

[2] BAUDLER: Arch. Gynäk. **159**, 101 (1935). — Weitere Schlußfolgerungen in der Zu-sammenfassung (S. 388).

Wir dürfen zunächst daran keinen Anstoß nehmen, daß das Hormon *sonst* ganz andere Wirkungen hervorruft; die Änderung hängt von der *Reaktionsfähigkeit der Erfolgszellen* ab, die wie wir gesehen haben, je nach der ontogenetischen Entwicklungsphase sehr stark wechselt. Auch daran dürfen wir nicht Anstoß nehmen, daß das Follikelhormon *die Zellen* angreift, in denen es *gebildet* wird (sonst werden bekanntlich die Hormone von den Bildungszellen in das Blut abgegeben und kommen an ganz anderen Zellen, den Erfolgszellen, zur Wirkung). Aber es gibt auch eine *eigen-intra*celluläre Wirkung der Hormone und gerade für das Follikelhormon ist diese Annahme durch das Vorkommen des Wirkstoffes bei Protozoen gesichert. Die Carcinomzelle ist gewissermaßen ein *Organismus für sich* mit eigenem Stoffwechsel, der sich eigensinnig seine embryonale pathologische Eigenart bewahrt. Er fügt sich nicht wie die anderen Zellen in das große Ganze ein, er bildet ein asoziales Element.

Eine ähnliche Selbständigkeit haben auch die *Leukocyten* bewahrt. Nur besteht der große Unterschied, daß sich ihre Freßtätigkeit in geordneten Grenzen vollzieht und sich auf den Körper wohltätig auswirkt. Wenn sie aber in übermäßig großer Zahl auftreten, wie bei der *Leukämie*, dann haben wir es mit einem blastomatösen krebsartigen Wachstum der Leukocyten bildenden Einrichtungen zu tun, wie Büngeler gezeigt hat.

b) Die Rolle des gonadotropen Hormons des Hypophysenvorderlappens bei den bösartigen Geschwülsten.

Auch das gonadotrope Hormon wird regelmäßig bei bösartigen Geschwülsten im Blut und im Harn gefunden.

Bei den Carcinomen der *weiblichen Geschlechtsorgane* fand Ehrhardt in 50—80%, Zondek in 81%, Gostimirović in 63%, Baudler in rund 70% Prolan A-Reaktion positiv. Bei den extragenitalen Carcinomen wurden von Zondek in 36%, von Baudler beim Mammacarcinom dagegen in 100% Prolan A gefunden.

Beim *Manne* konnte Zondek bei extragenitalem Sitze der malignen Geschwulst in 13%, bei malignen Geschwülsten des Hodens in 60% Reaktion I nachweisen. Es scheint demnach, daß bei den von den Geschlechtsteilen ausgehenden Krebsen viel häufiger Ausscheidung von Prolan A stattfindet als bei den extragenitalen Geschwülsten.

Was nun die *Natur* der Stoffe anlangt, so wird nur selten Luteinisierungshormon gefunden. Meist wurde nur Follikelreifungshormon festgestellt. Der Vorgang wird nur verständlich, wenn wir uns vergegenwärtigen, was ich über die gonadotropen Hormone des Hypophysenvorderlappens (S. 235) gesagt habe. Dort konnte auch gezeigt werden, daß bereits embryonale Zellen, die Chorionepithelien der Placenta, Luteinisierungshormon zu bereiten vermögen.

Sehen wir ferner, wie das *Geschwulstwachstum* durch *Prolangaben* bei den Versuchstieren *beeinflußt wird*.

Versuche, durch *Prolan* oder andere Vorderlappenpräparate das Wachstum von Gewächsen im Tierversuch zu beeinflussen, sind verschieden ausgefallen. Einige Autoren konnten ein *erhöhtes Wachstum* der Geschwülste feststellen (Hübscher[1], Zeldenrust[2] u. a.). Andere dagegen fanden eine *Hemmung* der Entwicklung der Neubildungen, z. B. der Japaner Nitta eine Hemmung des Flexner-Joblings-Krebses und des Fujinawa-Sarkoms. Besonders hervorgehoben seien noch die Arbeiten aus jüngster Zeit von Druckrey, Reiss und Hochwald. Druckrey[3] vermied die Anwendung der in ihrer

---

[1] Hübscher: Zbl. Gynäk. **1933**, 1575. — Endokrinol. **13**, 298.
[2] Zeldenrust: 7. Acta brevia neerl. Physiol. **4**, 182 (1935).
[3] Druckrey: Dtsch. med. Wschr. **1936 I**, 718. — Z. exper. Med. **90**, 3 (1933).

Zusammensetzung schwankenden Hypophysenpräparate und versuchte durch Kastration der Versuchstiere eine erhöhte Bildung von gonadotropem Hormon im Körper herbeizuführen; die Menge des Wirkstoffes stieg nach der Keimdrüsenentfernung auf das 10 bis 20fache an. DRUCKREY konnte am JENSEN-Sarkom eine Hemmung des Wachstums, diffuse Nekrosen in den Geschwülsten, erhebliche Störung des Atmungsvermögens im MARBURGschen Zellstoffwechselversuch feststellen; ENGEL [1] hat die Befunde bestätigt und insofern noch ergänzt, als die Epiphyse entgegengesetzt wirkt.

Das Prolan übt auch eine hemmende Wirkung auf embryonale Zellen aus. LUDWIG und RIES [2] konnten zeigen, daß Zusatz von gonadotropem Hormon zum Meerwasser die Entwicklung der Seeigeleier deutlich hemmte, und daß Weizenkeimlinge, wurde dem Boden dasselbe Hormon zugesetzt, ganz erheblich in der Entwicklung hinter den Probepflanzen zurückblieben.

Wie ist nun die hemmende Wirkung des Prolans auf das Krebswachstum zu *erklären*? Es sind meines Erachtens zwei Möglichkeiten vorhanden, entweder kommt die Wirkung durch das *gonadotrope Hormon* zustande, oder aber es handelt sich um eine *Giftwirkung*.

Für die erstere Ansicht sprechen die Versuche von DRUCKREY; er entfernte bei jugendlichen Geschwulsttieren die Hypophyse und konnte feststellen, daß nicht nur das Körperwachstum stillstand, sondern auch die Geschwülste kleiner wurden. Da aber mit der Entfernung der ganzen Hypophyse neben den chromophoben Zellen, die das gonadotrope Hormon bereiten, auch die eosinophilen Zellen, in denen das Wachstumshormon gebildet wird, und die übrigen im Hirnanhang bereiteten Wirkstoffe (denen wenigstens ein mittelbarer Einfluß auf das Wachstum zukommt) ausgeschaltet werden, so ist es von vorneherein wahrscheinlich, daß der Stillstand des Geschwulstwachstums durch den Wegfall des EVANSschen Wachstumshormons zustande kommt (s. nächster Abschnitt). Fraglich bleibt auf alle Fälle, ob es sich um die Wirkung des gonadotropen Hormons handelt.

Bei den Versuchen von LUDWIG und RIES durch Prolan Seeigeleier und Weizenkeimlinge, in ihrem Wachstum zu hemmen, handelt es sich um einen von außen zugeführten, nicht in den Zellen selbst entstandenen Stoff, also um etwas künstliches, denn weder Prolan noch Hypophysenvorderlappenhormon finden sich beim Seeigel und beim Weizenkeimling als normale Zellprodukte, wie übrigens noch nie das gonadotrope Hormon in den Zellen niedriger Tiere, die noch keine Hypophyse haben, gefunden worden ist.

Es besteht also in dieser Beziehung ein großer Unterschied zwischen dem Follikelhormon, das schon in Protozoen und Pflanzen usw. normalerweise gebildet wird, und dem gonadotropen Hormon, das ein Produkt der Hypophyse ist. Wir dürfen diesen Unterschied nicht aus den Augen verlieren; das Follikelhormon ist ein für Wachstum und Fortpflanzung unentbehrlicher Wirkstoff, das gonadotrope Hormon dagegen ist das Spezialprodukt der chromophoben Zellen des Vorderlappens. Man muß daher annehmen, daß es sich bei der Hemmung der Seeigeleier und der Entwicklung des Weizenkorns um eine gewöhnliche Giftwirkung handelt.

Ganz allgemein kann man sich bei der Wirkung des gonadotropen Hormons des Vorderlappens und des Prolans des Eindruckes nicht erwehren, daß bei diesen und verwandten Stoffen *Gift- und Hormonwirkung*, die ja auch sonst nahe beieinander sind, sich besonders innig berühren.

Diese Behauptung möchte ich stützen durch den Hinweis darauf, daß wir die nämlichen *histologischen* Veränderungen in den *Vorderlappenzellen* und *Mehr-*

---

[1] ENGEL: Krebsforschg **41**, 281 (1934).

[2] LUDWIG u. RIES: Schweiz. med. Wschr. **1935** I, 5.

bildung von gonadotropem Hormon (Follikelreifungs-, aber nicht Luteinisierungs-hormon) bei *allen möglichen Veränderungen*, die im Körper vor sich gehen, beobachten können, nicht nur nach Kastration, im Alter, bei innersekretorischen Störungen verschiedener Art, bei Carcinomen und Sarkomen, sondern auch bei Einpflanzungen von Placentar-Embryonalbrei und was besonders wichtig ist, durch parenterale Zufuhr von Eiweißkörpern. Wir wissen bestimmt, daß eine Reihe von Reaktionen (ABDERHALDENsche Reaktion, veränderte Fällbarkeit der Eiweißkörper, Verschiebung des Blutbildes, andere serologische Proben usw.) bei der parenteralen Einverleibung von Eiweißkörpern (ebenso wie Placentar- und Embryonalstoffen und bei bösartigen Geschwülsten) zu einem Abbau von Eiweißkörpern im Blute unter Einwirkung von Fermenten (Trypsin usw.) führen. Durch die Untersuchungen von SCHITTENHELM und WEICHHARDT ist ferner festgestellt, daß bei parenteralem Eiweißabbau sich vielfach Körper bilden, die *toxische* Wirkung zeigen. Es berühren sich also in diesem Punkte Gifte und Hormone sehr stark.

Der Gedanke, den ich bereits an anderer Stelle näher begründet habe, liegt nahe, daß das gonadotrope Hormon, das bekanntlich ein Eiweißabkömmling ist, in seiner *chemischen Zusammensetzung gewissen Produkten*, die im *parenteralen Eiweißabbau* entstehen, sehr nahe verwandt ist. Aber bei dem *gonadotropen Wirkstoff* handelt es sich um ein *regelmäßiges, durch die normale Tätigkeit der chromophoben Zellen des Vorderlappens entstandenes Hormon*, bei dem parenteralen Eiweißabbau dagegen um Produkte, die entweder *groben Eingriffen* (parenterale Zufuhr von eiweißhaltigen Organen usw.) oder *besonderen* Zuständen, wie Schwangerschaft oder *ausgesprochen pathologischen* Vorgängen, wie Carcinom-, bildung, Infektionen, innersekretorischen Störungen, ihre Entstehung verdanken.

In guter Übereinstimmung mit diesen Untersuchungen steht die Feststellung von AULER [1], daß das Angehen von Geschwülsten bei den Versuchstieren durch Einspritzungen von Placentarextrakten, Embryonalhaut- und Brustdrüsengewebe im Prälactationsstadium gehemmt werde.

Ich glaube daher, daß wir, so wie unsere Kenntnisse gegenwärtig sind, nicht allzuviel Schlüsse aus dem Vorkommen von gonadotropem Hormon bei Krebskranken ziehen dürfen. Die Zukunft wird zeigen, ob diese Ansicht zu Recht besteht.

Bei dem gonadotropen Hormon sind wir allein auf die mittelbare Einwirkung über die Keimdrüse angewiesen. Es werden zwar hie und da Angaben gemacht (s. S. 231), daß das gonadotrope Hormon auch direkte Wirkungen ausübt, doch ist diese Meinung wegen der Schwierigkeit eines einwandfreien Nachweises noch wenig fundiert.

c) Eosinophiles Wachstumshormon des Vorderlappens.

Der Gedanke liegt nahe, daß das Wachstumshormon der eosinophilen Zellen des Vorderlappens, das normalerweise das Wachstum des mesodermalen Grund- und Stützgewebes führend beeinflußt, auch bei dem Wachstum der Krebszelle beteiligt ist.

Auf Versuche von DRUCKREY (Entfernung der Hypophyse bei Geschwulst-tieren), die man so deuten könnte, habe ich bereits hingewiesen. Aber soviel heute bekannt ist, wird das Wachstumshormon nur in dem *Vorderlappen* ge-bildet. Es ist meines Wissens nie bei niedrigen Tieren, wie das Follikelhormon,

---

[1] AULER: Gynäk. Ges. Berlin 13. November 1936.

nachgewiesen worden. Es ist ein Spezialinkret der eosinophilen Zellen der Hypophyse, die bekanntlich erst bei den Wirbeltieren auftritt. Es erscheint mir daher fraglich, ob das Wachstumshormon in so primitiven embryoiden Zellen, wie die Krebszellen sind, gebildet wird und weiterhin, ob die Krebszellen durch das Produkt einer spezialisierten Zelle zum Wachstum angeregt werden. Jedenfalls kann diese Wachstumsanregung nicht von den Krebszellen selbst ausgehen, sondern das Hormon kann nur von außen durch das Blut an die Geschwulstzelle herangetragen werden. Ob das Wachstumshormon auch bei der Krebszelle das Wachstum fördert, ist heute noch nicht erwiesen.

d) Milz und reticuloendotheliales System.

Eine Reihe von Forschern glauben auf Grund experimenteller Untersuchungen und klinischer Erfahrungen, daß die Milz einen hemmenden Einfluß auf Krebswachstum ausübt (BRAUNSTEIN [1], FISCHER-WASELS [2], FISCHERA u. a., letzterer nimmt an, daß auch das Knochenmark usw. die nämlichen Eigenschaften hat; er hat aus den Bestandteilen des reticuloendothelialen Systems ein Präparat hergestellt, dessen therapeutischer Wert jedoch sehr gering bewertet werden muß.)

Durch die Untersuchungen von DRUCKREY u. a. ist es wieder sehr fraglich geworden, ob der Milz eine carcinomhemmende Wirkung zukommt.

SAUERBRUCH [3] hat versucht, durch Aufstellung der Arbeitshypothese, daß Keimdrüse, Hypophyse und Milz ein nach verschiedenen Seiten offenes System bilden, die Forscherarbeit vorwärts zu treiben. Ich glaube aber, daß nur durch Operieren mit den *Wirkstoffen selbst*, womöglich in einer Form, wie wir sie zur Zeit bereits in den Geschlechtshormonen in Händen haben, wirkliche Fortschritte in der Erforschung des Krebsproblems erzielt werden können.

Alles, was wir bis heute an hemmenden Einwirkungen auf die Krebsentwicklung auf humoralem Wege sehen, trägt ein *unspezifisches* Gepräge, und alle Maßnahmen, die wir bei der Bekämpfung der Krankheit ergreifen, gehen im Grunde genommen nur auf eine *Steigerung der allgemeinen Widerstandskraft* des Körpers hinaus. Erst wenn wir die Stoffe, die als *Realisatoren* des Krebswachstums fungieren, die *carcinogenen Stoffe*, die *im Körper selbst entstehen*, genauer kennen, besteht Aussicht, auch durch spezifische Mittel den Krebs, wenigstens soweit als Realisationsfaktoren ausgelöst werden, wirksam zu bekämpfen.

6. Zusammenfassung.

Das geschwulstmäßige Wachstum ist eine abgeänderte Form des natürlichen Wachstums. Das natürliche Wachstum erstreckt sich auf *alle* Zellen nach dem für Individuum und Art festgelegten Gesetz. Das geschwulstmäßige Wachstum dagegen beschränkt sich auf bestimmte Zellen und Zellkomplexe. Der primäre Fehler liegt in den Zellen selbst, ist genisch bedingt (Determinationsfaktoren) und wirkt sich in der Ausbildung einer veränderten für unsere Sinne noch nicht faßbaren Molekular(,,Meta'')struktur der Zelle aus. Diese morphologische Veränderung der Krebszelle findet ihren funktionellen Ausdruck in dem *veränderten Fermentsystem*, besonders den hydrierenden und dehydrierenden und

---

[1] BRAUNSTEIN: Krebsforschg **32**, 119 (1930).

[2] FISCHER-WASELS: Wege zur Verhütung und Entstehung der Krebskrankheit. Berlin: Julius Springer 1934.

[3] SAUERBRUCH: Berl. Gynäk. Ges. 13. Nov. 1936. — Chir. Kongreß 1937.

anderen fermentativen Vorgängen (Warburgs Milchsäurebildung, cytochrom defekte Zellen v. Eulers). Die Krebszelle ist ferner wahrscheinlich imstande, auch Follikelhormon zu bilden, d. h. den primitiven Differenzierungs- und Wachstumsstoff, der sich bereits bei den niedersten Tierformen und in embryonalen Zellen findet, den aber im späteren Leben außer den follikulären Zellen des Eierstocks und gewissen Zellen der Nebennierenrinde die übrigen Körperzellen nicht mehr zu bilden vermögen. Durch die bestehenbleibende Fähigkeit der Krebszelle, Follikelhormon im eigenen Stoffwechsel zu bilden, wird der hormenzymatische Gleichgewichtszustand, der in der normalen Körperzelle vorhanden ist, gestört.

Ob es nun zur Entwicklung einer Geschwulst kommt, hängt nicht nur von der Art und Stärke dieser chromosomal bedingten Determinationsfaktoren und der daraus resultierenden Molekularstruktur der Zellen ab, sondern ist auch in zweiter Linie durch die *Realisationsfaktoren* bedingt, die teils ektogener Natur sind (Vitamine, die verschiedenen Medien, durch deren Einwirkung es möglich ist, Krebs zu erzeugen, Gifte usw.), teils endogenen Ursprungs sind. Unter den letzteren kommt den *Hormonen* und den *allgemeinen Abwehrvorrichtungen* des Körpers eine große Bedeutung zu.

Von den *Hormonen* begegnet uns immer wiederum das *Follikelhormon*. Wir stoßen auf diesen Wirkstoff bei der Auslösung des myomatösen Wachstums der Uterusfaser, bei den endometriotischen Wucherungen, bei der Polypenbildung der Gebärmutterschleimhaut, bei dem Auftreten der Mastopathia cystica. Das Follikelhormon spielt dabei fraglos die führende Rolle. Ferner ist es möglich, durch unphysiologisch große Mengen von Follikelhormon Metaplasien der Epithelien der Cervix und des Endometriums hervorzurufen. Ob es sich bei diesen metaplastischen Vorgängen bereits um die ersten Anfänge und Vorstadien zu carcinomatösen Wucherungen handelt, erscheint fraglich. Immerhin kann man bei dem heutigen Stand unserer Kenntnisse eine solche Möglichkeit nicht ganz ausschließen. Es kann nämlich bei einer genisch bedingten Veränderung der Molekularstruktur der Zelle ein an sich physiologischer Wirkstoff, in zu reichlicher Menge einwirkend, ein ungeordnetes schrankenloses Wachstum auslösen. Wahrscheinlicher erscheint es mir aber, daß primär das fermentative und hormonale System der Zelle gestört ist, da die Krebszelle nicht nur Follikelhormon selbst, sondern infolge der molekularstrukturellen Veränderung vielleicht ein chemisch zwar verwandtes, aber abgewandeltes Produkt, einen carcinomogenen Stoff bildet, wie solche von Kennaway und Cook aus den im Tierexperiment carcinomerzeugenden Substanzen isoliert werden konnten. Beide Möglichkeiten müssen zugegeben werden. Ob der eine oder andere Faktor bei dem blastomatösen, insbesondere dem krebsigen Wachstum überwiegt, das wird erst die Zukunft lehren. Ich halte es daher vorläufig für verfrüht, schon jetzt in dem Follikelhormon einen oder sogar *den* carcinomerzeugenden Faktor zu erblicken, und für unangebracht, wie Reding[1] tut, vor der Anwendung des Follikelhormons zu Heilzwecken ganz allgemein zu warnen.

Unsere Kenntnisse über die Bedeutung des *gonadotropen Hormons des Hypophysenvorderlappens* und des *eosinophilen Wachstumshormons*, die bei den natürlichen Wachstumsvorgängen so bedeutungsvoll sind, stecken noch ganz in den Anfängen.

---

[1] Reding: Münch. med. Wschr. **1939** I, 41.

Von großer Wichtigkeit bei der Bekämpfung des Krebses sind die *Stoffe und Kräfte*, die der Körper *gegen das Aufkommen der Geschwulstzellen* mobilisiert. Es ist die Gegenreaktion, die die Körperzellen auf die Stoffwechselprodukte der entarteten Zellen zeigen: Wie bei den Infektionskrankheiten müssen wir auch bei dem blastomatösen Wachstum solche Schutzkräfte annehmen. Anders läßt sich die spontane Rückbildung weit fortgeschrittener Chorionepitheliome, das Verschwinden zurückgebliebener carcinomatöser Drüsen nicht erklären. Auch schon bei klinisch und histologisch festgestellten Carcinomen sind einzelne glaubhafte Spontanheilungen berichtet worden. Sicher wird der Körper öfters mit beginnenden Krebsen aus eigener Kraft fertig. Der tierische und menschliche Körper ist vom Schöpfer mit der wunderbaren Fähigkeit ausgestattet, sich veränderten Verhältnissen weitgehend anzupassen. Diese Anpassungsfähigkeit, „Heilkraft" genannt, fehlt auch dem von der Krebskrankheit befallenen Körper nicht völlig. Wenn wir ein Carcinom durch Röntgenbestrahlung oder Radiumanwendung heilen, so unterstützen wir nur die natürlichen Heilkräfte. Mit Recht nimmt man an, daß die *Milz* und das ganze *reticuloendotheliale System* bei der Mobilisierung dieser Schutzkräfte eine wichtige Rolle spielen. Ehe wir aber imstande sind, die Wirkstoffe, die sich dabei bilden und ihre Rückwirkung auf das Enzymsystem festzustellen, wird es schwer sein, wirksame Gegenmittel ausfindig zu machen. Die Klärung all dieser Verhältnisse wird noch viel mühsame Forscherarbeit und unendlich sorgfältige klinische Beobachtung erfordern.

XIII. Zusammenfassende Schlußbetrachtung des ganzen Problems.

Jede Betrachtung, die das „Leben", das „Organismische" unter *ganz-* und *einheitlichen* Gesichtspunkten erfassen will, muß von den phylogenetisch ältesten Tierformen, den Einzellern, und ontogenetisch von der befruchteten Eizelle ausgehen. Die ersten einzelligen Urformen haben sich in einer Millionen Jahre währenden Entwicklung (unter nicht wiederherzustellenden Bedingungen) zu den jetzigen Arten differenziert; die befruchtete Eizelle enthält die für die Art kennzeichnenden Erbanlagen und Entwicklungstendenzen. Wie das alles gekommen ist, das ist tiefes Geheimnis und der Forschung nicht zugänglich.

Aber wir können den *chemischen* und *physikalischen Kräften* nachgehen, die die Lebensvorgänge unterhalten und steuern.

Auch das Lebewesen setzt sich letzten Endes aus negativen Elektronen, Protonen und Neutronen zusammen, aber mit diesen letzten Einheiten können wir vorläufig bei der Deutung der Lebensvorgänge noch wenig anfangen.

Wir müssen daher von *den* chemischen Stoffen und Verbindungen ausgehen, wie sie sich auf unserer Erde in ihrem jetzigen Zustande vorfinden.

Es ist wie bei der Errichtung eines Gebäudes. Der Baumeister benützt zum Bau zum Teil Material, das er von der Natur vorgebildet findet (Steine, Holz usw.) und gestaltet sich das Rohmaterial zu seinem Zwecke um, zum Teil stellt er neue Stoffe her.

Bei dieser Betrachtung stellt sich heraus, daß bei allen tierischen Lebewesen, ob primitiv, ob embryonal, ob höchstentwickelt, immer wieder *Stoffe gleicher Art* vorhanden sind: dynamisch gesehen: Nährstoffe und Wirkstoffe, physikalisch und chemisch betrachtet: Kolloide, besonders Eiweißkörper, Ergone (Hormone und Vitamine), Fermente, Salze und Wasser. Diese Stoffe vermögen bei den Protozoen und in den ersten embryonalen Stadien höherer Tierformen *allein, ohne Blut und ohne Nervensystem,* die Lebensfunktionen zu unterhalten und bilden auch bei dem vollentwickelten Individuum der höchstorganisierten Organismen die *Grundlage* für den Ablauf der Lebensvorgänge. Blutgefäß- und Nervensystem sind nur Hilfsmittel.

Alle die genannten Stoffe sind zum Ablauf der Lebensvorgänge notwendig. Am wichtigsten aber sind die *Kolloide* — denn sie sind für das Individuum *spezifisch* und sie ermöglichen durch ihre Beschaffenheit erst die Herstellung von Potentialgefällen auf engstem Raum — und die *Wirkstoffe (Biokatalysatoren)*, Hormone, Vitamine, Fermente. Von diesen sind wieder *die* Substanzen, die der Körper in *seinen eigenen Zellen aufbaut* und die er nicht von außen beziehen kann, am bedeutsamsten. Das sind die *Hormone* und zum Teil die Fermente. Die Hormone steuern der Hauptsache nach die wichtigsten Lebensvorgänge: Wachstum, Stoffwechsel, Fortpflanzung.

Die Hormone stehen zu zwei Zellarten in innigen Wechselbeziehungen.

1. Zu denen, in denen sie erzeugt werden *(endokrine Zellen)* und

2. zu denen, auf die sie wirken *(Erfolgszellen)*.

Während die von den endokrinen Zellen gebildeten Hormone qualitativ stets gleich und *nur quantitativen* Schwankungen unterworfen sind, ändert sich dagegen die Ansprechbarkeit der Erfolgszellen unter dem Einflusse der verschiedensten Faktoren.

Für die *Vitamine* gibt es nur die *eine* Art der Zellen, die *Erfolgszellen.* In bezug der Wirkung auf die Erfolgszellen können wir deshalb Hormone und Vitamine unter *einen* Begriff, Ergone, auch kurzweg Hormone, zusammenfassen.

Die allgemeinen Begriffe: *Reiz und Reaktion,* haben damit, soweit es sich um *chemische* Einwirkungen handelt, eine *feste stoffliche* Grundlage erhalten.

Die meisten Zellen der innersekretorischen Drüsen und alle endokrinen Zellen, die durch die *adenotropen* Stoffe des Hypophysenvorderlappen einen Antrieb erfahren (z. B. Schilddrüse und Keimdrüse durch das thyreotrope und gonadotrope Hormon), sind *zuerst Erfolgszellen* und werden erst *dann* zu endokrinen Zellen. Bei den Zellen des Hypophysenvorderlappens dagegen ist das Verhältnis umgekehrt. Sie sind *zuerst endokrine* Zellen — dadurch erlangen sie die Führung und Vorherrschaft im Stoffwechsel höherer Ordnung — und werden erst *sekundär* Erfolgszellen. Als letztere reagieren sie auf *quantitative* Veränderung in dem *Gehalt des Blutes* an *den* Hormonen, die zuerst durch die Einwirkung der Vorderlappenzellen in anderen endokrinen Zellen entstanden waren, z. B. beim Absinken des Thyroxinblutspiegels mit der Mehrbildung, beim Ansteigen des Spiegels mit einer verminderten Produktion des thyreotropen Hormons. Auf diese Weise erfolgt durch den Hypophysenvorderlappen die *chemisch-hormonale Selbststeuerung* der wichtigsten Stoffwechsel- und Fortpflanzungsvorgänge.

Diese Sonder- und Vorrangstellung der Hypophysenvorderlappenzellen, die letzten Endes phylo-ontogenetisches Erbe der Art ist — grundsätzlich ähnlich, wenn auch in Einzelheiten verschieden, liegen die Verhältnisse bei den Rindenzellen der Nebenniere —, ist naturgemäß wie alles Geschehen im Körper molekularstrukturell, man kann auch sagen: „metastrukturell“, bedingt. Es muß also der *Molekularstruktur* dieser Zellen etwas Besonderes anhaften, sie müssen besonders *wandelbar* und veränderlich sein, weit mehr als alle anderen Zellen, sie müssen einen hohen Grad von *Ansprechbarkeit* auf Reize verschiedener Art haben, sie müssen imstande sein, verschiedene Stoffe in ihrem Inneren zu bilden, mit anderen Worten: chemisch *pluripotent* sein.

Die *Veränderlichkeit der Molekularstruktur,* die wir bekanntlich mit unseren Hilfsmitteln nicht völlig erfassen können, wird *histologisch* deutlich erkennbar bei Vorgängen, die in den ontogenetischen Werdegang des Individuums besonders *stark eingreifen* wie Wachstum, Kastration, Oestrus, Schwangerschaft (mit völliger histologischer Umgestaltung), anatomisch faßbare Erkrankungen der Hypophyse. Der hohe Grad der *Ansprechbarkeit gegenüber Hormonen* ist aus den typischen histologischen Veränderungen, die nach der Kastration, nach künstlicher Zufuhr von Follikelhormon, nach Entfernung der Schilddrüse, nach Einwirkungen des Lichtes, nach Ernährungseinflüssen an den Hypophysenvorderlappenzellen auftreten, deutlich zu erkennen. Die *chemische Pluripotenz* ist eine logische Forderung, die daraus hervorgeht, daß nur drei morphologisch unterscheidbare Zelltypen etwa 15 verschiedene Wirkstoffe zu produzieren vermögen.

Solche Eigenschaften können nur Zellen haben, die noch nicht endgültig, wie die meisten übrigen Zellen, ausdifferenziert und spezialisiert sind, die noch „Chaos" in sich tragen, die noch einen Teil der *inneren Schöpferkraft* sich erhalten haben, die den Zellen primitiver Tiere und embryonalen Zellen eigen ist.

Daher kommt es auch, daß eine Störung, die diese Zellen z. B. durch die Schwangerschaft, schwere Blutungen, Infektionen usw. trifft und zu Nekrosen oder wenigstens zu molekularstrukturellen Veränderungen führt, so tiefgreifende Folgen wie Fettsucht und Magersucht, Aufhören der vorher normalen Geschlechtstätigkeit usw. hat.

Eine *Selbstzeugung* (generatio aequivoca) kommt auf unserem Planeten, wie er jetzt beschaffen ist, nicht mehr vor. Das Leben auf der Erde kann sich also nur durch *Fortpflanzung* erhalten. Diese verläuft von der ungeschlechtlichen Fortpflanzung bei den primitivsten Formen (einfache Teilung des Muttertieres oder Knospenbildung) über die geschlechtliche mit *einer* (Parthenogenesis) oder zwei Geschlechtszellen (Zwitter) zu der geschlechtlichen mit zwei verschieden gestalteten Individuen als Träger der Keimzellen (getrenntgeschlechtliche Fortpflanzung). Auch bei der letzten höchsten Art der Fortpflanzung hat das *weibliche* Individuum noch die *Hauptlast* der Fortpflanzung zu tragen.

Zugleich mit der scharfen Differenzierung der Geschlechtszellen und der Geschlechter bilden sich mit der höheren Entwicklung der Arten eigene verwickelte Einrichtungen zur *Erhaltung und Ernährung des befruchteten Eies* aus *(Brutpflege).* Bei den höheren Wirbellosen, zum Teil auch bei den Amphibien, wählt die Natur den Weg der Metamorphose, bei den höchst entwickelten Wirbeltieren, den Säugern, bilden sich Gelbkörper, Placenta und Milchdrüse aus.

Mit der Höherentwicklung der Fortpflanzung vollzieht sich — davon größtenteils unabhängig — eine höhere Differenzierung des *übrigen Körpers.* Es tritt eine immer stärker ausgebildete *Spezialisierung und Arbeitsteilung der Zellen* ein. Die Arbeit, die zuerst von einer Zelle in primitiver Form geleistet wurde, verteilt sich in immer weiterer Ausdifferenzierung auf Millionen einzelner Zellen und Zellgruppen. Dementsprechend wird die Leistung naturgemäß unendlich viel höher und vollkommener. Im Grunde genommen aber sind die Stoffe *gleicher Art* wirksam, die wir schon bei den Urtierchen gefunden haben (Kolloide, Hormone, Fermente, Ergone, Salze, Wasser), nur sind sie verschiedener Art, und viel zahlreicher; besonders gilt das von den Hormonen und Ergonen.

Um diese wichtigen Stoffe bei den höher organisierten Lebewesen an die zahlreichen einzelnen *Zellen* zu bringen, bedarf es besonderer Einrichtungen, nämlich des *Blutgefäß-*

systems. Die Zufuhr auf dem Blutwege genügt jedoch bei den körperlich höher differenzierten Tieren nicht ganz, es bildet sich das *Nervensystem* aus, dessen wichtigster Anteil, der *vegetative, mit den Hormonzellen* auf das innigste verbunden ist und im hormonalneuralen System eine Funktionseinheit bildet (Hypophyse-Zwischenhirn- und Nebennierenmark — Sympathicussystem). Durch diese Einrichtungen wird eine größere Sicherheit und eine weit höhere Geschwindigkeit in der Fortleitung der Reize gewährleistet.

Alle diese Entwicklungsmöglichkeiten werden durch die *Geschlechtszellen* auf das *neu entstehende Individuum* übertragen. Wie diese Potenzen in die Keimzellen hineingelangen, das ist uns wieder völlig rätselhaft. Wir wissen nur, daß die Erbanlagen (Gene) hauptsächlich an die Chromosome gebunden sind und daß die Übertragung der Erbanlagen nach den MENDELschen Vererbungsgesetzen vor sich geht. Wir nennen die in die befruchtete Eizelle hineingelegten schlummernden Kräfte *Determinationsfaktoren,* die Kräfte, die die schlummernden Anlagen wecken und zur Entfaltung bringen, sind die *Realisationsfaktoren.* Für die ersten Entwicklungsstadien wissen wir durch die grundlegenden Forschungen von SPEMANN und seiner Schule über die Organisatoren so viel, daß es sich wahrscheinlich um chemische Stoffe handelt — bei niedrigen Tierformen konnte durch verschiedene Vorgänge auf die Anwesenheit von Gen-Hormonen geschlossen werden —; aber einen tieferen Einblick in die Dinge haben wir noch nicht. Dagegen sehen wir nunmehr bei den *Realisationsfaktoren der späteren Entwicklung weit klarer.* Diese Kräfte sind in *erster Linie Hormone* in Zusammenarbeit mit Vitaminen und Fermenten. Für die „epigenetische" Entwicklung haben wir damit wenigstens zum Teil einen *chemisch gesicherten Boden* gewonnen.

Körperliche und geschlechtliche Differenzierung und Höherentwicklung vollziehen sich im phylogenetischen und ontogenetischen Entwicklungsgang stets an *ein und demselben Individuum.* Die rein körperliche Entwicklung erfolgt an den *Somazellen,* die geschlechtliche an den *Geschlechtszellen.*

Bei den primitivsten Lebewesen ist diese Scheidung in Soma- und Geschlechtszellen noch nicht eingetreten. Je höher die Art, desto ausgeprägter die Scheidung, desto mehr unterscheiden sich Soma- und Geschlechtszellen in ihrem strukturellen Gefüge, desto verschiedener sind die Anforderungen, die die beiden Zellarten an Ernährung und Erhaltung stellen. Wenn man einen teleologischen Gedanken mitverwendet, was man bei derartigen prinzipiellen Dingen sehr wohl tun darf, so haben diese beiden Zellarten auch ganz verschiedene Aufgaben. Die Somazellen stehen im Dienste des Individuums, die Geschlechtszellen vorwiegend im Dienste der Art.

In ein und denselben Körper untrennbar zusammengekoppelt, treten die beiden Zellarten miteinander in *Wettstreit.* Bei den *niedrigen* Tierformen vollzieht sich der Kampf in der Weise, daß zeitweise die Geschlechtszellen sich ungeheuerlich vermehren und dadurch die *Somazellen zurückdrängen.* Ein derartiges Vorgehen ist naturgemäß mit der höheren Organisation nicht mehr zu vereinbaren. Die Natur wählt bei den höheren Wirbeltieren einen anderen Weg. Die Geschlechtszellen werden auf kleine scharf umschriebene Reservate zusammengedrängt (Keimdrüse), es bilden sich *cellulär-humorale* Einrichtungen, die zum Schutz der Geschlechtszellen gegen die Angriffe der Somazellen dienen. Ganz besonders ausgeprägt sind diese Einrichtungen bei dem weiblichen Geschlecht in dem Follikelapparat.

Daß ein solcher *Interessengegensatz* zwischen Soma- und Geschlechtszellen vorhanden ist, läßt sich aus folgendem ersehen:

Die *Somazellen*, die die parenchymatösen Organe aufbauen und den Stoffwechsel steuern, sind nach dem 5. Monat des fetalen Lebens, spätestens nach der Geburt in ihrer Differenzierung so gut wie fertig und voll funktionsfähig; denn ohne Stoffwechsel ist Leben unmöglich. Die Somazellen, die das weitere Wachstum der Organe und besonders das Längen- und Breitenwachstum des Körpers (mesodermale Grund- und Stützgewebeszellen) lenken, zeigen von Anfang an ein fast gleichmäßig ansteigendes Wachstum. Auch dauert das Längenwachstum länger an, wenn die Keimdrüsen im jugendlichen Alter entfernt werden.

Ganz anders dagegen ist es bei den *Geschlechtszellen*. Diese gelangen beim weiblichen Geschlechte erst nach etwa 13—14 Jahren, beim männlichen nach 15—16 Jahren zur vollen Ausbildung und Reifung.

Das unterschiedliche Verhalten der beiden Zellarten in bezug auf das Wachstum ist am klarsten aus dem Vergleich der *Gewichtskurve* des gesamten Körpers mit der der Geschlechtsorgane, den Trägern der Geschlechtszellen, zu ersehen (s. Abb. 56).

Es kann nun als ein *allgemein gültiges Gesetz* gelten, daß der Körper erst dann, wenn er *nahezu erwachsen* und nahezu voll leistungsfähig geworden ist, imstande ist, die *Geschlechtszellen* vollständig zur *Reife* und zur Befruchtungsfähigkeit zu bringen und dadurch die Fortpflanzung zu verwirklichen. Ja, wenn man nur das Naturhafte berücksichtigt und von höheren menschlichen Bewertungen absieht, dann kann man, so brutal es für manche Ohren auch klingen mag, sagen, daß die Ausbildung des Körpers in erster Linie der Fortpflanzung wegen erfolgt; denn auf die Erreichung dieses Zieles kommt der Natur alles an.

Wenn also das Wachstum der Somazellen (das allgemeine Körperwachstum) und das Wachstum der Geschlechtszellen und der in ihrem Dienste stehenden Somazellen (geschlechtsspezifische Wachstum) gegenseitig einander nicht behindern sollen, so muß Vorsorge getroffen werden, daß der Körper *zuerst wächst und erstarkt* und *dann* erst die *Geschlechtstätigkeit* einsetzt.

Zu diesem Zweck hat die Natur ein besonderes Organ, die *Zirbeldrüse* geschaffen, das die Aufgabe hat, das Wachstum des Follikelapparates und der Geschlechtszellen zu bremsen. In ähnlicher Weise wirkt zum Teil der Thymus. Erst wenn diese Hemmungen mit der Rückbildung der Zirbeldrüse und des Thymus wegfallen, wird das gonadotrope Hypophysenvorderlappenhormon in größerer Menge gebildet und dadurch die Keimdrüse zum stärkeren Wachstum angeregt. Dies geschieht zu dem Zeitpunkt, in dem auch das Körperwachstum sehr intensiv ist, in der Pubertätszeit. Das allgemeine Körperwachstum wird durch das Hormon der eosinophilen Zellen des Hypophysenvorderlappens gelenkt. Es stehen also bei den höher organisierten Lebewesen die Verursacher des allgemeinen und des geschlechtsspezifischen Wachstums, nämlich die eosinophilen und die chromophoben Zellen des Hypophysenvorderlappens, in einem Wettkampf. In der Kindheit und vor der Pubertät bleiben die eosinophilen Zellen zusammen mit dem thymogenen Hormon Sieger; mit der Pubertät stellt sich zwischen den beiden ungefähr ein Gleichgewichtszustand ein; bei dem erwachsenen geschlechtsreifen Menschen gewinnen die chromophoben Zellen mit dem gonadotropen Hormon das Übergewicht.

Die beiden Zellarten sind in *einem* Organ, dem Hypophysenvorderlappen, vereinigt. Dadurch wird die Zusammenarbeit erleichtert, genau so wie bei dem Zusammenliegen von Mark und Rinde der Nebenniere in der Wirbeltierreihe von den höheren Fischen ab.

Dabei ist ein sehr wesentlicher Unterschied in der Wirkungsweise der beiden Hormone, die im Vorderlappen gebildet werden, festzustellen. Das eosinophile Wachstumshormon wirkt *unmittelbar* auf die darauf abgestimmten Zellen, das sind der Hauptsache nach die mesodermalen Grund- und Stützgewebeszellen, das Produkt der chromophoben Zellen, das gonadotrope Hormon, regt erst *mittelbar* und auf dem Umwege über die Keimdrüse das geschlechtsspezifische Wachstum an.

Die *Keimdrüse*, die uns als einheitliches Organ imponiert, besteht phylo-ontogenetisch und funktionell betrachtet aus zwei Teilen. 1. Aus dem wichtigsten Teil (*essentieller* Anteil), den *Geschlechtszellen*, 2. dem im Dienste der Geschlechtszellen stehenden *akzidentellen* Anteil, bei der Frau der *Follikelapparat*.

Der *akzidentelle* Anteil (Follikelapparat) bildet die *Vermittlungsstelle* zwischen den Soma- und den Geschlechtszellen. Die follikulären Zellen sind für das gonadotrope Hormon des Hypophysenvorderlappens die Erfolgszellen. Unter der Einwirkung des letzteren wachsen die Follikel heran, produzieren Follikelhormon und bei der geschlechtsreifen Frau Gelbkörperhormon. Diese Geschlechtshormone entfalten nun ihre Wirkung nach zwei Richtungen hin. Das Follikelhormon regt einmal das Wachstum der Eizelle an oder wirkt bei dem Wachstum wenigstens mit, sodann löst es am weiblichen Körper (ebenso natürlich das männliche Geschlechtshormon am männlichen) die geschlechtsspezifischen Wachstumsvorgänge an jenen Zellen aus, die auf die Geschlechtshormone abgestimmt sind. Die Zellen des weiblichen Tieres sind auf das weibliche, die des männlichen auf das männliche Geschlechtshormon *elektiv* abgestimmt. Das hängt mit ihrer *Molekularstruktur* zusammen. Deshalb strömt die reichliche Menge des Follikelhormons, das sich beim Hengste bildet, wirkungslos an den männlich stigmatisierten Zellen vorbei. Aber nicht immer ist die Geschlechtsdifferenzierung ganz scharf durchgeführt (Intersexe, bisexuelle Potentialität). Es kann die Differenzierung bei den endokrinen Zellen ungenügend sein, es kann aber auch die Ansprechbarkeit der Erfolgszellen zu gering ausgebildet sein.

Auch bei den meisten übrigen innersekretorischen Drüsen ist zwischen den endgültigen Erfolgszellen und der Hypophyse eine Zwischenschaltung durch die adenotropen Hormone des Hypophysenvorderlappens vorhanden (thyreo-, parathyreo-, cortico-, adrenotropes Hormon). Bei der Keimdrüse der geschlechtsreifen Frau besteht aber insofern ein Unterschied als von der Hypophyse die Bildung *zweier* Geschlechtshormone angeregt wird (Follikel- und Gelbkörperhormon), dann aber auch, weil das gebildete Follikelhormon nach zwei Seiten hin, nach der Mutter und nach dem Ei, seine Wirkung entfaltet.

Alle normalen Formen des Wachstums erfolgen, wenn auch unter Mitwirkung anderer Stoffe, so doch unter der *Führung* von Hormonen. Da alle diese Hormone in ein und demselben Körper zusammenarbeiten, gibt es in diesem Sinne in Wirklichkeit nur ein *einheitliches Hormonsystem*.

Wenn wir aber zum Zwecke klarerer Erkenntnis eine Unterscheidung vornehmen und die Frage stellen, auf welche Zellarten, ob auf Somazellen oder Geschlechtszellen die Hormone einwirken, so können wir das gesamte Hormonsystem in zwei Untergruppen teilen.

1. Das *somatische Hormonsystem*.

2. Das *geschlechtliche Hormonystem*, oder wie ich das unter Hervorhebung des cellulären Anteils benenne, das hormonale Geschlechtssystem.

Das *hormonale Geschlechtssystem* setzt sich morphologisch aus Zellen, die in den verschiedensten Organen gelegen sind, zusammen; es ist ähnlich wie bei dem reticulo-endothelialen System.

Das *Kern- und Hauptstück* ist der akzidentelle Teil der Keimdrüse (Follikel-apparat) und mit ihm die Eizelle; Hilfsdienste leisten alle *die* Zellen, die die gonadotropen Hormone produzieren, das sind die chromophoben Zellen des Hypophysenvorderlappens, gewisse Zellen der Nebennierenrinde, in der Kind-heit auch noch das Hormon der Zirbeldrüse (die unspezifischen Einflüsse nicht mitgerechnet). Die Zusammensetzung des hormonalen Geschlechtssystems wechselt also je nach der ontogenetischen Entwicklungsphase des Individuums und natürlich auch je nach dem Geschlecht.

Aber nicht nur das hormonale Geschlechtsstysem, sondern auch das Gesamthormon-system und das ganze Erfolgszellensystem wandelt sich mit den verschiedenen Lebens-altern; kleinere Schwankungen und Veränderungen, die für gewöhnlich der Beobachtung entgehen, treten tagtäglich auf.

Die Veränderungen, die in der *Schwangerschaft* eintreten, veranschaulichen auf das eindrucksvollste, daß es notwendig ist, ein solches System aufzustellen. Bei diesem Zustande werden nämlich die chromophoben Zellen, die sonst durch das gonadotrope Hormon die Tätigkeit der Keimdrüse beherrschen, von dieser Tätigkeit fast völlig ausgeschaltet und werden zu anderen Zwecken verwendet; denn wie alle Untersuchungen übereinstimmend ergeben haben, enthält die Hypophyse der Schwangeren nur sehr wenig oder gar kein gonadotropes Hor-mon. Auch das Ovar, sonst der Produzent des Follikelhormons, wird in der Schwangerschaft größtenteils außer Funktion gesetzt. An Stelle der chromo-phoben Zellen des Hypophysenvorderlappens und der follikulären des Eier-stocks treten die *embryonalen* Zellen des Trophoblastes, die *Chorionepithelien* der Placenta: Also an Stelle der Mutter tritt das Kind. Diese *überindividuelle* Zusammenarbeit ist nur durch Hormone erklärbar; denn Nervenzusammen-hänge fehlen hier noch völlig. Nichts kann deutlicher die Tatsache beleuchten, daß die Wachstums- und Fortpflanzungsvorgänge in erster Linie hormonal ge-steuert werden.

Nur der *Gelbkörper*, der stammesgeschichtlich erst bei den Säugern auf-tritt, erhält sich und wächst im Anfange der Schwangerschaft zunächst noch. Da die chromophoben Zellen des Hypophysenvorderlappens in der Schwanger-schaft kein Luteinisierungshormon mehr bilden, geht der Antrieb zur Erhaltung und Wachstum, besonders deutlich bei Mensch, Affe und Pferdearten zutage tretend, von den *Chorionepithelien des Trophoblastes* aus, sie bilden in den ersten 70 Tagen nach der Ansiedlung des Eies Chorionhormon, bei diesen Arten in großer Menge. Wenn die Chorionepithelien sich weiter differenzieren — histo-logisch am deutlichsten an dem Auftreten einer einreihigen Schicht von Zellen an Stelle der vorher zweireihigen zu erkennen —, so nimmt die Fähigkeit, Chorionhormon zu bilden, ab, der Erhaltungs- und Wachstumsreiz auf den Gelbkörper sinkt ab, das Organ verfällt langsam der Rückbildung; dagegen reicht die kleine Menge des noch gebildeten Luteinisierungshormons aus, an den *atretischen* Follikeln die Bildung von Luteinsäumen auszulösen. Auch haben die histologisch und molekularstrukturell veränderten Chorionepithelien nunmehr die Fähigkeit, im eigenen Stoffwechsel Progesteron in nennenswerter Menge aufzubauen.

Die Lebensvorgänge spielen sich an der *Gesamtheit* der vorher genannten Stoffe ab. Wir können feststellen, daß Hormone und Vitamine auf das Substrat meist in gleichsinniger Richtung einwirken, dagegen besteht zwischen *Ergonen und Fermenten* meist ein *Gegensatz*. Wie die gegenseitige chemische Einwirkung geschieht, können wir heute vielfach noch nicht sagen. Fast immer handelt es sich um eine größere Reihe von Reaktionen (Kettenreaktionen); in erster Linie ist es Aufnahme und Abgabe von Wasser (Oxydations- und Reduktionsvorgänge) — das Vitamin C, das Cystein, das Glutathion, das Ferroferrisystem sind Redoxsysteme —, ferner Phosphorylierungen usw.

Die verschiedenen chemischen Agenzien stammen teils von außen, teils bilden sie sich erst in den Zellen des Körpers. Die Reaktionsabläufe erfolgen zum Teil im Blut, zum größeren Teil aber innerhalb der Zellen. *Zellen und Säfte (humores) bedingen einander gegenseitig.* Sie sind in dem Zellstaat des Individuums im Grunde genommen genau so zu einem unteilbaren biologischen Ganzen verbunden wie sie es in der Zelle des Protozoons sind. Die Zellen sind ohne Säfte und die Säfte ohne Zellen nicht denkbar. Es gibt daher keine reine Cellular- und keine reine Humoral-, sondern *nur* eine *einheitliche Cellular-Humoralbiologie* und -pathologie (Zusammenhangspathologie DIETRICHs).

Die Hormonzelle steht mit der *Nervenzelle* in einer engen *Arbeitsgemeinschaft.* Die Nervenzellen sind zum Teil selbst *endokrine* Zellen, wie das von der Endfaser des Sympathicus durch die Bildung von Adrenalin, und des Parasympathicus durch die Bereitung von Acethylcholin erwiesen und durch die Untersuchungen von SCHARRER für gewisse Zellen des Zwischenhirns sehr wahrscheinlich gemacht ist. (Im Gehirn des Schmetterlings ist Hormonproduktion sicher nachgewiesen.) Zum Teil sind die Nervenzellen *Erfolgszellen;* so antworten die Gehirnzellen auf die Sexualhormone, Rindenhormone der Nebenniere, Schilddrüsenhormone usw. In gewissen Organen wie in der Hypophyse und Nebenniere, sind nervöse und drüsige Elemente zu einer anatomischen Einheit, zu einem Organ verbunden; in dem Hypophysen-Zwischenhirnsystem sind in dem Stiel zwar nur schmale Verbindungen vorhanden und man kann deshalb nicht von einem einheitlichen Organ im anatomischen Sinne sprechen, aber *funktionell* stellen Hypophyse und Zwischenhirn eine Einheit dar. Durch die bedeutsamen Untersuchungen von WESTMANN und JAKOBSOHN mit Durchschneidung des Hypophysenstiels ist wahrscheinlich gemacht, daß die Zwischenhirnzellen entweder selbst einen Stoff bilden, der dem Chorionhormon entspricht, oder dessen Bildung in den Vorderlappenzellen anregen. In ähnlicher Weise nimmt man schon seit längerem an, daß die Hormone, die sich im Hinterlappen und im Mark finden, in dem Vorderlappen der Hypophyse und in der Rinde der Nebenniere als Vorprodukte gebildet und erst in dem nervösen Apparate zu den endgültigen Wirkstoffen umgewandelt werden.

Molekularstruktur und Funktion aller Zellen, sowohl der hormonproduzierenden als auch der hormonempfindlichen Zellen, hängen in erster Linie von der Beschaffenheit des *Keimgutes* ab. Diese Feststellung ist vom Standpunkte der ärztlichen Therapie von größter Bedeutung. Unterentwickelte oder mißgebildete endokrine Zellen sind außerstande, genügende Mengen von Hormonen zu bilden und Erfolgszellen, die allergisch oder pathergisch [1] ansprechen, sind nachträglich nur selten so umzustimmen, daß sie normergisch reagieren.

---

[1] Wahrscheinlich sind es nur *quantitative* Unterschiede, also hypo- und hyperergisch.

Es geht noch an, wenn nur eine *einzelne* Drüse mit innerer Sekretion minderwertig ausgebildet ist *(uniglanduläre Störung)*; meist aber sind, chromosomal zygotisch bedingt, eine Mehrzahl von endokrinen Organen unterentwickelt oder mißgestaltet *(pluriglanduläre Störung)*. Dann wird es für den Arzt außerordentlich schwer oder ganz unmöglich, die Schwächen zu erkennen und therapeutisch anzugreifen. Ist aber nur eine Drüse minderwertig, wie man das verhältnismäßig häufig bei den Keimdrüsen und bei den Geschlechtsvorgängen findet, dann kann die Zufuhr des fehlenden Hormons Glänzendes leisten, wie wir das bei der Hormonalbehandlung der menstruellen Störungen, bei der Verhütung der vorzeitigen Fruchtausstoßung durch Gelbkörperzufuhr beobachten können.

Recht schwierig liegen die Verhältnisse auch in der *Schwangerschaft*. Hier können wir zwar mit Sicherheit sagen, daß die *schwangerschaftsspezifischen Wachstumsvorgänge*, die wir am weiblichen Körper, an Uterus, Brüsten usw. beobachten, durch die *nämlichen* Wirkstoffe wie sie bei der geschlechtsreifen Frau vorhanden sind, gesteuert werden, die Stoffe treten nur in größerer Menge auf und entstehen zum großen Teil an anderer Stelle, nämlich im Kind. Diese *vergrößerten Geschlechtshormonmengen* — hinzu kommen noch die Produkte des *parenteralen Eiweißabbaues* infolge der Verschleppung der Chorionepithelien — bewirken in den verschiedenen Stoffen und Systemen so starke Verschiebungen, daß die *primären* Faktoren gegenüber den sekundären und tertiären ganz in den *Hintergrund treten*. An *sekundären* Faktoren seien die histologischen Veränderungen und die zum Teil sicher nachgewiesene quantitativ veränderte Hormonproduktion der übrigen endokrinen Drüsen erwähnt. Die *tertiäre* Wirkung ist in der Änderung der Fermentlage (Auftreten der Histidinurie, Verschwinden der antithyreoidalen Schutzkraft und des Traubenzucker-Vergärungsvermögens des Blutes usw.), im Ionenmilieu (Verschiebung des Kalium-Calcium-Quotienten, des Jod-Magnesium-Arsenspiegels usw.), der Reaktionslage des Blutes, der Eiweißbeschaffenheit (Vermehrung der grobdispersen Phase), der Erregbarkeit des vegetativen Nervensystems usw. zu sehen.

Mit diesen Veränderungen wird der *gesunde und anpassungsfähige* Körper, wenn auch mit einigen Mühen und Beschwerden, im allgemeinen fertig. Wenn aber die Chorionepithelien der Placenta *zu viel Geschlechts-* und geschlechtsgerichtete Hormone produzieren, wie das regelmäßig bei der *Blasenmole* der Fall ist, und wenn zu *große Mengen* von *parenteralen Eiweißzerfallsprodukten* entstehen, dann können die Grenzen der Leistungs- und Anpassungsfähigkeit der mütterlichen Zellen überschritten werden — das wird besonders leicht dann eintreten, wenn die mütterlichen Organe selbst minderwertig sind oder besonders starke Belastungen, z. B. durch Zwillinge, stattfinden — und es kann zu den mehr oder minder schweren Formen der *Schwangerschaftstoxikosen* kommen.

Noch weniger durchsichtig als bei den normalen und den geschlechtsspezifischen Wachstumsvorgängen sind die Verhältnisse bei dem *geschwulstmäßigen Wachstum* (Bedeutung des Follikelhormons für das Wachstum der Myome) und besonders bei dem *bösartigen Wachstum*. Auch bei dem krebsigen Wachstum liegt in erster Linie die Schwäche *chromosomal-zygotisch bedingt*, in den *Zellen* (Determinationsfaktoren); aber fraglos tragen Hormone und von außen zugeführte Wirk- und Nährstoffe und äußere Einflüsse als Realisationsfaktoren in vorläufig nicht klar zu übersehender Weise dazu bei, das Geschwulstwachstum auszulösen.

Daher gilt für jede zielbewußte Lenkung der Gesundheit und Leistungssteigerung unseres Volkes das Losungswort: Zuerst Sorge für *vollwertiges Erbgut, dann* erst Schaffung möglichst guter *Umweltsbedingungen* im weitesten Sinne!

Und eine zweite Forderung: Wer Schaden verhüten und Kranke heilen will, muß nicht nur eine wohlfundierte, breite naturwissenschaftliche Grundlage haben und über hinreichende biologische Kenntnisse verfügen, sondern auch etwas von dem frei schaffenden Künstler in sich tragen, der aus der unendlichen Mannigfaltigkeit der normalen und krankhaften Lebenserscheinungen instinktiv das Wichtigste herauszufinden vermag.

Literaturverzeichnis.

Zusammenfassende Arbeiten.

ALLEN: Sex. and internal Secretion. Baltimore 1932.

AMMON u. DIRSCHERL: Fermente, Hormone, Vitamine. Leipzig: Georg Thieme 1938.

BAUR-FISCHER-LENZ: Menschliche Erblehre. München: J. F. Lehmann 1936.

BECHTHOLD: Die Kolloide in Biologie und Medizin, 5. Aufl. 1929.

BERBLINGER: Bedeutung der inneren Sekretion für die Frauenheilkunde, VEIT-STÖCKELS Handbuch der Gynäkologie, Bd. 9. München: J. F. Bergmann 1936.

BERGMANN, G. v.: Funktionelle Pathologie, 2. Aufl. Berlin: Julius Springer 1936.

BERTALANFFY, v.: Das Gefüge des Lebens. Berlin u. Leipzig 1937.

BOMSKOV: Methodik der Vitaminforschung. Leipzig: Georg Thieme 1935.

CARREL, A.: Der Mensch, das unbekannte Wesen. In deutscher Übersetzung. Stuttgart u. Berlin: Deutsche Verlagsanstallt 1938.

CLAUBERG: Die weiblichen Sexualhormone. Berlin: Julius Springer 1936.

— VEIT-STÖCKELS Handbuch der Gynäkologie, Bd. 9. München: J. F. Bergmann 1936.

— Innere Sekretion des Ovars und der Placenta. BERBLINGERs zwanglose Abhandlungen aus dem Gebiete der inneren Sekretion, Bd. 2, Leipzig: Johann Ambrosius Barth 1937.

CLAUSEN, F.: Erblichkeit innerer Krankheiten. Zbl. inn. Med. **1937**, Nr 46, 887.

DAMM: Menstruationsstörungen hormonalen Ursprungs. Leipzig: Johann Ambrosius Barth 1936.

EULER, H. v.: Biokatalysatoren, 1930.

— Angew. Chem. **1937**, H. 44.

— Erg. Vitamin- u. Hormonforsch. 1 (1938).

FELS, E.: Das Hormon des Corpus luteum. Leipzig u. Wien: Franz Deudicke 1937.

FISCHER-WASELS: Metaplasie und Geschwulstbildung. BETHEs Handbuch der normalen und pathologischen Physiologie, B. XIV/2. 1927.

— Die Vererbung der Krebs-Krankheit. Berlin 1935.

FLEISCHMANN, W.: Vergleichende Physiologie der inneren Sekretion. Wien u. Leipzig: Moritz Perles 1937.

GAETHGENS: Der Vitaminhaushalt in der Schwangerschaft. Dresden u. Leipzig: Theodor Steinkopff 1937.

GIERSBERG: Hormone. Verständliche Wissenschaft. Bd. 32. Berlin: Julius Springer 1937.

— Hormone. Ref. Fortschr. Zool., V.F. **2** (1937.)

GOLDSCHMIDT, R.: Mechanismus und Physiologie der Geschlechtsbildung. Berlin: Julius Springer 1920.

— Sexuelle Zwischenstufen. Berlin: Julius Springer 1931.

GUGGISBERG: HALBAN-SEITZ: Handbuch für Biologie und Pathologie des Weibes, Bd. III, S. 1, 1924 und Bd. VI, Teil 2 1925.

-— Bedeutung der Vitamine für das Weib. Berlin u. Wien: Urban & Schwarzenberg 1935.

HARMS, J. W.: Körper- und Keimzellen. Monographien Physiol. **9**, **I** u. **II** (1926).

JUNKMANN: ABDERHALDENs Handbuch der biologischen Arbeitsmethoden, V, Bd. 3.

KAUP, J.: Gestaltlehre des Lebens und der Rasse. Leipzig: Johann Ambrosius Barth 1936.

— Münch. med. Wschr. **1938** I.

KEHRER: Endocrinologie für den Frauenarzt. Stuttgart: Ferdinand Enke 1937.

KNAUS: Die periodische Fruchtbarkeit und Unfruchtbarkeit des Weibes, 2. Aufl. Wien: Wilhelm Maudrich 1935.

KOLLATH, W.: Grundlegende Methoden und Ziele der Hygiene. Leipzig: S. Hirzel 1937.

KORSCHELT: Fortpflanzung der Tiere. Handbuch der normalen und pathologischen Physiologie, Bd. XIV. Berlin: Julius Springer 1926.

KRAUS: VEIT-STÖCKELs Handbuch der Gynäkologie, Bd. 9. 1936.

KUHN, R.: Naturwiss., 9. April **1937**, H. 15.

LAQUEUR, F.: Hormone und innere Sekretion. Leipzig: Theodor Steinkopff 1934.

LESCHKE, E.: Die Wechselwirkungen der Blutdrüsen. Leipzig: Curt Kabitzsch.

— Die Erkrankungen des vegetativen Nervensystems. Handbuch der inneren Sekretion, Bd. III, Teil 1, S. 1019. Leipzig: Curt Kabitzsch 1928.

MATHES, P.: Konstitutionstypen. HALBAN-SEITZ' Handbuch der Biologie und Pathologie des Weibes, Bd. III, S. 1. 1924.

MAYER, A.: Konstitution. VEIT-STÖCKELs Handbuch der Gynäkologie, Bd. III. München: J. F. Bergmann 1927.

MEISENHEIMER: Geschlecht und Geschlechter, 2 Bde.

MITTASCH, A.: Über katalytische Verursachung im biologischen Geschehen. Berlin: Julius Springer 1935.

MOSKOWICZ, L.: Hermaphrodismus und andere geschlechtliche Zwischenstufen beim Menschen. Erg. Path. **31** (1936).

MÜLLER, A.: Individualität und Fortpflanzung als Polaritätserscheinungen. Jena 1938.

NEUWEILER: Die Vitamine der Milch. Bern 1937.

RÖSSLE: Wachstum der Zellen und Organe. BETHEs Handbuch der normalen und pathologischen Physiologie, Bd. XIV/1. 1926.

ROMEIS: Altern und Verjüngung. HIRSCH' Handbuch der inneren Sekretion, Bd. II, Teil 2, S. 1745. 1933.

RUCICKA u. STEPP: Erg. Vitamin- u. Hormonforsch. **1** (1938).

SCHINZ u. BUSCHKE: Krebs und Vererbung. Leipzig: Georg Thieme 1935.

SCHRÖDER, ROBERT: Der mensuelle Genital-Zyklus und seine Störungen, VEIT-STÖCKEL, Bd. I, 2. Hälfte. 1938.

— Verh. dtsch. gynäk. Ges. in Arch. Gynäk. **1935**.

SELLHEIM: Das Geheimnis vom Ewig-Weiblichen, 2. Aufl. Stuttgart: Ferdinand Enke 1924.

STEPP-KUHNAU-SCHRÖDER: Vitamine und ihre klinische Bedeutung. Stuttgart: Ferdinand Enke 1937.

TADDAEA: Nebennierenrinde. Leipzig: Georg Thieme 1936.

TRENDELENBURG: Die Hormone, ihre Physiologie und Pharmakologie. Berlin: Julius Springer 1929.

VEIT-STÖCKEL: Handbuch der Gynäkologie: Bedeutung der inneren Sekretion für die Frauenheilkunde von BERBLINGER, C. CLAUBERG, F. J. KRAUS, 1936.

WALTHARD: Beziehungen des Nervensystems zu den normalen Betriebsabläufen etc. VEIT-STÖCKELs Handbuch der Gynäkologie, Bd. XI. 1937.

WEITZ: Vererbung innerer Krankheiten. Stuttgart 1936.

WENSE, v.: Wirkungen und Vorkommen von Hormonen bei wirbellosen Tieren. Zwanglose Abhandlungen auf dem Gebiete der inneren Sekretion, Bd. IV. Leipzig: Johann Ambrosius Barth 1938.

ZONDEK: Hormone des Ovariums und des Hypophysen-Vorderlappens, 2. Aufl. Wien: Julius Springer 1935.

Sachverzeichnis.